Springer-Lehrbuch

Springer
Berlin
Heidelberg
New York
Barcelona
Budapest
Hongkong
London
Mailand
Paris
Santa Clara
Singapur
Tokio

Robert F. Schmidt (Hrsg.)

Neuro- und Sinnesphysiologie

Beiträge von
N. Birbaumer V. Braitenberg J. Dudel U. Eysel
H. O. Handwerker H. Hatt M. Illert W. Jänig
R. Rüdel R. F. Schmidt A. Schüz H.-P. Zenner

Dritte, korrigierte Auflage

Mit 159 vierfarbigen Abbildungen
und 11 Tabellen

Springer

Professor Dr. Dr. h.c. Robert F. Schmidt
Physiologisches Institut
der Universität Würzburg
Röntgenring 9
D-97070 Würzburg

ISBN 3-540-63773-7 3. Auflage
Springer Verlag Berlin Heidelberg New York

Die Deutsche Bibliothek – CIP-Einheitsaufnahme
Neuro- und Sinnesphysiologie : mit 11 Tabellen / Robert F. Schmidt (Hrsg.). Beitr. von N. Birbaumer … – 3., korrigierte Aufl. – Berlin ; Heidelberg ; New York ; Barcelona ; Budapest ; Hongkong ; London ; Mailand ; Paris ; Santa Clara ; Singapur ; Tokio : Springer, 1998
(Springer-Lehrbuch)
ISBN 3-540-63773-7

Umschlagentwurf: Meta Design, Berlin
Gesamtherstellung: Appl, Wemding
SPIN 10630637 15/3133 – 5 4 3 2 1 0 – Gedruckt auf chlorfreiem Papier

Vorwort zur dritten Auflage

Nachdem auch die zweite, 1995 erschienene Auflage dieses Buches sich lebhafter Nachfrage erfreute, können wir hiermit jetzt schon die dritte Auflage der „Neuro- und Sinnesphysiologie" vorlegen. Wiederum war es damit möglich, nicht nur Druckfehler zu korrigieren, sondern auch einige wissenschaftliche Sachverhalte entsprechend dem Fortschritt der Forschung neu zu formulieren oder erstmals aufzunehmen. Für die hierzu zahlreichen Anmerkungen aus dem Leser- und Kollegenkreis dürfen wir uns sehr herzlich bedanken.

Die Ziele dieses Buches sind unverändert diejenigen, die im nachfolgend wieder abgedruckten Vorwort zur ersten Auflage dargelegt wurden. Im Namen aller Autoren danke ich auch den Mitarbeitern des Springer-Verlags, allen voran Frau A. C. Repnow und Frau S. Schimmer in der Abteilung Medizinplanung, sowie Herrn J. Sydor in der Herstellungsabteilung, für die wiederum ausgezeichnete Zusammenarbeit in allen Stadien der Herstellung des Buches. Den von der Firma MetaDesign, Berlin, für die zweite Auflage gestalteten Umschlag haben wir gerne auch für diese Auflage übernommen.

Würzburg, im Januar 1998 ROBERT F. SCHMIDT

Vorwort zur ersten Auflage

Die Neurowissenschaft ist derzeit eine der lebendigsten Disziplinen der biomedizinischen Forschung. Sie ist mit erheblichem personellen und finanziellen Aufwand damit beschäftigt, die Arbeitsweise des Nervensystems und seiner Sinnesorgane zu ergründen, um damit eines der größten und schwierigsten Rätsel des Lebens auf unserer Erde zu lösen. Als eindrucksvolles Beispiel vom Umfang dieser Bemühungen sei angeführt, daß die nordamerikanische Society for Neuroscience, erst 1969 gegründet, derzeit mehr als 20000 Mitglieder hat, deren Zahl immer noch zunimmt; die jährlichen Kongresse dieser Gesellschaft werden regelmäßig von 12-15000 Teilnehmern besucht und 1992 wurden über 9400 Vorträge und Poster in einer Woche abgehalten.

Dieses Buch ist eine einführende Darstellung in die Neuro- und Sinnesphysiologie des Menschen mit dem Ziel, über Aufbau und Funktion des peripheren und zentralen Nervensystems und der Sinnesorgane des Menschen in einem Umfang zu informieren, der von Physiologiestudenten aller Fachrichtungen, also von Medizinern, Zahnmedizinern, Psychologen, Zoologen, Biologen, Pharmazeuten, oder Naturwissenschaftlern mit Physiologie im Nebenfach, im Rahmen ihres Studiums in angemessener Zeit aufgenommen werden kann.

Das Buch setzt praktisch keine anatomischen, d.h. strukturellen, oder physiologischen, d.h. funktionellen, Vorkenntnisse voraus. Alle Leser, die das Abitur oder diesem vergleichbare Kenntnisse der Naturwissenschaften besitzen, sollten daher in der Lage sein, sich den Inhalt dieses Buches ohne Verständnisschwierigkeiten anzueignen, zumal die Lerninhalte durch zahlreiche vierfarbige Abbildungen zusätzlich erläutert werden. Die sorgfältige und einfühlsame Gestaltung dieser Abbildungen verdanken wir Herrn Otto Nehren, Grafik-Designer in Ladenburg.

Im neurophysiologischen Teil wird der Leser zunächst mit der Arbeitsweise von Nerven, Nervenzellen und neuronalen Zellverbänden vertraut gemacht. Besonderer Wert wird anschließend darauf gelegt, v.a. diejenigen zentralnervösen Mechanismen darzustellen, die dem Verhalten des Menschen zugrunde liegen, also Gedächtnis, Bewußtsein, Sprache, Denken (Kognition), Motivation, Emotion, Wachen, Schlafen und Träumen. Der sinnesphysiologische Teil bietet auf der Grundlage der Neurophysiologie eine geschlossene Einführung in die allgemeine und spezielle Physiologie, die Psychophysiologie und die Psychophysik der menschlichen Sinne. Eine sorgfältige didaktische Bearbeitung gewährleistet, daß die jeweiligen Wissensinhalte leicht und einprägsam vermittelt werden.

Alle Autoren gelten international als besonders kompetente Fachleute auf ihrem jeweiligen Forschungsgebiet. Damit ist gewährleistet, daß das Buch nicht nur die wesentlichen Fakten und Hypothesen der Neuro- und Sinnesphysiologie „aus erster Hand" vermittelt, sondern darüber hinaus auch an die noch offenen Fragen der Hirnforschung heranführt.

Für gut 2 Jahrzehnte haben die Vorläufer dieses Buches in 6 bzw. 5 Auflagen als Grundriß der Neurophysiologie bzw. Grundriß der Sinnesphysiologie einer breiten Leserschaft die Möglichkeit gegeben, sich mit den gesicherten Grundlagen und den wesentlichen neueren Ergebnissen der Erforschung des Gehirns und der Sinnesorgane vertraut zu machen. Ich denke gerne und mit Dankbarkeit an die jahrzehntelang gute, stets außerordentlich anregende Zusammenarbeit mit den Autoren dieser beiden Bücher zurück.

Damals wie heute haben die Autoren und ich von vielen Seiten Hilfe bei der Abfassung und Herstellung des Buches erfahren, für die wir sehr herzlich danken. An der Planung und Konzeption des Buches hat Frau A.C. Repnow im Springer-

Verlag wesentlichen Anteil. Ihr gilt unser besonderer Dank ebenso wie unseren technischen und sekretariellen Mitarbeiterinnen für ihren unermüdlichen Einsatz sowie der Buchherstellung III des Verlags unter der Leitung von Herrn R. Fischer, insbesondere Frau U. Schwaninger und Herrn J. Sydor, für die gute Zusammenarbeit und die sorgfältige und sachgerechte Ausstattung des Buches.

Würzburg im August 1993 ROBERT F. SCHMIDT

Inhaltsverzeichnis

Autorenverzeichnis

Birbaumer, Niels, Prof. Dr.
Institut für Medizinische
Psychologie und Verhaltensneurologie der Universität,
Gartenstraße 29, 72074 Tübingen

Braitenberg, Valentino, Prof. Dr.
Max-Planck-Institut für Biologische Kybernetik,
Spemannstr. 38, 72076 Tübingen

Dudel, Josef, Prof. Dr.
Physiologisches Institut der TU München,
Biedersteiner Straße 29, 80802 München

Eysel, Ulf, Prof. Dr.
Institut für Physiologie der Ruhr-Universität Bochum,
Universitätsstraße 150, 44801 Bochum

Handwerker, Hermann O., Prof. Dr.
Institut für Physiologie und experimentelle Pathophysiologie
der Universität Erlangen,
Universitätsstraße 17, 91054 Erlangen

Hatt, Hans, Prof. Dr. Dr.
Lehrstuhl für Zellbiologie der Ruhr-Universität,
44780 Bochum

Illert, Michael, Prof. Dr.
Physiologisches Institut der Universität,
Olshausenstraße 40–60, 24118 Kiel

JÄNIG, WILFRID, Prof. Dr.
Physiologisches Institut der Universität,
Olshausenstraße 40–60, 24118 Kiel

RÜDEL, REINHARDT, Prof. Dr.
Abt. für Allgemeine Physiologie der Universität,
Oberer Eselsberg, 89081 Ulm

SCHMIDT, ROBERT F., Prof. Dr.
Physiologisches Institut der Universität,
Röntgenring 9, 97070 Würzburg

SCHÜZ, ALMUT, Priv.-Doz. Dr.
Max-Planck-Institut für Biologische Kybernetik,
Spemannstr. 38, 72076 Tübingen

ZENNER, H.–P., Prof. Dr.
Universitäts-Hals-Nasen-Ohren Klinik,
Silcherstraße 5, 72076 Tübingen

1 Allgemeine Neuroanatomie

V. Braitenberg, A. Schüz

EINLEITUNG

In dieser anatomischen Einleitung zur Neurophysiologie soll die Frage im Vordergrund stehen, die in der bloß benennenden Formenlehre oft zu kurz kommt: ***Welchen funktionellen Sinn kann man den Strukturen zuweisen,*** die wir durch das histologische Studium des Nervengewebes kennengelernt haben? Wir werden am Ende zugeben müssen, daß dieses Ablesen von Funktion aus Struktur eine noch unvollständige Kunst ist, aber eine, die sich – besonders dank der Computer-Gehirn-Analogie – in raschem Fortschritt befindet. Was wir erreichen wollen:

- die Lektüre von ausführlicheren Texten der Neuroanatomie schmackhafter zu machen,
- Aspekte der Strukturforschung zu betonen, die für ein physiologisch orientiertes Lehrbuch besonders relevant sind.

1.1 Nervensystem und Verhalten: allgemeinste Formulierung

Würde man sich das Nervensystem wegdenken, so wäre das Verhalten eines Tieres äußerst beschränkt. Die Einwirkungen verschiedener Art, seien sie chemisch, wie Nährstoffe und Gifte, oder physikalisch, wie Strahlung, Druck oder Temperatur, könnten sich nur auf die unmittelbare Umgebung des Ortes auswirken, an dem sie auf den Organismus treffen. So ein Tier ohne Gehirn und ohne Nerven könnte zwar Pseudopodien in Richtung auf einen interessanten Stoff ausstrecken, könnte vielleicht ein Teilchen durch Einstülpung aufnehmen, könnte schrumpfen oder quellen, aber keine koordinierten

Geh- oder Schwimmbewegungen ausführen. Noch weniger könnte es Gestalten unterscheiden und darauf auf spezielle Weise reagieren.

Gehirne bestehen im wesentlichen aus Fasern; Verhalten läßt sich manchmal auf einfache Verknüpfungsmuster zurückführen

Das, was man Verhalten nennt, beginnt also erst, wenn besondere Stellen der Körperoberfläche, die auf gewisse Reize reagieren, durch Leitungsbahnen mit besonderen kontraktilen Elementen, verknüpft werden. Diese Elemente sind so angeordnet, daß aus ihrer Kontraktion Bewegung entsteht. Im Prinzip könnte die Verknüpfung bestimmter Sinneszellen mit bestimmten kontraktilen Elementen über chemische Botenstoffe geschehen, und die Wirkung mancher Hormone auf glatte Muskulatur (s. Kap. 6) zeigt, daß dies gelegentlich auch der Fall ist. Sehr viel effizienter ist aber offenbar die Verknüpfung durch fadenförmige Gebilde, die ***Nervenfasern.*** Sie können sich im ganzen Körper verteilen, sich beliebig zu Bündeln anordnen, sich durchkreuzen oder auch verzweigen, so daß von einer Stelle aus mehrere Ziele erreicht werden können. Im Gegensatz zur chemischen Übermittlung ist dabei die besondere Beziehung eines Ortes mit einem oder mehreren anderen durch Anfangs- und Endpunkt der Faser genau festgelegt. Damit ist die Möglichkeit gegeben, daß bestimmte Reizmuster, die die Sinnesorgane treffen, bestimmte Kombinationen elementarer Bewegungen auslösen, oder in der Redeweise der Psychologie, daß ***Gestalten*** Verhaltensweisen hervorrufen. Es ist dann bloß eine Frage der Komplexität des Fasergeflechts, wie detailliert, wie zweckentsprechend, wie undurchschaubar das Verhalten eines Tieres erscheint.

Dabei ist allerdings zu bedenken, daß auch *recht einfache Faserstrukturen unvermutet komplexes Verhalten erzeugen können.* Noch allgemeiner heißt das, daß man Verhalten in seiner Komplexität überschätzt, solange man noch keinen Mechanismus erfunden hat, der solches Verhalten leistet. Man kann sich davon überzeugen, indem man extrem einfache „Tiere" konstruiert und dann ihre Bewegungen beobachtet. So kann man z. B. ein Paar von Sinnesorganen vorn mit einem Paar von vorwärtsbewegenden Motoren hinten verbinden (Abb. 1-1). Die Verbindungen können entweder gekreuzt oder ungekreuzt sein und außerdem „erregend" oder „hemmend". In Anwesenheit einer Reizquelle entstehen dabei Verhaltensweisen, die wie Zuwendung oder Abwendung, Furcht oder Aggression erscheinen.

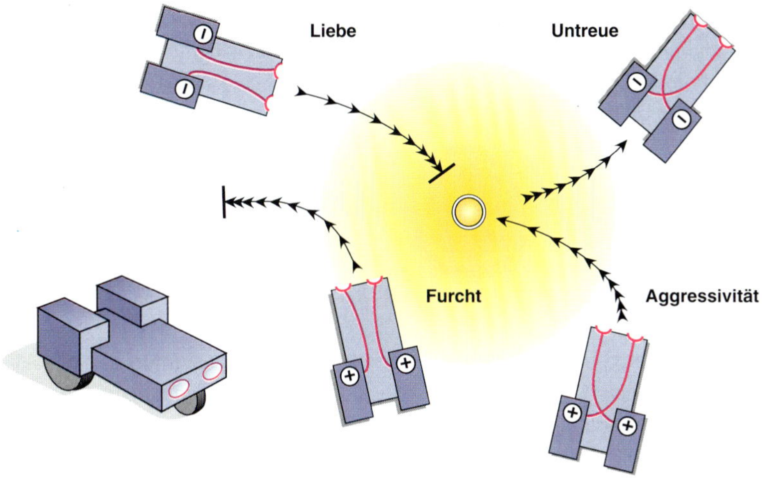

Abb. 1-1. Einfache Verknüpfungen *(rot)* zwischen zwei Sensoren vorn und zwei Motoren hinten können zu sehr verschieden interpretierbaren Verhaltensweisen führen. Im Zentrum sei z.B. eine Lichtquelle, die Sensoren seien lichtempfindlich und würden ihren jeweiligen Motor um so stärker erregen (+) bzw. hemmen (–), je mehr Licht auf sie fällt. Das Vehikel *rechts unten* wird sich der Lichtquelle zuwenden, immer schneller werden und dann die Quelle zerstören. Das Vehikel *links oben* wird sich der Quelle ebenfalls zuwenden, dann aber zum Stehen kommen und „anbetend" vor ihr verharren. Das Vehikel *links unten* wird sich dagegen abwenden, von der Quelle wegstreben und in sicherem Abstand zum Stehen kommen. Dasjenige rechts oben wendet sich ebenfalls ab und wird – je weniger Licht es bekommt – sich um so schneller entfernen

Die Faserigkeit ist wohl die fundamentalste Eigenschaft, die Gehirne mit elektronischen Rechnern gemeinsam haben. Bei beiden gilt das Prinzip der adressierten Mitteilung und damit auch das Prinzip der geordneten Projektion von Erregungsmustern und der Verwandlung oder Verrechnung von solchen Mustern.

Die Verhaltensschemata von Abb. 1-1 haben ihre Entsprechung in der Anatomie. Gekreuzte und ungekreuzte Beziehungen zwischen Sinnesorganen und motorischen Zentren gibt es in allen Gehirnen. Das komplizierte Muster der Faserbündel (der sog. ***Tractus***) im Hirnstamm mit ihren Kreuzungen ***(Dekussationen)*** läßt sich vermutlich letztlich auf solche einfachen Schemata zurückführen. Auch die sonderbare Tatsache der gekreuzten Darstellung der Welt im Gehirn (rechte Gesichtsfeld- bzw. Körperhälfte links im

Gehirn, linke Gesichtsfeld- und Körperhälfte rechts im Gehirn) geht ursprünglich wohl auf solche Verhaltensschemata zurück. An der Basis der Rechts-links-Verkabelung des Gehirns der heutigen Vertebraten dürfte die gekreuzte Beziehung zwischen olfaktorischem Eingang und motorischem Ausgang gestanden haben.

Gehirne sind bilateralsymmetrisch, weil die Steuerung des Verhaltens bilateralsymmetrisch erfolgt

Die bilaterale Symmetrie des Nervensystems gilt praktisch für alle Wirbeltiergehirne. Die Asymmetrie des Cortex, die im Zusammenhang mit der einseitigen Ausprägung der Sprachzentren beim Menschen behauptet wurde, läßt sich anatomisch kaum fassen.

Der bilateralsymmetrische Bauplan aller Wirbeltiere (und der meisten Wirbellosen) entspricht einem Verhalten, das im wesentlichen durch gleichartige Rechts-links-Steuerung bestimmt wird. Im Gegensatz dazu spiegelt die Asymmetrie vorn/hinten die Vorzugsrichtung der Bewegung und damit die Zielgerichtetheit wider, während die Asymmetrie oben/unten mit der Schwerkraft zusammenhängt, der wir verhaftet sind und die die stabile Lage im Raum bestimmt.

Immer, wenn im Verhalten Entscheidungen auftreten, sind nichtlineare Elemente im Spiel

Sinnesorgane, die über Fasersysteme Muskeln zur Kontraktion bringen, und zwar um so mehr, je stärker der Sinnesreiz, können – wie oben gezeigt – einfaches Verhalten, besonders sog. Orientierungsverhalten, erklären. Für die meisten Verhaltensleistungen genügt aber solche Je-mehr-desto-mehr-Übertragung oder – in der Sprache der Nachrichtentechniker – ***lineare Signalübertragung*** nicht. Oft wird ein Reiz erst dann wirksam, wenn seine Intensität einen bestimmten Wert, die ***Schwelle,*** überschritten hat; er löst dann aber die volle Reaktion aus (s. Kap. 7). Dies ist – in der Sprache der Technik – ***nichtlineares Verhalten:*** die Stärke der Reizbeantwortung ist nicht einfach der Reizstärke proportional. Oft ist es auch eine ganz bestimmte Reizkonfiguration oder Gestalt, die erst die motorische Antwort auslöst.

Schwellenphänomene oder, allgemeiner, nichtlineare Phänomene im Verhalten können auf die physiologischen Eigenschaften des Einzelneurons (s. 1.2) zurückgeführt werden.

1.2 Neurone

Die Nervenzelle, auch ***Neuron*** genannt, besteht aus dem Zellkörper oder ***Soma*** und in den allermeisten Fällen aus 2 Arten von Fortsätzen: den ***Dendriten*** und dem ***Axon*** (Abb. 1-2). Meist gehen mehrere Dendriten vom Zellkörper ab und verzweigen sich wie die Äste eines Baumes. Das Axon entspringt dagegen nur an einer Stelle aus dem Zellkörper. Es unterscheidet sich von den Dendriten durch einen meist geringeren Durchmesser und ein andersartiges Verzweigungsmuster. Das Axon kann Seitenzweige, ***Kollateralen,*** abgeben, die sich ihrerseits wieder verzweigen können. Es kann erstaunliche Längen erreichen und dadurch weit entfernte Teile des Nervensystems miteinander verbinden.

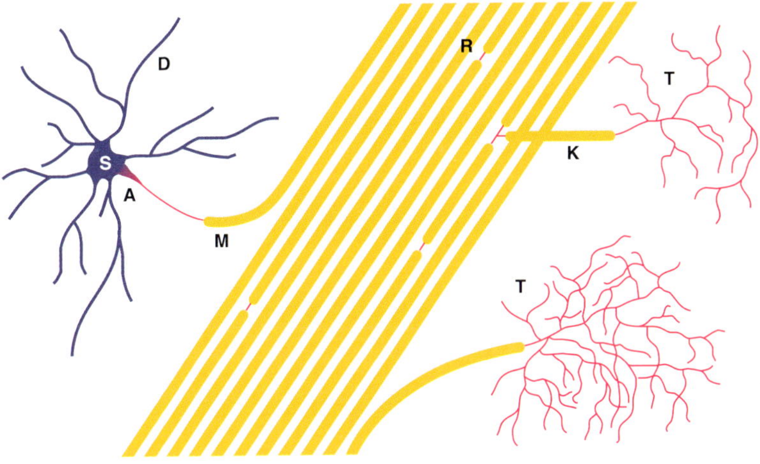

Abb. 1-2. Bauplan von Neuronen. Dendritenbaum ***(D)*** und Soma ***(S)*** *blau* Axon *rot*. ***K*** Kollaterale, ***T*** Terminalverzweigungen des Axons, ***A*** Axonhügel. Das Axon kann von einer Markscheide ***(M)*** umgeben sein; sie ist an manchen Stellen, den Ranvier-Schnürringen ***(R)*** unterbrochen. Daß das Axon viel länger sein kann als die Dendriten, ist durch die nebeneinanderliegenden Axonstücke angedeutet

Die Dendriten sind diejenigen Fortsätze, die die Erregung von anderen Nervenzellen aufnehmen und zum Zellkörper hinleiten. Das Axon dagegen leitet die Erregung vom Zellkörper fort und gibt sie an die Dendriten oder Somata nachgeschalteter Nervenzellen weiter (entweder als Erregung oder als Hemmung; s. 1.3). Die Axone sind es auch, die die Erregung an die ***Effektoren,*** also Muskel- oder Drüsenzellen, weiterleiten. Bei den Dendriten gilt in den meisten Fällen das Prinzip „je mehr desto mehr", d. h. die einlaufenden Signale werden dort, wo sie zusammenkommen, also z. B. im Soma, aufsummiert. Das Axon hingegen ist der Ausläufer, an dessen Ursprung, dem ***Axonhügel,*** die Entscheidung fällt, ob das Neuron das aufsummierte Signal weitergibt oder nicht. Nur wenn dieses einen bestimmten Schwellenwert überschreitet, wird es als ***Aktionspotential*** fortgeleitet. Das Aktionspotential folgt dem Alles-oder-nichts-Gesetz. Es entsteht entweder gar nicht oder in voller Stärke, und es behält diese dann auch bis zum Ende des Axons bei (s. Kap. 2).

Es gibt einige interessante Unterschiede zwischen den Neuronen des Zentralnervensystems und manchen Neuronen des peripheren Nervensystems. Unter dem ***Zentralnervensystem (ZNS)*** versteht man Gehirn und Rückenmark, unter dem ***peripheren Nervensystem*** alle übrigen Teile des Nervensystems. Bei denjenigen Neuronen zum Beispiel, die Information von der Haut zum Rückenmark leiten, befindet sich der Zellkörper im Spinalganglion neben dem Rückenmark, und der zellkörperwärts leitende Fortsatz hat axonale Eigenschaften. Er ist lang, z. T. sogar sehr lang (z. B. von der Haut des Fußes bis zum Rückenmark) und leitet Aktionspotentiale. Es ist Geschmacksache, ob man diesen Fortsatz als Dendrit bezeichnet, weil er der signalempfangende Teil des Neurons ist, oder als Axon wegen seiner Eigenschaft, lang zu sein und Aktionspotentiale zu leiten. Der Ausdruck „Nervenfaser" bezieht sich auf beides: die zentralnervösen Axone und die langen Fortsätze der peripheren Nervenzellen.

Sowohl Axone als auch die zellkörperwärts leitenden langen Fortsätze des peripheren Nervensystems können von einer isolierenden Hülle umgeben sein, der ***Mark- oder Myelinscheide*** (Abb. 1-2). Sie bewirkt eine wesentlich raschere Fortleitungsgeschwindigkeit des Aktionspotentials und isoliert Fasern elektrisch voneinander. An den ***Ranvier-Schnürringen*** ist die Markscheide unterbrochen (s. Kap. 2).

Die Markscheide wird von ***Gliazellen*** (Abb. 1-3) gebildet. Gliazellen sind diffus ins Nervengewebe eingestreute Zellen, die verschiedene Hilfsfunktionen ausüben. Im Zentralnervensystem unterscheidet man Astroglia, Oligodendroglia und Mikroglia. Die ***Astroglia*** füllt mit ihren sternförmig abstrahlenden Fortsätzen die Zwischenräume zwischen den Nervenzellfortsätzen

Abb. 1-3. Entstehung von Markscheiden. Vom Soma ***(S)*** der Oligondendrogliazelle gehen mehrere dünne Fortsätze aus, die sich um verschiedene Axonstücke wickeln

aus, liefert ihnen Nährstoffe und ist an der Erhaltung des Ionengleichgewichts beteiligt. Die ***Mikroglia*** ist an der Reparatur von Gehirnschäden beteiligt und scheint im gesunden Nervengewebe kaum vorzukommen. Die ***Oligodendroglia*** (Abb. 1-3) bildet die Markscheiden, indem ihre Fortsätze sich zu riesigen Lappen vergrößern. Jeder dieser Lappen windet sich in mehreren Schichten spiralig um ein Axonstück. Die Markscheide besteht dann aus vielen Lagen von Zellmembran; das Zytoplasma der Oligodendrogliazellen geht nicht mit in die Markscheide ein. Die Markscheiden des peripheren Nervensystems werden von sog. ***Schwann-Zellen*** gebildet.

Verschiedene Bestandteile des Nervengewebes kann man durch bestimmte Färbemethoden gesondert sichtbar machen (Abb. 1-4)

Zellkörper stellt man mit Hilfe der ***Nissl-Methode*** dar. Dabei reagieren basische Farbstoffe mit den reichlich im Zellkörper vorhandenen Nuklein-

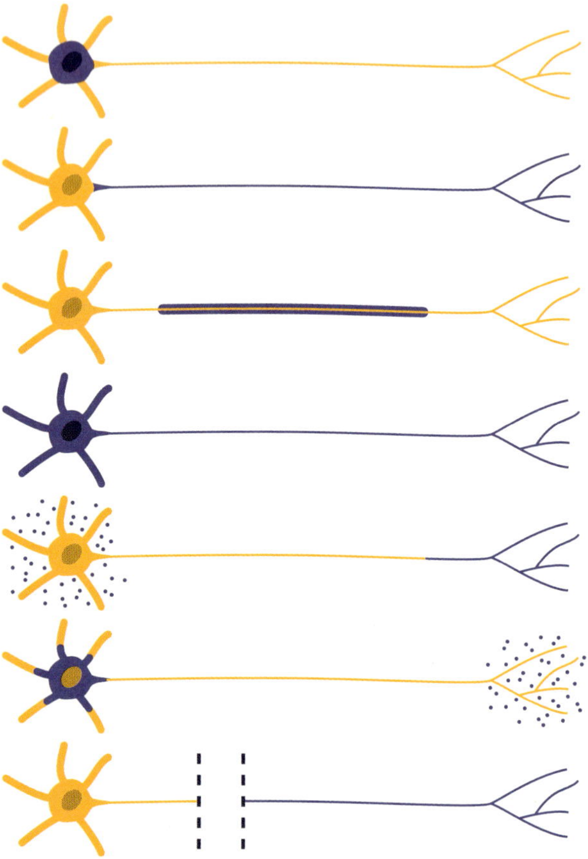

Abb. 1-4. Färbemethoden in der Neuroanatomie. Die mit der jeweiligen Methode darstellbaren Bestandteile des Neurons sind *blau* hervorgehoben, die ungefärbten *gelb*

säuren. Axone kann man durch Metalle darstellen; meist verwendet man ***Silbermethoden.*** Markscheiden lassen sich mit bestimmten fettlöslichen Farbstoffen anfärben. Die Verzweigungsform von Neuronen untersucht man am besten mit der ***Golgi-Methode.*** Sie greift willkürlich einzelne Zellen heraus, färbt diese dann aber mit all ihren Fortsätzen an. Ähnliche Ergebnisse bekommt man mit intrazellulären Injektionen bestimmter Farbstoffe. ***Tracer-Methoden*** geben Auskunft darüber, wohin ein Nerv oder ein bestimmtes

Areal im Zentralnervensystem projiziert. Man injiziert dafür Stoffe, die von den Nervenzellen aufgenommen und das Axon entlang transportiert werden und die man farblich nachweisen kann (axonaler Transport, s. Kap. 2). Manche Stoffe werden eher *anterograd* transportiert, also vom Soma zu den Axonendigungen, manche eher *retrograd,* von den Axonendigungen zum Soma. Im letzteren Fall erfährt man, von woher der Injektionsort Projektionen erhält. Eine andere Möglichkeit, Projektionen nachzuweisen, sind die ***Degenerationsmethoden:*** Vom Zellkörper abgetrennte Axone degenerieren und können durch spezielle Färbemethoden dargestellt werden. Bei den ***immunohistochemischen Methoden*** werden bestimmte Stoffe, z. B. manche Transmitter (s. 1.3), durch Anwendung von spezifischen Antikörpern sichtbar gemacht.

1.3 Synapsen

Die Synapsen (s. auch Kap. 3) sind die Orte, wo die Erregung von einem Neuron auf ein anderes Neuron (oder einen Effektor) übergeht. Sie bestehen aus einem präsynaptischen (axonalen) und einem post- oder subsynaptischen (dendritischen oder muskulären) Anteil (Abb. 1-5). Die meisten Synapsen arbeiten chemisch, d. h. die das Axon entlangkommende elektrische Erregung wird über einen chemischen Stoff, den ***Transmitter,*** auf das nächste Neuron übertragen. Der Abstand, der dabei überbrückt werden muß, der synaptische Spalt, beträgt 20–30 nm. Der Transmitter wird in den präsynaptischen Gebieten der Axone in Bläschen (Vesikeln) von ca. 40–50 nm Durchmesser gespeichert. Deshalb können chemische Synapsen nur in eine Richtung, vom Axon zum Dendrit, wirken. Damit der Transmitter auf die postsynaptische Zelle einwirken kann, muß diese auf ihrer Membran ***Rezeptormoleküle*** tragen, an die sich der Transmitter anheftet (s. auch Kap. 6). Es wird angenommen, daß an allen Synapsen eines Axonbaumes derselbe Transmitter vorliegt.

Vereinzelt kommen auch sog. ***reziproke Synapsen*** vor, z. B. im Bulbus olfactorius. Das sind Synapsen, bei denen auf beiden Seiten Vesikel vorhanden sind und bei denen folglich die Erregung in beide Richtungen übertragen werden kann. Ebenfalls selten sind ***elektrische Synapsen.*** Bei ihnen ist der synaptische Spalt sehr schmal, und die elektrische Erregung springt ohne einen chemischen Zwischenschritt von einer Zelle auf die andere über. Bei Säugetieren wurden sie im Hirnstamm (in der unteren Olive) beschrieben.

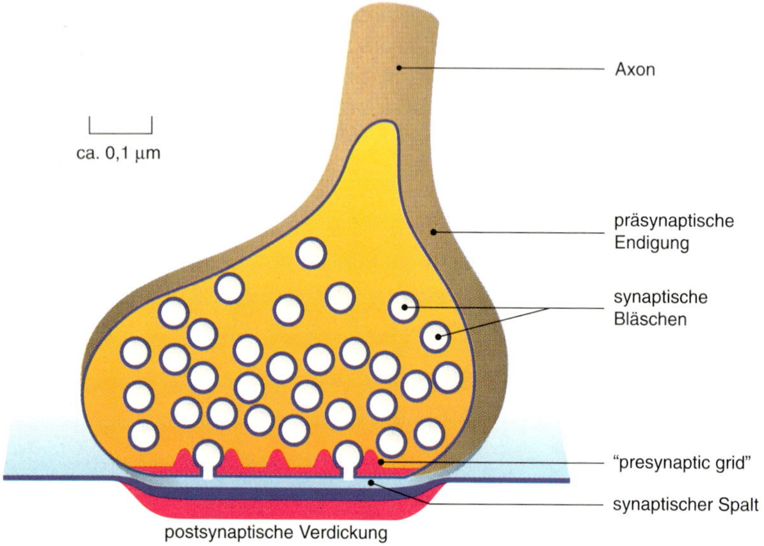

Abb. 1-5. Schnitt durch eine chemische Synapse. Die als „presynaptic grid" bezeichnete Struktur wird als Leitstruktur für die synaptischen Vesikel interpretiert. Sie zeigt sich nur bei bestimmten Färbungen. (Mod. nach R. F. Schmidt 1987)

Die Wirkung an der Synapse kann ***exzitatorisch*** sein, d. h. die nachgeschaltete Zelle wird durch die Übertragung des Signals ebenfalls erregt. Sie kann aber auch ***inhibitorisch*** sein, d. h. die nachgeschaltete Zelle wird durch das Signal in ihrer Aktivität gehemmt. Ob eine Synapse inhibitorisch oder exzitatorisch ist, hängt häufig vom Transmitter ab. Manchmal kann aber ein und derselbe Transmitter in verschiedenen Teilen des Nervensystems unterschiedliche Wirkungen hervorrufen. Sie beruhen dann auf unterschiedlichen Rezeptormolekülen auf der postsynaptischen Membran.

Die überwiegende Mehrheit der Synapsen ist von der vorher beschriebenen ***axodendritischen Sorte.*** Manchmal kann aber die Synapse auf den Zellkörper eines Neurons gehen. Man spricht dann von ***axosomatischen*** Synapsen. Synapsen zwischen Dendriten kommen als reziproke Synapsen im Bulbus olfactorius vor. Man nennt sie ***dendrodendritisch.*** Gelegentlich kommen ***axoaxonale*** Synapsen vor; dabei hemmt ein Axon ein anderes.

1.4 Graue und weiße Substanz

Auf frischen Schnitten durchs Gehirn sieht man rötlichbraune Gebiete, die sog. ***graue Substanz,*** und weißliche Gebiete, die ***weiße Substanz.*** Der Unterschied ist durch eine unterschiedliche Verteilung der Nervenzellfortsätze gegeben. In der grauen Substanz liegen Zellkörper, Dendriten und Axone, wobei es sich bei letzteren hauptsächlich um unmyelinisierte axonale Aufzweigungen handelt. Die weiße Substanz enthält nur Axone, und zwar zu einem großen Anteil myelinisierte Axone. Da Myelinscheiden aus Zellmembranen bestehen und Zellmembranen Lipide enthalten, haben Gegenden mit vielen myelinisierten Axonen einen höheren Fettanteil und erscheinen deshalb weißlich.

Der Ort, wo Signale verschiedener Nervenzellen miteinander verrechnet werden, ist die graue Substanz. Die weiße Substanz stellt die Verkabelung zwischen entfernt liegenden Gebieten grauer Substanz her.

1.5 Bautypen der grauen Substanz

Aus den verschiedenen Anordnungen der Neurone in der grauen Substanz lassen sich Funktionsprinzipien ablesen

In den verschiedenen Gebieten grauer Substanz sind also die Einzelbausteine des Gehirns, die Neurone, zu komplizierten Netzwerken verbunden. Wenn man etwas über die Funktionsweise des Gehirns erfahren möchte, z. B. über das Zustandekommen bestimmter Verhaltensweisen, muß man die Art des Erregungsverlaufs in diesen Netzwerken verstehen. Da man weiß, in welche Richtung die Erregung im einzelnen Neuron verläuft, könnte man auf den Gedanken kommen, daß eine vollständige Erfassung der Neurone im Gehirn und aller synaptischen Verbindungen zwischen ihnen von selbst ein Funktionsschema liefern sollte. Man denkt dabei an den Bauplan einer Rechenmaschine, der implizit alles enthält, was die Maschine kann. Einem solchen Projekt stehen aber einige Schwierigkeiten entgegen:

- Die große Zahl der Neurone und die noch größere der Synapsen: Hätte man sie alle auf einer riesigen Tabelle erfaßt, so stünde man dieser ganz bestimmt ratlos gegenüber.

- Vorher müßte entschieden werden, was eigentlich als Funktionselement in einem solchen Netzwerk gilt und ob es überhaupt auf jede einzelne Verbindung ankommt. Es gibt zwar Nervennetze, z. B. im Sehsystem von Insekten, wo tatsächlich jeder einzelnen Faserverbindung eine wohldefinierte Aufgabe zuerkannt werden kann. In den meisten Fällen ist das aber nicht so, und es könnte sehr gut sein, daß die detaillierte Erfassung aller synaptischen Beziehungen eines Neurons weit übers Ziel hinausschießt. Sollte z. B. bei der Entstehung der Großhirnrinde das Verknüpfungsschema der Neurone nur in groben Zügen durch die genetische Information vorgegeben, im Detail aber dem Zufall überlassen sein (wofür vieles spricht, u. a. die begrenzte Menge der im Genom verfügbaren Information), so sollte der Anatom auf der Suche nach dem Funktionsschema die Synapsen nicht zu genau, sondern eher mit statistischen Methoden erfassen.
- Es ist fast unmöglich, eine komplexe Verschaltung zu durchschauen, wenn man nicht von vornherein eine oder mehrere Hypothesen über ihren möglichen Sinn mitbringt. Dies gelingt heute eher als früher, da Elektronik und Computerwissenschaft in einigen Fällen plausible Modelle von Nervenfunktionen zur Verfügung stellen.

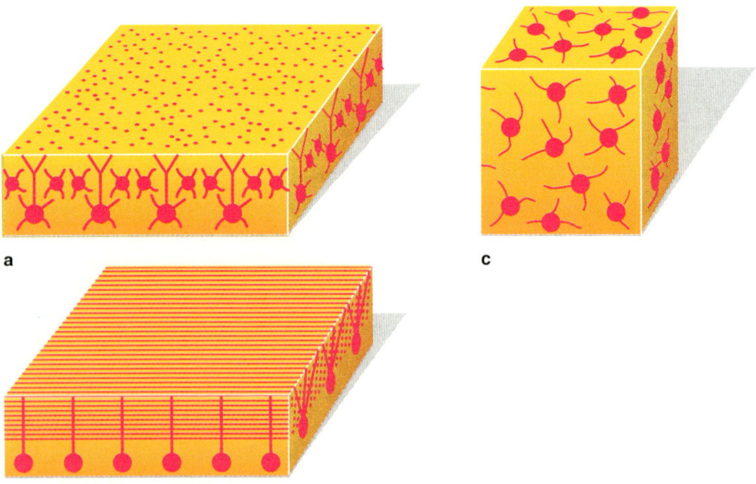

Abb. 1-6 a–c. Verschiedene Bauprinzipien der grauen Substanz. **a** Flächige Anordnung von Neuronen und Schichtung parallel zur Fläche (Cortex). **b** Cortex, der in den zwei Dimensionen seiner Fläche verschieden gestaltet ist. **c** Anordnung von Neuronen, die in allen Schnittrichtungen dasselbe Bild liefert.

Im Gehirn der Säuger erscheint es also sinnvoller, nach ***allgemeinen Bauprinzipien von Netzwerken*** zu suchen. Manche dieser Bauprinzipien kann man sogar direkt auf die Funktion übertragen. Wenn die Neurone als ***Cortex*** flächig angeordnet sind (Abb. 1-6a), mit einer Schichtung, die sich durch das ganze Gebilde hindurchzieht, legt das eine Grundoperation nahe, die über die ganze Fläche auf dieselbe Weise angewandt wird, wie man es z. B. bei der Bearbeitung eines zweidimensionalen Bildes erwarten würde. Tatsächlich gibt es solche Cortices bei den verschiedensten Tierarten im Zusammenhang mit dem Auge, das im Gehirn ein zweidimensionales Bild des Sehraums entwirft.

Ist in einem solchen Cortex eine Richtung der Fläche besonders ausgezeichnet (Abb. 1-6b), wie im Falle der Kleinhirnrinde (s. 1-9), wo die weitaus größte Zahl von Fasern (die Parallelfasern) in der laterolateralen Richtung angeordnet sind, so denkt man nicht an einen Computer, der zweidimensionale Bilder verrechnet, sondern eher an eine Verrechnung, die in eindimensionale Zeilen geschieht.

Auch bei einem speziellen Teil der Großhirnrinde, der Hippocampusformation (Abb. 1-7), folgt aus der Anordnung der Fasern eine allgemeine Aussage über die Art der Informationsverarbeitung. Dort gibt es eine Unterabteilung, die über Scharen von parallel angeordneten Fasern Signale an eine weitere Unterabteilung abgibt. Von dort geht es über andere Fasern zu einer dritten Unterabteilung und endlich zu einer vierten, die dann wieder auf die erste Stufe projiziert. Es folgt daraus mit großer Wahrscheinlichkeit eine irgendwie zyklische Funktionsweise.

Ganz anders sind die Verhältnisse in jenen Teilen des Gehirns, in denen die Neurone in dreidimensionalen Netzwerken ohne eine ins Auge springen-

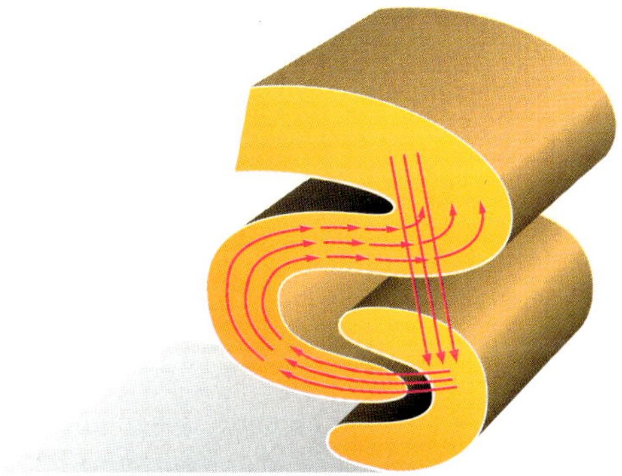

Abb. 1-7. Die Hippocampusformation ist ein aufgerolltes Stück Cortex, in dem die Anordnung bestimmter Axone eine zyklische Erregungsausbreitung nahelegt

de Geometrie angeordnet sind, so daß ein beliebig orientierter histologischer Schnitt immer ungefähr dasselbe Bild ergibt. Das trifft für viele sog. ***Kerne*** zu (Abb. 1-6c), z. B. für Teile des Thalamus und für manche Kleinhirnkerne. Die Funktionsweise ist dort sicher anders als in jenen Stücken der grauen Substanz, deren Architektonik offenbar die Koordinaten des Raumes widerspiegelt, auf den sich die Signalverarbeitung bezieht.

1.6 Maße und Zahlen

Messungen und Zählungen an verschiedenen Gehirnteilen und verschiedenen Tieren zeigen, worauf es ankommt

Es liegt nahe, die Größe der verschiedenen Gehirnteile, besonders aber die Zahl der Neurone in ihnen, mit der Menge von Information in Verbindung zu bringen, die sie fassen und verarbeiten können. Dies ist sowohl beim Vergleich verschiedener Teile desselben Gehirns als auch beim Vergleich der Gehirne verschiedener Tierarten interessant. Einige Beispiele: Die Zahl der Neurone in einem Fliegengehirn liegt in der Größenordnung 100000. Die Zahl der Neurone in der Großhirnrinde der Maus liegt knapp unter 10 Millionen. Beim Menschen sind es etwas über 10 Milliarden. In der Kleinhirnrinde ist es sowohl beim Menschen wie bei der Maus ungefähr dieselbe Zahl wie in der Großhirnrinde. Im ganzen übrigen Nervensystem sind es höchstens noch einmal so viele Neurone wie in den beiden Cortices. Die Zahl der Synapsen ist – je nach Gehirnteil – etwa 1000- bis 10000mal größer als die der Neurone. In der Großhirnrinde des Menschen ist sie von der Größenordnung 10^{14}.

Beim Vergleich der Gehirne verschiedener Tierarten erhebt sich die Frage: *Welche Maße und Zahlenverhältnisse bleiben in allen Fällen konstant, hängen also offenbar mit dem Wesen der Informationsverarbeitung zusammen?*

Ziemlich konstant bleibt z. B. in der Gehirnrinde verschiedener Säugetiere die Zahl der Synapsen pro Volumeneinheit, knapp $10^9/mm^3$. Die Volumendichte der Neurone dagegen ist bei den kleinsten Säugetieren fast 10mal größer als bei großen. Die Synapsen sind von ungefähr konstanter Größe bei verschiedenen Tieren; sie sind offenbar so dicht gepackt wie möglich. Die Durchschnittsgröße der Neurone ist dagegen bei größeren Tieren größer; sie nehmen also mit ihren dendritischen und axonalen Fortsätzen mehr Raum ein. Deshalb können weniger Neurone pro Volumen untergebracht werden.

Mit wachsender Neuronenzahl im Netzwerk geht also offenbar das einzelne Neuron mehr Synapsen ein. Man kann daraus schließen, daß es in der Großhirnrinde wesentlich ist, eine ungefähr konstante Vernetzungsdichte einzuhalten.

Das Volumen des gesamten Gehirns nimmt bei größeren Tierarten nicht etwa proportional zum Gewicht des Tieres zu, sondern eher *proportional* zum Quadrat seiner Länge, also *zu seiner Körperoberfläche.* Das ist z. T. damit erklärbar, daß die Zahl der Sinneszellen, die das Gehirn mit Signalen beliefern, mit der Größe der Flächen, auf denen sie angeordnet sind (wie der Körperoberfläche oder der Retina), zunimmt.

Interessant sind die Größenverhältnisse bei den Cortices. Diese (Großhirnrinde, Kleinhirnrinde) sind bei größeren Tieren stark gefaltet, bei kleineren viel weniger oder ganz glatt. Es stellt sich heraus, daß das Volumen der grauen Substanz in den beiden Cortices immer ungefähr proportional zum Volumen des Gesamthirns ist. Die Dicke der Cortices nimmt aber bei größeren Tieren nur wenig zu, so daß *der Volumenzuwachs hauptsächlich auf einem Wachstum der Fläche beruht.* Das geht nur, wenn die Rinde sich in Falten legt; denn bliebe sie bei größeren Gehirnen glatt, so würde ihre Fläche nur mit dem Quadrat der linearen Gehirnmasse steigen, also gegenüber der geforderten Proportionalität zur dritten Potenz, d. h. zum Volumen, weit zurückbleiben.

Manchmal fallen beim Vergleich verschiedener Gehirne Teile auf, die bei manchen Tieren unverhältnismäßig groß sind. So ist das Kleinhirn bei gewissen elektrischen Fischen, die Spannungspulse abgeben und empfinden können, enorm vergrößert. Das läßt darauf schließen, daß das Kleinhirn etwas mit diesem besonderen Signalsystem zu tun hat. Bei Fledermäusen sind die akustischen Zentren des Hirnstamms viel größer als bei verwandten, nicht fliegenden Tierarten. Es ist bekannt, daß Fledermäuse zur Lokalisation ihrer Beute ein Sonarsystem im Ultraschallbereich verwenden, was offenbar eine Ausweitung der akustischen Hirnzentren verlangt.

Beim Menschen (und etwas weniger ausgeprägt auch bei Menschenaffen) sind gewisse Gebiete der Großhirnrinde, z. B. im Stirn- und Schläfenlappen, relativ größer als bei anderen Säugern. Es liegt deshalb nahe, diese Teile mit den besonderen menschlichen Fähigkeiten in Verbindung zu bringen.

1.7 Das Neuropil

Die graue Substanz besteht aus einem dichten Geflecht von Dendriten, Axonen und Gliafortsätzen (Neuropil = „Nervenfilz“)

Der Aufbau des Neuropils ist von Ort zu Ort verschieden, weniger im Verhältnis seiner verschiedenen Bestandteile als vielmehr in ihrer Anordnung. Einige fundamentale Unterscheidungen haben wir bereits getroffen, z. B. die zwischen dem Bautyp des Cortex und dem von Kernen, die keine geometrische Ordnung erkennen lassen. Nach einigen allgemeinen Überlegungen über die Variationsmöglichkeiten des Neuropils werden zwei der am besten untersuchten Strukturen des Gehirns genauer beschrieben.

Ein wichtiges Maß ist das bereits erwähnte Verhältnis zwischen der Zahl der Synapsen im Neuropil und der Zahl der Neurone (s. 1.6). Es gibt an, wie viele Synapsen im Durchschnitt auf ein Neuron kommen, d. h. mit wie vielen anderen Neuronen ein einzelnes Neuron maximal in Verbindung stehen kann. Die Zahl der Neurone, an die ein bestimmtes Neuron Signale weitergibt, nennt man ***Divergenz,*** die Zahl der Neurone, die umgekehrt auf ein bestimmtes Neuron einwirken, ***Konvergenz.*** Das Verhältnis Synapsen zu Neuronen liefert kein Maß für die tatsächliche, sondern nur für die maximal mögliche Divergenz bzw. Konvergenz, da es ja möglich ist, daß ein Neuron mehrere Synapsen mit ein und demselben anderen Neuron hat. Ob dies der Fall ist, kann man mit einiger Wahrscheinlichkeit schon aus der Gestalt der axonalen und dendritischen Fortsätze ablesen. In einigen Fällen sind die terminalen Verzweigungen eines Axons so dicht angeordnet, daß sie mehrfach auf die Zellmembran eines anderen Neurons stoßen müssen, in anderen Fällen durchkreuzen sich Axon- und Dendritenbäume so locker, daß man kaum mehr als eine einzige Kontaktstelle zwischen zwei bestimmten Neuronen annehmen kann.

Ein Maß dafür, wie sehr sich die Fortsätze verschiedener Neurone durchkreuzen, ist die ***relative axonale bzw. dendritische Dichte.*** Die relative axonale Dichte gibt an, wieviel Axonlänge ein individuelles Neuron zu dem axonalen Filz beiträgt, der sich innerhalb seines eigenen Verzweigungsraumes befindet. Die relative dendritische Dichte sagt dementsprechend etwas darüber aus, wieviel Dendritenlänge ein individuelles Neuron zu der Gesamtdendritenlänge innerhalb seines dendritischen Verzweigungsbereiches beiträgt. Das Maß schwankt zwischen 1 und 0,00001. Der erste Fall bedeutet, daß z. B. ein Dendritenbaum mit keinem anderen Dendritenbaum überlappt. Alle Axone, die in dieser Gegend Synapsen machen, müssen auf diesen Dendritenbaum konvergieren. Dieser Extremfall ist bei den Dendriten der Purkinje-Zellen des Kleinhirns (s. 1.9) annähernd erreicht. Der zweite Fall tritt bei den Axonbäumen der Pyramidenzellen im Cortex (s. 1.8) auf. Er bedeutet, daß der Axonbaum eines solchen Neurons mit den Axonen anderer Zellen so durchmischt ist, daß er selbst nur ein Hunderttausendstel zu dem Axonanteil in seinem Verzweigungsraum beiträgt. Da sich die Synapsen gewöhnlich einigermaßen gleichmäßig über Dendritenbäume bzw. die unmyelinisierten Abschnitte axonaler Verzweigungen verteilen, spiegelt dieses Maß recht gut den *Vernetzungsgrad von Neuronenpopulationen* wider.

Von besonderer Wichtigkeit ist im Neuropil die Unterscheidung von erregenden und hemmenden Synapsen, eine Unterscheidung, die sich in großen Teilen des Gehirns, so der Großhirn- und der Kleinhirnrinde, im Elektronenmikroskop treffen läßt (Abb. 1-8). Erregende und hemmende Neurone kann man in vielen Fällen auch an der Form ihrer Dendriten- und Axonbäume erkennen. So gelingt es oft, das Zusammenwirken von exzitatorischen und inhibitorischen Beziehungen bereits am mikroskopischen Bild abzuschätzen.

In den beiden letzten Abschnitten werden die beiden Strukturen, in denen die meisten Neuronen des ZNS enthalten sind, genauer betrachtet: die Großhirnrinde und die Kleinhirnrinde. Im Vergleich zwischen beiden erkennt man, *wie sehr der Aufbau des Neuropils* und damit die genetisch vorgegebene „Verdrahtung“ im Zusammenhang mit verschiedenen Aufgaben *variieren kann.*

Abb. 1-8. Morphologische Unterschiede zwischen exzitatorischen ***(Typ I)*** und inhibitorischen ***(Typ II)*** Synapsen in Kleinhirn- und Großhirnrinde. Die Typ-II-Synapsen unterscheiden sich von den Typ-I-Synapsen durch das Fehlen einer postsynaptischen Verdickung *(rot)* und unförmigere, meist ovale, Vesikel

1.8 Die Großhirnrinde

(Cortex cerebri, meist kurz Cortex genannt)

Der Cortex ist paarig. Die graue Substanz der Großhirnrinde besteht aus zwei symmetrischen Stücken, je einer Großhirnhemisphäre entsprechend, die zwar durch Fasersysteme miteinander verknüpft sind, aber nicht ineinander übergehen. Jedes Stück hat – stellt man es sich glattgebügelt vor – die Form eines unregelmäßig runden, dünnen Fladens, mit einem Durchmesser von etwa 30 cm und einer Dicke von 2,5 bis 4 mm. Die größte Dicke mißt man im Bereich der motorischen Rinde, die geringste in der primären Sehrinde.

Fasereingänge und Faserausgänge sind in großer Zahl überall im Cortex vorhanden

Die Fasern, die in die graue Substanz des Cortex einstrahlen ***(Afferenzen)*** oder von dort entspringen ***(Efferenzen),*** liegen auf einer Seite des Cortex, der inneren (oder unteren, wie sie manchmal auch genannt wird), und bilden dort die großen Fasermassen der weißen Substanz des sog. Hemisphärenmarks (Abb. 1-9). Etwa 100000 Fasereingänge und -ausgänge befinden sich unter 1 mm^2 Cortexfläche. Man bezeichnet zwar einige Cortexgebiete als ***sensorisch,*** weil dort Fasern von Sinnessystemen ankommen, und andere als ***motorisch,*** weil die dort entspringenden Fasern zu motorischen Gebieten des Gehirns (oder Rückenmarks) ziehen. Doch gibt es weder eine kortikale Gegend, die bloß Eingangsfasern empfängt und keine Fasern entsendet, noch eine, die bloß Ausgang, aber keinen Eingang hat. Vermutlich halten sich die afferenten und efferenten Fasern im Cortex überall ungefähr die Waage.

Die Fasern des Hemisphärenmarks sind verschiedener Art:

Kortikokortikale Fasern. Die meisten Fasern sind kortikokortikal, d. h. sie verbinden verschiedene Gegenden des Cortex einer Hemisphäre miteinander. Man bezeichnet sie gelegentlich auch als *Assoziationsfasern.* Ihre Zahl ist nicht genau bekannt, aber sie dürfte von der Größenordnung 1 Milliarde (10^9) sein. Sie verlaufen durch die weiße Substanz und machen ungefähr 90 % dieser Fasermasse aus.

Kommissurenfasern. Das zweitgrößte Kontingent, von der Größenordnung 10^8, bilden die Kommissurenfasern, die symmetrisch gelegene Gebiete der beiden Hemisphären miteinander verbinden. Die meisten verlaufen im Balken oder Corpus callosum, andere durch die vordere Kommissur. Fast alle kortikalen Gebiete sind durch Kommissurenfasern miteinander verbunden, eine Ausnahme bildet der größte Teil der primären Sehrinde.

Die Zahl der Fasern, die den Cortex mit anderen Gebieten des Gehirns efferent verbinden, ist vergleichsweise gering, von der Größenordnung 10^7 (einige zehn Millionen). Die meisten davon gehen zum Kleinhirn (unter Umschaltung in der Brücke), zum Thalamus und zu den Basalganglien.

Spezifische Afferenzen und Efferenzen. Noch geringer ist die Zahl der spezifischen Afferenzen und Efferenzen des Cortex, über die die Sinneseindrücke ankommen und die Motorik gesteuert wird. Die Fasern des Sehsystems, die über Sehnerv, Corpus geniculatum laterale und Radiatio optica den Cortex erreichen, sind kaum mehr als 1 Mio. Von derselben Größenordnung (10^6) sind die Fasern in der Pyramidenbahn, die die Motoneurone ansteuern. Weniger als 10^5 sind die Fasern in der Hörbahn.

Diese Zahlen legen nahe, daß der innere Signalverkehr im Cortex den äußeren weit überwiegt.

Die Neuronenpopulation im Cortex ist überwiegend von einem Typ, dem der Pyramidenzellen

Wie bereits erwähnt, wird die Gesamtzahl der Neurone im Cortex auf über 10 Mrd. (10^{10}) geschätzt. Das ist mehr als die derzeitige Zahl der Menschen auf der Erde. Die große Mehrheit (85%) dieser Neurone ist vom Typ der ***Pyramidenzellen*** (Abb. 1-9). Die übrigen werden oft einfach als „Nichtpyramidenzellen" zusammengefaßt oder auch als ***Sternzellen*** bezeichnet. Bei beiden Neuronentypen gibt es erhebliche Varianten in der Größe und im Verzweigungstypus. So ist z. B. manchmal von einem dritten Neuronentypus die Rede, den sog. Martinotti-Zellen, die sich aber vermutlich von den anderen nichtpyramidalen Zellen im wesentlichen nur durch den stets von unteren zu oberen Cortexschichten aufsteigenden Axonfortsatz unterscheiden.

Die beiden Haupttypen unterscheiden sich im wesentlichen durch folgende Merkmale:

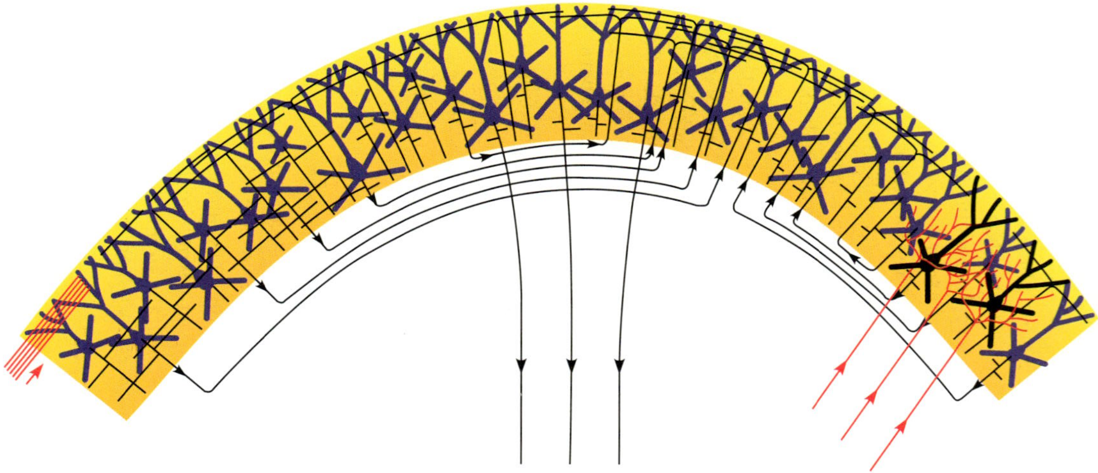

Abb. 1-9. Bauprinzip der Großhirnrinde, schematisiert. In allen Schichten überwiegen die hier dargestellten Pyramidenzellen. Sie sind miteinander überall durch Axonkollateralen (hier nur durch *kurze Striche* angedeutet) oder – über größere Entfernungen – über Assoziationsfasern durch die weiße Substanz *(unten)* verbunden. Efferenzen zu anderen Teilen des Zentralnervensystems und spezifische Afferenzen *(rot)* machen nur einen geringen Prozentsatz der Verbindungen aus. Die letzteren strahlen in die mittlere (4. Schicht) des Cortex ein, mit Ausnahme der olfaktorischen Afferenzen *(linker Bildrand, rot)*, die in die äußerste Schicht (Schicht I) eintreten

- Pyramidenzellen haben einen Dendritenbaum, der gewöhnlich senkrecht zur Cortexoberfläche ausgerichtet ist und sich meist durch alle darüberliegenden Schichten hindurchzieht (Abb. 1-9). Sie haben Axone mit lockeren, oft sehr weitreichenden intrakortikalen Verzweigungen. *Alle Axone, die die Gehirnrinde verlassen, also auch alle kortikokortikalen Fasern, stammen von Pyramidenzellen.* Manche reichen bis ins Rückenmark. Dagegen haben Sternzellen meist dichte Axonbäume und üben ihre Wirkung nur auf Neurone in der näheren Umgebung aus. *Sternzellen machen also nur Nahverbindungen, während Pyramidenzellen sowohl Nah- als auch Fernverbindungen machen.*
- Die Dendriten der Pyramidenzellen sind dicht mit ***Dornen*** (englisch „spines“) besetzt. Die meisten Synapsen, über die Pyramidenzellen beeinflußt werden, liegen auf den Köpfchen dieser Dornen. Man nimmt an, daß die *Synapsen* auf den Dornen *plastisch* sind. Man meint damit, daß ihre Wirksamkeit sich mit der Zeit nach Art eines Lernvorganges den Erfordernissen anpaßt. Die Dendriten der Sternzellen haben keine oder nur wenige Dornen. Die Synapsen, über die sie (erregend oder hemmend) beeinflußt werden, liegen direkt auf der Oberfläche der Dendriten. Beide Zellsorten tragen Zehntausende von Synapsen sowohl auf ihrem Axon- als auch auf ihrem Dendritenbaum.
- Die Unterscheidung von Pyramiden- und Sternzellen wird durch weitere, erst im Elektronenmikroskop sichtbare Merkmale erhärtet. Vor allem aber ist diese Art der Klassifizierung durch einen wesentlichen Unterschied in der Funktion gerechtfertigt: *Pyramidenzellen sind exzitatorisch, während für die meisten Varianten der Sternzellen gezeigt werden konnte, daß sie inhibitorisch sind.*

Jede Pyramidenzelle ist mit Tausenden von anderen synaptisch verbunden. Diese Synapsen bilden die große Mehrheit im Cortex

Der Cortex ist ein großer Gedächtnisspeicher. Der überwiegende Teil des Informationsflusses im Cortex spielt sich zwischen gleichartigen Zellen, den Pyramidenzellen ab. Sie sind hauptsächlich über Dornensynapsen miteinander verbunden. Diese Art von Synapsen macht ungefähr 75 % aller Synapsen im Cortex aus. Nachdem jede Pyramidenzelle mit Tausenden von anderen Pyramidenzellen verbunden ist, und zwar über exzitatorische und vermutlich plastische Synapsen, kann in diesem Netzwerk eine riesige Zahl von Erregungsmustern gespeichert werden. Dies führt zur Deutung der Gehirnrinde als einem ***„assoziativen Speicher“***, wie er auch in der Nachrichtentechnik verwendet wird; aber einem viel größeren, als er je in der Technik verwirklicht wurde.

Die Rolle der hemmenden Sternzellen dürfte dagegen in der Feinregulierung der Erregungsabläufe zu sehen sein, z.B. Verschärfen von Erregungsmustern und Erhaltung eines einigermaßen konstanten Aktivitätsniveaus.

Der Cortex besteht aus verschieden spezialisierten Gebieten, den Areas. Die Großhirnrinde ist in ihrer Struktur nicht vollkommen homogen. Sie unterscheidet sich örtlich nicht nur durch die verschiedenartigen Verbindungen (zu Sinnesorganen, zu motorischen Zentren, zu einzelnen Thalamuskernen), sondern auch durch leichte Variationen im Schichtenbau. Die im Nissl-Präparat sichtbare ***Schichtung*** spiegelt Lagen unterschiedlicher Zelldichte und -größe wider. Man spricht von ***Zytoarchitektonik***. Eine Schichtung zeigt sich auch im Markscheidenpräparat, das die unterschiedliche Dichte myelinisierter Axone wiedergibt ***(Myeloarchitektonik)***. Die arealen Unterschiede in der Schichtung haben zu vielfältigen Ansätzen der ***Kartierung der Großhirnrinde*** geführt, mit unterschiedlichem Ergebnis. In der Humananatomie hat sich die Kartierung von Brodmann durchgesetzt, die den Cortex in etwa 50 Areae einteilt (Abb. 1-10). Es zeigte sich dann für viele der strukturell definierten Felder, daß sie auch besonderen physiologischen Aufgaben dienen. Die Brodmann-„Area 17“ z.B. entspricht tatsächlich dem Gebiet, auf dem das Sehfeld durch die visuellen Afferenzen dargestellt ist; die durch „Riesenpyramidenzellen“ charakterisierte „Area 4“ ist tatsächlich das Ursprungsgebiet von kortikospinalen Fasern der Pyramidenbahn.

Die Schichten des Cortex haben verschiedene Fernverbindungen. Im zyto- und myeloarchitektonischen Bild werden gewöhnlich 6 Schichten unterschieden. Auch diese Unterscheidung wird durch die Untersuchung der Faserverbindungen gerechtfertigt. So liegen die Zellkörper von Pyramidenzellen, die ihre Axone in entfernte Gehirngegenden (z.B. ins Rückenmark) entsenden, vorzugsweise in der 5. Schicht. In der 6. Schicht liegen Zellen, die auf die Thalamuskerne projizieren. In der 4. Schicht landen Afferenzen aus dem Thalamus, so auch die spezifischen Afferenzen, die im Thalamus umgeschaltet werden. Die oberen Rindenschichten sind besonders mit kortikokortikalen Verbindungen betraut.

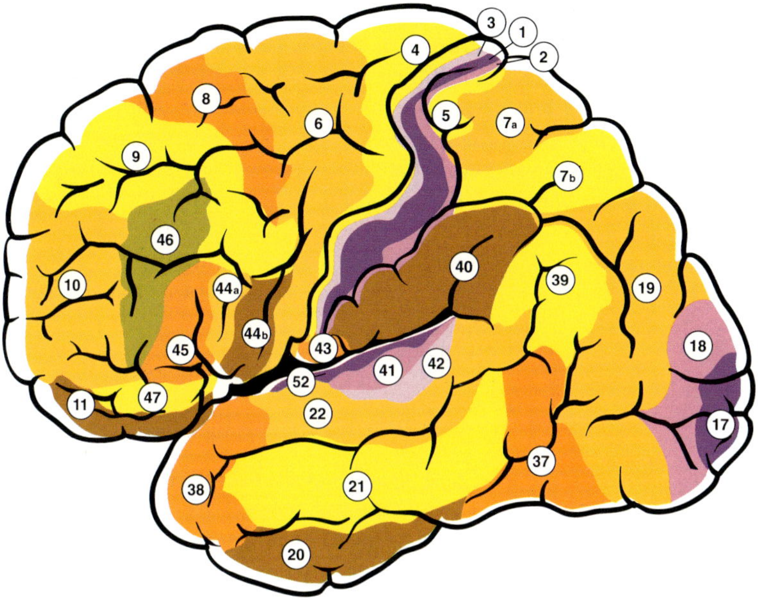

Abb. 1-10. Karte der zytoarchitektonischen Felder nach Brodmann (1909). Die verschiedenen Felder (Areale oder Areas) sind durch *unterschiedliche Farben* gekennzeichnet. Die Numerierung von Brodmann ist angegeben

Module und Kolumnen. Anatomisch findet man kaum Hinweise auf eine feinere Untergliederung der Areae in funktionelle Untereinheiten. Die Physiologie verschiedener Areae, insbesondere der primären Sinnesgebiete, legt aber die Existenz solcher Untereinheiten nahe. So erreichen die Eingänge vom rechten und vom linken Auge abwechselnd die primäre Sehrinde in Streifen von etwa einem halben Millimeter Breite. Auch gruppieren sich die Neurone, die auf Kanten verschiedener Orientierung im Sehfeld antworten (s. Kap. 10), so, daß innerhalb von einem halben Quadratmillimeter Cortexfläche sämtliche Orientierungen repräsentiert sind. Derartige Bereiche bezeichnet man als Module oder Kolumnen. Kolumnen nennt man manchmal auch noch kleinere Gebiete, von denen man annimmt, daß sie aus einer Säule von übereinanderliegenden Nervenzellen mit ähnlichen physiologischen Charakteristika bestehen. Eine solche Einförmigkeit der Funktion durch alle Schichten hindurch ist für den Cortex typisch.

Bei keinem dieser Bereiche darf man aber an voneinander isolierte Untereinheiten denken: Die intrakortikalen horizontalen Faserverbindungen sind überall gleich zahlreich; deshalb werden derartige Module oder Kolumnen im Faserbild gar nicht sichtbar. Die Existenz funktioneller Gruppierungen ist z. T. einfach der Tatsache zuzuschreiben, daß übereinanderliegende Neurone von denselben Eingangsfasern beeinflußt werden und daß benachbarte Neurone mit höherer Wahrscheinlichkeit miteinander verschaltet sind als weiter entfernt liegende.

Derzeitige Vorstellungen zur Funktion der Großhirnrinde:

Im Cortex ist das Wissen niedergelegt, das im Laufe eines Lebens erworben wird

Dazu gehören die Kenntnis der Umwelt und alle Fertigkeiten, insbesondere die Sprache. Man nimmt an, daß Synapsen – vermutlich Dornensynapsen – stärker werden, wenn die Neurone, die sie verbinden, oft gleichzeitig (oder kurz nacheinander) aktiv waren. Auf diese Weise werden Zusammenhänge in der Welt (z. B. die immer gleichzeitig auftretenden Eigenschaften eines bestimmten Objekts) im Hirn als Zusammenhänge zwischen Neuronenaktivitäten dargestellt. Abläufe in der Welt entsprechen dann Abfolgen von Aktivitätszuständen im Cortex; man kann solche inneren Abfolgen auch unabhängig von der Welt ablaufen lassen („Denken").

Eine Voraussetzung für die effiziente Darstellung der Welt im Cortex ist eine vor dem Lernen schon gegebene reiche Vernetzung der Cortexneurone. So können ihre Synapsen möglichst viele Zusammenhänge „entdecken" und speichern.

Da nicht jedes Neuron mit jedem anderen Neuron verbunden sein kann, ist die *genetisch bestimmte Vorauswahl* der Verbindungen, die dem Lernen dienen, wichtig. Sie ist in verschiedenen Funktionszusammenhängen verschieden und äußert sich in den leichten Variationen der Zyto- und Myeloarchitektonik der visuellen, akustischen, motorischen u. a. Rindengebiete.

Der Cortex als Gedächtnisspeicher ist auf Hilfsmechanismen angewiesen, die dem Einschreiben und Abrufen von Gedächtnisinhalten dienen. Ein besonders wichtiger Hilfsmechanismus ist ein Randgebiet des Cortex, der Hippocampus (s. 1.6 und Kap. 17); doch gewisse subkortikale Gebiete, z. B. die Basalganglien, sind wahrscheinlich auch daran beteiligt.

1.9 Die Kleinhirnrinde

Die Rinde des Kleinhirns hat so viele Neurone und fast dieselbe Flächenausdehnung wie die Rinde des Großhirns

Warum das Kleinhirn dennoch klein ist, hängt damit zusammen, daß die Kleinhirnrinde dünn ist (weniger als 1 mm dick), daß die weiße Substanz des Kleinhirns ein viel geringeres Volumen hat als die der Großhirnrinde (sie führt nur Eingangs- und Ausgangsfasern, keine Assoziationsfasern) und daß die subkortikalen grauen Massen des Kleinhirns (die „Kleinhirnkerne") kleiner sind als die des Großhirns. Weitere Eigentümlichkeiten der Kleinhirnrinde gegenüber der Großhirnrinde, die wir nachher deuten möchten, sind:

- Die Kleinhirnrinde besteht aus einem (unpaaren) Stück: das neuronale Gewebe der Kleinhirnrinde läuft ohne Unterbrechung über die Mittellinie hinweg.
- Die Kleinhirnrinde hat, wenn man sie sich entfaltet vorstellt, eine viel größere Ausdehnung in der anteroposterioren Richtung (etwa 2 m!) als in der laterolateralen Richtung (maximal 0,17 m).
- Die Faserverbindungen im Inneren der Kleinhirnrinde sind in der Quer- und in der Längsrichtung völlig verschieden.
- Die Struktur der Kleinhirnrinde ist viel einheitlicher als die der Großhirnrinde. Es gibt keine strukturell verschiedenen Areas, auch die Neurone jedes einzelnen Neuronentyps (s. unten) haben eine viel standardisiertere Form als die der Pyramidenzellen und Sternzellen der Großhirnrinde. Auch die Schichten der Kleinhirnrinde, eigentlich bloß zwei ***(Molekularschicht, Körnerschicht)*** mit einer dünnen Zwischenschicht ***(Purkinje-Zellschicht)*** sind viel deutlicher voneinander abgesetzt als die der Großhirnrinde (Abb. 1-11).

Eine Gemeinsamkeit der Groß- und Kleinhirnrinde ist dagegen, daß über die gesamte Fläche Ausgangsfasern entspringen und Eingangsfasern einströmen. Ebenfalls beiden gemeinsam ist die Tatsache, daß die meisten Synapsen auf dendritischen Dornen liegen.

In der Kleinhirnrinde kann man folgende neuronalen Elemente voneinander unterscheiden:

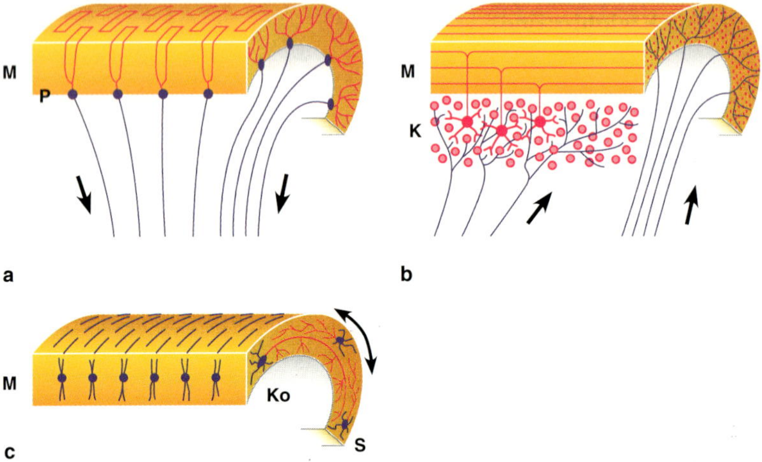

Abb. 1-11 a–c. Stück einer Falte aus der Kleinhirnrinde. Die Rechts-links-Richtung entspricht der Latero-lateral-Richtung des Kleinhirns. ***M*** Molekularschicht, ***P*** Purkinje-Zellschicht, ***K*** Körnerzellschicht. **a** Purkinje-Zellen. Ihr Dendritenbaum *(rot)* ist quer zur Faltung des Kleinhirns spalierartig abgeplattet. Ihre Axone *(Pfeile)* bilden den einzigen Ausgang aus der Kleinhirnrinde. **b** Moosfasern, Kletterfasern und Körnerzellen. Die Moosfasern *(links)* bringen Information von anderen Teilen des ZNS an die klauenförmigen Dendriten der Körnerzellen *(rot)*. Die Axone der Körnerzellen steigen in die Molekularschicht auf, verzweigen sich T-förmig und verlaufen alle als Parallelfasern parallel zu den Falten der Kleinhirnrinde. Der zweite Eingang sind die Kletterfasern *(rechts)*, die sich entlang der Purkinje-Zelldendriten verzweigen. **c** Inhibitorische Neurone. Dendriten- und Axonbäume dieser Zellen sind quer zur Falte ausgerichtet. Die Axone *(rot)* der Korbzellen ***(Ko)*** bilden Körbe um die Zellkörper der Purkinje-Zellen, die der Sternzellen ***(S)*** verzweigen sich weiter oben in der Molekularschicht

Purkinje-Zellen (Abb. 1-11 a). Sie sind die einzigen Ausgangsneurone der Kleinhirnrinde; sie projizieren auf die Kleinhirnkerne und die Vestibulariskerne.

Ihre Zellkörper liegen in einer Ebene an der Grenze zwischen der Molekularschicht und der Körnerschicht. Ihre Dendriten verzweigen sich in der Molekularschicht, die sie von unten bis oben durchziehen, aber nur in einem schmalen, plattenförmigen Bereich. Er ist in der anteroposterioren Richtung (im entfalteten Kleinhirn) etwa 10 mal so ausgedehnt wie in der laterolateralen Richtung („spalierförmige Verzweigung"). Die Dendriten der Purkinje-Zellen sind reich mit Dornen besetzt. *Ihre Axone wirken hemmend auf die nachgeschalteten Neurone.*

Kletterfasern (Abb. 1-11 b). Das ist die eine Sorte von Eingangsfasern in der Kleinhirnrinde. Sie heißen Kletterfasern, weil sie sich entlang den Dendriten der Purkinje-Zellen (wie kletternder Efeu) verzweigen und dort terminieren. Die Regel ist, daß jede Purkinje-Zelle nur von einer Kletterfaser kontaktiert wird. Die einzelne Kletterfaser kann sich allerdings unterhalb der Kleinhirnrinde verzweigen und so verschiedene Purkinje-Zellen bedienen. Die Kletterfasern kommen aus der unteren Olive im Hirnstamm. *Sie wirken auf Purkinje-Zellen stark erregend.*

Moosfasern. Die andere Sorte von Eingangsfasern sind die Moosfasern (Abb. 1-11 b). Sie heißen so, weil sie in ihrem Verlauf durch die Körnerschicht, in der sie mit vielen Verzweigungen terminieren, in unregelmäßigen Abständen auffallende Verdickungen tragen (Moose oder Rosetten). Auf der Oberfläche dieser Verdickungen liegen die Synapsen zu den nachgeschalteten Elementen in der Körnerschicht. Die Moosfasern kommen aus dem Rückenmark, aus der Brücke und aus anderen Kernen des Hirnstamms. *Ihre Wirkung ist ebenfalls exzitatorisch.*

Bei den intrinsischen Neuronen der Kleinhirnrinde, d. h. den Neuronen, deren gesamte Dendriten- und Axonverzweigung innerhalb der Kleinhirnrinde liegt, gibt es 3 Arten, eine davon hat 2 Unterarten:

Körnerzellen. Zahlenmäßig überwiegen bei weitem die Körnerzellen (Abb. 1-11 b). Sie zählen zu den kleinsten Nervenzellen des Gehirns, aber auch zu den zahlreichsten (etwa 1000mal mehr als Purkinje-Zellen, insgesamt von der Größenordnung 10^{10}). Ihre Zellkörper liegen dicht gedrängt in der Körnerschicht und tragen eine kleine Anzahl (etwa 4–6) kurzer Dendriten. Das Axon der Körnerzellen steigt in die Molekularschicht auf und verzweigt sich dort T-förmig in 2 etwa 4 mm lange Zweige. Diese, die sog. ***Parallelfasern,*** verlaufen streng in der laterolateralen Richtung, der eine Zweig nach rechts und der andere nach links. Der größte Volumenanteil der Molekularschicht besteht aus Parallelfasern.

Die Körnerzellen beziehen ihren wichtigsten Eingang von den Moosfasern. Ihre Dendriten kontaktieren die Moose der Moosfasern in den sog. ***Glomeruli,*** wobei von mehreren Körnerzellen Dendriten (je einer) in einem Glomerulus zusammenkommen und umgekehrt jede Körnerzelle mit ihren 4 Dendriten verschiedene Glomeruli kontaktiert. Neben den erregenden Moosfasern wirken noch hemmende Synapsen der Golgi-Zellen (s. unten) auf die Körnerzellen. Ihrerseits geben die Körnerzellen Erregung über die Parallelfasern an die Purkinje-Zellen weiter. Jede Parallelfaser kreuzt das

Dendritengeäst von etwa 100 Purkinje-Zellen und macht mit den meisten von ihnen Synapsen auf ihren dendritischen Dornen. Eine einzelne Purkinje-Zelle erhält Synapsen von über 200 000 Parallelfasern. *Die Synapsen der Parallelfasern sind erregend.*

Sternzellen. Die zweite Sorte der intrinsischen Neurone, die Sternzellen inklusive **Korbzellen** (Abb. 1-11 c), unterscheiden sich radikal von den Körnerzellen durch die Lage ihres Dendritengeästs in der Molekularschicht, besonders aber durch die Ausrichtung ihrer Axone in der anteroposterioren Richtung, also im rechten Winkel zu den Parallelfasern und endlich durch ihre *hemmende Wirkung*. Die Dendritenbäume der Sternzellen sind – ähnlich wie die der Purkinje-Zellen – abgeflacht und erhalten ihren Eingang wie diese von den Parallelfasern, tragen aber keine Dornen. Die Axone verlaufen über einige Millimeter, ungefähr gleich oft nach vorn wie nach hinten, und kontaktieren unterwegs die Purkinje-Zellen mit hemmenden Synapsen.

Die Unterscheidung von gewöhnlichen Sternzellen und Korbzellen beruht darauf, daß erstere die Purkinje-Zellen an den Dendriten kontaktieren, die letzteren an den Zellkörpern, die sie korbartig umfassen.

Golgi-Zellen. Schließlich gibt es eine 3. Gruppe intrinsischer Neurone, die Golgi-Zellen. Ihr Dendritengeäst ist nicht abgeflacht und breitet sich sowohl in der Molekularschicht als auch in der Körnerschicht aus, wo sie von den verschiedenen Bestandteilen des axonalen Geflechts Synapsen empfangen. Ihrerseits *hemmen sie die verschiedenen Elemente der Körnerschicht* durch einen dichten Axonbaum, der auf die Gegend der dendritischen Verzweigung derselben Zellen begrenzt bleibt.

Das Kleinhirn dient dem Glätten von Bewegungen. Die Verrechnung in der Kleinhirnrinde geschieht lokal und zeilenweise

Die Tatsache, daß die weiße Substanz der Kleinhirnrinde keine Assoziationsfasern führt, sondern überall nur Eingangs- und Ausgangsfasern, zeigt, daß es hier nicht – wie im zerebralen Cortex – darum geht, möglichst viele Beziehungen innerhalb der Rinde herzustellen, sondern daß es offenbar um ***lokale Verrechnungen*** geht. Da der Bau der Neurone sehr stereotyp und die Schichtung überall gleich ist, findet diese Verrechnung offenbar ***überall in gleicher Weise*** statt.

Die meisten Fasern (die Parallelfasern) verlaufen in einer Richtung, und die Fasern senkrecht dazu (die Axone der Sternzellen) sind inhibitorisch. Diese Anordnung läßt sich erklären, wenn man annimmt, daß die Kleinhirnrinde ihre ***Verrechnungen sozusagen zeilenweise*** ableistet. Dabei sorgt die Inhibition dafür, daß die zu einer aktiven „Zeile“ von Parallelfasern benachbarten Zeilen in ihrer Aktivität unterdrückt werden. Vermutlich besteht jede solche Zeile aus Tausenden oder – eher – Hunderttausenden von Parallelfasern. Aus der Tatsache, daß die Kleinhirnrinde in entfaltetem Zustand lang und schmal ist, muß man schließen, daß es weniger auf die Länge als auf eine Vielzahl von möglichen Zeilen ankommt.

In jeder Zeile von Parallelfasern und Purkinje-Zellen spielt vermutlich die ***Messung von Zeitintervallen*** eine Rolle. Man könnte sonst kaum verstehen, warum jede Parallelfaser dieselben Signale an hundert oder mehr Purkinje-Zellen weitergibt, wenn nicht die durch den verschiedenen Abstand gegebenen zeitlichen Verzögerungen wichtig wären. Auch die abgeplattete Form der Purkinje-Zellen (und der Sternzellen) legt nahe, daß zeitliche Präzision eine Rolle spielt. Die zeitliche Verrechnung geschieht offenbar auch zwischen beiden Hemiphären, da sich das Gewebe ohne Unterbrechung über die Mittellinie hinweg fortsetzt.

Daß sämtliche Synapsen zwischen Parallelfasern und Purkinje-Zellen auf dendritischen Dornen sitzen, läßt darauf schließen, daß das, was in einer Zeile zwischen Parallelfasern und Purkinje-Zellen passiert, durch Lernen zu beeinflussen ist. Man nimmt an, daß ***gelernte Bewegungsstrategien*** bei raschen Bewegungen oder beim Aufrechthalten des Körpers ***im Kleinhirn abgespeichert sind.***

Die Moosfasern dienen als Eingang für das, was in einer Zeile von Parallelfasern geschieht und über Tausende oder Hunderttausende von diesen auf die Purkinje-Zellen weitergegeben wird. Daß überdies jede Purkinje-Zelle noch einen privaten Eingang über eine einzelne Kletterfaser bekommt, hat man auch mit dem angenommenen Lernvorgang in Zusammenhang gebracht: die Kletterfaser als „Tutor“ beim Lernen.

Insgesamt ergibt sich aufgrund von klinischen Symptomen bei Kleinhirnläsionen und von Tierexperimenten die Vorstellung, daß das Kleinhirn dem ***„Glätten“ von Bewegungen*** dient. Man kann nachweisen, daß die komplexen zeitlichen Abfolgen der Kontraktionen bei allen in einer Bewegung zusammenwirkenden Muskeln auf ein intaktes Kleinhirn angewiesen sind. Eine gängige Vorstellung ist, daß die motorischen Anteile der Großhirnrinde die Bewegungen in ihrer Rohform planen und daß das Kleinhirn die zusätzlichen Signale liefert, die das Schlenkern, Übers-Ziel-Hinausschießen, Zittern etc. kompensieren, die sonst mit der Bewegung einhergehen würden. Die entsprechenden detaillierten Abfolgen von Muskelaktivierungen werden wahrscheinlich im Kleinhirn in einer frühen Lernphase abgespeichert (für weitere Einzelheiten zur Kleinhirnfunktion s. Abschnitt 5.8 ab S. 138).

Literatur

Abeles M (1991) Corticonics. Neural circuits of the cerebral cortex. Cambridge Univ Press, New York London

Angevine JB Jr, Cotman CW (1981) Principles of neuroanatomy. Oxford Univ Press, New York Oxford

Braak H (1980) Studies of brain function, vol 4: Architectonics of the human telencephalic cortex. Springer, Berlin Heidelberg New York Tokyo

Braitenberg V (1973) Gehirngespinste. Neuroanatomie für kybernetisch Interessierte. Springer, Berlin Heidelberg New York

Braitenberg V (1986) Künstliche Wesen. Vieweg, Braunschweig Wiesbaden

Braitenberg V, Schüz A (1991) Studies of brain function, vol 18: Anatomy of the cortex. Statistics and geometry. Springer, Berlin Heidelberg New York Tokyo

Brodal A (1992) Neurological anatomy. Oxford Univ Press, New York Oxford

Creutzfeldt OD (1983) Cortex cerebri. Leistung, strukturelle und funktionelle Organisation der Großhirnrinde. Springer, Berlin Heidelberg New York

Firbas W, Gruber H, Mayr R (1988) Neuroanatomie. Maudrich, Wien

Forssmann WG, Heym C (1985) Grundriß der Neuroanatomie. Springer, Berlin Heidelberg New York

Hillman H, Jarman D (1991) Atlas of the cellular structure of the human nervous system. Academic Press, London San Diego New York

Jerison HJ (1973) Evolution of the brain and intelligence. Academic Press, New York

Kuffler SW, Nicholls JG, Martin AR (1992) From neuron to brain. Sinauer, Sunderland/MA

Leonhardt H (1990) Histologie, Zytologie und Mikroanatomie des Menschen. Thieme, Stuttgart

Nieuwenhuys R, Voogd J, Van Huizen C (1991) Das Zentralnervensystem des Menschen. Springer, Berlin Heidelberg New York Tokyo

Orban GA (1984) Neuronal operations in the visual cortex. Springer, Berlin Heidelberg New York Tokyo

Palm G (1982) Neural assemblies. An alternative approach to artificial intelligence. Springer, Berlin Heidelberg New York

Peters A, Jones EG (1984) Cerebral Cortex, vol 1: Cellular components of the cerebral cortex. Plenum Press, New York London

Peters A, Palay SL, de Webster HF (1991) The fine structure of the nervous system. Oxford Univ Press, New York Oxford

White EL (1989) Cortical circuits. Birkhäuser, Boston Basel Berlin

Zilles K, Rehkämper G (1993) Funktionelle Neuroanatomie. Springer, Berlin Heidelberg New York

2 Innerneurale Homeostase und Kommunikation, Erregung

J. Dudel

EINLEITUNG

Physiologie ist die Lehre von den Funktionsweisen der Lebewesen. „Lebewesen“ sind zur Selbstorganisation und -reproduktion fähige Einheiten, die mit ihrer Umgebung Stoffe, Energie und Informationen austauschen. Im Nervensystem der Tiere sind die kleinsten solcher Einheiten die Nervenzellen oder Neurone. Die wichtigsten auf die Funktion dieser Zellen, die Informationsvermittlung, gerichteten Austauschprozesse sollen in Kap. 2 besprochen werden.

2.1 Zellmembran und Membranpotential

Die Zellmembran ist eine molekulare Doppelschicht von Lipiden mit eingelagerten Eiweißmolekülen

Zellen sind von Membranen umschlossene Funktionsräume. Neben den Zellorganellen enthalten sie eine wäßrige Salzlösung (Tabelle 2-1). Die Ionen und die Zellorganellen bewegen sich rasch im Intrazellulärraum, sie *diffundieren* oder sie werden *aktiv transportiert.* Ihre Bewegungen werden eingeengt durch die Zellmembran.

Die Zellmembran besteht aus einer Doppelschicht von Lipiden, meist Phospholipiden (Abb. 2-1 a). Diese Moleküle enthalten eine polare, hydrophile Kopfgruppe, an die sich hydrophobe Fettsäureketten anschließen. In wäßriger Lösung bilden sie spontan Doppelschichten, in denen die hydrophilen Kopfgruppen dem Wasser zugekehrt sind, während die Fettsäureketten

Tabelle 2-1. Intra- und extrazelluläre Ionenkonzentrationen bei einer Warmblütermuskelzelle. A^- bezeichnet „große Anionen"

Ion	Intrazellulär		Extrazellulär
Na^+	12 mmol/l		145 mmol/l
K^+	155 mmol/l		4 mmol/l
Ca^{2+}	10^{-8}–10^{-7} mol/l		2 mmol/l
		Andere Kationen:	5 mmol/l
Cl^-	4 mmol/l		120 mmol/l
HCO_3^-	8 mmol/l		27 mmol/l
A^-	155 mmol/l		
Ruhepotential	–90 mV		0 mV

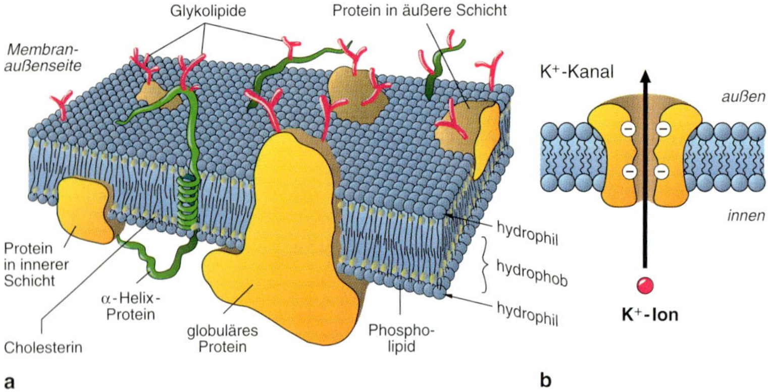

Abb. 2-1. a Schema der Plasmamembran. In eine Phospholipiddoppelschicht sind Proteine eingelagert, die teils die Lipiddoppelschicht ganz durchqueren, teils nur in der Außen- oder Innenschicht verankert sind. **b** Schema eines K-Kanal-Proteins, das in die Lipiddoppelschicht der Plasmamembran eingelagert ist. In der „Wand" des Kanals sind 4 negative Ladungen fixiert. (Mod. nach Alberts et al. 1983 aus Schmidt u. Thews 1993)

eine innere, hydrophobe Phase bilden. Die *Lipiddoppelschichten der Membran* sind für viele Stoffe ein ***Diffusionshindernis,*** v. a. für geladene Teilchen, die Ionen. Die Membranen haben deshalb auch einen hohen elektrischen Widerstand. Wassermoleküle und Stoffe, die sich in Lipiden lösen, können Lipidmembranen relativ gut permeieren. Die Lipidmoleküle und eingelagerte Stoffe können sich innerhalb der Lipiddoppelschicht ziemlich frei bewegen.

In die Lipiddoppelschicht der Membran sind als Träger verschiedenster Funktionen ***Proteinmoleküle*** eingebettet (Abb. 2-1 a). Diese Proteine können mit intra- oder extrazellulären Substanzen reagieren und damit z. B. Zell-Zell-Kontakte, immunologische- oder enzymatische Reaktionen bewirken. Für die Funktionen der Nervenzellen sind besonders ***Kanalmoleküle*** wichtig (Abb. 2-1 b). Sie enthalten eine mit Wasser gefüllte Pore, durch die Ionen, z. B. K^+-Ionen, diffundieren können. Ähnliche Membraneiweiße transportieren Stoffe unter Energieaufwand durch die Membran. Die Primärstruktur vieler dieser Membranproteine ist bekannt, ohne daß sich daraus bisher viel für das Verständnis ihrer Funktionen herleiten ließ.

Die ungleiche Verteilung von Ionenspezies innerhalb und außerhalb der Zelle und selektive Permeabilitäten der Membrankanäle erzeugen das Membranpotential

Während die Salzlösung in der Zelle viele K^+-Ionen und wenige Na^+- und Cl^- Ionen enthält, sind außerhalb der Zelle die Na^+- und Cl^--Konzentrationen hoch und die K^+-Konzentrationen niedrig (Tabelle 2-1). Aneinandergrenzende unterschiedliche Ionenkonzentrationen streben den Ausgleich durch Diffusion an, wobei der Stofffluß proportional zur Konzentrationsdifferenz, zur Grenzfläche und zur Permeabilität der Grenzmembran ist. Die in der Zelle hochkonzentrierten K^+ können durch die K^+-Kanäle (Abb. 2-1 b) hinausdiffundieren. Dabei entfernen sie jedoch positive Ladungen aus der Zelle, das Zellinnere bekommt relativ zum Außenmedium eine negative elektrische Aufladung. Diese negative elektrische Aufladung wirkt der Diffusion der K^+ entlang ihres Konzentrationsgradienten entgegen. Die negative Aufladung des Zellinneren kommt zum Stillstand, wenn sie den „Diffussionsdruck" des Konzentrationsgradienten für K^+ gerade aufhebt; im Zustand des Fließgleichgewichts passieren auswärts und einwärts gleich viele K^+-Ionen die Kanäle. Die entsprechende Aufladung, das Gleichgewichtspotential, wird durch die Nernst-Gleichung angegeben:

$$E_{ion} = \frac{RT}{zF} \ln \frac{[\text{Ion}]_{\text{außen}}}{[\text{Ion}]_{\text{innen}}} \qquad (1)$$

R = Gaskonstante, T = absolute Temperatur, z = Ladungszahl des Ions (negativ für Anionen), F = Faradaykonstante, [Ion] = betreffende Ionenkonzentration.

Für Körpertemperatur (T = 310 K) wird daraus das ***K^+-Gleichgewichtspotential (E_K)***:

$$E_K = -61\text{ mV} \quad \log \frac{[K^+]_i}{[K^+]_a} \qquad (2)$$

Für $[K^+]_i/[K^+]_a = 39$ (Tabelle 2-1) ergibt sich E = – 61 mV × 1,59 = – 97 mV. Tatsächlich wird z. B. an Muskelzellen ein ***Membranruhepotential*** von etwa –90 mV gemessen (Abb. 2-3 a). Dieses stellt sich ein, weil die ruhende Nerven- und Muskelzelle im wesentlichen nur geöffnete K^+-Kanäle enthält, sie ist für K^+ permeabel; dazu bestehen die in Tabelle 2-1 angegebenen Konzentrationsgradienten. Erhöht man die extrazelluläre K^+-Konzentration, so wird das Membranpotential entsprechend Gl. 2 weniger negativ, die Membran wird „depolarisiert".

Der K^+-Kanal ist ***selektiv permeabel*** für K^+-Ionen, d. h. er läßt K^+ hindurchtreten, verhindert jedoch fast vollständig die Permeation der ebenso geladenen und in ihrer Größe kaum verschiedenen Na^+. Ähnlich sind andere Typen von Membrankanälen hochselektiv für Na^+-, Ca^+- oder Cl^--Ionen. Im Falle des K^+-Kanals wird die Selektivität gegenüber Anionen durch die 4 negativen Ladungen innerhalb des Kanals gewährleistet (Abb. 2-1 b). Die K^+ binden während der Passage kurzzeitig an diese negativ geladenen Wandstellen. Die Bindung ist offenbar für K^+ besser als für Na^+, was Grundlage der Selektivität des Kanals ist. Die Kanalmoleküle ändern spontan und mit hoher Frequenz ihre räumliche Gestalt, ihre Konformation. Dabei öffnen sich die Kanäle spontan für jeweils einige Millisekunden, wobei ein K^+-Strom von etwa 2 pA (2×10^{-12} A) fließt (s. Abb. 2-7). Während einer solchen Kanalöffnung strömen somit einige 10 000 K^+ durch den Kanal.

Die Na^+-Permeabilität der ruhenden Membran ist gering; es sind nur wenige Na^+-Kanäle geöffnet. Aufgrund des einwärts gerichteten Konzentrationsgradienten und begünstigt durch das Ruhepotential strömen jedoch Na^+ in die Zelle und stören das Gleichgewicht (s. 2.2). Die Cl^--Permeabilität der meisten Nervenzellen ist klein, relativ hoch jedoch an Muskelzellen. Die Zellen enthalten viele hochmolekulare Anionen, die die Membran praktisch nicht passieren können; dementsprechend ist die intrazelluläre Cl^--Konzentration klein. Sie stellt sich in den meisten Zellen so ein, daß $[Cl^-]_a/[Cl^-]_i$ ungefähr gleich $[K^+]_i/[K^+]_a$, d. h. daß das Gleichgewichtspotential für Cl^- beim Ruhepotential liegt. Wenn $[Cl^-]_i$ von dieser Gleichgewichtsbedingung abweicht, muß ein aktiver Transport (s. 2.2) mitwirken.

2.2 Transporte über die Zellmembran

Die Na^+-K^+-Pumpe stellt unter Energieaufwand die niedrige intrazelluläre Na^+-Konzentration ein

Die extrazellulären Ionenkonzentrationen sind vorgegeben. Bei Meerestieren entsprechen sie den Salzkonzentrationen des Meerwassers, und bei Landtieren werden (auf niedrigerem Niveau) im Blut ähnliche Konzentrationsverhältnisse im wesentlichen über die Nierenfunktion hergestellt. Die gegenüber den Außenkonzentrationen innen sehr niedrige Na^+- und hohe K^+-Konzentrationen sind spezifische Leistungen der Zelle. In die Zellmembran mit hoher Dichte eingelagert finden sich Na^+-K^+-Pumpmoleküle. Diese spalten intrazelluläres ***Adenosintriphosphat*** (ATP), eine vom Zellstoffwechsel bereitgestellte „Energiemünze", und verwenden die gewonnene Energie, um in einem Pumpzyklus 3 Na^+ aus der Zelle heraus und 2 K^+ in die Zelle hineinzuschaffen (Abb. 2-2 a). Die Koppelung von K^+-Einstrom und Na^+-Ausstrom vermindert den für den Transport von Ladungen not-

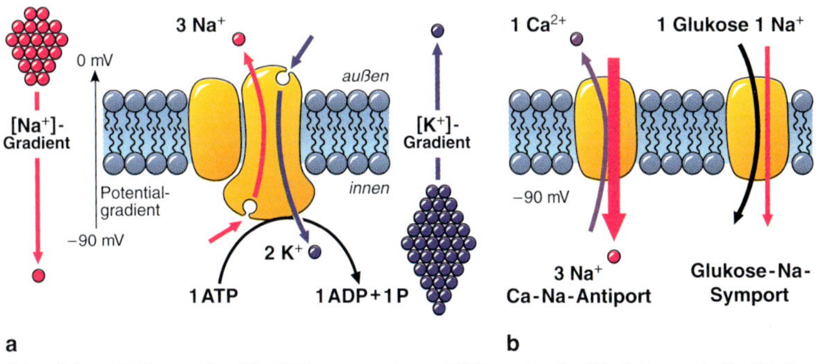

Abb. 2-2. a Schema der Na-K-Pumpe, einer ATPase in der Lipiddoppelschicht der Plasmamembran, die in einem Pumpzyklus 3 Na^+ gegen den Konzentrationsgradienten und Potentialgradienten aus der Zelle entfernt und 2 K^+ aufnimmt. Dabei wird ein ATP in ADP und Phosphat, P, gespalten. Die ATPase ist als Dimer aus einer großen (Funktions)einheit und einer kleinen Einheit gezeichnet, sie liegt in der Membran als Tetramer aus 2 großen und 2 kleinen Einheiten vor. **b** Membranproteine, eingelagert in die Lipiddoppelschicht der Membran, die angetrieben durch den extra- bzw. intrazellulären Na^+-Gradienten einen Glukose-Na-Symport in die Zelle sowie einen Ca-Na-Antiport vermitteln. (Mod. nach Dudel in Schmidt u. Thews 1993)

wendigen Energieaufwand. Trotzdem wird mehr als 1/3 des Energieverbrauches der Zelle für die Na^+-K^+-Pumpe aufgewandt. Die Aktivität der Pumpe wird reguliert durch die Na^+-Innenkonzentration. Erreicht diese den „Normalbereich" um 10 mmol/l, so wird die Pumpe ineffektiv. Die Na^+-K^+-Pumpe verschiebt netto positive Ladungen aus der Zelle. Dieser Pumpstrom trägt mit –10 bis –20 mV zum Ruhepotential bei. Wird die Na^+-K^+-Pumpe durch Digitalisglykoside blockiert, so wird das Membranpotential um diesen Betrag positiver.

Die niedrigen Na^+-Konzentrationen und hohen K^+-Konzentrationen sind Vorbedingungen für die Potentiale der Zellen und ihre Änderungen, die wesentliche Funktionsmerkmale der Nerven sind (s. unten). Der über die Na^+-K^+-Pumpe hergestellte Na^+-Gradient über der Zellmembran wird zusätzlich für den Antrieb anderer Transportvorgänge genutzt. So wird der Verlust an potentieller Energie durch Einstrom von 3 Na^+-Ionen in einem ***Ca^{2+}-Pumpmolekül*** dazu genutzt, um jeweils 1 Ca^{2+} aus der Zelle zu schaffen (Ca^{2+}-Na^+-Antiport; Abb. 2-2 b). Dies geschieht gegen einen hohen Konzentrationsgradienten und gegen das Membranpotential: Die freie Ca^{2+}-Konzentration beträgt intrazellulär etwa 0,1 µmol/l und extrazellulär etwa 2 mmol/l. Ähnlich gibt es auch verschiedene Transportmoleküle für *Zucker* und *Aminosäu-*

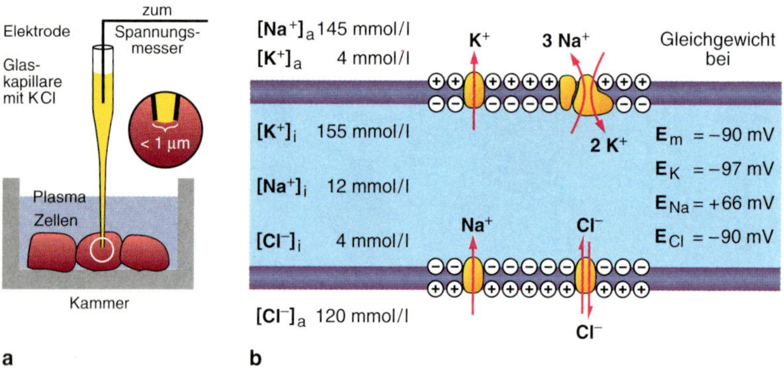

Abb. 2-3. a Intrazelluläre Membranpotentialmessung. Meßanordnung: Die Zelle liegt in dem mit Plasma (oder Ersatzlösung) gefüllten Extrazellulärraum. Eine Glaskapillarelektrode ist in eine Zelle eingestochen. **b** Schema der Konzentrationen von Na^+, K^+ und Cl^- in und außerhalb der Zelle und deren Stoffaustausch über die Plasmamembran durch Na^+, K^+ und Cl^--Kanäle sowie durch die Na-K-Pumpe. Bei den betreffenden Konzentrationsgradienten stellen sich Gleichgewichtspotentiale E_{Na}, E_K und E_{Cl} ein, und das Membranpotential ist E_m = –90 mV. (Mod. nach Dudel aus Schmidt u. Thews 1993)

ren, die in einem ***Kotransport*** den Einstrom des Zuckers oder der Aminosäure durch den Energiegewinn des Einstromes von Na^+ ermöglichen (Zucker- bzw. Aminosäuren-Na^+-Symport; Abb. 2-2 b).

Die Na^+-K^+-Pumpe erreicht ein Gleichgewicht der Ionenkonzentrationen und -flüsse über die Zellmembran

Die wichtigsten Charakteristika der ruhenden Zelle sind in Abb. 2-3 b zusammengefaßt. Das Membranruhepotential $E_m = -90$ mV ist etwas positiver als das Kaliumgleichgewichtspotential $E_K = -97$ mV. Deshalb strömen K^+ durch den K^+-Kanal aus. Das Natriumgleichgewichtspotential (s. Gl. 1) $E_{Na} = +60$ mV und der Konzentrationsgradient führen trotz geringer Na^+-Permeabilität der Membran zu einem Na^+-Einstrom. K^+-Ausstrom und Na^+-Einstrom werden durch die Na^+-K^+-Pumpe kompensiert. Die Cl^--Ströme sind beim Membranpotential –90 mV im Gleichgewicht.

2.3 Intrazelluläre Transporte

Innerhalb der Zellen werden Stoffe vielfach in Vesikeln verpackt transportiert

Die intrazellulären Organellen nehmen etwa die Hälfte des Innenraums ein. Neben verschiedenen Formen von Röhrchen (Tubuli) und Fasern (Fibrillen) sind die meisten Organellen von Membranen mit ähnlichem Aufbau wie die äußere Zellmembran umgeben. Diese Organellen bewegen sich dauernd relativ zum Zytoskelett der Mikrotubuli und -fibrillen. Im Bereich des Kerns und dem assoziierten endoplasmatischen Reticulum erzeugte Eiweiße werden in verschiedenen Formen von Vesikeln weiterverarbeitet und an ihre Bestimmungsorte transportiert (Abb. 2-4). Zu degradierende Proteine, aber auch an der Zellmembran aufgenommene Stoffe (z. B. Lipide) werden in Vesikeln zum Kernbereich transportiert. Große Eiweißmoleküle, die sich unter Energieumsatz (ATP-Verbrauch) kontrahieren können, wie Aktin, Myosin, Kinesin oder Dynein (s. Kap. 4) heften sich an Strukturen des Zytoskeletts und die Vesikel und bewegen diese in wiederholten, kleinen Rucken schließlich zu ihrem jeweiligen Bestimmungsort.

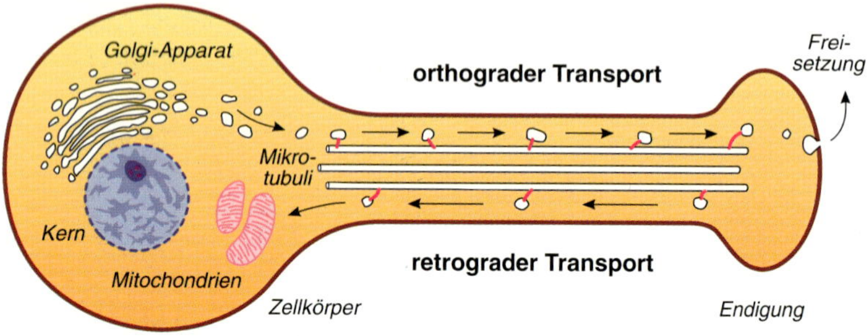

Abb. 2-4. Schema des axonalen Transports. Vom Golgi-Apparat des Zellkerns trennen sich Vesikel ab. Diese und andere Organellen werden mit dem orthograden Transport zur Endigung bewegt, indem sie sich mit kontraktilen Eiweißbrücken repetitiv an Mikrotubuli anheften. Mit ähnlichen Mechanismen werden auch Vesikel und Organellen von der Nervenendigung retrograd zum Zellkörper transportiert

Der schnelle axonale Transport bewegt Vesikel zur Peripherie mit einer Durchschnittsgeschwindigkeit von 410 mm/Tag

Am besten und quantitativ studiert wurden die intrazellulären Transporte in langgestreckten peripheren Axonen. Werden solche Axone durch einen Faden eingeschnürt, so bildet sich zentral von der Einschnürung eine Auftreibung, die den Anstau von peripherwärts transportiertem Material sinnfällig macht. Injiziert man radioaktiv gemachte Aminosäuren in die Zellkörper solcher Axone, so bewegt sich eine Front von Radioaktivität mit einer Geschwindigkeit von etwa 410 mm/Tag im Axon zur Peripherie. Dieser *schnelle axonale Transport* bewegt unterschiedliche Eiweiße, aber auch Lipide und Zucker, mit etwa gleicher Geschwindigkeit. Die unterschiedlichen Stoffe müssen deshalb in einem einheitlichen Transportmedium, in Vesikel verpackt, in die Peripherie bewegt werden (Abb. 2-4). Mit demselben Transportsystem laufen aber auch größere Organellen wie Mitochondrien. Der „Massentransport" zur Peripherie ist notwendig, weil die Struktur- und Funktionselemente der Zelle begrenzte Lebensdauern von Stunden bis Wochen haben und weil viele dieser Elemente nur im Kernbereich synthetisiert werden können. Passive Diffussion eines größeren Eiweißes über Entfernungen bis zu 1 m würde Jahre dauern.

Mit etwas geringerer Geschwindigkeit als der orthograde axonale Transport findet auch ein ***retrograder Transport*** von großen Vesikeln statt (Abb.

2-4), die „verbrauchte“ Stoffe zum Zellkörper zurücktransportieren. Dieser retrograde Transport gibt aber auch Informationen an den Zellkörper weiter, z. B. die Botschaft, daß das periphere Ende des Axons verletzt worden ist. Die Nervenenden können in der Peripherie auch Fremdstoffe wie Viren (Herpes simplex, Tollwut, Kinderlähmung) oder Toxine (Wundstarrkrampf) aufnehmen, die dann retrograd zur Zelle transportiert werden und dort pathogen werden können. Neben den schnellen Transporten gibt es auch langsamere Transportformen, die nur Geschwindigkeiten von wenigen Millimetern pro Tag erreichen. Diese scheinen mit dem gerichteten An- und Abbau von Mikrotubuli assoziiert zu sein.

Die Bewegung von größeren Zellelementen kann heute mit Videomikroskopie in der lebenden Zelle sichtbar gemacht werden. 410 mm/Tag entsprechen einer Durchschnittsgeschwindigkeit von 5 μm/s. Da diese Bewegung ungleichförmig ist, bewegen sich die Teilchen im Röhren- und Fasergewirr des Mikroskeletts mit eindrucksvoll schnellen Rucken durch das Gesichtsfeld. Ein solcher Seheindruck unterstreicht die hohe Dynamik der Zelle.

2.4 Intrazelluläre Botenstoffe

Die vielfältigen Funktionen der Zellen und ihrer Organellen werden durch „Botenstoffe“ („messengers“) gesteuert

Wie alle Zellen haben Neurone mannigfache Funktionszustände. Sie sind im Ruhezustand, „erregt“ oder „gehemmt“ (s. unten), sie wachsen, sie bauen ihren Dendritenbaum um, sie verlängern ihre Axone, sie bewegen sich relativ zu anderen Zellen, oder sie tauschen die Funktionseiweiße ihrer Membranen aus. Dies geschieht durch Änderungen der Genexpression im Zellkern, der Zahl und Aktivität von Organellen, Transport von Organellen u. ä. Um diese Funktionen anzustoßen und zu koordinieren, bedient sich die Zelle ***intrazellulärer Botenstoffe*** („messengers“), deren Freisetzung entweder endogen – aufgrund von intrazellulären Ereignissen – oder exogen – durch einen von außen auf die Zelle wirkenden Reiz – veranlaßt wird.

Ein solcher Steuermechanismus ist das ***Membranpotential,*** das z. B. über die transversalen Tubuli der Muskelzellen (Abb. 4-3) auch in die Zelle fortgeleitet werden kann und intrazelluläre Organellenfunktionen steuert. (Es wird uns in 2.5 und 2.6 eingehend beschäftigen.) Ein Steuerstoff im engeren

A

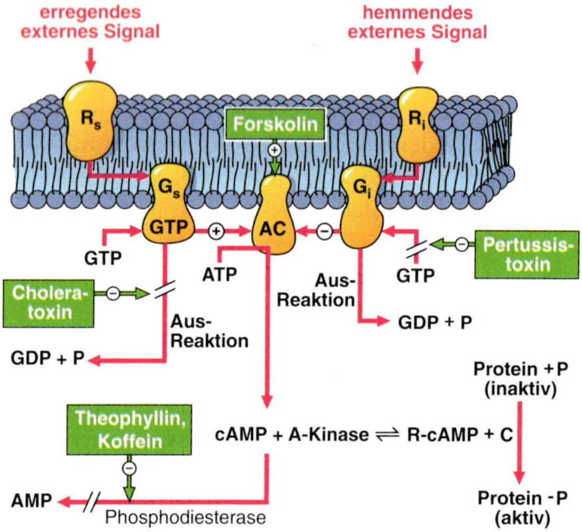

erregendes externes Signal
hemmendes externes Signal
Rs
Ri
Forskolin
Gs
GTP
AC
Gi
GTP
Pertussis-toxin
ATP
Aus-Reaktion
GTP
Cholera-toxin
GDP + P
Aus-Reaktion
GDP + P
Protein + P (inaktiv)
Theophyllin, Koffein
cAMP + A-Kinase ⇌ R-cAMP + C
AMP
Phosphodiesterase
Protein - P (aktiv)

B

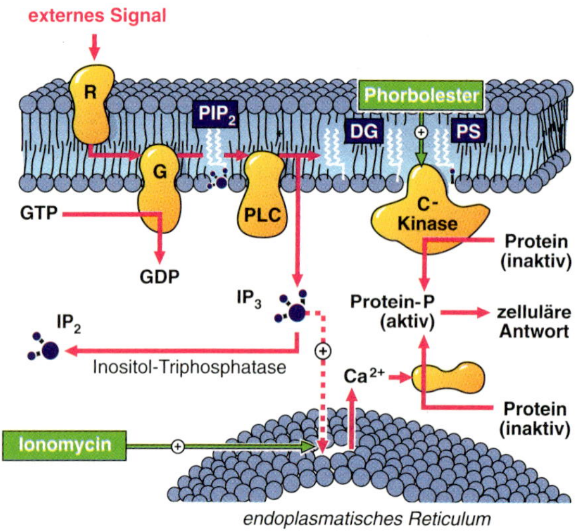

externes Signal
R
PIP2
Phorbolester
DG
PS
G
PLC
GTP
C-Kinase
GDP
Protein (inaktiv)
IP3
Protein-P (aktiv)
zelluläre Antwort
IP2
Inositol-Triphosphatase
Ca2+
Protein (inaktiv)
Ionomycin
endoplasmatisches Reticulum

Sinne ist die freie ***intrazelluläre*** $\boldsymbol{Ca^{2+}}$-Konzentration. Diese liegt in Ruhe bei etwa 10^{-7} mol/l; sie kann sich durch Kalziumeinstrom durch Membrankanäle oder durch Entleerung von intrazellulären Ca^{2+}-Speichern erhöhen und ermöglicht dann verschiedenste Reaktionen, z. B. die Öffnung von „Ca-abhängigen K^{+}-Kanälen" der Membran oder Aktivierung von Proteinkinasen oder die Kontraktion des Myosin-Aktin-Komplexes (Abb. 4-5) oder die Ausschüttung von Vesikeln an der Nervenendigung (3-6).

Äußere Signale aktivieren G-Proteine der Membran, die über Enzymkaskaden intrazelluläre Botenstoffe („second messengers") freisetzen

Die in Abb. 2-5 dargestellten Mechanismen werden ausgelöst durch die Reaktion eines externen Signals mit einem Rezeptorprotein R der Außenseite der Zellmembran. Diese extrazellulären Signale können ganz verschiedenen Stoffgruppen angehören: synaptische Überträgerstoffe (3.1) wie Acetylcholin, Noradrenalin oder Peptide, Hormone, lokale Wirkstoffe. Der ak-

◄———

Abb. 2-5. a Reaktionskette des intrazellulären Botenstoffes cAMP (zyklisches Adenosinmonophosphat). Erregende oder hemmende externe Signale aktivieren Membranrezeptoren R_S bzw. R_i. Diese steuern G-Proteine, die mit intrazellulärem *GTP* (Guanosintriphosphat) reagieren können und intrazelluläre Adenylatzyklase *(AC)* stimulieren oder hemmen. Das Verstärkerenzym AC konvertiert Adenosinintriphosphat *(ATP)* in cAMP. cAMP wird durch Phosphodiesterase zu AMP abgebaut. Freies cAMP diffundiert in der Zelle und aktiviert Adenylatkinase (A-Kinase) und setzt daraus die katalytische Untereinheit C frei, die die Phosphorylierung von intrazellulären Proteinen katalysiert und damit die „Wirkungen" der extrazellulären Reize auslöst. An den verschiedenen Reaktionen sind Pharmaka bzw. Toxine vermerkt, die diese fördern (+) oder hemmen (–). **b** Reaktionskette des intrazellulären Botenstoffes IP_3 (Inositoltriphosphat). Das extrazelluläre Signal wird wie beim cAMP-System über ein G-Protein vermittelt, das Pospholipase C *(PLC)* aktiviert. Diese spaltet Phosphaditylinosindiphosphat *(PIP_2)* der Plasmamembran in IP_3 und Diacylglycerin *(DG)*, wobei IP_3 ins Zytoplasma diffundiert. Dort setzt es Ca^{2+} aus dem endoplasmatischen Retikulum frei, und die Erhöhung von $[Ca^{2+}]_i$ aktiviert eine Proteinkinase, die ein Funktionsprotein phosphoryliert und damit aktiviert. Das Spaltprodukt DG bleibt in der Membran und aktiviert eine C-Kinase (Kofaktor Phosphatidyl-Serin, *PS*). Auch diese C-Kinase phosphoryliert Funktionsproteine und vermittelt ebenfalls die spezifische Wirkung der Stimulation des externen Rezeptors R. Die Reaktionszweige über IP_3 und DG können getrennt durch Ionomycin bzw. Phorbolester aktiviert werden. (Mod. nach Berridge 1985)

tivierte ***Rezeptor*** aktiviert wiederum ein ***„G-Protein“*** an der Innenseite der Membran, das daraufhin mit ***Guanosintriphosphat*** (GTP) aus dem Zellinneren reagiert. (GTP ist eine energiereiche Verbindung, die dem Adenosintriphosphat, ATP, nahe verwandt und immer im Zellinneren vorhanden ist.)

cAMP. Im Mechanismus der Abb. 2-5 a aktiviert der G-Protein-GTP-Komplex schließlich an der Innenseite der Membran eine ***Adenylatzyklase*** (AC), die die Umwandlung von ATP in zyklisches Adenosinmonophosphat (cAMP) katalysiert. Das wasserlösliche ***cAMP*** ist der Botenstoff oder „second messenger“. Er diffundiert in das Zellinnere und kann dort mit einer cAMP-abhängigen Proteinkinase (A-Kinase) reagieren, die eine katalytische Untereinheit (C) abspaltet, die schließlich die Phosphorilierung von Proteinen katalysiert. Die komplexe Reaktionskaskade enthält mehrere enzymatische Schritte: die aktivierte Adenylatzyklase katalysiert die Bildung von cAMP, und die Untereinheit C katalysiert die Phosphorilierung vieler Proteinmoleküle. Die Bindung eines Signalmoleküls an den Rezeptor verursacht somit die Phosphorylierung vieler Proteinmoleküle. Die Enzymkaskade hat also einen enormen Verstärkereffekt.

Die Beschreibung des cAMP-Systems gilt soweit nur für R_S, den Rezeptor für erregende Signale. Neben R_S kommt in vielen Zellen der hemmende Rezeptor R_i vor. Seine Aktivierung hemmt im Endeffekt die Adenylatzyklase und damit die Bildung von cAMP.

In Abb. 2-5 a ist eine Reihe von Stoffen eingezeichnet, die bestimmte Reaktionsschritte aktivieren oder hemmen. So wirkt Choleratoxin, indem es das Abschalten von G_S verhindert, Pertussis (Keuchhusten-)Toxin, indem es die Hemmung von AC durch G_i verhindert, und Koffein hemmt den Abbau von cAMP. Diese Substanzen sind wichtige Werkzeuge der Forschung; ihr Wirkungsort, die cAMP-Steuerung, macht jedoch auch die Wichtigkeit dieses Mechanismus deutlich.

IP_3. Die Aktivierung dieses Systems (Abb. 2-5 b) erfolgt ähnlich wie die des cAMP-Systems. Das G-Protein aktiviert an der Innenseite der Membran eine Phospholipase C (PLC). Diese katalysiert die Zerlegung eines Phospholipids der Zellmembran, des Phosphaditylinositols (PI) in Inositolphosphate, u. a. Inositoltriphosphat (IP_3) sowie Diacylglycerol (DG). IP_3 ist ein Botenstoff, der in das Zellinnere diffundiert und dort hauptsächlich Ca^{2+} aus intrazellulären Speichern freisetzt. Die Ca^{2+}-Konzentrationserhöhung hat – wie oben besprochen – ebenfalls Steuerfunktion.

Diacylglycerol (DG). Das zweite Spaltprodukt des PI, Diacylglycerol (DG), diffundiert innerhalb der Zellmembran zu einer membranständigen Proteinkinase C (C-Kinase) und aktiviert sie. Die aktivierte C-Kinase katalysiert die Phosphorylierung von Proteinen und ändert damit deren Funktionszustand. Es gibt viele Isoformen der C-Kinase mit verschiedener Proteinspezifität, was das Wirkungsspektrum der Steuerung durch DG erweitert. Die C-Kinase kann durch *Phorbolester* direkt aktiviert werden. Diese Substanzen sind u. a. hochpotente Kanzerogene, was wiederum die Wichtigkeit der Steuerung über die C-Kinase unterstreicht.

Arachidonsäure. Mit einem ähnlichen Mechanismus wie dem in Abb. 2-5 b gezeigten kann statt PLC auch eine Phospholipase A_2 aktiviert werden, die aus Phophoinositol der Membran Arachidonsäure abspaltet. Diese ist ein weiterer Botenstoff, der im Zellinneren durch verschiedene Enzyme in hochwirksame Metaboliten zerlegt wird (u. a. Leukotriene, Prostaglandine und Thromboxane).

Die 3 hier geschilderten Botenstoffsysteme sind erst vor relativ kurzer Zeit entdeckt worden, und es ist nicht unwahrscheinlich, daß weitere ähnliche Systeme existieren. Die 3 Systeme wirken auch aufeinander hemmend und erregend ein; dazu ist das intrazelluläre Ca^{2+} in das komplexe intrazelluläre Regulationsnetzwerk einbezogen.

2.5 Erregung, Aktionspotential

Die Hauptaufgabe des Nervensystems ist die Koordinierung der Aktivitäten der verschiedenen Organe und der Reaktionen des Körpers auf die Umwelt. Dies geschieht vornehmlich durch Änderungen des Potentials von Nervenzellen, die als ***Aktionspotentiale*** über größere Entfernungen fortgeleitet werden.

Aktionspotentiale sind vom Ruhepotential ausgehende schnelle Änderungen des Membranpotentials bis zu positiven Werten um +30 mV, die nach Auslösung mit einem konstanten Zeitverlauf ablaufen und die sich schließlich selbsttätig zum Ruhepotential zurückbilden

Ruhepotential. Alle Zellen haben ein ***Ruhepotential*** (2.1), das bei Nerven- und Muskelzellen meist Werte zwischen –90 und –70 mV hat. Das Potential kann mit *intrazellulären Elektroden* gemessen werden (Abb. 2-3 a). Das sind mit leitender Salzlösung (KCl) gefüllte Glaskapillaren, die zu Spitzen mit Durchmessern <1 µm ausgezogen wurden. Diese Spitzen können durch die Zellmembran geschoben werden, ohne diese wesentlich zu verletzen. Die so hergestellte leitende Verbindung zum Zellinneren kann an ein Meßinstrument angeschlossen werden, das die über die Membran abfallende Spannungsdifferenz, das Membranpotential, anzeigt.

Aktionspotential. Vom Ruhepotential ausgehend, zeigen Nervenzellen schnelle Potentialänderungen, die ***Aktionspotentiale.*** Diese haben an verschiedenen Zelltypen einen verschiedenen ***Zeitverlauf*** (Abb. 2-6 a). Der Sprung vom Ruhepotential zur Spitze bei etwa +30 mV, die Depolarisationsphase, dauert bei Warmblütern gewöhnlich weniger als 1 ms. An den meisten Nervenzellen ist die Rückkehr zum Ruhepotential, die Repolarisation, fast so schnell wie die Depolarisation, so daß das ganze Aktionspotential nur etwa 1 ms dauert. An Muskelzellen ist die Repolarisation etwas länger, sehr lang jedoch an Herzmuskelzellen, wo sie 150–300 ms dauern kann. An einer bestimmten Zelle ist der *Zeitverlauf des Aktionspotentials* jedoch *sehr konstant* (bei Normalbedingungen). In wenigen Minuten können viele tausend solcher Aktionspotentiale mit völlig gleichem Zeitverlauf gemessen werden. Diese Potentialänderungen heißen ***Aktionspotentiale,*** weil mit ihnen Aktivität einhergeht. So wird z. B. jede Zuckung einer Muskelfaser durch ein Aktionspotential in der Muskelfasermembran begleitet, oder jede Reaktion einer Sinneszelle auf einen Sinnesreiz wird zum Zentrum durch Aktionspotentiale weitergegeben.

Aktionspotentiale werden durch Depolarisation der Membran zu einem Schwellenwert ausgelöst, der etwa 20 mV positiver ist als das Ruhepotential. Für kurze Zeit nach einem Aktionspotential kann kein neues Aktionspotential ausgelöst werden (Refraktärphase)

Beim Ruhepotential befinden sich alle Membranströme im Gleichgewicht (Abb. 2-3). Dieses Potential bleibt deshalb ungestört lange Zeit konstant. Wenn jedoch das Membranpotential durch einen zusätzlichen Membranstrom, der z. B. durch einen äußeren Einfluß in die Zelle gelangt, schnell um

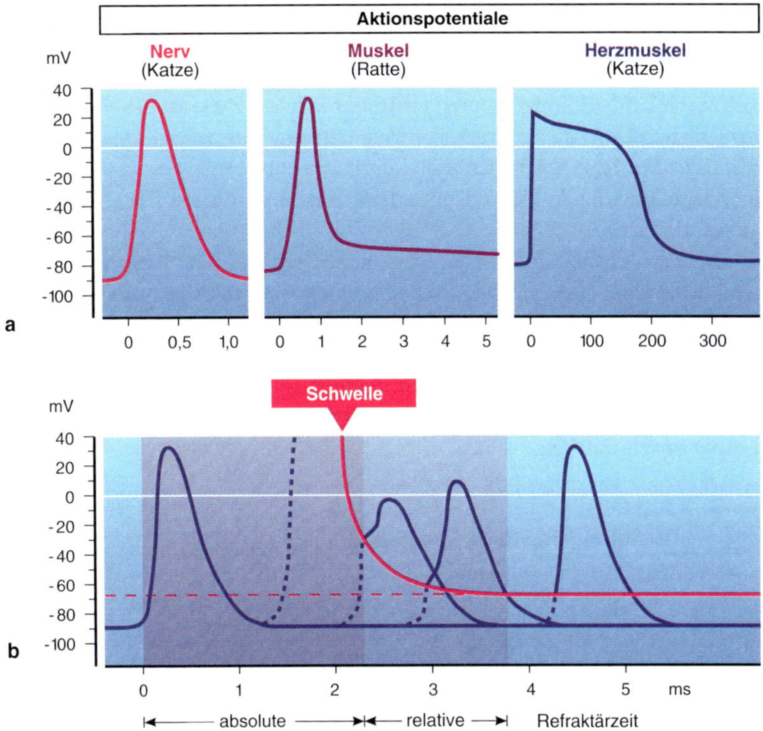

Abb. 2-6. a Aktionspotentiale verschiedener Warmblütergewebe, schematisiert. *Ordinate:* intrazelluläres Membranpotential; *Abszisse:* Zeit nach Beginn des Aktionspotentials. Die Zeitmaßstäbe sind für die verschiedenen Aktionspotentiale sehr unterschiedlich. **b** Refraktärität nach einer Erregung. Aktionspotential eines Warmblüternervs, nach dem zu verschiedenen Zeiten weitere Erregungen ausgelöst wurden. *Rot* ausgezogen das Schwellenpotential. Die Depolarisation der Faser bis zur Schwelle ist jeweils *blau gestrichelt* dargestellt. Die Faser ist in der absoluten Refraktärphase unerregbar, in der relativen Refraktärphase mit erhöhter Schwelle erregbar. (Mod. nach Dudel aus Schmidt u. Thews 1993)

etwa 20 mV positiver gemacht wird als das Ruhepotential, so beginnt ein Aktionspotential. Ein solcher depolarisierender Membranstrom wird auch ein ***„Reiz“*** genannt. Das Auslösepotential für das Aktionspotential heißt ***„Schwelle“***. An der Schwelle ändert sich das Gleichgewicht der Membranströme. Es treten für kurze Zeit zusätzliche Membranströme auf, die die Membran depolarisieren. Man nennt diesen Zustand auch ***„Erregung“***.

Wird kurz nach einem Aktionspotential die Membran depolarisiert, so kann die normale Schwelle weit überschritten werden, ohne daß ein Aktionspotential ausgelöst wird (gestrichelter Potentialverlauf in Abb. 2-6b). Für 1–2 ms ist kein Aktionspotential auslösbar, d. h. die Zelle ist ***absolut refraktär.*** Danach kehrt die Schwelle von einem hohen Wert zurück. In der ***relativen Refraktärphase*** können nur im Vergleich zum Normalwert überschwellige Depolarisationen Aktionspotentiale auslösen, die in der Amplitude vermindert sind.

Die Refraktärität begrenzt die maximale Frequenz von Aktionspotentialen, die in einer Zelle auftreten kann. Die maximalen Aktionspotentialfrequenzen liegen bei den verschiedenen Zelltypen bei 50–500 Hz, im Extremfall (N. acusticus) bei bis zu 1000 Hz. Da die Information im Nervensystem frequenzkodiert weitergegeben wird, begrenzt die Maximalfrequenz der Aktionspotentiale in einer Nervenfaser auch die Kapazität dieser Faser zur Informationsvermittlung.

Depolarisation der Membran führt zur Öffnung von Na^+-Kanälen, und der folgende Na^+-Einstrom treibt die Depolarisation weiter. Die Bereitschaft der Na^+-Kanäle, auf Depolarisation zu öffnen, hält nur etwa 1 ms an, die Kanäle inaktivieren. Inaktivation beendet die Depolarisationsphase des Aktionspotentials

Bei Ruhepotential sind in der Membran im wesentlichen nur K^+-Kanäle geöffnet; jedenfalls ist der Anteil der offenen Na^+-Kanäle sehr klein (s. oben). Deshalb führt Ersatz des extrazellulären Na^+ durch ein impermeables Kation auch nur zu einer leichten Hyperpolarisation. *In Na^+-freier extrazellulärer Lösung* können jedoch *keine Aktionspotentiale* ausgelöst werden. Daraus wurde schon früh geschlossen, daß während der Depolarisationsphase des Aktionspotentials die Membranpermeabilität für Na^+ ansteigt, und der entsprechende Na^+-Einstrom die selbsttätige Depolarisation bis zur Spitze des Aktionspotentials bewirkt.

Mit der von den Nobelpreisträgern für Physiologie des Jahres 1991, Neher und Sakmann, entwickelten ***Membran-Fleck-Klemme*** („patch clamp") können die Ströme durch einzelne Membrankanäle gemessen werden. Eine mit extrazellulärer Lösung gefüllte Glaskapillare mit einer 1 μm weiten, glatt abgeschmolzenen Öffnung wird auf die Zellmembran aufgesetzt (Abb. 2-7a). Wird leichter Unterdruck an die Kapillare angelegt, so kann sich die Membran eng mit der Kapillaröffnung verbinden und eine Dichtung („seal") mit

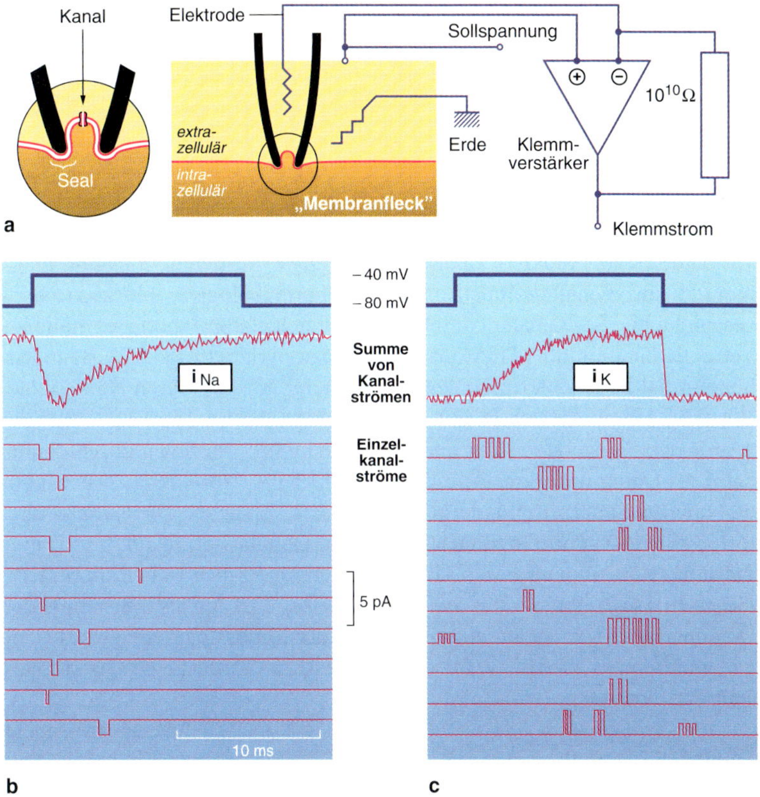

Abb. 2-7. a Schema der „Membranfleckklemme" („patch clamp"). *Schwarz* ein Schnitt durch die Meßpipette, die mit ihrer Öffnung von etwa 1 µm Durchmesser auf der Membran sitzt. Wenn die Elektrodenspitze absolut staubfrei und die Zelloberfläche von Bindegewebefibrillen und ähnlichem frei ist, kann sich beim Anlegen von Unterdruck eine Dichtung („seal") bilden, die auf dem Membranfleck in der Elektrodenspitze liegende Kanäle elektrisch vom Rest der Zellmembran isoliert (Einsatzfigur). Die Kanalströme können dann mit einem „Klemmverstärker" gemessen werden, der an die Salzlösung in der Pipette angeschlossen wird. (Nach Hamill et al. 1981). Ströme durch Natrium- (**b**) und Kaliumkanäle (**c**), schematisiert. Das Membranpotential wird in einer Membranfleckklemme für 14 ms von –80 mV auf –40 mV verstellt *(oben)*; dieser Spannungssprung wird häufig wiederholt. Dabei werden die *unten* dargestellten Membranströme gemessen. Diese Einzelkanalströme erscheinen irgendwann während der Depolarisation und haben verschiedene Dauer. Summiert man, synchron zum Spannungssprung, viele der gemessene Einzelkanalströme, so ergeben sich die *oben* gezeichneten Summenströme I_{Na} bzw. I_K. Ihr Zeitverlauf zeigt, daß bei den Na-Kanälen die Öffnung kurz nach dem Spannungssprung am wahrscheinlichsten ist und daß nach etwa 1 ms die Öffnungen seltener werden und schließlich ganz ausbleiben (Inaktivation). Die Kaliumkanäle öffnen sich dagegen im Mittel mit Verzögerung nach dem Spannungssprung, dann stellt sich jedoch eine mittlere Häufigkeit von Öffnungen ein, die konstant bleibt, solange die Depolarisation anhält. (Mod. nach Dudel aus Schmidt u. Thews 1993)

einem elektrischen Widerstand von mehr als 1 GΩ erreicht werden. Damit wird der die Kapillaröffnung verschließende Membranfleck („patch") elektrisch von seiner Umgebung isoliert, und es können mit einer Spannungsregelschaltung („clamp") die Ströme gemessen werden, die durch den Membranfleck fließen.

Na^+-Kanäle. Will man die *Ströme* durch einen *Na^+-Kanal* messen, so muß man einen Membranfleck finden, in dem nur ein oder wenige Na^+-Kanäle vorhanden sind. Andere Kanäle, v.a. K^+-Kanäle, werden in solchen Experimenten ausgeschaltet, indem man sie pharmakologisch blockiert. Dies geschieht bei K^+-Kanälen durch in der Patch-clamp-Pipette enthaltenes Tetraethylammonium (TEA) und 3,4 Diaminopyridin (3,4 DAP). Beim Ruhepotential beobachtet man gewöhnlich keine Ströme durch Na^+-Kanäle. Wird der Membranfleck über den Verstärker (in Abb. 2-7a) für 14 ms um 40 mV depolarisiert, so sieht man meist einen Stromstoß von durchschnittlich 1 ms Dauer und einer Amplitude von –1,6 pA. Abbildung 2-7b zeigt in den unteren Spuren 10 Wiederholungen dieses Versuches. Die Kanalströme treten gehäuft unmittelbar nach Beginn der Depolarisation auf; ihre Dauer schwankt statistisch um einen Mittelwert. Summiert man viele Experimente dieser Art, so ergibt sich der ***Summenstrom I_{Na}***. Er kann als die Summe der Öffnung vieler Kanäle auf einen Depolarisationspuls angesehen werden, er gibt andererseits auch die Wahrscheinlichkeit der Öffnung eines Na^+-Kanals während eines Depolarisationspulses an.

Der ***Summenstrom i_{Na}*** steigt nach Depolarisation steil an und erreicht ein Maximum innerhalb weniger als 1 ms. Danach fällt er trotz anhaltender Depolarisation wieder ab, und am Ende des Depolarisationspulses erreicht er einen sehr kleinen Wert. Nach dem Depolarisationspuls ist i_{Na} Null; es treten keine Na^+-Kanalöffnungen mehr auf. Der Zeitverlauf von i_{Na} hängt von der Größe der Depolarisation ab. Kleine Depolarisationen verlangsamen den Zeitverlauf, große machen ihn schneller. Kleine Depolarisationen öffnen ferner weniger Kanäle als große. i_{Na} hat alle die Eigenschaften, die für eine Stromkomponente, die die Depolarisationsphase des Aktionspotentials leisten kann, gefordert werden müssen. i_{Na} wird durch Depolarisation ausgelöst und erreicht schnell einen maximalen Wert (Schwelle, schnelle Depolarisationsphase). Der folgende Abfall von i_{Na} entspricht der Inaktivation oder Refraktärität. Die Na^+-Kanäle öffnen sich nur für eine kurze Zeitspanne nach dem Depolarisationsschritt (Inaktivation). Wenn i_{Na} danach abgefallen ist, kann auch eine größere Depolarisation keine Na^+-Kanalöffnungen mehr auslösen (Refraktärität).

Das Membranpotential muß für kurze Zeit in den Bereich des Ruhepotentials zurückgeführt werden, damit nach einer Depolarisation wieder Na^+-Kanalöffnungen ausgelöst werden können.

Dies kann im Konzept der ***Zustände des Na*⁺**-Kanals in Abb. 2-8 a zusammengefaßt werden:

Aus einem *geschlossenen, aktivierbaren Zustand* wird nach Depolarisation ein Offenzustand erreicht, aus diesem wiederum wird ein *geschlossener inaktivierter Zustand.* Aus diesem inaktivierten Zustand kommt der Kanal nur nach Repolarisation zurück.

Das Schema der Abb. 2-8 a kann als vereinfachte Fassung einer zyklischen chemischen Reaktion gesehen werden, in der die Reaktionsraten potentialabhängig sind. Bei einer präziseren Beschreibung muß eine größere Anzahl von Schritten angenommen werden, z. B. 3–4 Reaktionsschritte vom geschlossenen zum offenen Zustand.

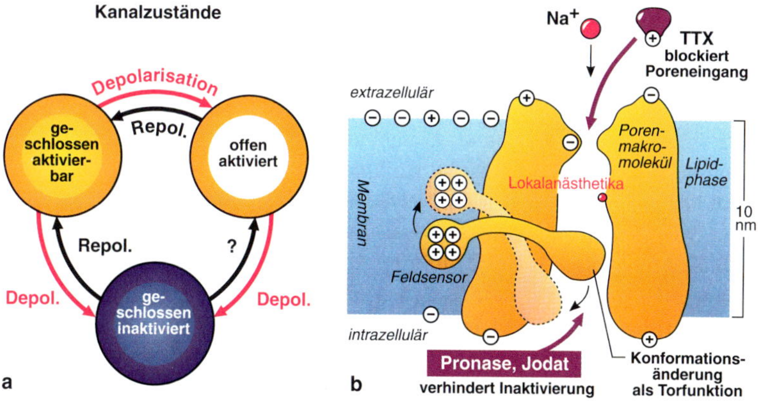

Abb. 2-8. a Schema der Zustände der Na-Kanäle. Der Zustand „geschlossen aktivierbar" kann bei Depolarisation in die Zustände „offen aktiviert" oder „geschlossen inaktiviert" übergehen. Auch aus dem „offen aktivierten" Zustand fördert anhaltende Depolarisation den Übergang in den „geschlossen inaktivierten" Zustand. Nur durch Repolarisation kann der Kanal schließlich in den „geschlossen aktivierbaren" Zustand zurückkehren. (Realistischere Modelle enthalten 3 „geschlossen aktivierbare" und 4 „geschlossen inaktivierte" Zustände in Serie. **b** Modellschema eine Na^+-Kanals der Membran. Die Größenverhältnisse der Membrankomponenten und der Ionen sind etwa maßstabsgerecht. Neben den die Pore permeierenden Na^+-Ionen sind mit *Pfeilen* die Hemmstoffe Tetrodotoxin (*TTX*, blockiert Poreneingang) und Pronase bzw. Jodat (verhindert Inaktivierung) eingezeichnet. (Mod. nach Hille 1984 und nach Dudel in Schmidt u. Thews 1993)

Wie bei vielen Proteinen der Zellmembran ist die chemische Primärstruktur der Na^+-Kanäle bekannt. Abbildung 2-8b gibt mehr ein funktionelles Modell, das jedoch in vielen Details mit den Strukturdaten übereinstimmt. Die Selektivität des Na^+-Kanals für Na^+ wird durch einen engen Kanaleingang (0,5 nm Durchmesser) und eine dort lokalisierte negative Ladung erreicht. Der Kanal ist beim Ruhepotential fast immer geschlossen; nur nach Depolarisation öffnet er sich intermittierend und läßt kurze Strompulse passieren (Abb. 2-7b). Die depolarisationsabhängige Kanalöffnung wird durch eine den weiten Teil des Kanals verschließende Proteinkonformation angedeutet, die „*Torfunktion*". Das Tor öffnet sich, wenn die Depolarisation 4 mit dem Tor verbundene Ladungen verschiebt. Diese Ladungsverschiebungen kann man als Torstrom messen. Im Kanalmolekül entspricht diesem Tor wahrscheinlich eine α-Helix von Aminosäuren in der Kanalwand, die regelmäßig verteilt 4 positiv geladene Argininreste enthält. Die Depolarisation wirkt auf diese Ladungen, torsiert die Helix, und die Ionenpassage durch den Kanal wird für kurze Zeit freigegeben.

In das Modell der Abb. 2-8b sind einige weitere Eigenheiten des Na^+-Kanals eingezeichnet. Ein positiv geladenes Toxinmolekül, *Tetrodotoxin* (TTX, ein Fischgift), kann mit hoher Affinität den Kanaleingang verschließen. ***Lokalanästhetika*** werden medizinisch zur Blockade der Nervenfunktion eingesetzt, indem man sie z. B. in die Umgebung eines von den Zähnen kommenden Nervs einspritzt. Diese Lokalanästhetika (z. B. Novocain) binden zwischen Kanaleingang und Tor jeweils nur für Bruchteile von Millisekunden. Dadurch wird der Kanaleingang verschlossen (ähnlich die K^+-Kanalströme; Abb. 2-7c), und seine Öffnung durch Depolarisation läßt nur verkleinerte, zerhackte Na^+-Ströme fließen. Molekülanteile, die die Beendigung der Kanalöffnungen nach der Depolarisation, die Inaktivation, kontrollieren, sitzen an der Membraninnenseite. Die Inaktivation kann dort durch Jodat oder Pronase, aber auch durch Pharmaka, aufgehoben werden.

Die schnelle Repolarisation des Aktionspotentials wird durch vermehrte Öffnung von K^+-Kanälen bewirkt

K^+-Kanäle. Das Aktionspotential des Nervs wird nach der Depolarisationsspitze schnell wieder repolarisiert. Die *Repolarisation* wird im wesentlichen durch den *Ausstrom von K^+-Ionen* geleistet. Blockiert man K^+-Kanäle durch die oben genannten Gifte (TEA und 3,4 DAP), so wird die Repolarisation sehr stark verlangsamt. Messungen der Kanalströme (Abb. 2-7 c) zeigen, daß auch die am Aktionspotential beteiligten K^+-Kanäle potentialabhängig sind. Der K^+-Kanal öffnet sich zwar mit geringer Frequenz auch beim Ruhepotential, wird die Membran jedoch depolarisiert, so erhöht sich die Frequenz der Kanalöffnungen. Im Vergleich zum Verhalten der Na^+-Kanäle erfolgt die depolarisationsbedingte Öffnung langsam, mit Verzögerung. Im Falle eines Aktionspotentials setzt also die erhöhte K^+-Permeabilität der Membran erst nach der Spitze des Aktionspotentials ein und bewirkt die schnelle Repolarisation.

Die ***Summenströme*** $\boldsymbol{i_k}$ durch die K^+-Kanäle (Abb. 2-7 c) steigen nach der Depolarisation langsam an und erreichen schließlich einen Endwert. Diesen Endwert würden sie unbegrenzt halten, solange die Depolarisation andauert. Im Gegensatz zu den Na^+-Kanalströmen zeigen somit die *K^+-Kanalströme keine Inaktivation.*

Die einzelnen K^+-Kanalströme in Abb. 2-7 c haben die Eigenheit, daß sie jeweils aus Gruppen („bursts") von sehr kurzen Einzelöffnungen bestehen. Diese entsprechen schnellen Konformationsänderungen des Kanalmoleküls, in denen es zwischen Geschlossen- und Offenzuständen oszilliert. Ähnliches zeigen auch viele überträgerstoffgesteuerte Kanäle (s. 3.2).

Abb. 2-7 c zeigte das Verhalten des wichtigsten an der Repolarisation beteiligten K^+-Kanals, der potentialabhängig ist und nicht inaktiviert. Zur Zeit sind noch etwa 20 andere K^+-Kanaltypen bekannt. Sie haben andere oder keine Potentialabhängigkeiten, sie inaktivieren oder nicht, sie hängen von der Ca^{2+}-Innenkonzentration ab oder werden durch Überträgerstoffe, G-Proteine oder intrazelluläre Botenstoffe gesteuert. *Die Besetzung verschiedener Zelltypen – oder spezialisierter Membrananteile an Zellen – mit verschiedenen K^+-Kanaltypen trägt beträchtlich zur spezifischen Funktionsweise dieser Zelltypen oder Membrananteile bei.*

Auslösung und Zeitverlauf des Aktionspotentials sind aus der Potentialabhängigkeit der Öffnung von Na^+- und K^+-Kanälen vollständig rekonstruierbar

Man kann das gemessene Zeitverhalten der Na^+- und K^+-Ströme oder der komplementären Öffnungswahrscheinlichkeiten der Kanäle bei verschiedenen Depolarisationsschritten in ein Differentialgleichungssystem oder in ein analoges Computermodell fassen. Gibt man diesen Systemen eine Depolarisation zur Schwelle vor, so ergeben sich Potentialverläufe, die alle Eigenschaften der Aktionspotentiale haben. Die Erregung oder die Aktionspotentiale können also vollständig aus dem Verhalten der Na^+- und K^+-Kanäle der Membranen erklärt werden (s. auch Abb. 2-10).

Um einen verbreiteten Irrtum richtigzustellen, soll hier betont werden, daß die Ionenflüsse durch die Membran, die das Aktionspotential hervorrufen, quantitativ außerordentlich klein sind relativ zur Zahl der Ionen in der Außen- und Innenlösung. An einem Membranfleck von 1 μm^2 kann die bei *einer* durchschnittlichen Kanalöffnung verschobene Ladung die Membran schon um 100 mV depolarisieren (10^{-15} Amperesekunde auf eine Kapazität von 10^{-14} F/μm^2). Dieser verschobenen Ladung entsprechen 6000 Na^+. In 1 μm^3 der intrazellulären, dem Membranfleck anliegenden Lösung sind etwa 6000000 Na^+. Ihre Konzentration wird also durch den Na^+-Einstrom während eines Aktionspotentials um nur 1/1000 vergrößert. Auch ohne daß die Na^+ durch die Na^+-K^+-Pumpe wieder aus der Zelle geschafft werden, können Tausende von Aktionspotentialen ohne wesentliche Änderungen der Bedingungen ablaufen.

2.6 Fortleitung des Aktionspotentials

Einspeisung eines Strompulses in eine langgestreckte Zelle führt zu einem elektrotonischen Potential, dessen Größe mit steigendem Abstand von der Stromeinspeisung abfällt

Dieser Abschnitt behandelt Änderungen des Membranpotentials durch Ströme, die in die Zelle injiziert werden, die aber das Membranpotential nur so weit verschieben, daß noch keine Änderungen der Permeabilität für Ionen eintreten. Es geht also um ***passive Reaktionen*** des Membranpotentials auf Stromfluß.

Sticht man in eine langgestreckte Zelle, z. B. eine Muskelfaser, eine Mikroelektrode ein und appliziert durch diese einen positiven Strompuls in die Faser, so mißt man an der Strominjektionsstelle eine Depolarisation der Membran (Abb. 2-9). Die Potentialänderung ist anfangs proportional dem Strom und der Membrankapazität. Innerhalb weniger Millisekunden verlangsamt sich jedoch die Potentialänderung, und das *elektrotonische Potential* läuft schließlich in einen Endwert (E_{max}) aus. Die Verlangsamung der Potentialänderung wird verursacht durch die Störung des Gleichgewichts der Ionenströme beim Ruhepotential. Bei Depolarisation werden vermehrt K^+

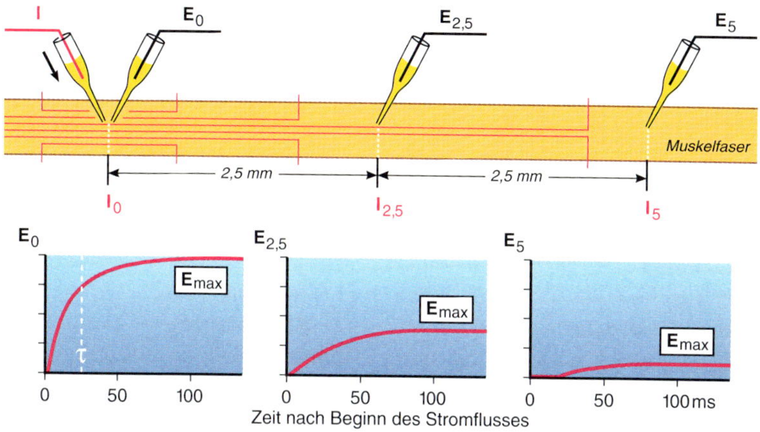

Abb. 2-9. Elektrotonische Potentiale in einer langgestreckten Zelle. *Oben:* Applikation des Stromes I in einer Muskelzelle und Messung der elektrotonischen Potentiale im Abstand 0 mm *(E_O)*, 2,5 mm und 5 mm (*$E_{2,5}$* und *E_5*). *Unten:* Zeitverlauf der elektrotonischen Potentiale E_0, $E_{2,5}$ und E_5, die jeweils einen Endwert E_{max} erreichen. (Mod. nach Dudel in Schmidt u. Thews 1993)

aus der Zelle ausfließen und dadurch den injizierten Strom kompensieren. Umgekehrt werden bei Hyperpolarisation K^+ vermindert ausfließen, und der Na^+-Einstrom wird ansteigen. Als passive Antwort der Membranen auf Stromfluß sind die durch positive und negative Strompulse gleicher Amplitude erzeugten elektrotonischen Potentiale spiegelsymmetrisch. Das Verhältnis von E_{max} zum applizierten Strom gibt den Eingangswiderstand der Faser an.

Wird das Membranpotential in einiger Entfernung von der Injektion des Strompulses gemessen, so wird mit *zunehmender Entfernung* das elektrotonische Potential *kleiner*, und sein *Anstieg wird langsamer* (Abb. 2-9). Der injizierte Strom kreuzt die Membran nahe der Injektion mit größerer Dichte als in größerer Entfernung; Ursache dafür ist der Innenlängswiderstand der Faser, der sich mit steigender Entfernung zunehmend zum Membranwiderstand addiert. Entsprechend nimmt die Amplitude E_{max} des elektrotonischen Potentials mit der Entfernung ab. Der Abfall wird gekennzeichnet durch die ***Membranlängskonstante λ***, die Entfernung, bei der das elektrotonische Potential auf l/e = 37 % abgefallen ist. *λ* hat in Abb. 2-9 den für eine Muskelfaser typischen Wert von 2,5 mm; an Nervenfasern nimmt es Werte von 0,1–5 mm an. Dünnere Fasern haben kürzere Membranlängskonstanten, da bei diesen das Verhältnis von Membranwiderstand zu Faserinnenwiderstand für die Stromausbreitung innerhalb der Faser ungünstiger ist. Die passive Ausbreitung von Potentialänderungen und Strömen innerhalb von Nerven- und Muskelzellen ist also auf wenige Millimeter begrenzt. In technischen Leitern, z.B. Telefonkabeln, breiten sich dagegen Spannungspulse ohne wesentliche Verluste über Kilometer aus. Nerven benötigen für die Informationsvermittlung über größere Entfernungen einen aktiven Prozeß, das Aktionspotential.

Aktionspotentiale werden über eine Faser fortgeleitet, indem die Depolarisation an einer erregten Membranstelle sich passiv, elektrotonisch auf eine benachbarte Membranstelle ausbreitet, dort die Schwelle erreicht und ein weiteres Aktionspotential auslöst

Ist an einer Stelle einer Nerven- oder Muskelfaser ein Aktionspotential entstanden, so besteht zwischen dieser auf Werte über 0 depolarisierten Stelle und einer benachbarten, unerregten mit z.B. –90 mV Ruhepotential eine Spannungsdifferenz, die einen Strom entlang der Faser von der erregten zur unerregten Stelle treibt. Dieser Strom erzeugt an der unerregten Stelle ein depolarisierendes, elektrotonisches Potential. Wenn dieses Potential die Schwelle erreicht, so wird aus der passiven, stromgetriebenen Potentialänderung eine aktive. Die Na^+-Kanäle der Membran öffnen sich, Na^+ strömen in die Faser ein und depolarisieren sie weit über die Schwelle hinaus: ein neues Aktionspotential entsteht, und der Prozeß kann sich in weitere, noch unerregte Faseranteile fortpflanzen.

Wird ein Aktionspotential mit diesem Mechanismus über eine Faser mit konstantem Durchmesser hinweggeleitet, so ist dies ein an allen Stellen gleichförmiger, kontinuierlicher Prozeß (Abb. 2-10a). Die Ströme und Potentiale in Abb. 2-10a können deshalb ebenso als Zeitablauf an einer Membranstelle wie auch als räumliches Muster der Stromverteilung gesehen werden. Bei einer Leitungsgeschwindigkeit von z.B. 100 m/s würde sich der *Zeitablauf des Aktionspotentials* von etwa 1 ms Dauer *auf etwa 10 mm Faserlänge projizieren.* In Abb. 2-10a liegt der Bereich der Erregung zwischen A und C; hier fließt Nettostrom in die Faser ein und depolarisiert die Membran. Um A steigt aufgrund der Depolarisation die Na^+-Permeabilität steil an (Schwelle), und der Na^+-Einstrom drückt sich in einem negativen Membranstrom i_m aus. Dieser Einstrom depolarisiert die links von A liegende unerregte Membran: die Stromlinien greifen wie beim elektrotonischen Potential (Abb. 2-9) in den unerregten Bezirk aus und depolarisieren diesen. In dem

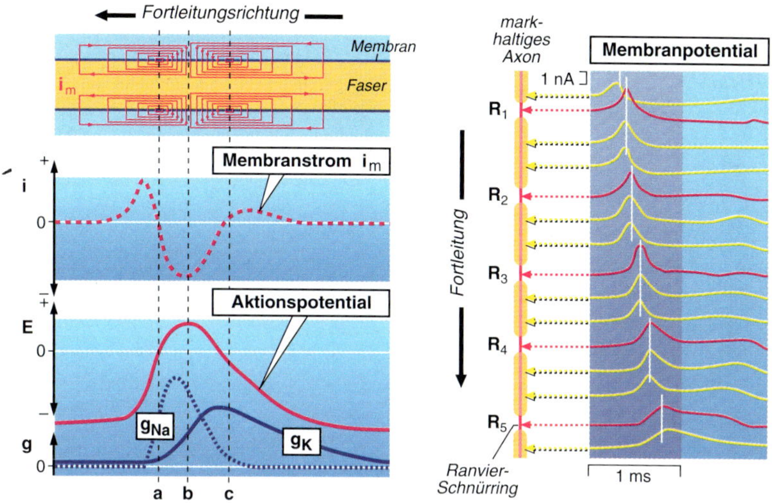

Abb. 2-10. **a** Fortleitung des Aktionspotentials. *Unten:* Zeitverlauf oder örtliche Änderung längs der Faser des Aktionspotentials, *darunter:* Membranleitfähigkeiten g_{Na} und g_K. Die Leitfähigkeit g_X ist die betreffende Stromkomponente i_X geteilt durch die treibende Potentialdifferenz ($E–E_X$). Die *Kurve* darüber zeigt den Membranstrom i_m (Einstrom positiver Ionen gilt als negativer Membranstrom). *Oben* die Stromlinien durch die Zellmembran und innerhalb und außerhalb der Faser. Die vertikalen Hilfslinien zeigen den Zeitpunkt der maximalen Anstiegssteilheit (a), der Spitze (b) und der maximalen Repolarisationsgeschwindigkeit (c) an. Nach Noble 1966. **b** Saltatorische Erregungsleitung. *Rechts:* Zeitverlauf des Membranpotentials, gemessen an den *links* durch *Pfeile* bezeichneten Stellen eines markhaltigen Axons, R_1, R_2, R_3 ... sind Ranvier-Schnürringe. Die Fortleitung des Aktionspotentials *(von oben nach unten)* erfährt nur an den Schnürringen eine Verzögerung. (Mod. nach Huxley, Stämpfli 1947)

Bereich vor A ist deshalb der gesamte Membranstrom positiv. Während der Repolarisation des Aktionspotentials, nach C, fließen vermehrt K^+ aus der Faser, und i_m wird wiederum positiv. Extrazellulär an eine Nerven- oder Muskelfaser angelegte Elektroden messen im wesentlichen die Stromdichte in der Umgebung der Faser; man sieht also einen *dreiphasischen, positiv-negativ-positiven Potentialverlauf.*

Die ***Geschwindigkeit der Fortleitung*** des Aktionspotentials ist bei verschiedenen Nervenfasertypen sehr unterschiedlich. Sie reicht von weniger als 1 m/s bis zu 120 m/s (Tabelle 2-2). Sie läßt sich aus dem Verhalten der Mem-

Tabelle 2-2 a. Klassifikation der Nervenfasern nach Erlanger/Gasser

Fasertyp	Funktion z. B.	Mittlerer Faserdurchmesser [μm]	Mittlere Leitungsgeschwindigkeit [m/s]
Aα	Primäre Muskelspindelafferenzen, motorisch zu Skelettmuskeln	15	100 (70–120)
Aβ	Hautafferenzen für Berührung und Druck	8	50 (30–70)
Aγ	Motorisch zu Muskelspindeln	5	20 (15–30)
Aδ	Hautafferenzen für Temperatur und Nozizeption	<3	15 (12–30)
B	Sympathisch präganglionär	3	7 (3–15)
C	Hautafferenzen für Nozizeption, sympathische postganglionäre Efferenzen	1 marklos!	1 (0,5–2)

Tabelle 2-2 b. Klassifikation der Nervenfasern nach Lloyd/Hunt

Gruppen	Funktion z. B.	Mittlerer Faserdurchmesser [μm]	Mittlere Leitungsgeschwindigkeit [m/s]
I	Primäre Muskelspindelafferenzen und Sehnenorganafferenzen	13	75 (70–120)
II	Mechanorezeptoren der Haut	9	55 (25–70)
III	Tiefe Drucksensibilität des Muskels	3	11 (10–25)
IV	Marklose nozizeptive Fasern	1	1

branströme berechnen (Abb. 2-10). Sie hängt im wesentlichen von der Höhe und dem Zeitverlauf des Na^+-Einstroms sowie von der Kapazität und dem Widerstand eines Membranabschnittes und dem Innenlängswiderstand der Faser ab. Die Kapazität und der Widerstand einer Einheitsmembranfläche wie auch die Dichte der Na^+-Kanäle in den Membranen sind relativ konstant. Deshalb wird die *Leitungsgeschwindigkeit* weitgehend *durch den Faserdurchmesser bestimmt.*

Wie schon für den Elektrotonus ausgeführt, nimmt der Innenlängswiderstand relativ zum Membranwiderstand ab, wenn der Faserdurchmesser größer wird (der Innenlängswiderstand ist umgekehrt proportional zum

Quadrat des Faserdurchmessers, während Membranwiderstand und -kapazität dem Faserdurchmesser umgekehrt proportional bzw. proportional sind). Bei dickeren Fasern greifen deshalb die elektrotonischen Ströme, die das Überspringen der Erregung vom erregten in den unerregten Faserabschnitt vermitteln, weiter aus. Die Schwelle wird im unerregten Bereich schneller erreicht; dies beschleunigt die Fortleitung.

In markhaltigen Nervenfasern erfolgt die Fortleitung des Aktionspotentials saltatorisch, von Schnürring zu Schnürring springend, mit hohem Gewinn an Geschwindigkeit

Das bisher zur Fortleitung Besprochene galt streng nur für gleichmäßige Fortleitung in einer über größere Entfernung gleichförmigen Faser. Wirbeltiere besitzen viele markhaltige (myelinisierte) Nervenfasern, bei denen kurze myelinfreie Abschnitte, die *Ranvier-Schnürringe,* mit millimeterlangen myelinumhüllten *Internodien* abwechseln (Abb. 2-10b). Nur die Membran der Schnürringe enthält Na^+-Kanäle hoher Dichte. In den Internodien vergrößert das aufgelagerte Myelin, das im wesentlichen aus einer dichten Packung von Zellmembranen besteht, den Membranwiderstand und verringert die Kapazität. Die Folge ist, daß der Erregungsprozeß nur an den Schnürringen stattfindet. An einem erregten Schnürring strömen Na^+ in die Faser; dieser Strom fließt fast verlustlos, elektrotonisch mit großer Längskonstante λ, durch die Faser im Internodium und depolarisiert den nächsten, unerregten Schnürring. Dort wird die Schwelle erreicht und ein neues Aktionspotential ausgelöst. Die elektrotonische Ausbreitung der Depolarisation über das Internodium erfolgt fast ohne Zeitverlust: nur an den Schnürringen muß die Depolarisation jeweils die Schwelle erreichen und Na^+-Einstrom auslösen, was jeweils etwa 0,1 ms benötigt. Mißt man den Spannungsverlauf an vielen Stellen eines markhaltigen Axons (Abb. 2-10b), so verlaufen die Aktionspotentiale in den jeweiligen Internodien praktisch zeitgleich, während an den Schnürringen jeweils eine kurze Verzögerung eintritt. Die Erregung springt also *von Schnürring zu Schnürring,* man sagt die ***Fortleitung*** im markhaltigen Axon sei ***saltatorisch.***

Die *Myelinisierung* mit der saltatorischen Fortleitung *beschleunigt die Erregungsleitung* ungemein. Bei Wirbeltieren sind alle Axone, die schneller als mit 3 m/s leiten, markhaltig (Tabelle 2-2). Die schnellstleitenden marklosen Fasern von Wirbellosen erreichen 20 m/s bei einem Durchmesser von 1 mm, man nennt sie „Riesenaxone“. Tabelle 2-2 zeigt, daß schon 5 μm dicke markhaltige Axone mit 20 m/s leiten. Auf dem Querschnitt des marklosen Riesenaxons können also 40000 gleichschnell leitende markhaltige Fasern untergebracht werden. Die Mylenisierung der schnell leitenden Nervenfasern der Wirbeltiere ist die Grundlage für die hohe Dichte, Effizienz und Differenzierung der Nervensysteme der Wirbeltiere.

Literatur

Lehr- und Handbücher

Alberts B, Bray D, Lewis J, Raff M, Roberts K, Watson JD (1983) Molecular biology of the cell. Garland, New York London

Hille B (1992) Ionic channels of excitable membranes. 2nd ed. Sinauer, Sunderland, Mass.

Kandel ER, Schwartz JH, Jessell TM (Hrsg.) (1991) Principles of neural science, 3rd. edn. Elsevier, New York Amsterdam Oxford

Nicholls JG, Martin AR, Wallace BC (1992). From neuron to brain, 3rd ed. Sinauer, Sunderland, Mass.

Schmidt RF, Thews G (Hrsg.) (1995). Physiologie des Menschen, 26. Aufl. Springer, Berlin Heidelberg New York Tokyo

Einzelarbeiten

Aldrich RW (1986) Voltage dependent gating of sodium channels: towards an integrating approach. Trends Neurosci 9: 82–86

Hamill OP, Marty A, Neher E, Sakmann B, Sigworth FJ (1981) Improved patch clamp techniques for high resolution current recording from cells and cell-free membrane patches. Pflügers Arch 391: 85–100

Noble D (1966) Applications of Hodgkin-Huxley equations to excitable tissues. Physiol Rev 46: 1

Sigworth FJ, Neher E (1980) Single Na^+ channel currents observed in cultured red muscle cells. Nature (Lond) 287: 447–449

3 Synaptische Übertragung

J. Dudel

EINLEITUNG

Nervenzellen sind Bausteine eines Funktionsverbandes, des Nervensystems, das an reizaufnehmende Zellen, die Sinneszellen (Sensoren, s. S. 201), und an effektorische Zellen, z. B. Muskelzellen, angrenzt. Nervenzellen sind deshalb untereinander und mit anderen Zelltypen durch ***Synapsen*** verknüpft. Diese Synapsen sind nicht bloße Kontaktstellen, sie sind die eigentlichen Rechenelemente des Computers Nervensystem. Der interessantere Synapsentyp, die chemischen Synapsen (3.1) sind ferner die Hauptangriffspunkte für die auf das Nervensystem wirkenden Pharmaka. Außerdem gibt es *elektrische Synapsen* (3.4).

3.1 Chemische synaptische Übertragung

Bei der chemischen synaptischen Übertragung vermittelt ein von der präsynaptischen zur postsynaptischen Zelle diffundierter Überträgerstoff die Information

Ein Aktionspotential wird im Axon bis zur Nervenendigung geleitet. Diese bildet eine Synapse mit einer *„postsynaptischen Zelle“*, und unter diesem Aspekt wird die Nervenendigung *„präsynaptisch“* genannt (Abb. 3-1). Die Depolarisation der Nervenendigung veranlaßt die Ausschüttung eines Überträgerstoffes. Dieser diffundiert über den synaptischen Spalt zu einer postsynaptischen Region der nächsten Zelle und kann dort an Rezeptormoleküle der Membran binden. Die Rezeptoren öffnen Ionenkanäle, der Stromfluß ändert das postsynaptische Membranpotential und gibt damit die Information weiter.

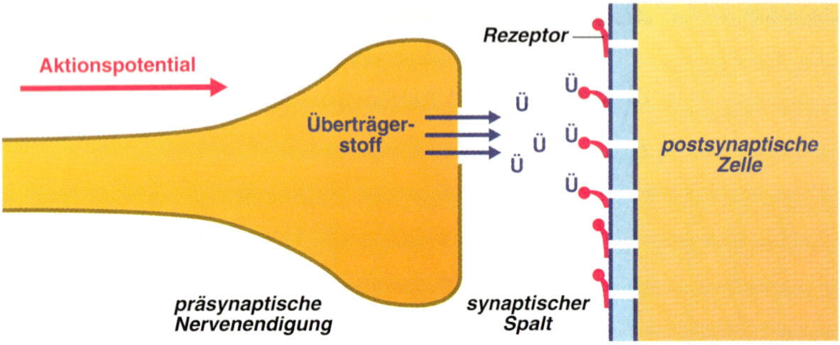

Abb. 3-1. Schema der chemischen synaptischen Übertragung. Das Aktionspotential in der Nervenfaser depolarisiert die präsynaptischen Nervenendigungen. Dadurch wird die Freisetzung eines Überträgerstoffes *(Ü)* ausgelöst, der durch den synaptischen Spalt diffundiert und sich an Rezeptoren in der Membran der postsynaptischen Zelle binden kann. Die Bindung veranlaßt die Öffnung von Membrankanälen, durch die spezifische Ionen fließen und eine postsynaptische Potentialänderung erzeugen können. (Mod. nach Schmidt u. Thews 1993)

An der motorischen Endplatte des Muskels löst Erregung des motorischen Axons durch Ausschüttung von Acetylcholin (ACh) ein Endplattenpotential aus

Endplattenpotential. Die Synapsen zwischen motorischen Nerven und Muskelfasern, die Endplatten, sind für den Physiologen relativ leicht zu untersuchen; ihre Funktionsweise ist deshalb am besten bekannt. Mißt man das Membranpotential der Muskelfaser an der Endplatte und erregt das motorische Axon, so erscheint ein depolarisierendes ***Endplattenpotential.*** Dieses steigt innerhalb von weniger als 1 ms zu einem Spitzenwert und fällt innerhalb von 10–20 ms zum Ruhepotential zurück. Das Endplattenpotential in Abb. 3-2 ist durch partielle Ausschaltung der Rezeptoren verkleinert (Curare, s. Abb. 3-5); ohne diese partielle Blockade würde es einen Spitzenwert nahe – 20 mV erreichen. Dann löst es allerdings an der Schwelle ein Aktionspotential aus, das über die Muskelfaser fortgeleitet wird und sie zur Zuckung bringt. Bei dieser normalen Funktionsweise des Endplattenpotentials wird dieses also durch ein Aktionspotential überlagert.

Unter dem Endplattenpotential ist in Abb. 3-2 der *Endplattenstrom* eingezeichnet. Dieser ist kürzer als das Endplattenpotential, er fließt nur während der Depolarisationsphase. Der Endplattenstrom ist ein Einwärtsstrom; er hat ein Gleichgewichtspotential (s. 2.1) bei etwa – 10 mV und wird durch ein Gemisch von Na^+-, K^+- und Ca^{2+}-Ionen getragen.

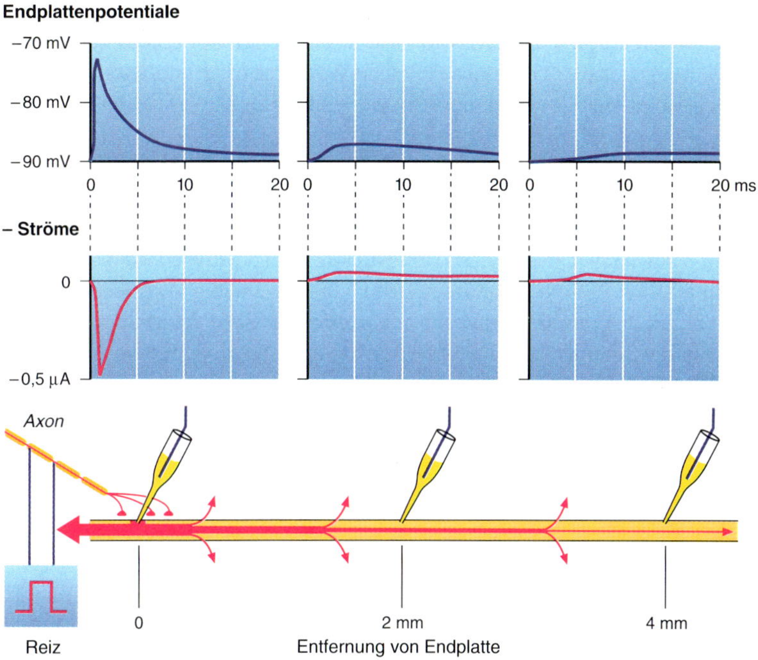

Abb. 3-2. Endplattenpotentiale und -ströme in verschiedener Entfernung von der Endplatte. Im Bereich der Endplatte wird nach Nervenreiz ein schnell ansteigendes Endplattenpotential und ein noch kürzerer, negativer (Einstrom positiver Ionen in die Faser) Endplattenstrom registriert; in 2 bzw. 4 mm Entfernung von der Endplatte sind die Endplattenpotentiale zunehmend verkleinert und verzögert, und die Ströme sind positiv. Dies zeigt, daß der Endplattenstrom nur im Endplattenbereich in die Faser fließt und daß sich die Potentialänderung elektrotonisch über einige Millimeter um die Endplatte ausbreitet. (Mod. nach Schmidt u. Thews 1993)

Der *Endplattenstrom* fließt *nur an der Endplatte* in die Muskelfaser (Abb. 3-2). Außerhalb des Endplattenbereiches fließt ein kleiner Auswärtsstrom, der elektrotonisch das Endplattenpotential auf einen Bereich von einigen Millimetern um die Endplatte ausbreitet. Alle *synaptischen Potentiale und Ströme* sind *lokale Ereignisse* an der Synapse, die sich nur elektrotonisch ausbreiten.

Überträgerstoff Acetylcholin (ACh). Nach Erregung des motorischen Axons kann an den Nervenendigungen die Freisetzung von ACh gemessen werden. An die Muskelfasern im Endplattenbereich appliziertes ACh erzeugt dort dieselbe Depolarisation wie das Endplattenpotential, und dieser Effekt reagiert auf Pharmaka auf gleiche Weise wie das Endplattenpotential. ACh ist somit der Überträgerstoff an der Endplatte.

Erregende postsynaptische Potentiale (EPSP). Das Endplattenpotential ist ein Beispiel für ein chemisch übertragenes EPSP. Es wird *erregend* genannt, weil es postsynaptisch Erregung auslöst oder zumindest dazu beiträgt. EPSP haben Gleichgewichtspotentiale um Null oder bei positiven Potentialen. Die Endplatte hat ein extrem großes EPSP, das regelmäßig Aktionspotentiale auslöst. An den meisten Synapsen liegen einzelne EPSP im Millivoltbereich, und nur die Summe vieler EPSP (s. 3.3) kann die Schwelle für die Auslösung einer Erregung erreichen.

Synaptische Hemmung verhindert Erregung durch Erhöhung der K^+- oder Cl^--Permeabilität der postsynaptischen Membran

Mindestens so häufig wie erregende Synapsen sind im Nervensystem die hemmenden. Das *hemmende postsynaptische Potential* (IPSP, inhibitorisch heißt hemmend) ist oft leicht hyperpolarisierend, kann aber auch um wenige Millivolt depolarisieren. Der entsprechende Strom (IPSC, C steht für „current") ist positiv oder sehr klein und negativ (Abb. 3-3). Charakteri-

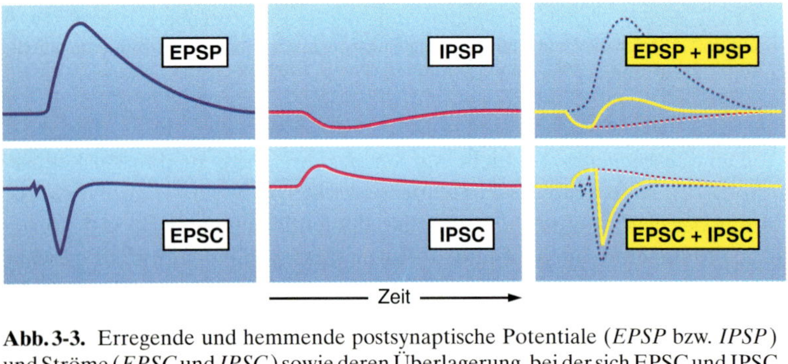

Abb. 3-3. Erregende und hemmende postsynaptische Potentiale (*EPSP* bzw. *IPSP*) und Ströme (*EPSC* und *IPSC*) sowie deren Überlagerung, bei der sich EPSC und IPSC summieren, EPSP und IPSP zusammen jedoch eine kleinere Depolarisation, als ihrer Summe entspräche, erzeugen. (Mod. nach Dudel in Hoppe et al. 1984)

stisch für Hemmung ist, daß – wenn ein EPSP und IPSP an einer postsynaptischen Zelle zusammentreffen – die Potentialsumme weit weniger depolarisiert, als es der Summe von EPSP und IPSP entsprechen würde (Abb. 3-3). Auch ein Aktionspotential würde durch ein IPSP unverhältnismäßig stark verkleinert werden. Das IPSP hemmt so effektiv, weil während des IPSP der *Membranwiderstand stark abnimmt.* Der erregende Strom depolarisiert die Membran proportional zum Membranwiderstand, und die Hemmung schließt praktisch diesen erregenden Strom durch Widerstandsabnahme kurz.

Während der chemischen synaptischen Hemmung steigt postsynaptisch die *Membranpermeabilität für K^+* oder Cl^-. Diese Ionen haben ihre Gleichgewichtspotentiale nahe dem Ruhepotential (2.1). Erhöhung der K^+- oder Cl^--Permeabilität der Membran *stabilisiert das Ruhepotential,* vermindert die depolarisierende Wirkung von EPSP und Aktionspotentialen.

Die synaptischen Überträgerstoffe reagieren mit Rezeptoren der postsynaptischen Membranen. Diese sind an Kanalmoleküle gekoppelt, die entweder Kanäle für Na^+, K^+ und Ca^{2+} (erregend) oder für K^+ oder Cl^- (hemmend) öffnen

Wir haben ACh als erregenden Überträgerstoff an der Endplatte kennengelernt. ACh kann an anderen Synapsen, z. B. denen des N. vagus am Herzmuskel, ein hemmender Überträgerstoff sein; ACh erhöht dort die K^+-Permeabilität der Membran. Der *Überträgerstoff ACh* ist *spezifisch für ACh-Rezeptoren.* Diese Rezeptoren können in verschiedenen Zellmembranen mit spezifischen Kanalmolekülen für ein Gemisch von Na^+-, K^+- und Ca^{2+}-Ionen gekoppelt sein, dann ergibt sich ein EPSP. Der Rezeptor kann aber nach Bindung von ACh bei anderen Zellen auch K^+- oder Cl^--Kanäle öffnen, dann ergibt sich Hemmung. Der *Überträgerstoff* ist also nur ein *Schlüssel,* der ein spezifisches Schloß schließt. Die durch das Schloß gesicherte Tür kann sich zur Erregung oder zur Hemmung öffnen.

Es gibt nun neben ACh viele andere Überträgerstoffe (Abb. 3-4). Die ***klassischen Überträgerstoffe*** sind relativ kleine Moleküle, die mit häufig im Stoffwechsel vorkommenden Verbindungen nahe verwandt sind. Die Aminosäuren ***γ-Aminobuttersäure (GABA)*** und ***Glycin*** sind die wichtigsten hemmenden Überträgerstoffe, und ***Glutamat*** ist der wichtigste erregende Überträgerstoff im Zentralnervensystem.

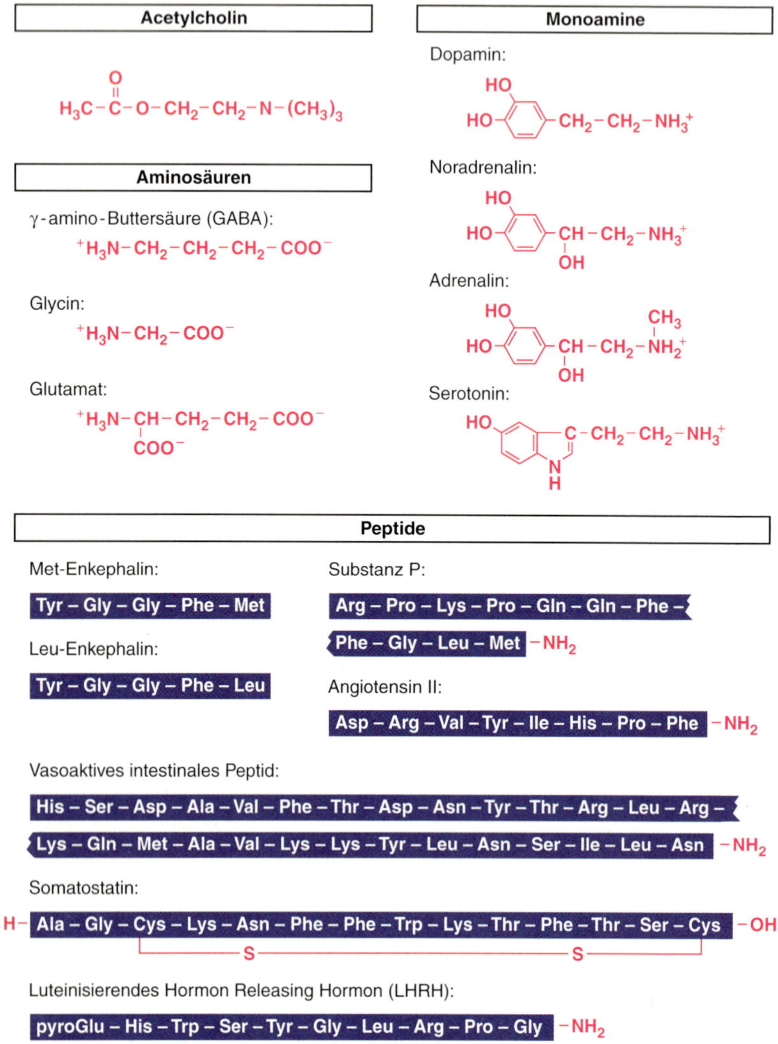

Abb. 3-4. Die wichtigeren synaptischen Überträgerstoffe. *Oben:* „Klassische" Überträgerstoffe; Acetylcholin, Aminosäuren und Monoamine. *Unten:* Peptide. (Mod. nach Schmidt u. Thews 1993)

Die Monoamine ***Dopamin, Noradrenalin, Adrenalin und Serotonin*** sind nahe verwandt und können an verschiedenen Zellen erregende oder hemmende Überträgerstoffe sein. Wahrscheinlich gibt es noch einige mehr dieser kleinen molekularen Überträgerstoffe, z. B. Histamin.

Die klassischen Überträgerstoffe reagieren meist mit ***Rezeptoren,*** die unmittelbar an einen ***Ionenkanal gekoppelt*** sind bzw. selbst Kanalmoleküle sind. Diese Überträgerstoffe können jedoch auch mit ***G-Protein-gekoppelten Rezeptoren*** reagieren (Abb. 2-5), über einen intrazellulären Botenstoff („second messenger") wiederum Kanäle öffnen, und/oder aber auch andere botenstoffvermittelte Funktionen wie die Erhöhung der intrazellulären Ca^{2+}-Konzentration oder die Phosphorilierung von Funktionsproteinen anstoßen.

Zusätzlich zu den klassischen Überträgerstoffen sind im letzten Jahrzehnt viele Peptidüberträgerstoffe entdeckt worden (Abb. 3-4). Die Enkephaline binden an Morphinrezeptoren und sind u. a. an Übertragungen im nozizeptiven System beteiligt. Substanz P ist wichtig für erregende Übertragung im sensorischen System des Rückenmarks. Es können hier nicht die sehr spezifischen Funktionen der verschiedenen Peptide aufgezählt werden. Sie sind oft nur ***modulierend*** an der synaptischen Übertragung beteiligt: sie erhöhen oder vermindern die Wirksamkeit eines klassischen Überträgerstoffes. Es fällt auf, daß viele der Peptidüberträgerstoffe auch aus anderen Funktionskreisen bekannt sind. Einige sind lokale Hormone im Magen-Darm-Kanal, andere wie Somatostatin oder LHRH sind Kontrollfaktoren für die Hormonausschüttung.

Ein neuer Wirkstofftyp ist das Stickstoffmonoxid (NO), das sehr schnell diffundiert, im Plasma aber nur eine sehr kurze Lebensdauer hat. NO kann von spezifischen Zellen, gesteuert z. B. durch die intrazelluläre Ca^{2+}-Konzentration, schnell aus Arginin synthetisiert werden. Es diffundiert zu benachbarten Zellen und kann dort die Konzentration des intrazellulären Botenstoffes cAMP heraufsetzen, der wiederum verschiedene Zellfunktionen steuert (s. Abb. 2-2). Zuerst bekannt geworden ist NO als ein vom Endothel der Blutgefäße freigesetzter Relaxationsfaktor für die Muskeln der Gefäße. NO wird jedoch auch von Zellen des zentralen und peripheren Nervensystems freigesetzt und könnte einen neuen Typ von Überträgerstoff darstellen.

Die Mannigfaltigkeit der synaptischen Überträgerstoffe ermöglicht das Zusammenwirken verschiedener spezifischer Funktionskreise in einer Zelle oder in Zellverbänden. Die chemischen Überträgerstoffe sind Angriffspunkte pharmakologischer Einwirkungen auf die Synapsen und das Nervensystem

Agonisten. Für fast jeden Übeträgerstoff gibt es Ersatzstoffe, die an dieselben Rezeptoren binden und dieselben postsynaptischen Wirkungen zeigen. Diese „Agonisten" reagieren aber oft nicht oder nicht gleich gut mit allen Rezeptoren für den betreffenden Überträgerstoff. Deshalb kann man verschiedene solcher Agonisten zur Charakterisierung von Rezeptoruntertypen verwenden (Beispiel nikotinische und muskarinische ACh-Rezeptoren). Die unterschiedliche Spezifität von Agonisten kann aber auch zur Beeinflussung spezifischer Funktionen eingesetzt werden.

Antagonisten. Substanzen, die an einen Rezeptor binden, ohne die folgende Funktion – z. B. die Kanalöffnung – auszulösen, wirken antagonistisch auf die synaptische Übertragung, denn sie verhindern die Bindung des Überträgerstoffes. Ein altbekannter Antagonist der ACh-Wirkung ist *Curare,* das wirksame Prinzip der indianischen Pfeilgifte. Curare blockiert ACh-Rezeptoren der Endplatte und verkleinert dadurch das Endplattenpotential (Abb. 3-5).

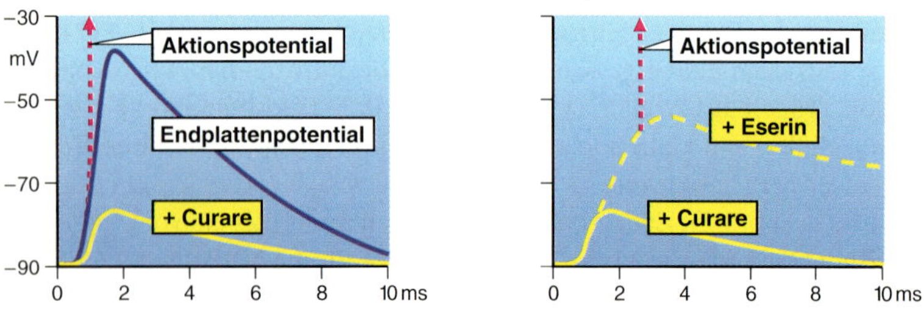

Abb. 3-5. Wirkung von Curare und Eserin auf das Endplattenpotential, Schema. Das Endplattenpotential löst bei Depolarisation auf – 60 mV ein Aktionspotential *(gestrichelt)* aus. In Gegenwart von Curare wird das Endplattenpotential verkleinert und erreicht die Schwelle für die Auslösung von Aktionspotentialen nicht mehr; der Muskel ist gelähmt. Wird zusätzlich zum Curare der Cholinesterasehemmer Eserin gegeben, so wird das Endplattenpotential vergrößert und verlängert und erreicht wieder die Schwelle zur Auslösung von Aktionspotentialen. (Mod. nach Schmidt u. Thews 1993)

Curare ist ein *Wettbewerbs-* oder ***kompetitiver Antagonist.*** Seine Bindung an den Rezeptor dauert jeweils nur kurze Zeit, dann diffundiert es ab und muß neu binden. Bei der Neubindung hat auch anwesendes ACh eine Bindungschance, es herrscht Wettbewerb. Erhöht man die ACh-Konzentration, so gewinnt ACh den Wettbewerb, und der Antagonist kann verdrängt werden. ***Nichtkompetitive Antagonisten*** binden oft irreversibel an den Rezeptor (Beispiel das Schlangengift Bungarotoxin an der Endplatte), oder sie blockieren die Rezeptorfunktion durch Bindung an das Rezeptormolekül an einer Stelle, die nicht mit der Überträgerstoffbindungsstelle identisch ist (***allosterischer Block;*** Beispiel Pikrotoxin an GABA-Rezeptoren).

Abbau der Überträgerstoffe im synaptischen Spalt. Von der Nervenendigung ausgeschütteter Überträgerstoff verweilt im synaptischen Spalt meist nur einige Millisekunden oder kürzer. Er diffundiert heraus, oder er wird auch durch spezifische Enzyme zerstört oder durch Pumpen in die umliegenden Zellen aufgenommen. All diese Prozesse können pharmakologisch blockiert werden. Das bekannteste System ist die ***Acetylcholinesterase,*** die bei ACh-Synapsen in hoher Konzentration im synaptischen Spalt liegt und das ausgeschüttete ACh innerhalb von weniger als 1 ms abbaut; ***Cholinesterasehemmer*** blockieren dieses Enzym. Ein solcher Hemmer ist Eserin (Abb. 3-5); es erhöht die Größe und die Dauer der ACh-Konzentration, die die postsynaptischen Rezeptoren erreicht, und vergrößert und verlängert dadurch das Endplattenpotential. Dies kann therapeutisch eingesetzt werden: Ist das Endplattenpotential durch Curare verkleinert (Abb. 3-5), so kann Eserin durch Erhöhung der wirksamen ACh-Konzentration den Curareblock aufheben. Ebenso können Cholinesterasehemmer auch bei unzureichender Rezeptorfunktion an den Endplatten, bei *Myasthenie,* die Kontrolle der Muskel dramatisch verbessern. Starke Hemmung der Cholinesterase führt zu allgemeiner Überfunktion der ACh-Synapsen, zu Krämpfen und Tod. Dies wird bei vielen *Insektiziden,* aber auch bei *chemischen Kampfstoffen* ausgenutzt.

Es gibt noch eine *Vielzahl anderer Einwirkungsmöglichkeiten* auf die Synapsenfunktion, z. B. auf die Überträgerstoffspeicherung oder seine Freisetzung. Viele dieser Einwirkungsmöglichkeiten werden in der Arzneimitteltherapie genutzt.

3.2 Mikrophysiologie der chemischen synaptischen Übertragung

Für einige Synapsentypen, v. a. für die motorische Endplatte, sind die Mechanismen bis hinunter zum molekularen Bereich bekannt. Diese Mechanismen sollen hier beispielhaft geschildert werden.

Überträgerstoffe sind in den Nervenendigungen in Vesikeln gespeichert und werden nach Depolarisation durch Exozytose von Vesikeln freigesetzt. Den Vesikeln entsprechen „Quanten" des postsynaptischen Stroms oder Potentials

Chemische Synapsen sind durch eine Anhäufung von ***synaptischen Vesikeln*** in der Nervenendigung gekennzeichnet (Abb. 1-5). Die spezielle Situation in der motorischen Endplatte zeigt Abb. 3-6a. Diese Vesikel enthalten den Überträgerstoff in hoher Konzentration, im Falle der Endplatte das ACh. Ein kleiner Teil der Vesikel ist an die synaptischen Kontaktstellen, an die Freisetzungsorte angelagert, im Falle der Endplatte in Doppelreihen an die „aktiven Zonen". Wird die präsynaptische Membran depolarisiert, so verschmelzen einige der Vesikel mit der Zellmembran, sie öffnen sich nach außen und entleeren durch Exozytose ihren Inhalt in den synaptischen Spalt. Im Falle der Endplatte entleert ein Vesikel etwa 10000 ACh-Moleküle.

Die diskontinuierliche Freisetzung von Überträgerstoff in „Vesikelpackungen" ist in den postsynaptischen Strömen und Potentialen als Quantelung sichtbar, wenn man die Messung auf einen kleinen Teil der Synapse beschränkt. Nach der Depolarisation der präsynaptischen Membran in Abb. 3-6b erscheinen erst 2 ***„Quantenströme"***, dann 1 Quant, 3 Quanten,

Abb. 3-6. a Feinstruktur der neuromuskulären Synapse. *Oben links:* Endigungen auf einer Muskelfaser, *daneben* vergrößert der Bereich des Nervenendes mit der darunterliegenden gefalteten Muskelfasermembran. *Darunter:* weiter vergrößert, die präsynaptische Nervenmembran mit den auseinandergefalteten inneren und äußeren Membranschichten *(innen rot)* und *darunter* die entsprechenden Schichten der darunterliegenden, synaptischen Muskelmembran. Die Partikel in der Membran entsprechen Acetylcholinrezeptoren und Cholinesterasemolekülen. (Nach Nicholls et al. 1992). **b** Freisetzung von Quanten von Überträgerstoff, sichtbar als „Quantelung" der

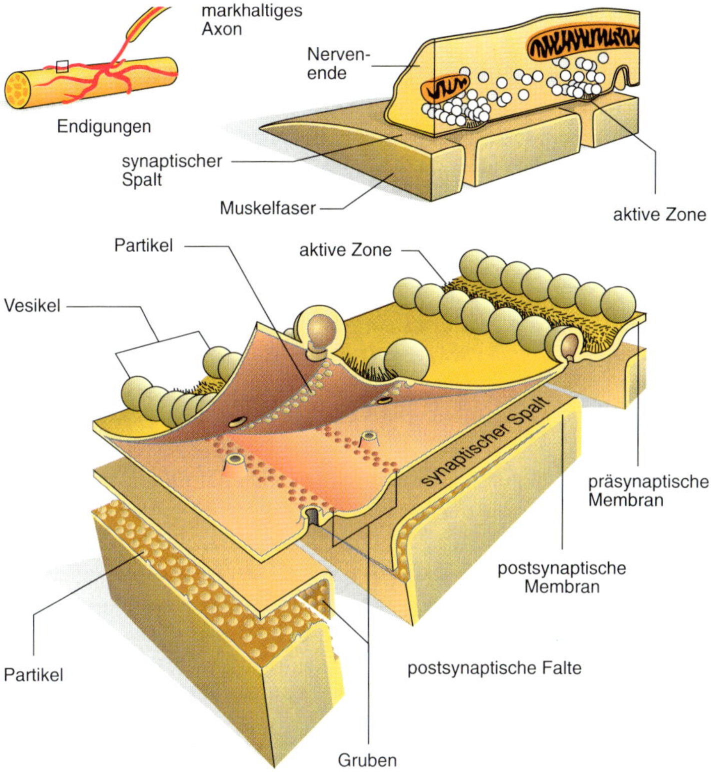

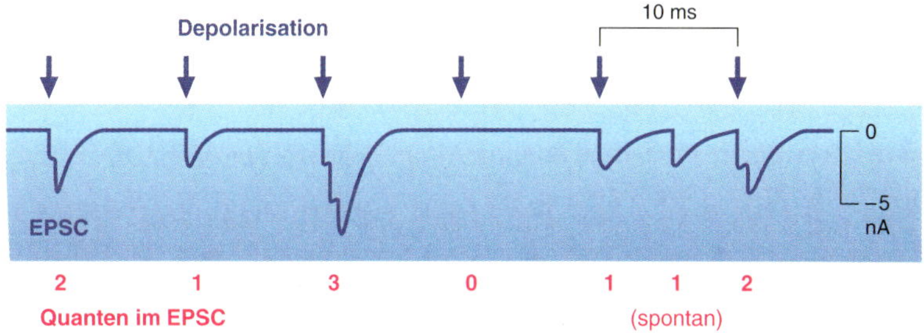

EPSC. Bei den *Pfeilen* wurde jeweils kurz die Nervenendigung depolarisiert. Postsynaptisch werden daraufhin EPSC gemessen, die aus 2, 1, 3 Quanten, wie unter dem EPSC angegeben, bestehen. Zwischen den durch Depolarisation „evozierten" EPSC erscheint ein spontanes, das die gleiche Quantengröße hat. (Mod. nach Schmidt u. Thews 1993)

kein Quant. Die Quantenzahl schwankt statistisch um einen mittleren Wert, die *Freisetzungswahrscheinlichkeit.* Zwischen den Depolarisationen wird gelegentlich 1 Quant spontan freigesetzt. Einem solchen Quantenstrom entspricht im Falle der Endplatte die Öffnung von einigen tausend Membrankanälen, an anderen Synapsen sind es einige hundert Kanäle. Ein *Endplattenpotential* enthält etwa *400 Quantenströme.* An der Mehrzahl der anderen, nicht so effektiven Synapsen besteht das EPSP aus im Mittel nur wenigen Quanten.

Die Ausschüttung von Überträgerstoffvesikeln wird durch Depolarisation der präsynaptischen Membran, Ca^{2+}-Einstrom und Erhöhung der Ca^{2+}-Konzentration in der Nervenendigung verursacht

Das zur Nervenendigung geleitete Aktionspotential öffnet durch die Depolarisation Ca^{2+}-Kanäle der Membran, Ca^{2+} strömen ein und erhöhen die intrazelluläre Ca^{2+}-Konzentration. Die erhöhte intrazelluläre Ca^{2+}-Konzentration ist ein Signal für die Exozytose von Überträgerstoffvesikeln. Möglicherweise verursacht sie, ähnlich wie im Muskel, eine Kontraktion von Elementen des Zytoskeletts. Außerdem scheint die Depolarisation selbst Bedingung für eine schnelle Vesikelfreisetzung zu sein. Nach Depolarisation der Endigung erhöht sich jeweils für einige Millisekunden die Häufigkeit von Quantenströmen, deren Summe ein EPSP erzeugt.

Die Überträgerstoffkonzentration erreicht bei klassischen Überträgerstoffen im synaptischen Spalt Werte über 1 mmol/l. Der Überträgerstoff reagiert mit postsynaptischen Rezeptoren und öffnet Membrankanäle

Die Öffnung von ***überträgerstoffkontrollierten Membrankanälen*** kann am besten in Membranfleckklemmen („patch clamp", Abb. 2-7a) analysiert werden, bei denen der Fleck synaptischer Membran aus der Zellmembran herausgezogen und mit der Außenseite nach außen gerichtet in der Elektrodenspitze liegt. Erhöht man an so einem Membranfleck schnell die Überträgerstoffkonzentration (ACh) auf 1 mmol/l, so öffnen sich sofort Membrankanäle, meist in kurzen Serien mit etwa 1 ms Dauer der Einzelöffnungen

(Abb. 3-7). Die Summe der Kanalöffnungen erreicht einen Maximalwert innerhalb von weniger als 0,3 ms und fällt dann schnell ab. Der Abfall heißt ***Desensitisierung;*** diese ist ein Äquivalent der *Inaktivation* der Na^+-Kanäle (Abb. 2-7b und 2-8). Niedrige ACh-Konzentrationen (0,001 mmol/l) öffnen Kanäle nur selten. Die Öffnungswahrscheinlichkeit steigt zwischen 0,001 und 0,1 mmol/l steil an; auch der Anstieg der Kanalöffnungen und die Desensitisierung werden schneller. Desensitisierung tritt an fast allen überträgerstoffkontrollierten Membrankanälen auf, sie scheint die Dauer der im Übermaß gefährlichen Öffnung von Membrankanälen bei langer Anwesenheit des Überträgerstoffes zu beschränken.

Das Verhalten der ACh-kontrollierten Membrankanäle bei Pulsen von verschiedenen ACh-Konzentrationen kann durch ein zyklisches ***Reaktionsschema*** beschrieben werden:

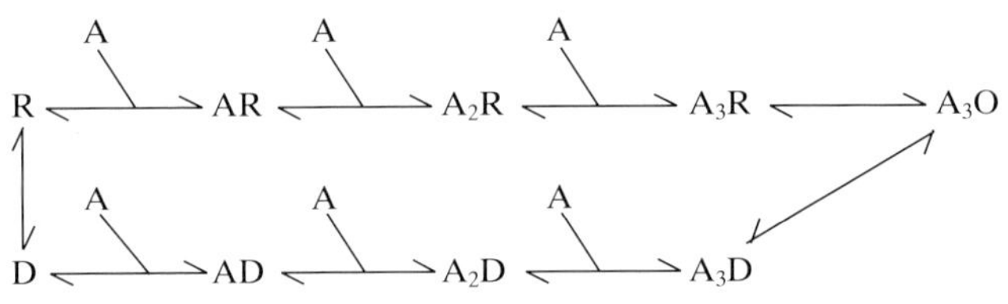

Dabei ist R der geschlossene Rezeptorkanal, der den Überträgerstoff ACh (A) in 3 Stufen zur AR, A_2R und A_3R bindet. Von A_3R kann sich der Kanal zu A_3O öffnen. Dies ist eine spontane *Konfrontationsänderung des Kanalmoleküls,* die nur 1 ms stabil ist; dann fällt sie kurz nach A_3R zurück, und die Öffnung kann sich wiederholen. Dieses Schwanken zwischen einem angeregten Geschlossen- und dem Offenzustand ist für Kanalmoleküle charakteristisch; sie ist z. B. auch für depolarisationsabhängige K^+-Kanäle (Abb. 2-6c) typisch. Von A_3R kann der Kanal jedoch auch – mit einer geringeren Rate – in den desensitisierten Zustand A_3D übergehen. Unter Lösung der Bindungen zu A kann von A_3D der einfach desensitisierte Zustand D erreicht werden, der mit dem freien Rezeptor R im Gleichgewicht steht.

Im Reaktionsschema sind sämtliche Ratenkonstanten für die Übergänge zwischen den Zuständen aus Kanalstrommessungen wie in Abb. 3-7 bekannt. Die Bindung von *ACh an R* hat relativ *niedrige Affinität;* die Gleichgewichtkonzentration K_d (Hälfte der Rezeptoren gebunden) für die einzelnen Bindungsschritte liegt bei 0,1 mmol/l ACh. Deshalb können nur millimolare ACh-Konzentrationen die Kanäle schnell und mit hoher Wahrscheinlichkeit öffnen. Die Bindung von *ACh an D* hat dagegen viel *höhere Affinität,* mit K_d

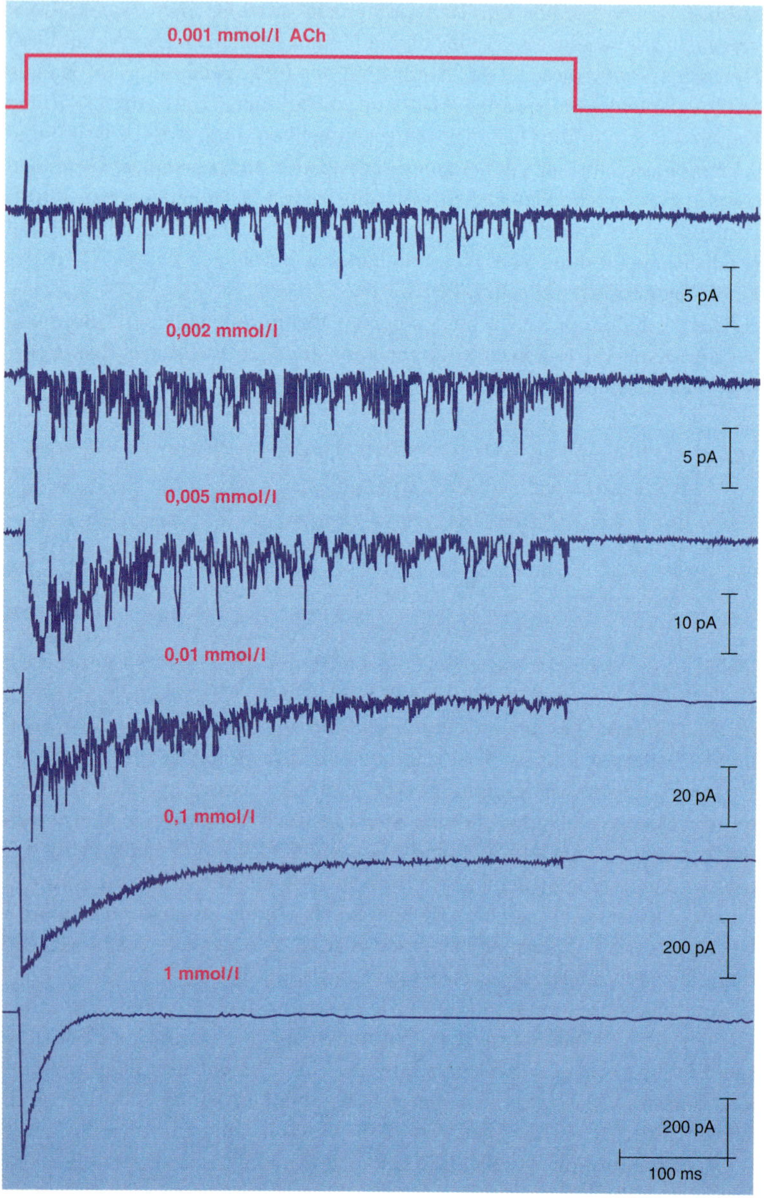
0,001 mmol/l ACh
5 pA
0,002 mmol/l
5 pA
0,005 mmol/l
10 pA
0,01 mmol/l
20 pA
0,1 mmol/l
200 pA
1 mmol/l
200 pA
100 ms

um 1 µmol/l ACh. Dies führt dazu, daß derart niedrige ACh-Konzentrationen zwar nur wenige Kanäle öffnen, aber diese voll desensitisieren können. Die hohe Affinität der Bindungen an D hat auch zur Folge, daß bei hohen ACh-Konzentrationen schnell fast alle Kanäle im desensitisierten Zustand A_3D gefangen werden.

Wird der ACh-Puls beendet, so fällt die ACh-Konzentration auf 0, und alle Bindungsraten werden ebenfalls 0. Die Kanäle kehren dann über die D-Zustände schnell nach R zurück und stehen nach weniger als 1 s wieder voll für eine neue Reaktion mit ACh zur Verfügung.

Die Bindung von jeweils 3 ACh bis zur Kanalöffnung hat zur Folge, daß bei niedrigen ACh-Konzentrationen eine solche 3fache Bindung sehr unwahrscheinlich wird und daß die Öffnungswahrscheinlichkeit über 0,001 mmol/l ACh sehr steil ansteigt. Das macht den Kanalöffnungsmechanismus unempfindlich gegen kleine Überträgerstoffkonzentrationen und hoch empfindlich für ACh-Konzentrationen, wie sie während der Übertragung im synaptischen Spalt herrschen.

Allgemeine Charakteristik der Kanalöffnungen. Das Reaktionsschema für die Öffnung der Endplattenkanäle durch ACh wurde ausführlicher beschrieben, weil es allgemeine Eigenschaften des Verhaltens der Membrankanäle deutlich macht. Ähnlich komplexe Schemata gelten wahrscheinlich auch für andere synaptische Rezeptoren, z.B. die für Glutamat und GABA. Das Schema ist auch formal äquivalent zum Öffnungsschema der Na^+-Kanäle nach Depolarisation (Abb. 2-8). Kanäle öffnen sich meist in kurzen Serien von Einzelöffnungen, veranlaßt durch Depolarisation oder Bindung eines Kontrollstoffes. Die Öffnung ist zeitlich nie absolut kontrolliert, es ändern sich nur Wahrscheinlichkeiten für die Kanalöffnung. Dies kommt daher, daß die Kanalöffnung nur einer von vielen chemischen und Konformationszuständen des Kanalmoleküls ist, der unter bestimmten Bedingungen mit einer größeren Wahrscheinlichkeit, aber zeitlich nie genau vorhersagbar auftritt. Ferner ist typisch für die Kanalmoleküle, daß sie immer dieselbe Öffnung, denselben Kanalstrom zulassen, nie Öffnungen mit variabler Größe.

Abb. 3-7. Aktivierung nikotinischer ACh-erger Rezeptoren/Kanäle auf einem Membranfleck („oudside-out patch") aus Mausmuskel. Die Kanäle wurden durch 0,5 s Pulse mit ACh-Konzentrationen von 0,001 bis 1 mmol/l überspült. Bei 0,001 mmol/l ACh öffnet meist nur ein (bis zu 3) Kanal gleichzeitig; bei 1 mmol/l ACh öffnen fast alle der etwa 250 Kanäle des Membranflecks innerhalb von 1 ms. (Mod. nach Franke et al. 1991)

Abfolge der Schritte der synaptischen Übertragung. Die zeitliche Abfolge der Schritte der chemischen synaptischen Übertragung ist in Abb. 3-8 zusammengefaßt. Die präsynaptische Depolarisation erzeugt Ca^{2+}-Einstrom, und Depolarisation und erhöhte intrazelluläre Ca^{2+}-Konzentration ermöglichen die Ausschüttung von überträgerstoffgefüllten Vesikeln. Die *Überträgerstoffkonzentration* an den *postsynaptischen Rezeptoren* steigt schnell an und veranlaßt nach Bindung des Überträgerstoffes *Kanalöffnungen.* Der resultierende synaptische Strom (EPSC) erzeugt ein EPSP, und dieses, wenn es überschwellig wird, ein Aktionpotential. Die Latenz zwischen dem präsynaptischen und dem postsynaptischen Aktionspotential, die ***synaptische Verzögerung,*** beträgt 0,5 bis einige Millisekunden.

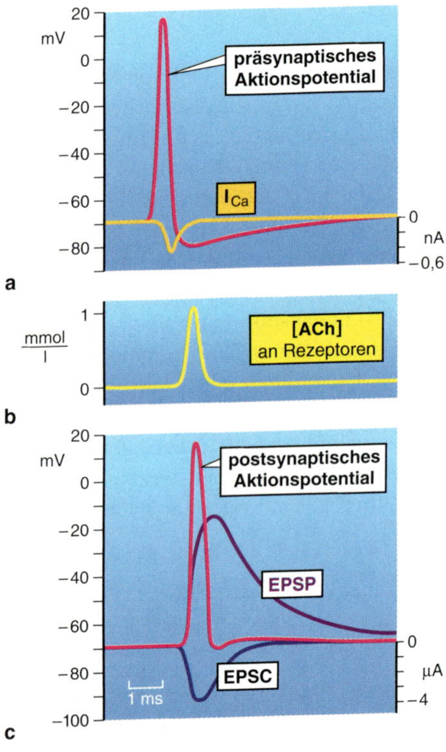

Abb. 3-8 a–c. Synaptische Übertragung.
a Präsynaptisch: Zeitverlauf des Aktionspotentials und des ausgelösten Ca-Einstroms in die Nervenendigung, I_{Ca}. **b** Synaptischer Spalt. ACh-Konzentration *(ACh)* an den Rezeptoren. **c** Postsynaptisch: Der postsynaptische Strom *(EPSC)*, das postsynaptische Potential *(EPSP)* und das durch dieses ausgelöste Aktionspotential. (Mod. nach Llinás 1982)

3.3 Integrative synaptische Prozesse

In diesem Abschnitt sollen Prozesse besprochen werden, die an den Synapsen durch zeitlich schnell aufeinanderfolgende oder gleichzeitig an verschiedenen Synapsen einer Zelle ablaufende Übertragungen ausgelöst werden. Diese Prozesse sind Elemente der „Rechenoperationen“ der Synapsen an einer Zelle.

Folgen an einer Synapse 2 präsynaptische Aktionspotentiale kurz aufeinander, so ist die Überträgerstoffausschüttung nach der zweiten Aktivierung meist größer als nach der ersten, es tritt synaptische Bahnung ein

Abbildung 3-9 zeigt ein Beispiel einer ***Doppelpulsbahnung.*** An der betreffenden Synapse schüttet ein einzelnes präsynaptisches Aktionspotential durchschnittlich 1 Quant Überträgerstoff aus. Folgt auf das erste Aktionspotential ein zweites mit 5 ms Latenz, so ist die durchschnittliche Quantenausschüttung nach dem zweiten Aktionspotential 3mal so hoch wie nach dem ersten. Das Ausmaß der Doppelpulsbahnung nimmt mit wachsendem Reizintervall ab; nach etwa 100 ms ist sie in Abb. 3-10 auf unter 10 % gesunken.

Die synaptische *Bahnung* wird noch *effektiver,* wenn eine größere Zahl von Pulsen aufeinanderfolgt. Solche Aktionspotentialserien hoher Frequenz kommen in Axonen des Nervensystems häufig vor. Selbst wenn die Doppelpulsbahnung an einer Synapse viel kleiner ist als in Abb. 3-10, so wird sie für Pulsserien beträchtlich. An vielen Synapsen ist das EPSP (oder IPSP) nach einer Aktivierung kaum meßbar, es wird funktionell wirksam erst durch Bahnung in einer Pulsserie.

Die synaptische Bahnung wird durch „Restkalzium“, die nach dem Vorimpuls in der präsynaptischen Endigung noch erhöhte Ca^{2+}-Konzentration, bedingt

Während eines präsynaptischen Aktionspotentials strömt Ca^{2+} ein und erhöht die intrazelluläre Ca^{2+}-Konzentration (Abb. 3-8). Das intrazelluläre Kalzium wird durch Pumpen, z. B. den Ca^{2+}-Na^{+}-Antiport (2.2), zum niedrigen Normalwert zurückgeführt, doch dies dauert bis zu 1 s. Ein weiteres Aktionspotential in diesem Zeitraum bringt neuen Ca^{2+}-Einstrom, der sich zum

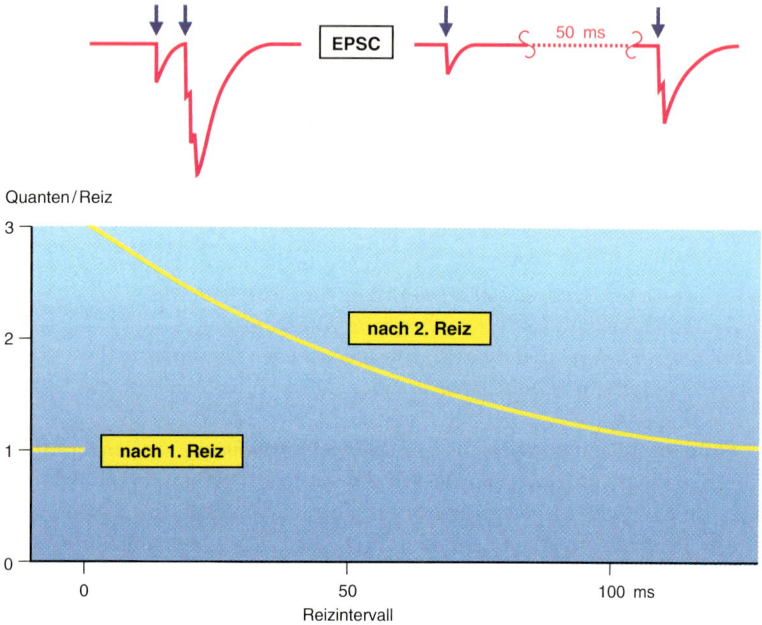

Abb. 3-9. Synaptische Bahnung. Doppelreize mit verschiedenen Intervallen *(Abszisse)* führen zur Bahnung des zweiten EPSC. Während das erste EPSC im Durchschnitt ein Quant enthält, enthält das zweite bei kurzem Abstand 3 Quanten (s. auch *oben links, rot*), und bei längerem Abstand weniger Quanten (z. B. *oben rechts, rot,* 50 ms Reizintervall). (Mod. nach Dudel in Schmidt u. Thews 1993)

Restkalzium des vorhergehenden Aktionspotentials addiert. Die Summe der Ca^{2+}-Konzentrationen wird höher als nach dem ersten Aktionspotential; somit wird die Überträgerstofffreisetzung größer (Abb. 3-9).

Mit einigen Millisekunden Latenz aufeinanderfolgende synaptische Ströme führen zur zeitlichen Summation der synaptischen Potentiale

Nimmt man eine Synapse ohne Bahnung an, so haben mit z. B. 2 ms Latenz aufeinanderfolgende synaptische Ströme (EPSC) die gleichen Amplituden (Abb. 3-10b). Wenn das erste EPSC beendet ist, dann geht danach die Potentialänderung, das EPSP, erst langsam zum Ruhewert zurück. Das zweite

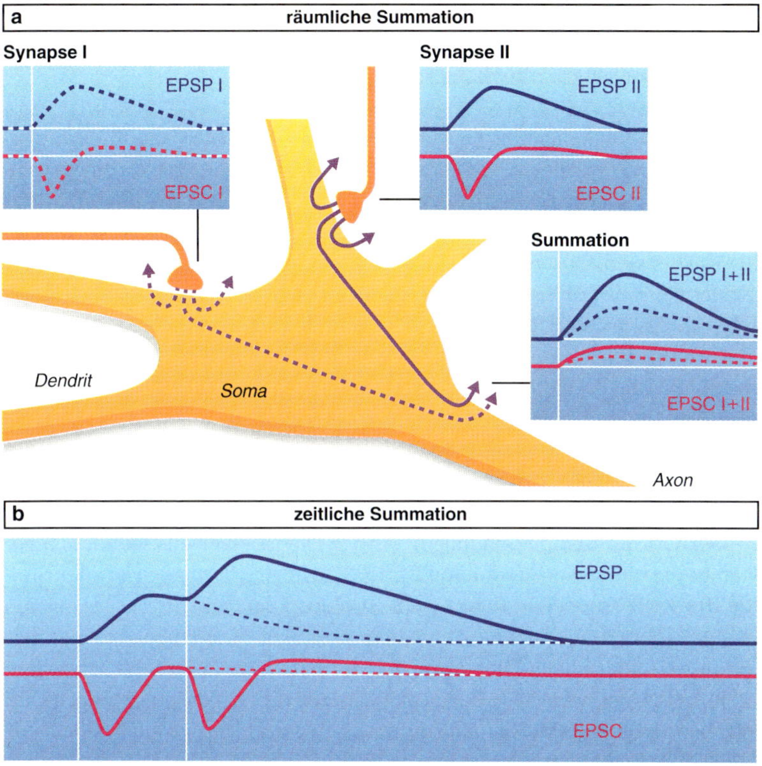

Abb. 3-10 a, b. Räumliche und zeitliche Summation von synaptischen Potentialen. **a** Räumliche Summation: An 2 Dendriten einer Nervenzelle werden durch gleichzeitige Aktivierung von Nervenendigungen an Synapse I und II erregende synaptische Ströme bzw. Potentiale, EPSC bzw. EPSP ausgelöst. Die Ströme breiten sich elektrotonisch aus, sie treten u. a. am Axonhügel aus und summieren sich und bilden ein Summen-EPSP. **b** Zeitliche Summation: An einer Synapse folgen EPSC mit kurzem, 2 ms, Abstand. Die ausgelösten EPSP summieren sich teilweise. (Mod. nach Dudel in Schmidt u. Thews 1993)

EPSC erzeugt dann ein EPSP, das von einem positiveren Ausgangspotential startet und insgesamt eine größere Depolarisation erreicht als das erste. Dies wird ***zeitliche Summation*** genannt, weil Vorbedingung dafür die nahe Aufeinanderfolge der EPSP ist. Die zeitliche Summation ist ein postsynaptischer Prozeß, während die mit ähnlichen Pulsabständen ausgelöste Bahnung ein präsynaptischer Prozeß ist.

Zu gleicher Zeit an verschiedenen Synapsen auf einer Zelle ausgelöste synaptische Potentiale addieren sich, zeigen räumliche Summation

Nervenzellen haben auf ihren Zellkörpern und Dendriten Tausende von erregenden und hemmenden Synapsen. In Abb. 3-10 a sind 2 davon eingezeichnet. EPSC 1 schickt depolarisierenden Strom in die Zelle, der überall an der Zellmembran ausfließen kann. Da die Zelldurchmesser in der Regel kleiner als 100 μm sind, ist die Stromverteilung innerhalb des Zellkörpers ziemlich gleichmäßig, das EPSP 1 hat überall die gleiche Größe. Das gleiche gilt für ein EPSP 2, das an einer anderen Synapse ausgelöst wird. Sind EPSP 1 und 2 gleichzeitig, so addieren sich an jeder Stelle des Zellkörpers die Ströme und damit auch die Potentiale. Diese Summation der EPSP wird ***räumliche Summation*** genannt, weil sie durch räumlich verschiedene Synapsen geleistet wird. Auch Synapsen auf den Dendriten können zur räumlichen Summation am Zellkörper beitragen, wenn auch ihre EPSP über die Länge des Dendriten einen Größenverlust erleiden.

Der Ort der Summenbildung in Abb. 3-11 a ist einerseits willkürlich gewählt – die räumliche Summation der EPSP tritt gleichermaßen an allen Stellen des Zellkörpers ein. Funktionell ist jedoch der Austritt des Axons am *Axonhügel* der *wesentliche Summationsort.* Am Axonhügel beginnt das Axon mit seiner hohen Dichte von Na^+-Kanälen. An dieser Stelle erreichen Depolarisationen der Zelle zuerst die Schwelle für Aktionspotentiale, die im Axon weitergeleitet werden und die in der Regel die einzige nach außen wirkende Folge vieler erregender und hemmender synaptischer Potentiale sind.

Hemmende Synapsen am Zellkörper kontrollieren effektiv die Auslösung von fortgeleiteten Aktionspotentialen

Hemmende postsynaptische Ströme und Potentiale bahnen und summieren in gleicher Weise wie die erregenden. Hemmende Synapsen am Zellkörper können die EPSP sehr effektiv kurzschließen (Abb. 3-3), indem sie den Membranwiderstand des Zellkörpers herabsetzen. Das Resultat der EPSP vieler Synapsen der Dendriten und des Zellkörpers kann durch hemmende Synapsen in der Nähe des Axonhügels kontrolliert werden.

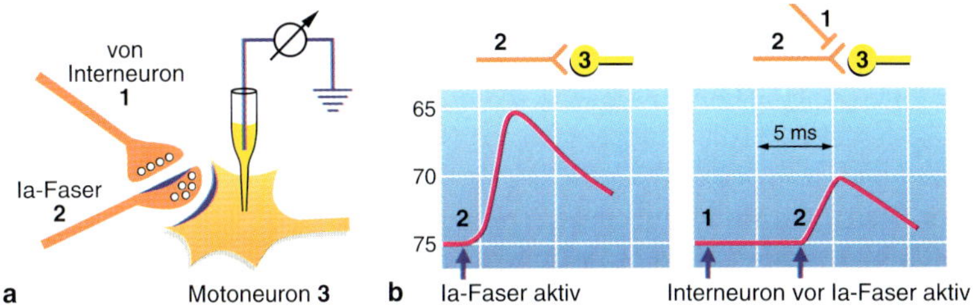

Abb. 3-11 a, b. Präsynaptische Hemmung. **a** Versuchsanordnung zum Nachweis präsynaptischer Hemmung eines monosynaptischen EPSP eines Motoneurons. **b** EPSP nach Reizung der homonymen 1a-Fasern ohne *(links)* und mit vorhergehender Aktivierung präsynaptisch hemmender Interneurone. (Mod. nach Schmidt u. Thews 1993)

Bei der präsynaptischen Hemmung vermindert eine hemmende Synapse an einer Nervenendigung die Überträgerstoffausschüttung der Endigung

Im Rückenmark und Gehirn sieht man zwischen den Synapsen von Nervenzellkörpern und Dendriten mit afferenten Axonen viele axoaxonale Synapsen. Abbildung 3-11 illustriert den wichtigen Fall einer hemmenden Synapse auf einer präsynaptischen Nervenendigung an einem motorischen Neuron. Die erregende Afferenz des Motoneurons (2, Ia-Faser) erzeugt im Motoneuron ein EPSP. Wird die von einem Interneuron kommende hemmende Faser (1) vor der erregenden (2) aktiviert, so wird das EPSP verkleinert. Diese Hemmung erfolgt durch Verminderung der Überträgerstofffreisetzung aus der Nervenendigung (2). Diese ***präsynaptische Hemmung*** kann sehr effektiv sein und einige 100 ms andauern. Sie ist ein sehr selektiver Hemmechanismus, der von den vielfältigen synaptischen Eingängen einer Zelle nur wenige, vermutlich mit gemeinsamer Funktion, blockieren kann.

Die Kooperation zweier erregender Rezeptorkanaltypen an einem Neuron kann die Effektivität der synaptischen Übertragung für lange Zeit verstärken

In einem Kern des Gehirns, dem Hippocampus (CA 1-Region), der wahrscheinlich an Gedächtnisfunktionen beteiligt ist (s. S. 413), wurde das Phänomen der ***Langzeitpotenzierung*** (LTP, „long term potentiation“) entdeckt. Die großen Pyramidenzellen dieses Bereichs können über spezifische Afferenzen und erregende Synapsen aktiviert werden. Erregt man eine dieser Afferenzen für kurze Zeit mit hoher Frequenz, so sind danach die EPSP, die durch Einzelreize ausgelöst werden, für lange Zeit (bis zu Tagen) vergrößert. Diese Langzeitpotenzierung einer synaptischen Verbindung hat großes Interesse gefunden, weil sie ein Modell für einen *Lernvorgang* im Gehirn darstellen könnte.

Uns interessiert hier der synaptische Mechanismus dieser Potenzierung. Die *Synapsen* liegen an den Pyramidenzellen *auf Dornfortsätzen der Dendriten.* Der erregende Überträgerstoff ist Glutamat (Abb. 3-4). Es gibt einige Typen von Glutamatrezeptoren, die durch spezifische Agonisten charakterisiert werden können. Die ***Quisqualat-*** und die ***Kainattypen*** (Q/K in Abb. 3-12) der ***Glutamatrezeptoren*** sind funktionell den oben besprochenen ACh-Rezeptoren sehr ähnlich. Nach Bindung des Glutamats öffnen sie Kanäle für Na^+-, K^+- und Ca^{2+}-Ionen, und die postsynaptische Membran, hier der Dornfortsatz, wird depolarisiert.

Der ***N-Methyl-D-Aspartat-Typ der Rezeptoren*** (NMDA-Rezeptor; Abb. 3-12) öffnet sich nach Bindung von Glutamat nur, wenn das Membranpotential positiv ist. Dieser Kanal ist bei negativen Potentialen durch Mg^{2+}-Ionen, die im Kanal gebunden sind, blockiert; die Mg^{2+} verlassen diese Bindung bei positiven Potentialen. Der NMDA-Rezeptor-assoziierte Kanal hat ferner die Eigenart, daß seine Öffnung bevorzugt Ca^{2+} passieren läßt. Aktivierung des NMDA-Rezeptors bewirkt somit neben dem EPSP eine relativ große Erhöhung der intrazellulären Ca^{2+}-Konzentration.

Der NMDA-Kanal kann nur öffnen, wenn das Membranpotential positiv ist. Folglich wird er bei Einzelreizen, die über die Öffnung von Q/K-Kanälen nur kleine EPSP erzeugen, nicht aktiviert. Eine kurze Serie von Erregungen, wie sie zur Induktion der LTP eingesetzt wird, führt durch Bahnung und Summation zu sehr großen EPSP, deren Strom durch die Q/K-Kanäle fließt. Diese EPSP können positive Potentialwerte erreichen und dadurch den Mg^{2+}-Block der NMDA-Kanäle aufheben. Glutamat öffnet nun auch die NMDA-Kanäle, das EPSP vergrößert sich, und der Ca^{2+}-Einstrom erhöht die intrazelluläre Ca^{2+}-Konzentration auf einen kritisch hohen Wert (Abb. 3-12).

Die *Erhöhung der intrazellulären Ca^{2+}*-Konzentration hat *intrazelluläre Botenstoff-* („second messenger"-)Funktion (Abb. 2-5 b). Sie ist jedenfalls Voraussetzung dafür, daß Langzeitpotenzierung auftritt. Wie dies im einzelnen bewirkt wird, ist noch strittig. Eine Möglichkeit sind Erhöhungen der postsynaptischen Rezeptordichte oder der Größe und Zahl von dendritischen Dornfortsätzen, die entsprechende Synapsen bilden. Es scheint jedoch auch – oder allein – bei der LTP die präsynaptische Überträgerstofffreiset-

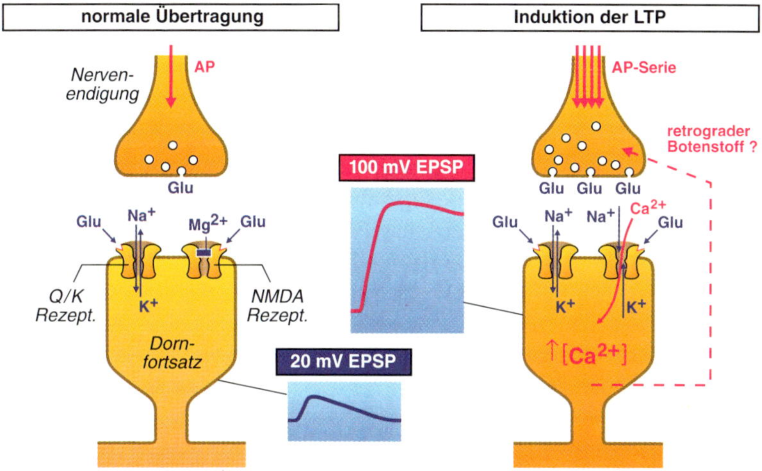

Abb. 3-12. Langzeitpotenzierung, LTP. Schema der normalen *(links)* synaptischen Übertragung nach einem präsynaptischen Aktionspotential sowie *(rechts)* der Induktion von LTP durch eine Serie von Aktionspotentialen, an einer Pyramidenzelle der CA 1-Region des Hippocampus. Die Nervenendigung schüttet Glutamat *(Glu)* als Überträgerstoff aus. Die postsynaptische Struktur ist ein Dornfortsatz eines Dendriten der Pyramidenzelle, der Rezeptoren/Kanäle für Glutamat des Quisqualat/Kainat (Q/K)-Typs sowie des NMDA-Typs enthält. Ein präsynaptisches Aktionspotential (AP, *links*) setzt wenig Glutamat frei, dieses öffnet Q/K-Kanäle, was zu einem postsynaptischen Potential (EPSP) von 20 mV Amplitude führt. Der NMDA-Kanal bleibt geschlossen, weil er bei negativen Potentialen durch Mg^{2+} blockiert ist. Eine Serie von präsynaptischen Aktionspotentialen *(rechts)* setzt viel Glutamat frei. Dies öffnet die Q/K-Kanäle so häufig, daß positive Potentiale erreicht werden. Dann öffnen auch die NMDA-Kanäle, durch die relativ viel Ca^{2+} in den Dornfortsatz einströmt und die Ca^{2+}-Konzentration erhöht ($[Ca^{2+}]$). Die Erhöhung der $[Ca^{2+}]$ kann postsynaptisch wie auch präsynaptisch (retrograder Botenstoff) Änderungen bewirken, die für Tage die synaptische Übertragung verbessern

zung verbessert zu sein. Für einen solchen Effekt müßte die präsynaptisch erhöhte Ca^{2+}-Konzentration die Freisetzung eines „retrograden Botenstoffs“ (Abb. 3-12) bewirken, der zur präsynaptischen Nervenendigung diffundiert, von ihr aufgenommen wird und die Verbesserung der Überträgerstofffreisetzung einleitet.

Der Mechanismus der Induktion von LTP durch Koaktivierung von 2 Kanaltypen ist ein Äquivalent für eine Logische-Und-Operation

Für die prinzipiellen synaptischen Mechanismen ist wichtig, daß das geschilderte Zusammenwirken der beiden Kanaltypen der Rechenoperation „logisches Und“ gleichkommt. Diese Operation bedeutet: Wenn 1 und gleichzeitig 2, nur dann 3. Im Falle der synaptischen Funktion: Wenn Q/K-Kanäle stark aktiviert und Glutamat auch an NMDA-Kanäle gebunden wird, dann erfolgt Ca^{2+}-Einstrom durch NMDA-Kanäle.

3.4 Elektrische Synapsen

Bei elektrischen Synapsen fließt Strom von einer depolarisierten Zelle über Membrankontakte mit niedrigem Widerstand in eine benachbarte Zelle und depolarisiert diese

Bei ***chemischen Synapsen*** wird die postsynaptische Zelle durch Ströme depolarisiert oder hyperpolarisiert, die durch die Ionenkonzentrationsgradienten über die Membran der *postsynaptischen Zelle* angetrieben werden. Die von der präsynaptischen Nervenendigung kommenden *Überträgerstoffe steuern* nur die *Kanalöffnungen* der postsynaptischen Membran.

Bei ***elektrischen Synapsen*** liegt die *Stromquelle für das postsynaptische Potential* in der *präsynaptischen Zelle.* Wird Zelle 1 in Abb. 3-13 durch z. B. ein Aktionspotential depolarisiert, so fließt bei nebeneinanderliegenden Zellen kein wesentlicher Strom durch Zelle 2, das Potential der Zelle 2 wird in diesem Fall nur um wenige µV verändert. Besteht jedoch zwischen den Zellen eine elektrische Synapse, ein Membrankontakt mit geringem Widerstand, so fließt ein beträchtlicher Anteil des depolarisierenden Stromes auch durch Zelle 2 und depolarisiert diese. Das Aktionspotential in Zelle 1 von 100 mV Amplitude wird in Zelle 2 z. B. eine Depolarisation von 10 mV auslösen (Abb. 3-13 a).

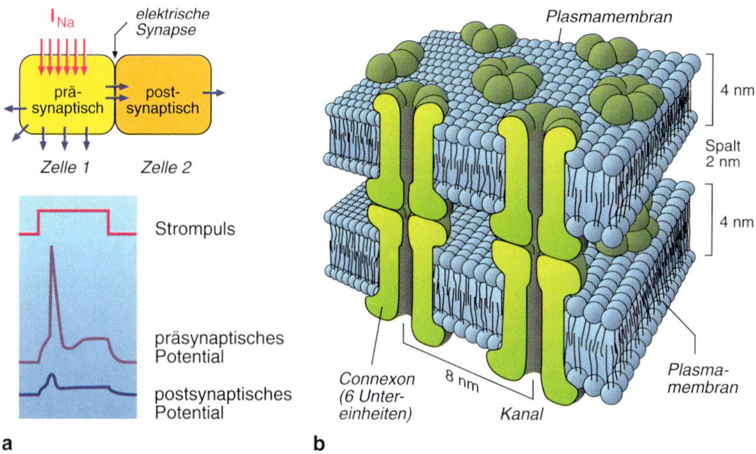

Abb. 3-13. a Elektrische Synapse zwischen *Zelle 1* und *Zelle 2.* Stromverteilung; Zelle 1 wird erregt und Natriumstrom, I_{Na}, fließt ein. Zwischen Zelle 1 und 2 ein Nexus („gap junction"). Der in *Zelle 1* eingeflossene Strom fließt z. T. über den Nexus in *Zelle 2* und depolarisiert diese. Ein Strompuls *(rot)* in die präsynaptische Zelle erzeugt in dieser ein elektrotonisches Potential, das ein Aktionspotential auslöst. In der postsynaptischen Zelle erscheint als postsynaptisches Potential, über den Nexus fortgeleitet, ein verkleinertes Abbild des präsynaptischen Potentials. **b** Feinstruktur eines Nexus („gap junction"). In die Membran der prä- und der postsynaptischen Zelle sind regelmäßig „Connexone" eingelagert, die sich genau gegenüberstehen. Die Connexone enthalten eine Öffnung und über jeweils 2 verbundene Connexone stehen die Zellen über einen Kanal in Verbindung. (Mod. nachMakowski et al. 1977)

Die Membrankontakte mit niedrigem elektrischen Widerstand der elektrischen Synapsen sind „Nexus" oder „Gap-junction"-Kanäle

An den elektrischen Synapsen sieht man im elektronenmikroskopischen Schnitt ein Zusammenfließen der Lipidmembran der beiden Zellen. Die Grundlage dafür sind Halbkanäle, *Connexone,* die sich in den beiden Membranen genau gegenüberstehen und zusammen einen Kanal durch beide Membrane bilden, eine ***„gap junction"*** (Abb. 3-13 b). Diese Kanäle haben relativ große Durchmesser, sie lassen die kleinen intrazellulären Ionen und auch größere Moleküle – bis zu kleinen Peptiden – passieren. Die Kanäle sind nicht dauernd offen; wie andere Kanäle auch, nehmen sie spontan Offen- und Geschlossenzustände an. Die Kanäle schließen dauernd, wenn der pH-Wert der Zelle abfällt oder die intrazelluläre Ca^{2+}-Konzentration stark ansteigt.

Dies ist wichtig, weil in verletzten oder stoffwechselgeschädigten Zellen entsprechende pH- und Ca^{2+}-Änderungen eintreten und der folgende Kanalschluß die Koppelung der Zellen aufhebt.

Elektrische Synapsen kommen sehr häufig vor

Die Koppelung der Zellen durch „gap junctions“ ist in embryonalem Gewebe fast vollständig. Bei Erwachsenen sind Epithelien oder z. B. Leberzellen durch „gap junctions“ verbunden. Große Bedeutung haben elektrische Synapsen im ***Herzmuskel*** und in ***glatter Muskulatur;*** hier sind alle Zellen elektrisch verbunden; sie bilden in bezug auf die Erregungsausbreitung – die Leitung von Aktionspotentialen – ein ***funktionelles Synzytium*** (Zellverband). Auch im *Zentralnervensystem* gibt es *viele elektrische Synapsen.* Durch sie wird die elektrische Aktivität in Zellverbänden mit vermutlich gemeinsamer Funktion synchronisiert.

Literatur

Lehr- und Handbücher

Hille B (1992) Ionic channels of exitable membranes. 2nd ed. Sinauer, Sunderland, Mass.

Hoppe W, Lohmann W, Markl H, Ziegler H (Hrsg) (1984) Biophysik. Springer, Berlin Heidelberg New York

Kandel ER, Schwartz JH, Jessel M (Eds) (1991) Principles of neural science. Elsevier, New York Amsterdam Oxford

Nicholls JG, Martin AR, Wallace BC (1992) From neuron to brain, 3rd edn. Sinauer, Sunderland, Mass.

Schmidt RF, Thews G (Hrsg) (1995) Physiologie des Menschen, 26. Aufl. Springer, Berlin Heidelberg New York Tokyo

Einzelarbeiten

Dudel J, Franke C, Hatt H (1990) Rapid activation, desensitization, and resensitization of synaptic channels of crayfish muscle after glutamate pulses. Biophys J 57: 533–545

Franke C, Hatt H, Dudel J (1991) Kinetic constants of the acetylcholine (ACh) receptor reaction deduced from the rise in open probably after steps in ACh concentration. Biophys J 60: 1008–1016

Imoto K, Busch C, Sakmann B et al. (1988) Rings of negatively charged amino acids determine the acetylcholine receptor channel conductance. Nature 335: 645–648

Llinás RR (1982) Calcium in synaptic transmission. Sci Am 10: 38–48

Makowski L, Caspar DLD, Phillips WC, Goodenoogh DA (1977) Gap junction structures. II. Analysis of the X-ray diffraction data. J Cell Biol 84: 629–645

Verdorn TA, Burnashev N, Monyer H et al. (1991) Structural determinants of ion flow through recombinant glutamate receptor channels. Science 252: 1715–1718

Vincent SR, Hope BT (1992) Neurons that say NO. Trends Neurosci 15: 108–113

4 Muskelphysiologie

R. Rüdel

EINLEITUNG

Die Bewegung ist eines der wichtigsten Kennzeichen des Lebens. Aus primitiven Anfängen heraus haben sich im Laufe der Evolution immer bessere und schnellere Bewegungsformen entwickelt. In den hochentwickelten Lebewesen, also auch beim Menschen, sind verschiedene Stufen zu finden, z. B. die primitive amöboide Bewegung der Leukozyten im Gewebe, die höher entwickelte Form der Bewegung durch Geißeln der männlichen Samenzellen, und – als höchste Stufe – die Bewegung mit Hilfe spezialisierter Zellen, der Muskelzellen. Auch innerhalb der Gruppen der verschiedenen Muskelgewebe gibt es Entwicklungsstufen, die sich anatomisch deutlich unterscheiden.

Bei der Muskulatur des Menschen unterscheidet man histologisch und funktionell zwischen ***Skelettmuskeln, glatten Muskeln*** und ***Herzmuskel.***

In diesem Kapitel werden die ersten beiden Muskeltypen beschrieben. Für die Beschreibung des Herzmuskels s. Thews u. Vaupel 1990.

4.1 Die Funktion der Skelettmuskulatur im Körper

Die ***Skelettmuskulatur*** macht etwa 40% des Körpergewichtes aus. Der Mensch besitzt über 400 Skelettmuskeln, die Kräfte entwickeln und diese über Sehnen auf das Skelett übertragen, wobei meist mechanische Arbeit geleistet wird. Dabei fällt Wärme als Nebenprodukt an. Zu jedem Muskel zieht zumindest eine Arterie für den Antransport von Sauerstoff und Nährstoffen, eine Vene für den Abtransport von Metaboliten und Wärme sowie ein Nerv mit den efferenten motorischen Fasern, den afferenten Fasern aus den Muskel- und

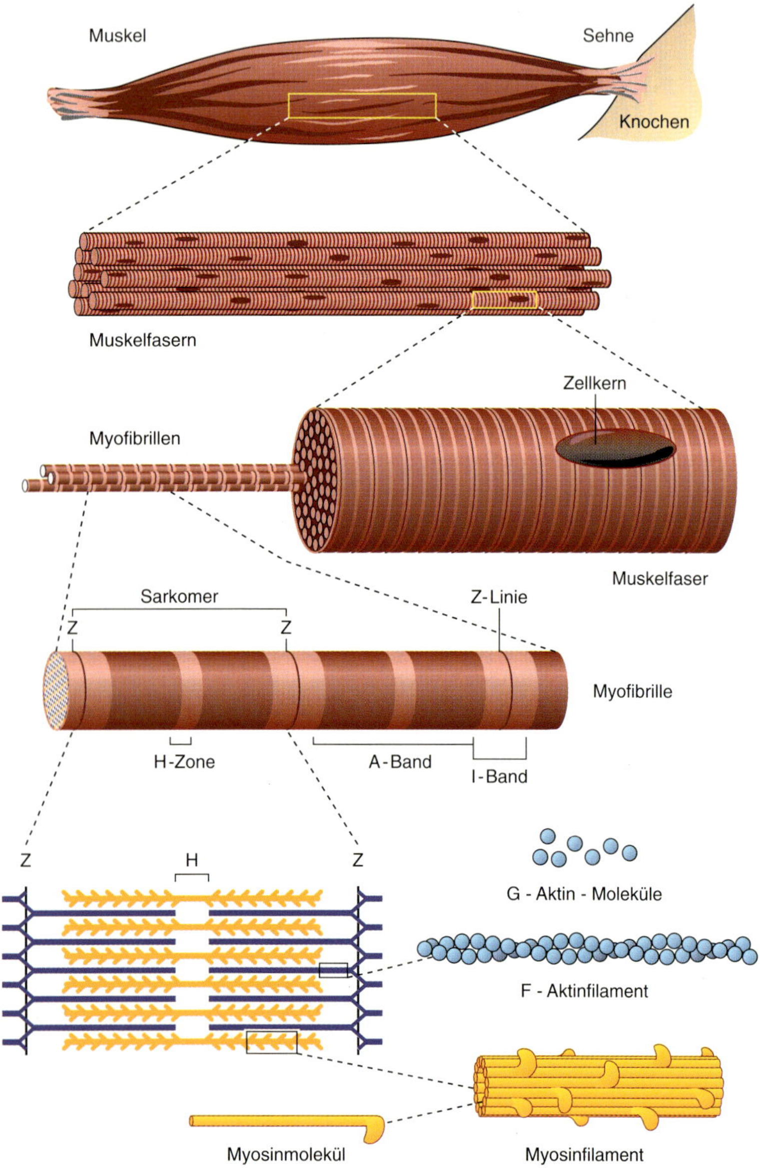

Abb. 4-1. Aufbau des Skelettmuskels. (Mod. nach Bloom u. Fawcett 1986)

Sehnenspindeln und anderen Sensoren sowie mit Fasern des autonomen Nervensystems. Die histologischen Zelleinheiten der Skelettmuskeln sind die zylindrischen ***Fasern*** (s. Abb. 4-1), vielkernige Synzytia, die sich im Embryonalstadium aus den einkernigen Vorläuferzellen, den ***Myotuben,*** durch Fusion bilden. Die Muskelfasern haben Durchmesser von etwa 50 µm, können mehrere Zentimeter lang werden und sind an beiden Enden mit Sehnen verwachsen.

Muskeln können nur ziehen, nicht schieben. Für die Bewegung eines Körperteils in mehrere Richtungen müssen daher mehrere Muskeln vorhanden sein. Sie wirken teils als ***Synergisten*** miteinander, teils als ***Antagonisten*** gegeneinander. Nahezu alle Muskeln unserer Gliedmaßen überspannen mehr als ein Gelenk, so daß bei ihrer Betätigung, je nachdem welches Gelenk seine Stellung ändert, ganz unterschiedliche Bewegungen zustande kommen. Die Auswahl der richtigen Bewegung trifft das Zentralnervensystem (ZNS), indem es die unerwünschten Bewegungen durch die Aktivierung der entsprechenden Antagonisten unterbindet. Für die Bewegung unserer Glieder werden daher immer ganze Gruppen von Muskeln entweder gleichzeitig oder in genauer Folge mit abgestimmter Kraft aktiviert (s. Kap. 5: Motorische Systeme).

Elektromyographie, EMG. Die Aktivität eines Muskels kann man ohne großen Aufwand durch extrazelluläre Ableitung der Muskelaktionspotentiale bestimmen. Diese Technik wird auch als diagnostisches Hilfsmittel bei Verdacht auf Nerven- und Muskelerkrankungen angewendet. Die häufigste Ableiteart verwendet eine ***konzentrische*** Ableiteelektrode, die wiederholt an verschiedenen Stellen des untersuchten Muskels eingestochen wird. Die maximale Amplitude des Aktionspotentials einer motorischen Einheit (s. unten) beträgt etwa 1 mV. Vergrößerte Werte bedeuten, daß pathologischer Ausfall von Motoneuronen durch Vergrößerung der funktionierenden motorischen Einheiten kompensiert wurde.

4.2 Die zentralnervöse Regelung der Muskelkontraktionen

Das ZNS erhält für die genaue Regelung der Kraft der einzelnen Muskeln kontinuierlich Rückmeldungen aus den in den Muskeln, den Sehnen und den Gelenken vorhandenen Sensoren, und zwar sowohl über Kräfte als auch über Gelenkstellungen und Bewegungsabläufe. In allen Skelettmuskeln gibt es spezialisierte Muskelfasern als Längenfühler (***intrafusale Muskelfasern*** oder ***Muskelspindeln*** genannt); in allen Sehnen befinden sich ***Sehnenorgane*** als Kraftmesser (s. Kap. 5).

Die Befehlsaussendung zur Kontraktion erfolgt über die motorischen Nerven, die – ausgehend von den Vorderhörnern der Medulla oblongata und des Rückenmarks – zu allen Skelettmuskeln ziehen. Jedes Motoaxon verzweigt sich in seinem Muskel und innerviert eine Vielzahl von Muskelfasern, die über einen größeren Teil des Muskelquerschnitts verstreut sind. Man nennt eine motorische Nervenzelle mit allen Muskelfasern, die sie innerviert, eine ***motorische Einheit.*** Die Größe der motorischen Einheiten, d. h. die Anzahl ihrer Muskelfasern, variiert von ca. 10 Fasern bei den äußeren Augenmuskeln bis zu mehr als 1000 in der Rückenmuskulatur.

Die Regelung der Kontraktionskraft geht über 2 Mechanismen vonstatten, die in abgestimmter Weise vom ZNS eingesetzt werden

Der weitaus wichtigere und effizientere Mechanismus ist die zunehmende ***Rekrutierung*** motorischer Einheiten, d. h. für wenig Kraft und langsame Verkürzung werden wenige Einheiten aktiviert und umgekehrt. Dabei folgt das ZNS einem Größenprinzip: Zuerst werden die kleinsten Einheiten rekrutiert; für mehr Kraft werden zusätzlich größere Einheiten aktiviert.

Die zweite Form der Kraftregelung ist dem ZNS über eine ***Steigerung der Erregungsrate*** der Motoneurone gegeben. Eine Frequenzsteigerung von 8 auf 30 s^{-1} entspricht dem Übergang vom unvollkommenen zum vollkommenen Tetanus (s. unten), wobei die Kraft auf das rund 10fache ansteigt. Der Frequenzbereich zwischen 30 und 120 s^{-1} dient zur Variation der Verkürzungsgeschwindigkeit, wobei Erregungsraten zwischen 80 und 120 s^{-1} nur für etwa 10 ms während ballistischer Bewegungen (Wurf, Sprung) vorkommen. Die maximale Frequenz, mit der wir bei repetitiver antagonistischer Muskelaktivierung die Finger hin- und herbewegen können, liegt bei 8 s^{-1}.

4.3 Stoffliche Zusammensetzung des Skelettmuskels

Die Muskulatur besteht zu etwa 80 % aus Wasser, davon befindet sich $^1/_4$ in den Muskelfaserzwischenräumen. Hauptbestandteile der festen Materie sind Eiweiße

Insbesondere besteht der kontraktile Apparat aus Eiweiß. Funktionell betrachtet teilt man die Eiweiße in schwer lösliche Strukturproteine (80 %) und gelöste Proteine (20 %) ein. Etwa 20 % der gesamten Eiweiße sind fast unlöslich. Diese ***Stroma*** genannten Proteine bilden ein inertes Strukturelement. Ein Teil befindet sich extrazellulär als Kollagen und Elastin, das die Fasern zusammenhält; ein Teil ist intrazellulär und hat dort analoge Funktion. Etwa 50% des Gesamteiweißes stellen die kontraktilen Eiweiße dar, und zwar 35% ***Myosin,*** 15% ***Aktin*** und 10% ***Tropomyosin-Troponin.***

Myosin. Die kontraktilen Eiweiße lassen sich aus dem Muskel extrahieren. Im elektronenmikroskopischen Bild erkennt man am ***Myosin*** einen dichten „Kopf" und einen langen „Schwanz". Das Pankreasenzym Trypsin spaltet Myosin in zwei Teile, das schwere („heavy") Meromyosin (HMM, MG 350000) und das leichte Meromyosin (LMM, MG 150000). LMM hat die Gestalt eines Stabes von etwa 2 nm Durchmesser und 100 nm Länge; es ist zusammengesetzt aus 2 α-Helices, die wie 2 Schnüre eines doppelten Seiles gegeneinander verdrillt sind. Seine Hauptfunktion ist struktureller Natur. HMM, etwa 60 nm lang, besteht aus einem globulären Kopfteil (S_1) und einem langgestreckten Schaftteil (S_2), welcher den Kopf mit dem LMM verbindet. Jeder Kopfteil enthält 2 „leichte" Peptidketten, von denen eine an der Regulation der Krafterzeugung beteiligt ist. Das Wichtigste aber am Kopfteil sind 2 Bindungsstellen: eine für Aktin, die andere für ATP. ATP kann dort sogar gespalten werden. Damit stellt Myosin ein Enzym (ATPase) dar. Der Kopf des Myosinmoleküls ist das Zentrum der kontraktilen Maschine, denn an ihm befindet sich die Stelle für den mechanischen Effekt (Aktinbindung) und die Stelle für die dazu nötige Energielieferung (ATP-Hydrolyse). In Lösungen hoher Ionenstärke sind die einzelnen Myosinmoleküle unverbunden, bei Senkung der Ionenstärke aggregieren sie zu Stäbchen von 1,6 nm Länge, den sog. ***dicken Filamenten.***

Aktin. Dieses Eiweiß läßt sich weit schwerer aus dem Muskel extrahieren, vermutlich weil es am Stroma (Z-Scheiben) angeheftet ist. Das als G-Aktin bezeichnete Monomer ist globulär (MG 42000). Jedes Monomer enthält fest gebunden ein Molekül ATP, besitzt jedoch keine ATPase-Aktivität. Die G-Aktinmoleküle können zu langen Ketten von F-(fibrösem) Aktin polymerisieren, wobei das gebundene ATP hydrolysiert wird. Die Aktinmoleküle eines F-Aktins sind helikal angeordnet, so daß die Kette wie 2 gegeneinander verdrillte Perlschnüre aussieht. F-Aktin ist der Hauptbestandteil der sog. ***dünnen Filamente*** einer Muskelfaser (s. Abb. 4-1).

Mischt man Lösungen von Aktin und Myosin, so verbinden sich die beiden Eiweiße zu Aktomyosin, und die Lösung wird hochviskös. Das Myosin behält seine ATPase-Eigenschaften, so daß bei Zugabe von ATP und Ca^{2+} ATP hydrolysiert wird. Dieser Vorgang ist das ***In-vitro***-Korrelat zur Muskelkontraktion. Andererseits kann man durch Zugabe einer Ca^{2+}-bindenden Substanz (sog. Chelator, z. B. EGTA) die freie Kalziumkonzentration auf unter 10^{-7} mol/l senken. Dann dissoziiert das Aktomyosin in seine beiden Komponenten, und die Viskosität der Lösung fällt. Dieser Vorgang ist das Korrelat der Relaxation. Es gibt auch einen hochviskösen Zustand, wenn man der Mischung kein ATP zufügt. Er entspricht der Totenstarre. ***Rigor mortis*** tritt ein, wenn beim Tod die Erzeugung von ATP aufgehört hat und die Muskeln das vohandene ATP aufgebraucht haben. Die Eigenschaft des ATP, den Rigor zu verhindern, bezeichnet man als ***Weichmacherwirkung.***

Ein großer Teil der gelösten Proteine sind Enzyme, die in den Muskelzellen die gleichen Aufgaben übernehmen wie in anderen Zellen auch: Bereitstellung von Energie durch den Abbau von Fettsäuren und Glykogen. Muskelspezifisch ist das ***Myoglobin,*** ein dem Hämoglobin verwandtes Protein, das der O_2-Aufnahme in die Zellen dient.

4.4 Der Aufbau der Skelettmuskelfaser

Die Faser ist aufgebaut aus dicht gepackten Fibrillen von polygonalem Querschnitt mit 1 μm Durchmesser, die sich durch die ganze Faserlänge erstrecken (s. Abb. 4-1). Diese ***Myofibrillen*** sind die kontraktilen Bausteine der Faser, sie nehmen etwa 80 % des Faservolumens ein. Jede Fibrille ist umgeben vom ***sarkoplasmatischen Retikulum,*** einer spezialisierten Form des den meisten Zellen eigenen endoplasmatischen Retikulums. Außer den kontraktilen Strukturen sind viele Mitochondrien, Glykogengranula und Kerne in das ***Sarkoplasma,*** die intrazelluläre Flüssigkeit, eingebettet. Die Mitochondrien sind die Kraftwerke der Zellen: Sie bauen durch Oxidation der Nährstoffe ATP auf. Der Muskel braucht sie in großer Anzahl, da ja Energieumsatz seine Hauptaufgabe ist. Die Kerne liegen meist in Längsreihen dicht unter der Fasermembran, dem ***Sarkolemma.***

Die Myofibrillen besitzen eine Strukturierung, die sich in der Längsrichtung wiederholt. Die Strukturen in nebeneinanderliegenden Myofibrillen sind aufeinander ausgerichtet

Aufgrund dieser Ausrichtung erscheint die ganze Faser im Polarisationsmikroskop quergestreift, was diesem Typ von Muskulatur seinen Namen gegeben hat.

Die Querstreifung teilt also die Faser der Länge nach in Einheiten auf, die man ***Sarkomere*** nennt. Es wechselt jeweils eine das Licht stark doppelbrechende ***A-Bande*** (=anisotrope Bande) mit einer schwach doppelbrechenden ***I-Bande*** (=isotrope Bande). Die A-Bande zeigt in ihrer Mitte eine Aufhellung, die ***H-Zone,*** während in der Mitte der I-Bande eine dunklere schmale Scheibe zwischen den benachbarten A-Banden liegt, die ***Z-Scheibe.*** Die Z-Scheiben betrachtet man als die Grenzen zwischen benachbarten Sarkomeren, die funktionelle Einheit ist jedoch das Halbsarkomer von einer Z-Scheibe bis zur Mitte der H-Zone (s. Abb. 4-1 und 4-2).

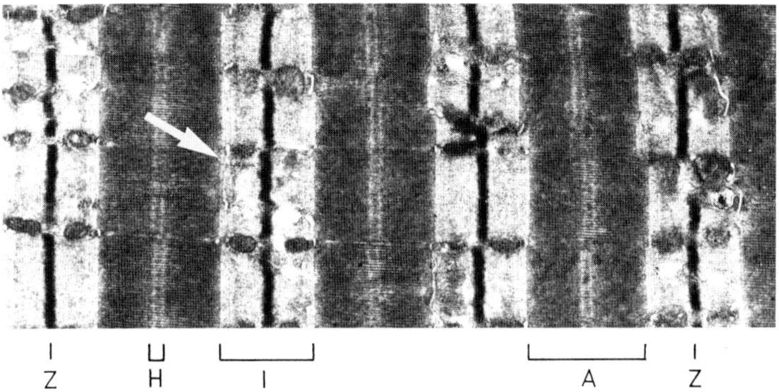

Abb. 4-2. Elektronenmikroskopische Aufnahme eines Längsschnittpräparates aus einem Warmblüterskelettmuskel (Längsachse horizontal). Dreieinhalb Sarkomere von 4 übereinanderliegenden Myofibrillen sind dargestellt. Für die *unten* angegebenen Bezeichnungen der Banden s. Text. Die membranösen Strukturen sind Anteile des sarkoplasmatischen Retikulums. Der *Pfeil* zeigt den Kontakt mit dem tubulären System, die sog. Triade. (Mod. nach Rüdel 1985; mit freundlicher Genehmigung)

Feinstruktur. Die Feinstruktur der ***Myofibrille*** wurde mit Hilfe des Elektronenmikroskops aufgeklärt (s. Abb. 4-2). Die regelmäßige Sarkomerenfolge der Fibrille ergibt sich aus ihrem Aufbau aus den langgestreckten Proteinfäden der dicken und dünnen Filamente. Die ***dicken Filamente*** bestehen aus Myosinmolekülen und sind ausschließlich in der A-Bande anzutreffen. Die ***dünnen Filamente*** bestehen aus der doppelten F-Aktinkette, an die der ***Tropomyosin-Troponin-Komplex*** angelagert ist. Die dünnen Filamente erstrecken sich, ausgehend von einer Z-Scheibe, in die anliegenden Halbsarkomere, d. h. sie reichen durch die halbe I-Bande in die A-Bande hinein, bis zum Beginn der H-Zone. Manchmal erscheint in der Mitte der H-Zone eine dunklere ***M-Linie.*** Sie wird durch Struktureiweiße verursacht, deren Aufgabe es ist, die dicken Filamente geordnet zu halten.

Räumlich gesehen bilden die dünnen und dicken Filamente in den Myofibrillen jeweils ein hexagonales Gitter. Im Überlappungsbereich der Filamentsätze ist dabei jedes dicke Filament von 6 dünnen und jedes dünne von 3 dicken Filamenten umgeben.

Veränderungen im Sarkomer bei der Muskeldehnung. Die Länge eines Sarkomers beträgt bei ungedehntem Muskel 2,2 μm, wobei die A-Bande 1,6 μm breit ist, die I-Bande 0,5 μm, die H-Zone 0,45 μm und die Z-Scheibe 0,05 μm (s. Abb. 4-8 a). Mikroskopische Beobachtung zeigt, daß bei Muskeldehnung alle Sarkomere proportional gedehnt werden. Dabei bleiben jedoch die A-Banden und die Z-Scheiben in ihrer Länge unverändert, während die I-Banden und die H-Zonen zunehmen. Diese Erkenntnis führte zu der heute allgemein akzeptierten ***Theorie der gleitenden Filamente:*** *Die dicken und dünnen Filamente besitzen konstante, von der Muskellänge unabhängige Ausdehnung. Bei Längenänderung des Muskels gleiten die beiden Sätze von Filamenten aneinander vorbei wie zwei Hülsen eines Teleskops.* Bei ungedehntem Muskel sind die Sätze so weit ineinander geschoben, daß nur die Mitte der dicken Filamente nicht von dünnen Filamenten überlappt wird (schmale H-Zone). Bei Dehnung vergrößern sich gleichmäßig I-Bande und H-Zone.

4.5 Die elektromechanische Kopplung

Die Prozesse zwischen Erregung der Fasermembran einerseits und Kontraktion und Relaxation andererseits nennt man elektromechanische Kopplung

Die ***Erregung*** der Skelettmuskelfasern erfolgt im wesentlichen nach den gleichen Prinzipien wie die der Nervenzellen (s. Kap. 3). Das Ruhepotential menschlicher Skelettmuskelzellen beträgt etwa –80 mV. Der Spike des Muskelaktionspotentials hat eine Dauer von etwa 1 ms. Er ist von einer Nachdepolarisation gefolgt, im Gegensatz zum Nervenspike, dem gewöhnlich eine Hyperpolarisation folgt. Das Aktionspotential breitet sich mit einer Geschwindigkeit von etwa 6 m/s entlang der Faser aus. Die Membrandepolarisation ist das Auslösesignal für die Kontraktion.

Nicht nur das Aktionspotential, sondern jede Form der Membrandepolarisation bewirkt Kontraktion, wenn sie einen Schwellenwert übersteigt. Jede nicht durch Aktionspotentiale ausgelöste Kontraktion nennt man eine ***Kontraktur.*** Kontrakturen können u.a. durch Verletzung, durch Stromfluß, durch Säure- oder Baseneinwirkung hervorgerufen werden. In allen Fällen liegt das Schwellenpotential ***(mechanische Schwelle)*** bei –45 mV.

Der Botenstoff für die elektromechanische Kopplung ist das Ca^{2+}-Ion

Da Diffusion von Ca^{2+} aus dem Extrazellulärraum in die relativ dicken Muskelfasern zu langsam wäre, besitzt die Skelettmuskelfaser ein intrazelluläres Ca-Speichersystem (SR, s. unten), das mit der Zelloberfläche über ein Infor-

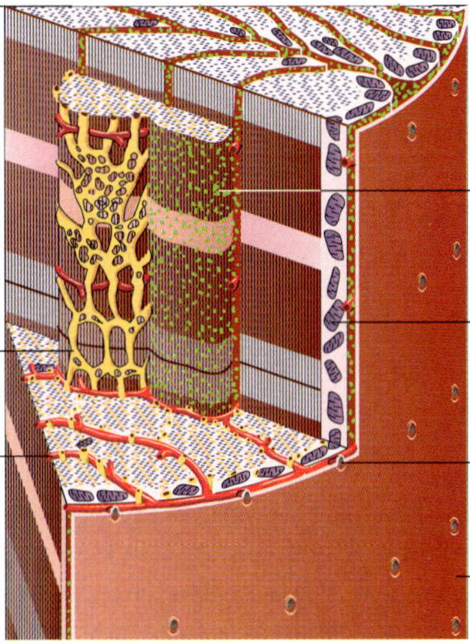

Abb. 4-3. Schematische Schnittzeichnung einer Skelettmuskelfaser, die den Verlauf des transversalen tubulären Systems erkennen läßt. An einer Myofibrille ist auch das sarkoplasmatische Retikulum dargestellt, so wie es jede Myofibrille einhüllt

mationsleitungssystem verbunden ist: In regelmäßigen Abständen entlang der Faser und auf ihrem Umfang stülpen sich – vom Sarkolemma ausgehend – feine Röhren in das Faserinnere ein, deren Lumina gegenüber dem Extrazellulärraum offen sind (s. Abb. 4-3). Diese Röhren verlaufen transversal, d. h. senkrecht zur Faserachse, bilden pro Sarkomer 2 etwa in der Höhe des Übergangs von A- in I-Banden gelegene Netzwerke, die gelegentlich miteinander kommunizieren. Dieses Netzwerk ist das ***transversale tubuläre System (TTS).*** Über das TTS wird die Erregung elektrisch ins Faserinnere geleitet.

Das eigentliche Ca-Speichersystem wird von einem zweiten intrazellulären Netzwerk, dem ***sarkoplasmatischen Retikulum (SR)*** gebildet, das die einzelnen Myofibrillen auf ihrer ganzen Länge einhüllt und in jedem Sarkomer mit den Röhren des TTS enge Kontakte eingeht, ohne daß dabei die Lumina direkt kommunizieren. Wird über das TTS ein Aktionspotential zum SR geleitet, so wird aus dem Speicher Ca^{2+} freigesetzt.

Die SR-Membran besitzt ***Ca-Pumpen,*** die unter ATP-Verbrauch Ca^{2+} aus dem Sarkoplasma ins Innere des Retikulums pumpen. Das intrazelluläre Ca^{2+} wird durch diese Pumpen „kompartimentiert“, d. h. in einem kleinen Zellbereich hoch angereichert, wobei der Rest der Zelle verarmt. Dies erklärt die Tatsache, daß man flammenphotometrisch einen Ca-Gehalt des Muskels von etwa 3 mmol/l findet, mit ionensensitiven Elektroden jedoch die freie Ca-Ionenkonzentration, $[Ca^{2+}]_i$, zu $<10^{-7}$ mol/l bestimmt. Diese niedrige $[Ca^{2+}]_i$ liegt aber nur bei Muskelruhe vor. Mit jedem Aktionspotential steigt die $[Ca^{2+}]_i$ an (bei repetitiver Reizung bis auf 10^{-5} mol/l) und fällt aufgrund der starken Pumpwirkung der SR-Membran schnell wieder ab. Dieser Vorgang schaltet den Kontraktionsmechanismus an bzw. wieder ab.

Für das An- und Abstellen der Kontraktion befinden sich auf den dünnen Filamenten Eiweiße, die von der $[Ca^{2+}]_i$ beeinflußt werden

Im nichtaktiven Zustand ist der kontraktile Apparat aktionsbereit. Jedoch ist – wie bei einem geladenen, aber gesicherten Gewehr – eine Sperre eingelegt, die die Aktion verhindert. Diese Sperre wird durch Ca^{2+} auf folgende Weise aufgehoben: Die dünnen Filamente enthalten außer den beiden aus Aktinmolekülen gebildeten Strängen auch noch in regelmäßiger Anordnung die sog. regulatorischen Eiweiße ***Troponin*** und ***Tropomyosin.*** Troponin besteht aus 3 Komponenten, von denen eine, das Troponin C, reversibel Ca-Ionen binden kann (Abb. 4-4). Diese Bindung bewirkt eine Konformationsänderung des am Troponin angelagerten Tropomyosins, das damit die Blockade der Interaktion zwischen dünnen und dicken Filamenten aufhebt.

Für den eigentlichen Kraft/Verkürzung erzeugenden Vorgang gehen die Myosinköpfchen der dicken Filamente zyklisch Verbindung mit den dünnen Filamenten ein

Es werden Querbrücken geschlagen und gelöst. Sobald die Blockade aufgehoben ist, beginnt der ***Querbrückenzyklus.*** Im Ruhezustand hat das Myosinköpfchen bereits ein ATP-Molekül gebunden und zu ADP und P_i (Adenosindiphosphat und anorganisches Phosphat) hydrolysiert, ohne daß sich dabei die Produkte ablösen. Als erstes verbindet sich dieses Myosinköpfchen mit seinem gebundenen ADP-P_i-Komplex mit einer nun freigegebenen Bindungsstelle am Aktin (Querbrückenschlag zur Aktomyosinformation). Dann wird der ADP-P_i-Komplex als P_i und ADP vom Aktomyosin freigesetzt. Man nimmt an, daß dann durch eine Rotationsbewegung des Myosinköpfchens eine zur Sarkomermitte gerichtete Kraft entsteht. Schließlich folgt eine Anbindung von ATP an das Myosinköpfchen; dadurch wird dieses

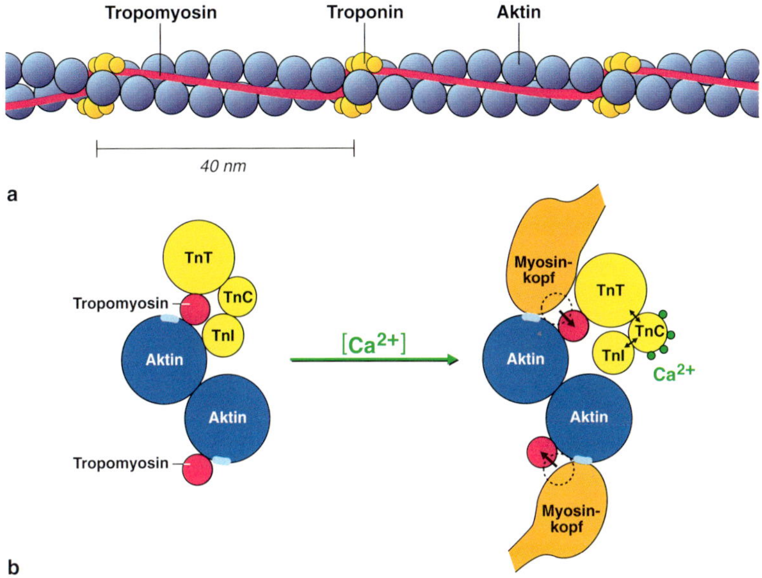

Abb. 4-4 a, b. Elektromechanische Kopplung. **a** Details des Aufbaus des dünnen Filaments aus Aktin, Tropomyosin und Troponin. **b** Interaktion des Myosinköpfchens mit dem dünnen Filament (schematische Querschnittzeichnung). In der Abwesenheit von Ca^{2+} ist die Konfiguration des Komplexes aus Tropomyosin und den 3 Untereinheiten des Troponin *(TnT, TnI* und *TnC)* derart, daß der Querbrückenzyklus zwischen dünnem Filament und Myosinköpfchen blockiert ist. Bei Bindung von Ca^{2+} an TnC wird die Blockade aufgehoben

vom Aktin abgelöst und rotiert in die Ausgangsstellung zurück. Mit der Hydrolyse des gebundenen ATP zum ADP-P_i-Komplex durch die ATPase-Wirkung des Myosins ist die Ausgangssituation wiederhergestellt, und der ganze Vorgang wiederholt sich, solange durch hohe $[Ca^{2+}]_i$ der Querbrückenzyklus ablaufen kann und ATP vorhanden ist (Abb. 4-5).

Der gesamte Ablauf von Erregung, Kontraktion und Relaxation läßt sich in 15 Schritte auflösen, wobei die Schritte 1–6 Erregung und Kopplung ausmachen, die Schritte 7-10 die Kontraktion und die Schritte 11-15 die Relaxation.

Schrittfolge:

1. Depolarisation der Endplattenmembran.
2. Auslösung des Aktionspotentials (AP) außerhalb der Endplatte und Fortleitung des AP über die gesamte Faseroberfläche.

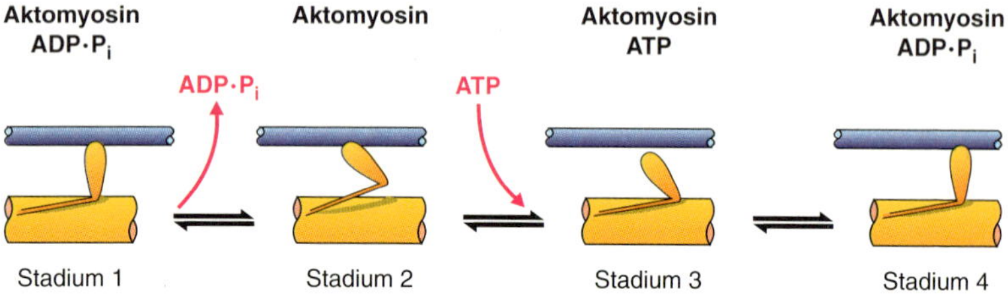

Abb. 4-5. Schematische Darstellung der derzeitigen Vorstellungen über den Querbrückenzyklus während der Kontraktion. Im *Stadium 1* ist das Myosinköpfchen (mit seinem ADP-P_i-Komplex) an Aktin gebunden. Beim Übergang zum *Stadium 2* werden ADP und P_i abgespalten, und es erfolgt die Kraft und Verkürzung erzeugende Rotation. Nachdem ein ATP an das Köpfchen gebunden ist, kann *Stadium 3* eintreten, die Lösung des Köpfchens vom Aktin. Im *Stadium 4* ist das Köpfchen wieder in Normalstellung und das ATP bereits zu ADP und P_i hydrolysiert. Dies ist die Stellung, in der der Zyklus bei Muskelrelaxation unterbrochen wird. Man nimmt an, daß im Rigor mortis (ATP-Mangel) der Zyklus im Stadium 2 stehenbleibt

3. Ausbreitung des AP ins Faserinnere entlang dem tubulären System.
4. Freisetzung von Ca^{2+} aus den terminalen Zisternen des SR, dadurch Erhöhung der $[Ca^{2+}]_i$ und Diffusion von Ca^{2+} zu den kontraktilen Filamenten.
5. Bindung von Ca^{2+} an das Troponin der dünnen Filamente.
6. Konformationsänderung des Ca^{2+}-Troponin-Tropomyosin-Aktin-Komplexes, dadurch Aufhebung der Blockade des Querbrückenzyklus.
7. Querbrückenschlag zur Aktomyosinformation.
8. Entwicklung einer zur Sarkomermitte gerichteten Kraft durch Rotation der Myosinköpfchen.
9. Anbindung eines ATP-Moleküls und dadurch Ablösung der Myosinköpfchen vom Aktin und Rückrotation in die Ausgangsstellung.
10. Hydrolyse des gebundenen ATP zum ADP-P_i-Komplex durch die ATPase-Wirkung des Myosins.
11. Aufnahme von Ca^{2+} ins SR, dadurch Absenkung der $[Ca^{2+}]_i$.
12. Lösung des Ca^{2+} vom Troponin C, Rückdiffusion zum SR und Wiederaufnahme ins SR.
13. Wiederherstellung der Blockierung des Querbrückenzyklus durch Konformationsänderung des Troponin/Tropomyosin-Komplexes.
14. Abnahme der Kraft in dem Maß, wie die aufbrechenden Querbrücken nicht mehr neu geschlagen werden.
15. Die Myosinköpfchen bleiben vom Aktin losgelöst. Sie haben ihr ATP zum gebundenen ADP-P_i-Komplex hydrolysiert und sind somit für die nächste Kontraktion bereit.

4.6 Formen der Muskelkontraktion

Zum Verständnis der Muskelkontraktion untersucht man exzidierte Tiermuskeln.

In Blutersatzlösung antworten Muskeln viele Stunden lang auf Reizung durch elektrische Strompulse mit Zuckungen

Dabei reizt man (Reizdauer 0,5 ms) entweder den motorischen Nerv, =***indirekte Reizung,*** oder die Muskelzellen selbst, =***direkte Reizung.*** Der Verlauf der Zuckung hängt von den experimentellen Bedingungen ab: Sind beide Sehnenenden fest eingespannt, erzeugt der Muskel nur Kraft ohne Verkürzung. Man nennt diese Antwort (etwas widersinnig) eine ***isometrische Kontraktion.*** Ist der Muskel mit einem Gewicht belastet, das er zu heben imstande ist, verkürzt er sich. Man nennt die Antwort eine ***isotone Kontraktion,*** wenn während der Verkürzung die Last gleich bleibt. *In vivo* ist diese Idealform der Kontraktion praktisch nie verwirklicht, weil selbst bei einer gleichbleibenden Last sich doch die Belastung eines Muskels ändert, wenn sich durch die Verkürzung die Gelenkstellung und damit die Hebelarme verändern. Einigen besonderen Fällen von Kontraktionsbedingungen hat man spezielle Namen gegeben:

- Eine ***Unterstützungskontraktion*** läuft beim Aufheben eines schweren Gegenstandes ab, wenn der Muskel erst isometrisch die dem Gewicht des Gegenstandes entsprechende Kraft erzeugen muß, bevor er ihn isotonisch hebt.
- Eine ***Anschlagskontraktion*** liegt vor, wenn ein Gegenstand erst isotonisch gehoben, dann isometrisch gegen einen Anschlag gedrückt wird, wie z. B. der Unterkiefer beim Kieferschluß.

Die Amplitude der Zuckung hängt von der Reizstärke ab. Unterhalb eines Schwellenwertes kommt gar keine Antwort, jenseits der Schwelle nimmt über einen gewissen Reizstärkenbereich hinweg die Antwort mit der Reizstärke zu, bis ab einer bestimmten Reizstärke die Antwort durch weitere Reizerhöhung nicht mehr zu steigern ist. Dieses Verhalten eines Muskels beruht darauf, daß die Schwellen der einzelnen Fasern unterschiedlich hoch sind. Die Zuckung einer Einzelfaser folgt dagegen dem Alles-oder-nichts-Gesetz (ANG), weil das einzelne Aktionspotential dem ANG folgt.

Das ANG besagt übrigens nicht, daß die Antwort einer Einzelfaser immer gleich groß sein muß. Die Faser kann ermüden oder die Kraft kann – wie unten besprochen

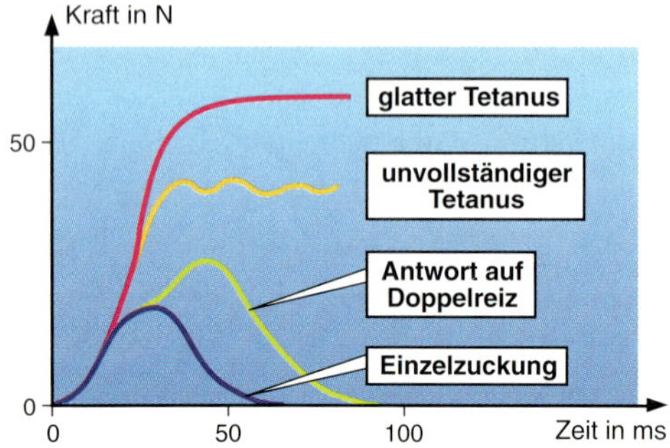

Abb. 4-6. Die Steigerung der Kraft eines Muskels (oder auch einer Einzelfaser) durch Erhöhung der Reizfrequenz. Antworten auf Einzelreiz und Doppelreiz sowie unvollständiger und glatter Tetanus

wird – durch Mehrfachreizung gesteigert werden. Das ANG besagt nur, daß bei sonst gleichen Bedingungen eine Erhöhung der Reizamplitude die Antwort nicht steigert.

Repetitive Reize. Der elektrische Reiz ist viel kürzer als die mechanische Antwort, so daß man während der Antwort einen zweiten Reiz setzen kann. Es kommt dann zu einer vergrößerten Antwort, die man als ***Summation*** bezeichnet (s. Abb. 4-6). Reizt man repetitiv, kommt es zu einer langdauernden großen Antwort, die je nach Reizfrequenz noch Schwankungen im Reizakt zeigt oder einen Plateauwert annimmt. Man spricht von einem unvollkommenen bzw. vollkommenen ***Tetanus.*** Der physiologische Tetanus darf nicht mit den pathologischen Zuständen einer durch Ca-Mangel bewirkten Tetanie oder des durch Tetanusbakterientoxin hervorgerufenen Wundstarrkrampfes verwechselt werden. Unvollkommene Tetani sind die physiologische Kontraktionsweise der Muskulatur *in vivo.* Die Kraft im vollkommenen Tetanus ist etwa gleich der 10fachen Kraft der Einzelzuckung.

Die verschiedenen Muskeln des Körpers unterscheiden sich durch ihre Kontraktionsgeschwindigkeit, die wiederum ihre Funktion bestimmt

Langsame Muskeln haben vornehmlich Haltefunktion (z. B. Rumpfmuskulatur, M. soleus der Wade), während ***schnelle*** Muskeln die ballistischen Bewegungen der Gliedmaßen bewirken (M. biceps brachii). Es sind nicht die Muskeln an sich, die schnell oder langsam sind, vielmehr gibt es 2 Haupttypen (und mehrere Untertypen) von Muskelfasern: schnelle und langsame. Kein einziger menschlicher Muskel enthält nur einen der beiden Fasertypen, sondern ein schneller Muskel hat *vornehmlich* schnelle Fasern und umgekehrt. Die beiden Fasertypen unterscheiden sich außer in ihrer Zuckungsgeschwindigkeit in vielen biochemischen Eigenschaften: Die langsamen Fasern enthalten meist viel Myoglobin und sind deshalb dunkelrot, die schnellen enthalten wenig Myoglobin und sind deshalb blaßrot. Man spricht von ***roten*** und ***weißen Fasern.*** Die langsamen Fasern enthalten in großer Menge die Enzyme für den oxidativen Nährstoffabbau, während schnelle Fasern in der Regel Enzyme für die anaerobe Glykolyse enthalten. Der aerobe Nährstoffabbau ist weit ökonomischer als der anaerobe. Die Natur hat hier also für 2 Extreme des Bedarfs möglichst optimale Lösungen herausdifferenziert. Langsame Fasern in Haltemuskeln, die dauernd gebraucht werden, nutzen die Nährstoffe gut aus; sie ermüden deshalb auch kaum, aber diese Vorteile werden mit langsamem Arbeitstempo erkauft. Schnelle Fasern in Muskeln für schnelle Bewegungen ermüden so schnell, daß sie für kontinuierliche Arbeit nicht eingesetzt werden können. Die Aufspaltung der Fasertypen ist bei der Geburt noch nicht vorhanden. Sie bildet sich erst im Lauf des Lebens unter dem Einfluß der Aktivierung durch die motorischen Nerven.

Die Kraft eines Muskels hängt sehr von seiner aktuellen Länge ab

Die Abhängigkeit der isometrisch gemessenen maximalen tetanischen Kraft von der Muskellänge wird durch die sog. ***Kurve der isometrischen Maxima*** gegeben. Man bestimmt sie an einem isolierten Muskel oder – noch besser – an einer Einzelfaser. In einem Vorexperiment wird das passive Dehnungsverhalten des Muskels bestimmt, indem dieser – ausgehend von seiner Ruhelänge l_0 – um gleiche Längenänderungen Δl gedehnt und die dafür nötige Kraft gemessen wird. Dabei zeigt sich, daß manche Muskeln zunächst sehr leicht gedehnt werden können und man erst bei weiterer Dehnung merklich Kraft aufwenden muß, während andere schon kleinen Dehnungen einen spürbaren Widerstand entgegensetzen. Der Dehnungswiderstand ist v. a. auf Eigenschaften der elastischen und kollagenen Fasern zurückzuführen, die die Muskelfasern miteinander vernetzen, denn bei einer Einzelfaser ist er relativ klein.

Ruhe-Dehnungs-Kurve. Allen Muskeln ist gemeinsam, daß mit zunehmender Vordehnung eine zunehmend größere Kraft aufgewendet werden muß,

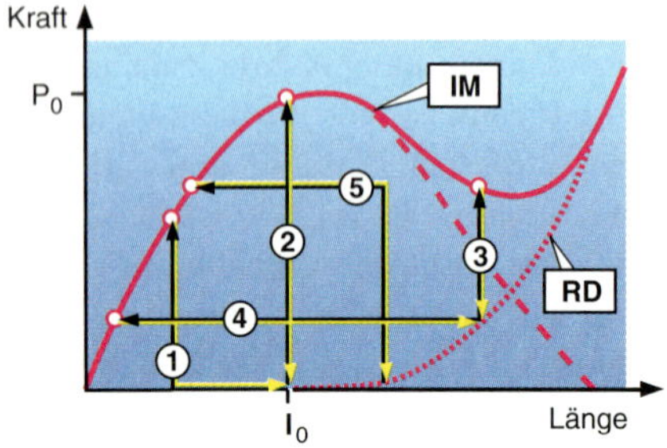

Abb. 4-7. Zuckungsformen. Die mit RD bezeichnete *(gepunktete)* Ruhe-Dehnungs-Kurve beschreibt die Kraft, die aufgewendet werden muß, um den Muskel passiv auf die jeweilige Länge zu dehnen, bei der man den Muskel einen Tetanus ausführen läßt. Die Zahlen bezeichnen: ① Anschlagszuckung; ② isometrische Kontraktion bei Ruhelänge l_0; ③ isometrische Kontraktion bei Vordehnung; ④ isotonische Kontraktion bei der gleichen Vordehnung; ⑤ Unterstützungszuckung. *Gelb* eingezeichnet: die jeweiligen Relaxationskurven; die *ausgezogene, mit IM bezeichnete Kurve* verbindet die isometrischen Maxima; sie gibt die maximale (aktive+passive) Kraft an, die der tetanisch gereizte Muskel bei der jeweiligen Länge erreicht. Die *gestrichelte Kurve* stellt die dabei vom Muskel aktiv erzeugte Kraft dar; sie wird durch Subtraktion von RD von IM erhalten

um den Muskel um jeweils gleiche Beträge Δl weiter zu dehnen. Die Ruhe-Dehnungs-Kurve verläuft nicht linear, sondern gekrümmt: Muskeln gehorchen nicht dem Hooke-Gesetz, wie z. B. eine Metallfeder. Dehnungen auf das 1,6fache der Ruhelänge übersteht der Muskel ohne Faserrisse; allerdings kehrt er nach Entlastung passiv nicht mehr ganz auf seine ursprüngliche Länge zurück (sog. ***Hysterese***); diese wird erst wieder durch eine aktive Verkürzung nach Reiz erreicht.

Das eigentliche Experiment besteht nun darin, daß der Muskel bei jeder Muskellänge zwischen l_0 und 1,6 l_0 (in Schritten Δl) unter isometrischen Bedingungen tetanisch gereizt und die jeweils auf dem Plateau des glatten Tetanus erreichte maximale Gesamtkraft bestimmt wird (isometrisches Maximum). Alle diese Werte sind in Abb. 4-7 durch die Kurve IM verbunden (für Längen $<l_0$ bestimmt man die maximale Kraft in Anschlagszuckungen; die minimale Muskelverkürzung liegt bei einer Länge von etwa 0,6 l_0). Subtrahiert man von der Kurve IM die Ruhedehnungskurve RD, so erhält man die Längenabhängigkeit der aktiv entwickelten Maximalkraft: Die aktiv im Tetanus erzeugbare Kraft ist 0 bei 0,6 l_0. Mit zunehmender Muskellänge steigt sie auf einen Maximalwert P_0 bei der Ruhelänge l_0. Bei weiter zunehmender

Vordehnung fällt sie wieder, um bei einer Länge von etwa 1,6 l_0 wieder auf 0 abzunehmen.

Die Kraft-Länge-Kurve im Licht der Querbrückentheorie. Die Querbrückentheorie der Muskelkontraktion sagt aus, daß bei der Krafterzeugung die von den Myosinfilamenten abstehenden Köpfchen zyklische Brückenschläge zu den nächstliegenden Aktinfilamenten vornehmen, die in einer Anbindung, d.h. einem Zug des Aktinfilaments in Richtung Sarkomermitte, und einer darauffolgenden Ablösung bestehen. Die Zyklen der einzelnen Köpfchen sollen dabei voneinander unabhängig sein. Man sieht sofort, daß bei einer bestimmten Zyklusfrequenz die entwickelte Kraft von der Anzahl der verfügbaren Brücken abhängt. Dabei addieren sich die Kräfte der Sarkomere aller Myofibrillen, die auf einem identischen Faserquerschnitt liegen, während in jeder Fibrille alle in Längsrichtung aufeinanderfolgenden Sarkomere die gleiche Kraft erzeugen müssen, wie auch in einer gespannten Kette jedes Glied die gleiche Kraft aushalten muß.

Der geschilderte Verlauf der Kraft-Länge-Kurve bekommt eine einleuchtende Erklärung, wenn man auf der Abszisse statt der Muskellänge die Sar-

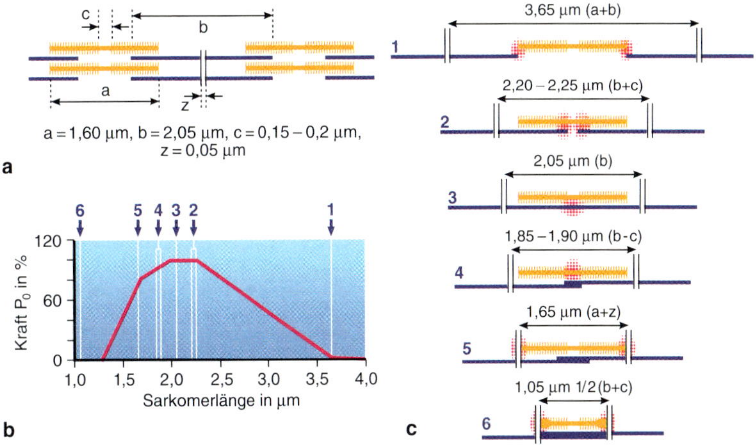

Abb. 4-8. **a** Längenangaben der Bausteine eines Sarkomers. **b** Kraft-Länge-Diagramm einer Einzelfaser (aktive Kraft). **c** Darstellung von 6 Filamentkonfigurationen bei Sarkomerlängen, die in *b* durch *Pfeile* markiert sind. Sie sind durch die angegebenen Bausteinkonfigurationen ausgezeichnet. Die bei zunehmender Verkürzung die Kurve der aktiven Kraft bestimmenden Filamentkonstellationen sind jeweils *rot gepunktet* und im Text beschrieben. (Mod. nach Carlson u. Wilkie 1971)

komerlänge abträgt (die ja der Muskellänge proportional ist) und die bei den verschiedenen Sarkomerlängen entwickelte Kraft mit den Lagebeziehungen der dicken und dünnen Filamente in Relation bringt, wie dies in Abb. 4-8 geschehen ist.

Neben dem Kraft-Länge-Diagramm sind die Lagebeziehungen der Filamente bei 6 Sarkomerlängen dargestellt, die sich durch besondere Gegebenheiten auszeichnen. Bei Punkt 1 mit der großen Sarkomerlänge (SL) von 3,6 μm sind die beiden Sätze von Filamenten so weit auseinandergezogen, daß keine Überlappung stattfindet. Es können deshalb auch keine Querbrücken geschlagen werden; deshalb kann die Faser bei dieser Dehnung keine Kraft erzeugen. Bei kürzeren Ausgangslängen nimmt mit zunehmender Überlappung die Zahl der möglichen Querbrückenschläge linear zu und so auch die Kraft. Bei SL=2,25 μm (Punkt 2) können alle vorhandenen Querbrücken geschlagen werden; daher ist hier die Kraft maximal. Bei kleineren Längen ist die Kraft geringer, da nun weitere Effekte ins Spiel kommen: Bei SL=2,05 μm (Punkt 3) beginnen die dünnen Filamente, sich gegenseitig zu behindern, bei SL=1,80 μm (Punkt 4) stoßen sie auf falsch polarisierte Querbrücken des benachbarten Halbsarkomers, bei SL=1,65 μm (Punkt 5) stoßen die dicken Filamente an den Z-Scheiben an. Bei SL=1,05 μm (Punkt 6) schließlich würden auch die dünnen Filamente an den Z-Scheiben anstoßen. Der Muskel leistet aber schon bei SL=1,3 μm keine aktive Kraft mehr.

Wie wichtig die Kurve der isometrischen Maxima vom theoretischen Standpunkt aus ist, so wenig Bedeutung hat sie für die Muskelfunktion im Körper, da sich Muskeln physiologisch nicht mehr als um 10% ihrer Ruhelänge verkürzen können oder dehnen lassen. Die außerhalb dieses Bereiches erzeugte Kraft eines willkürlich aktivierten Muskels *in situ* ist wesentlich kleiner als die eines exzidierten Muskels bei gleicher Länge, weil dort die Muskel- und Sehnensensoren die Aktivität der Motoneurone reflektorisch sehr stark hemmen.

Die maximale Verkürzungsgeschwindigkeit eines Muskels hängt in charakteristischer Weise von der zu hebenden Last ab

Geschwindigkeit-Last-Beziehung. Die Bestimmung der Geschwindigkeit-Last-Beziehung bei verschiedenen (isotonischen) Belastungen ist ein weiteres Grundexperiment der Muskelphysiologie. Mit zunehmender Belastung beginnt die Verkürzung später, verläuft langsamer und ist insgesamt kleiner. Trägt man die maximale Verkürzungsgeschwindigkeit bei jeder Last gegen die Last auf, erhält man eine Kurve, die sich durch eine Hyperbelgleichung

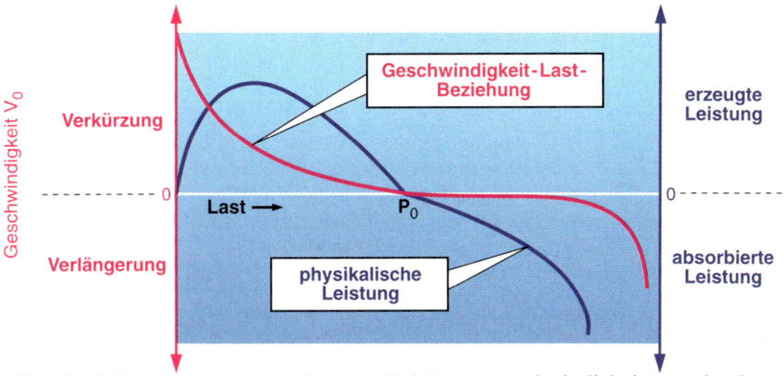

Abb. 4-9. Abhängigkeit der maximalen Verkürzungsgeschwindigkeit von der Last *(rote Kurve)*. Bei *Last 0* wird die maximale endliche Verkürzungsgeschwindigkeit V_0 erreicht; die Last, bei der der Muskel sich nicht mehr verkürzen kann (V=0), entspricht der maximalen isometrischen Kraft P_0. Zwischen diesen beiden Extremen verläuft die Geschwindigkeits-Last-Beziehung in Form einer Hyperbel. Übersteigt die Last P_0, so verlängert sich der aktive Muskel, zunächst nur langsam, bei großer Überlast dann sehr schnell. Die *blaue Kurve* zeigt an, wieviel physikalische Leistung ein Muskel bei verschiedener Belastung abgeben kann (durch aktive Verkürzung) bzw. aufnimmt (bei Verlängerung während der Aktivierung). (Mod. nach Carlson u. Wilkie 1971)

(Hill-Gleichung) beschreiben läßt (Abb. 4-9). Der hyperbolische Verlauf der Geschwindigkeit-Last-Beziehung beruht wahrscheinlich darauf, daß die chemischen Reaktionen bei der Muskelkontraktion von der Belastung abhängen. Die Kurve läuft nicht asymptotisch an die Achsen, sondern schneidet diese, weil eben selbst bei Last 0 die Verkürzungsgeschwindigkeit einen endlichen Maximalwert hat und bei Verkürzungsgeschwindigkeit 0 die endliche maximale isometrische Kraft P_0 erzeugt wird. Übersteigt die Last die Maximalkraft P_0, wird die Verkürzungsgeschwindigkeit negativ, d. h. der aktivierte Muskel wird gedehnt. Dieser Teil des Diagramms ist physiologisch sehr bedeutungsvoll, da wir unsere Muskeln nicht nur benutzen, um Bewegungen zu erzeugen, sondern auch, um Bewegungen abzubremsen. Das Diagramm zeigt, daß ein Muskel schon Dehnungen mit kleinen Geschwindigkeiten das Doppelte seiner maximalen isometrischen Kraft entgegensetzen kann.

Aus der Geschwindigkeit-Last-Relation kann man die mechanische Leistung ersehen, die ein Muskel herzugeben imstande ist. Die Leistung ist das Produkt aus Geschwindigkeit und Kraft. Da ein Produkt Null wird, wenn einer seiner Faktoren Null ist, gibt ein Muskel weder bei isometrischer Kontraktion noch bei seiner höchsten Verkürzungsgeschwindigkeit im physikalischen Sinne Leistung ab. Das Maximum der Leistungsabgabe (blaue Kurve in Abb. 4-9) liegt zwischen diesen beiden Extremen, etwa bei einem Drittel der maximalen Last und einem Drittel der maximalen Verkürzungsgeschwindigkeit. Für eine maximale Leistungsabgabe muß man daher einen Muskel mit einem Drittel seiner maximalen Verkürzungsgeschwindigkeit arbeiten lassen. Wird z. B. beim Radfahren am Berg die Tretgeschwindigkeit zu langsam, setzt man sie mit einer Gangschaltung hinauf und kann somit wieder bei optimaler Verkürzungsgeschwindigkeit den Muskel zu maximaler Leistungsabgabe bringen.

Der untere Teil der Abb. 4-9 zeigt schließlich, daß ein Muskel bereits bei relativ geringer Dehnungsgeschwindigkeit eine erhebliche Leistung absorbieren kann.

4.7 Der Energieumsatz des Muskels

Der hauptsächliche Energielieferant der Skelettmuskulatur sind Fettsäuren, die mit dem Blut antransportiert werden

Sowohl in Ruhe als auch bei stationärer Arbeit wird der Energiebedarf zu etwa 75 % aus Fettsäuren gedeckt, der Rest aus Kohlenhydraten. Nur bei kurzdauernden Hoch- und Höchstleistungen dreht sich das Verhältnis um. Eiweiß und andere Brennstoffe spielen keine nennenswerte Rolle.

Die unmittelbare Energie wird durch Hydrolyse von Adenosintriphosphat (ATP) gewonnen, das die Mitochondrien der Muskelzelle aus den über das Blut angelieferten Energieträgern erzeugen. ATP ist stets nur in relativ geringer Konzentration in den Muskelfasern vorhanden, etwa 5 mmol/l. Bei Muskelarbeit muß es folglich schnell nachgeliefert werden. Dies geschieht zunächst aus dem sog. Phophokreatinspeicher, der Energie für etwa 100 Zuckungen enthält. Dieser Speicher wird bei mäßiger Belastung durch den Abbau der kontinuierlich aus dem Blut aufgenommenen freien Fettsäuren und Glukose nachgefüllt. Bei stärkerer Belastung wird ein weiterer Energiespeicher des Muskels entleert: Glykogen, polymerisierte Glukose, wird aerob – oder bei sehr starker Belastung auch anaerob – zur ATP-Produktion herangezogen (s. Lehrbücher der Biochemie).

Die Nachlieferung von ATP aus dem Kreatinphosphatspeicher (CrP) geschieht gemäß

$$\text{ADP}+\text{CrP}\Leftrightarrow\text{ATP}+\text{Cr}.$$

Dabei katalysiert das Enzym Kreatinkinase (CK) die Reaktion nach beiden Richtungen. Die Gleichgewichtskonstante K der „Lohmann-Reaktion“ ist so groß (K=20), daß Adenosin weit mehr in phosphorylierter Form vorliegt als Kreatin. Bei ATP-verbrauchender Muskelarbeit sinkt die CrP-Konzentration im Muskel sehr weit ab, bevor die

ATP-Konzentration merklich abnimmt. Eine Abnahme der ATP-Konzentration muß ja auch wegen der wichtigen Weichmacherwirkung des ATP vermieden werden, d. h. würde ATP absinken, träte Rigor mortis ein. Um das möglichst zu verhindern, gibt es in der Muskelzelle 2 weitere Reaktionen, die an der schnellen ATP-Restitution beteiligt sind:

$$2\,ADP \Leftrightarrow ATP + AMP \quad \text{und} \quad AMP \rightarrow IMP + NH_3.$$

Die zweite Reaktion sorgt durch Entfernung von AMP dafür, daß die erste Reaktion von links nach rechts läuft, also ADP entfernt und ATP erzeugt wird. Diese Reaktionen sind bei anstrengender Arbeit sehr wichtig. Für die Restitution des verbrauchten CrP muß erst auf anderem Wege ATP im Überschuß erzeugt werden, so daß die Lohmann-Reaktion von rechts nach links ablaufen kann. Dieser andere Weg ist normalerweise die Oxidation der Abbauprodukte von Fettsäuren und Glukose über den Zitronensäurezyklus.

Milchsäureproduktion. Der Zitronensäurezyklus und die folgende Oxidation des abgespaltenen Wasserstoffs können natürlich nur vor sich gehen, wenn über das Blut genügend Sauerstoff herbeigeschafft wird. Bei Sauerstoffmangel steigt die Konzentration von NADH und es kommt zur Milchsäureproduktion. Bei diesem Abbau, einer Hydrolyse von Kohlenhydrat, wird zwar sehr viel weniger ATP erzeugt als bei der Oxidation, bei Spitzenbelastung ist dieser Weg der ATP-Erzeugung jedoch sehr wichtig, weil er eben ganz ohne O_2-Verbrauch beschritten wird. Er kann allerdings nicht lange beschritten werden, da der Muskel die Milchsäure nicht weiter verarbeiten kann und die dadurch bewirkte Ansäuerung die weitere Energiebereitstellung hemmt. Die Milchsäure muß vom Blut abtransportiert werden; sie wird dann in anderen Organen (Leber, Herz) wieder oxidiert und verbrannt.

Wirkungsgrad des Muskels. Wie bei jeder Maschine interessiert auch beim Muskel der Wirkungsgrad ($A/E \times 100\,\%$), mit dem die chemische Energie (E) in mechanische Arbeit (A) umgewandelt wird. Er liegt bei 20–25 %. Allerdings sind in dem Verlustanteil von 75–80 % nicht nur die Verluste beim eigentlichen Kontraktionsvorgang enthalten, sondern auch die, die bei den rein chemischen Vorgängen der Erholung auftreten.

Wärme infolge von Muskelbetätigung ist nicht nur ein „Abfallprodukt", sondern auch ein wichtiger Faktor im Wärmehaushalt des Körpers

Wie alle Gewebe, hat auch der Muskel einen Ruheumsatz. Die ***Ruhewärmeproduktion*** geschieht ausschließlich aus oxidativen Prozessen; sie kommt völlig zum Erliegen, wenn die O_2-Zufuhr unterbunden wird. Bei Muskelaktivierung unterscheidet man 2 deutlich abgrenzbare Prozesse der ***zusätzlichen Wärmeproduktion:***

- Die Erzeugung von ***Initialwärme,*** die während der Muskelkontraktion geschieht und die mit abgeschlossener Relaxation endet.
- Die Erzeugung von ***Erholungswärme,*** die auf jede Kontraktion folgt und bei kräftiger Muskelarbeit viele Minuten andauert.

Die Rate der auf die Muskelkontraktion folgenden Erholungswärmeproduktion ist viel kleiner als die der Produktion von Initialwärme; die Wärmemengen sind aber etwa gleich groß. Die Erholungswärme ist etwa gleich der Summe aus der während der Kontraktion erzeugten Initialwärme und der geleisteten Arbeit. Die Erholungswärme ist eine Begleiterscheinung der oxidativen Prozesse, die die Aufladung der anaeroben Kurzzeitspeicher bewirken.

Ermüdung. Muß ein Muskel repetitiv physikalische Arbeit leisten, wird die Hubhöhe zunehmend kleiner. Die Ermüdung setzt um so früher ein, je größer die Belastung ist und je schneller die Hübe ausgeführt werden. Muskeln ermüden auch, wenn sie nur Haltearbeit – also keine Arbeit im physikalischen Sinne – leisten müssen.

Die schnelle Ermüdung bei willkürlicher Aktivierung ist bei guter Muskeldurchblutung nicht durch Energiemangel oder Metabolitenanhäufung im Muskel bedingt. Bei elektrischer Reizung des motorischen Nervs gibt der Muskel nämlich wieder seine volle Leistung. Es ermüden als erste die motorischen Zentren des ZNS, nicht die motorischen Nerven oder die Muskeln. Reizt man ein isoliertes Nerv-Muskel-Präparat ***indirekt,*** d. h. via Reizung des motorischen Nervs, so findet man bei hoher Reizfrequenz bald Ermüdungserscheinungen, die auf einem sich immer mehr ausprägenden Block der neuromuskulären Übertragung beruhen. Bei ***direkter*** Reizung gibt der Muskel wieder seine volle Kraft. Als zweite ermüden also die neuromuskulären Synapsen.

Bei niederfrequenter (<3 Hz), direkter Reizung ist ein Muskel praktisch unermüdbar, wenn die Durchblutung für eine ausreichende Versorgung mit Sauerstoff und Nährstoffen sowie für den Abtransport der Metaboliten sorgt. Bei schlechter Durchblutung bewirkt der durch die Muskelarbeit ansteigende Milchsäurespiegel einen Abfall des pH-Wertes, wodurch die weitere Energiebereitstellung unterbunden wird. Erstes Anzeichen eines Abfalls der intrazellulären ATP-Konzentration ist eine Abnahme der Erschlaffungsgeschwindigkeit; später entwickelt sich eine Kontraktur.

4.8 Die glatte Muskulatur*

Die glatte Muskelzelle wird als „glatt" bezeichnet, weil ihr – bei Betrachtung unter dem Mikroskop – die Querstreifung fehlt

Anatomie. Die glatte Muskelzelle besitzt nicht den geordneten Aufbau der Skelettmuskelfaser. Glatte Muskelzellen sind klein (50–200 μm, im schwangeren Uterus bis 500 μm lang) und spindelförmig (größter Durchmesser 5–10 μm). Sie besitzen *nur einen* elliptischen, zentralen Kern. Sie liegen dicht und mit geringer Isolierung aneinander.

Die Membran weist dem T-System der quergestreiften Muskulatur analoge Invaginationen auf. Strukturproteine haben einen mengenmäßig geringeren Anteil als beim Skelettmuskel.

Der kontraktile Apparat besteht aus dicken Myosinfilamenten und aus dünnen Aktinfilamenten, die an Verdickungen der Innenseite der Zellmembran, sog. ***dichten Körpern*** („dense bodies") fixiert sind, die den Z-Scheiben

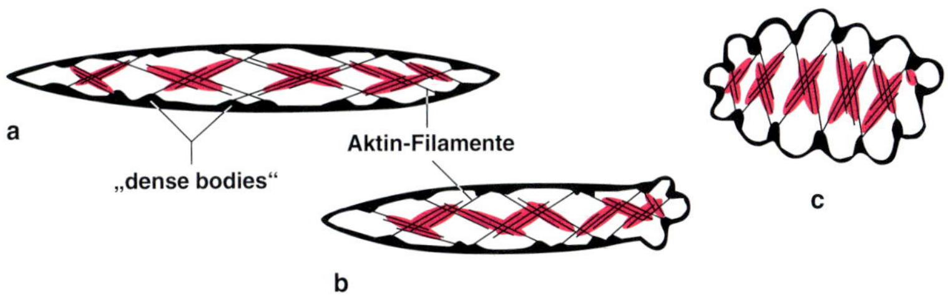

Abb. 4-10 a-c. Schematische Darstellung einer glatten Muskelzelle bei verschiedenen Kontraktionszuständen. **a**=relaxiert. **b**=lokale Kontraktion rechts. **c**=im Ganzen kontrahiert. *Rot* eingezeichnet, Myosin

---

* Für ergänzende Ausführungen zur glatten Muskulatur s. den Abschnitt 6.2, S. 163–166

der quergestreiften Muskelfaser entsprechen. Trotz Fehlens eines systematischen Aufbaus ist auch hier das Prinzip der Verkürzung ein Aneinandergleiten von Aktin- und Myosinfilamenten. Dabei werden die dichten Körper nach innen gezogen, und die Zelle verkürzt sich (s. Abb. 4-10).

Eine besondere mechanische Eigenschaft des glatten Muskels ist seine Plastizität. Je rascher die Dehnung, desto größer der Fließwiderstand

Bei sehr langsamer Dehnung kommt der Fließwiderstand kaum zum Tragen. Die plastische Formbarkeit des glatten Muskels kann so stark sein, daß er nach einer Dehnung spontan nicht mehr zur Ausgangslänge zurückkehrt. Erst durch eine aktive Kontraktion werden die ursprünglichen molekularen Verhältnisse wiederhergestellt. Umgekehrt kann ein kontrahierender glatter Muskel in diesem Zustand ohne weitere aktive Tätigkeit lange verharren. Die gegenüber dem Skelettmuskel sehr viel stärker in Erscheinung tretenden plastischen und viskös-elastischen Eigenschaften sind für das funktionelle Verhalten des glatten Muskels von großer Bedeutung: Infolge der plastischen Dehnbarkeit zeigen Hohlmuskeln, wie die Blase, bei langsamer Füllung erst spät eine Drucksteigerung. Stark variierende Volumina können so gespeichert und unter Beseitigung der plastischen Verlängerung entleert werden. Das Fehlen einer exakten Beziehung zwischen Länge und Spannung ist ein Charakteristikum der glatten Muskulatur.

Die elektrische Aktivität der Zellmembranen ist durch langsame Schwankungen und schnelle Aktionspotentialfolgen gekennzeichnet

Das Membranpotential beträgt durchschnittlich ca. –60 mV, ist also kleiner als das der quergestreiften Muskelfaser. Wahrscheinlich hat die Zellmembran eine größere Permeabilität für Na^+-Ionen; somit sollte auch die intrazelluläre Na^+-Konzentration höher sein als beim quergestreiften Muskel. Charakteristisch ist die Instabilität des Membranpotentials: Es fluktuiert rhythmisch um einen Mittelwert. Erreicht die spontane Depolarisation einen charakteristischen Schwellenwert, so wird ein ***Spike*** ausgelöst, ein Aktionspotential von rund 50 mV Amplitude, das manchmal sogar einen geringen Overshoot besitzt. Die schnellsten Fluktuationsphänomene erfolgen etwa im

Sekundenrhythmus; häufig gibt es Minutenperiodik. Man bezeichnet sie als ***basale organeigene Rhythmik*** der verschiedenen Organe. Auch Stundenrhythmik und Tagesschwankungen werden beobachtet. Die Dauer der Spikes variiert in den verschiedenen glatten Muskeln; sie beträgt 10–100 ms.

Funktionell können glatte Muskeln in den „Single-unit-Typ" und den „Multi-unit-Typ" eingeteilt werden

Single-unit-Typ. Im Single-unit-Typ (s. Tabelle 4-1) bestehen zwischen benachbarten Zellen Brücken („gap junctions"), an denen die Membranen zwar nicht verschmelzen, aber doch näher beieinander sind als normal. Diese synzytialen „Connexionen" sind wohl der Weg, über den die Erregung von einer Zelle zur nächsten fortgeleitet wird. Die Fortleitung erfolgt nicht mit großer Sicherheit über das ganze Organ, oft ersterben die Erregungen schon nach einer kurzen Strecke. Dies hängt von lokalen Bedingungen ab, die die Erregbarkeit fördern oder hemmen, z. B. von der Beschaffenheit des extrazellulären Milieus (Ionen, Transmitter, Hormone, Stoffwechselprodukte u. a.). Wichtig ist dabei der Dehnungszustand des Muskels. Darm und Gefäße sind besonders dehnungsempfindlich, v. a. auf rasche Dehnung. Dehnung depolarisiert die Zellmembran und bewirkt so eine hohe Spikefrequenz. Einer Zunahme der elektrischen Aktivität entspricht eine Verstärkung der mechanischen Aktivität. Dieser Mechanismus ist für die Darmmotorik von Bedeutung, ferner liegt er der vasalen Autoregulation der Durchblutung von Organen zugrunde, die besonders bei der Niere ausgeprägt ist.

Multi-unit-Typ. Der Multi-unit-Typ (s. Tabelle 4-1) der glatten Muskulatur zeigt gewöhnlich keine Spontanaktivität und ist auch auf Dehnung nicht sehr empfindlich. Er läßt kein ausgeprägtes synzytiales Verhalten bezüglich der Erregungsausbreitung erkennen. Die Muskelzellen werden über ihre reichlich vorhandenen vegetativen Nervenfasern in kleineren Einheiten lokal erregt, die Nervenendverzweigungen erreichen dabei fast jede Zelle. Die Kontraktion des ganzen Muskels ist daher fein abstufbar, wie dies die Aufgabe solcher Muskeln (z. B. Iris) erfordert. Die neuromuskuläre Kontaktstelle ist jedoch nicht so kompakt lokalisiert wie bei der Skelettmuskulatur. Die vegetativen Axone laufen hier zwischen den Muskelzellen mit mehr oder weniger Berührung hindurch; ihr Überträgerstoff gelangt durch Diffusion an die benachbarten Zellen, wobei offenbar die ganze Zelloberfläche reizempfindlich

Tabelle 4-1. Übersicht über Gemeinsamkeiten und Unterschiede der verschiedenen Muskeltypen

Anatomische Einteilung	Skelettmuskel	Glatter Muskel		Herzmuskel
Brennstoff	ATP	ATP		ATP
kontraktile Eiweiße	Aktomyosin	Aktomyosin		Aktomyosin
Struktur	streng geordnet in Sarkomeren	ungeordnet		geordnet in Sarkomeren
Kraft als Funktion der Länge	A. F. Huxley-Kurve Abb. 4-8 b	nicht genau definiert		Starling-Gesetz
Verkürzungsgeschwindigkeit (Einzelzuckungsdauer)	schnell 15–60 ms	langsam 2–20 s		mittel 200–300 ms
Elektromechanische Kopplung	innere Speicher werden über T-System aktiviert	Ca^{2+} von außen, kein T-System		innere Speicher und äußeres Ca^{2+} kompliziert verkoppelt
Physiologische Einteilung	**Multi-unit-Typ**		**Single-unit-Typ**	
Beispiele	Skelettmuskel	innere Augenmuskulatur Pilomotoren Vas deferens	Darm Uterus Ureter Gefäße	Herz
Aufbau	viele motorische Einheiten Zellen separat		eine funktionelle Einheit enger Kontakt („gap junctions“)	
Erregung	neurogen nur vom ZNS gesteuert		myogen (Nerven modulieren) viele Schrittmacher begrenzte Fortleitung	myogen (Nerven modulieren) ein Hauptschrittmacher, Fortleitungssystem
Kraft	abstufbar über Rekrutierung und Frequenz		Alles-oder-nichts-Gesetz	
Nervenversorgung	nur erregend		erregend und hemmend	
Transmitter	Acetylcholin		Darm: erregend Acetylcholin hemmend Noradrenalin	Herz: erregend Noradrenalin hemmend Acetylcholin
Synapsen	enger Kontakt, hoher Sicherheitsfaktor		loser Kontakt	

ist. Auch auf dem Blutweg herangebrachte Substanzen können die Aktivität der Multi-unit-Zellen beträchtlich (fördernd oder hemmend) beeinflussen. Die größeren Diffusionswege der Transmitter tragen mit dazu bei, daß die Latenzzeit und die Verkürzungsdauer vergrößert sind. Für die längere Kontraktionsdauer (10 bis mehrere 100 mal länger als beim Skelettmuskel) ist auch die langsame Beseitigung der Transmitter durch Abbau oder Wiederaufnahme in die Nervenendigungen verantwortlich. Daher ähnelt die Reizbeantwortung solcher glatter Muskeln mehr einem unvollkommenen Tetanus als einer Einzelzuckung.

Die glatte Muskulatur besitzt eine doppelte Innervierung: eine sympathische (adrenerge) und eine parasympathische (cholinerge)

Die Innervierung dient nicht so sehr der Auslösung, als vielmehr der Modifikation einer bestehenden (automatischen) Aktivität. Wie die Namen ausdrücken, wirken die Nerven über unterschiedliche Überträgerstoffe: Adrenalin und vorwiegend Noradrenalin bzw. Acetylcholin. Adrenalin kann auch als Nebennierenhormon über das Blut auf die glatte Muskulatur direkt einwirken.

Die Wirkung der beiden Systeme ist antagonistisch: Für den Darm gilt z.B., daß Adrenalin oder Sympathicusaktivität hemmen und relaxieren, Acetylcholin oder Parasympathicusaktivität erregen und verkürzen. An anderen glattmuskulären Systemen (Gefäßen, Sphinkteren im Verdauungskanal) übt der Sympathicus den erregenden und der Parasympathicus den hemmenden Einfluß aus. Man erklärt dieses unterschiedliche Verhalten durch verschiedene Rezeptoren in den Muskelzellmembranen, die bei Reaktion mit den Transmittern unterschiedliche Wirkungen hervorrufen. So kann in einem Falle Depolarisation mit Erregung, in einem anderen Hyperpolarisation mit Hemmung zustande kommen. Im Falle der Katecholamine nimmt man 2 Rezeptortypen an: α-Rezeptoren vermitteln z.B. die Vasokonstriktion in den Venen, β-Rezeptoren die Dilatation in manchen Gefäßsystemen (übrigens auch die Erhöhung von Frequenz und Kontraktionsstärke des Herzens). Die Annahme solch unterschiedlicher Rezeptoren begründet sich auf die Tatsache, daß es Substanzen gibt, die spezifisch den einen oder den anderen Rezeptortyp erregen oder auch hemmen.

Das Grundprinzip der Kraftregulation lautet beim glatten Muskel wie beim Skelettmuskel: Erhöhung der freien $[Ca^{2+}]_i$ bewirkt Kontraktion

Anders als bei den relativ großen Skelettmuskelfasern kann bei den dünnen glatten Muskelzellen extrazelluläres Ca^{2+} genügend schnell von außen nach innen dringen. In der Membran befinden sich Ca-Kanäle, die bei Depolarisation oder in Anwesenheit von Überträgerstoffen Ca^{2+} passieren lassen. Auch besitzt die Membran selbst Speicher, die pharmakologisch aktivierbar sind. Die Aufhebung der Hemmung auf die Aktin-Myosin-Interaktion hat beim glatten Muskel eine Besonderheit. Bei Herz- und Skelettmuskel wird sie durch Bindung von Ca^{2+} an das auf den dünnen Filamenten befindliche Troponin C bewirkt. Beim glatten Muskel wird dagegen Ca^{2+} an einen im Sarkoplasma gelösten Ca-Rezeptor, das ***Calmodulin,*** gebunden; der Ca-Calmodulin-Komplex aktiviert wiederum eine Proteinkinase, die ihrerseits die leichten Ketten am Myosinköpfchen phosphoryliert, wodurch schließlich die Aktin-Myosin-Interaktion ermöglicht wird.

Diese ***Myosin-leichte-Ketten-Kinase*** wird von einer cAMP-gesteuerten Proteinkinase aktiviert. Es ist dies der Weg, auf dem die Katecholamine die Kontraktionskraft des glatten Muskels modulieren. Die Relaxation wird durch Dephosphorylierung der leichten Ketten bewirkt, die durch eine Phosphatase zustande kommt. Intrazelluläres Ca^{2+} wird schließlich durch eine membrangebundene Ca-ATPase wieder nach außen befördert.

Literatur

Bagshaw C (1993) Muscle contraction, 2nd edn. Chapman & Hall, London

Bloom W, Fawcett DW (1986) A textbook of histology, 11th edn. Saunders, Philadelphia

Carlson FD, Wilkie DR (1971) Muscle physiology. Prentice-Hall, Englewood Cliffs

Peachey LD, Adrian RH, Geiger SR (1983) Skeletal muscle. Handbook of physiology, vol. 10. American Physiological Society, Bethseda

Rüdel R (1985) Muskelphysiologie. In: Keidel W-D (Hrsg) Kurzgefaßtes Lehrbuch der Physiologie. Thieme, Stuttgart

Rüegg JC (1992) Calcium in muscle contraction. Springer, Berlin Heidelberg New York

Squire JM (1990 ed) Molecular mechanisms in muscular contraction. Macmillan Press, Houndmills London

Thews G, Vaupel P (1990) Vegetative Physiologie, 2. Aufl., Springer, Berlin Heidelberg New York Tokyo

5 Motorische Systeme

M. ILLERT

EINLEITUNG

Bewegung und Gleichgewichtskontrolle sind Verhaltenskomponenten, mit denen wir uns im Raum bewegen. Sie gehören zusammen und werden vom zentralen Nervensystem (ZNS) koordiniert aufgebaut (=organisiert). Bewegung entsteht und vollzieht sich in allen Lebensbereichen – beim Sport, in der Kunst, am Arbeitsplatz, bei Krankheiten. In der Medizin und Neurobiologie wird eine Bewegung als ***Motorik*** bezeichnet. Im Gegensatz zu einem Motor, der in maschinenartiger Monotonie seine Arbeit verrichtet, ist die Motorik der Menschen und der Tiere lebend; im Lösen neuer Bewegungsaufgaben ist sie innovativ und kreativ. Motorik muß erlernt sein: Wir lernen durch Bewegung, und wir bewegen uns so gut, wie wir es gelernt haben.

5.1 Die Komponenten der Motorik

Die Motorik ist zielgerichtet. Der Körper führt sie als Antwort auf eine Vielzahl von Signalen durch, die von „außen" (z. B. Ton einer Autohupe) oder von „innen" (z. B. impulsiver Gedanke) kommen können. Einige Bewegungen sind unbewußt (automatisch, z. B. Wegziehen der Hand von einer heißen Herdplatte), andere bewußt (willkürlich, z. B. Greifen nach einem Glas Wasser). Die Übergänge zwischen beiden Extremen sind fließend. Eine Motorik, die der Umgebung und dem sich daraus ergebenden Verhaltenskontext adäquat ist, ist ohne ein intaktes und funktionstüchtiges ZNS nicht möglich (s. dazu auch Kap. 1).

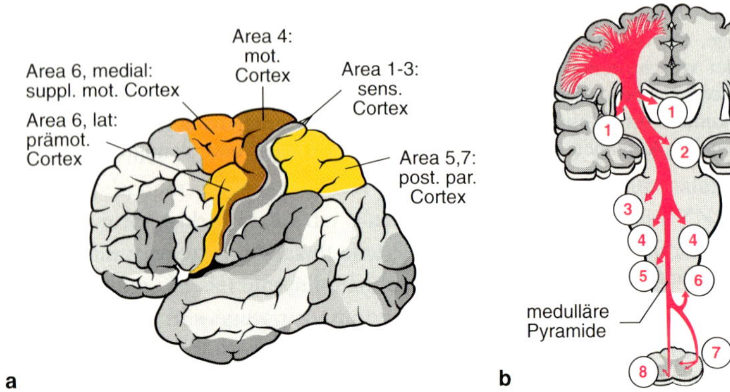

Abb. 5-2 a, b. Lokalisation der motorischen Cortices (a) und Projektion in die verschiedenen subkortikalen Gebiete (b). **a** Die laterale Ansicht des Neocortex gibt die 3 motorischen Cortices mit der Bezeichnung der Hirnrindenfelder nach Brodmann an (s. Abb. 1-10): Area 4, primärer motorischer Cortex; Area 6 medialer Teil, supplementär-motorischer Cortex; Area 6 lateraler Teil, prämotorischer Cortex der motorische Funktionen bei der Entschluß- und Strategieentwicklung wahrnimmt. Posterior des Sulcus centralis liegt der primäre somatosensorische Cortex (Areae 1–3), weiter posterior der posterior-parietale Cortex (Areae 5, 7). **b** Die kortikale Efferenz zieht als dickes Faserbündel durch die Capsula interna in die subkortikalen Gebiete des Hirnstamms und in das Rückenmark. Dabei nimmt die Zahl der Axone ab. Projektionssysteme der kortikalen Efferenz sind: ***1*** kortikostriatale und kortikothalamische Trakte; ***2*** kortikorubrale Trakte; ***3*** kortikopontine Trakte; ***4*** kortikoretikuläre Trakte; ***5*** kortikooliväre Trakte; ***6*** Tractus corticocuneatus und corticogracilis. ***7*** Tractus corticospinalis lateralis. ***8*** Tractus corticospinalis ventralis. (Mod. nach Phillips u. Porter 1977)

- den ***primären motorischen Cortex,***
- den ***prämotorischen Cortex*** und
- den ***supplementär-motorischen Cortex.***

Abbildung 5-1 zeigt die zentrale Stellung dieser Gebiete in der Programmierung und Durchführung der Bewegung. Ihr entsprechen die Vielzahl der Eingangssysteme sowie die ausgedehnten Projektionen in die subkortikalen Gebiete.

Eingangssysteme. Vier wesentliche afferente Informationskanäle projizieren über den Thalamus und über nichtmotorische kortikale Areale auf die motorischen Cortices.

- Aus der ***Körperperipherie*** über den Thalamus auf den primären motorischen und den somatosensorischen Cortex; über die sensorischen Assoziationscortices auf die prämotorischen Gebiete.

- Aus dem ***Cerebellum*** über den Thalamus auf den primären motorischen und den prämotorischen Cortex.
- Aus den ***Basalganglien*** über den Thalamus auf alle 3 motorischen Cortices sowie auf die präfrontalen Cortexareale.
- Aus den ***sensorischen Cortices*** und dem ***posterior-parietalen Cortex*** auf alle motorischen Cortices.

Ausgangssysteme. Drei Projektionssysteme verlassen die motorischen Cortices:

- ***kommissurale Systeme*** nach kontralateral auf das somatotopisch entsprechende kortikale Gebiet;
- ***Assoziationssysteme*** in die anderen motorischen Cortexareale der Hemisphäre;
- **efferente Systeme** in die subkortikalen Kerngebiete und in das Rückenmark.

Reziproke Verschaltungen. Untereinander sind die verschiedenen motorischen Repräsentationsareale mit dichten reziproken Verschaltungen verknüpft. Dabei wird ein strenges somatotopisches Muster beibehalten.

Aus allen motorischen Cortices projizieren Bahnsysteme in die subkortikalen motorischen Gebiete und ins Rückenmark

Die Axone der efferenten Projektionssysteme ziehen in einem mächtigen Faserbündel aus der kortikalen weißen Substanz in die nachgeschalteten subkortikalen Kerngebiete (Abb. 5-2 b).

Pyramidenbahn und kortikospinaler Trakt. Der Teil der kortikalen Efferenz, der durch die medulläre Pyramide verläuft, wird als ***Pyramidenbahn*** bezeichnet (Abb. 5-2 b). Er enthält den kortikospinalen Trakt sowie einen Teil der kortikobulbären Projektion. Die Pyramidenbahn umfaßt 1 Mio. Fasern. Die Mehrzahl sind dünne myelinisierte Axone mit langsamer Leitungsgeschwindigkeit (2 % der Axone haben einen Durchmesser von 11–20 µm; 90 % sind dünner als 4 µm, davon 50 % dünner als 1 µm). Wir haben zahlreiche Informationen zur Funktion der dicken Axone bei der Steuerung der Motorik, aber wir wissen nur wenig zur Aufgabe der dünnen.

Kortikospinaler Trakt. Er kommt aus motorischen *und* sensorischen Cortexgebieten (30 % der Traktneurone aus Area 4; 30 % aus Area 6; 40 % aus dem parietalen Cortex, besonders aus Areae 1, 2, 3), s. Abb. 1-10, S. 23. Seine Axone enden im Rückenmark in 3 Gebieten der grauen Substanz an definierten Stellen spinaler neuronaler Systeme:

- Im ***Hinterhorn*** stellen sie an den Interneuronen der sensorischen Übertragungskanäle die Rückmeldung aus der Körperperipherie ein.
- Im ***intermediären Bereich*** kontrollieren sie die Interneurone der spinalen Reflexwege.
- Im ***Vorderhorn*** enden sie an α- und γ-Motoneuronen, und zwar bevorzugt zu den Muskeln, die die Motorik der distalen Extremitäten steuern.

Monosynaptische Projektion auf Motoneurone. Diese findet sich nur bei den Primaten einschließlich des Menschen, und zwar *zusätzlich* zu der quantitativ überwiegenden Projektion auf die Interneurone. Mit ihr können in einem Bewegungsprogramm einzelne Motornuclei unabhängig von den auf sie konvergierenden Reflexwegen angesteuert und aus den Reflexmustern „herausisoliert" werden. Der Vorteil einer monosynaptischen Projektion deszendierender Trakte auf Motoneurone besteht für die zentralen Systeme in der *Sicherung des Informationsinhaltes des Bewegungssignals.* Ein eventueller Zeitgewinn durch die Reduzierung der synaptischen Übertragungsstellen spielt bei den großen Leitungszeiten (lange Wege, langsame Leitungsgeschwindigkeit) keine Rolle. Vielmehr sichert dieser Projektionsmechanismus, daß das neuronale Signal die Zielneurone zum geplanten Zeitpunkt und mit dem geplanten Inhalt erreicht. Die Übertragung eines Bewegungssignals in interneuronalen Systemen verändert hingegen den ursprünglichen Signalinhalt mit dem Ziel, eine flexible Programmanpassung an wechselnde Ausgangssituationen und eine schnelle Bewegungskontrolle zu erreichen.

Nomenklatur. In einigen Aspekten entspricht die zur Bezeichnung der kortikalen Efferenzen gängige Nomenklatur nicht mehr dem modernen Kenntnisstand. Eine Gleichsetzung der Begriffe „Pyramidenbahn" und „kortikospinaler Trakt" ist irreführend, da die Pyramidenbahn die funktionell wichtige kortikobulbäre Projektion in die Hinterstrangkerne enthält (Abb. 5-2b), die dem kortikospinalen Trakt fehlt. Weiter sollte der Begriff „Extrapyramidales motorisches System" verlassen werden. Er wurde vor langer Zeit eingeführt, um die außerhalb der Pyramide deszendierenden Systeme anatomisch von der Pyramidenbahn abzugrenzen. Die Annahme, daß ein „Pyramidenbahnsystem" von einem „extrapyramidalen motorischen System" abtrennbar sei, ist nicht länger haltbar, da die in Frage kommenden Traktsysteme *anatomisch* über Kollateralen gemeinsamer kortikaler Neurone und *funktionell* über zentrale Koaktivierungsmechanismen eng miteinander verknüpft und in ihrer Aktivität koordiniert sind. Es ist zudem nicht sinnvoll, alle außerhalb der Pyramide verlaufenden motorischen Traktsysteme mit ihren unterschiedlichen Aufgaben in einem gemeinsamen anatomischen Begriff undifferenziert zu vermengen.

Die Unabhängigkeit der Fingerbewegung und die digitale Feinmotorik sind an eine intakte kortikomotoneurale Projektion gebunden

Bei Primaten tritt bei einem isolierten Ausfall der monosynaptischen kortikomotoneuralen Projektion in der Pyramide kein langanhaltender Zusammenbruch der Motorik auf, sondern es werden diskrete Störungen der Fingermotorik beobachtet. So geht der ***Präzisionsgriff*** verloren, der unabhängige Fingerbewegungen erfordert (z.B. beim Ergreifen eines kleinen Gegenstandes mit „spitzen" Fingern); die Objekte werden statt dessen mit einer gleichzeitigen Beugung aller Finger bei synchroner Flexion im Handgelenk ergriffen. Diese langsame und weniger gut koordinierte Restmotorik der Finger und der Hand wird mit einer polysynaptischen Mobilisierung der Motoneurone über spinale Reflexwege realisiert, die über bulbospinale Trakte aktiviert werden.

Diese experimentelle Unterbrechung des Pyramidenbahnsystems ist nicht identisch mit einer Unterbrechung der kortikalen Efferenzen in der Capsula interna, z.B. bei einem Schlaganfall (Apoplex, Hirnschlag). Dabei sind nämlich neben den kortikospinalen und kortikobulbären Trakten auch die kortikalen Efferenzen zu den großen subkortikalen Kerngebieten betroffen (Abb. 5-2 b) sowie die aszendierenden thalamokortikalen Fasern aus der Körperperipherie, dem Kleinhirn und den Basalganglien. Entsprechend schwer und dramatisch ist die motorische Symptomatik (Capsula-interna-Syndrom).

Die verschiedenen motorischen Cortices steuern unterschiedliche Aspekte der Bewegung

Die 3 motorischen Cortexareale (Abb. 5-2 a) entwickeln unterschiedliche Aspekte eines *Bewegungsprogramms.* Die prämotorischen Areale sind zusätzlich in die ***Strategieentwicklung*** involviert, der primäre motorische Cortex in die Ansteuerung der Effektorsysteme. Auf den Cortices sind die Neurone zu den Effektorsytemen in einem strengen somatotopischen Aufbau repräsentiert, wobei die einzelnen Neurone spezifisch mit einer Gruppe aus wenigen, synergistisch wirkenden Muskeln verschaltet sind. Auf dem primären motorischen Cortex z.B. sind die Neurone zu Bein und Hüfte an der Mantelkante lokalisiert, die Neurone zum Gesicht auf der lateralen Cortexhälfte. Eine vergleichbare Somatotopie findet sich in den anderen motorischen Cortices.

Der primäre motorische Cortex stellt die Kontraktionskraft und die Bewegungsrichtung ein

Der primäre motorische Cortex leitet die Durchführung der Bewegung ein. Die Mehrzahl der auf ihm lokalisierten Neurone wird etwa 100–200 ms vor der Erregung der an der Bewegung beteiligten Muskeln aktiviert. Die Neurone regulieren v. a. die Kontraktionskraft: je höher ihre Frequenz, desto stärker die Kontraktionskraft des entsprechenden Muskels. Die ***Bewegungsgeschwindigkeit*** ist in dem Aktivitätsmuster der kortikalen Zellen kaum berücksichtigt; sie wird vorwiegend im rubrospinalen System realisiert. Die ***Bewegungsrichtung*** ist das Ergebnis der koordinierten, graduierten Aktivierung der *Gesamtpopulation der kortikalen Zellen* in dem entsprechenden somatotopischen Repräsentationsgebiet. Der ***Ablauf der Bewegungsdurchführung*** wird den kortikalen Neuronen von ausgedehnten kutanen und propriozeptiven rezeptiven Feldern zurückgemeldet, die im Gebiet der von ihnen innervierten Muskeln liegen. Diese Reafferenz, die mit Bewegungsbeginn auftritt, trägt zur Steuerung der Programmierung und der Durchführung der Bewegung bei.

Die prämotorischen Cortices programmieren komplexe Bewegungen und organisieren Bewegungsabläufe

Das Aktivierungsmuster der Zellen in diesen Gebieten ist mit mehreren Parametern einer Bewegung und mit ganzen Bewegungsabläufen korreliert. Entsprechend komplex sind die motorischen Ausfallserscheinungen bei Läsionen in diesen Arealen. Besonders beeinträchtigt ist die Entwicklung einer optimalen Strategie für zielorientierte Bewegungen im Raum. Dem entsprechen die motorischen Muster bei elektrischer Reizung dieser Areale: Sie beinhalten komplexe und häufig bilaterale Bewegungen wie das Öffnen und Schließen der Hände und Orientierungen des Körpers im Raum.

Supplementär-motorischer Cortex. Dieser Cortexanteil ist an der Programmierung differenzierter manipulatorischer Bewegungen beteiligt. Entsprechend steigt beim Durchführen und Erlernen schwieriger Aufgaben die Durchblutung des supplementär-motorischen Cortex an (bei der Durchführung einfacher Aufgaben ist ein solcher Anstieg nicht ausgeprägt). Die Bewegungsdefizite nach Läsionen in diesem Bereich betreffen die Feinmotorik und die bimanuelle Koordination der Hände.

Prämotorischer Cortex. Er organisiert die Einbindung taktiler und propriozeptiver Reafferenz in die Steuerung einer Bewegung. Bei einem sequentiellen Bewegungsablauf werden die einzelnen Bewegungskomponenten häufig erst durch die erwartete Reafferenz aktiviert. So kann z.B. ein Gegenstand erst von einer Stelle weggenommen werden, nachdem er fest ergriffen wurde: Diese Information wird durch taktile propriozeptive Zuflüsse vermittelt, deren Einbindung in das Bewegungsprogramm und die Bewegungsdurchführung vom prämotorischen Cortex gesteuert wird. Nach Läsionen in diesem Areal führt die Erregung taktiler und propriozeptiver Afferenzen häufig zu unkontrollierten motorischen Antworten.

Der posterior-parietale Cortex stellt die für Zielbewegungen benötigten sensorischen Informationen bereit

Posterior-parietaler Cortex. Er erhält seine afferenten Zuströme hauptsächlich aus dem primären somatosensorischen Cortex und den visuellen Arealen. Diese Informationen wurden so aufgearbeitet, daß sie von den motorischen Cortices zur Programmierung von Bewegungen genutzt werden können. In Übereinstimmung damit treten bei Läsionen im posteriorparietalen Cortex keine direkten motorischen Defekte auf. Die Patienten haben aber die Schwierigkeit, sensorische Informationen zur Durchführung von Bewegungen zu erkennen und zu nutzen, z.B. um Bewegungen mit komplexen zeitlich-räumlichen Koordinationen durchzuführen (wie essen mit Messer und Gabel). Ein typisches, aber seltenes Symptombild einer solchen Läsion ist das ***Neglect-Syndrom,*** bei dem Patienten differenzierte sensorische Reize aus der kontralateralen Körperhälfte (somatosensorisch, visuell) nicht mehr erkennen und motorisch beantworten können.

5.3 Das Rückenmark und seine Reflexsysteme

Das Flußdiagramm der Abb. 5-1 zeigt, daß das Rückenmark die Durchführung einer Bewegung aufbaut, indem die deszendierenden Projektionssysteme die spinalen Reflexwege und motorischen Einheiten mobilisieren. Die Neurone des Rückenmarks werden eingeteilt in

- ***Motoneurone,*** die zu den motorischen und vegetativen Effektoren ziehen;
- ***Traktneurone,*** die Informationen nach supraspinal weitergeben,
- ***Interneurone,*** die als Integrationszentren dienen und ihre Signale innerhalb des Rückenmarks projizieren.

Die Neurone sind in definierten ***spinalen funktionellen Einheiten*** verschaltet, die die Bewegung eines Gelenks bzw. einer ganzen Extremität organisieren. *Die spinalen funktionellen Einheiten sind Bausteine von Bewegungen.* Diese Bausteine können von afferenten, sensorgekoppelten Systemen aktiviert werden (z. B. als Reflexe). Im Rahmen der Willkürmotorik werden sie von kortikalen motorischen Programmen aktiviert und zur Durchführung der geplanten Bewegung kombiniert. Die funktionelle Grundlage dieser spinalen neuronalen Systeme sind die ***Reflexe.***

Der Reflex ist ein zielgerichtetes, sensorgekoppeltes Verhalten, bei dem motorische, vegetative sowie kognitive und emotionale Prozesse ablaufen können

Der Reflex ist eine Verhaltensreaktion des Organismus auf einen externen Reiz, wobei neben motorischen und vegetativen Komponenten auch kognitive und emotionale Prozesse ablaufen können. Die ***motorische Komponente*** ist die Antwort der Skelettmuskulatur. Sie äußert sich als Bewegung eines Gelenks oder einer Gelenkkette. Die Reflexantwort ist in Latenz, Stärke und Muster sehr eng an die Intensität der Sensorerregung gekoppelt. *Reflexe sind zielgerichtet:* Sie können z. B. im Rahmen eines nozizeptiven Beugereflexes den Körper vor Schädigungen schützen (Wegziehen der Hand beim Berühren der Herdplatte) oder – im Rahmen des Muskeldehnungsreflexes – ein Einknicken des Körpers unter dem Einfluß der Schwerkraft verhindern. Das neuroanatomische Substrat eines Reflexes ist der ***Reflexweg*** (Abb. 5-3). Er besteht aus *Sensoren,* die den Reiz aufnehmen, einem im ZNS gelegenen *Verarbeitungssystem* und den *Motoneuronen* zu den Effektoren (Abb. 5-3). Die entscheidende Rolle in der Koordination der Verhaltensreaktion kommt dem zentralen Verarbeitungssystem zu. Übergeordnete Regulationszentren haben über deszendierende Trakte, die auf die Interneurone der Verarbeitungssysteme konvergieren, Zugriff auf die spinalen Reflexsysteme (Abb. 5-3). Damit passen sie das Reflexgeschehen in den Verhaltenskontext ein. Bei natürlichem Verhalten sind Reflexantworten deswegen auch nicht stereotyp. Eine ***Stereotypie*** tritt nur dann auf, wenn durch pathologische Pro-

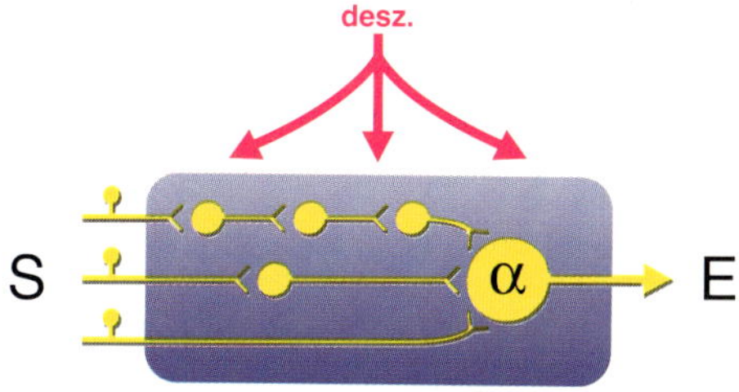

Abb. 5-3. Aufbau eines Reflexweges aus Sensoren ***(S)***, einem zentralen Verarbeitungssystem *(blau)* und Effektoren ***(E)***. Das zentrale Verarbeitungssystem besteht aus Interneuronen. Die untere Verschaltung skizziert das Muster eines monosynaptischen Reflexes, die mittlere eines disynaptischen, die obere eines polysynaptischen. Deszendierende Systeme steuern die Verarbeitung in dem Reflexsystem durch fördernde und hemmende Konvergenz auf die Interneurone

zesse oder experimentelle Eingriffe die Kontrolle des Reflexgeschehens zusammenbricht (z. B. Stereotypie der Reflexe nach einem Rückenmarkquerschnitt). Die übergeordneten Zentren mobilisieren über die deszendierenden Trakte spinale Reflexwege – oder Teile von ihnen – und setzen die in ihnen vorliegenden Bewegungsmuster gezielt für die Durchführung der Willkürmotorik ein (z. B. Aktivierung der Wege des Beugereflexes für die Durchführung einer Beugung im Rahmen der Willkürmotorik).

Die Reflexantworten werden nach der Anzahl der Synapsen in dem jeweiligen System als ***monosynaptische*** oder ***polysynaptische*** Reflexe bezeichnet (Abb. 5-3). Die meisten reflexverarbeitenden System sind aus vielen Interneuronen aufgebaut; das Reflexverhalten ist damit wesentlich von den auf sie konvergierenden Systemen abhängig. Ausnahme von diesem Regelfall ist der Muskeldehnungsreflex (s. 5.4), bei dem die Sensoren direkt auf die Motoneurone projizieren. Aber auch in diesem monosynaptischen Reflexsystem wird die Ausarbeitung der Reflexantwort kontrolliert, z. B. über die präsynaptische Hemmung der Afferenzen.

Die Sensoren der Somatosensorik sind die Eingänge in die spinalen funktionellen Einheiten

Unter funktionellen Kriterien lassen sich die Sensoren der Somatosensorik wie folgt darstellen:

- die *Sensoren der Muskelspindeln* als Teile eines Bewegungsbausteines, der die Muskellänge stabilisiert;

- die *Golgi-Sehnenorgane* als Teil eines Bewegungsbausteins, der die Muskelspannung verarbeitet;
- die *Flexorreflexafferenzen* als Teil eines Bewegungsbausteins, der die motorischen Komponenten des nozizeptiven Beugereflexes organisiert.

Die allgemeinen rezeptiven Eigenschaften dieser Sensoren sind in Kap. 7 dargestellt.

Die Muskelspindeln. Muskelspindeln sind in praktisch jedem Skelettmuskel vorhanden, in besonders großer Dichte in der Nacken- und Fingermuskulatur. Sie enthalten Sensoren, die die Länge der Muskeln messen.

- *Makroskopischer Aufbau:* Die Muskelspindeln liegen parallel zur Arbeitsmuskulatur (extrafusale Muskelfasern) und bestehen aus 3 Teilen (Abb. 5-4). Spezialisierte Muskelfasern (intrafusale Muskelfasern) nehmen die Längenänderungen auf; sensorische Axone der Gruppe I (primäre Muskelspindelafferenzen oder Ia-Fasern) und der Gruppe II (sekundäre Muskelspindelafferenzen) messen die Länge und übertragen die Information zum ZNS; γ-Motoneurone stellen die Empfindlichkeit der Sensoren ein (s. unten). Anatomisch und funktionell werden die Längenrezeptoren in die 2 Gruppen der Nuclear-bag- und der Nuclear-chain-Fasern eingeteilt.
- *Sensoraktivierung:* Die Längenzunahme der Äquatorialregion der Sensoren ist der adäquate Reiz. Die Sensoren haben ein proportional-differentielles Verhalten und erfassen deswegen sowohl die dynamischen als auch die statischen Komponenten einer Längenänderung. Das proportionale Sensorverhalten ist in den Nuclear-chain-Fasern besonders entwickelt, das differentielle in den Nuclear-bag-Fasern. Die dynamische Komponente wird vorwiegend in den primären Afferenzen zum ZNS geleitet, die statische in den sekundären Afferenzen.
- *γ-Motoneurone.* Die intrafusalen Muskelfasern werden an ihren Polen von γ-Motoneuronen innerviert (Abb. 5-4), die in den spinalen Motornuclei zwischen den α-Motoneuronen der einzelnen Muskeln liegen. γ-Motoneurone haben einen kleineren Durchmesser des Somas und eine langsamere Leitungsgeschwindigkeit der Axone als α-Motoneurone. Eine Aktivierung der γ-Motoneurone führt zu einer tonischen Kontraktion der intrafusalen Muskulatur, was den Äquatorialbereich der Sensoren dehnt. Diese Längenzunahme kann in den Muskelspindelafferenzen Aktionspotentiale generieren. Damit hat das ZNS über die γ-Innervation direkten Zugriff auf die Längensensoren.

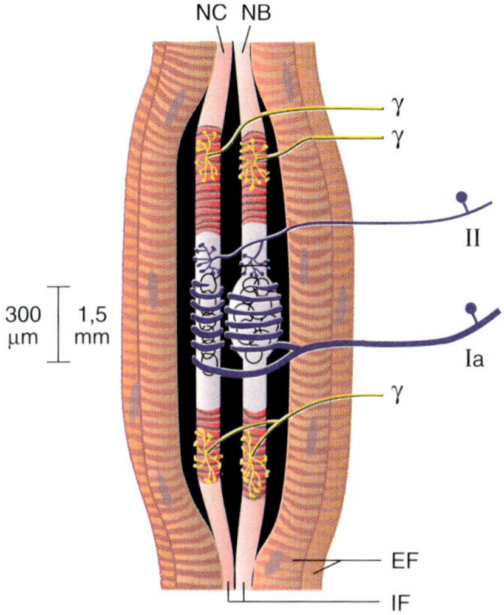

Abb. 5-4. Aufbau einer Muskelspindel. Zwischen den extrafusalen Fasern ***(EF)*** der Arbeitsmuskulatur und mit ihnen verankert liegen Bindegewebskapseln, die sog. *Muskelspindeln,* hier *schwarz* dargestellt, in denen die intrafusalen Muskelfasern ***(IF)***, die Längenrezeptoren, lokalisiert sind. Die IF unterteilen sich in einen polaren Anteil, der aus Muskulatur besteht *(rot)* und einen äquatorialen Anteil *(blau),* der leicht dehnbar ist. Jede Spindel enthält 2 Nuclear-bag-Fasern ***(NB),*** die im Äquatorialbereich eine Ansammlung von Zellkernen haben, und bis zu 10 Nulcear-chain-Fasern ***(NC)***, deren Zellkerne im Äquatorialbereich kettenartig hintereinander liegen *(die Abbildung zeigt nur 1 NC- und 1 NB-Faser).* Zwei afferente Axone fassen die Längeninformation der Rezeptoren einer Spindel zusammen. Die Ia-Faser mißt die Längenänderungen im Äquatorialbereich, die Gruppe-II-Faser am Übergang zum Polbereich. Die intrafusale Muskulatur wird von γ-Motoneuronen innerviert, wobei die Rezeptoren einer Spindel von mehreren γ-Motoneuronen versorgt werden. Die Zeichnung gibt die wahren Längenverhältnisse verzerrt wieder. Die *linke Längenskalierung* betrifft den Äquatorialbereich, der *rechte Teil* die gesamte Muskelspindel. Danach können Muskelspindeln bis zu 12 mm lang werden. (Mod. nach Matthews 1972)

Die Golgi-Sehnenorgane. Sie liegen am Übergang der Muskelfasern in die Sehne, also seriell zu den motorischen Einheiten. Adäquater Reiz ist die bei einer Muskelkontraktion entwickelte Spannung. Die Sensoren haben eine hohe Empfindlichkeit: ein Sehnenorgan kann durch die Kontraktion einer einzelnen motorischen Einheit aktiviert werden. Das Sensorverhalten ist proportional-differentiell mit starker Ausprägung der proportionalen Komponente. Die Information über den Spannungszustand des Muskels (bzw.

über die Kontraktionskraft) wird über Afferenzen der Gruppe I, die Ib-Fasern, zum ZNS geleitet.

Afferenzen des Beugereflexes. Die Nozizeptoren, die Thermosensoren sowie alle hochschwelligen Afferenzen der Gruppen III und IV sind die Eingangssysteme des Bewegungsbausteines des Beugereflexes. Daneben haben diese Sensoren noch weitere Verschaltungen, deren Aktivierung zu spezifischen, lokalen Reflexantworten führt. Zur Funktion dieser Sensoren in den jeweiligen Qualitäten s. Kap. 8 und 9.

5.4 Der Muskeldehnungsreflex als längenstabilisierender Bewegungsbaustein

Wird ein Muskel gedehnt, z. B. durch eine Gelenkbewegung, so kann dies reflektorisch zur Kontraktion des gedehnten Muskels und seiner Synergisten führen. Dieser ***Muskeldehnungsreflex*** ist ein Bewegungsbaustein, der die Länge des gedehnten Muskels einstellt und die Interaktion mit den Synergisten koordiniert. Spinale und supraspinale Zentren haben über das γ-System Zugriff auf die Sensoren des Reflexes und steuern seine Einbindung in die Motorik.

Die Erregung der Muskelspindelafferenzen rekrutiert α-Motoneurone und hält die Muskellänge konstant

Die Ia-Fasern projizieren monosynaptisch auf die α-Motoneurone des sensortragenden Muskels ***(homonyme Verschaltung)*** sowie auf die Motoneurone der mechanischen Synergisten ***(heteronyme Verschaltung)***. Die sekundären Muskelspindelafferenzen sind über fördernde und hemmende polysynaptische Wege mit praktisch allen Motornuclei der Extremität verschaltet.

Das Verschaltungssystem der primären Muskelspindelafferenzen ist das neuroanatomische Substrat eines *längenstabilisierenden Reflexes.* Dies ist in Abb. 5-5 demonstriert. Nimmt die Länge der Ellenbogenflexoren zu, wie in dem Beispiel der Abb. 5-5 durch eine externe Last, dann werden die homonymen und heteronymen α-Motoneurone über die Ia-Afferenzen depolarisiert. Die synaptische Aktivierung der Motoneurone ist um so stärker, je größer die Längenänderung an den Sensoren ist. Einige der Motoneurone werden über-

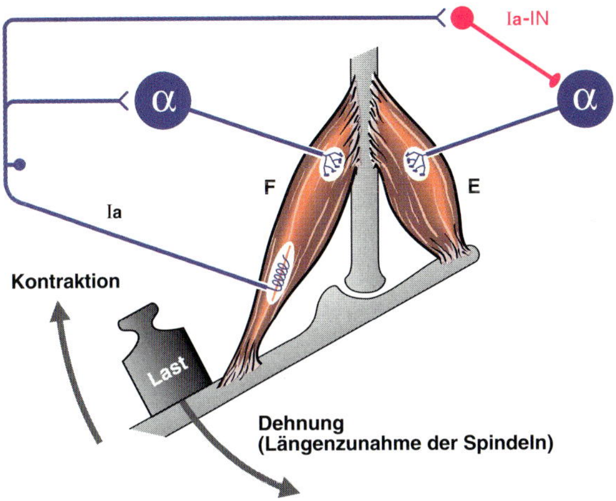

Abb. 5-5. Der Muskeldehnungsreflex als längenstabilisierender Regelkreis. An dem schematisierten Gelenk werden die Flexormuskeln ***(F)*** durch eine externe Last gedehnt. Dadurch werden ihre Muskelspindeln verlängert und in den Ia-Fasern Aktionspotentiale generiert. Die monosynaptische, erregende Projektion rekrutiert homonyme und heteronyme *(nicht gezeigt)* Motoneurone. Kollateralen der Ia-Fasern aktivieren parallel inhibitorische Interneurone ***(Ia-IN),*** die in den antagonistischen Motoneuronen zur Extensormuskulatur ***(E)*** eine reziproke Hemmung auslösen. Durch diese Verschaltung wird das Gelenk in seine Ausgangsstellung zurückgeführt und die Muskellänge konstant gehalten. Eine vergleichbare Verschaltung ist für die Extensoren vorhanden. In der schematisierenden Skizze sind die Verschaltungen der Gruppe-II-Afferenzen zur Vereinfachung weggelassen

schwellig erregt werden, in den anderen wird die synaptische Aktivierung unterschwellig bleiben (räumliche Summation, s. S. 78). Die rekrutierten motorischen Einheiten erzeugen Kontraktionskraft, und das Gelenk wird in seine Ausgangsstellung zurückgeführt: *die Muskellänge bleibt konstant.*

Der Muskeldehnungsreflex hat viele Funktionen in der Motorik. Als ***Antischwerkraftreflex*** hält er z. B. den Körper gegen die ständig einwirkende Schwerkraft aufrecht. Er ist auch in der Lokomotion wirksam, wobei er am Beginn der Standphase (Übertragung des Körpergewichtes auf den Boden) eine zu starke Beugung der Gelenke verhindert. In diese Funktionen sind auch die sekundären Muskelspindelafferenzen und andere polysynaptische Verschaltungen einbezogen. Bei Erkrankungen, die mit einer Depolarisierung des Ruhepotentials der Motoneurone einhergehen, kann der Muskeldehnungsreflex so stark werden, daß das Gelenk durch den untersuchenden

Arzt nur schwer gebeugt werden kann (Bild der ***Spastik***). Dabei wird eine phasische von einer tonischen Komponente unterschieden. Die *phasische Komponente* ist eine kurze, aber starke Reaktion auf die Muskelverlängerung, die *tonische Komponente* ist weniger stark, hält aber länger an. Beide Komponenten treten immer gekoppelt auf.

Ein leichter Schlag mit dem Reflexhammer auf die Sehne eines Muskels dehnt seine Muskelspindeln und löst eine schnelle Kontraktion aus. Die Bezeichnung *Sehnenreflex* für diese Kontraktion ist insofern irreführend, als die Sensoren nicht in der Sehne, sondern im Muskel lokalisiert sind. Der Reflex wird durch eine kurzfristige (phasische) Längenzunahme der intrafusalen Muskelfasern ausgelöst, die von den differentiell messenden Nuclear-bag-Fasern registriert wird. *Sehnenreflex* und *Muskeldehnungsreflex* sind nicht identisch; der *Sehnenreflex* (engl.: „tendon" oder T-Reflex) entspricht der phasischen Komponente des Muskeldehnungsreflexes. In der Klinik hat dieser Reflex eine große diagnostische Bedeutung zur Testung von Erkrankungen des Nervensystems.

Die γ-Innervation steuert die Empfindlichkeit der Sensoren, sichert ihre Meßeigenschaften bei Muskelkontraktion und baut den Muskeldehnungsreflex in die Bewegung ein

Sensorempfindlichkeit. Bei einer isolierten Erregung der γ-Motoneurone werden die Muskelspindeln im Vergleich zur extrafusalen Muskellänge vorgedehnt. Dies hat zur Folge, daß sie Änderungen der Muskellänge empfindlicher registrieren. Mit diesem Mechanismus stellt das kortikale Bewegungskommando die Meßeigenschaften des Sensorsystems auf eine optimale Erfassung der im Rahmen der Bewegung erwarteten Längenänderungen ein. Eine Population von γ-Motoneuronen erhöht die Empfindlichkeit für die dynamischen Aspekte der Längenänderung, die andere für die statischen (dynamische/statische γ-Motoneurone).

Sicherung der Meßeigenschaften. Die Muskelspindeln sind bindegewebig an der Arbeitsmuskulatur befestigt. Bei einer Muskelkontraktion würde die Verkürzung der Muskellänge deshalb die Längensensoren auffalten, womit sie dann als Meßfühler der Muskellänge nicht mehr arbeitsfähig wären. Dies ist in Abb. 5-6a gezeigt, in der die Aktivität der Ia-Faser während einer Verkürzung der extrafusalen Muskellänge (aufgezwungener Kieferschluß) ausfällt. *Die γ-Innervation sichert die Meßeigenschaften der Längenrezeptoren während einer Kontraktion.* Dies ist in Abb. 5-6b zu sehen, in der die Aktivität der Ia-Fasern bei dem zentralnervös intendierten Kieferschluß erhalten

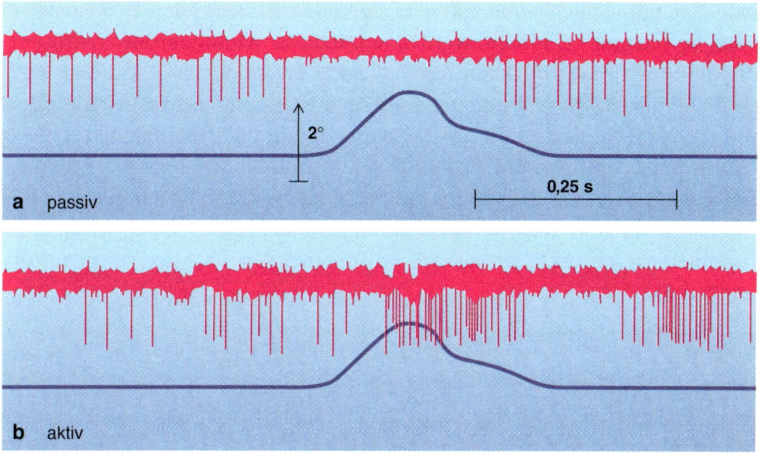

Abb. 5-6 a, b. α-γ-Koaktivierung bei natürlichen Bewegungen. Ableitung einer Ia-Afferenz eines Affen aus dem M. masseter *(obere Spur)* während einer Schließbewegung des Kiefers (*untere Spur*, Schließen nach oben). **a** Mit einem Motor wird von außen ein Kieferschluß durchgeführt. Bei dieser „passiven" Bewegung schweigt die Ia-Afferenz, da die Längenrezeptoren aufgefaltet werden. **b** Die Ia-Afferenz wird während der Kontraktion des M. masseter aktiviert. Dies geht auf eine Kokontraktion der intra- und extrafusalen Muskulatur zurück. (Mod. nach Taylor u. Davey 1968)

bleibt. Sie verhindert die Auffaltelung der Sensoren, da bei einer vom ZNS gesteuerten Bewegung eine Aktivierung der α-Motoneurone mit einer Aktivierung der entsprechenden γ-Motoneurone verbunden ist ***(α-γ-Koaktivierung)***. Dies führt zur Kokontraktion der intrafusalen und extrafusalen Muskulatur, wodurch sich am Äquatorialbereich des Rezeptors der Dehnungszustand nicht verändert.

Die α-γ-Koaktivierung wird vom ZNS zur Steuerung von Bewegungen benutzt. Als integraler Betandteil des kortikalen Bewegungsprogrammes verkürzt sie die intra- und extrafusalen Muskellängen auf den gleichen *Soll-Wert.* Wenn die Verkürzung der extrafusalen Muskellänge hinter dem Soll-Wert zurückbleibt, z. B. weil das Gelenk während einer Bewegung mit einer zusätzlichen Last beladen wird, so bilden die Längensensoren ein Signal, das der Differenz zwischen Ist- und Soll-Länge entspricht (die fortdauernde Kontraktion der intrafusalen Muskulatur dehnt den Äquatorialbereich des Sensors und generiert Aktionspotentiale). Das *Differenzsignal* wird auf die homonymen und heteronymen Motoneurone projiziert und dort im Rahmen der räumlichen Summation mit dem deszendierenden Bewegungssignal verrechnet. Dadurch werden zusätzliche Motoneurone rekrutiert, die Kontraktionskraft kann erhöht und das Hindernis beseitigt werden. Die ***α-γ-Koaktivierung*** nutzt also den Baustein des Muskeldehnungsreflexes zur Steuerung der Kontraktionskraft bei wechselnden Lasten ***(Lastkompensationsreflex).*** Dieser Funktionsmechanismus ist bei fast allen Bewegungen wirksam. Untersuchungen natürlicher, ungehinderter Bewegungen zeigen, daß bei Verkürzungen der extrafusalen Muskulatur regelmäßig eine Aktivierung der entsprechenden Ia-Afferenzen auftritt (Abb. 5-6).

Die reziproke Hemmung koordiniert an einem Gelenk die Aktivität der Synergisten und Antagonisten

Eine Gelenkbewegung kann nur dann optimal durchgeführt werden, wenn die Antagonisten bei der Aktivierung der Synergisten gehemmt werden. Diese Koordination ist im Reflexsystem der ***reziproken Hemmung*** aufgebaut (Abb. 5-5). In dem Funktionsablauf kommt den Verschaltungen der ***primären Muskelspindelafferenzen*** eine wichtige Rolle zu.

Hemmende Interneurone. Die primären Muskelspindelafferenzen aktivieren die homonymen Motoneurone und – über zusätzliche Kollateralen – ***Ia-Interneurone*** (Abb. 5-5). Diese hemmen die Motornuclei zu den antagonistischen Muskeln. Beim Muskeldehnungsreflex rekrutiert eine Aktivierung der Muskelspindelafferenzen also die homonymen Motoneurone; synchron dazu löst die kollaterale Erregung der hemmenden Ia-Interneurone in den antagonistischen Motoneuronen inhibitorische postsynaptische Potentiale (IPSP) aus. Erst durch diese *reziproke Hemmung* wird im Rahmen des Muskeldehnungsreflexes die Zurückführung des Gelenks auf die Ausgangsstellung möglich.

Dauer und Tiefe der reziproken Hemmung sind in der Motorik nicht konstant: In bestimmten motorischen Situationen müssen sie maximal sein (z. B. zur Durchführung der alternierenden Gelenkbewegungen beim Laufen). In anderen Situationen, in denen eine gleichzeitige Kontraktion antagonistischer Muskelpaare im Vordergrund steht (z. B. zur Stabilisierung eines Gelenks beim Stehen) muß die reziproke Hemmung abgeschaltet werden. Die kontinuierliche Regulation der Tiefe der reziproken Inhibition erfolgt durch die Konvergenz deszendierender und afferenter Systeme auf die Ia-Interneurone, wodurch diese gefördert oder gehemmt werden können.

5.5 Das Reflexsystem der Ib-Afferenzen

Die Verschaltungen der Ib-Afferenzen aus den Golgi-Sehnenorganen mit den α-Motoneuroen sind immer polysynaptisch. Zwei große Projektionssysteme werden unterschieden:

- zu den Motornuclei, die auf dasselbe Gelenk wirken wie der sensortragende Muskel;
- zu den Motornuclei, die auf andere Gelenke wirken als der sensortragende Muskel.

Motornuclei zu Muskeln am selben Gelenk. Die Golgi-Sehnenorgane sind mit den homonymen und synergistischen Motoneuronen *hemmend* über di- oder trisynaptische Wege verschaltet. Dies ist der Reflexweg der ***autogenen Hemmung*** (Abb. 5-7 a). Die Motoneurone zu den antagonistischen Muskeln (sowie deren Synergisten) werden dagegen über di- oder trisynaptische Wege *erregt.*

Motornuclei zu Muskeln an anderen Gelenken. Hier werden parallele, fördernde und hemmende Wege aufgebaut, die alle Motornuclei der Extremität erfassen. Unabhängig vom Typ des sensortragenden Muskels steht dabei eine *Erregung der physiologischen Extensoren* und eine *Hemmung der physiologischen Flexoren* im Vordergrund. Diese Verteilung von Erregung und Hemmung ist allerdings variabel und aufgrund der effizienten Kontrolle der Ib-Wege durch deszendierende Trakte stark vom Bewegungskontext abhängig.

Im Rahmen der Verschaltung der autogenen Hemmung informiert das Ib-Reflexsystem die homonymen Motoneurone kontinuierlich über die Kontraktionskraft im sensortragenden Muskel, wobei die niedrige Schwelle der Sehnenorgane die Erfassung auch kleinster Änderungen ermöglicht. Diese werden an den Motoneuronen mit den Signalen über die Muskellänge (Spindelsystem) verrechnet; die Kontraktionskraft wird entsprechend eingestellt.

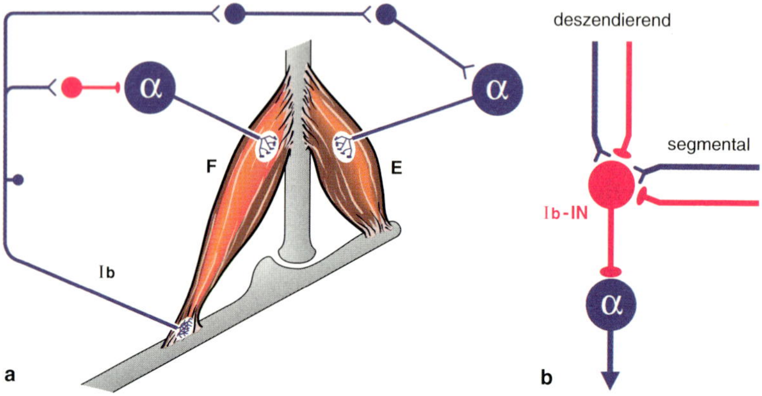

Abb. 5-7 a, b. Das Reflexsystem der Golgi-Sehnenorgane. **a** Verschaltung der Ib-Afferenzen mit den Motoneuronen einer Extremität. **b** Konvergenz von segmentalen afferenten und deszendierenden Systemen auf die Interneurone der autogenen Hemmung. Die segmentalen Konvergenzen kommen von den Muskelspindeln, Golgi-Sehnenorganen, nieder- bzw. hochschwelligen Hautafferenzen, Gelenksensoren; die deszendierenden Systeme umfassen den kortikospinalen Trakt, den rubrospinalen Trakt, retikulospinale Trakte usw. Die Gesamtpopulation der Ib-Interneurone zerfällt in Untergruppen mit spezifischen, eingeschränkten Konvergenzmustern. Jedes der konvergierenden Systeme kann, abhängig von dem zentralen Bewegungssignal, die Ib-Interneurone (Ib-IN) erregen oder hemmen. (Mod. nach Illert 1992 und nach Schomburg 1990) ***E*** Extensormuskel, ***F*** Flexormuskel

Der Reflexweg von Ib-Afferenzen ist ein multisensorischer Bewegungsbaustein, der afferente und deszendierende Informationen integriert

Die Funktion des Ib-Systems geht weit über eine einfache Messung und Rückmeldung der Kontraktionskraft hinaus. Alle Ib-Wege sind polysynaptisch aufgebaut und durch eine ausgeprägte Konvergenz von afferenten und deszendierenden Systemen charakterisiert (Abb. 5-7 b). Auf der Basis einer andauernden unterschwelligen Erregung (kontinuierliche Rückmeldung über die Kontraktionskraft) arbeiten die Ib-Interneurone als multisensorische Integrationszentren, die alle Informationen zu einem Bewegungsverlauf sammeln und danach die entsprechenden Motoneurone an- oder abschalten. Der Einbau dieser Integrationsfunktion in den Bewegungskontext erfolgt durch von zentral deszendierende Trakte.

5.6 Das Reflexsystem des nozizeptiven Bewegungsreflexes

Die Erregung von hochschwelligen Mechano- und Nozisensoren durch einen schmerzauslösenden Reiz führt zu einem Bewegungsverhalten, das eine Schädigung des Körpers zu verhindern sucht. Charakteristisch ist eine koordinierte Aktivierung der Flexoren und Extensoren der Gelenke. Abhängig von Art, Intensität und Lokalisation des Reizes kann sich die Reflexantwort über die gesamte Extremität erstrecken, die kontralaterale Extremität einbeziehen sowie die obere bzw. untere Extremität erfassen. Zusätzlich ist die Stammuskulatur beteiligt. Man unterteilt, z. B. bei noxischer Reizung einer Fußsohle, das motorische Reflexgeschehen in:

- ***Beugereflex*** (Beugung des von dem Reiz betroffenen Beines durch Aktivierung der ipsilateralen Flexoren und Hemmung der ipsilateralen Extensoren);
- ***gekreuzten Streckreflex*** (zusätzliche Streckung des kontralateralen Beines durch Aktivierung der kontralateralen Extensoren und Hemmung der Flexoren);
- ***doppelt gekreuzten Streckreflex*** (zusätzliche Beugung des ipsilateralen Armes und Extension des kontralateralen Armes durch Aktivierung und Hemmung der entsprechenden Flexoren und Extensoren).

Diese verschiedenen Komponenten führen zu einer Entfernung der Extremität von der Schädigung (Beugereflex), zur Sicherung des Standes (gekreuzter Streckreflex) und zu einer Fluchtreaktion (doppelt gekreuzter Streckreflex).

Das beschriebene Reflexsystem stellt neuronale Wege für eine koordinierte Aktivierung und Hemmung der Flexoren und Extensoren bereit. Die Reflexwege bestehen aus vielen Interneuronen, die in polysynaptischen Ketten hintereinander geschaltet sind. Der Baustein der reziproken Hemmung ist in diese Wege eingebaut und stimmt an den Gelenken die Aktivität der Synergisten und Antagonisten ab. Die ausgeprägte und sehr detaillierte Kontrolle von supraspinalen Arealen ist für die normale Funktion des Reflexsystems wesentlich. Im Rahmen eines Fluchtverhaltens können die supraspinalen Areale die Übertragung in dem System erleichtern (z. B. Abnahme der Reaktionszeiten in Situationen, die eine Gefahr für die Integrität des Körpers erwarten lassen). Im Rahmen der Steuerung der Willkürmotorik (z. B. Trinken von Wasser aus einem Glas) aktivieren die supraspinalen Areale über die deszendierenden Trakte Teile des spinalen Reflexsystems des Beugereflexes, um das Wasserglas mit einer Beugung des Armes an den Mund zu bringen. Der Ausfall der deszendierenden Kontrolle ist für viele Aspekte der *Hyperreflexie* verantwortlich, die häufig nach einer spinalen Querschnittsläsion beobachtet wird, besonders für die dann auftretende *Stereotypie* der Reflexantworten.

5.7 Die Basalganglien

Neben der Mitarbeit an der Steuerung der Extremitäten- und Augenmotorik sind die Basalganglien an der Verarbeitung und Wertung sensorischer Informationen sowie an der Anpassung des Verhaltens an den emotionalen und motivationalen Kontext beteiligt. Die Basalganglien sind eine große Gruppe mehrerer Kerne. Das ***Striatum*** setzt sich als ein funktionell einheitliches System aus dem ***Nucleus caudatus*** und ***Putamen*** zusammen. Die beiden Segmente des ***Globus pallidus,*** *Pars interna* und *Pars externa,* sind an unterschiedlichen Funktionen beteiligt. Weiter gehören der ***Nucleus subthalamicus*** und die ***Substantia nigra,*** letztere mit den funktionell unterschiedlichen Kompartimenten, *Pars compacta* und *Pars reticulata,* zu den Basalganglien. Abbildung 5-8 zeigt die verschiedenen Kerngebiete, die wesentlichen Verschaltungen sowie Transmittersysteme.

Die Basalganglien erhalten ihre Afferenzen vom zerebralen Cortex und projizieren über den Thalamus auf diesen zurück

Eingangssysteme. Eingangsstation für alle Projektionen ist das ***Striatum.*** Das wichtigste afferente System ist die *kortikostriatale Projektion* (Weg 1 in Abb. 5-8) aus dem gesamten zerebralen Cortex (motorische, sensorisch, limbische und assoziative Cortices). Die Cortexgebiete sind exzitatorisch mit jeweils eigenen striatalen Regionen verschaltet (z. B. motorisches Striatum etc.). Ein zweites afferentes System kommt aus den *intralaminären Thalamuskernen.* Seine Wertigkeit und funktionelle Einbindung ist z. Z. noch unklar.

Ausgangssysteme. Die Ausgangskerne der Basalganglien sind der ***Globus pallidus,*** *Pars interna,* und die ***Substantia nigra,*** *Pars reticulata.* Das wichtig-

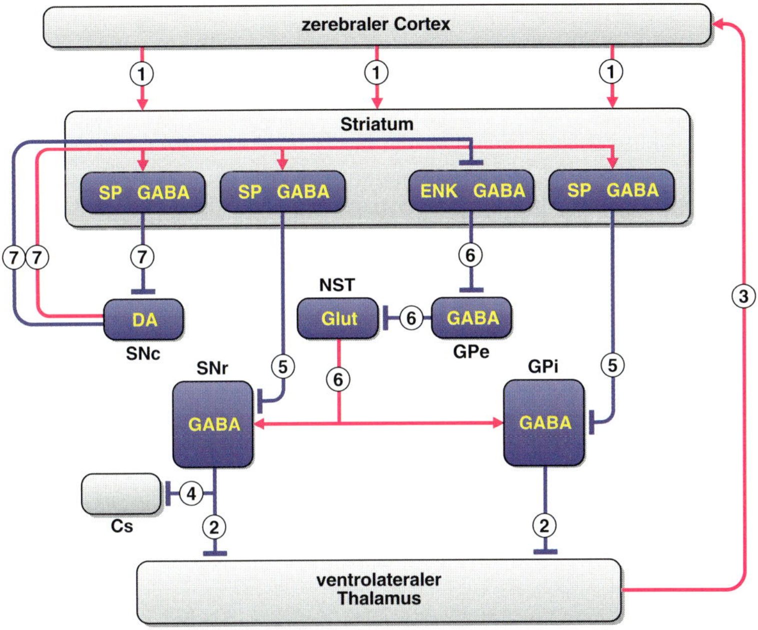

Abb. 5-8. Die Basalganglien mit ihren afferenten und efferenten Verbindungen. Die Projektionswege vom Corpus striatum auf die Ausgangskerne der Basalganglien unterscheiden sich durch die Transmittersysteme. Das Diagramm baut die verschiedenen Kerne in die Projektionen ein und gibt die wesentlichen Transmitter-/Kotransmittersysteme *(gelb)* an. Die *Nummern* bezeichnen die im Text beschriebenen Projektionswege. ***SP*** Substanz P; ***GABA*** Gammaaminobuttersäure; ***ENK*** Enkephalin; ***Glut*** Glutamat; ***DA*** Dopamin; ***SNc*** Substantia nigra, Pars compacta; ***SNr*** Substantia nigra, Pars reticulata; ***Cs*** Colliculus superior; ***NST*** Nucleus subthalamicus; ***GPe*** Globus pallidus, Pars externa; ***GPi*** Globus pallidus, Pars interna. Die *roten* Wege sind aktivierend, die *blauen* hemmend, ihre Numerierung ist im Text besprochen. (Mod. nach Albin et al. 1989)

ste efferente System projiziert zum ***Thalamus,*** wo es in den ventralen Kernen endet (Weg 2 in Abb. 5-8). Diese sind ihrerseits mit den motorischen Cortices und dem präfrontalen Cortex verschaltet (Weg 3 in Abb. 5-8). Damit sind die Basalganglien Teil einer ***kortiko-thalamo-kortikalen Schleife*** und haben Zugriff auf die efferenten kortikalen Traktsysteme.

Ein zweites efferentes System projiziert von der Substantia nigra, Pars reticulata, zum ***Colliculus superior*** (Weg 4 in Abb. 5-8). Es ist an der Kontrolle der Augenmotorik beteiligt.

Striatale Systeme steuern über direkte und indirekte Wege die Aktivität der Ausgangskerne

Die Projektionssysteme innerhalb der Basalganglien benutzen unterschiedliche ***Transmitter-*** und ***Kotransmittersysteme*** (Abb. 5-8; zur Erweiterung der Verarbeitungsmöglichkeiten an Synapsen durch diese Kolokalisation, s. Kap. 3). Die striatale Signalsequenz wird in 2 *Hauptwegen* zu den beiden Ausgangskernen übertragen:

- Der ***direkte Weg*** (Weg 5 in Abb. 5-8) ist die Projektion auf das Globus pallidus, Pars interna, und die Substantia nigra, Pars reticulata (primärer Transmitter: *GABA*, Kotransmitter: *Substanz P*).
- Der ***indirekte Weg*** (Weg 6 in Abb. 5-8), der aus 3 hintereinandergeschalteten Systemen besteht, beginnt mit der Projektion auf den Globus pallidus, Pars externa (primärer Transmitter: *GABA*, Kotransmitter: *Enkephalin*). Dieser Kern projiziert auf den Nucleus subthalamicus (Transmittersystem: GABA), dessen Neurone zum Globus pallidus, Pars interna, und zur Substantia nigra, pars reticulata verlaufen (Transmittersystem: Glutamat).

Direkter und indirekter Projektionsweg konvergieren auf die Ausgangskerne der Basalganglien.

Die Verarbeitung in diesen beiden Systemen wird von einer zusätzlichen ***internen Schleife*** kontrolliert (Weg 7 in Abb. 5-8). Striatale Neurone *(GABA/Substanz P)* verlaufen zu den Neuronen der Substantia nigra, Pars compacta. Diese projizieren in das Corpus striatum (Transmitter: Dopamin), wobei die Neurone des direkten Projektionsweges (GABA/Substanz P) wahrscheinlich aktiviert, die des indirekten Projektionsweges (GABA/Enkephalin) gehemmt werden.

Die Ausgangskerne disinhibieren die thalamischen Schaltkerne und steuern die thalamokortikale Übertragung

Die efferente Projektion der Basalganglien hemmt die nachgeschalteten Zielneurone (Transmitter: GABA). Sie steuert damit die ***thalamokortikale Übertragung*** durch Verstärkung oder Wegnahme der Inhibition auf die thalamischen Schaltkerne (Vergleichbares gilt für die Schaltkerne des Colliculus superior). Die Regulation dieser Inhibition erfolgt in den direkten und indirekten Projektionswegen.

Die Neurone der Ausgangskerne haben eine hohe Spontanaktivität, die die Zielneurone tonisch inhibiert. Wenn eine kortikale Signalsequenz über den *direkten Projektionsweg* die Ausgangskerne hemmt, dann reduziert dies die tonische Inhibition der thalamischen Zielzellen – Disinhibition. Damit wird die thalamokortikale Übertragung erleichtert. Die Verschaltung über den *indirekten Projektionsweg* ist komplexer. Der Nucleus subthalamicus aktiviert die Neurone der Ausgangskerne. Er wird selbst von den mit hoher Spontanfrequenz aktiven Neuronen des Globus pallidus, Pars externa, tonisch gehemmt. Eine kortikale Signalsequenz hemmt die Zellen des Globus pallidus, Pars externa, was die tonische Hemmung auf den Nucleus subthalamicus reduziert – Disinhibition. Dieser aktiviert daraufhin die Zellen der Ausgangskerne. Als Ergebnis der Aktivierung des indirekten Projektionsweges wird die Hemmung der thalamischen Zielzellen verstärkt und damit die Übertragung in dem thalamokortikalen Projektionsweg reduziert.

Die Aktivität der Ausgangskerne der Basalganglien hängt von ihrer ***Aktivierung über den indirekten*** und ihrer ***Hemmung über den direkten Projektionsweg*** ab. Die Übertragung beider Projektionswege wird vom Cortex und von der Schleife über die Substantia nigra, Pars compacta, eingestellt und verändert. Störungen in der Aktivität der verschiedenen Anteile der beiden Projektionswege führen zu einer Dysbalance ihrer koordinierten Wirkung auf die Ausgangskerne und damit zu charakteristischen Bewegungsstörungen.

Dysfunktionen bestimmter Basalganglienanteile stören das Gleichgewicht zwischen den Kernen und führen zu hyper- und hypokinetischen Bewegungsstörungen

Bei Erkrankungen der Basalganglien sind motorische, vegetative, kognitive und emotionale Funktionen betroffen. Im Vordergrund des klinischen Bildes stehen die Bewegungsstörungen.

- Hyperkinetische Bewegungsstörungen treten als Folge einer verminderten Kontrolle der thalamokortikalen Übertragung auf.
- Hypokinetische Störungen sind Folge einer übersteigerten Kontrolle dieser Übertragung.

Mit ihren Bewegungsdefiziten zeigen diese Störungen, welche Funktion den Basalganglien bei der Kontrolle der Motorik zukommt.

Hyperkinetische Bewegungsstörungen. Charakteristisch ist ein Bewegungsüberschuß mit unkontrollierbaren und relativ schnellen Bewegungen. Die Bewegungsstörungen treten in der Regel bei pathologischen Prozessen innerhalb des *indirekten Projektionsweges* auf, z.B. beim ***Hemiballismus*** (Degeneration des N. subthalamicus) oder der ***Chorea Huntington*** (Degeneration der striatalen GABA-/Enkephalin-haltigen Neurone). Es ist beiden Situationen gemeinsam, daß die Aktivierung der Ausgangskerne abnimmt. Dadurch werden die thalamischen Zielkerne disinhibiert und die Inhibition der thalamokortikalen Wege reduziert. Dies führt zu einem verstärkten und ungeordneten Zustrom neuronaler Information zum Cortex sowie zur unerwünschten Aktivierung bzw. falschen Selektion von Bewegungsprogrammen. Diese schießen unkoordiniert in den normalen Bewegungsfluß ein. Die parallele Disinhibition des Colliculus superior führt mit dem Auftreten eines ***Nystagmus*** zu vergleichbaren Störungen der Augenbewegungen.

Hypokinetische Bewegungsstörungen. Sie sind durch eine *Akinesie* (verzögerter Bewegungsbeginn), *Bradykinesie* (verlangsamte Bewegungsdurchführung), *Rigidität* (wächserne Erhöhung des Muskeltonus) und einen *Ruhetremor* gekennzeichnet. Ein typisches Krankheitsbild ist der ***Morbus Parkinson,*** bei dem die Degeneration der dopaminergen Neurone der Substantia nigra, Pars compacta, die Aktivierung der beiden striatalen Projektionssysteme verändert. Die GABA-/Enkephalin-Neurone des *indirekten Projektionsweges* werden disinhibiert, was die Hemmung auf den Globus pallidus, Pars externa, verstärkt. Dies wiederum disinhibiert den Nucleus subthalamicus und aktiviert damit die Ausgangszellen der Basalganglien. In dem *direkten Projektionsweg* wird die Aktivität der GABA-/Substanz-P-Neurone reduziert, was die Ausgangsneurone aktiviert.

Die neurodegenerative Erkrankung der dopaminergen Neurone der Substantia nigra führt also über beide Projektionswege zu einer Aktivitätssteigerung der Ausgangskerne und damit zu einer tonischen Inhibition der thalamischen Zielzellen. Man muß annehmen, daß dadurch die kortikalen Bewegungsprogramme nicht mehr in ihrer optimalen zeitlichen Sequenz selektiert und abgearbeitet werden können. Dies würde die Akinesie und Bradykinesie der an Morbus Parkinson erkrankten Patienten erklären; der gleichzeitige Ruhetremor geht wahrscheinlich auf einen anderen Mechanismus zurück.

5.8 Das Kleinhirn

Wie aus Abb. 5-1 hervorgeht (s. dazu auch Abschnitt 1.9, S. 25–30), ist das Kleinhirn an der Planung ***und*** Durchführung der Motorik beteiligt. Wichtige Funktionen dabei sind

- der Aufbau und die Organisation von muskulären Synergien bei komplexen Greif- und Haltebewegungen;
- der Erhalt und die Festigung dieser Synergien sowie,
- im Rahmen des motorischen Lernens, ihre Adaptation an neue Situationen.

Das Moosfasersystem vermittelt die bewegungsabhängige Aktivierung der Purkinje-Zellen

Das Moosfasersystem (s. auch S. 27), das größere der beiden Eingangssysteme des Cerebellums, geht von pontinen, retikulären und spinalen Moosfaserkernen aus. Diese werden während der Planung und Durchführung von Bewegungen von weiten Gebieten des ZNS aktiviert und erregen ihrerseits die Körnerzellen (Abb. 5-9 a). Deren Axone steigen von den Zellkörpern unterhalb der Purkinje-Zellen auf direkten Weg an die Cortexoberfläche auf. Dort teilen sie sich in Kollateralen, sog. *Parallelfasern,* die in mediolateraler Richtung (bis zu 8 mm) durch das Kleinhirn verlaufen. Sie durchqueren die Dendritenscheiben vieler *Purkinje-Zellen,* an denen sie jeweils aktivierende Synapsen bilden. Das Moosfasersystem unterhält eine tonische Aktivierung der Purkinje-Zellen und generiert in ihnen eine Aktivität von 50–100 Aktionspotentialen pro Sekunde, die bei Bewegungen deutlich moduliert wird.

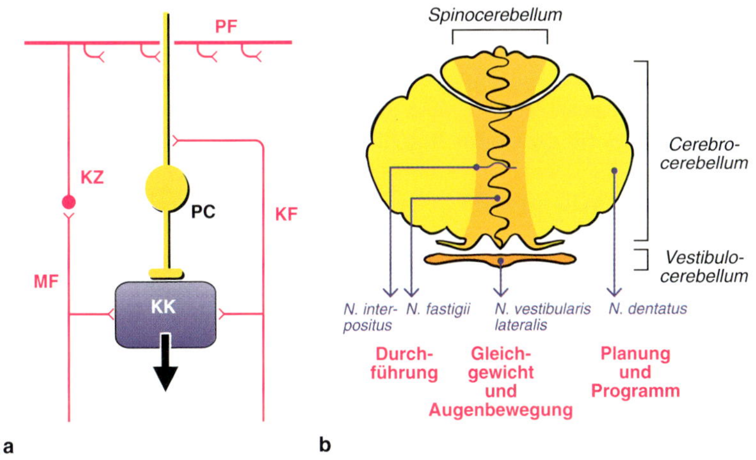

Abb. 5-9 a, b. Die grundlegenden Projektionswege des Kleinhirns. **a** Schematische Darstellung der Verschaltung der Purkinje-Zellen und der zerebellären Afferenzen. ***PC*** Purkinje-Zelle; ***KK*** Kleinhirnkerne; ***KF*** Kletterfaser; ***MF*** Moosfaser; ***KZ*** Körnerzelle; ***PF*** Parallelfaser. Die Darstellung deutet die ausgeprägte Divergenz der Parallelfasern an, die in mediolateraler Richtung mit mehreren Hundert Purkinje-Zellen Kontakt aufnehmen. **b** Funktionelle Einteilung des Kleinhirns in Vestibulocerebellum, Spinocerebellum und Cerebrocerebellum. Angabe der Kleinhirnkerne und der jeweiligen Funktionen. (Mod. nach Ghez u. Fahn 1985)

Verarbeitung innerhalb des zerebellären Cortex. Kortikale, inhibitorische Interneurone stellen die Übertragung der Moosfaserinformation ein. Die *Stern-* und *Korbzellen* werden von den Parallelfasern aktiviert und hemmen die vom Moosfasereingang nur schwach erregten Purkinje-Zellen. Dies erhöht den Kontrast zwischen erregten und unerregten Purkinje-Zellen und führt zu einem ***räumlichen Muster*** von erregten und unerregten Gebieten auf dem zerebellären Cortex. Die *Golgi-Zellen,* die von den Parallelfasern, dem Moosfaser- und dem Kletterfasersystem (s. S. 142) erregt werden, hemmen die Körnerzellen und schalten so den Moosfasereingang in das Kleinhirn ab. Die Golgi-Zellen prägen dem zerebellären Cortex also ein ***zeitliches Muster*** von Erregung und Hemmung auf.

Die Projektion der Purkinje-Zellen auf die Kleinhirnkerne ist topographisch aufgebaut

Die *Purkinje-Zellen* sind die Ausgangsstation des zerebellären Cortex. Sie übertragen die erarbeitete Information monosynaptisch auf die bilateralen *Kleinhirnkerne* (Abb. 5-9a, s. auch Abb. I-II a, S. 26). Die Purkinje-Zellen sind hemmend, ihr Transmitter ist GABA. Die Projektion folgt einem strengen topographischen Prinzip (Abb. 5-9b). Die Purkinje-Zellen der lateralen Hemisphärenanteile sind mit dem Nucl. dentatus verschaltet, die der medialen Hemisphärenanteile mit dem Nucl. interpositus (Nucl. globosus und emboliformis), die des Lobus flocculonodularis und des Vermis mit dem Nucl. fastigii und dem Nucl. vestibularis lateralis. Die Kleinhirnkerne sind ihrerseits mit jeweils spezifischen Gebieten weiterverschaltet.

Muskuläre Synergien. Die topographische Anordnung zwischen Parallelfasern, Purkinje-Zellen und Neuronen der Kleinhirnkerne bildet wahrscheinlich ein anatomisches Substrat für die muskulären Synergien bei komplexen Greif- und Haltebewegungen. In jedem Kleinhirnkern ist die Körperoberfläche somatotopisch abgebildet. Der Kopf ist jeweils posterior, die unteren Extremitäten anterior, der Rumpf lateral und die Extremitäten medial lokalisiert. Nach dieser Anordnung sind die *Myotome,* die orthogonal zur Längsachse des Körpers verlaufen, parallel zum Verlauf der Parallelfasern orientiert. Die Purkinje-Zellen verschalten die Parallelfasern mit den Zellen der Kleinhirnkerne. Auf diese Weise würde ein Parallelfaserstrahl durch eine inhibitorische Modulation die Neurone der Kleinhirnkerne kontrollieren, die synergistische Muskeln des jeweiligen Myotoms beeinflussen. Damit wären die Parallelfasern ein neuronales Element, das die Aktivität vieler synergistischer Muskeln und Gelenke überspannt und koordiniert.

Das Cerebellum ist aus 3 funktionell unterschiedlichen Anteilen aufgebaut

Die Projektion der Purkinje-Zellen auf die Kleinhirnkerne und deren Verschaltung mit jeweils spezifischen Gebieten teilt das Kleinhirn in funktionell verschiedene Systeme ein: das Vestibulocerebellum, das Spinocerebellum und das Cerebrocerebellum (Abb. 5-9 b).

Vestibulocerebellum. Hauptbestandteil ist der Lobus flocculonodularis, der aus dem Gleichgewichtssystem und dem visuellen System (Corpus geniculatum laterale; Area 17) über die Position des Körpers im Raum informiert wird. Die efferente Projektion verläuft zu den *Vestibulariskernen* (Abb. 5-9 b). Dort steuert sie u. a. die Übertragung der afferenten Information aus dem Labyrinth und die Koordination zwischen Kopf- und Augenbewegungen. Diese Projektion gibt dem Vestibulocerebellum Zugriff auf die vestibulospinalen Trakte und die Muskeln des Rumpfes und der proximalen Extremitäten, die den Körper gegen die Schwerkraft im Gleichgewicht halten. Die motorische Symptomatik nach Ausfall des Vestibulocerebellums ist charakteristisch. Der Patient hat Gleichgewichtsstörungen, sein Gang ist breitbeinig und torkelnd (Ataxie), meist tritt ein Spontannystagmus auf.

Spinocerebellum. Zu ihm gehören Vermis und der mediale Teil der Hemisphären. Aus verschiedenen Eingangssystemen erhält es Informationen zum kortikalen Bewegungsprogramm (motorischer Cortex), zum Fortlauf der Bewegungsprogrammierung (aszendierende Trakte von den spinalen interneuronalen Systemen) sowie zur Durchführung der Bewegung (Trakte aus dem Rückenmark, dem sensorischen Cortex sowie den akustischen, visuellen und vestibulären Systemen). Damit kontrolliert das Spinocerebellum die Durchführung ablaufender Bewegungen: Es vergleicht eine Kopie des Bewegungsplanes ***(Efferenzkopie)*** mit den Rückmeldungen über den Programmierungs- und Bewegungsablauf. Sobald die Bewegung vom geplanten Verlauf abweicht, werden aus diesem Vergleich Korrektursignale erarbeitet. Diese erreichen die ausführenden Systeme (Abb. 5-9 b) und führen die Bewegung auf den geplanten Verlauf zurück.

Über den *N. fastigii* wird die Stammuskulatur (Verschaltung mit den reticulo- und vestibulospinalen Trakten) sowie die proximale Extremitätenmuskulatur (Projektion über den Thalamus zu den Ursprungszellen des medialen kortikospinalen Systems) kontrolliert, über den N. interpositus die distale

Extremitätenmuskulatur (Projektion über den Thalamus zu den Ursprungszellen des lateralen kortikospinalen Systems). Auf diese Weise paßt das Spinocerebellum die Körperhaltung an die intendierte Bewegung an bzw. modifiziert die Bewegung entsprechend der Körperhaltung. Eine Störung in dieser Verrechnung, wie sie bei Ausfällen des Spinocerebellums auftritt, wird zu einer falschen Interpretation des somatosensorischen Signals über den Ablauf der Bewegung führen, mit der Konsequenz der Einspeisung eines falschen Korrektursignals. Dies äußert sich in den Symptomen der *Ataxie,* der *Dysmetrie* und des *Intentionstremors,* die nach Ausfällen des Spinocerebellums beobachtet werden.

Cerebrocerebellum. Es besteht aus dem lateralen Teil der Hemisphären. Seine afferenten Systeme kommen aus den Arealen des Neocortex, die den Handlungsantrieb realisieren und die Bewegungsstrategie entwickeln (motorische und sensorische Cortices, posterior-parietaler Cortex, visuelle und limbische Repräsentationsgebiete). Über den N. dentatus und die ventrolateralen Thalamuskerne ist das Cerebrocerebellum mit dem motorischen, dem prämotorischen und dem supplementär-motorischen Cortex verschaltet (Abb. 5-9 b). Aus dieser kortiko-zerebello-thalamo-kortikalen Schleife wird geschlossen, daß das Cerebrocerebellum an der Planung und Programmierung einer Bewegung beteiligt ist. Die Bewegungssymptomatik nach pathologischen Prozessen im Bereich des Cerebrocerebellums unterstützt diese Hypothese, da der Start einer Extremitätenbewegung verzögert und ihre Koordination gestört ist. Parallel dazu wird die Sprache häufig eintönig und skandierend. Pathophysiologischer Hintergrund ist der unkoordinierte Aufbau des motorischen Bewegungsplanes. Motorische Programmteile, die parallel und verzahnt ausgeführt werden müßten, werden sequentiell und dyskoordiniert abgearbeitet. Dies führt zu dem verzögerten Beginn der Bewegung sowie zu ihrer *Asynergie.*

Das Kletterfasersystem ist am motorischen Lernen beteiligt und arbeitet als Fehlererkennungssystem

Das zweite zerebelläre Eingangssystem, das Kletterfasersystem, projiziert aus der unteren Olive direkt auf die proximalen Dendriten der Purkinje-Zellen (Abb. 5-9 a, s. auch Abb. I-II b, S. 26). Es aktiviert die Purkinje-Zellen mit niedriger Frequenz (1/s), dann allerdings jeweils mit einer kurzen hochfrequenzen

Salve. Das Kletterfaserystem arbeitet als Fehlererkennungssystem und mißt den korrekten Ablauf der geplanten Bewegung. Sobald Unregelmäßigkeiten oder Fehler auftreten (z. B. durch eine zusätzliche Last), nimmt die niedrige Aktivität des Kletterfasersystems erheblich zu. Daraufhin reduziert sich die Entladungsfrequenz des ***Moosfasersystems,*** und als Folge davon verbessert sich die Bewegungsdurchführung. Parallel dazu geht die Aktivität des Kletterfasersystems langsam wieder auf den Ausgangswert zurück. Diese Anpassung der Motorik an eine neue Situation bezeichnet man als ***motorisches Lernen.***

Als Erhaltung und Anpassung alter und Schaffung neuer muskulärer Synergien ist das motorische Lernen eine der Hauptfunktionen des Kleinhirns (s. dazu auch S. 28–30).

5.9 Kontrolle der Körperhaltung

Die Durchführung der Motorik setzt voraus, daß die Haltung des Körpers gegen die Schwerkraft gesichert ist. Da sich aber der Schwerpunkt des Körpers und die Beziehung der verschiedenen Körperteile zueinander bei jeder Bewegung ändert, muß das Nervensystem diese kontinuierlichen Veränderungen berechnen und die Haltung entsprechend aktualisieren. Hierzu haben sich auf allen Stufen des ZNS spezielle neuronale Programme und Reflexe entwickelt: die ***posturalen Reaktionen*** oder ***posturalen Synergien.*** Sie werden von den Systemen des Hirnstamms gesteuert und in die geplante Bewegung eingebaut.

Posturale Programme bauen aufeinander auf und führen zu posturalen Reaktionen

Ein Beispiel für eine posturale Reaktion ist die Regulation der Haltung, wenn der Körper beim Stehen aus der Senkrechten abgelenkt wird. Die Korrekturbewegung beginnt mit der Kontraktion der Muskelgruppen, die das Sprunggelenk stabilisieren. In einer festen Sequenz werden dann mit einem zeitlichen Abstand von etwa 20 ms posturale Programme aktiviert, die von distal nach proximal die einzelnen Gelenke stabilisieren, zuerst das Kniegelenk, dann das Hüftgelenk, zuletzt den gesamten Körperstamm. Diese Aktivierungsabfolge führt den Körper in die vertikale Position zurück. Zwei Gruppen von Sensoren lösen solche posturalen Reaktionen aus:

- die Sensoren des *Vestibularorgans* (s. Kap. 12), die die Position des Körpers im Raum messen, und
- die Sensoren der *Propriozeption* (Haut, Muskel, Gelenke), die die Stellung und die Bewegung der einzelnen Gelenke erfassen.

Eine solche posturale Reaktion ist programmiert und entsteht durch ein Aneinanderreihen von einzelnen Programmen. Sie ist kein *Reflex* (obwohl fälschlicherweise so genannt), sondern eine koordinierte und getriggerte ***Synergie,*** die von einem zentralen Programm aufgerufen wird. Bei der beschriebenen Standkorrektur ist nur die 1. Reaktion der Programmsequenz ein Reflex im eigentlichen Sinn (Aktivierung der Sensoren, die die Position des Sprunggelenks messen).

Bei den posturalen Programmen unterscheidet man zwischen Stellreflexen und Haltereflexen

Stellreflexe. Sie richten den Körper in die Normalstellung, d.h. gegen die Schwerkraft, auf. Ein Beispiel für einen solchen Reflex ist die Regulation der Position des Kopfes, der unabhängig von der Lage des Körpers immer senkrecht gegen die Schwerkraft gestellt wird. Verantwortlich dafür sind Stellreflexe, zu deren Sensorgebiet der Vestibularapparat gehört, die Propriosensoren der Nackenmuskulatur und des Bindegewebsapparates der Wirbelsäule sowie die Sensoren des optischen Systems. Diese Sinnessysteme ergänzen und ersetzen sich gegenseitig. Das zentrale Verarbeitungssystem der Kopfstabilisierung liegt in der Formatio reticularis.

Haltereflexe. Diese Reflexe koordinieren die Tonusverteilung zwischen den verschiedenen Muskeln. Ein Beispiel sind die *tonischen Nackenreflexe.* Sie gehen von den Propriosensoren des Nackens sowie den Sensoren des Labyrinths aus und bereiten die Körperhaltung entsprechend der Kopfstellung auf die nächste Bewegung vor; Abb. 5-10 zeigt ein Beispiel. Die Nackenreflexe treten im täglichen Leben unbewußt auf und sind in das normale Verhalten eingebaut.

Stützreaktionen. Bei ihnen handelt es sich um eine Gruppe von interaktiven Dehnungsreflexen. So wird z. B. die *positive Stützreaktion,* die zu einer säulenartigen Versteifung der Extremität führen kann, durch den Kontakt der Fußsohle mit dem Boden und nachfolgender Dehnung der distalen Flexoren ausgelöst. Dies bewirkt eine koordinierte Kontraktion antagonistischer Muskeln und damit eine Stabilisierung des Beines beim Stand.

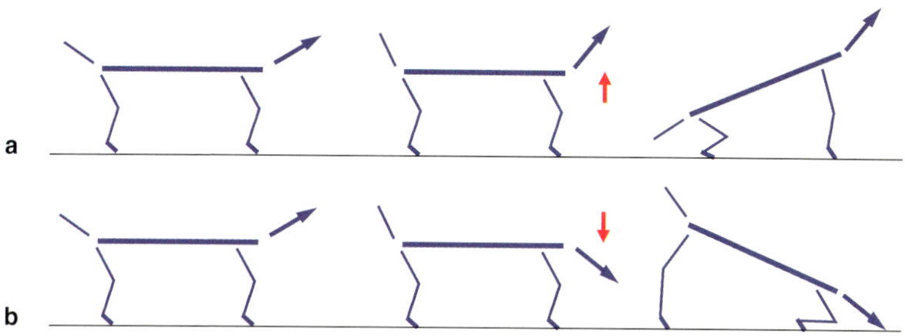

Abb. 5-10 a, b. Beispiel von Haltereflexen, die die Körperhaltung entsprechend der Kopfstellung auf die nächste Bewegung vorbereiten. **a** Passive Beugung des Kopfes nach oben *(Pfeil)* führt zu einer Verminderung des Tonus der Extensoren in den hinteren Extremitäten, „das Tier richtet sich auf". **b** Passive Beugung des Kopfes nach unten *(Pfeil)* hat den umgekehrten Effekt. (Mod. nach Schmidt 1987)

Der Hirnstamm integriert und steuert die posturalen Reaktionen und die Willkürmotorik

Die posturalen Synergien werden auf allen Stufen des Nervensystems organisiert, aber dem Hirnstamm kommt eine entscheidende Rolle zu. In ihm findet die Abstimmung zwischen den wesentlichen Sensorgebieten der posturalen Reaktionen statt. Über absteigende Trakte hat er monosynaptischen Zugriff auf die Motoneurone der Rumpfmuskulatur und der Antischwerkraftmuskeln der Extremitäten. Diese monosynaptische Verschaltung garantiert, daß ein im Hirnstamm ausgearbeitetes Haltungssignal *direkten* und *unveränderten Zugang* zu den Motoneuronen hat. Zusätzlich sind im Hirnstamm die neuronalen Systeme lokalisiert, die über oligosynaptische Bahnen das Erregungsniveau der Antischwerkraftmuskeln einstellen. Es handelt sich hier um ein *pontines, extensorförderndes* und ein *bulbäres, extensorhemmendes System.* Das extensorfördernde System wird von Kollateralen aller aszendierenden somatosensorischen Trakte tonisch aktiviert, das extensorhemmende System von kortikalen Gebieten. Die Aktivität beider Systeme wird vom Cerebellum *(N. fastigii)* koordiniert. Diese Verschaltungen sind die Grundlage für die Abstimmungsvorgänge zwischen posturalen Reaktionen und Willkürmotorik. Störungen in diesem System können zu drastischen Fehlregulationen führen. Ein Beispiel dafür ist die ***Dezerebrierungsstarre,*** bei der aufgrund einer zentralen Läsion oder Dysfunktion die Wirkung des extensorfördernden Systems auf die Rückenmarkmotoneurone verstärkt ist. Dies führt zu einer tonischen Aktivierung der Antischwerkraftmuskulatur, verbunden mit einer Steigerung der Muskeldehnungsreflexe. Abhängig von der Art der zentralen Störung, steht dabei eine überwiegende Aktivierung der α- oder γ-Motoneurone im Vordergrund.

5.10 Lokomotion – Beispiel einer koordinierten Aktivität des Nervensystems

Die bisherige Darstellung hat sich auf eine systematische Beschreibung der motorischen Funktionen von wesentlichen Teilen des ZNS konzentriert. Mit der Lokomotion, d. h. der Bewegung des Körpers im Raum, wird die Organisation eines ***Verhaltens*** beschrieben. Die Darstellung soll zeigen, daß das ZNS der Umgebung nicht in fraktionierten Einzelfunktionen gegenübertritt, sondern in einem koordinierten Funktionsablauf, in dem Motorik, Haltung, Reflexe, deszendierende Kontrolle etc. zu einem einheitlichen Geschehen zusammengefaßt sind.

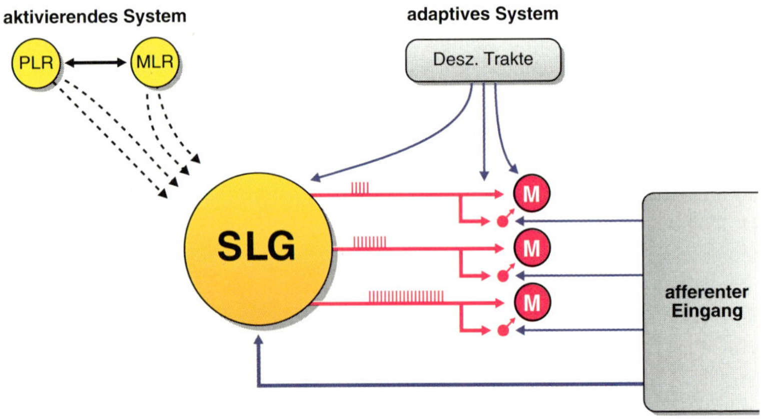

Abb. 5-11. Schematische Darstellung des Lokomotionsgenerators, seiner Aktivierung und Adaptation an die Peripherie. ***SLG*** spinaler Lokomotionsgenerator; ***M*** Motoneurone; ***PLR*** pontine lokomotorische Region; ***MLR*** mesenzephale lokomotorische Region; ***Desz. Trakte*** deszendierende Trakte. Der SLG aktiviert *(rot)* Motoneurone und Interneurone mit zentral programmierten Abfolgen von Aktionspotentialen. (Mod. nach Illert 1992)

Ein spinaler Lokomotionsgenerator generiert die alternierende und synchronisierte Aktivierung der Extremitäten- und Rumpfmuskulatur

Das Grundmuster der Lokomotion, die alternierende und synchronisierte Aktivierung von Extensoren und Flexoren, wird auf Rückenmarkebene in einem neuronalen System organisiert, das als ***spinaler Lokomotionsgenerator*** bezeichnet wird (Abb. 5-11). Die in diesem Generator aufgebaute Aktivität geht über eine einfache, reziproke Aktivierung von Flexoren und Extensoren hinaus und beinhaltet komplexe und differenzierte Aktivierungsmuster. Der Aufbau dieses spinalen Generators ist z. Z. ein Gebiet intensiver Forschung. Wahrscheinlich ist er aus polysynaptischen Reflexwegen zusammengesetzt, in denen die „Halbzentren" für die Flexion und Extension sowie die Mechanismen zu ihrer Synchronisation und Abstimmung aufgebaut sind.

Der spinale Lokomotionsgenerator wird von supraspinalen lokomotorischen Regionen tonisch aktiviert

Die Tätigkeit des Lokomotionsgenerators ist von einem aktivierenden Erregungszustrom abhängig. Hauptsächlich kommt dieser von einer *pontinen* und einer *mesenzephalen* **lokomotorischen Region** (Abb. 5-11). Die entsprechenden Neuronensysteme sind anatomisch noch nicht näher definiert, sie projizieren mit dünnen Axonen über polysynaptische Wege im Vorderseitenstrang des Rückenmarks auf die Neurone des Generators. Dopaminerge und serotoninerge Systeme sind involviert. Ein weiterer aktivierender Zustrom kommt von hochschwelligen segmentalen Afferenzen.

Deszendierende Trakte und segmentale Afferenzen adaptieren die Lokomotion an das intendierte Verhalten und an externe Störungen

Dem spinalen Generator fehlen wesentliche Voraussetzungen, die für die natürliche Lokomotion unerläßlich sind:

- die Kontrolle des Muskeltonus und des Gleichgewichtes,
- die vorausschauende Anpassung an Störungen und
- der willkürliche Gebrauch der Lokomotion zum Erreichen eines Zieles.

Diese Aufgaben werden von deszendierenden Systemen übernommen, die den spinal programmierten Schritt an diese Funktionen adaptieren. Zu diesen ***adaptiven Systemen*** (Abb. 5-11) gehören die großen motorischen Trakte, die im Rahmen der Willkürmotorik und der Sicherung der Körperhaltung aktiv sind (retikulo-, vestibulo- und kortikospinale Trakte). Sie projizieren auf die Motoneurone, auf die Reflexwege zwischen dem Generator und den Mononeuronen und auf den spinalen Generator selbst. Lokomotion reagiert auf periphere Störungen, z. B. beim Berühren eines Steines während der Schwungphase eines Schrittes. Diese Korrekturmechanismen sind auf der spinalen Ebene organisiert. Sie werden von den peripheren Sensorsystemen aktiviert, die auf die Motoneurone und auf die Interneurone anderer Reflexwege projizieren. Die Korrektur erfolgt im Rahmen der beschriebenen Reflexe. Die Systeme haben aber auch einen direkten Eingang in den Lokomotionsgenerator, wobei sie dann den Lokomotionsrhythmus ändern und neu einstellen. Eine entscheidende Rolle bei der Adaptation der Lokomotion durch periphere Sensoren kommt den Systemen zu, die die Stellung der großen rumpfnahen Extremitätengelenke messen, z. B. die Stellung der Hüfte.

Literatur

Albin RL, Young AB, Penney JB (1989) The functional anatomy of basal ganglia disorders. TINS 12: 366–375

Baldissera F, Hultborn H, Illert M (1981) Integration in spinal neuronal systems. In: Brooks VB (ed) Handbook of physiology, section I: The nervous system, vol 2, Motor Control; Part 1, pp 509–595. American Physiological Society, Bethesda

Brooks VB (ed) (1981) Handbook of physiology, section I; The nervous system, vol 2; Parts 1 and 2: Motor control. American Physiological Society, Bethesda

Brooks VB (1986) The neural basis of motor control. Oxford Univ Press, Oxford

Ghez C, Fahn S (1985) The cerebellum. In: Kandel ER, Schwartz JH (eds) Principles of neural science. Elsevier, New York, pp 502–521

Grillner S, Stein PSG, Stuart DG et al. (eds) (1986) Neurobiology of vertebrate locomotion. MacMillan, Hampshire 1986

Humphrey DR, Freund H-J (eds) (1991) Motor control: concepts and issues. Wiley & Sons, Chichester

Illert M (1992) Motorik – Bewegung und Haltung. In: Deetjen P, Speckmann E-J (Hrsg) Physiologie. Urban & Schwarzenberg, München, S 164–209

Kandel ER, Schwartz JH, Jessel TM (eds) (1991) Principles of neural sciences, 3rd edn. Elsevier, Amsterdam

Matthews PBC (1972) Mammalian muscle receptors and their central actions. Arnold, London

Phillips CG, Porter R (1977) Corticospinal neurones. Their role in movement. Academic Press, London

Schmidt RF (1987) Motorische Systeme. In: Schmidt RF (Hrsg) Grundriß der Neurophysiologie. Springer, Berlin Heidelberg New York Tokyo, S 157–205

Schmidt RF, Wiesendanger M (1993) Motorische Systeme. In: Schmidt RF, Thews G (Hrsg) Physiologie des Menschen, 25. Aufl. Springer, Berlin Heidelberg New York Tokyo, S. 87–131

Schomburg ED (1990) Spinal sensorimotor systems and their supraspinal control. Neurosci Res 7: 265–340

Taylor A, Davey MR (1968) Behaviour of jaw muscle stretch receptor during active and passive movements in the cat. Nature 220: 301–302

6 Vegetatives Nervensystem

W. Jänig

EINLEITUNG

Das vegetative Nervensystem ist zentral und peripher repräsentiert und innerviert mit seinen peripheren efferenten Anteilen, mit wenigen Ausnahmen, alle Gewebe. Es ermöglicht unserem Körper, in Umwelten zu agieren, die sowohl physisch als auch psychisch herausfordernd sind. Bei allen vom Gehirn ausgelösten motorischen Akten und im Gehirn erzeugten Inhalten (Gedanken, Vorstellungen) sind in der Peripherie Reaktionen, die vom vegetativen Nervensystem ausgelöst werden, meßbar. Die vegetativen Veränderungen werden ***aktiv*** vom Gehirn erzeugt und sind primär ***keine passiven*** Begleiterscheinungen oder reaktiv reflektorisch ausgelösten Reaktionen. Sie sind neuronale Anpassungsreaktionen, die vom Gehirn aktiv gesteuert werden, und deshalb integrale Bestandteile von Verhaltensweisen. Beispiele aus dem täglichen Leben sind Anstieg von Herzzeitvolumen und von Durchblutung der Skelettmuskulatur bei einem Kurzstreckenläufer vor dem Start, die Speichel- und Magensaftsekretion bei der Ansicht und Vorstellung von Speisen im hungrigen Zustand und die Veränderungen der primären und sekundären Sexualorgane bei der Ansicht oder Vorstellung eines nahestehenden Mitgliedes des anderen Geschlechtes.

6.1 Allgemeine Funktionen und funktionelle Anatomie des vegetativen Nervensystems

Das vegetative Nervensystem paßt die Prozesse im Körperinneren bei Belastung des Organismus an

Allgemeine Funktionen des vegetativen Nervensystems. Der Organismus kommuniziert mit der Umwelt über sein *somatisches* Nervensystem. Er empfängt Nachrichten aus ihr mit seinen sensorischen Systemen (s. auch Kap. 8–14) und kontrolliert seine Körperhaltungen und Bewegungen mit seinen nervösen motorischen Systemen (s. auch Kap. 4, 6 und 7). Die Prozesse im somatischen Nervensystem unterliegen z. T. dem Bewußtsein und der willkürlichen Kontrolle.

Das *vegetative* Nervensystem paßt die Prozesse im Körperinneren bei Belastung des Organismus an. Es regelt die lebenswichtigen Funktionen des Kreislaufes, der Verdauung, der Entleerung, des Stoffwechsels, der Sekretion, der Körpertemperatur und der Fortpflanzung und unterliegt nicht der direkten willkürlichen Kontrolle. Es wird deshalb auch ***autonomes Nervensystem*** genannt. Die Wirkungen des vegetativen und des somatischen Nervensystems laufen meist gleichzeitig ab. Beide Systeme sind zentral ineinander integriert. Ihre zentralen neuronalen Strukturen können auch deshalb häufig nicht voneinander getrennt werden.

Vegetatives Nervensystem und Gehirn. Die Bedeutung des vegetativen Nervensystems im Verhältnis zum neuroendokrinen System, zu den sensorischen Systemen, zum somatosensorischen System und zu den verschiedenen Hirnbereichen ist in Abb. 6-1 schematisch dargestellt. Der Organismus agiert in der Umwelt über seine Muskulatur, deren Kraftentwicklung vom somatosensorischen System geregelt wird. Die Programme und Strategien, von denen diese Regelung abhängt, sind in der Neuraxis (Rückenmark, Hirnstamm und Hypothalamus) und in Großhirn gespeichert. Diese Hirnbereiche bekommen auf allen Ebenen *Rückmeldungen* über die verschiedenen sensorischen Systeme aus der Umwelt und vom Körper (z. T. Skelettmuskel, Gehirn und Haut, Abb. 6-1, rechte Seite).

Damit der Organismus optimal in der Umwelt unter verschiedensten Bedingungen agieren kann (z. B. bei körperlicher Arbeit, thermischer Belastung, psychischer Belastung), muß die Versorgung von Skelettmuskeln, Ge-

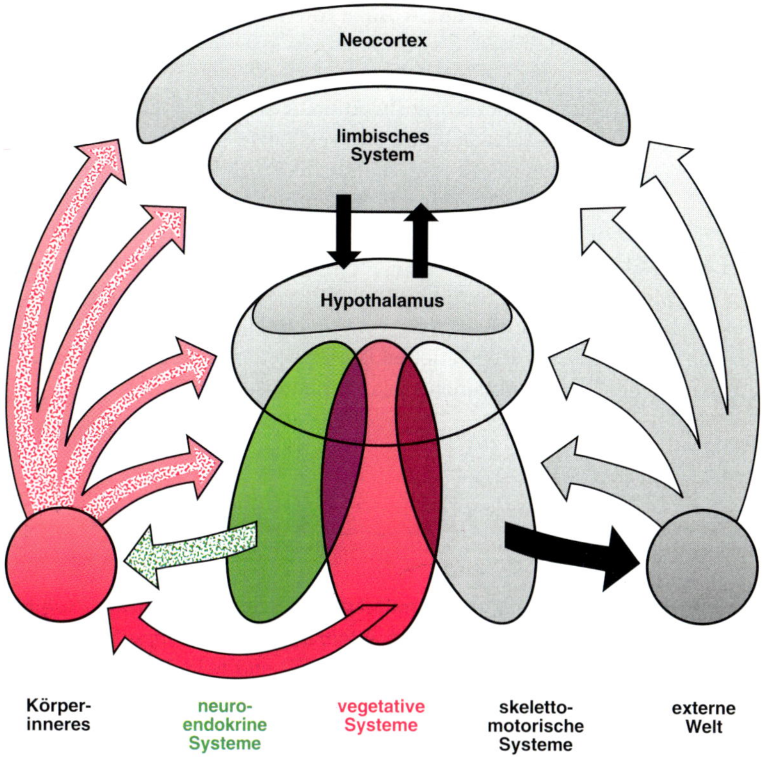

Abb. 6-1. Vegetatives Nervensystem, Gehirn und Organismus. *Rechts:* Somatisches Nervensystem und Umwelt; *links:* vegetatives Nervensystem, Endokrinium und Körperorgane, *in der Mitte:* Neuraxis, Hypothalamus und Endhirn. Die afferenten Rückmeldungen aus dem Körper sind neuronal, hormonell und humoral [z. B. die Konzentration von Glukose und Ionen (Osmolarität)] und anderer Natur (z. B. Temperatur des Blutes). *Ausgezogen:* neuronal; *gepunktet:* hormonell und humoral

hirn, Herz und anderen Geweben mit Sauerstoff und Nährstoffen in jedem Moment gewährleistet sein. Hierfür sind verschiedene Regulationen notwendig:

- Regulation des kardiovaskulären Systems (arterieller Blutdruck und Blutflüsse durch Organsysteme),
- Regulation der Körpertemperatur (Wärmeproduktion und Wärmeabgabe),

- Regulation der Aufnahme und Abgabe von Nährstoffen, Mineralien, Abfallprodukten und Wasser.

An diesen Regulationen der Körperfunktionen ist das vegetative Nervensystem beteiligt (Abb. 6-1, linke Seite). Das vegetative Nervensystem hat eine periphere und eine zentrale Repräsentation. Es erhält fortlaufend Rückmeldungen von den Organen des Körpers und aus der Umwelt. Die vegetativen Regulationen stehen ebenso wie das somatomotorische System unter der Kontrolle des Großhirns. Nur auf diese Weise sind optimale Einstellungen des Organismus gewährleistet. Das vegetative Nervensystem ist also nicht nur peripher, sondern auch *zentral repräsentiert.* Diese zentrale Integration neuronaler vegetativer Regulationen ist die Voraussetzung für die präzise Anpassung der Organfunktionen an das Verhalten des Organismus.

Das vegetative Nervensystem besteht aus 3 verschiedenen Systemen: Sympathikus, Parasympathikus und Darmnervensystem

Allgemeine Struktur von Parasympathikus und Sympathikus in der Peripherie. Das periphere vegetative Nervensystem besteht aus *Sympathikus, Parasympathikus und Darmnervensystem* (Abb. 6-2 und 6-3). Die Endneurone von Sympathikus und Parasympathikus, die den Motoneuronen im somatischen Nervensystem entsprechen, liegen außerhalb des ZNS. Diese Neurone werden *postganglionäre Neurone* genannt und innervieren die Effektororgane des vegetativen Nervensystems (glatte Muskulatur verschiedener Organe, Drüsen, Herzmuskelzellen usw.; s. Tabelle 6-1). Die Ansammlung der Zellkörper postganglionärer Neurone nennt man ***vegetative Ganglien.*** Neurone, die ihre Zellkörper im ZNS haben und mit ihren Axonen in solchen Ganglien synaptisch auf den Zellkörpern der postganglionären Neurone enden, nennt man *präganglionäre Neurone* (s. Abb. 6-2b, c). Die Neurone des Darmnervensystems liegen in den Wänden des Gastrointestinaltraktes.

Prä- und postganglionäre Neurone bilden Neuronenketten, über die die Impulsaktivität von der Neuraxis zu den Effektororganen übertragen wird. Diese Neuronenketten sind die *gemeinsamen motorischen Endstrecken* von Sympathikus und Parasympathikus und entsprechen im großen und ganzen funktionell den Motoneuronen des somatomotorischen Systems. Jede Klasse von Effektororganen wird von postganglionären Neuronen einer „vegetativen motorischen Endstrecke" oder zweier „vegetativen motorischen End-

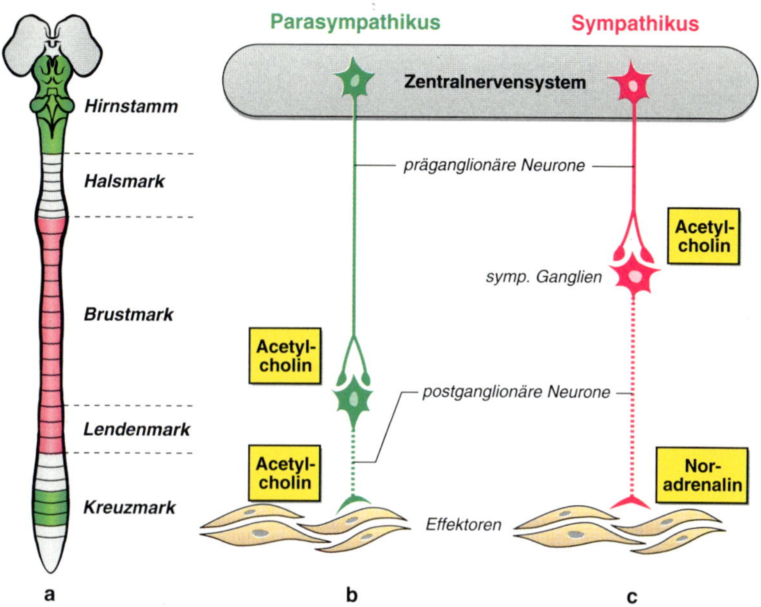

Abb. 6-2 a–c. Ursprung und Aufbau des peripheren vegetativen Nervensystems. **a** Lage der Zellkörper präganglionärer Neurone des Sympathikus *(rot)* und des Parasympathikus *(grün)* in Hirnstamm und Rückenmark. **b, c** Schematische Darstellung prä- und postganglionärer sympathischer und parasympathischer Neurone. Die synaptischen Überträgerstoffe in den Ganglien und auf die Effektoren sind bezeichnet

strecken" innerviert (Weiteres s. unten). Beide vegetativen Systeme haben verschiedene Ursprünge in der Neuraxis: der *Sympathikus* entspringt dem Brustmark und den oberen 2–3 Segmenten des Lumbalmarkes; er wird deshalb auch ***thorakolumbales System*** genannt. Der *Parasympathikus* entspringt dem Hirnstamm und dem Sakralmark und wird deshalb auch ***kraniosakrales System*** genannt.

Peripherer Sympathikus. Die Zellkörper aller präganglionären sympathischen Neurone liegen im Brustmark und oberen Lendenmark (Abb. 6-2 a, rot). Die Axone dieser Neurone (rot ausgezogen in Abb. 6-3) verlassen das Rückenmark über die Vorderwurzeln und ziehen durch die weißen Rami zu den außerhalb des ZNS liegenden vegetativen Ganglien. Die sympathischen Ganglien sind im Bereich der Brust-, Lenden- und Kreuzwirbelsäule rechts und links segmental angeordnet und von oben nach unten durch Nervenstränge miteinander verbunden. Diese Strukturen werden ***Grenzstränge*** genannt, die Ganglien bezeichnet man als *paraventrale Ganglien.* Im

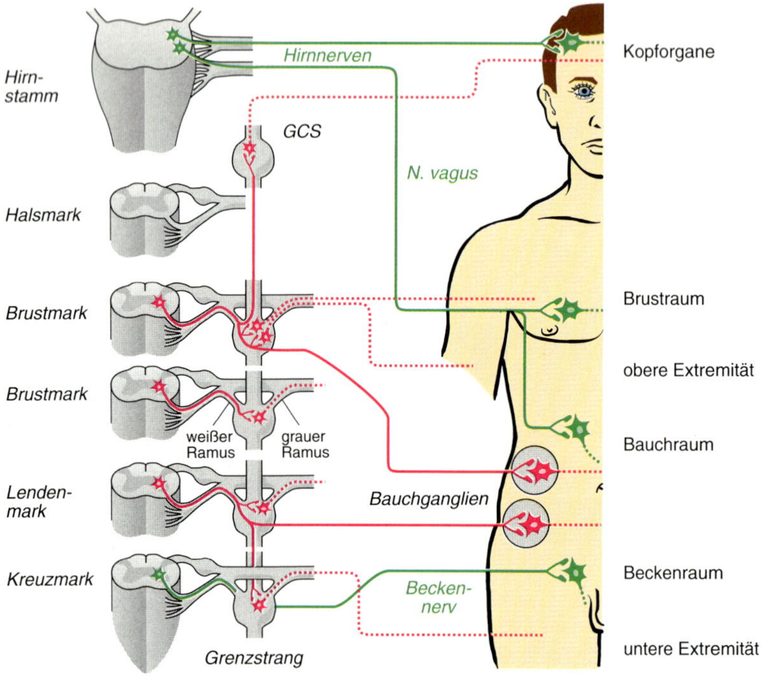

Abb. 6-3. Aufbau und Innervationsgebiet von Sympathikus *(rote Neuronen)* und Parasympathikus *(grüne Neuronen)*. Die postganglionären Axone sind *gepunktet*. Die vegetativen Ganglien und Nerven sind im Vergleich zu den Rückenmarksegmenten zu groß gezeichnet. ***GCS*** Ganglion cervicale superius. (Mod. nach Netter 1972)

Bereich der Halswirbelsäule gibt es nur ein Ganglion (Ganglion cervicale superius), in dem sich die postganglionären Neurone zum Kopf und zum oberen Halsbereich befinden. Im oberen Teil des thorakalen Grenzstranges liegt das *Ganglion stellatum*, das aus den thorakalen Grenzstrangganglien T1–T2 (T3) besteht und in dem sich die postganglionären Neurone zur Vorderextremität, zu Herz und Lunge befinden. Die postganglionären Neurone zur unteren Extremität befinden sich in den Grenzstrangganglien L_4–S_1. Außer diesen in den Grenzsträngen paarweise angeordneten Ganglien gibt es im Bauch- und Beckenraum unpaare Ganglien (Ganglion coeliacum, Ganglion mesentericum superius et inferius), in denen Axone präganglionärer Neurone aus beiden Rückenmarkhälften enden (Abb. 6-3). Die präganglionären Axone zu diesen Ganglien ziehen – ohne umgeschaltet zu werden – durch die Grenzstrangganglien. Die postganglionären Neurone dieser prävertebralen Ganglien projizieren zum Magen-Darm-Trakt, zur Milz, zum Urogenitaltrakt und z. T. zu den Blutgefäßen.

Tabelle 6-1. Effekte der Aktivierung von Sympathikus und Parasymphatikus auf einzelne Organe

Organ oder Organsystem	Aktivierung des Parasympathikus	Aktivierung des Sympathikus
Herzschrittmacher	Abnahme Herzfrequenz	Zunahme Herzfrequenz
Herzmuskel	Abnahme Kontraktilität (nur Vorhöfe)	Zunahme Kontraktilität
Arterien, Venen	0	Vasokonstriktion
Rankenarterien (Genitalorgane)	Dilatation	?
Magen-Darm-Trakt:		
– Motilität (über Darmnervensystem)	Zunahme	Abnahme
– Verdauungsdrüsen (über Darmnervensystem)	Zunahme der Sekretion	Abnahme der Sekretion
– Schließer	Erschlaffung	Kontraktion
Harnblase:		
– Detrusor vesicae	Kontraktion	Erschlaffung
– Trigonum vesicae (Sphincter internus)	0	Kontraktion
Innere Genitalorgane	0	Kontraktion
Auge:		
– M. dilatator pupillae	0	Kontraktion (Öffnung)
– M. sphincter pupillae	Kontraktion	0
– M. ciliaris	Kontraktion	?
Luftröhrenmuskulatur	Kontraktion	Erschlaffung (?)
Haarbalgmuskulatur	0	Kontraktion
Speicheldrüsen	Sekretion	Sekretion (schwach)
Tränendrüsen	Sekretion	0
Schweißdrüsen	0	Sekretion
Stoffwechsel:		
– Leber	0	Glykogenolyse, Glukoneogenese
– Fettzellen	0	Lipolyse (Anstieg freier Fettsäuren im Blut)
– Insulinsekretion (aus β-Zellen)	0	Abnahme

Die präganglionären sympathischen Fasern sind dünn myelinisiert und unmyelinisiert. Die myelinisierten präganglionären Axone sind etwa 2–4 μm dick und leiten die Erregung mit weniger als 20 m/s fort (B-Fasern, s. Tabelle 6-1). Die postganglionären Fasern sind sehr dünn und unmyelinisiert (Durchmesser < 1 μm) und leiten die Erregung mit etwa 1 m/s fort (C-Fasern, s. Tabelle 2-2, S. 56).

Die ***Axone der postganglionären Neurone*** (rot gepunktet in Abb. 6-3) treten aus den Ganglien aus und innervieren die Erfolgsorgane (auch Effektoren genannt) des Sympathikus. Sie projizieren einerseits durch die *grauen Rami* zu den Spinalnerven und von hier durch die verschiedenen somatischen Nerven zu den Effektoren des Rumpfes und der Extremitäten und andererseits durch die Eingeweidenerven zu den Organen in den Körperhöhlen. Die postganglionären Neurone, auf die präganglionäre Neurone aus dem Brustmark konvergieren, innervieren die Kopforgane, den Brust- und Bauchraum und die oberen Extremitäten. Die postganglionären Neuronen, auf die präganglionäre Neuronen aus dem Lendenmark konvergieren, innervieren den Beckenraum und die unteren Extremitäten (Abb. 6-3). Da die Ganglien des Sympathikus relativ weit entfernt von den Erfolgsorganen liegen, sind die postganglionären sympathischen Axone meist sehr lang (Abb. 6-2 c und 6-3).

Die ***Erfolgsorgane des Sympathikus*** sind die glatte Muskulatur aller Organe (Gefäße, Eingeweide, Ausscheidungsorgane, Haare, Pupillen), der Herzmuskel (Herzschrittmacherzellen, Vorhof- und Kammermuskulatur) und manche Drüsen (Schweiß-, Speichel-, Verdauungsdrüsen). Aktivierung sympathischer Neurone wirkt erregend auf die glatte Muskulatur der Gefäße, der Haare, der Schließer von Darm und Harnblase, der Pupillen und der inneren Sexualorgane, auf das Herz, auf die Schweißdrüsen und in schwächerem Maße auf die Speicheldrüsen und hemmend auf die glatte Muskulatur der Eingeweide (über das Darmnervensystem, s. unten) und vielleicht der Luftröhren. Die wichtigsten Effektorantworten sind in Tabelle 6-1 aufgeführt.

Peripherer Parasympathikus. Die Zellkörper der ***präganglionären Neurone*** des peripheren parasympathischen Nervensystems liegen im Kreuzmark und im Hirnstamm. Die präganglionären parasympathischen Fasern sind myelinisiert und unmyelinisiert und – wie in Abb. 6-2 b angedeutet – im Gegensatz zu den präganglionären sympathischen Fasern sehr lang, da die parasympathischen Ganglien in der Nähe der Erfolgsorgane liegen. Die parasympathischen Axone aus dem Hirnstamm laufen einerseits im *N. vagus* zu den Organen in der Brust- und Bauchhöhle (grün ausgezogen in Abb. 6-3), andererseits in anderen Hirnnerven zu den Organen im Kopfbereich. Die Fasern aus dem Kreuzmark laufen in den Beckennerven zu den Organen im Beckenraum (Abb. 6-3). Die *vegetativen Ganglien,* in denen prä- und postganglionäre parasympathische Fasern miteinander verschaltet sind, liegen verstreut in den Wänden der Erfolgsorgane oder in der Nähe der Erfolgsorgane. Die ***postganglionären parasympathischen Fasern*** (rot gepunktet in Abb. 6-3) sind deshalb im Gegensatz zu den entsprechenden sympathischen Fasern (grün gepunktet in Abb. 6-3) sehr kurz.

Alle parasympathisch innervierten Organe, wie z. B. Harnblase, Enddarm (Beckenraum), Magen-Darm-Trakt (Bauchraum), Herz, Lunge (Brustraum) und Speicheldrüsen (Kopfbereich), *werden auch von sympathischen Fasern innerviert.* Dagegen werden nicht alle sympathisch innervierten Organe durch den Parasympathikus innerviert. Das gilt besonders für das Gefäßsystem (Arterien, Venen). Aktivierung parasympathischer Neurone wirkt erregend auf Harnblase, Pupille, Speicheldrüsen, Magen-Darm-

Trakt (über das Darmnervensystem) und auf die glatte Muskulatur der Luftröhren und hemmend auf Herzschrittmacherzellen, Herzvorhöfe und Rankengefäße des erektilen Gewebes der Sexualorgane. Die wichtigsten Effektorantworten sind in Tabelle 6-1 aufgeführt.

Darmnervensystem. Das Darmnervensystem ist im Grunde das „eigentliche autonome Nervensystem". Dieses Nervensystem funktioniert auch ohne zentralnervöse Einflüsse vom Sympathikus und Parasympathikus; es ist in der Lage, die vielfältigen Bewegungen des Darmschlauches zur Durchmischung und zum Weitertransport des Darminhaltes und die Sekrektionsvorgänge zu regeln. Es besteht aus Ansammlungen von Nervenzellen (kleinen Ganglien), die zwischen der glatten Längsmuskulatur und der glatten Ringmuskulatur im ***Plexus myentericus*** und innerhalb der Ringmuskulatur im ***Plexus submucosus*** liegen. Die Neurone des Darmnervensystems sind:

- *sensorische Neurone,* die auf Dehnung und Kontraktion der Darmwand erregt werden,
- *motorische Neurone,* die die glatte Ring- und Längsmuskulatur, die Drüsenzellen und endokrine Zellen innervieren, und
- *Interneurone,* die zwischen afferenten und motorischen Neuronen geschaltet sind.

Man könnte das Darmnervensystem auch als das „Gehirn des Darmes" bezeichnen.

Die Funktionen des Darmnervensystems werden über das sympathische und parasympathische Nervensystem an das Verhalten des Organismus angepaßt. Präganglionäre parasympathische Neurone innervieren Motoneurone und Interneurone des Darmnervensystems. Die Übertragung auf die Neurone ist erregend. Postganglionäre sympathische Neurone in den prävertebralen Ganglien beeinflussen das Darmnervensystem prä- und postsynaptisch hemmend. Nur die glatte Muskulatur der Sphinkteren wird direkt erregend beeinflußt.

Sympathikus und Parasympathikus bestehen in der Peripherie aus funktionell verschiedenen vegetativen motorischen Endstrecken

Effektororgane und motorische Endstrecken des vegetativen Nervensystems. Die Peripherie von Sympathikus und Parasympathikus ist in motorische Endstrecken organisiert. Beide Systeme innervieren eine große Zahl verschiedener Effektororgane (s. Tabelle 6-1). Die Impulsübertragung in den Ganglien und von den Terminalen der postganglionären Axone auf die Effektororgane über neuroeffektorische Synapsen ist ***spezifisch*** für jede Klasse von Effektororganen (s. 6.3). Das bedeutet, daß die zentral erzeugte Impulsaktivität zuverlässig über diese ***neuronalen Kanäle*** auf die Effektororgane übertragen wird. Die prä- und postganglionären Neurone dieser Endstrecken können deshalb nach ihrer Funktion als *Muskelvasokonstriktor-*, *Hautvasokonstriktor-*, *Muskelvasodilatator-*, *Sudomotor-* (Schweißdrüsen), *Pilomotorneurone* (Haarbalgmuskulatur) usw. bezeichnet werden.

Vegetative Ganglien. In den meisten vegetativen Ganglien *divergiert* ein präganglionäres Axon auf viele postganglionäre Zellen und *konvergieren* viele präganglionäre Axone auf eine postganglionäre Zelle. In Abb. 6-4a sind als Beispiele die Verschaltungen von 4 präganglionären Axonen auf 4 postgan-

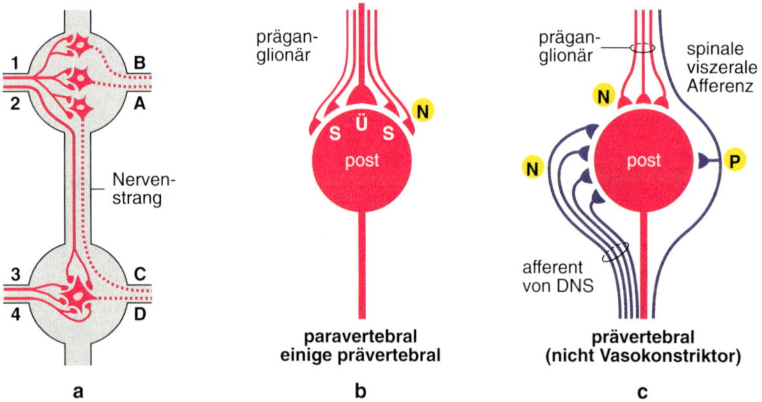

Abb. 6-4a–c. Impulsübertragung in sympathischen Ganglien. **a** Divergenz (Axon 1 auf Neurone A, B und C) und Konvergenz (Axone 2, 3 und 4 auf Neuron D) präganglionärer Axone auf postganglionäre Neurone in Grenzstrangganglien. **b** Relaisfunktion in paravertebralen (Grenzstrang)ganglien und einigen prävertebralen postganglionären Neuronen (z. B. zu Blutgefäßen); ***S*** schwache Synapsen mit unterschwelligen postsynaptischen Potentialen; ***Ü*** „starke" Synapse mit überschwelligen postsynaptischen Potentialen. **c** Integration von synaptischen Eingängen zu vielen postganglionären Neuronen in prävertebralen Ganglien: Von präganglionären sympathischen Neuronen; von afferenten Neuronen mit Zellkörpern im Darmnervensystem (DNS); von kollateralen spinalen viszeralen Afferenzen. ***N*** cholinerg nikotinerge synaptische Übertragung; ***P*** peptiderge synaptische Übertragung

glionäre Neurone in 2 sympathischen Ganglien eingezeichnet. Das präganglionäre Axon 1 im oberen Ganglion divergiert auf die postganglionären Zellen A, B und C; im unteren Ganglion konvergieren die 3 präganglionären Axone 2, 3 und 4 auf das postganglionäre Neuron D. Divergenz und Konvergenz finden wahrscheinlich nur zwischen Neuronen der *gleichen* vegetativmotorischen Endstrecke statt und nicht zwischen funktionell verschiedenen Neuronen.

Die ***Divergenz*** präganglionärer Axone auf postganglionäre Neurone gewährleistet, daß die Aktivität in einer relativ kleinen Zahl von präganglionären Neuronen auf eine große Zahl postganglionärer Neurone verteilt wird ***(Verteilungsfunktion vegetativer Ganglien).*** So ist z.B. die Zahl der postganglionären Neurone im Ganglion cervicale superius des Menschen etwa 200 mal größer als die Zahl der präganglionären Neurone, die durch den zervikalen Grenzstrang zum Ganglion projizieren. Die ***Konvergenz*** präganglionärer Axone auf postganglionäre Neurone gewährleistet einen ***hohen Sicherheitsgrad der synaptischen Übertragung*** von prä- nach postganglionär. Es bestehen große Unterschiede zwischen funktionell verschiedenen postganglionären Neuronen im *Grad* der Konvergenz: So konvergieren auf postganglionäre Neurone, die die Weite der Pupille regulieren, nur wenige präganglionäre Neurone und auf postganglionäre sympathische Neurone, die die Weite von Blutgefäßen regulieren, sehr viele.

In den paravertebralen sympathischen Grenzstrangganglien und in den parasympathischen Ganglien werden die Impulse nach Art einer ***Relaisstation*** übertragen, ohne modifiziert zu werden. Man vermutet, daß 1 oder 2 der konvergierenden präganglionären Axone Synapsen mit den postganglionären Neuronen in diesen Ganglien bilden, die bei Aktivierungen immer überschwellige erregende postsynaptische Potentiale erzeugen (ähnlich wie bei der neuromuskulären Endplatte) und auf diese Weise die Entladungen der postganglionären Neurone bestimmen (Abb. 6-4 b). Viele postganglionäre Neurone in *prävertebralen Ganglien* haben aber auch ***integrative Funktion:*** Diese Neurone erhalten nicht nur synaptische Eingänge von präganglionären Neuronen, sondern auch von peripheren afferenten Neuronen, die ihre Zellkörper im Darmnervensystem haben, und von Kollateralen spinaler viszeraler afferenter Neurone (Abb. 6-4 c).

Zusammenwirken von Sympathikus und Parasympathikus auf die Effektororgane. Tabelle 6-1 zeigt, daß Reizung von Sympathikus und Parasympathikus ***antagonistische*** (entgegengesetzte) Wirkungen auf eine ganze Reihe von Effektororganen haben. Diese Beobachtungen haben dazu geführt, die beiden vegetativen Systeme als Antagonisten zu beschreiben und ihnen entsprechende globale Funktionen zuzuordnen. Die Betrachtungsweise ist sicherlich zu einfach und verzerrend:

- Unter physiologischen Bedingungen ist die neuronale Regulation vegetativer Effektororgane näherungsweise immer die Summe der Effekte von Sympathikus und Parasympathikus.
- Bei einigen Organen, die von beiden vegetativen Systemen innerviert werden, spielt unter physiologischen Bedingungen nur die parasympathische Innervation eine Rolle (z.B. bei der Harnblase und den exokrinen Speicheldrüsen).
- Einige Effektoren werden nur durch eines der beiden Systeme innerviert (z.B. Arterien und Venen).

Afferente Neurone, die durch Eingeweidenerven zum Rückenmark und zum unteren Hirnstamm projizieren, werden als viszerale Afferenzen bezeichnet

Afferenzen. Bisher wurden die Efferenzen des vegetativen Nervensystems besprochen. Es gibt aber auch Afferenzen, die manchmal dem vegetativen Nervensystem zugerechnet werden. Sie stammen aus dem Eingeweidebereich und werden deshalb ***viszerale Afferenzen*** genannt. Die Unterteilung in „sympathische" und „parasympathische" Afferenzen ist nach unserem heutigen Wissensstand nicht möglich und funktionell zweifelhaft. Die Wirkungen der viszeralen und somatischen Afferenzen sind nicht auf die jeweiligen efferenten Systeme beschränkt, d.h. viszerale Afferenzen haben auch Wirkung auf das somatische efferente System, und somatische Afferenzen haben auch Wirkung auf das vegetative Nervensystem.

Sensoren. Die Sensoren der viszeralen Afferenzen liegen in den Organen des Brust-, Bauch- und Beckenraumes und in den Gefäßwänden. Diese Sensoren messen einerseits indirekt über die Dehnung der Wände der Hohlorgane den intraluminalen Druck (z.B. arterielle Pressosensoren in den großen Arterien, s. Abb. 6-16) oder den Füllungszustand der Hohlorgane (z.B. der Harnblase, der Venen, des Darmes). Andererseits registrieren sie den Säuregrad und die Elektrolytkonzentration der Füllung der Hohlorgane (z.B. des Blutes oder des Mageninhaltes) und reagieren auf Reize im Eingeweidebereich, die viszerale Schmerzen auslösen.
Spinale viszerale Afferenzen. Andere Afferenzen haben ihre Zellkörper in den Spinalganglien; diese spinalen viszeralen Afferenzen von inneren Organen des Brust-, Bauch- und Beckenraumes projizieren durch die entsprechenden viszeralen („sympathischen") Nerven und weißen Rami zum thorakalen und oberen lumbalen Rückenmark und durch die Beckennerven zum Sakralmark (s. Abb. 6-2). Viszerale Afferenzen zur Medulla oblongata (Nucleus tractus solitarii, s. Abb. 6-15) projizieren durch

den *N. Vagus* (vagale Afferenzen, von Organen im Brust- und Bauchraum) und den *N. glossopharyngeus* (von arteriellen Presso- und Chemosensoren). Vagale Afferenzen haben ihre Zellkörper in den entsprechenden sensiblen Ganglien unterhalb der Schädelbasis (Ganglion nodosum und jugulare).

6.2 Glatter Muskel: myogene Aktivität, Reaktionen auf Dehnung und Überträgerstoffe im peripheren vegetativen Nervensystem

Da das vegetative Nervensystem nahezu die gesamte glatte Muskulatur des Organismus innerviert, ist es notwendig, einige Merkmale dieser Muskulatur, die in ihrem Aufbau und in der Eigenart ihrer Zellmembranen begründet sind, zu beschreiben. Durch diese Merkmale kann man die Funktionsweisen vieler vegetativ innervierter Organe besser verstehen (weitere Einzelheiten s. 4.8 ab S. 107).

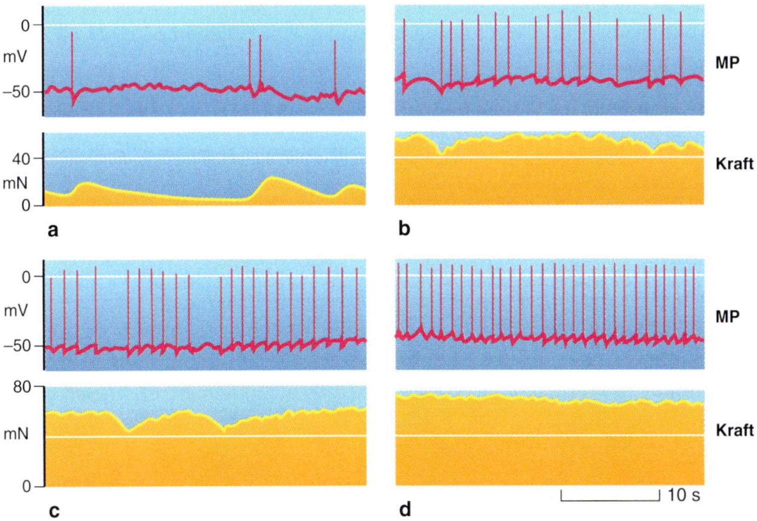

Abb. 6-5 a–d. Kraftentwicklung eines glatten Muskelzellverbandes mit zunehmender Dehnung. Das Membranpotential (***MP***) einer einzelnen glatten Muskelzelle wurde intrazellulär mit einer Mikroelektrode gemessen. Die Kraft, die das ganze Präparat entwickelt, wurde mit einem Dehnungsmeßstreifen gemessen. Darmmuskelpräparat vom Meerschweinchen. (Mod. nach Bülbring 1962)

Glatte Muskelzellen kommunizieren miteinander über Nexus und verhalten sich wie funktionelle Synzytien

Die Zellen der meisten glatten Muskelzellverbände (z. B. der Blutgefäße, des Magen-Darm-Trakts) sind über sog. ***Nexus*** (oder ***„gap junctions“***) miteinander verbunden. Diese Verbindungen bilden Brücken niedriger elektrischer Widerstände zwischen den Zellen. Auf diese Weise können sich Depolarisationen, die in wenigen Zellen eines Muskelzellverbandes stattfinden, über den gesamten Zellverband ausbreiten. Die Entfernung der Ausbreitung einer Depolarisation hängt dabei von den passiven *elektrischen Eigenschaften des Muskelzellverbandes* ab (Widerstände und Kapazitäten von Membranen und Zytoplasma).

Die Vernetzung der glatten Muskelzellen über die Nexus gewährleistet, daß der glatte Muskelzellverband einheitlich auf Reize (humorale Reize, neuronale Reize; s. unten) reagiert. Die meisten glatten Muskelzellen bilden somit ***funktionelle Synzytien.***

Myogene Aktivität und Membranpotential. Wie bei der Skelettmuskelfaser, wird die Aktivierung der kontraktilen Strukturen (Aktin und Myosin) in der glatten Muskulatur durch die ***intrazelluläre Kalziumkonzentration*** geregelt (s. 4.8). Drei physiologische Mechanismen führen zur Kontraktion der glatten Muskulatur. Alle 3 Mechanismen können am gleichen Muskelzellverband stattfinden:

- Viele glatte Muskelzellen erzeugen Aktionspotentiale (z. B. Arteriolen, Magen-Darm-Trakt). Diese Aktionspotentiale sind ≥ 1 s lang und werden vorwiegend durch Einstrom von Kalzium erzeugt *(elektromechanische Kopplung).*
- Graduierte Depolarisation des Membranpotentials kann eine graduierte Kontraktion auslösen (z. B. Pulmonalarterie, *elektromechanische Kopplung*).
- Zirkulierende Substanzen (z. B. *Hormone*) können Kontraktionen auslösen ohne Änderung des Membranpotentials. In diesem Falle wird die Erhöhung der intrazellulären Kalziumkonzentration nicht elektrisch vermittelt. Über diesen Mechanismus wirken viele Pharmaka *(pharmakomechanische Kopplung).*

Viele glatte Muskeln (z. B. des Magen-Darm-Traktes, der Blutgefäße und der Blase) können sich ohne neuronale Einwirkung *spontan kontrahieren.* Diese Kontraktionen laufen phasisch-rhythmisch und/oder tonisch ab. Die Kontraktionen werden durch impulshafte Entladungen („Spikes“), die in vielen Merkmalen den Aktionspotentialen an Nerven- und Skelettmuskelzellen ähneln, ausgelöst. Diese Aktionspotentiale entstehen in einer Gruppe glatter

Muskelzellen des Präparates, die eine besonders niedrige Schwelle zur Entstehung von Aktionspotentialen haben, und breiten sich von Zelle zu Zelle über das ganze Präparat aus. Diese Muskelzellen sind ***Schrittmacher*** für ihre Umgebung. Die Ausbreitung der Erregung von Zelle zu Zelle geschieht über die Nexus, die der Fortleitung geringe elektrische Widerstände entgegensetzen. Elektrische und mechanische Aktivität des Präparates bleiben nach Vergiftung der Neurone in der Wand der glatten Muskulatur bestehen. Daraus wird gefolgert, daß diese Kontraktionen myogenen Ursprungs sind ***(myogene Aktivität).***

Die elektrische und myogene Aktivität der glatten Muskulatur kann durch eine Vielzahl biologischer Substanzen (z.B. Transmitterstoffe des vegetativen Nervensystems, Hormone, lokal freigesetzte Substanzen) und Pharmaka beeinflußt werden. ***Acetylcholin*** erniedrigt z.B. die Schwelle zur spontanen Depolarisation eines *Darmmuskelpräparates* und erhöht die Kraft, die solch ein Präparat bei Dehnung entwickelt. ***Noradrenalin*** erhöht die Schwelle zur spontanen Depolarisation durch Hyperpolarisation der Muskelzellen und führt zur Erschlaffung des Präparates. Beide Substanzen haben auf die *glatte Gefäßmuskulatur* umgekehrte Wirkungen (Acetylcholin – Erschlaffung; Noradrenalin – Kontraktion). Diese Wirkungen werden durch molekulare Rezeptoren in den Membranen der glatten Muskelzellen vermittelt (s. 6.3).

Außer dieser spontan tätigen glatten Muskulatur gibt es einige glatte Muskeln, deren Zellen i.allg. nicht spontan tätig sind, wie z.B. die glatten Muskeln der Haare und die glatte Muskulatur, die die Augenlinse verstellt. Diese Muskeln können nur über ihre vegetativen Nerven aktiviert werden und gehören zum sog. ***Multi-unit-type*** (s. 4.8).

Glatte Muskeln kontrahieren langsam und benötigen deshalb niedrige Impulsfrequenzen in den postganglionären Neuronen

Zeitverlauf der Kontraktion der glatten Muskulatur. Einzelne Erregungen eines Darmmuskelpräparates lösen Kontraktionen aus, die in etwa 1–2 s ansteigen und in etwa 5–10 s wieder abfallen (Abb. 6-5a). Im Vergleich zum Skelettmuskel läuft die Kontraktion des glatten Muskels also etwa *20- bis 50 mal langsamer* ab. Dieser langsame Zeitverlauf ist größtenteils durch das langsame Übereinandergleiten der dicken und dünnen Myofilamente bedingt (s. Kap. 4.8).

Um eine anhaltende, gleichmäßige Kontraktion des Skelettmuskels ***(Tetanus)*** zu erzeugen, muß man den Muskel mit etwa 50–125 Reizen/s erregen (s. Abb. 4-6, S. 98). Bei dem langsamen Zeitverlauf der Einzelkontraktion des glatten Muskels sind erheblich niedrigere Impulsfrequenzen von etwa 0,5–3 Hz nötig, um eine gleichmäßige Kontraktion des Muskels zu erzeugen. In Abb. 6-5 d entlädt der glatte Muskel mit einem Aktionspotential pro Sekunde. Bei dieser Entladungsfrequenz verschmelzen die Einzelkontraktionen des glatten Muskels fast vollständig zu einer Dauerkontraktion. Daraus folgt, daß schon relativ geringe Frequenzen von weniger als einem Aktionspotential pro Sekunde in erregenden efferenten postganglionären Fasern, die die glatten Muskeln innervieren, genügen, um eine anhaltende gleichmäßige Kontraktion auszulösen.

Kraftentwicklung glatter Muskeln auf Dehnung. Viele glatte Muskeln reagieren auf passive Dehnung mit einer Depolarisation ihrer Fasermembranen und mit Kontraktionen. Im Experiment in Abb. 6-5 wurde das Darmpräparat zunehmend gedehnt. Bei geringer Dehnung des Präparates ist die Entladungsfrequenz der glatten Muskelzellen niedrig und die Kraft, die das ganze Präparat entwickelt, gering (Abb. 6-5 a); bei stärkerer Dehnung (ansteigend in Abb. 6-5 b–d) nehmen beide zu.

Die zunehmende Erregbarkeit, herbeigeführt durch die Dehnung der glatten Muskelzellen, ist für die Hohlorgane des Körpers, wie z. B. Darm, Gefäße, Harnblase, von großer Bedeutung. Jede vermehrte Füllung eines Hohlorgans hat eine vermehrte Aktivität seiner Wandmuskulatur zur Folge. So entleert sich z. B. eine Harnblase, deren nervöse Regelung durch Kreuzmarkzerstörung ausgefallen ist, bei vermehrter Füllung spontan, wenn auch unvollständig. Die spontane Erregungsbildung der glatten Muskulatur und ihre Modifizierung durch mechanische Dehnung befähigt die Hohlorgane, *ohne nervöse Kontrolle* ihre Funktionen in beschränktem Maße auszuüben. Man spricht in diesem Zusammenhang von der ***myogenen Autonomie*** der vegetativ innervierten Organe.

6.3 Synaptische Übertragung im peripheren vegetativen Nervensystem

Die synaptische Übertragung von den präganglionären Axonen auf die postganglionären Neurone im Parasympathikus und Sympathikus ist ***cholinerg*** (Abb. 6-2 b, c). Die meisten postganglionären sympathischen Neurone übertragen ihre Aktivität auf die Effektoren durch Freisetzung von ***Noradrenalin*** und die postganglionären parasympathischen Neurone durch Freisetzung von ***Acetylcholin*** (Abb. 6-2b, c). Nur wenige postganglionäre sympathische Neurone benutzen Acetylcholin als Überträgerstoff (z. B. Schweißdrüsenneurone). ***Adrenalin*** wird in der Peripherie bei Säugern nicht als Überträgersubstanz benutzt (jedoch bei Amphibien); es stammt aus dem Nebennierenmark.

Die Überträgerstoffe im peripheren vegetativen Nervensystem Acetylcholin und Noradrenalin vermitteln ihre Wirkungen über cholinerge Rezeptoren und Adrenozeptoren

Acetylcholin, nikotinerge und muskarinerge Übertragung. Die Membranen der postganglionären Neurone und der Zellen der Erfolgsorgane enthalten molekulare Strukturen, mit denen Acetylcholin reagiert. Diese molekularen Strukturen, deren Aufbau weitgehend bekannt ist, werden ***cholinerge Rezeptoren*** genannt. Reaktion von Acetylcholin mit diesen Rezeptoren führt zum Anstieg der Leitfähigkeit für kleine Ionen durch die Membranen und damit zu postsynaptischen Potentialen (s. auch neuromuskuläre Endplatte in Abschn. 3.1, ab S. 60).

Nikotin hat auf die postganglionären Neurone in den vegetativen Ganglien die gleiche Wirkung wie Acetylcholin. An den Effektororganen (glatte Muskeln, Drüsen) kann es jedoch die Wirkung von Acetylcholin nicht imitieren. An diesen kann aber die Wirkung von Acetylcholin durch *Muscarin,* ein Gift des Fliegenpilzes, imitiert werden. Die cholinerge Übertragung in den vegetativen Ganglien und die Wirkung von Nikotin auf die postganglionären Neurone läßt sich gezielt (selektiv) durch *quaternäre Ammoniumbasen (Ganglienblocker)* blockieren. Die cholinerge Übertragung auf die Erfolgsorgane und die Wirkung von Muscarin läßt sich selektiv durch *Atropin,* ein Gift aus der Tollkirsche, blockieren. Aus diesen pharmakologischen Beobachtungen wird geschlossen, daß die cholinergen Rezeptoren der vegetativen Erfolgsorgane und der postganglionären Neurone verschieden sind. Man nennt sie ***nikotinerge*** und ***muskarinerge Acetylcholinrezeptoren*** und spricht dementsprechend von nikotinerger und muskarinerger cholinerger Wirkung oder Übertragung.

Noradrenalin, Adrenalin: das α-β-Adrenozeptorenkonzept. Im Blutstrom kreisendes ***Noradrenalin*** stammt aus den postganglionären noradrenergen

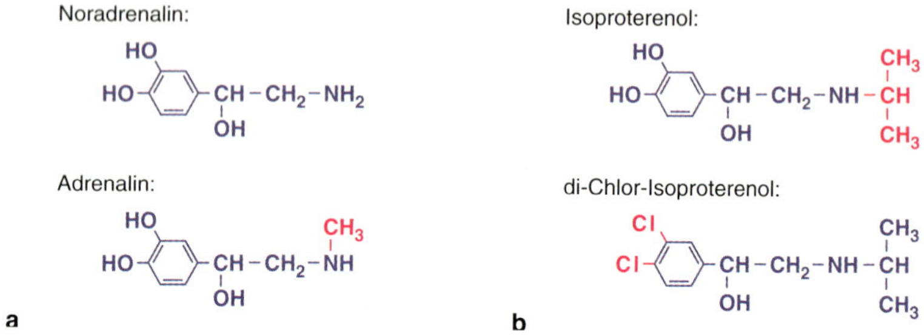

Abb. 6-6. **a** Die Katecholamine Noradrenalin und Adrenalin. **b** Isoproterenol (β-adrenerge Substanz) und di-chlor-Isoproterenol (β-Adrenozeptorblocker)

sympathischen Neuronen und aus dem Nebennierenmark. ***Adrenalin*** stammt bei Säugern ausschließlich aus dem Nebennierenmark. Ähnlich wie bei der cholinergen Übertragung werden die Wirkungen von Adrenalin und Noradrenalin auf die Organe durch die Interaktion dieser adrenergen Substanzen mit spezifischen molekularen Strukturen in den Zellmembranen der Organe, den *Adrenozeptoren,* vermittelt. Man unterscheidet nach pharmakologischen Kriterien **α- und *β-Adrenozeptoren*** und entsprechend α- und β-adrenerge Wirkungen von Adrenalin und Noradrenalin. Diese Wirkungen können durch Pharmaka, die wir ***α-Blocker*** und ***β-Blocker*** nennen, weitgehend selektiv verhindert werden.

Die meisten Organe und Gewebe, die durch Adrenalin und Noradrenalin beeinflußt werden, enthalten sowohl α- als auch β-Adrenozeptoren in ihren Membranen. Bei Reaktion mit Adrenalin und Noradrenalin vermitteln α- und β-Adrenozeptoren meist entgegengesetzte Wirkungen. Unter physiologischen Bedingungen hängt die Antwort eines Organs auf die adrenergen Substanzen jedoch davon ab, ob die α- oder β-rezeptorischen Wirkungen überwiegen. Tabelle 6-2 zeigt die Reaktionen verschiedener Organe auf Noradrenalin und Adrenalin unter physiologischen Bedingungen.

Durch systematische Abwandlung der Struktur des Noradrenalinmoleküls wurden verschiedenste Pharmaka entwickelt, die vorzugsweise an bestimmten Organen oder Organgruppen α- oder β-adrenozeptorische Wirkungen auslösen. Diese Pharmaka spielen in der therapeutischen Medizin eine bedeutende Rolle. So ist es z. B. gelungen, durch Ersatz des Methylrestes am Stickstoff des Adrenalinmoleküls (s. Abb. 6-6) durch eine Propylgruppe eine Substanz zu erzeugen, die nur β-adrenerge Wirkungen hat. Diese Substanz wird *Isoproterenol* genannt. Sie wird vom Asthmatiker in seinem Aerosol-Spray benutzt, um die glatte Trachealmuskulatur zur Erschlaffung zu bringen (s. Tabelle 6-2). Die Abwandlung dieser reinen β-adrenergen Substanz wiederum –

Tabelle 6-2. Adrenozeptorvermittelte Wirkungen von Noradrenalin und Adrenalin auf vegetative Effektororgane

Organ	Wirkungen von Noradrenalin und Adrenalin	Rezeptor
Herz	Anstieg von Herzfrequenz und Kontraktionskraft	β_1
Blutgefäße	Vasokonstriktion	α_1
Muskelarterien	auch Vasodilatation (nur auf Adrenalin)	β_2
Gastrointestinaltrakt:		
– longitudinale und zirkuläre Muskulatur	Erschlaffung	α_2, β_1
– Sphinkteren	Kontraktion	α_1
Blase:		
– Detrusor vesicae	Erschlaffung	β_2
– Trigonum vesicae (Sphincter internus)	Kontraktion	α_1
Samenblase, Samenleiter	Kontraktion	α_1
Dilatator pupillae	Kontraktion (Mydriasis)	α_1
Tracheal-/Bronchialmuskulatur	Erschlaffung	β_2
Leber	Glykogenolyse, Glukoneogenese	β_2
Inselzellen im Pankreas	Insulinfreisetzung	α_2
Fettgewebe	Lipolyse	β_1

durch Ersatz der beiden OH-Gruppen am Benzolring durch Chloratome (Abb. 6-6) – ergibt eine Substanz, die die β-rezeptorische Wirkung selektiv blockiert *(β-Blocker).*

Die *molekularen Strukturen der Adrenozeptoren* sind weitgehend aufgeklärt. Es handelt sich um **transmembranale Proteine mit 7 Helixstrukturen** in den Membranen der Effektorzellen sowie Schleifen und je einer Endkette auf der extrazellulären Seite (Rezeptor) und auf der intrazellulären Seite (für die Kopplung an die intrazellulären Signalwege). Man unterscheidet mehrere Typen von α- und β-Adrenozeptoren. Für praktisch alle Adrenozeptoren sind die Gene bekannt. Die **biologische Funktion** der Unterteilung der Adrenozeptoren ist nur für α_1- und α_2-Adrenozeptoren und β_1- und β_2-Adrenozeptoren einigermaßen klar (Tabelle 6-2).

Nebennierenmark. Eine besondere Rolle für den Organismus spielt das Mark der Nebenniere. Es ist ein *umgewandeltes sympathisches Ganglion* und besteht aus modifizierten postganglionären Neuronen, die durch präganglionäre Axone aktiviert werden. Bei Erregung dieser präganglionären Neurone schütten die Nebennierenmarkzellen beim Menschen ein Gemisch von etwa ***80% Adrenalin*** und ***20% Noradrenalin*** in den Kreislauf aus. Diese adrenergen Substanzen unterstützen möglicherweise die neuronalen sympathischen Wirkungen auf die Organe. Sie sind aber v.a. als ***Stoffwechselhormone*** zu betrachten. Ihre Freisetzung führt zur Mobilisation von oxidalen Substanzen wie Glukose und freien Fettsäuren aus den Glykogen- und Fettdepots (s. Tabelle 6-2). Damit sorgen die adrenergen Substanzen aus dem Nebennierenmark bei einer Aktivierung des sympathischen Nervensystems für eine schnelle Bereitstellung von Brennstoffen. Dieser Prozeß hat besondere Bedeutung, wenn der Organismus unter Belastung steht, z.B. bei extremer körperlicher Anstrengung, Erschöpfung oder psychischer Überlastung.

Die neuroeffektorische Übertragung von postganglionären Neuronen auf vegetative Zielorgane ähnelt der chemischen Übertragung an einer konventionellen Synapse

Das Problem. In den vorigen Abschnitten wurden die Wirkungen der Überträgerstoffe Acetylcholin und Noradrenalin auf die Effektorgane beschrieben. In den beiden folgenden Abschnitten werden die Mechanismen der synaptischen Übertragung von postganglionären Neuronen auf autonome Effektorgane beschrieben. Diese postganglionären Axone verzweigen sich in den Effektororganen. Die Verzweigungen bilden eine Vielzahl von kleinen Auftreibungen, genannt ***Varikositäten,*** aus, in denen sich der Überträgerstoff befindet. Ein postganglionäres Neuron, das Blutgefäße innerviert, hat z.B. bis zu 10000–20000 solcher Varikositäten in den Endverzweigungen seines Axons (Abb. 6-7a, b).

Bei Erregung des postganglionären Neurons wird der Überträgerstoff ausgeschüttet. Konventionell wird angenommen, daß der Transmitter durch den extrazellulären Raum diffundiert und mit den molekularen Rezeptoren, die sich in den Membranen der Effektorzellen befinden, reagiert und daß die chemische Informationsübertragung vom postganglionären Neuron zur Effektorzelle nicht über einen spezialisierten neuroeffektorischen Übertragungsmechanismus wie an der neuromuskulären Endplatte geschieht. Im folgenden soll an 2 Beispielen belegt werden, daß diese Auffassung vermutlich *nicht* richtig ist und daß die Mechanismen der Wirkung eines Überträgerstoffes, der am Effektororgan exogen appliziert wird (z.B. durch Superfusion des Präparates mit einer Noradrenalin- oder Acetylcholinlösung), nicht notwendigerweise die neuroeffektorische Übertragung simuliert.

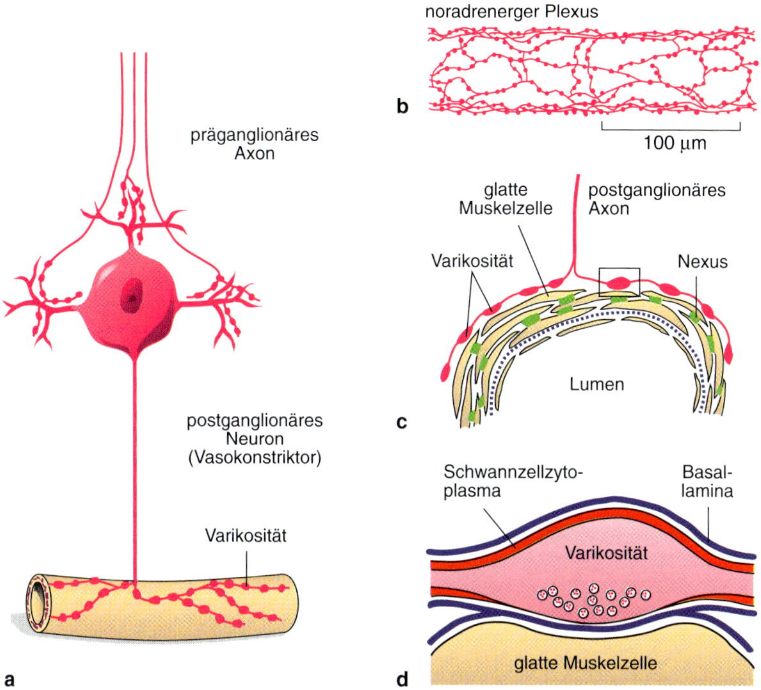

Abb. 6-7 a–d. Morphologie des noradrenergen Neurons und der neuroeffektorischen Synapse. **a** Postganglionäres Neuron und sein Effektor (hier Blutgefäß). **b** Anordnung noradrenerger postganglionärer Axone um ein Widerstandsgefäß (Arteriole, Aufsicht). **c** Querschnitt durch ein Widerstandsgefäß. Nur die äußeren Muskelschichten sind innerviert. Innen Endothelzellen und Basilarmembran *(blau gepunktet)*. Nexus zwischen glatten Muskelzellen *grün*. **d** Neuroeffektorische Synapse. Vergrößerte Darstellung eines Anschnittes durch eine Varikosität und ihren engen Kontakt mit einer glatten Muskelzelle (s. Kästchen in c). Die synaptischen Bläschen sind an der präsynaptischen Membran konzentriert

Beispiel 1: Die neurovaskuläre Übertragung an Arteriolen. Große und kleine Arteriolen erhalten eine dichte Innervation durch noradrenerge postganglionäre Neurone (Abb. 6-7 a, b). Nur die glatten Gefäßmuskelzellen, die an die Adventitia grenzen, sind innerviert. Quantitative morphologische Untersuchungen haben gezeigt, daß praktisch ***jede*** Varikosität, die nicht vom Schwann-Zellzytoplasma vollständig umgeben ist, einen *engen synaptischen Kontakt* mit einer glatten Muskelzelle eingeht (Abb. 6-7 c, d). Die synapti-

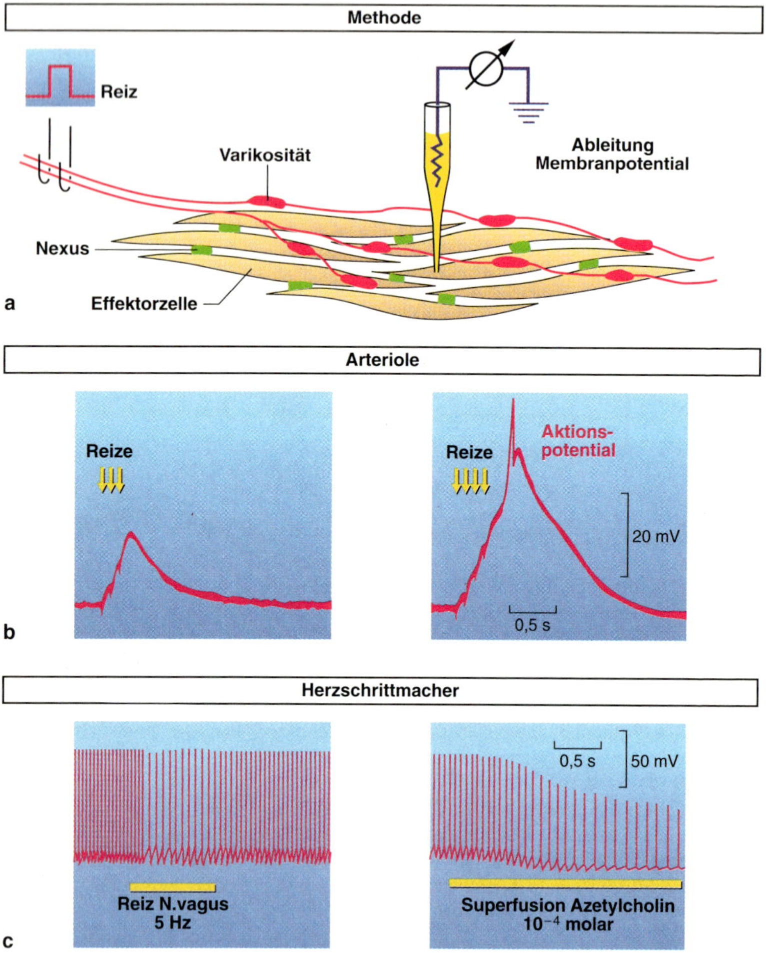

Abb. 6-8 a–c. Die neuroeffektorische Übertragung in der Peripherie des vegetativen Nervensystems. **a** Versuchsanordnung zur Registrierung des Membranpotentials (***MP***) von Effektorzellen und zur elektrischen Reizung der Innervation. **b** Intrazelluläre Ableitung von glatten Muskelzellen einer Arteriole. *Links:* postsynaptisches Potential auf elektrische Reizung der Innervation mit 3 Reizen (10 Hz); Summation der postsynaptischen Potentiale, ohne überschwellig zu werden. *Rechts:* Reizung der Innervation mit 4 Reizen (10 Hz); Summation der postsynaptischen Potentiale und Entstehen eines Aktionspotentials. (Mod. nach Hirst 1977). **c** Intrazelluläre Ableitung von einer Herzschrittmacherzelle. *Links:* repetitive elektrische Reizung des N. vagus mit Pulsen von 5 Hz. Abnahme der Frequenz der Entladung ohne Abnahme der Größe der Aktionspotentiale und ohne Hyperpolarisation. *Rechts:* Superfusion des Präparates mit einer Acetylcholinlösung. Abnahme der Frequenz der Entladung mit Hyperpolarisation und Abnahme von Größe und Dauer der Aktionspotentiale. (Mod. nach Campbell et al. 1989)

schen Bläschen, die Noradrenalin enthalten, sind in der Nähe dieser synaptischen Kontakte konzentriert (Abb. 6-7 d). Erregung des postganglionären Neurons führt zur Freisetzung des Inhaltes *eines Vesikels* (ein Quantum) aus einer Varikosität. Dieses erzeugt kurzzeitig eine hohe Konzentration des Transmitters im synaptischen Spalt, einen kurzen synaptischen Strom durch die postsynaptische Membran und ein postsynaptisches Potential, das in seiner Länge von den passiven elektrischen Eigenschaften des elektrisch gekoppelten Muskelzellverbandes (Synzytium) abhängt.

In Abb. 6-8 a ist schematisch die Versuchsanordnung zur intrazellulären Messung postsynaptischer Potentiale in Arteriolen dargestellt. Elektrische Reizung der postganglionären Axone mit 3 Reizen (10 Hz) führt zur unterschwelligen Summation der erregenden postsynaptischen Ereignisse (Abb. 6-8 b, links); die Reizung mit 4 Reizen führt zur überschwelligen Summation und zur Bildung eines Aktionspotentials (Abb. 6-8 b, rechts). Das Aktionspotential breitet sich über den glatten Muskelzellverband aus und erzeugt über intrazelluläre Kalziummobilisierung eine Kontraktion. Dieser Vorgang kann *nicht* durch Blockade der Adrenozeptoren mit einem α- oder β-Adrenozeptorantagonisten blockiert werden. Das bedeutet, daß entweder die Wirkung von Noradrenalin durch *andere* Adrenozeptoren in der postsynaptischen Membran vermittelt wird oder daß Noradrenalin *nicht* der Transmitter ist, sondern eine andere Substanz, die mit dem Noradrenalin in den Vesikeln der Varikositäten kolokalisiert ist. *Adenosintriphosphat* (ATP) wird als Transmitter angenommen.

An einer ganzen Reihe kleiner Arterien, die bisher untersucht worden sind, sind spezialisierte Synapsen mit spezialisierten subsynaptischen Rezeptoren, über die die neuronale Aktivität auf die glatte Gefäßmuskulatur übertragen wird, gefunden worden. *Extrasynaptische Adrenozeptoren,* über die zirkulierendes Adrenalin und Noradrenalin und vermutlich aus dem synaptischen Spalt diffundierendes Noradrenalin die Gefäße beeinflußt, und subsynaptische Rezeptoren sind somit (mit Ausnahme der Venen) vermutlich verschieden. Ähnliche Verhältnisse wurden an anderen Effektororganen, die von noradrenergen postganglionären Neuronen beeinflußt werden, gefunden, z. B. am Samenleiter und am Herzen.

Beispiel 2: Neuroeffektorische Übertragung auf die Schrittmacherzellen des Herzens. Reizung der präganglionären Kardiomotoraxone im N. vagus senkt die Herzfrequenz. Die Erregung dieser präganglionären Axone wird auf postganglionäre parasympathische Neurone synaptisch umgeschaltet. Diese Neurone setzen aus ihren synaptischen Endigungen Acetylcholin frei und hemmen die spontane Aktivität der Schrittmacherzellen im Sinus venosus des Herzens. Superfusion der Schrittmacherzellen mit einer Acetylcholinlösung erzeugt ebenfalls eine Hemmung der Schrittmacherzellen und damit eine Abnahme der Herzfrequenz. Seit *Otto Loewi,* der die chemische Übertragung im peripheren vegetativen Nervensystem am Herzen entdeckt hat, wird geglaubt, daß der physiologische Effekt der Vagusreizung durch das superfundierte Acetylcholin simuliert wird. Morphologische und neurophysiologische Untersuchungen der neuroeffektorischen Übertragung auf die Schrittmacherzellen zeigen jedoch sehr klar, daß das nicht der Fall ist: Wie bei der neurovaskulären Übertragung, bilden praktisch alle Varikositäten der cholinergen parasymphatischen Neurone *Synapsen mit den Herzschrittmacherzellen* aus. Superfundiertes Acetylcholin hyperpolarisiert die Schrittmacherzellen durch Erhöhung der Kaliumleitfähigkeit und verkürzt und verkleinert die Aktionspotentiale (Abb. 6-8c, rechts). Elektrische Reizung des N. vagus reduziert die Frequenz der Depolarisationen der Schrittmacherzellen oder hemmt sie vollständig (so daß ein Herzstillstand erzeugt wird), *ohne* das Membranpotential zu hyperpolarisieren und *ohne* die Aktionspotentiale zu verändern (vermutlich durch Abnahme der Natriumleitfähigkeit; Abb. 6-8c, links). Analog zu der neurovaskulären Übertragung sind die synaptischen und extrasynaptischen Mechanismen der Acetylcholinwirkung verschieden, obwohl beide Wirkungen durch Atropin geblockt werden können und somit cholinerg muskarinerg sind. Synaptische und extrasynaptische Acetylcholinrezeptoren beeinflussen also über *verschiedene intrazelluläre* Signalwege verschiedene Ionenkanäle.

Beide Experimente können verallgemeinert werden und führen zu folgenden Aussagen (Abb. 6-9):

- Die ***neuroeffektorische Übertragung im peripheren vegetativen Nervensystem ist spezifisch.*** Sie ähnelt der neuromuskulären Übertragung im Skelettmuskel. Diese spezifische neuroeffektorische Übertragung ist die Grundlage für eine zeitlich und räumlich geordnete neuronale Regulation vegetativer Effektororgane (z. B. Regulation des arteriellen Blutdrucks, Thermoregulation, Regulation der Entleerungsorgane, Regulation des Pupillendurchmessers usw.).
- Exogen applizierte Überträgerstoffe des vegetativen Nervensystems wirken über ***extrasynaptische Rezeptoren.*** Bei vielen Effektoren sind diese Rezeptoren entweder verschieden von den ***subsynaptischen Rezeptoren*** und/oder vermitteln ihre Wirkungen über verschiedene intrazelluläre Signalwege. Die über extrasynaptische Rezeptoren erzeugten Wirkungen

müssen von den durch Nervenreizung erzeugten physiologischen Wirkungen unterschieden werden und sind häufig pharmakologischer (d. h. nichtphysiologischer) Natur. Welche Rolle die extrasynaptischen Rezeptoren unter biologischen Bedingungen in dicht innervierten vegetativen Effektororganen wie den Arteriolen und den Herzschrittmacherzellen spielen, ist unbekannt.

Neuropeptide sind mit den klassischen Transmittern Acetylcholin und Noradrenalin in den Varikositäten postganglionärer Axone kolokalisiert

In den Varikositäten vieler vegetativer postganglionärer Neurone sind Neuropeptide, deren Funktionen meist unklar sind, mit den klassischen Transmittern kolokalisiert. So sind z.B. in cholinergen Neuronen zu Schweißdrüsen (Sudomotorneurone, sympathisch), zu Speicheldrüsen (parasympathisch) und zu den Rankenarterien des erektilen Gewebes der Genitalorgane (Vasodilatatorneurone, parasympathisch) Acetylcholin und das Peptid „*vasoactive intestinal peptide*" (VIP) kolokalisiert, in postganglionären noradrenergen Neuronen zu Blutgefäßen Noradrenalin und das Peptid *Neuropeptid Y* (NPY) und in noradrenergen Neuronen zum Plexus

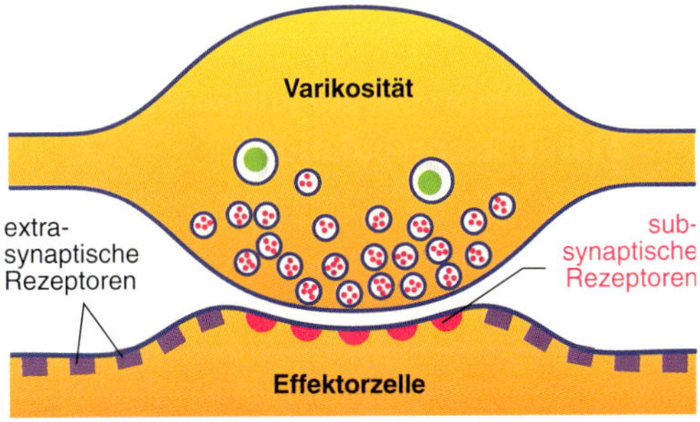

Abb. 6-9. Schema der neuroeffektorischen Übertragung auf kleine Arterien und auf das Herz im peripheren vegetativen Nervensystem. Die subsynaptischen Rezeptoren vermitteln die Wirkung der (des) Überträgerstoffe(s), der (die) unter physiologischen Bedingungen aus der Varikosität ausgeschüttet wird (werden). Extrasynaptische Rezeptoren für diesen Transmitter sind entweder verschieden oder mit verschiedenen intrazellulären Signalwegen verknüpft. Große synaptische Bläschen enthalten auch Neuropeptide *(grün)*. Die physiologischen Funktionen der extrasynaptischen Rezeptoren sind für viele vegetative Effektororgane unklar

submucosus Noradrenalin und das Peptid *Somatostatin*. Peptide und klassische Überträgerstoffe sind in den großen Vesikeln kolokalisiert (Abb. 6-9). Folgende Befunde sprechen dafür, daß die *Peptide als Transmitter* wirken können:

- Sie werden aus den Varikositäten bei Nervenreizung freigesetzt, besonders bei höheren Frequenzen und bei gruppierten Entladungen der Neurone.
- Sie haben die gleichen Effekte auf die Effektororgane wie die kolokalisierten klassischen Transmitter. In den Speicheldrüsen und um die Schweißdrüsen sollen sie eine Vasodilatation erzeugen.
- Pharmakologische Blockade der klassischen Transmitterwirkung beeinträchtigt die Wirkung der Peptide nicht.

Es wird vermutet, daß die Neuropeptide die Wirkungen der klassischen Transmitter verstärken und besonders in der ***Aufrechterhaltung tonischer Effektorantworten*** bei langanhaltender neuronaler Aktivierung der Neurone wirksam werden (z. B. langanhaltende Vasokonstriktionen von Widerstandsgefäßen, Vasodilatationen der Arterien im erektilen Gewebe der Genitalorgane, Vasodilatationen um die Acini von Speichel- und Schweißdrüsen). Ob diese Wirkungen der Peptide biologisch tatsächlich wichtig sind, ist unklar. In keinem Experiment ist es bisher geglückt, dieses unter biologischen Bedingungen zweifelsfrei nachzuweisen.

6.4 Zentralnervöse Regulation: spinaler Reflexbogen, Harnblasenregulation

Vegetativ innervierte Organe werden durch Symphatikus und Parasymphatikus in ihrer Aktivität gehemmt und gefördert. Diese Wirkungen stehen im Dienste lebenswichtiger Funktionen, wie z. B. der Regulation der Verdauung, des Kreislaufs, der Entleerungen von Harnblase und Enddarm, der Sexualorgane oder der Körpertemperatur. Die neuronalen Bereiche im Hirnstamm und Rückenmark, von denen diese Regulationen ausgehen, werden global *Zentren* genannt (z. B. Kreislaufzentrum, Blasenentleerungszentrum, Atmungszentrum). Man versteht unter einem Zentrum diejenigen neuronalen Substrate, die auf ein bestimmtes Organ oder Organsystem spezifisch einwirken. Die verschiedenen vegetativen neuronalen Zentren sind sehr eng miteinander verzahnt und konnten bisher nur durch Reiz-, Ableit- und Ausschaltexperimente elektrophysiologisch identifiziert werden, weniger aber morphologisch. Aus diesen Gründen hat es auch nur Sinn, funktionell von neuronalen vegetativen Zentren zu sprechen.

Die spinale Organisation der vegetativen Systeme ist die Basis für die Organisation vieler vegetativer Reflexe und vegetativer Regulationen

Der spinale vegetative Reflexbogen. Die einfachste Verschaltung zwischen Afferenzen und vegetativen Efferenzen finden wir auf segmentaler Ebene im Rückenmark. Man nennt diesen Neuronenkreis den spinalen vegetativen Reflexogen. In Abb. 6-10 ist in einem Rückenmarkquerschnitt links der vegetative Reflexbogen und rechts der einfachste somatische Reflexbogen (monosynaptischer Dehnungsreflex) eingezeichnet. Das efferente Neuron des vegetativen Reflexbogens, das eine Aktivität auf die vegetativen Erfolgsorgane überträgt, ist das postganglionäre Neuron. Sein Soma liegt außerhalb des Rückenmarks in einem vegetativen Ganglion. Der Zellkörper des efferenten Neurons des somatischen Reflexbogens, nämlich das Soma des Motoneurons, liegt dagegen im Vorderhorn des Rückenmarks.

Die afferenten Fasern des vegetativen Reflexbogens sind *sowohl viszeral als auch somatisch.* Sie treten in den Hinterwurzeln in das Rückenmark ein. Zwischen afferentem Neuron und postganglionärem Neuron sind mindestens 2 Neurone geschaltet: ein Interneuron (IN in Abb. 6-10) und das präganglionäre Neuron. Der monosynaptische Reflexbogen enthält dagegen kein Neuron zwischen afferenter Faser und Motoneuron. Der *einfachste vegetative Reflexbogen* hat also *mindestens 2 Synapsen* im Rückenmarkgrau und eine Synapse im Ganglion zwischen präganglionärem und postganglionärem Neuron. Der *einfachste somatische Reflexbogen* hat dagegen nur *1 Synapse.*

Segmentale Verschaltung vegetativer Efferenzen mit viszeralen und somatischen Afferenzen. Bei krankhaften Prozessen im Eingeweidebereich (z. B. bei Gallenblasen- und Magenschleimhautentzündung) kann man beobachten, daß die Bauchwandmuskulatur über dem Krankheitsherd gespannt ist und das Hautareal (Dermatom), das durch dasselbe Rückenmarksegment innerviert wird wie die erkrankten Eingeweide, gerötet ist. Die „Bauchschmerzen", die ihre Ursache in krampfartigen Bewegungen oder Entzündungen der Eingeweide haben, können durch Änderung der Hauttemperatur des Dermatoms (z. B. durch Umschläge) gelindert oder sogar beseitigt werden. Aus diesen Beobachtungen wird geschlossen, daß die viszeralen und somatischen Efferenzen auf *segmentaler Ebene des Rückenmarks miteinander synaptisch verschaltet sind.*

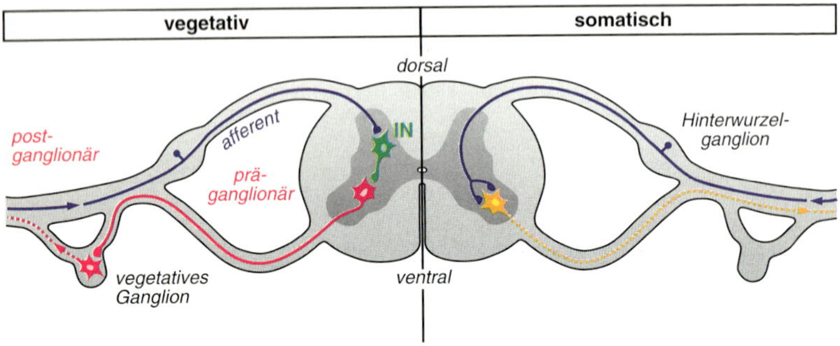

Abb. 6-10. Vegetativer Reflexbogen *(links)* im Vergleich zum monosynaptischen Dehnungsreflexbogen *(rechts)*. ***IN*** Interneuron

In Abb. 6-11 sind in einem Rückenmarkquerschnitt die Reflexbögen eingezeichnet, die diese Beobachtungen erklären können. Die Rötung des Hautbereiches kommt durch Erweiterung der Gefäße in der Haut zustande. Es müssen also die viszeralen Afferenzen der Eingeweide mit den vegetativen (sympathischen) Efferenzen zu den Hautgefäßen verschaltet sein (*viszerokutaner Reflex* = Reflexweg 1 in Abb. 6-11). Wenn gleichzeitig die Bauchmuskulatur über den erkrankten Eingeweiden gespannt ist, so muß weiterhin gefolgert werden, daß die viszeralen Afferenzen der Eingeweide auch mit den Motoneuronen, deren Axone die Bauchmuskulatur innervieren, verknüpft sind (*viszerosomatischer Reflex* = Reflexweg 2 in Abb. 6-11). Erwärmung der Haut führt zur Hemmung der Darmbewegungen und damit zum Nachlassen des Schmerzes. Diese Wirkung wird mit Sicherheit nicht direkt, sondern nervös reflektorisch vermittelt. Sie basiert auf der segmentalen Verschaltung der Afferenzen der Thermorezeptoren in der Haut mit den vegetativen (sympathischen) Efferenzen zum Darm (*kutiviszeraler Reflex* = Reflexweg 3 in Abb. 6-11). Die sympathischen Efferenzen zum Darm werden auch durch die viszeralen Afferenzen vom Darm erregt (*viszeroviszeraler Reflex* = Reflexweg 4 in Abb. 6-11). Dieser Reflex spielt in der Bauchchirurgie eine besondere Rolle, weil es über ihn nach einer Bauchoperation reflektorisch zu einem unerwünschten postoperativen Darmstillstand kommen kann (durch Hemmung der Aktivität in Neuronen des Darmnervensystems).

Die spinalen vegetativen Reflexe treten besonders deutlich bei Menschen auf, deren Rückenmark durch einen Unfall durchtrennt worden ist (***Querschnittgelähmte,*** s. auch Kap. 5). Etwa 2 Monate und länger nach dem Unfall können bei Reizung viszeraler Afferenzen (z. B. von der Harnblase bei Blasenentleerung) Vasokonstriktionen in Haut, Muskulatur und Eingeweiden und starke Schweißsekretionen reflektorisch ausgelöst werden. Die Schaltstationen im Rückenmark, die diese Reaktionen vermitteln, unterliegen bei Gesunden dauernder Hemmung durch absteigende Bahnen von höheren Zentren.

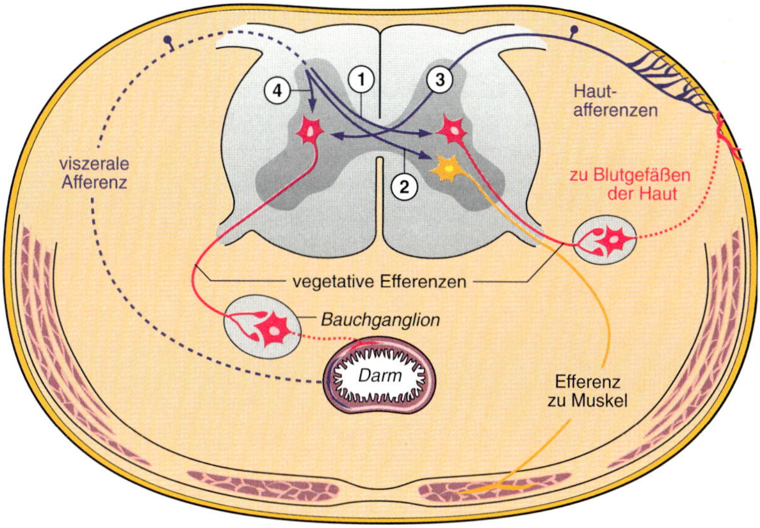

Abb. 6-11. Synaptische Verknüpfung vegetativer und somatischer Efferenzen mit somatischen und viszeralen Afferenzen im Rückenmark zu Reflexkreisen. ① Viszerokutaner Reflex; ② viszerosomatischer Reflex; ③ kutiviszeraler Reflex; ④ intestinointestinaler Reflex. Interneurone im Rückenmark wurden nicht eingezeichnet

Die Regulation der Entleerungsorgane hängt vom sakralen parasympathischen Nervensystem ab und steht unter neuronaler Kontrolle des ZNS

Neuronale Regulationen der Harnblasenentleerung. Die Wand der Harnblase und ihr innerer Schließmuskel (Sphincter vesicae internus) bestehen aus glatter Muskulatur. Zusätzlich hat die Blase noch einen willkürlich kontrollierbaren, quergestreiften (äußeren) Schließmuskel (Sphincter vesicae externus, s. Abb. 6-12). Die nervöse Regulation der Harnblase geschieht im wesentlichen über den ***sakralen Parasympathikus.*** Die Reflexzentren des Blasenentleerungsreflexes liegen im *Kreuzmark* und in der vorderen Brückenregion des Hirnstammes (s. Abb. 6-12). Die spinale Regulation herrscht wahrscheinlich noch im Säuglingsalter vor. Mit der Reifung des ZNS läuft die neuronale Regulation der Blasenentleerung über die vordere Brückenregion ab.

In Abb. 6-12 ist der Reflexweg eingezeichnet, über den beim erwachsenen Menschen die Blasenentleerung reflektorisch abläuft. In der Blasenwand befinden sich *Mechanosensoren,* die die Dehnung der Wand messen. Die Affe-

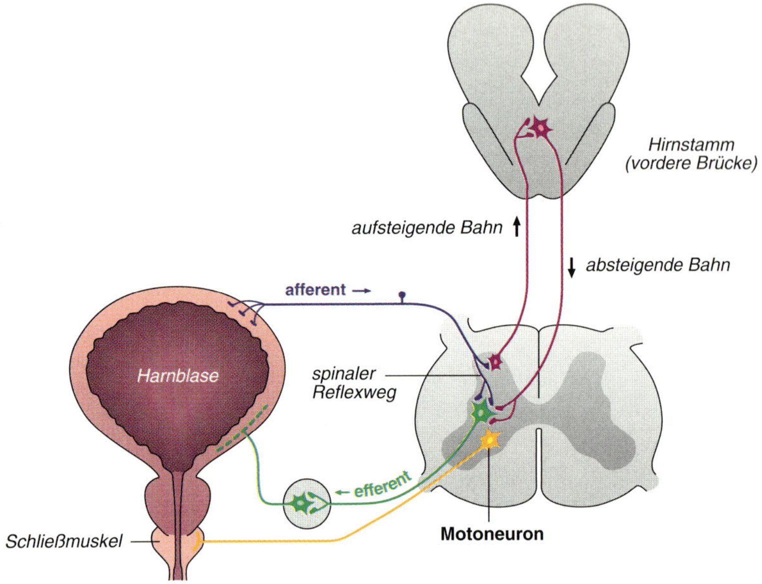

Abb. 6-12. Nervöse Regulation der Blasenentleerung. Der parasympathische Blasenentleerungsreflexbogen läuft beim hirnintakten Tier über die vordere Brücke ab. Beim chronisch spinalisierten Tier oder beim querschnittsgelähmten Menschen wird die Blase über den spinalen Reflexbogen geregelt. Die Bahnen im Rückenmark sind nicht lateralisiert. Der Übersichtlichkeit wegen wurden keine Interneurone eingezeichnet. Die sympathische Innervation der Blasenmuskulatur, die den ersten beiden Lendenmarksegmenten entspringt, wurde auch nicht eingezeichnet. (Mod. nach de Groat 1975)

renzen dieser Sensoren gehören zu den viszeralen Afferenzen. Sie leiten die Erregung der Mechanosensoren, die durch Füllung der Blase zustande kommt, zum Kreuzmark fort. Vom Kreuzmark wird die Erregung über eine spinale aufsteigende Bahn zum ***„Blasenentleerungszentrum“*** in der vorderen Brücke übertragen. Von hier werden über eine absteigende spinale Bahn die präganglionären parasympathischen Neurone im Kreuzmark erregt. Von diesen Neuronen wird die Aktivität über die postganglionären Neurone, deren Zellkörper in den Beckenganglien liegen, auf die Blasenwandmuskulatur übertragen. Daraufhin kontrahiert die glatte Muskulatur der Blasenwand, der Blasenhals erweitert sich durch Verkürzung der Harnröhre, und gleichzeitig erschlafft der Sphincter vesicae externus durch Hemmung der Motoneurone, die ihn innervieren.

Wird einem Menschen durch einen Unfall das Rückenmark oberhalb des Kreuzmarkes durchtrennt, so daß es zur Querschnittlähmung kommt, ist die Harnblase zuerst gelähmt. Mehrere Wochen nach der Rückenmarkdurchtrennung beginnt sich die Blase nach Füllung automatisch zu entleeren. Die Entleerung wird jetzt reflektorisch über das Rückenmark ausgelöst (spinaler Reflexweg in Abb. 6-12). Die Kontraktion der Blasenwandmuskulatur und die Erschlaffung des Blasenhalses sind jetzt allerdings nicht mehr richtig koordiniert.

Die glatte Muskulatur der Blase wird noch zusätzlich durch den *Sympathikus* innerviert, der dem oberen Lendenmark entspringt (nicht eingezeichnet in Abb. 6-12). Diese Fasern wirken hemmend auf die glatte Muskulatur der Blasenwand und erregend auf die glatte Muskulatur von Blasenboden und innerem Schließmuskel. In welchem Umfang diese sympathische Innervation funktionell eine Bedeutung für die Entleerung und Speicherung von Urin hat, ist noch strittig.

Die *willkürliche Steuerung der Blasenentleerung* erfolgt über absteigende hemmende und erregende Bahnen vom *Cortex*, die auf das pontine Blasenentleerungszentrum, die sakralen präganglionären Neurone und die Motoneurone zum Sphincter vesicae externus wirken. Wir müssen uns vorstellen, daß die Regelung der Blasenentleerung stufenartig *(hierarchisch)* organisiert ist: ***Organebene, segmentale Ebene, Hirnstammebene, kortikale Ebene.*** Mit jeder differenzierten Stufe der Regelung kann die Blasenentleerung den jeweiligen Bedürfnissen des Organismus besser angepaßt werden. Die Regelung auf der Ebene der Brücke z. B. bewirkt bei voller Blase stets eine volle Entleerung. Höhere Zentren können in diese Regelung eingreifen und die Blasenentleerung aufschieben oder beschleunigen.

6.5 Genitalreflexe

Der Reaktionszyklus bei der Kohabitation des Menschen kann in 4 Phasen eingeteilt werden: ***Erregungs-, Plateau-, Orgasmus-*** und ***Rückbildungsphase*** (Abb. 6-13). Der zeitliche Ablauf dieses Reaktionszyklus ist interindividuell sehr verschieden. Erregungs- und Rückbildungsphase dauern am längsten, während Plateau und Orgasmusphase meist schnell ablaufen. Der Reaktionszyklus läuft beim Mann meist stereotyp ab; der Rückbildungsphase folgt eine Refraktärzeit, in der kein Orgasmus erreicht werden kann. Der Reaktionszyklus der Frau ist dagegen sehr variabel. Sie ist zu multiplen Orgasmen fähig.

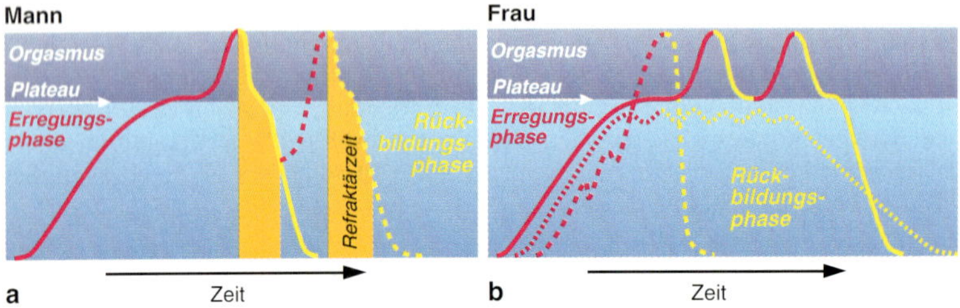

Abb. 6-13 a, b. Sexuelle Reaktionszyklen von Mann (**a**) und Frau (**b**). Dauer *(Abszisse)* und Stärke *(Ordinate)* der verschiedenen Phasen sind interindividuell sehr variabel. (Mod. nach Masters u. Johnson 1970)

Die neuronalen spinalen Prozesse, die bei diesem Reaktionszyklus ablaufen, bestehen aus komplexen Reflexfolgen, an denen parasympathische, sympathische und motorische Efferenzen sowie viszerale und somatische Afferenzen teilnehmen. Unsere Kenntnisse über diese Reflexe sind nur bruchstückhaft.

Die Genitalreflexe laufen über verschiedene vegetative Reflexwege ab, die im sakralen und lumbalen Rückenmark organisiert sind und unter supraspinaler Kontrolle stehen

Genitalreflexe beim Mann. Der sexuelle Reaktionszyklus besteht physiologisch aus den aufeinanderfolgenden Phasen der ***Erektion*** des Gliedes, der ***Emission*** von Samen und Drüsensekreten in die Harnröhre und der ***Ejakulation.*** Der Orgasmus beginnt mit oder vor der Emission und endet mit der Ejakulation.

Die *Erektion* des Penis wird durch Dilatation der Arterien in den Schwellkörpern mit nachfolgender praller Füllung der Venen und Druckanstieg in ihnen erzeugt. Der venöse Abfluß ist durch die kräftige bindegewebige Hülle des Penis gedrosselt. Die arterielle Dilatation wird *aktiv* durch *Aktivierung parasympathischer Efferenzen* aus dem Sakralmark bewirkt (Vasodilatatoren; Abb. 6-14). Die parasympathischen Neurone werden einerseits ***reflektorisch*** durch Afferenzen vom Penis und von umliegenden Geweben, die im N. pudendus laufen, und andererseits ***psychogen*** von höheren Hirnstrukturen über spinale deszendierende Bahnen aktiviert. Die Glans penis ist am dichtesten mit Mechanorezeptoren versorgt. Die adäquate Reizung dieser Rezeptoren geschieht durch gleitende und massierende Scherbewegungen.

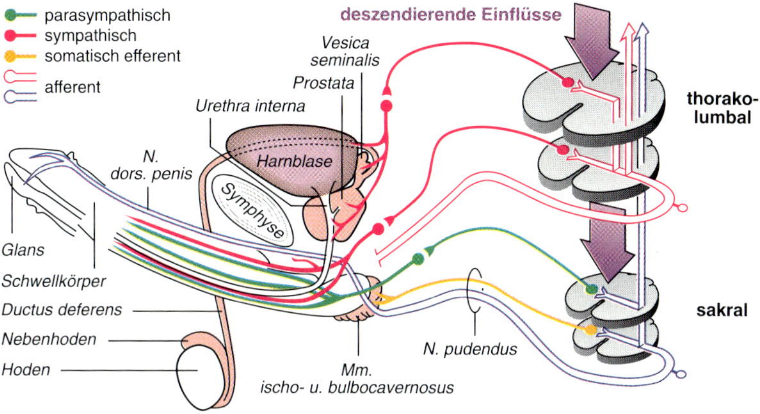

Abb. 6-14. Innervation der männlichen Genitalorgane. Interneurone zwischen Afferenzen und efferenten Neuronen im Rückenmark sind nicht eingezeichnet

Emission und *Ejakulation* sind der Höhepunkt des männlichen Sexualaktes (Orgasmus). Die Reizung der Afferenzen von den inneren und äußeren Sexualorganen (s. Abb. 6-14) während des Sexualaktes löst *reflektorisch* über das Thorakolumbalmark eine *Erregung sympathischer Efferenzen* aus. Dies führt zu Kontraktionen von Nebenhoden, Samenleiter, Prostata und Samenbläschen. Samen und Drüsensekrete werden in den inneren Teil der Harnröhre befördert. Um einen Rückfluß in die Harnblase zu verhindern, wird die Harnröhre an ihrem Ansatz reflektorisch verschlossen. Nach der Emission wird durch Erregung der Afferenzen von den Genitalorganen der Samen durch rhythmische Kontraktionen der Beckenbodenmuskulatur und der Skelettmuskulatur, die den hinteren Teil der Schwellkörper umschließt, aus der Harnröhre herausgeschleudert (Ejakulation). Dieser Vorgang läuft reflektorisch über das ***Sakralmark*** ab (Abb. 6-14). Er wird begleitet durch rhythmische Kontraktionen der Beckengürtel- und Rumpfmuskulatur und somit durch stoßartige Bewegungen während des Geschlechtsverkehrs. Dadurch wird der Samen in die hintere Scheide befördert. Während der Ejakulationsphase sind parasympathische und sympathische Neurone zu den Geschlechtsorganen maximal erregt.

Genitalreflexe bei der Frau. Dauer und Intensität der einzelnen Phasen im Reaktionszyklus des Sexualverhaltens sind interindividuell sehr unterschiedlich. Reizung der Mechanosensoren in den und um die weiblichen Genitalorgane, deren Axone im N. pudendus zum Sakralmark laufen, führt reflektorisch zu Veränderungen der äußeren und inneren Geschlechtsorgane. Die gleichen Veränderungen können auch psychogen erzeugt werden.

Die großen Schamlippen weichen auseinander, verschieben sich nach vorne seitlich und schwellen bei fortgesetzter Erregung durch *venöse Blutstauung* an. Die kleinen Schamlippen nehmen durch Blutfüllung um das 2- bis 3fache zu und schieben sich zwischen die großen Schamlippen. Sie ändern ihre Farbe von rosa zu hellrot. Die *Klitoris* schwillt an, nimmt an Länge zu und wird an den Rand des Schambeins gezogen. Diese Vergrößerung der äußeren Genitalien ist auf eine vermehrte Blutfüllung der Organe zurückzuführen. Sie wird möglicherweise durch *vasodilatatorisch wirkende parasympathische Efferenzen* aus dem Sakralmark, die in den Beckennerven laufen, erzeugt (Abb. 6-15).

Die *inneren Geschlechtsorgane* erfahren ebenfalls bemerkenswerte Änderungen während der Erregungs-, Plateau- und Orgasmusphase. Der Vaginalschlauch verlängert und erweitert sich. Auf der Oberfläche des vaginalen Plattenepithels erscheint schleimige Flüssigkeit, die die Gleitfähigkeit in der Vagina erhöht und Voraussetzung für die adäquate Reizung der Mechanorezeptoren des Penis während des Geschlechtsaktes ist. Mit zunehmender Erregung bildet sich im äußeren Drittel der Vagina durch venöse Stauung die ***orgastische Manschette*** aus (Abb. 6-15). Diese Manschette kontrahiert sich während des Orgasmus. Der Uterus richtet sich während der sexuellen Erre-

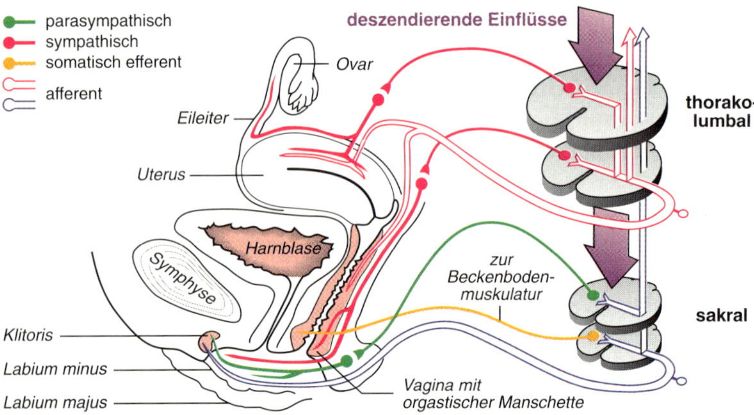

Abb. 6-15. Innervation der weiblichen Genitalorgane. Interneurone zwischen Afferenzen und efferenten Neuronen im Rückenmark sind nicht eingezeichnet

gung so auf, daß sich sein Hals von der hinteren Vaginalwand entfernt und dadurch im inneren Drittel der Vagina ein freier Raum zur Aufnahme des Samens entsteht. Gleichzeitig vergrößert und kontrahiert sich der Uterus während des Orgasmus. Alle Veränderungen werden wahrscheinlich reflektorisch durch Erregung parasympathischer Neurone aus dem Sakralmark und/oder sympathischer Neurone aus dem Thorakolumbalmark ausgelöst (Abb. 6-15).

Extragenitale Veränderungen. Der Orgasmus ist eine Reaktion des ganzen Körpers. Er besteht aus den neurovegetativ hervorgerufenen Reaktionen der Genitalorgane, allgemeinen vegetativen Reaktionen und einer starken zentralnervösen Erregung, die zu intensiven Empfindungen führt.

Während des sexuellen Reaktionszyklus nehmen ***Herzfrequenz, Blutdruck*** und ***Atemfrequenz*** zu. Die Brust der Frau zeigt infolge Vasokongestion eine Zunahme der Venenzeichnung und der Größe. Die Brustwarzen sind erigiert und die Warzenhöfe angeschwollen. Diese Reaktionen der Brust können auch beim Manne auftreten, sind aber bei weitem nicht so deutlich ausgeprägt. Bei vielen Frauen und manchen Männern kann man die „Sexualröte" der Haut beobachten. Sie beginnt typischerweise in der späten Erregungsphase im Bereich des Oberbauches und breitet sich mit zunehmender Erregung über Brüste, Schultern, Abdomen und u. U. auf den ganzen Körper aus. Die Skelettmuskulatur kontrahiert willkürlich und unwillkürlich. Es kommt zu nahezu krampfartigen Kontraktionen von mimischer Muskulatur, Bauch- und Zwischenrippenmuskulatur. Im Orgasmus geht die willkürliche Kontrolle der Skelettmuskulatur häufig weitgehend verloren.

6.6 Zentralnervöse Regulation: Arterieller Blutdruck, Regulation der Muskeldurchblutung

Der Blutkreislauf ist das Transportsystem des Organismus; er besteht aus dem Lungenkreislauf (kleiner Kreislauf) und dem Körperkreislauf (großer Kreislauf)

Komponenten und Funktion des Kreislaufs. Über den Blutkreislauf werden Sauerstoff und energiereiche Stoffe an die Organe (ZNS, innere Organe, Muskulatur usw.) herantransportiert und die Verbrennungsrückstände abtransportiert. Das ***arterielle*** System des Körperkreislaufes besteht aus dem linken Herzen und den großen und kleinen Arterien: das *Herz* ist der Motor, der das Blut in die *Arterien* befördert; der Abfluß aus diesem System in die Kapillarbetten erfolgt über die kleinen Arterien. In diesem System herrscht bei einem jungen gesunden Menschen ein mittlerer Blutdruck von etwa

100 mm Hg. Dieser Druck ist notwendig, um die *Gewebe* über die Kapillaren mit genügend Blut zu versorgen. Im *Kapillargebiet* findet der Austausch der Atemgase (Sauerstoff, Kohlendioxid) sowie der Nähr- und Abfallstoffe statt.

Über die ***Venen*** wird das Blut zum rechten Herzen zurücktransportiert. Der Druck in ihnen beträgt etwa ein Zehntel des arteriellen Druckes. Venen haben sehr weiche, elastische Wände; deshalb enthält das venöse System etwa 80% des gesamten Blutvolumens. Das rechte Herz drückt das Blut durch die Lungenarterien in die *Lunge*, in der es wieder mit Sauerstoff aufgeladen wird und Kohlendioxid abgibt, bevor es über die Lungenvenen zum linken Herzen zurückgelangt. Herz, Arterien und Venen sind vegetativ innerviert; sie sind die Effektoren der neuronalen ***Kreislaufregulation.***

Abbildung 6-16 zeigt schematisch die wichtigsten Komponenten der arteriellen Blutdruckregulation im Körperkreislauf. Der Hirnbereich, der den Blutdruck regelt, liegt in der Medulla oblongata. Er wird deshalb auch als ***Kreislaufzentrum*** bezeichnet. Dieses Zentrum funktioniert auch ohne die modifizierenden Einflüsse höherer Hirnzentren, so z.B. in dezerebrierten Tieren. Die afferenten Eingänge zum Kreislaufzentrum projizieren zum *Nucleus tractus solitarii* (NTS in Abb. 6-16). Die efferenten Ausgänge des Kreislaufzentrums für Herz- und Blutgefäße liegen vorwiegend im *Nucleus ambiguus* und einige im *Nucleus dorsalis nervi vagi* (NA, NDNV in Abb. 6-16; präganglionäre, parsympathische Neurone zum Herzen) und in der rostro-

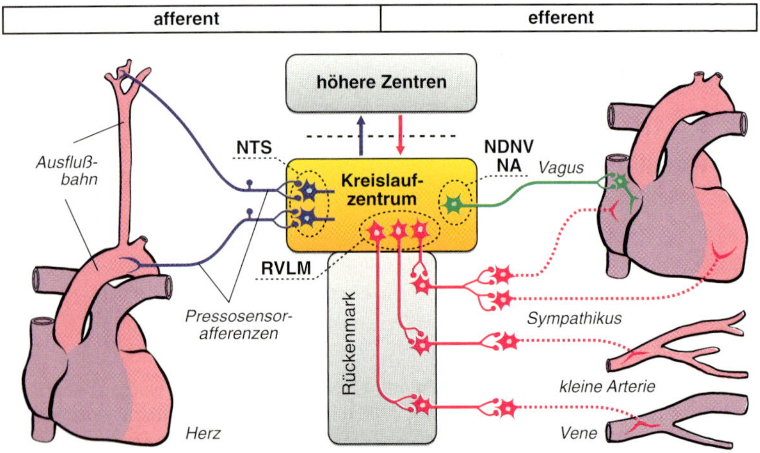

Abb. 6-16. Pressosensorische Eingänge (afferent) und neuronale Ausgänge (efferent) des Kreislaufzentrums in der Medulla oblongata. ***NTS*** Nucleus tractus solitarii; ***NDNV*** Nucleus dorsalis nervi vagi. ***NA*** Nucleus ambiguus; ***RVLM*** rostroventrolaterale Medulla

ventrolateralen Medulla (RVLM in Abb. 6-16; „präsympathische“ Neurone, die zu den sympathischen präganglionären Vasomotorneuronen projizieren). Für die Pressosensorreflexe ist die einfachste Reflexverschaltung *disynaptisch* zwischen den arteriellen Pressoafferenzen und den präganglionären parasympathischen Neuronen zum Herzen und *trisynaptisch* Pressoafferenzen und „präsympathischen Neuronen in der RVLM.

Phasische Änderungen des arteriellen Blutdruckes werden über die Pressosensorenreflexe schnell gedämpft

Die Pressosensorenreflexe. Änderungen der Lage des Körpers im Schwerefeld der Erde und physische, thermische und psychische Belastungen verändern den arteriellen Blutdruck. Die phasischen Anstiege und Abfälle des arteriellen Blutdruckes werden über die Pressosensorreflexe schnell gegenreguliert. Diese Regulation setzt die Organisation der kardiovaskulären Endstrecken (s. S. 159 f) und eine genaue neuroeffektorische Übertragung auf die Blutgefäße und auf die Schrittmacher des Herzens voraus (s. S. 170 f).

Informationen über die Höhe des Blutdruckes erhält das Kreislaufzentrum über die ***Pressosensoren*** in der arteriellen Ausflußbahn des Herzens (Aortenbogen, Carotissinus; linke Seite in Abb. 6-16). Diese Sensoren messen über den Dehnungszustand der Blutgefäßwände sowohl die momentane *mittlere Höhe* als auch die *pulsatilen Schwankungen des Blutdruckes.* Bei Erhöhungen des mittleren arteriellen Druckes als auch der Pulsamplitude nehmen die Impulse in den Afferenzen der Pressosensoren zu, bei Erniedrigung des Mitteldruckes und der Pulsamplitude nimmt die Impulsrate ab.

Die für die arterielle Blutdruckregulation wichtigsten ***Efferenzen*** innervieren das *Herz* und die *kleinen Arterien* (rechte Seite in Abb. 6-16). Diese Efferenzen senden fortlaufend Impulse zu ihren Erfolgsorganen, sie sind *tonisch* aktiv. Die Schlagfrequenz des Herzens wird durch Abnahme der Impulsaktivität in parasympathischen Neuronen zum Herzen erhöht und durch Zunahme der Impulsaktivität erniedrigt (s. Abb. 6-8 c). Die Schlagfrequenz und die Kontraktionskraft des Herzens werden durch die Aktivität in den sympathischen Fasern erhöht (s. Tabelle 6-1). Die kleinen Arterien werden nur von sympathischen postganglionären Neuronen innerviert. Man nennt diese Neurone *Vasokonstriktorneurone.* Erhöhung der sympathischen Aktivität verengt die Gefäße; Erniedrigung der sympathischen Aktivität hat eine Erweiterung der Gefäße zur Folge. In Abb. 6-17 a sind die wichtigsten Bestandteile der arteriellen Blutdruckregulationen in einem ***Regelschema***

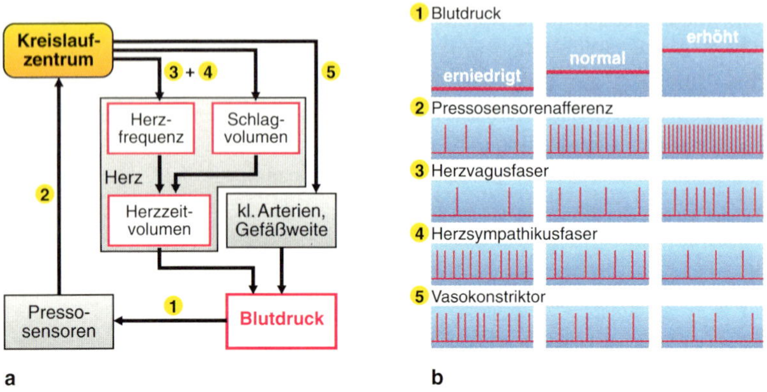

Abb. 6-17. a Blockschaltbild der Regulation des Blutdruckes. Mit *Schlagvolumen* wird die Blutmenge, die das Herz bei einer Kontraktion auswirft, bezeichnet. Das *Herzzeitvolumen* ist die Blutmenge, die das Herz in einer bestimmten Zeit (z. B. einer Minute) auswirft. Die Zahlen beziehen sich auf **b** (Mod.nach Ruch u. Patton 1965). **b** Aktivitäten einer typischen Pressoafferenz *2,* eines Herzvagusneurons *3,* eines sympathischen Neurons zum Herzen *4* und eines Vasokonstriktorneurons *5* während normalem, erhöhtem und erniedrigtem mittlerem arteriellem Blutdruck. (Mod. nach Rushmer 1972)

dargestellt. Anhand dieses Schemas können Sie sich das Prinzip der arteriellen Blutdruckregulation klarmachen. Abbildung 6-17 b zeigt, wie sich die Impulsaktivitäten in einer Pressosensorenafferenz (2), einer Herzvagusfaser (3), einer Herzsympathikusfaser (4) und einer Vasokonstriktorfaser (5) ändern, wenn sich der mittlere arterielle Blutdruck (1) erniedrigt (linke Kolumne in Abb. 6-17 b) oder erhöht (rechte Kolumne).

Ein *erhöhter Blutdruck* wird über eine erhöhte Impulsrate der Pressoafferenzen (Abb. 6-17 b/2) dem Kreislaufzentrum gemeldet. Das Kreislaufzentrum regelt den erhöhten Blutdruck folgendermaßen entgegen: Es erhöht die Impulsaktivität in den parasympathischen Herzfasern (Abb. 6-17 b/3) und erniedrigt die Impulsaktivität in den sympathischen Herzfasern (Abb. 6-17 b/4). Auf diese Weise kommt es zur Erniedrigung der Schlagfrequenz und des Schlagvolumens des Herzens. Damit nimmt die Blutmenge ab, die das Herz in einer bestimmten Zeit auswirft (Herzzeitvolumen). Die Impulsaktivität in den sympathischen Vasokonstriktorneuronen zu den kleinen Arterien nimmt ab (Abb. 6-17 b/5). Dies führt zu einer Erweiterung der kleinen Arterien und damit zu vermehrtem Abfluß von Blut aus dem arteriellen System. Die Hemmung der Aktivität in den sympathischen Neuronen zum Herzen und den Vasokonstriktorneuronen findet in der Medulla oblongata in den Neuronen der RVLM statt (Abb. 6-16). Wenn sich der *Blutdruck erniedrigt,* ändern sich die neuronalen Parameter (Abb.

6-17b, linke Spalte) und die Antworten der Effektoren in umgekehrter Richtung. Diese *Gegenregulationen* geschehen *in wenigen Sekunden.*

Die neuronale Kreislaufregulation besteht nicht nur aus der Regulation des arteriellen Blutdrucks, sondern aus einer Vielzahl miteinander verknüpfter Regelvorgänge, wie z. B. der Volumenregulation oder der Regelung der Blutflüsse durch die Organe. Diese Regelungen stehen im Dienste verschiedener Funktionen des Organismus, z. B. der Regelung des *extrazellulären Flüssigkeitsvolumens* (s. S.198f), der *Körpertemperatur* (s. S. 193f) und der *Verdauung.* Deshalb spielen andere Afferenzen (z. B. von Volumensensoren, Thermosensoren, arterielle Chemosensoren und Sensoren aus dem Magen-Darm-Trakt), andere Effektoren (z. B. das Venensystem, s. Abb. 6-16, und die Niere) und andere Hirnbereiche (z. B. der obere Hirnstamm und der Hypothalamus) in diesen Regelungen eine Rolle. Im folgenden werden als Beispiel die Änderungen der Blutflüsse durch die Organe und des Herzzeitvolumens während Muskelarbeit beschrieben.

Bei körperlicher Arbeit wird das Blut zugunsten der Skelettmuskulatur umverteilt: Regelung der Organdurchblutung während Muskelarbeit

In Ruhe fließen etwa 20 % des Herzzeitvolumens durch die Skelettmuskulatur, 40 % durch den Viszeralbereich, 14 % durchs Gehirn, 6 % durch den Koronarkreislauf und 20 % durch die Haut und die übrigen Gewebe (s. Abb. 6-18, links). Bei Muskelarbeit finden folgende Änderungen statt (Abb. 6-18, rechts):

- Das Herzzeitvolumen erhöht sich auf das maximal 4 fache.
- Die Durchblutungen von Viszeralbereich, Haut und übrigen Organen nehmen ab (die Hautdurchblutung nimmt aus thermoregulatorischen Gründen bei mittlerer bis schwerer Arbeit zu; nicht berücksichtigt in Abb. 6-18).
- Die Durchblutung des Gehirns ändert sich nicht.
- Die Durchblutung des Herzens (Koronarkreislauf) nimmt bis zum 4 fachen zu.
- Der Blutfluß durch die Skelettmuskulatur nimmt bis zum 20 fachen zu.

Von diesen Änderungen ist die Zunahme von Muskeldurchblutung und Herzzeitvolumen bei weitem am größten. Diese kardiovaskulären Verände-

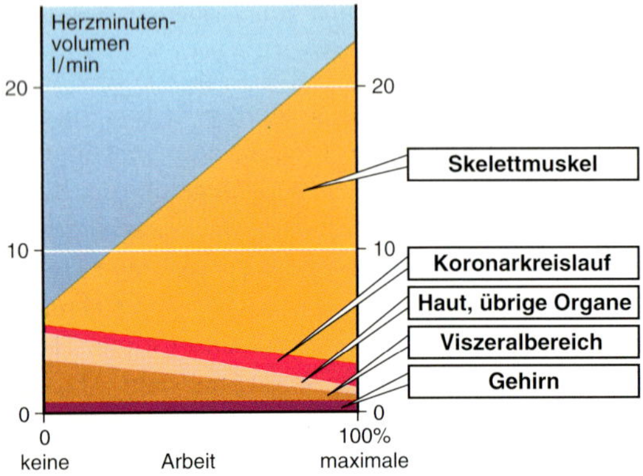

Abb. 6-18. Durchblutung verschiedener Organe und Organsysteme vor und während körperlicher Arbeit. Die thermoregulatorisch bedingte Zunahme der Hautdurchblutung während leichter bis mittelschwerer Arbeit wurde nicht berücksichtigt. (Mod. nach Brobeck 1979)

rungen sind mit einer Zunahme der Atmung korreliert (vermehrter Transport von Sauerstoff in die Lunge). Es ist bemerkenswert, daß diese ***Anpassungen von Kreislauf und Atmung*** während Muskelarbeit innerhalb weniger Sekunden nach Arbeitsbeginn einsetzen.

Obwohl diese wichtigen Anpassungsreaktionen seit langer Zeit bekannt sind, weiß man bis heute nicht genau, wie sie zustande kommen. Initial werden die Anpassungen von Kreislauf und Atmung sicherlich gleichzeitig mit den Skelettmuskelkontraktionen zentralnervös ausgelöst. Hier muß angenommen werden, daß eine „Kopie" des efferenten Signals zu den Motoneuronen auch zu den „vegetativen Zentren" geht. Um diese Anpassungsreaktionen aufrechtzuerhalten, ist es weiterhin wahrscheinlich, daß die Aktivität in dünnen Muskelafferenzen, die die metabolischen Veränderungen im Muskel messen, als afferente Rückmeldung wichtig ist.

6.7 Hypothalamus: Die Regulation des inneren Milieus

Der Hypothalamus organisiert vegetative Regulationen höherer Ordnung, neuroendokrine Regulationen und elementare Verhaltensweisen

Ein hochentwickeltes Leben ist nur möglich, wenn die inneren Bedingungen im Körper, die das sog. ***innere Milieu*** ausmachen, konstant bleiben oder nur in sehr eng gesteckten Grenzen variieren. Unter diesen inneren Bedingungen versteht man z.B. die Körpertemperatur, die Konzentration der Ionen, das Flüssigkeitsvolumen im Extrazellulärraum und die Konzentration des Zuckers im Blut. Man bezeichnet den Gleichgewichtszustand, der bei der Konstanthaltung des inneren Milieus zwischen den Funktionen und chemischen Bestandteilen eintritt, als ***Homöostase.*** Qualitativ kann man hierzu folgenden Vergleich anstellen: Der Organismus trägt sein Milieu mit sich herum, wie der Raumfahrer in seinem Raumanzug oder in der Raumkapsel das Erdmilieu mit sich herumträgt (Partialdruck von Sauerstoff und Kohlendioxid, Luftdruck usw.).

Die wichtigste Hirnregion für die Erhaltung der Homöostase ist der ***Hypothalamus.*** Er ist entwicklungsgeschichtlich ein alter Teil des Gehirns, der in seinem Aufbau im Laufe der Entwicklung der Tiere relativ konstant geblieben ist. Er liegt etwa in der Mitte des Gehirns und ist das *Zentrum aller vegetativen Prozesse im Körper.* Hypothalamische Funktionen integrieren spinale Reflexe und vegetative Regulationen, die vom Hirnstamm ausgehen. Diese *integrativen Funktionen* des Hypothalamus schließen nicht nur das vegetative Nervensystem, sondern auch das somatische Nervensystem und neurohormonelle Systeme mit ein. Ein großhirnloses Tier ist daher nicht besonders schwer am Leben zu erhalten, während ein Tier ohne Hypothalamus äußerster Pflege bedarf, um am Leben zu bleiben.

Die Funktionen des Hypothalamus werden normalerweise unter verschiedenen Teilgebieten der Physiologie abgehandelt, wie z.B. der Temperaturregelung, Regelung des Elektrolythaushaltes, Regelung der endokrinen Organe und Physiologie der Emotionen. Hierin kommt die Vielfältigkeit der hypothalamischen Funktionen zum Ausdruck. Eines haben aber alle Funktionen gemeinsam: sie dienen der Konstanthaltung der inneren Bedingungen im Organismus.

Anatomie des Hypothalamus. Die Abb. 6-19a zeigt das Gehirn von medial. Die Schnittebene läuft von oben nach unten und von vorn nach hinten. Der Hypothalamus ist in Abb. 6-19a gelb eingezeichnet. Er liegt zusammen mit dem Thalamus zwischen Großhirn und Mittelhirn. Diese Region des Gehirns wird deshalb auch als *Zwischenhirn* bezeichnet. Außerdem liegt der Hypothalamus, wie Abb. 6-19a zeigt, *unterhalb* des Thalamus, daher das Wort *Hypo*thalamus.

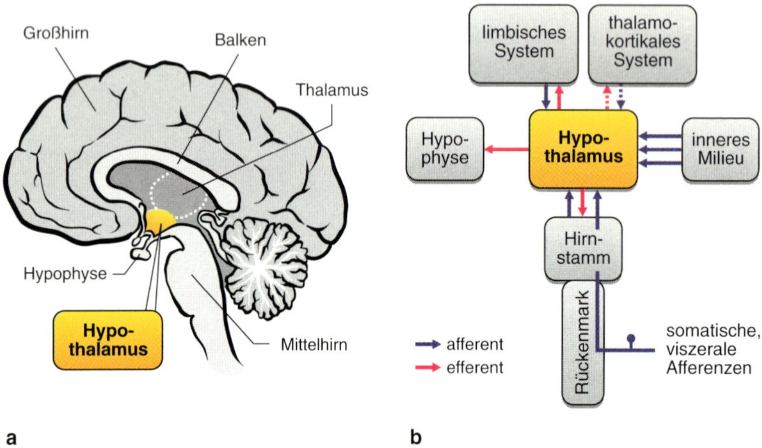

Abb. 6-19. a Topographische Lage des Hypothalamus im Gehirn *(gelb).* **b** Afferente und efferente neuronale und humorale Verbindungen des Hypothalamus. Die afferenten Verbindungen sind *blau,* die efferenten Verbindungen sind *rot* eingezeichnet

Eine besondere Beziehung hat der Hypothalamus zur ***Hypophyse,*** auch Hirnanhangsdrüse genannt (Abb. 6-19 a). Sie besteht aus dem *Hypophysenvorderlappen* und dem *Hypophysenhinterlappen.* Diese Drüse produziert Hormone, über die u. a. hormonproduzierende Drüsen in der Peripherie des Körpers, z. B. Schilddrüsen und Sexualdrüsen, geregelt werden. Der Hypothalamus ist der Hirnanhangsdrüse funktionell übergeordnet. In Abb. 6-19 b sind die wichtigsten afferenten (blaue Pfeile) und efferenten (rote Pfeile) Verbindungen des Hypothalamus schematisch dargestellt. Anhand dieser Verbindungen wird die zentrale Lage des Hypothalamus im Gehirn noch deutlicher hervorgehoben als in Abb. 6-19 a.

Der Hypothalamus ist mit allen übergeordneten und untergeordneten Bereichen des ZNS efferent und afferent nervös verschaltet. Die 2 großen übergeordneten Bereiche sind das *limbische* und das *thalamokortikale System.* Die dem Hypothalamus z. T. untergeordneten Bereiche des ZNS sind der *Hirnstamm* und das *Rückenmark.* Wichtige afferente Informationen erhält der Hypothalamus aus der Umwelt über Sinnesorgane (Gehörs-, Geruchs-, Geschmackssinn und Somatosensorik) und aus dem Eingeweidebereich über die viszeralen Afferenzen. Besondere afferente Eingänge erhält der Hypothalamus aus dem inneren Milieu. Es handelt sich hier z. B. um Neurone im Hypothalamus, die die Temperatur des Blutes, die Salzkonzentration der extrazellulären Flüssigkeit oder die Konzentrationen der Hormone endokriner Drüsen im Blut messen. Besonders wichtige efferente Ausgänge besitzt der Hypothalamus zur Hypophyse. Sie sind *hormonal* zum Hypophysenvorderlappen (s. Abb. 6-21 a) und *neuronal* zum Hypophysenhinterlappen (daher auch der Name Neurohypophyse). Über diese Verbindungen wird die Ausschüttung von Hormonen aus der Hypophyse reguliert.

Das Leben von vielen Säugern und Vögeln in Klimata von −50 ° bis +50 °C wird ermöglicht durch die Regulation der Körperkerntemperatur auf einen konstanten Wert von etwa 37 °C

Kerntemperatur, Schalentemperatur und Regulation. Als Beispiel für die übergeordnete Regelung durch den Hypothalamus wird die *Konstanthaltung* der Körpertemperatur bei Säugetieren ausführlicher dargestellt. Diese Konstanz ist Voraussetzung für das Funktionieren des Organismus, weil die Geschwindigkeit aller chemischen Reaktionen im Körper temperaturabhängig ist und diese daher in quantitativ genügendem Maße nur bei 37–38 °C ablaufen.

Bei Warmblütern muß man zwischen der *Kerntemperatur* im Körperinneren, z. B. im Brustraum und Gehirn, und der *Schalentemperatur* in der Körperperipherie, z. B. in den Extremitäten und der Haut, unterscheiden. Die Schalentemperatur schwankt in Abhängigkeit von der Umgebungstemperatur beträchtlich (denken Sie an Ihre kalten Finger im Winter), während die Kerntemperatur fast konstant gehalten wird. Die Kerntemperatur wird über die ***Wärmeproduktion*** und ***Wärmeabgabe*** auf Konstanz (ihren Soll-Wert) geregelt.

- Thermoregulatorische Wärmebildung geschieht beim erwachsenen Menschen hauptsächlich über das somatomotorische System durch Muskelzittern, beim Neugeborenen auch durch Steigerung der Stoffwechselvorgänge (Abbau von Fetten im braunen Fettgewebe) über die Aktivierung des sympathischen Nervensystems (zitterfreie Thermogenese).
- Die Wärmeabgabe reguliert der Organismus über die ***Hautdurchblutung*** und über ***Schwitzen.*** Die im Körper gebildete Wärme wird mit dem Blutstrom in die Haut transportiert und an die Umgebung abgegeben. Die Durchblutung der Finger z. B. kann im Verhältnis von 1 : 600 geändert werden, entsprechend auch der Wärmetransport. Ein wichtiger Mechanismus der Wärmeabgabe – besonders bei höheren Umgebungstemperaturen – ist die *Verdunstung von Schweiß* auf der Körperoberfläche. Jeder Liter Schweiß, der vollständig verdunstet, entzieht dem Körper eine Wärmeenergie von 2430 kJ (580 kcal); das entspricht etwa einem Viertel der Energiemenge, die man täglich durch die Nahrung zu sich nimmt.

Über diese Mechanismen hinaus führen die *Kalt- und Warmempfindungen* zu bestimmten Verhaltensweisen, die im weiteren Sinne auch als Regelmechanismen zum Schutze vor Auskühlung und Überhitzung verstanden werden können (z. B. An- und Ablegen von Kleidung).

Thermosensoren und Thermoregulation. Damit der Organismus „erkennt", wann er Wärme abgeben und wann er Wärme produzieren „soll", muß er Sensoren (Meßfühler) haben, die die Temperatur messen. Solche Meßfühler gibt es v. a. im vorderen Bereich des Hypothalamus und in der Haut des Organismus. Die Meßfühler im ***vorderen Hypothalamus*** sind spezialisierte Neurone (Abb. 6-20 a), die v. a. die Zunahme der Kerntemperatur messen ***(Warmneurone).*** Die thermoregulatorisch wichtigen Meßfühler in der ***Haut*** sind ***Kaltsensoren*** (Abb. 6-20 a), die die Abnahme der Schalentemperatur registrieren. Die Afferenzen dieser Kaltsensoren melden die Schalentemperatur nach zentral, bevor es überhaupt zum Absenken der Kerntemperatur kommt. Warmsensoren der Haut spielen wahrscheinlich keine wichtige Rolle in der Thermoregulation.

Besonders vom hinteren Hypothalamus aus werden Wärmeproduktion und Wärmeabgabe geregelt (***Regelzentrum*** in Abb. 6-20 a). Hier laufen die Informationen von den Warmneuronen im vorderen Hypothalamus und den Kaltsensoren in der Haut zusammen. Zerstört man diesen Bereich des Hypothalamus, so wird der Organismus wechselwarm (poikilotherm), d. h. er kann seine Kerntemperatur nicht mehr unabhängig von der Umgebungstemperatur auf Konstanz regeln.

Regulation der Körpertemperatur. In Abb. 6-20 b ist die Regelung der *Kerntemperatur* (rote Begriffe) im Vergleich zu einer Regelung der *Zimmertemperatur* (schwarze Begriffe) in einem Blockschaltbild dargestellt. Die Kerntemperatur wird im Körper auf 37 °C, die Zimmertemperatur wird auf 21–22 °C geregelt. Die Erregung von den Warmsensoren geht zum hinteren Hypothalamus (Abb. 6-20 a, Regelzentrum), der die Wärmeproduktion und -abgabe regelt. Analog dazu geht die Information vom Zimmerthermometer zum Regler ***(Thermostat)*** der Zentralheizung. Bei Erhöhung der Kerntemperatur werden die Durchblutung der Haut und die Schweißproduktion erhöht. Beide Mechanismen der Wärmeabgabe werden über den Sympathikus geregelt: Die ***Sudomotorneurone*** werden aktiviert (Aktivierung der Schweißdrüsen) und die ***Hautvasokonstriktorneurone*** in ihrer Aktivität gehemmt (Vasodilatation). Ist das Zimmer zu heiß, wird die Heizleistung gedrosselt; es können aber auch zum Senken der Zimmertemperatur die Fenster geöffnet werden.

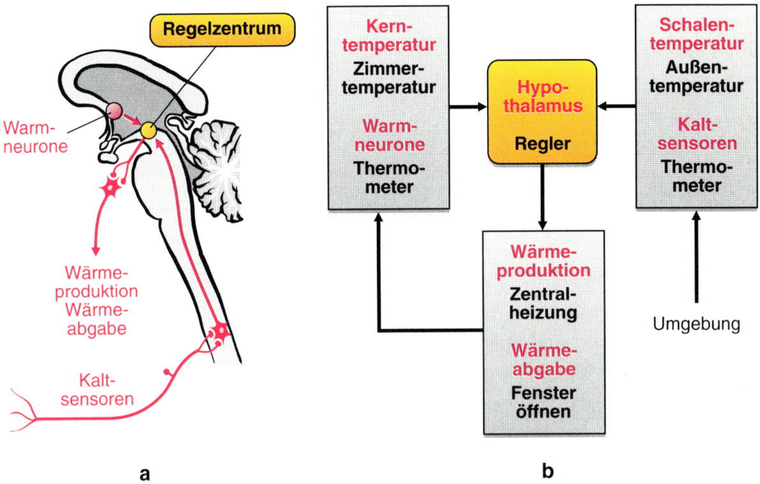

Abb. 6-20 a, b. Regulation der Körpertemperatur. **a** Die wichtigsten Elemente der Temperaturregulation in halbanatomischer Darstellung. **b** Blockschaltbild der Regulation der Körpertemperatur (Begriffe *rot*). In Analogie zur Regulation der Körpertemperatur sind die entsprechenden Begriffe der Regelung der Zimmertemperatur *schwarz* eingetragen

Die Informationen von den Kaltsensoren in der Haut, die die Abkühlung der Haut durch die Umgebung messen, werden auch vom Regler im hinteren Hypothalamus verarbeitet. Bei Erregung dieser Sensoren steigt die Wärmeproduktion des Organismus durch Erhöhung des Stoffwechsels (Muskelzittern) an und nimmt die Wärmeabgabe durch Erniedrigung der Hautdurchblutung ab. Analog hierzu arbeitet die Heizungsanlage. Die Informationen vom Außenthermometer werden dem Regler (Thermostaten) der Zentralheizung zugeleitet. Sinkt die Außentemperatur, so wird über dieses Außenthermometer die Heizkesselleistung vorsorglich höher eingestellt, da sich die Wärmeverluste im Zimmer erhöhen.

Einschränkend muß betont werden, daß die Analogie zwischen der biologischen Thermoregulation und der Regulation der Zimmertemperatur unvollständig ist. So haben auch andere Hirnstrukturen, wie z. B. das Rückenmark und der Hirnstamm, thermosensible und thermoregulatorische Funktionen. Die biologische Thermoregulation ist also komplexer, als es das Blockschaltbild in Abb. 6-20 auszudücken vermag.

Das hypothalamohypophysäre System ist das „Interface“ zwischen neuronalen und humoralen Regulationen

Im Körper kommen Drüsen vor, die keine Ausführungsgänge haben und ihre Sekrete direkt in die Blutbahn ausschütten. Wir nennen diese Drüsen *endokrine Drüsen;* die Sekrete, die sie ausschütten, sind die *Hormone.* Diese Hormone beeinflussen Organe und Organsysteme:

- Sie regeln im wesentlichen die körperliche, sexuelle und geistige Entwicklung.
- Sie fördern die Leistungsanpassung des Organismus.
- Sie regeln die Konstanz physiologischer Größen.

Dieses hormonale Kommunikationssystem ist über den Hypothalamus an das Zentralnervensystem gekoppelt. Im folgenden wird das Prinzip der Regelung der endokrinen Drüsen durch Hypothalamus und Hypophysenvorderlappen (HVL) dargestellt.

Der ***Hypophysenvorderlappen*** setzt Hormone frei, die z. T. die Produktion und Ausschüttung von Hormonen der endokrinen Drüsen (*Nebennierenrinde, Schilddrüse* und *Keimdrüse* in Abb. 6-21 a) regeln oder die Organe direkt beeinflussen (Knochenwachstum, Brustdrüse in Abb. 6-21 a). Die Ausschüttung dieser ***HVL-Hormone*** selbst wird durch Hormone aus dem Hypothalamus gesteuert. Diese hypothalamischen Hormone werden ***Releasinghormone (RH)*** genannt. Sie werden von Neuronen im Hypothalamus produziert und in ein spezielles Gefäßsystem, die hypothalamischen Portalgefäße, sezerniert. Über die Portalgefäße gelangen die Releasinghormone zum Hypophysenvorderlappen. Für jedes HVL-Hormon gibt es ein spezielles Releasinghormon (RH). Für einige HVL-Hormone sind auch inhibitorische Releasinghormone (IRH) bekannt, die die Freisetzung von HVL-Hormonen hemmen.

Die Regelung der endokrinen Drüsen durch den Hypothalamus geschieht nach Art eines ***Regelkreises mit negativer Rückkopplung*** (rot in Abb. 6-21 b, vgl. Kap. 7). Die Hormone der endokrinen Drüsen wirken zurück auf die Neurone im Hypothalamus. Ein Absinken der Konzentration eines endokrinen Hormons im Blut führt zur vermehrten Produktion und Freisetzung des betreffenden Releasinghormons. Dieses bewirkt über eine vermehrte Freisetzung von HVL-Hormon einen Wiederanstieg des endokrinen Hormons im Blut. Die Rückkopplungssysteme zwischen Hypothalamus, Hypophysenvorderlappen und endokrinen Drüsen (rot in Abb. 6-21 b) können auch ohne die neuronalen Einflüsse anderer Hirnbereiche funktionieren, z. B. in Tieren,

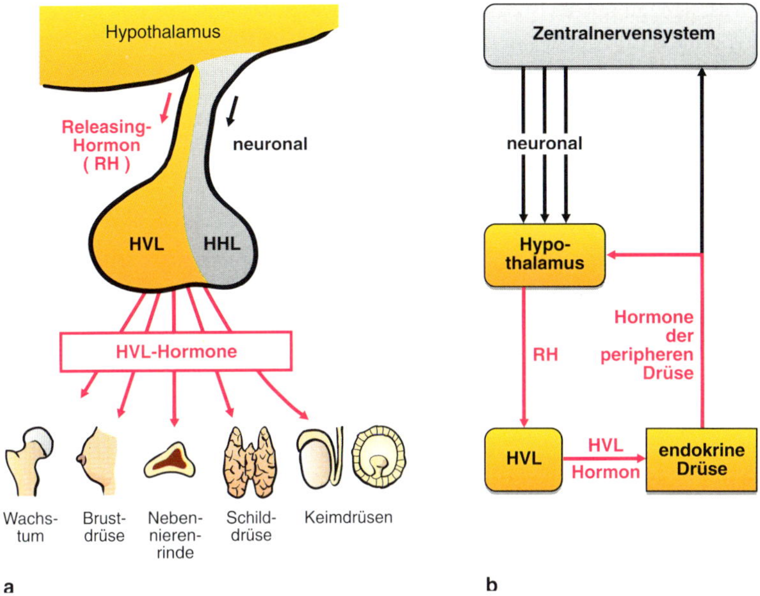

Abb. 6-21 a, b. Regulation der endokrinen Drüsen. **a** Halbanatomische Darstellung. ***HVL*** Hypophysenvorderlappen (Adenohypophyse); ***HHL*** Hypophysenhinterlappen (Neurohypophyse). **b** Regulation der Konzentration eines endokrinen Hormons im Blut durch den Hypothalamus *(rote Pfeile)* und die neuronale Beeinflussung dieser Regulation durch andere ZNS-Bereiche *(schwarze Pfeile)*. ***RH*** Releasing-Hormon, ***HVL-Hormon*** Hypophysenvorderlappenhormon

bei denen der Hypothalamus vom übrigen Gehirn in der Schädelkalotte isoliert wurde.

Die hypothalamohypophysären hormonalen Regelkreise werden neuronal durch das ZNS an die inneren und äußeren Bedürfnisse des Organismus angepaßt (Abb. 6-21 b). Diese Anpassungsprozesse dokumentieren sich z. B.

- in einer Aktivierung der Schilddrüse bei langanhaltender Kältebelastung,
- in einer Aktivierung der Nebennierenrinde bei jeder Art von körperlicher oder seelischer Belastung (Streß) oder
- in der Steuerung der Keimdrüsen bei der Sexualreifung.

Die neuronalen Mechanismen dieser Anpassungsprozesse kennen wir im einzelnen noch nicht. Man kann jedoch nachweisen, daß die Neurone in verschiedenen ZNS-Bereichen spezifisch auf bestimmte Hormone endokriner

Drüsen reagieren. Es ist deshalb anzunehmen, daß die ZNS-Bereiche, die das hypothalamohypophysäre System steuern, auch Rückmeldungen von den endokrinen Drüsen über die Hormone auf dem Blutwege erhalten (Abb. 6-21 b, schwarzer Pfeil).

Zelluläre Prozesse laufen nur bei Konstanthaltung des extrazellulären Milieus in seiner Osmolarität und Ionenzusammensetzung geordnet ab

Übermäßige Wasseraufnahme führt sehr schnell zur vermehrten Urinproduktion. Diese schnelle Flüssigkeitsausscheidung ist Ausdruck einer erfolgreichen Regelung des Wassergehaltes der Gewebe und der Osmolarität im Extrazellulärraum, die vor Verdünnung des Blutes und Gewebssaftes schützt. Wird lange Zeit nichts getrunken, so produziert die Niere nur noch wenig Urin. Der Organismus versucht, so wenig Wasser wie möglich zu verlieren.

Diese Prozesse werden vom Hypothalamus geregelt. Im vorderen Hypothalamus gibt es spezialisierte Neurone *(osmosensible Neurone),* die empfindlich auf Änderungen der Salzkonzentration (im wesentlichen ***Natriumchlorid***) bzw. des Wassergehalts im Blut und in dem umgebenden Extrazellulärraum reagieren. Die Gesamtkonzentration der gelösten kleinen Teilchen (im wesentlichen Salze) in diesen Flüssigkeitsräumen bestimmt ihre ***Osmolarität.*** Bei Erhöhung oder Erniedrigung der Salzkonzentration (Osmolarität), die man erzeugen kann durch Aufnahme von Kochsalz oder Wasser, erhöht oder erniedrigt sich die Aktivität dieser Neurone. Ihre Aktivität wird synaptisch auf Neurone im Nucleus paraventricularis und supraopticus übertragen, die in den ***Hypophysenhinterlappen*** (***HHL*** in Abb. 6-21 a) projizieren. Im HHL ist in den Endigungen der Axone ein Hormon, das ***antidiuretische Hormon (ADH, Adiuretin),*** gespeichert. Dieses Hormon wird bei Erregung der Neuronen aus den Endigungen der Axone in die Blutbahn ausgeschüttet. Die Kommunikation zwischen Hypothalamus und Hypophysenhinterlappen geschieht also nicht auf hormonalem Wege mit Releasinghormonen wie beim Hypophysenvorderlappen (s. Abb. 6-21), sondern *neuronal.* Die Neurone, deren Axone in den HHL hineinprojizieren, regeln die Produktion, Speicherung und Freisetzung von Adiuretin.

Bei *hoher Adiuretinkonzentration* wird wenig Wasser ausgeschieden, weil Adiuretin in der Niere die Durchlässigkeit der distalen Tubuli und der Sammelrohre für Wasser erhöht, so daß Wasser entlang des osmotischen Gradienten in das Institium diffundiert. Bei *niedriger Adiuretinkonzentration* wird viel

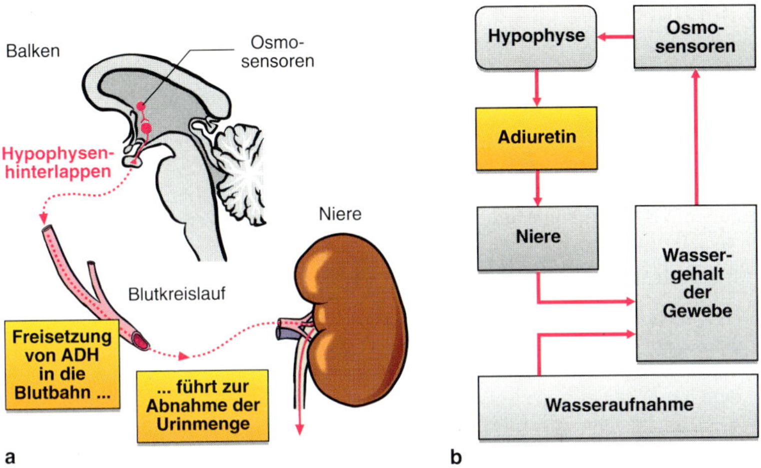

Abb. 6-22 a, b. Regulation der Osmolarität des extrazellulären Flüssigkeitsraumes. **a** Halbanatomische Darstellung. **b** Darstellung im Blockdiagramm

Wasser ausgeschieden. Ist der Wassergehalt also hoch bzw. die Salzkonzentration niedrig, so wird wenig Adiuretin aus der Hypophyse abgegeben und viel verdünnter Urin durch die Niere ausgeschieden (Abb. 6-22 a). Wahrscheinlich wird von den Osmosensoren auch die ***Durstempfindung*** ausgelöst.

In Abb. 6-22 b ist die Regulation der Osmolarität der extrazellulären Flüssigkeit im *Blockschaltbild* dargestellt, um am Beispiel der Wasseraufnahme und der Wasserabgabe (z. B. bei starkem Schwitzen während thermischer Belastung) zu erklären, wie der Wassergehalt im Körper konstant gehalten wird. Diese hormonelle Regelung ist sehr schnell und setzt innerhalb von 15 min ein. Das Blockschaltbild macht klar, wie sich in diesen beiden Beispielen der Wassergehalt (bzw. die Osmolarität) des Extrazellulärraumes, die Aktivität der Osmosensoren, die Adiuretinkonzentration im Blut und die Wasserausscheidung der Nieren ändern.

Einschränkend muß gesagt werden, daß die Regelung der Osmolarität der Flüssigkeit des Extrazellulärraumes eng verknüpft ist mit der Regelung des extrazellulären Flüssigkeitsvolumens. So führt z. B. die Erregung von Sensoren, die das Flüssigkeitsvolumen im Lungenkreislauf messen, zur Verminderung der Adiuretinausschüttung aus dem Hypophysenhinterlappen und damit zur vermehrten Ausscheidung verdünnten Urins.

Literatur

Bannister R, Mathias C (Hrsg) (1998) Autonomic failure, 4. Aufl. Oxford University Press, Oxford New York Tokyo

Brodal A (1992) Neurological anatomy in relation to clinical medicine, 5. Aufl. Oxford University Press, New York London Toronto

Cannon WB (1939) The wisdom of the body, 2nd edn. Norton, New York

Cannon WB (1975) Wut, Hunger, Angst und Schmerz. Urban & Schwarzenberg, München Berlin Wien

Davson H, Segal MB; Introduction to physiology vol 2: Basic mechanisms (Part 2) (1975), vol 3 (1976), vol 5: Control of reproduction (1980) Academic Press, London Toronto Sydney; Grune & Stratton, New York San Francisco

Furness JB, Costa M (1987) The enteric nervous system. Churchill Livingstone

Gabella G (1976) Structure of the autonomic nervous system. Chapman & Hall, London

Hirst GDS, Bramich NJ, Edwards FR, Klemm M (1992) Transmission of autonomic neuroeffector junctions. Trends in Neurosciences 15: 40–46

Jänig W, McLachlan EM (1992) Characteristics of function-specific pathways in the sympathetic nervous system. Trends in Neurosciences 15: 475–481

Johnson RH, Spalding JMK (1974) Disorders of the autonomic nervous system. Blackwell, Oxford London Edinburgh Melbourne

Koepchen HP (1972) Kreislaufregulation. In Gauer OH, Kramer K, Jung R (Hrsg) Physiologie des Menschen, Bd 3. Herz und Kreislauf. Urban & Schwarzenberg, München Berlin Wien, pp 327–406

Kuschinsky G, Lüllmann H (1989) Kurzes Lehrbuch der Pharmakologie und Toxikologie, 12. Aufl. Thieme, Stuttgart

Loewy AD, Spyer KM (eds) (1990) Central regulation of autonomic functions. Oxford University Press, New York Oxford

Masters WH, Johson VE (1970) Die sexuelle Reaktion. Rowohlt, Reinbek bei Hamburg (rororo TB, Nr. 8032/8033)

7 Allgemeine Sinnesphysiologie

H. O. HANDWERKER

EINLEITUNG

Tiere und Menschen brauchen Sinne, um Information aus der Umwelt aufzunehmen und um den Zustand ihres Organismus zu kontrollieren. Die einzelnen Sinnesfühler, die oft in größeren Sinnesorganen zusammengeschlossen sind, wurden traditionellerweise ***Rezeptoren*** genannt. Mittlerweile hat sich der Rezeptorbegriff in Medizin und Biologie aber gewandelt; wir verstehen darunter heute meist Molekülkomplexe an Zelloberflächen, an die spezifische Moleküle anbinden – so etwa bei den Rezeptoren für Hormone oder für Transmittersubstanzen. Wenn wir daher von Sinnesrezeptoren sprechen, verwenden wir neuerdings den Begriff ***Sensor***. Dieser Begriff wird auch in Technik und Physik auf die künstlichen Sinnesorgane von Maschinen angewandt.

7.1 Sensoren und Sinnessysteme

Im menschlichen und tierischen Organismus kann ein einzelner Sensor entweder aus einer Zelle bestehen oder aus einem Zellteil, der für die Aufnahme von bestimmten Reizen spezialisiert ist. Physikochemisch gesehen gibt es 5 verschiedene Typen von Sensoren:

- Sensoren, die ***mechanische*** Deformationen registrieren, z. B. in Haut, Muskel, Ohr und Gleichgewichtsorganen.
- Sensoren, die Änderungen der ***Temperatur*** (Abkühlung oder Erwärmung) registrieren, v. a. in der Haut.

- Sensoren, die auf ***chemische Reize*** reagieren, z. B. die Geschmacks- und Geruchssensoren, aber auch viele Sensoren, die durch körpereigene Stoffe erregt werden.
- Sensoren, die auf ***Photonen*** reagieren, die Stäbchen und Zapfen der Retina.
- Sensoren, die spezialisiert sind, physikalisch oder chemisch induzierte Gewebsschädigungen zu registrieren, die ***Nozisensoren,*** deren Erregung Schmerz hervorruft.

Modalität (Art) und Qualität unserer Empfindungen sind nicht durch einwirkende physikochemische Reize determiniert sondern durch die zentralnervösen Verbindungen des betreffenden Sinnessystems

Viele Sensoren sind hochsensitiv für bestimmte Reizarten, auf deren Rezeption sie sich im Verlaufe der Evolution spezialisiert haben; für andere Reizarten sind sie hingegen recht unempfindlich. Die Stäbchen und Zapfen der Retina werden z. B. durch *Photonen,* d. h. elektromagnetische Schwingungen bestimmter Wellenlängen (400–800 nm), erregt. Dabei kann die Energie einiger weniger Photonen ausreichen, eine meßbare Erregung hervorzurufen. Durch thermische Reize werden diese Sensoren dagegen offenbar nicht erregt, wenigstens nicht in dem Temperaturbereich, der üblicherweise auf das Auge einwirkt. Wie steht es mit mechanischen Reizen? Wenn wir bei geschlossenen Augenlidern den Bulbus kräftig massieren, sehen wir farbige Ringe. Ein kräftiger Schlag auf den Kopf läßt uns sternartige Gebilde sehen. Die Sensoren der Retina sind also für starke mechanische Reize nicht völlig unempfindlich. Wir bezeichnen Reize, für die ein Sensor besonders empfindlich ist, als ***adäquate Reize,*** andere als *inadäquate.* Für die Sensoren der Retina sind Photonen adäquate, Faustschläge inadäquate Reize.

Das eben erwähnte Beispiel zeigt noch etwas anderes: Die Empfindung, die durch einen Reiz hervorgerufen wird, hängt offenbar nicht von der Art der zugeführten Energie ab, sondern von der Art des erregten Sinnesorganes. Elektromagnetische Schwingungen und mechanische Reize führen im Auge zu „Sehempfindungen". Andererseits werden sowohl die Haarzellen in der Cochlea als auch die Mechanosensoren der Haut durch mechanische Reizung erregt, vermitteln aber ganz verschiedene Empfindungen. Solche Beobachtungen führten bereits im vorigen Jahrhundert Johannes Müller (1801–1858) zur Formulierung des *Prinzips der spezifischen Sinnesenergien.* Heute läßt sich dieses Prinzip folgendermaßen formulieren: Wir haben verschiedene Arten von Empfindungen, die von verschiedenen Sinnessystemen vermittelt werden: Hören, Sehen, Schmecken, Riechen usw. Wir nennen diese Grundtypen der Empfindung ***Sinnesmodalitäten.*** Innerhalb einer Sinnesmodalität werden wiederum verschiedene ***Qualitäten*** unterschieden, z. B. Rot- oder Grünsehen.

Auf der anderen Seite reagieren die Sensoren unserer Sinnesorgane auf physikochemische Reize. Sie vermitteln ihre Erregung an Nervenfasern, die natürlich keine qualitativen Merkmale übertragen, sondern nur Aktionspotentialfolgen. Die Eigenart einer Sinnesmodalität muß also dadurch bedingt sein, daß diese Nervenfasern in ganz bestimmten zentralnervösen Bahnen geordnet sind und an bestimmten für die Vermittlung dieser Sinnesmodalität zuständigen Neuronengruppen im Hirn enden. Eine Sinnesmodalität wird somit nicht direkt durch den Reiz bestimmt, sondern durch die Erregung eines Systems von Neuronen, bestehend aus Sinnesbahn und spezifischen sensorischen Hirnzentren. Im Englischen wird dies als Labeled-line-Prinzip bezeichnet.

7.2 Funktionsprinzipien von Sensoren und afferenten Nervenfasern

In Sensoren führen Reize zu Änderungen des Membranpotentials. Diesen Vorgang nennen wir ***Transduktion.*** Dabei kann z. B. ein mechanischer Reiz die Zellmembran deformieren und dadurch Ionenkanäle öffnen; oder ein chemischer Reiz kann an Membranrezeptoren anbinden, die wiederum Ionenkanäle kontrollieren; oder die Temperatur kann die Membranpermeabilität verändern; oder Photonen können chemische Prozesse auslösen, die Membrankanäle kontrollieren (bei den Retinasensoren).

Die Potentialänderung, die an einem Sensor durch einen Reiz ausgelöst wird, nennen wir ***Sensorpotential;*** früher waren auch die Begriffe *Rezeptorpotential* und *Generatorpotential* gebräuchlich. Die reizinduzierten Potentialänderungen sind meist *depolarisierend;* d. h. sie verschieben das Membranpotential in Richtung des Gleichgewichtspotentials von Natrium. Häufig wird das Sensorpotential allerdings nicht durch spezifische Na^+-Kanäle vermittelt, sondern durch Kanäle, durch die außer Na^+ auch andere Kationen mehr oder minder gut passieren können. Die hyperpolarisierenden Sensorpotentiale von Stäbchen und Zapfen sind ein Sonderfall, sie werden in Kap. 10 beschrieben.

Transduktion schließt Prozesse der Informationsverarbeitung ein: Sensoren können die Reizstärke und die Geschwindigkeit der Reizänderung kodieren. Viele Sensoren adaptieren während langdauernder Reize

Kodierung der Reizstärke. Abbildung 7-1 zeigt schematisch Sensorpotentiale bei verschiedenen Reizstärken. Es könnte sich dabei z. B. um einen Mechanosensor handeln, dessen Membranoberfläche unterschiedlich stark deformiert wird. In Abb. 7-1 a sind die resultierenden Sensorpotentiale übereinander gezeichnet, in Abb. 7-1 b sind die maximalen Amplituden dieser Sensorpotentiale gegen die Reizstärke aufgetragen. Legt man eine Kurve durch die Meßpunkte, resultiert eine ***Sensorkennlinie.*** Die hier dargestellte Kennlinie zeigt 2 typische Eigenschaften:

- Der Sensor spricht auf einen Reiz erst dann an, wenn die Reizstärke eine Schwelle überschritten hat.
- Von einer gewissen Reizstärke an wird das Sensorpotential nicht mehr größer (bei manchen Sensoren lösen sehr starke Reize sogar wieder kleinere Sensorpotentiale aus).

Sensoren kodieren also nur einen bestimmten Intensitätsbereich ihres adäquaten Reizes. In diesem Bereich steigt die Kennlinie stetig an (linear oder in einer gekrümmten Funktion).

Kodierung der Geschwindigkeit von Reizänderungen. Ebenso wichtig wie die Kodierung der Reizintensität ist die des Zeitverlaufs von Reizen. Wirkt z. B. ein mechanischer Reiz, dessen Reizstärke zunächst ansteigt und dann über längere Zeit konstant bleibt, auf die Membran eines Mechanosensors ein, dann wird man oft finden, daß das Sensorpotential bei steil ansteigender Reizamplitude höher ausfällt als bei flach ansteigender. Nach Beendigung eines Reizes gibt es bei diesem Sensortyp oft eine überschießende *Membranhyperpolarisation,* v. a. wenn der Reiz sehr schnell aufhört (s. Abb. 7-1 a). In der Sinnesphysiologie nennen wir die geschwindigkeitsabhängige Antwort auf eine Reizänderung ***phasische*** oder ***dynamische*** Reizantwort. Das Sensorpotential ist bei einer solchen phasischen Anwort nicht einfach eine Funktion der Reizstärke R, sondern eine Funktion der Reizstärkenänderung pro Zeiteinheit t, d. h. des *Differentialquotienten dR/dt.* Um Sensoren mit ausgeprägter dynamischer Antwort zu charakterisieren, sprechen wir daher auch von „D"-Sensoren (für Differentialquotient).

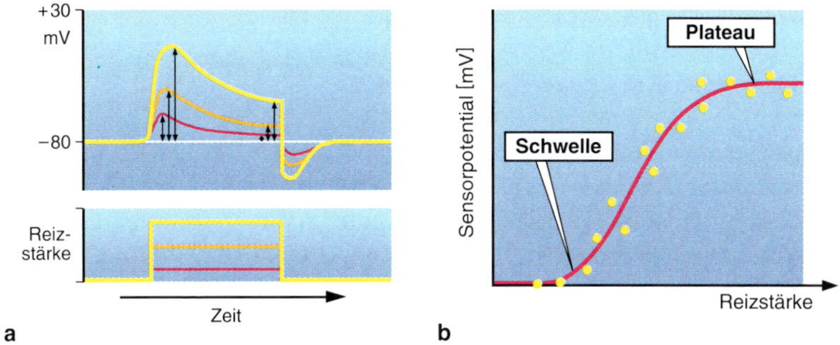

Abb. 7-1. a Schematische Darstellung von typischen Sensorpotentialen *(oben)* auf verschiedene Reizstärken *(unten)*. Die *Pfeile* geben an, an welchen Stellen die dynamischen bzw. statischen Reizantworten gemessen werden können. **b** Kennlinie eines Sensors. Die Meßpunkte können den dynamischen oder den statischen Potentialamplituden entsprechen

Adaptation. Wird ein Reiz für längere Zeit konstant gehalten, dann bleibt das Sensorpotential meist nicht konstant, sondern es fällt mehr oder minder rasch auf das Ruhepotential zurück; der Sensor ***adaptiert*** an den Reiz. Je nach Adaptationsgeschwindigkeit spricht man von *sehr rasch, rasch* oder *langsam adaptierenden Sensoren.* Die Geschwindigkeit der Adaptation drückt man dadurch aus, daß man die Zeit bestimmt, in der das Sensorpotential (oder die Frequenz der Aktionspotentiale im afferenten Axon, s. unten) um $1/\tau$ (63 %) abfällt. Diese Zeitspanne heißt ***Zeitkonstante.*** Das Sensorpotential bei einem langdauernden konstanten Reiz bezeichnet man als ***tonische*** oder ***statische*** Reizantwort des Sensors. Man nennt diese Antwort auf einen Reiz auch „P"-Antwort (=proportionale Antwort). Falls eine phasische Antwort vorliegt, kann die tonische Reizantwort erst nach deren Abklingen erfaßt werden.

Sehr rasch adaptierende Sensoren, also solche mit einer kurzen Zeitkonstante, zeigen nur eine phasische Antwort. Sie vermitteln ausschließlich Information über die Reizänderungsgeschwindigkeit. Langsam adaptierende Sensoren, die eine phasische und eine tonische Antwort zeigen, treffen wir in vielen Sinnessystemen an. Sie heißen ***PD-Sensoren*** (= proportional-differentiale Sensoren) und kodieren sowohl Reizänderungsgeschwindigkeiten als auch Reizintensitäten.

In den afferenten Axonen wird die Amplitude der Sensorpotentiale in Aktionspotentialfrequenzen transformiert

Sensorpotentiale sind lokale Potentialänderungen der Sensormembran. Dem Zentralnervensystem (ZNS) werden sie nur vermittelt, wenn sie vorher in Aktionspotentialsequenzen eines afferenten Axons transformiert wurden, die dann ins ZNS fortgeleitet werden können. In der Regel ist der Ort der Entstehung der Aktionspotentiale nicht identisch mit dem der Sensorpotentiale. Die Information, die in der Amplitude der Depolarisation des Sensors steckt, wird als Frequenz von Aktionspotentialen des afferenten Axons dem ZNS gemeldet. Man nennt diese Umkodierung von Sensorpotential*amplituden* in Aktionspotential*frequenzen* ***Transformation.***

7.3 Beispiel eines Sensors: das Vater-Pacini-Körperchen

Im folgenden soll das Vater-Pacini Körperchen als Beispiel eines Sensors dargestellt werden. Vater-Pacini Körperchen finden sich in der Subcutis, also in tieferen Hautschichten, aber auch im Inneren des Körpers, z.B. an großen Sehnenplatten, im Retroperitonealraum und im Gewebe um die Harnblase. Der Sensor wird vom marklosen Terminale einer dicken markhaltigen Nervenfaser gebildet. Dieses Terminale wird von einer zwiebelartigen Struktur umhüllt. Das Gebilde hat einen Durchmesser von mehreren hundert Mikrometern und läßt sich elektrophysiologisch *in vitro*, also in einem Gewebebad, untersuchen. Vater-Pacini-Sensoren sind Mechanosensoren, die recht unempfindlich für gleichbleibenden Druck sind. Sie reagieren hingegen sehr empfindlich auf die Beschleunigung, mit der sich der Druck ändert (dv/dt=Geschwindigkeitsänderung pro Zeiteinheit). Wir werden uns im nächsten Kapitel mit der Bedeutung dieses Sensors für die Somatosensorik befassen.

Der Sensor eines Vater-Pacini-Körperchens ist die Membran des Nervenendes; die Transformation erfolgt am 1. Schnürring des Axons

Abbildung 7-2 stellt ein solches Vater-Pacini-Körperchen als Sensor dar. Durch mechanische Reize aktivierbare Kanäle, welche für das Sensorpotenti-

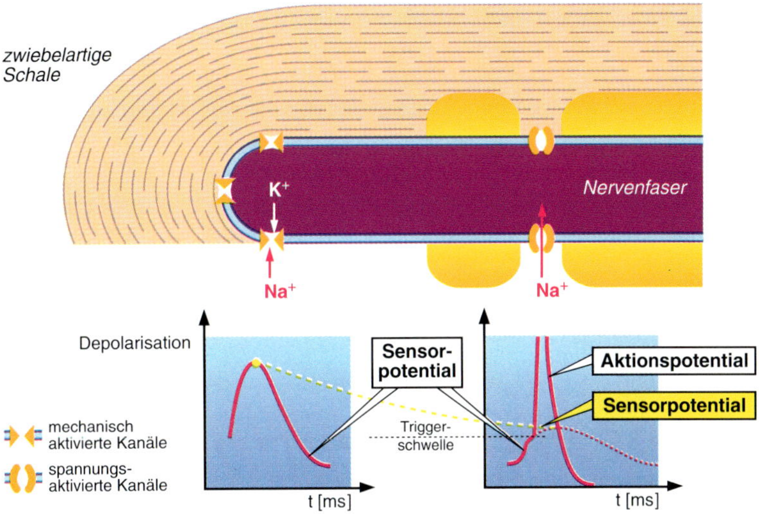

Abb. 7-2. Transduktion und Transformation am Vater-Pacini-Körperchen, das in der *oberen Hälfte* der Abbildung schematisch dargestellt ist. Die Kurven in der *unteren Hälfte* der Abbildung zeigen ein Sensorpotential und ein Aktionspotential, das durch dieses Sensorpotential ausgelöst wurde. Die gestrichelte gelbe Kurve deutet das Maximum des sich elektrotonisch ausbreitenden Sensorpotentials an

al verantwortlich sind, finden sich im marklosen Nervenende. Ein Sensorpotential, das sich hier bildet, wird sich elektrotonisch bis zum ersten Schnürring ausbreiten, wo bei ausreichender Depolarisation, also bei Überschreiten einer Schwelle spannungsabhängige Natriumkanäle geöffnet werden und Aktionspotentiale entstehen, die dann ins Zentralnervensystem fortgeleitet werden.

Membrankanäle, die Sensorpotentiale hervorrufen, unterscheiden sich in ihren Eigenschaften von denen, durch deren Aktivierung Aktionspotentiale entstehen

Im Fall des Vater-Pacini-Sensors werden die Kanäle, die zum Sensorpotential beitragen, mechanisch aktiviert, bei anderen Sensoren z. B. chemisch oder thermisch. Die Na^+-Kanäle, deren Aktivierung zur Bildung von Aktionspotentialen führt, sind bekanntlich potentialabhängig (s. S. 46). Auch die pharmakologischen Eigenschaften unterscheiden sich: Substanzen, die die „schnellen“ potentialabhängigen Na^+-Kanäle blockieren, z. B. Tetrodotoxin (TTX) und Lokalanästhetika, blockieren zwar die Aktionspotentiale, nicht aber Sensorpotentiale.

In ihrer Funktion ähneln Sensorpotentiale den *erregenden postsynaptischen Potentialen* (EPSP, s. S. 62), die ebenfalls lokal auftreten und an einer anderen Stelle der Neuronmembran in Aktionspotentiale umkodiert werden. Bei manchen Sensoren, wie z. B. den Stäbchen umd Zapfen in der Retina, sind allerdings zusätzlich synaptische Prozesse zwischen die Sensorpotentiale und die Entstehung von Aktionspotentialen in den Retinaganglienzellen eingeschaltet.

Die Reizkodierung findet überwiegend bei der Transduktion ins Sensorpotential statt: Der Tranformationsprozeß kann aber die Adaptationsgeschwindigkeit mitbestimmen

Beim Vater-Pacini-Sensor ist die sehr kurze Zeitkonstante der Adaptation 2 Mechanismen zuzuschreiben:

- Einer Filterwirkung der zwiebelartigen Endstruktur, die selbst nicht direkt zur Entstehung des Sensorpotentials beiträgt. Trägt man diese Struktur ab, dann verwandelt sich der extrem rasch adaptierende Beschleunigungs-(D-)Sensor in einen langsam adaptierenden. Man kann daraus schließen, daß die harte zwiebelförmige Struktur um das Nervenende dafür sorgt, daß gleichmäßiger Druck nicht auf die druckempfindliche Membran des Sensors übertragen wird, sondern nur rasche Druckänderungen (mechanischer Hochpaß).
- Andererseits scheint aber auch der Transformationsprozeß an der Schnürringmembran zur extrem raschen Adaptation des Vater-Pacini-Sensors beizutragen. Wenn man dieser Membran im Experiment eine langdauernde Depolarisation aufzwingt (die etwa einem langdauernden Sensorpotential entsprechen würde), dann werden nur für relativ kurze Zeit Aktionspotentiale gebildet. Hingegen läßt sich diese Inaktivierung der Na^+-Kanäle bei langsam adaptierenden Sensoren nicht beobachten.

7.4 Gemeinsame Eigenschaften zentraler sensorischer Systeme

Eingangs wurde dargestellt, daß Sinnessysteme nicht nur durch die Sensoren, sondern v. a. auch durch ihre zentralnervösen Systeme charakterisiert sind. Obgleich jedes zentralnervöse Sinnessystem eine eigene Aufgabe hat, gibt es doch einige generelle Prinzipien der funktionellen Organisation, die sich in fast allen Sinnessystemen finden. Teilweise resultieren diese gemeinsamen Züge aus der Entwicklungsgeschichte (Phylogenie) des ZNS.

Die spezifische Sinnesinformation wird im ZNS in gekreuzten Sinnesbahnen geleitet, die aus hintereinander geschalteten Neuronen bestehen, deren Zellkörper in Kerngebieten angeordnet sind

Neben diesen auf wenige Stationen beschränkten und daher „oligosynaptischen", spezifischen Bahnen, wird die Erregung von Sinneszellen auch in polysynaptischen unspezifischen Systemen verarbeitet.

Primäre Afferenzen bilden synaptische Kontakte mit Neuronen im ZNS, den sekundären sensorischen Neuronen. Von diesen wiederum gehen Axone aus, die gebündelt in *sensorischen Bahnen* zu höheren Neuronengruppen ziehen. Dabei wird jeweils in einer Hirnhälfte v. a. die Information einer Körperseite verarbeitet. Charakteristischerweise *kreuzen* die sensorischen Bahnen ganz oder teilweise zur jeweils anderen Hirnseite hinüber und enden schließlich im kontralateralen sensorischen ***Projektionskern des Thalamus.*** Diese sensorischen Kerngebiete des Thalamus liegen in einer lateralen Kerngruppe. Die Axone der sensorischen thalamischen Neurone projizieren dann in das entsprechende ***kortikale sensorische Projektionsfeld.*** Die Information erreicht in den sensorischen Bahnen die Hirnrinde über eine Neuronenkette aus wenigen Gliedern, die mindestens aus 1. primär afferentem, 2. sekundärem, 3. thalamischem und 4. kortikalem Neuron besteht. Neben dieser spezifischen Sinnesbahn, die vermutlich für die präzise Übermittlung der Sinnesinformation zuständig ist, gibt es in allen Sinnessystemen noch weitere polysynaptische Projektionen zu höheren Hirnregionen.

Dieses Grundschema findet sich im auditorischen, somatosensorischen und gustatorischen System wieder, mit kleinen Abwandlungen auch im visuellen. Eine Ausnahme bildet aus entwicklungsgeschichtlichen Gründen der Geruchssinn, der anders organisiert ist (s. Kap. 14). Die Einzelheiten der sensorischen Projektionen werden in den betreffenden Kapiteln zu den einzelnen Sinnessystemen dargestellt.

In den thalamischen und kortikalen Projektionszentren wird die Sinnesinformation in topologisch geordneter Weise verarbeitet

In den thalamischen Projektionskernen und in den kortikalen Projektionsarealen enden die aufsteigenden Axone in einer räumlichen Anordnung, die der ihrer peripheren Sensoren entspricht. Dies ist deutlich am Beispiel des somatosensorischen Cortex zu erkennen (s. 7.5), auf dem die Körperoberfläche ***somatotopisch*** abgebildet ist. Aber auch die Sehinformation ist im visuellen Cortex in topologischer Weise repräsentiert (s. S. 288), im akustischen Cortex gibt es eine Art „Tonotopie“ (s. S. 210).

In den kortikalen Projektionsarealen wird die Information in Funktionseinheiten verarbeitet die als Säulen bezeichnet werden

Eine weitere Eigenheit scheint den verschiedenen sensorischen kortikalen Projektionsarealen gemeinsam zu sein: Die Information wird dort in einer Art von *Modulen* verarbeitet; sie besteht typischerweise aus einer Neuronengruppe, wie sie in Kap. 1 beschrieben wird. Man hat diese Module als kortikale ***Projektionssäulen*** bezeichnet, da sie senkrecht zur Cortexoberfläche organisiert sind. Besonders gut bekannt ist die Säulenorganisation im visuellen Cortex (s. S. 23). Es ist charakteristisch für das zentralnervöse Netzwerk, daß jede periphere Afferenz in viele solche Module projiziert, in denen unterschiedliche Informationen aus dem Erregungseinstrom extrahiert werden.

Die funktionelle Organisation der kortikalen Projektionsfelder setzt geordneten Erregungsstrom in einer kritischen Phase der Hirnentwicklung voraus

Die kortikalen Projektionsareale machen in der embryonal- und frühkindlichen Entwicklung einen faszinierenden Reifungsprozeß durch, bei dem das Funktionieren einer intakten peripheren Innervation für die Ausreifung der kortikalen Organisation verantwortlich ist. Wie in anderen Hirnregionen, ist offenbar auch in den sensorischen Systemen die Ausbildung spezifischer synaptischer Verbindungen von trophischen Faktoren abhängig, die von den afferenten Axonen abgegeben werden, wenn sie in ausreichendem Maß von den Sensoren und sekundären sensorischen Neuronen aktiviert werden. Bei der Besprechung des somatosensorischen Systems werden konkrete Beispiele dieser kortikalen Organisation unter dem Einfluß der peripheren Funktion beschrieben (s. S. 244). Diese Organisation unter dem Einfluß der Funktion findet in bestimmten *„Zeitfenstern"*, also in bestimmten Entwicklungsabschnitten während der frühen Kindheit statt, die wir als ***vulnerable Phasen*** bezeichnen. Spätere Störungen der peripheren Innervation beeinflussen die kortikale Organisation dann nicht mehr in gleichem Ausmaß.

7.5 Verarbeitung von Sinneserregung in zentralen sensorischen Systemen

Im vorigen Abschnitt wurden die Prinzipien der Verarbeitung von Sinnesinformation in kortikalen Projektionsarealen und in den vorgeschalteten thalamischen Projektionskernen angesprochen. Die wiederum dem Thalamus vorgeschalteten sekundären Neurone, die sich z. B. beim somatosensorischen System im Hinterhorn des Rückenmarks und in den Hinterstrangkernen finden, tragen ebenfalls zur Informationsverarbeitung bei, d. h. sie sind weit mehr als einfache Signalleitungen. Charakteristisch sind v. a. die Verzweigung der Information in einem neuronalen Netzwerk, Verstärkung, Abschwächung und zeitliche Begrenzung der Erregung in Rückkopplungskreisen und die Kontrastverstärkung durch laterale Hemmung.

Konvergenz und Divergenz an zentralen Neuronen. Einzelne afferente Nervenfasern sind niemals nur mit einem einzigen zentralen Neuron verbunden, das dann sozusagen „linear" wieder zu höheren Zentren projiziert. Vielmehr verzweigen sich die zentralen Enden jedes afferenten Axons und bilden Synapsen mit sehr vielen sekundären Neuronen, z. B. im Rückenmark. Diese ***Divergenz*** ist aus 2 Gründen wichtig:

- Sie trägt zur *Redundanz* und damit zur Sicherheit der Informationsübermittlung in vielen Millionen parallelen Kanälen im ZNS bei.
- Dank der Divergenz wird die Information in verschiedene Arten zentralnervöser Kanäle eingespeist. So gelangt z. B. die Information aus Muskel- und Gelenksensoren in mindestens 3 Zielgebiete des Hirns: in die *somato-*

sensorischen Projektionsgebiete (s. Kap. 8), ins *Kleinhirn* (s. Kap. 5) und in die Neuronengruppen der *Formatio reticularis* im Hirnstamm (s. S. 392 – ARAS).

Andererseits gilt auch für sekundäre und höhere Neurone eines Sinnessystems im ZNS, daß sie niemals nur mit einer einzigen afferenten Nervenfaser verbunden sind. Die Projektion vieler afferenter Nervenfasern auf einzelne zentrale Neurone nennt man ***Konvergenz.*** Die Bedeutung der Konvergenz liegt auf der Hand: Sie trägt zur „Datenübertragungssicherheit“ bei.

Zusammen betrachtet führen Konvergenz und Divergenz dazu, daß die Information im ZNS in einer Art Maschenstruktur aus Neuronen, in ***neuronalen Netzwerken,*** übertragen wird.

Positive und negative Rückkopplung. In diesen Netzwerken spielt neben synaptischer Erregung auch synaptische Hemmung eine große Rolle. Rückkopplungskreise können die sensorische Information in mannigfaltiger Weise verändern. Positive Rückkopplung kann dazu dienen, ein Signal zu verstärken und zu verlängern; negative Rückkopplung kann es abschwächen oder zeitlich verkürzen. Ein wichtiges Beispiel negativer Rückkopplung ist die ***primär afferente Depolarisation*** (PAD), die man im Hinterhorn des Rückenmarks an den somatosensorischen Afferenzen beobachten kann. Die sekundären Neuronen, die von diesen afferenten Nervenfasern erregt werden, geben die Information offenbar auch an Interneurone weiter, die wiederum an denselben primären Afferenzen eine *präsynaptische Hemmung* (s. Kap. 3) ausüben. Mit der primär afferenten Depolarisation (PAD) begrenzt sich offenbar die eintreffende Erregung selbst. Aber auch von verschiedenen Hirnzentren ins Rückenmark projizierende Axone können eine hemmende oder verstärkende Wirkung auf die synaptische Übertragung der Impulse primärer Afferenzen ausüben.

Kontrastverstärkung durch laterale Hemmung. Ein interessanter Typ von Hemmung im neuronalen Netzwerk von Sinnessystemen ist die ***laterale Hemmung.*** Sie besteht typischerweise darin, daß afferente Nervenfasern bestimmte Neurone im zentralen Netzwerk erregen und gleichzeitig über Interneurone solche Neurone hemmen, die von benachbarten afferenten Nervenfasern innerviert werden. Der Vorgang ist schematisch in Abb. 7-3 an einem einfachen Modell dargestellt. In diesem Modell können 2 benachbarte Reize durch die Erregungen der primären Afferenzen nicht getrennt werden, wohl aber von „höheren“ Elementen des Netzwerkes. Die laterale Hemmung

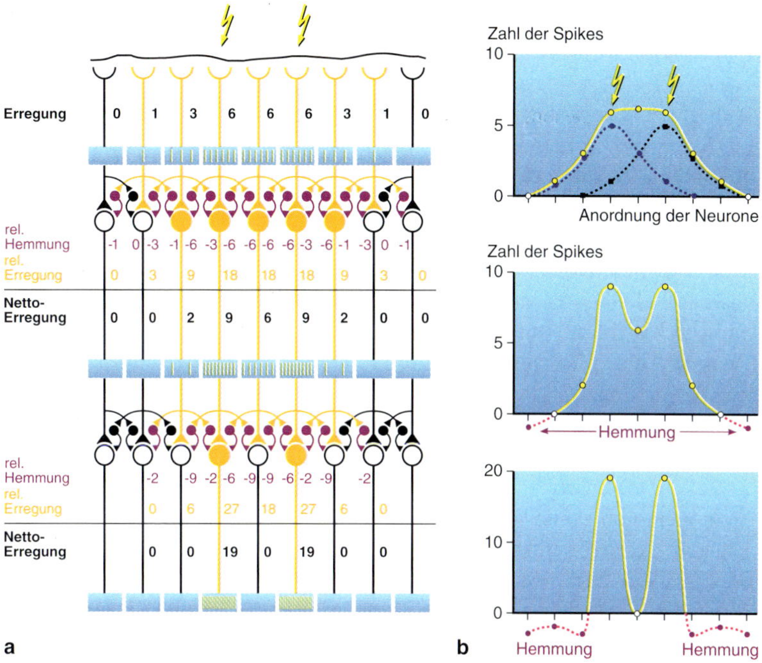

Abb. 7-3 a, b. Laterale Hemmung im Modell eines einfachen neuralen Netzwerkes. **a** Die beiden *Pfeile am oberen Rand* der Abbildung deuten zwei eng benachbarte Reize an, darunter ist die Matrix des Netzwerks angedeutet. Die Zahlenangaben und die *blauen* Kästchen mit den Aktionspotentialen in *Gelb* erläutern die Erregungsverhältnisse, wenn angenommen wird, daß auf jeder Stufe Erregungen dreifach verstärkt werden, während die Hemmungen mit einfacher Verstärkung wirken. Die resultierenden Nettoerregungen ergeben sich aus Subtraktion der Hemmwerte von den Erregungswerten. **b** Darstellung der Nettoerregung auf verschiedenen Ebenen des Netzwerks. (Mod. nach Handwerker 1990)

führt also dazu, daß die Kontrastwahrnehmung verschärft wird. Nachgewiesen ist laterale Hemmung z. B. bei den Ganglienzellen der Retina. Sie führt im visuellen System zu einem Sinnesphänomen, das man leicht an sich selbst beobachten kann, den *Mach-Bändern.* An der Grenze zwischen einer hellen und dunklen Fläche erscheint uns ein Band, das heller ist, als die restliche helle Fläche. Entsprechend erscheint auf der dunklen Seite der Grenze ein schmales, besonders dunkles Band. Auch andere Kontrastphänomene lassen sich durch laterale Hemmung erklären (s. S. 284).

7.6 Sinnesphysiologie und Wahrnehmungspsychologie

Bisher wurde in diesem Kapitel die Sinnesphysiologie unter physiologischen Gesichtspunkten betrachtet. Um die Leistungen ganzer menschlicher Sinnessysteme zu erforschen, muß man aber auch die von ihnen vermittelten Empfindungen quantitativ untersuchen. Da hierzu die *physikochemische Welt der Reize* mit der *subjektiven Welt der Wahrnehmungen* in Beziehung gesetzt wird, nennt man diese Forschungsrichtung ***Psychophysik.*** Diese nimmt wissenschaftstheoretisch eine Sonderstellung innerhalb der Physiologie ein, da sie sich nicht nur mit physikochemischen Prozessen (den *Reizen* und den Reaktionen des Organismus) befaßt, sondern auch mit Bewußtseinsvorgängen, den *Empfindungen.* Heute betrachtet man das Gebiet der Psychophysik, das sich im vorigen Jahrhundert als wichtiger Teil der Sinnesphysiologie entwickelt hat, meist als Teilgebiet der ***Wahrnehmungspsychologie.***

Bei der Beschäftigung mit der Psychophysik darf ein psychologisches Problem nicht übersehen werden: Empfindungen sind nicht etwa die primären Elemente unserer Bewußtseinsinhalte, sondern Abstraktionen, die v.a. in der künstlichen Reizwelt des Laboratoriums vorgenommen werden. Ein einfaches Beispiel soll dies erläutern: Wenn wir die Augen aufschlagen und vor uns eine blaue Fläche mit weißen Flecken darin sehen, dann nehmen wir weiße Wolken am blauen Himmel wahr oder Schaumkronen auf den blauen Wellen eines Sees oder ein blaues Tuch mit weißen Mustern usw. Diesen komplexen Bewußtseinsinhalt nennen wir ***Wahrnehmung.*** Wahrnehmungen sind einerseits durch den Sinneseindruck, andererseits aber auch durch unsere Erfahrungen, also durch Lernvorgänge, bestimmt. Aus der Wahrnehmung können wir dann erst die ***Empfindung*** (z.B. „blau") abstrahieren. Aus diesen Überlegungen wird verständlich, daß das Feld der Psychophysik heute vielfach von Wahrnehmungspsychologen bearbeitet wird.

Als Psychophysik bezeichnet man eine wissenschaftliche Disziplin, die sich mit den quantitativen Beziehungen von Reizintensität und Empfindungsstärke befaßt

Im 19. Jahrhundert machten Forscher psychophysische Experimente meist im Selbstversuch und verglichen dann ihre eigene Wahrnehmung mit der Reizgröße. Heute wird allgemein gefordert, daß ein Proband unvoreingenommen, d.h. ohne eigene Erwartungen über den Ausgang an ein Experiment herangeht. Psychophysische Experimente werden daher am besten an Versuchspersonen vorgenommen, denen die Hypothesen des jeweiligen Forschers nicht bekannt sind. Zur Erfassung der Sinnesleistung wird dann die Mitteilung des Probanden herangezogen, die auf verschiedene Weise erfolgen kann. Hinzu kommt, daß es wegen der Variabilität der Sinnesleistungen nicht genügt, die Reaktion eines Probanden zu messen, man muß vielmehr eine möglichst repräsentative Stichprobe erfassen. Ganz ähnliche experimentelle Techniken lassen sich auch im Tierversuch anwenden. Wenn etwa Tiere trainiert werden, auf einen Sinnesreiz mit einem bestimmten Verhalten zu antworten, tritt diese Verhaltensänderung an die Stelle menschlicher Mitteilung. Eine Voraussetzung dieses Ansatzes ist, daß sich die subjektiven Wahrnehmungen und Mitteilungen in irgendeiner Weise quantifizieren lassen.

Die einfachste Form einer solchen Quantifizierung ist die Messung einer ***Sinnesschwelle.*** Der Vorteil der Schwellenmessung besteht darin, daß der Proband keine quantitativen Angaben machen muß, sondern nur eine ja-nein-Entscheidung trifft (Empfindung vorhanden oder nicht vorhanden).

Schwellenmessungen werden nicht nur eingesetzt, um etwas über minimale Reizstärken zu erfahren, sondern auch für die Beurteilung von komplexen qualitativen und quantitativen Sinnesphänomenen. Für diese Einführung in die Sinnesphysiologie beschränken wir uns aber der Einfachheit halber auf die Intensitätsdimension.

Die Reizschwelle wird definiert als kleinste Intensität eines Reizes bestimmter Qualität, die gerade noch eine Empfindung hervorruft

Die Reizschwelle (RL für Reizlimen) ist abhängig von der *Art des Sinnessystems,* von der *Reizdauer* und anderen Reizeigenschaften. So ist z.B. die Sehschwelle für bestimmte Frequenzen elektromagnetischer Schwingungen niedriger als für andere, bei Hörschwelle und Berührungsschwelle gibt es entsprechend unterschiedliche Empfindlichkeiten für verschiedene Frequenzen mechanischer Schwingungen. Die praktische Bestimmung der Reizschwellen ist nicht so einfach, wie das Konzept erscheint. Bei genauer Betrachtung der Wahrscheinlichkeit, daß ein schwacher Reiz eine Empfindung hervorruft, wird man finden, daß es keine scharfe Grenze von „wahrnehmbar" zu „nicht wahrnehmbar" gibt. Vielmehr findet man in der Regel im kritischen Reizstärkenbereich eine S-förmige Wahrscheinlichkeitskurve, wie in Abb. 7-4 dargestellt. Diese Kurve heißt ***psychometrische Funktion.*** Als Schwelle muß ein Punkt auf dieser Kurve definiert werden. Üblicherweise nimmt man dabei den Punkt, bei dem die Wahrscheinlichkeit, daß ein Reiz wahrgenommen wird, 50% beträgt. Exakte Schwellenbestimmungen sind

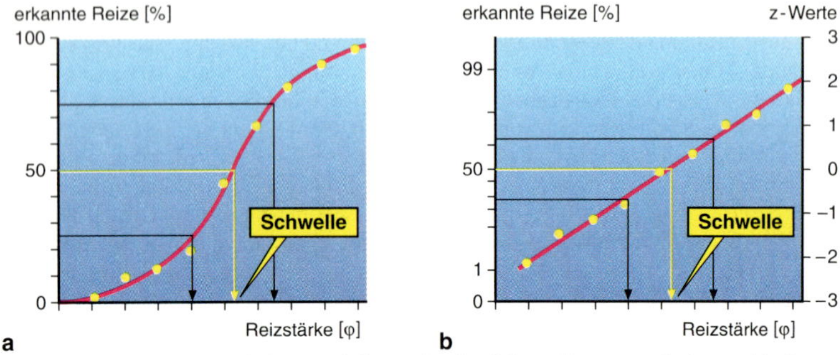

Abb. 7-4. **a** Psychometrische Funktion, wie sie sich ergibt, wenn bei verschiedenen schwachen Reizen die Häufigkeit gemessen wird, mit der diese Reize erkannt werden. **b** Die S-förmige psychometrische Funktion entspricht meist dem Integral einer Normalverteilungskurve (Ogive). Die Kurve wird zur Geraden, wenn man die Werte auf der *Ordinate* in Einheiten der Standardabweichung (Z-Werte) darstellt. (Mod. nach Handwerker 1990)

aufwendig; es wurden daher verschiedene Methoden beschrieben, mit denen die Reizschwelle rasch – aber dafür etwas ungenauer – bestimmt werden kann.

Da die S-förmige psychometrische Funktion dem Integral einer Gauß-Zufallsverteilung entspricht, deutet ihr Verlauf darauf hin, daß bei der Wahrnehmung schwellennaher Reize Zufallsprozesse mitwirken. Eine wichtige Theorie der Psychophysik betrachtet Sinnessysteme als Nachrichtenkanäle, in denen Signale durch Rauschen überlagert sind. Wenn es darum geht, ein schwaches Signal in einem derartigen System zu entdecken, dann muß eine Entscheidung getroffen werden, welche Zustände bereits als Signal und welche noch als Rauschen angesehen werden. Man nennt diese Theorie ***Signal-Entdeckungs-Theorie (SDT)*** oder auch ***sensorische Entscheidungstheorie.*** Für die Sinnesphysiologie ist diese Theorie deshalb wichtig, weil sie erklärt, wie die Neigung eines Probanden (oder Versuchstiers), im Zweifelsfall einen bestimmten Zustand seines sensorischen Systems noch als „Rauschen" oder bereits als Reiz zu betrachten, die Schwelle beeinflußt (engl. „bias"). Soll eine Reizschwelle genau bestimmt werden, dann muß der Bias berücksichtigt werden. Allgemein gilt, daß Probanden mit „liberaler" Einstellung (d. h. solche, die im Zweifelsfall vom Vorhandensein eines Reizes ausgehen) eine niedrigere Schwelle, aber eine höhere Fehlerrate haben, während Probanden mit „konservativer" Einstellung umgekehrt eine höhere Schwelle, aber eine niedrigere Fehlerrate aufweisen.

Die Unterschiedsschwelle ist der Reizzuwachs, der nötig ist, um eine Empfindung bei überschwelligem Reiz merklich stärker erscheinen zu lassen

Früher wurde dieser Reizzuwachs als ***Differenzlimen*** (DL) bezeichnet; heute wird häufig die englische Abkürzung ***jnd*** („just noticable difference") verwendet. Mit dem Konzept der Unterschiedsschwelle lassen sich Schwellenuntersuchungen auch in den Bereich der überschwelligen Reize und Wahrnehmungen ausdehnen. Um die Mitte des 19. Jahrhunderts konnte *E. H. Weber* bei sinnesphysiologischen Untersuchungen feststellen, daß in einem weiten Bereich von Ausgangsreizstärken der Reizzuwachs einen bestimmten Bruchteil des Ausgangsreizes betragen muß, um das DL zu überschreiten. Die Unterschiedsschwelle läßt sich daher mit der Formel beschreiben:

$$\Delta R / R = c.$$

Man nennt diese Beziehung *Weber-Gesetz* oder *Weber-Regel* und den Quotienten ***c***, um den ein Reiz stärker werden muß, damit er eben merklich stärker empfunden wird, den ***Weber-Quotienten.*** Bei verschiedenen Sinnessystemen liegt dieser Weber-Quotient oft zwischen 0,07 und 0,12; d. h. es bedarf eines Reizzuwachses von etwa 7–12 %, um einen Reiz eben merklich stärker erscheinen zu lassen. Das Weber-Gesetz gilt allerdings nur für Reize im mittleren Intensitätsbereich, nicht für sehr schwache Reize nahe der Reizschwelle.

Der Weber-Quotient ist nach G. T. Fechner Grundlage einer allgemeinen psychophysischen Beziehung

Im vorigen Abschnitt haben wir gesehen, daß Schwellenbetrachtungen mit der Unterschiedsschwelle praktisch über den ganzen Empfindungsbereich ausgedehnt werden können. G. T. Fechner (1801–1887) ging noch einen Schritt weiter: Er benutzte die Unterschiedsschwelle und den Weber-Quotienten zur Definition einer psychophysiologischen Skala der Empfindungsstärke. Dem liegt folgender Gedankengang zugrunde: Die schwächstmögliche Empfindung ist die bei RL erzeugte. Die nächstgrößere Empfindung ist um eine Unterschiedsschwelle stärker, da das DL definitionsgemäß der kleinstmögliche Empfindungszuwachs ist. Die nächststärkere Empfindung liegt wieder ein DL höher usw. Nun ist aber der Reizzuwachs für die Überschreitung eines DL durch Webers Formel definiert (dabei bleibt unberücksichtigt, daß dieses Gesetz bei Reizen nahe RL nicht gilt). Man muß also einen konstanten Bruchteil des Ausgangsreizes hinzufügen, um eine Stufe in der Skala der Empfindungsintensität höher zu steigen. Um die Beziehung zwischen Empfindungsstärke und Reizstärke zu bestimmen, muß man somit über den Weber-Quotienten Δ R/R integrieren. Man erhält dann *Fechners psychophysische Beziehung.*

Eine logarithmische Zunahme der Reizintensität führt zu einer linearen Zunahme der Empfindungsstärke, wenn diese indirekt, über die Unterschiedsschwellen bestimmt wird

$$E \sim \log R \text{ oder } E = k \cdot \log(R/R_0),$$

wobei E und R Empfindungs- und Reizstärken sind, die einander entsprechen; R_0 ist die Reizstärke bei RL.

Es gibt eine Art Großexperiment, das über viele Jahrhunderte geführt wurde und das Fechners theoretische Überlegungen bestätigt. Bei der Einteilung der Helligkeit der Sterne in Klassen haben die Astronomen traditionellerweise die schwächsten, eben sichtbaren Sterne in die Klasse 6 eingeordnet, eben merklich hellere Sterne in die Klasse 5 bzw. bis zu den hellsten Sternen, die in Klasse 1 eingeordnet wurden. In Abb. 7-5 ist die mittlere Leuchtdichte von Sternen in den einzelnen Klassen, also die Reizstärke, gegen diese Rangskala der Sterne aufgetragen. Es resultiert eine logarithmische Beziehung. Trägt man die Meßpunkte in ein Koordinatensystem ein, bei dem auf der Abszisse bereits der Logarithmus der Reizstärke aufgetragen ist, dann

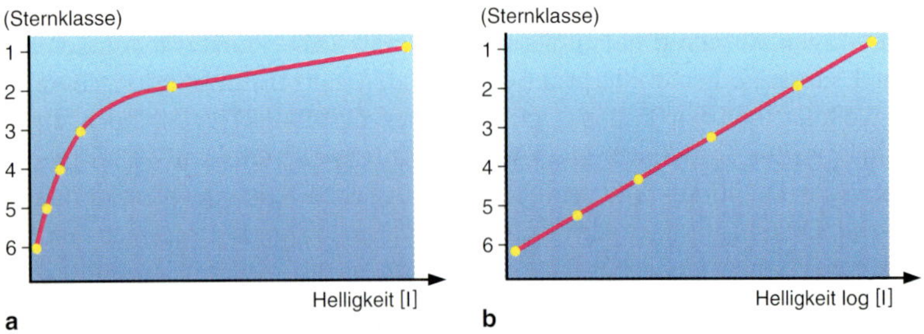

Abb. 7-5 a, b. Mittlere Häufigkeit der Sterne verschiedener Klassen bei **a** linearer und **b** logarithmischer Auftragung der Helligkeit auf der *Abszisse.* (Daten von Jastrow; nach Stevens 1975)

resultiert eine lineare Beziehung. Auf diese Weise kann man prüfen, ob ein unbekannter Datensatz sich durch eine logarithmische Beziehung beschreiben läßt.

Die Beziehung zwischen Reiz- und Empfindungsstärke läßt sich mit einer Potenzfunktion beschreiben, wenn die Empfindungsstärke vom Probanden direkt auf einer Skala geschätzt wird

Nach Fechner wird die Empfindungsstärke über Unterschiedsschwellen indirekt bestimmt. In diesem Jahrhundert wurden Methoden entwickelt, mit denen man die Empfindungsstärke direkt quantitativ abschätzen kann. Diese Methoden entwickelte S. S. Stevens weiter. Bei der von ihm begründeten ***direkten Psychophysik*** kommt es nicht auf die Unterscheidbarkeit an, sondern auf eine Angabe über die subjektive Intensität der Empfindung. Dabei soll der Proband Konzepte verwenden wie „doppelt so stark“ oder „halb so stark“. Die Skala ist damit keine einfache Rangskala wie bei Fechner, sondern gewinnt den Charakter einer Rationalskala. Damit ist nicht gesagt, daß Messungen mit Stevens Methoden genauer sind als Messungen nach Fechner, sondern nur, daß diese Skala anderen Voraussetzungen folgt. So kann man an Meßergebnissen nach Stevens eine größere Bandbreite von Rechenoperationen einsetzen als an denen, die mit Fechners Ansatz erzielt wurden.

Bei Messungen mit Stevens Methoden ist die Beziehung zwischen Empfindungs- und Reizstärke am besten mit einer Potenzfunktion zu beschreiben:

$$E \sim R^n \text{ oder } E = k \cdot (R - R_0)^n.$$

E und R sind wieder einander entsprechende Empfindungs- und Reizstärken; R_0 ist die Reizstärke bei RL, k eine Konstante und n der Exponent.

Nimmt die Empfindungsstärke rascher zu als die Reizstärke, was z. B. bei der Wahrnehmung elektrischer Hautreize gefunden wurde, dann resultiert ein Exponent $n>1$. Meist findet man aber, daß die Reizstärke rascher zunimmt als die Empfindungsstärke, wie z. B. bei der Wahrnehmung der Helligkeit eines Lichtflecks. In diesem Fall ist $n<1$. Ein Exponent $n=1$ zeigt eine lineare Beziehung an. Stevens Exponenten liegen oft zwischen 0,3 und 1,0. Kleine Exponenten findet man v. a. dann, wenn sich die Bandbreite der Reize, die von einem Sinnessystem verarbeitet werden, über einen großen Intensitätsbereich erstreckt, z. B. beim Gehör, wo bei mittleren Frequenzen die unterschiedlich laut wahrgenommenen Schalldrücke über einen Bereich von $1:10^6$ variieren.

Will man prüfen, ob ein Datensatz sich durch eine Potenzfunktion beschreiben läßt, trägt man die Daten in doppelt logarithmischem Maßstab auf, da eine logarithmierte Potenzfunktion eine lineare Funktion ist, wobei die Steigung der Geraden dem Exponenten n entspricht.

Stevens war der Ansicht, daß seine neue Psychopyhsik den alten Ansatz von Fechner ablösen würde. Heute werden beide noch angewandt – bei verschiedenen Fragestellungen.

In diesem Kapitel wurde gezeigt, daß den beiden psychophysischen Beziehungen unterschiedliche Skalen der Empfindungsstärke zugrunde liegen:

- Nach Fechners Ansatz erfaßt man die *Unterscheidbarkeit* verschiedener Empfindungsstärken.
- Stevens Methoden zielen auf eine Erfassung der direkten *subjektiven Einschätzung* von Empfindungsstärke.

Untersucht man Fragen der sog. objektiven Sinnesphysiologie, also z. B. Sensorkennlinien, dann können je nach Reizparametern beide psychophysischen Gesetze brauchbare Interpretationen liefern.

Literatur

Churchland PS (1986) Neurophilosophy. Toward unified science of the mind-brain. The MIT Press, Cambridge Massachusetts

Gauer OH, Kramer K, Jung R (Hrsg) (1972) Physiologie des Menschen, Bd 11: Somatische Sensibilität, Geruch und Geschmack. Urban & Schwarzenberg, München Berlin Wien

Gescheider GA (1985) Psychophysics, method, theory and application, 2nd edn. Erlbaum, Hillsdale New Jersey London

Gybels J, Handwerker HO, van Hees J (1979) A comparison between the discharges of human nociceptive nerve fibers and the subject's ratings of his sensations. J Physiol 292: 193–206

Handwerker HO (ed) (1983) Nerve fiber discharges and sensations. Hum Neurobiol 3: 1–58

Handwerker HO (1995) Allgemeine Sinnesphysiologie. In: Schmidt RF, Thews G (Hrsg) Physiologie des Menschen, 26. Aufl. Springer, Berlin Heidelberg New York Tokyo

Hensel H (1966) Allgemeine Sinnesphysiologie, Hautsinne, Geschmack, Geruch. Springer, Berlin Heidelberg New York

Loewenstein WR (ed) (1971) Principles of receptor physiology. Handbook of sensory physiology, vol 1. Springer, Berlin Heidelberg New York

Rowe M, Willis WD jr (eds) (1985) Development, Organization, and Processing in Somatosensory Pathways. Alan R Liss, New York

Stevens SS (1975) Psychophysics. John Wiley, New York London Sydney Toronto

8 Somatosensorik

H. O. Handwerker

EINLEITUNG

Unter Somatosensorik faßt man Empfindungen zusammen, die durch Reizungen verschiedenartiger Sensoren unseres Körpers hervorgerufen werden. Ausgenommen sind lediglich die „spezifischen" Sinnesorgane, die allesamt im Kopf lokalisiert sind, nämlich die für Sehen, Hören, Schmecken, Riechen und der Gleichgewichtssinn. Die Somatosensorik umfaßt 3 Bereiche:

- Sensorik der Körperoberfläche (Ekterozeption, Hautsensibilität),
- Sensorik des Bewegungsapparates (Propriozeption) und
- Sensorik der inneren Organe (Enterozeption).

Auch der Schmerz (s. Kap. 9) wird zur Somatosensorik gerechnet. Das Gesamtgebiet wird auch als ***somatoviszerale Sensibilität*** bezeichnet. In älteren Lehrbüchern findet sich auch die Bezeichnung „niedere Sinne". Diese Bezeichnung ist schon deswegen unzutreffend, weil zumindest der Tastsinn zu unseren differenziertesten und wichtigsten Sinnen gehört.

8.1 Tastsinn

Das wichtigste Tastorgan ist die Haut an der Palmarseite der Hand; das beste Auflösungsvermögen findet sich an den Fingerspitzen

Der Tastsinn trägt wesentlich zur ***Gestaltwahrnehmung*** von Gegenständen bei. Um eine klare Vorstellung von einem Gegenstand zu erhalten, führen wir die Finger über seine Oberfläche. Wenn wir z. B. den Inhalt unserer Hosentasche betasten, dann unterscheiden wir mit Leichtigkeit einen Schlüssel von einem Taschenmesser. In der Dunkelheit erhalten wir durch Betasten eine Vorstellung des umgebenden Raumes. Diese Fähigkeit ist besonders wichtig für Blinde, wahrscheinlich trägt sie aber bei allen Menschen während der frühkindlichen Entwicklung wesentlich zur Entstehung der ***Raumvorstellung*** bei.

Man bezeichnet die Fähigkeit der Gestalt- und Raumwahrnehmung durch Betasten als ***Stereognosie.*** Der Verlust dieser Fähigkeit heißt ***Astereognosie*** oder ***taktile Agnosie.***

Die Hand ist somit eines der wichtigsten Sinnesorgane unseres Körpers. Das setzt voraus:

- empfindliche Mechanosensoren,
- die Fähigkeit unseres Zentralnervensystems (ZNS), die Information aus benachbarten Sensoren zu differenzieren, um ein räumliches Muster zu erfassen,
- die Fähigkeit des ZNS, den sensorischen Einstrom mit der Tastmotorik zu verrechnen und die Vorstellung der Gestalt eines Gegenstandes zu erzeugen.

Die wichtigsten Mechanosensoren in der Haut der Handfläche sind: RA-Sensoren, Vater-Pacini-Sensoren, SA I und SA II Sensoren

Untersuchungen an Hautsensoren gelangen zunächst an narkotisierten Versuchstieren, bei denen die Aktionspotentiale einzelner Nervenfasern abgeleitet wurden, die man unter dem Mikroskop aus einem Hautnerv präpariert hatte. Mittlerweile ist es aber auch möglich, entsprechende Untersuchungen an Nerven wacher menschlicher Probanden vorzunehmen *(Mikroneurographie).* Dabei wird eine Mikroelektrode durch die Haut in einen Nerv eingestochen. Sobald sich die Aktionspotentiale einer einzelnen Nervenfaser messen lassen, wird die Hautstelle aufgesucht, von der aus sich diese Afferenz z.B. durch mechanische Reize erregen läßt. Man bezeichnet dieses Hautareal als ***rezeptives Feld*** der betreffenden afferenten Nervenfaser. Meist kann man durch elektrische Reizpulse vom rezeptiven Feld aus die betreffende Nervenfaser mit konstanter Latenz erregen. Teilt man die Leitungsstrecke, also die Distanz zwischen Reiz- und Ableitelektrode, durch die Latenzzeit, erhält man die ***Leitungsgeschwindigkeit*** des betreffenden Axons (Abb. 8-1).

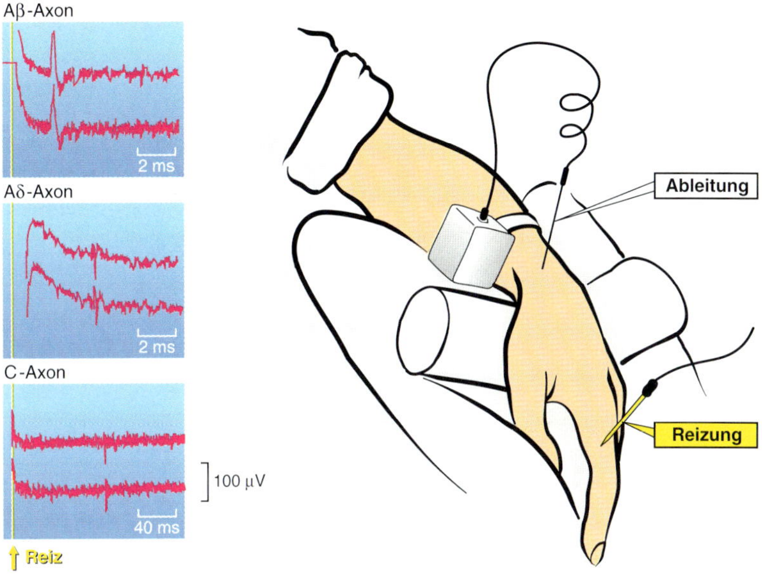

Abb. 8-1. *Rechts* im Bild ist die Methode der Mikroneurographie dargestellt, *links* Originalableitungen der Aktionspotentiale verschiedener Nervenfasern, die durch transkutante elektrische Reizung im rezeptiven Feld hervorgerufen wurden. Beachte die verschiedenen Zeitskalen bei den Ableitungen markhaltiger und markloser Fasern. (Mod. nach Handwerker, 1984)

Den Sensortyp kann man bestimmen, indem man kontrollierte mechanische Reize auf das rezeptive Feld appliziert und prüft, auf welche Reize die betreffende Nervenfaser antwortet. Dazu verwendet man z. B. einen elektromagnetisch gesteuerten Reizstempel, der aus einer Ausgangsposition heraus, bei der er die Hautoberfläche gerade eben berührt, mit konstanter Geschwindigkeit in die Haut eindrückt und dann in einer Endposition stehenbleibt (Abb. 8-2). Dieser Reizverlauf enthält eine Phase, bei der die Haut mit konstanter *Geschwindigkeit* eingedrückt wird (dS/dt), gefolgt von einem Dauerreiz mit einer konstanten Hautdeformation (S). An den Übergängen vom ruhenden Stößel zur Bewegung und umgekehrt ändert sich die Geschwindigkeit – dort treten also positive und negative *Beschleunigungen* auf (d^2S/dt^2; 2. Ableitung des Weges S nach der Zeit).

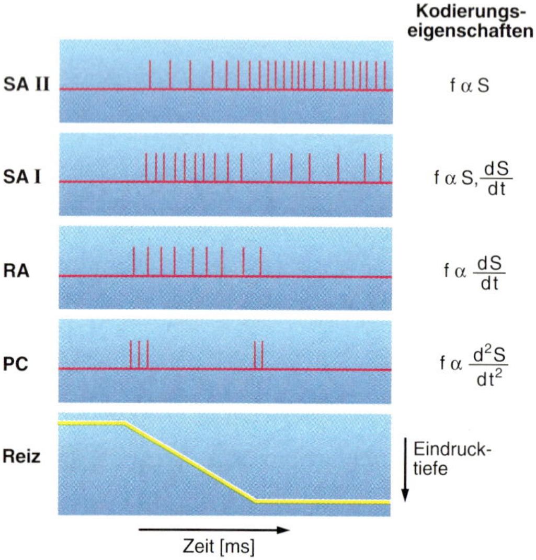

Abb. 8-2. Kodierungseigenschaften verschiedener Mechanosensoren der Haut. *Rechts:* Kodierungsfunktionen (***S*** Reizstärke, ***t*** Zeit, ***dS/dt*** Differentialquotient, entspricht der Geschwindigkeit). ***SA II*** und ***I*** langsam adaptierende Mechanosensoren („slowly adapting"), Typ II und I. ***RA*** rasch adaptierende Mechanosensoren; ***PC*** Vater-Pacini-Sensoren

Sensoren des Tastsinns. Die für den Tastsinn wichtigen Sensoren sind recht empfindlich und können schon auf Verformungen der Hautoberfläche in der Größenordnung von Bruchteilen eines Millimeters antworten. Abbildung 8-2 zeigt die Afferenzen, die man in der Haut der menschlichen Handfläche mit einer solchen Indentation erregen kann. Zwei Sensortypen reagieren auf Dauerdeformation (S). Diese langsam adaptierenden Sensoren werden als ***SA I*** und ***SA II*** (SA = „slowly adapting") bezeichnet. SA I-Sensoren antworten allerdings mit einer höheren Entladungsrate, wenn der Reiz rascher zunimmt, sie sind also PD-Sensoren (s. Kap. 7). Der ***RA-Sensor*** („rapidly adapting") ist hingegen ein reiner Geschwindigkeitsdetektor und somit ein D-Sensor (s. Kap. 7).

Abbildung 8-3 stellt die statische Kennlinie (s. Kap. 7) eines SA I-Sensors der Kennlinie eines RA-Sensors gegenüber. Verschiedene Aktionspotentialfrequenzen einer SA I-Afferenz signalisieren verschiedene Eindrucktiefen des Reizstößels (die Größe „S" in Abb. 8-2), bei RA-Afferen-

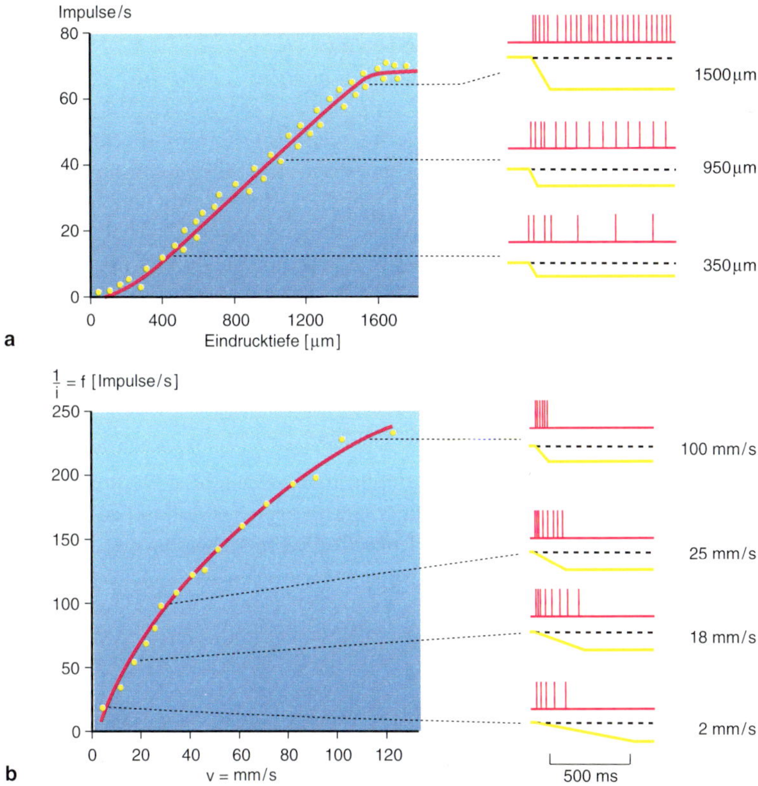

Abb. 8-3 a, b. Kennlinien einer Nervenfaser mit SA-I-Sensor (**a**) und einer Afferenz mit RA-Sensor (**b**). *Rechts* sind drei Beispiele von Ableitungen mit den jeweiligen Reizverläufen *(gelb)* dargestellt. Die Entladungen sind durch *gepunktete Linien* den jeweiligen Meßpunkten in den Diagrammen *rechts* zugeordnet. Idealisierte Nachzeichnungen von Ableitungen, die in Experimenten an der Katze und am Affen gewonnen wurden. (a Mod. nach Mountcastle et al. 1966, b nach Dickhaus 1976)

zen hingegen Eindruckgeschwindigkeiten (dS/dt). Ein weiterer Sensortyp, das bereits beschriebene ***Vater-Pacini Körperchen*** (s. Kap. 7), reagiert überwiegend auf die Beschleunigungsphasen von Reizen. Man kann ihn daher näherungsweise als Beschleunigungsdetektor (d^2S/dt^2) betrachten.

Morphologisch können den SA I-Sensoren die Merkel-Zell-Axonkomplexe, den SA II-Sensoren die Ruffini-Kolben und den RA-Sensoren die Meissner-Zell-Axonkomplexe zugeordnet werden

Merkel-Zellen liegen an der Epidermis-Dermis-Grenze und zeichnen sich durch einen gelappten Kern aus. Sie enthalten viele Mitochondrien und Bläschen, die möglicherweise ein Neuropeptid enthalten. Mit ihnen nehmen Axone Kontakt auf, die von markhaltigen Nervenfasern ausgehen. Jede dieser SA I-Afferenzen teilt sich in mehrere Äste auf, die jeweils an einer Merkelzelle enden (Abb. 8-4).

Ruffini-Kolben sind spindelförmige Gebilde, ähnlich den Sehnenspindeln. In diesen kolbenförmigen Körperchen, die man u. a. in den oberen Dermisschichten findet, endet jeweils eine markhaltige Nervenfaser, deren Ende SA II-Sensoreigenschaften besitzt (Abb. 8-4).

Meissner-Zellkomplexe liegen ebenfalls an der Epidermis-Dermis-Grenze. Der RA-Sensor wird vom Ende einer markhaltigen Nervenfaser gebildet, die in diesem komplexen Gebilde aus Epithelzellen endet (Abb. 8-4).

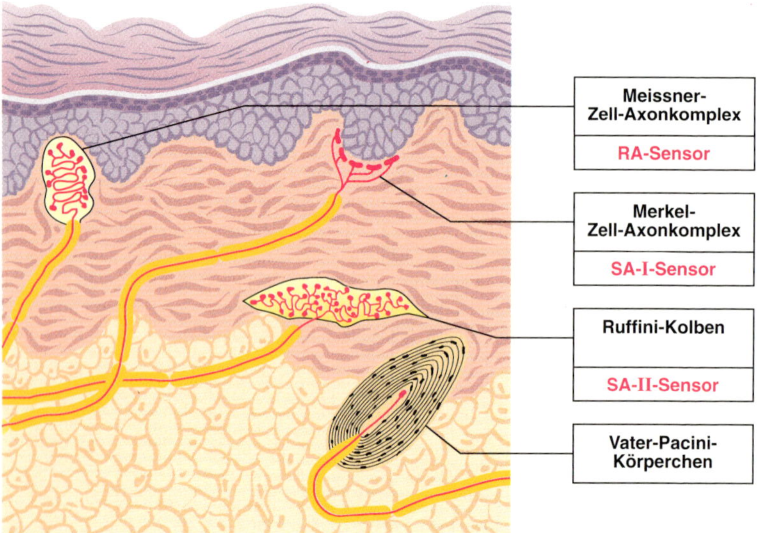

Abb. 8-4. Schematische Darstellung der wichtigsten Mechanosensortypen der unbehaarten Haut des Menschen und anderer Säugetiere. (Mod. nach Kandel 1981)

Vater-Pacini-Körperchen findet man in der Subcutis, deutlich tiefer als Meissner- und Merkel-Zellen.

Es gibt noch eine Reihe weiterer Endkörperchen an markhaltigen afferenten Nervenfasern, die zwar histologisch beschrieben wurden, aber noch nicht eindeutig einem der 4 funktionell charakterisierten Sensortypen zugeordnet werden können (Abb. 8-2).

SA I- und RA-Sensoren haben kleine, scharf begrenzte rezeptive Felder und eine hohe Innervationsdichte an den Fingerspitzen
Vater-Pacini- und SA II-Sensoren haben große rezeptive Felder und eine niedrige Innervationsdichte

Die großen, unscharf begrenzten rezeptiven Felder der Vater-Pacini-Afferenzen sind dadurch zu erklären, daß dieser Sensortyp erstaunlich empfind-

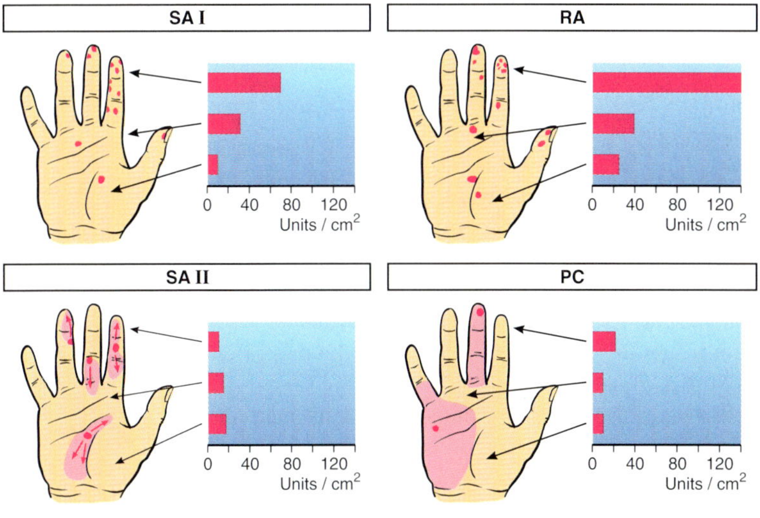

Abb. 8-5. Rezeptive Felder und Häufigkeitsdiagramme von 4 Mechanosensortypen in der Handfläche. Die rezeptiven Felder und die relativen Häufigkeiten der einzelnen Sensortypen wurden aus mikroneurographischen Experimenten bestimmt, die absoluten Häufigkeiten mit Hilfe histologischer Faserzählungen ermittelt. (Mod. nach Vallbo u. Johansson 1984)

lich auch auf die Vibrationen ferner liegender Hautstellen reagiert. Bei den SA II-Sensoren sind die großen Felder durch deren Empfindlichkeit für kleine seitliche Hautverschiebungen bedingt.

Welche Sensortypen sind für den Tastsinn besonders wichtig? Für die Klärung dieser Frage ist nicht nur die absolute Empfindlichkeit der einzelnen Sensoren bedeutsam, sondern auch ihre Fähigkeit zur ***räumlichen Diskrimination.*** Je höher die Sensorendichte und je kleiner die rezeptiven Felder der afferenten Nervenfasern, um so wahrscheinlicher werden die betreffenden Afferenzen Informationen über gleichzeitig auftretende kleinflächige Reize auch getrennt ins ZNS übermitteln. Man muß also annehmen, daß SA I- und RA-Sensoren wegen der Kleinheit ihrer rezeptiven Felder und der großen Innervationsdichte an den Fingerspitzen für den Tastsinn besonders wichtig sind (Abb. 8-5).

Auch bei kleinen rezeptiven Feldern und hoher Innervationsdichte von Hautafferenzen wäre allerdings keine differenzierte Auflösung von Tastempfindungen zu erwarten, wenn der Einstrom aus einer weit ausgedehnten Population von Sensoren auf die zuständigen Neurone im Projektionsfeld der Hirnrinde konvergieren würde, d. h. wenn die kortikalen Projektionsneurone große rezeptive Felder hätten. Das ist aber offenbar nicht der Fall.

SA I- und RA-Afferenzen der Fingerspitzen projizieren auf eine überproportional große Neuronenpopulation mit kleinen rezeptiven Feldern im somatosensorischen Projektionsareal der Hirnrinde

Dadurch kommt es zu einem besonders hohen räumlichen Auflösungsvermögen. In einem späteren Abschnitt über die Eigenschaften des kortikalen somatosensorischen Projektionsfeldes werden wir sehen, daß dort ein besonders großer Bereich für die Finger- und Mundrepräsentation zur Verfügung steht (s. S. 243).

Bei der neurologischen Untersuchung kann man einen einfachen Test verwenden, um das räumliche Auflösungsvermögen verschiedener Hautstellen zu messen: Man setzt gleichzeitig beide Spitzen eines Zirkels auf die Haut und prüft, bei welchem Abstand der beiden Zirkelspitzen die Empfindung durch die beiden punktförmigen Reize zu der eines Reizes verschmilzt. Man nennt diese Schwelle ***Zweipunktschwelle*** oder ***simultane Raumschwelle.*** Abbildung 8-6 zeigt die simultanen Raumschwellen verschiedener Körperregionen. An den Fingerspitzen, Lippen und der Zungenspitze beträgt sie etwa

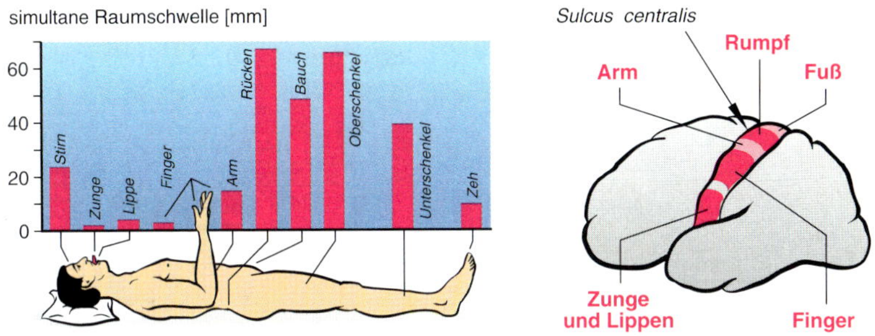

Abb. 8-6. Simultane Raumschwellen (Zweipunktschwellen) verschiedener Körperregionen und Repräsentation der betreffenden Hautregionen im somatosensorischen Cortex (S I). Die Ordinate im linken Diagramm gibt denjenigen Abstand zweier Zirkelspitzen wider, bei dem diese beim gleichzeitigen Aufsetzen auf die Haut noch als getrennte Reize wahrgenommen werden

1 mm. In der Handfläche haben wir bereits eine simultane Raumschwelle von etwa 3–5 mm, schließlich am Rücken eine von mehreren Zentimetern. Dieses unterschiedliche räumliche Auflösungsvermögen verschiedener Hautregionen spiegelt die Innervationsdichte der Sensoren in der Haut und die Kleinheit der rezeptiven Felder der Neurone im somatosensorischen Projektionsareal der Hirnrinde wider.

Eine weitere wichtige Voraussetzung für eine hohe Auflösung des Tastsinnes ist eine möglichst verlustfreie synaptische Übermittlung der sensorischen Information im ZNS. Mikroneurographische Untersuchungen haben gezeigt, daß auch in dieser Hinsicht die Haut der Fingerspitzen besonders ausgezeichnet ist (Abb. 8-7). Die Schwellenkurven (s. S. 216) von RA-Sensoren in der Haut der Fingerkuppen und des Handballens sind zwar vergleichbar, aber bei den Fingerspitzen entspricht die Sensorschwelle der Wahrnehmungsschwelle, während am Handballen höhere Reizstärken für die Erzeugung einer bewußten Empfindung benötigt werden. Das deutet darauf hin, daß bereits bei der Handfläche (und noch deutlicher an stammnäheren Hautflächen) eine wesentliche größere räumliche Bahnung der zentralen Neurone erforderlich ist als bei den Fingerspitzen, um eine Empfindung auszulösen.

Beim Betasten von Gegenständen ist eine Verrechnung der Information vieler Mechanosensoren mit der motorischen Innervation der Handmuskulatur erforderlich

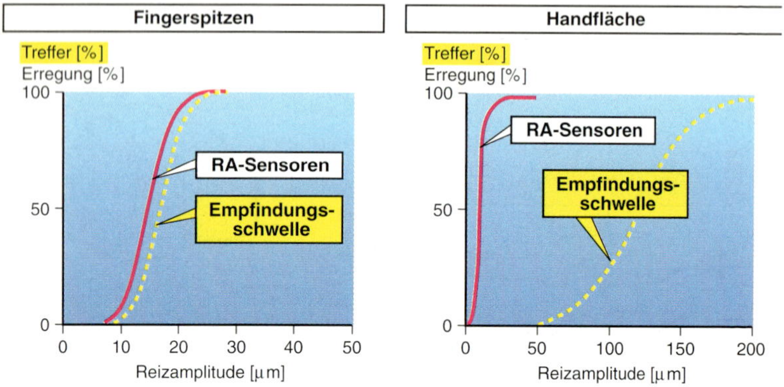

Abb. 8-7. Vergleich der Empfindungsschwellen und der durchschnittlichen Schwellen von RA-Sensoren an Fingerspitzen und Handfläche. (Mod. nach Vallbo u. Johansson 1984)

Die Wahrnehmung und das Erkennen von Gegenständen durch Betasten ist eine höhere Leistung unseres ZNS. In Kap. 15 wird dargestellt, daß sich in der Hirnrinde Assoziationsfelder neben den Projektionsfeldern identifizieren lassen, die für solche Synthese Leistungen der Hirnrinde zuständig sind (s. S. 446). Im Falle des Tastsinnes ist dafür das ***parietale Assoziationsfeld*** zuständig, das sich dorsal an das somatosensorische Projektionsfeld im Gyrus postcentralis anschließt (s. S. 245). Ein Ausfall des somatosensorischen Projektions- oder Assoziationsfeldes führt zur ***taktilen Agnosie*** (s. auch S. 222, 245).

8.2 Druck, Berührung und Vibration

Die Mechanozeption, d. h. die Wahrnehmung mechanischer Reize, die auf die Haut einwirken, dient nicht nur dem Tastsinn im engeren Sinne (s. vorhergehender Abschnitt). Auch Körperregionen, die sich kaum zum Betasten von Gegenständen eignen, sind mit ganz ähnlichen Mechanosensoren ausgestattet wie die Handfläche. In der mehr oder minder behaarten Haut der Arme und vergleichbarer Körperregionen gibt es allerdings kaum RA-Sensoren. Ihre Funktion wird von Afferenzen erfüllt, die an Haarfollikeln enden, den ***Haarfollikelsensoren.***

SA I-Sensoren vermitteln den Drucksinn; RA- und Haarfollikel-Sensoren die Berührungsempfindungen und die Vater-Pacini-Körperchen den Vibrationssinn

Die Rolle der SA II-Sensoren bei der Wahrnehmung mechanischer Reize ist unklar. An den Fingern tragen sie vielleicht zur Wahrnehmung der Gelenkstellung bei.

Berührungs- und Vibrationssinn haben die Fähigkeit, unterschiedliche Frequenzen mechanischer Schwingungen zu differenzieren. Die Empfindlichkeit dieses Sinnes läßt sich mit kontrollierten Reizen eines elektromagnetisch bewegten Reizstempels demonstrieren, der sinusförmige Reize auf die Haut appliziert. Durch Veränderung der Amplitude kann man die Erregungsschwelle des jeweiligen Sensors bestimmen. Abbildung 8-8 zeigt die Abhängigkeit der Schwelle von RA- und Vater-Pacini-Afferenzen von der Reizfrequenz. Niederfrequente Vibrationen erregen leichter RA-Sensoren. Im Bereich von 100–300 Hz genügen hingegen Eindrucktiefen von 1–2 µm, um Vater-Pacini-Afferenzen zu erregen und eine Vibrationsempfindung hervorzurufen. Frequenzen in diesem Bereich können wir auch mit dem Gehör wahrnehmen; der Vibrationssinn kann aber je nach mechanischer Ankopplung in diesem Frequenzband empfindlicher sein. Wegen ihrer hohen Empfindlichkeit und der großen und unscharf begrenzten rezeptiven Felder eignen sich die Vater-Pacini-Sensoren offenbar eher zur Entdeckung als zum Lokalisieren von Vibrationen. Auf der anderen Seite haben wir im letzten Abschnitt gesehen, daß RA-Sensoren wegen ihrer kleinen rezeptiven Felder

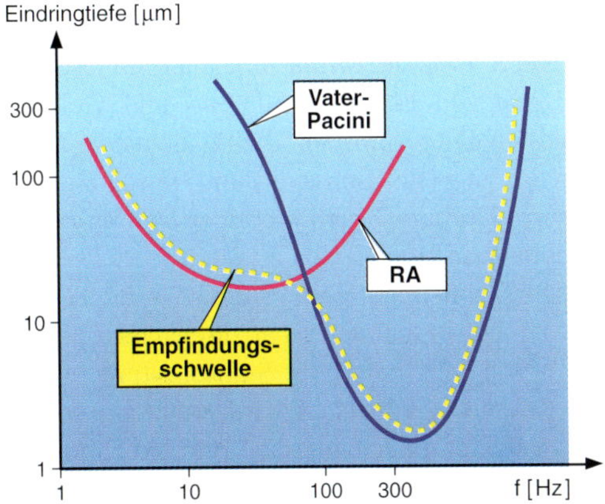

Abb. 8-8. Empfindlichkeit von RA- und Vater-Pacini-Sensoren für Sinusschwingungen verschiedener Frequenz, verglichen mit der Empfindungsschwelle von Probanden. (Sensorkennlinien nach Daten von Talbot et al. 1968, die aus Experimenten am Affen gewonnen wurden)

erheblich besser zur Bestimmung von Reizorten geeignet sind als die Vater-Pacini-Afferenzen. Ähnliches gilt von Haarfollikelsensoren, die häufig durch Berühren eines einzelnen Körperhaares erregt werden.

Spekulieren wir ausnahmsweise einmal über den biologischen Nutzen dieser beiden Sinne während der stammesgeschichtlichen Entwicklung, dann kann man die RA- (und Haarfollikel-)Sensoren vielleicht als Insektendetektoren interpretieren, da sie optimal auf Insektenbeine reagieren, die sich mit mäßiger Geschwindigkeit über die Hautoberfläche bewegen. Die Vater-Pacini-Afferenzen hingegen haben sicher dazu beigetragen, daß unsere Vorfahren mit ihren nackten Fußsohlen oder ihrem Gesäß auf dem Steppenboden Vibrationen registrieren konnten, die von entfernten Büffelherden (o. ä.) hervorgerufen wurden.

Mechanosensoren der Mundhöhle. Vor allem die Zungenhaut enthält eine dichte Innervation mit Mechanosensoren. Das räumliche Auflösungsvermögen ist hier besonders fein. Dies führt dazu, daß man mit der Zunge kleinste Unebenheiten in der Mundhöhle ertasten kann. In den Zahnhalteapparaten finden sich Mechanosensoren mit markhaltigen Afferenzen (z. B. vom Ruffini-Typ), welche die Zähne zu empfindlichen Tastorganen machen.

8.3 Tiefensensibilität und Propriozeption

Drückt man kräftiger auf die Haut, dann werden nicht nur die empfindlichen Mechanosensoren erregt, sondern auch tiefer liegende Sensortypen, v. a. langsam adaptierende und z. T. hochschwellige Mechanosensoren in der Unterhaut, aber auch die Mechanosensoren in Muskeln, Sehnen und im periartikulären Gewebe. Die ***Tiefensensibilität*** ist also kein einheitlicher Sinn.

Unter ***Propriozeption*** faßt man Sinneseindrücke zusammen, die durch Reizung von Muskeln, Sehnen- und Gelenkmechanosensoren zustande kommen. Diese Sinnesmodalität dient dem *Kraftsinn* und der Wahrnehmung von Stellung (Positionssinn) und Bewegungen (Kinästhesie) einzelner Teile unseres Körpers. Einen wichtigen Beitrag zur Propriozeption leistet das Vestibularogan (s. S. 329).

Der Kraftsinn erlaubt es uns, z. B. die Schwere gehobener Gewichte mit etwa 3–10 % Genauigkeit abzuschätzen (Weber-Gesetz; s. S. 217). Hautsensoren scheinen bei dieser Sinnesleistung eine geringe Rolle zu spielen, da die Schätzung schlechter wird, wenn man die Gewichte auf die Hand legt, wenn sie auf einer Unterlage ruht. Auch für die Kinästhesie sind Hautsensoren nicht wichtig, da Lokalanästhesie der Haut über den Gelenken diesen Sinn kaum beeinflußt. Propriozeptive Afferenzen sind folglich unter den Muskel- und Sehnenafferenzen zu finden (s. Kap. 5). Sensoren aus den Gelenken selbst melden nur extreme Gelenkstellungen und gehören häufig zur Gruppe der Nozisensoren. Es ließ sich auch zeigen, daß Injektion eines Lokalanästhetikums in ein Gelenk den Positionssinn kaum beeinflußt. Auch die Implantation künstlicher Hüftgelenke verändert die Wahrnehmung der Position des Beines nur wenig. Zur Kinästhesie tragen *Sehnensensoren vom Golgi-Typ* und periartikuläre Sensoren bei, die z. B. *Ruffini-Kolben* aufweisen.

Besonders wichtig für die Kinästhesie sind die Muskelspindelsensoren mit I a-Afferenzen

Das läßt sich folgendermaßen experimentell belegen:

- Wirkt ein Vibrationsreiz auf die Sehne eines Muskels ein, dann werden außer den Vater-Pacini-Sensoren überwiegend primäre Muskelspindelsensoren (s. S. 126) erregt. Probanden haben dann die Illusion einer entsprechenden Veränderung der Gelenkstellung.
- Einen direkten Beleg bietet ein Selbstversuch des australischen Physiologen McCloskey, der eine Sehne an seiner großen Zehe durchtrennen und an einem Mechanostimulator befestigen ließ, der auf die Sehne schwache Dehnungsreize ausübte, von denen man weiß, daß sie überwiegend Muskelspindelafferenzen erregen. Im Blindversuch hatte er dann den Eindruck einer Zehenbewegung.

8.4 Eigenschaften des Temperatursinnes

Warm- und Kaltempfinden werden an unterschiedlichen Hautpunkten wahrgenommen. Daher unterscheidet man einen Warm- und Kaltsinn

Der grundlegende Versuch läßt sich leicht nachvollziehen: Nimmt man einen stumpfen Bleistift mit einer Graphitmine (die gut Wärme leitet) oder einen kalten Metallgriffel und führt ihn unter leichtem Druck z. B. über die Haut des Handrückens, dann stößt man in unregelmäßigen Abständen auf Punkte, an denen dieser Reiz eine Kaltempfindung auslöst. Mit einem warmen Metallstab lassen sich entsprechende „Warmpunkte" in der Haut auffinden, die sich an anderen Hautstellen befinden als die Kaltpunkte.

An der Hand finden sich pro Quadratzentimeter nur 1–3 Kaltpunkte, die Warmpunkte sind noch etwas seltener. An der Haut des Rumpfes sind die Kalt- und Warmpunkte noch spärlicher. In der Mundregion dagegen liegen die Kalt- und Warmpunkte so dicht beeinander, daß sie eine einheitliche Sinnesfläche bilden. Wie für den Tastsinn die Hand das wichtigste Organ ist, so ist es für den Temperatursinn die ***periorale Region.*** Wenn eine Mutter die Temperatur des Fläschchens für ihr Kleinkind überprüfen will, betastet sie es daher nicht, sondern sie drückt es an die Haut der Mund- oder Wangenregion.

Die Spärlichkeit der Warm- und Kaltpunkte in der Haut der übrigen Körperregionen deutet darauf hin, daß dort die Kalt- und Warmsensoren viel seltener sind als die Mechanosensoren. Entsprechend können wir kleinflächige Temperaturreize nicht so gut differenzieren wie großflächige, bei denen es zu einer ausreichenden räumlichen Summation der Impulse von Thermosensoren kommt. Wird ein kleinflächiger Warmreiz (etwa der Brennfleck einer Lupe, die die Sonnenstrahlen sammelt) unbemerkt z. B. auf die Haut des Rückens appliziert, nehmen wir ihn in der Regel erst dann wahr, wenn die lokale Hauttemperatur so weit angestiegen ist, daß Nozizeptoren erregt werden (ca. 45 °C).

Warm- und Kaltsinn sind sehr viel empfindlicher für Temperaturänderungen als für statische Temperaturen

Auch diese Eigenschaft des Temperatursinnes wurde bereits im vorigen Jahrhundert mit einem einfachen Versuch nachgewiesen: Taucht man beide Hände in Schalen mit unterschiedlich temperiertem Wasser, z. B. die linke in eine Schale mit 27 °C, die rechte in eine Schale mit 37 °C, dann erscheint uns das Wasser zunächst links kühl und rechts warm. Bei längerem Eintauchen werden die Kalt- und Warmempfindungen langsam schwächer, auch wenn die Temperaturen konstant gehalten werden. Entfernt man nach einigen Minuten beide Hände aus ihren Wasserbädern und taucht sie gleichzeitg in ein Wasserbad mit einer mittleren Temperatur von 32 °C, dann erscheint dieses Bad der linken Hand (die aus einem kälteren Wasserbad kommt) als warm, der rechten Hand (die vorher in einem wärmeren Bad war) als kalt. Nach einigen Minuten gleichen sich diese Empfindungen aus, die Wasserbadtemperatur von 32 °C wird nun als neutral empfunden. Dieser ***Dreischalenversuch*** (Weber-Versuch) zeigt, daß der Temperatursinn eine ausgeprägte Differentialquotientenempfindlichkeit besitzt (dT/dt = v; Geschwindigkeit, mit der sich die Temperatur ändert).

Wird die gesamte Handfläche sehr langsam auf eine Temperatur zwischen 20 und 40 °C adaptiert, dann kann man diese statische Temperatur etwa mit einer Genauigkeit von 1–3 °C schätzen. Sehr viel genauer können wir Temperaturänderungen erkennen, die mit einer Geschwindigkeit > 0,1 °/s erfolgen. Die Wahrnehmungsschwelle liegt dann je nach Größe der gereizten Hautfläche und -region bei 0,1–0,3 °C.

Wie der Weber-Versuch zeigt, führt die Adaptation in einem mittleren Temperaturbereich nach einiger Zeit zu einem vollständigen Erlöschen der Warm- oder Kaltempfindung ***(Indifferenzbereich).*** Untersucht man die Temperaturempfindungen unbekleideter Menschen in der Klimakammer, dann liegt dieser Indifferenzbereich zwischen 33 und 35 °C, bei Reizung einer Handfläche etwa zwischen 30 und 36 °C.

8.5 Funktionelle Eigenschaften der Warm- und Kaltsensoren

Thermosensoren wurden im Tier- und Humanexperiment ähnlich untersucht wie die bereits beschriebenen Mechanosensoren. Die sensorischen Endigungen von Warm- und Kaltsensoren erscheinen lichtmikroskopisch als „freie" Endigungen dünner Nervenfasern.

Wegen der Kleinheit der Endstrukturen sind die Transduktionsprozesse an den Thermosensoren (wie auch die der Mechanosensoren) noch nicht erforscht. Möglicherweise wirkt die Temperaturänderung nicht direkt auf Membrankanäle, sondern auf Second-messenger-Systeme, die Membrankanäle kontrollieren. Die alkoholische Substanz Menthol erregt Kaltsensoren, indem sie Ca^{++}-Kanäle hemmt, die über intrazellulären Ca^{++}-Anstieg einen K^+-Auswärtsstrom aktivieren. Blockade dieser Ca^{++}-abhängigen K^+-Leitfähigkeit durch Menthol depolarisiert den Sensor.

Warm- und Kaltsensoren reagieren empfindlich auf Temperaturänderungen. Aber auch nach Adaptation an eine konstante Temperatur können Warm- und Kaltsensoren in Abhängigkeit von der Temperatur tonisch aktiv sein. Die entsprechenden ***statischen Kennlinien*** (s. S. 204) sind in Abb. 8-9 a dargestellt. Temperaturen, bei denen Kaltsensoren tonisch aktiviert sind, erzeugen eine dauerhafte Kaltempfindung und solche, bei denen die Warmsensoren stärker erregt werden, dauerhafte Warmempfindungen. In einem mittleren Tempera-

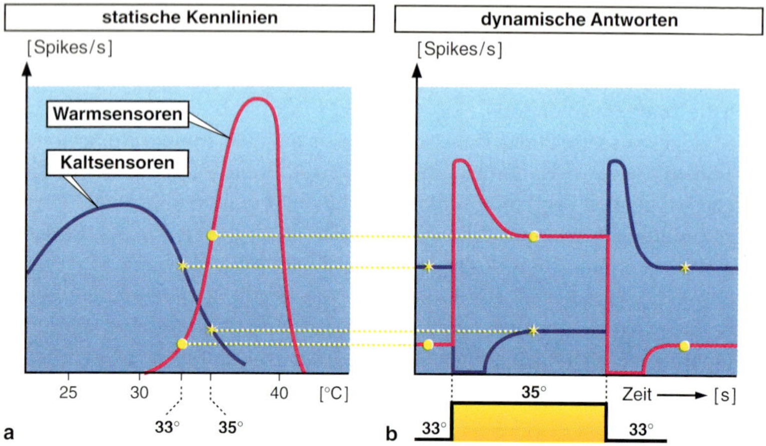

Abb. 8-9 a, b. Schematische Darstellung der statischen Kennlinien und dynamischen Antworten von Warm- und Kaltsensoren. Die statischen Kennlinien (**a**) werden nach Abklingen der anfänglichen dynamischen Maximalantworten gemessen. **b** Dynamische Antworten auf einen Reiz der *am Fuß der Abbildung* angegebenen Konfiguration

turbereich werden beide Sensortypen mäßig erregt. Dieser Temperaturbereich kann – wie oben beschrieben – als indifferent empfunden werden.

Bei Hauttemperaturen über 42 °C sinkt die Entladungsrate der Warmsensoren wieder ab, bei Temperaturen unter 20 °C die der Kaltsensoren. In diesen extremen Temperaturbereichen werden ***Nozisensoren*** aktiviert, die die Empfindungen „schmerzhaft heiß" und „schmerzhaft kalt" vermitteln.

Da bei glockenförmigen Kennlinien (s. Abb. 8-9 a) eine bestimmte Entladungsrate in einer Population von Afferenzen jeweils 2 verschiedenen Temperaturbereichen entsprechen kann, muß das Nervensystem die Impulse aus beiden Sensorpopulationen verrechnen, um eine eindeutige statische Temperaturempfindung zu erzeugen.

Bei rascher Erwärmung der Haut werden die Warmsensoren überschießend erregt, die Entladungen in Kaltafferenzen verstummen.
Eine rasche Abkühlung erzeugt das umgekehrte Antwortverhalten

Dieses Antwortverhalten ist in Abb. 8-9 b am Beispiel einer raschen Erwärmung um 2 °C dargestellt. Die Empfindungen „Abkühlung" und „Erwärmung“ werden also jeweils vermutlich durch eine Zunahme der Entladungen in einer Sensorklasse und eine gleichzeitige Abnahme in der anderen Sensorklasse signalisiert.

Allerdings ist die Empfindlichkeit eines Sensortyps für kleine Temperatursprünge jeweils im Bereich nahe dem Maximum der statischen Kennlinie am größten. Eine geringfügige Erwärmung, z.B. aus 23 °C Adaptationstemperatur wird daher zwar die Kaltsensoren vorübergehend hemmen, aber kaum eine Erregung von Warmsensoren hervorrufen. Umgekehrt kommt es bei einer geringfügigen Abkühlung aus 37 °C nur zu einer Hemmung der Warmsensoren, nicht zu einer Erregung der Kaltsensoren, die in diesem Temperaturbereich unempfindlich sind. Das ist wahrscheinlich der Grund dafür, daß uns eine leichte Erwärmung aus 23 °C nur die Empfindung „weniger kalt“, nicht aber „wärmer“ vermittelt und entsprechend ein kleiner Temperaturabfall aus 37 °C nur die Empfindung „weniger warm“. Für die Wahrnehmung einer Sinnesqualität ist die Zunahme der Erregung in einer Klasse von Afferenzen wichtiger als die Abnahme in der anderen.

Die PD-Charakteristik (s. Abschn. 7.2) der Warm- und Kaltsensoren erklärt sehr gut die unterschiedliche Empfindlichkeit des Temperatursinnes für statische Temperaturen und für Temperaturänderungen. Allerdings ist die Adaptationsgeschwindigkeit des Temperatursinnes sehr viel langsamer als die der betreffenden Sensoren. Wenn wir z.B. unsere Hand in warmes Wasser tauchen, dann nimmt die Warmempfindung innerhalb von 1–2 min kontinuierlich ab, während die Adaptation der Sensoren Zeitkonstanten von wenigen Sekunden hat. Offenbar ist für die Temperaturwahrnehmung nicht nur die Adaptationsgeschwindigkeit der Sensoren, sondern auch eine zentralnervöse Adaptation mit langsamerer Zeitkonstante wichtig.

8.6 Enterozeption

Viszerale Afferenzen erreichen das ZNS über Hirnnerven, z.B. den N. vagus, und über viszerale Spinalnerven, in denen sie zusammen mit sympathischen Efferenzen verlaufen, durch den Grenzstrang des Sympathikus ziehen und dann über Hinterwurzeln das Rückenmark erreichen. Die meisten viszeralen Afferenzen sind marklos (C-Fasern) oder gehören zu den dünnen markhaltigen Aδ-Fasern.

Erregung der meisten Klassen von Afferenzen aus inneren Organen führt nicht zu bewußten Empfindungen, sondern dient ausschließlich reflektorischen Regelungen

Beispiele sind Chemosensoren der Leber, die u.a. den Glukosespiegel des Blutes registrieren. Andere Afferenzen tragen eher zu unbestimmten Gefühlen bei, als zu lokalisierten Empfindungen z.B. Afferenzen aus dem Magen zum Sättigungsgefühl oder zu Übelkeit *(Nausea)*.

Herz-Kreislauf. Die Erregung der Barosensoren führt nicht zu bewußten Wahrnehmungen. Die Wahrnehmung des eigenen Herzschlags und der Arterienpulsation ist kutanen und propriozeptiven Mechanosensoren zuzuschreiben.

Atemwege. In den Atemwegen finden sich charakteristische Irritationssensoren, deren Afferenzen den Husten- und Niesreiz vermitteln.

Chemische Sinne. Die Erregung der Chemosensoren im Carotissinus wird wahrscheinlich nicht bewußt. Das Gefühl der Atemnot bei Hyperkapnie wird möglicherweise durch chemosensitive Hirnstammneurone vermittelt.

Eingeweidetrakt. Mechanosensoren in der Wand der Hohlorgane vermitteln z.B. Empfindungen der Magen-, Blasen- und Mastdarmfüllung und tragen zu Entleerungsreflexen bei. Sie werden durch Dehnung der Darmwand erregt; die Erregung wird durch Kontraktionen der glatten Darmwandmuskulatur verstärkt, was darauf hindeutet, daß viele sensorische Endigungen so angeordnet sind, daß die glatte Muskulatur Zug auf sie ausüben kann.

Harnwege. Obwohl in den Nierennerven viele nichtnozizeptive Afferenzen zu finden sind, gelangen nur Schmerzempfindungen aus Nieren und Harnleitern ins Bewußtsein. Sensoren in der Wand der Harnblase haben ähnlich wie die entsprechenden Sensoren im Magen-Darm-Trakt die Doppelfunktion, Miktionsreflexe und die Blasenfüllungsempfindung zu vermitteln.

In der Regel sind viszerale Empfindungen schlecht lokalisierbar. Das hängt damit zusammen, daß aus diesem Bereich sehr viel weniger Afferenzen ins ZNS gelangen als aus der Haut (s. auch S. 254).

Sensoren aus Hohlorganen, die Füllungsempfindungen vermitteln, lassen sich nur schwer von den *Nozisensoren* abgrenzen, denen der krampfhafte Schmerz bei Dehnung dieser Organe zuzuschreiben ist. In beiden Fällen handelt es sich oft um dünne Afferenzen mit mechano- und chemozeptiven Sensoren (s. S. 253). Möglicherweise sind verschiedene Funktionen überlappenden Populationen von Afferenzen zuzuschreiben. In anderen inneren Organen sind hingegen nur nozisensive Afferenzen nachweisbar (z.B. Koronarien).

8.7 Periphere und zentrale somatosensorische Bahnen

Nach ihrer Leitungsgeschwindigkeit lassen sich die afferenten Fasern der *Hautnerven* in Klassen einteilen:

- dicke markhaltige ***Aβ-*** (oder ***II*** -)***Afferenzen,***
- dünne markhaltige ***Aδ-***(oder ***III***-)***Afferenzen*** und
- marklose ***C-*** (oder ***IV-***)***Afferenzen*** (Abb. 8-10).

Aβ-Afferenzen sind Mechanosensoren zuzuordnen, häufig mit lichtmikroskopisch identifizierbaren Endkörperchen. Thermosensoren haben hingegen Aδ- und C-Afferenzen (im nächsten Kapitel wird gezeigt, daß bei weitem die meisten dünnen und langsam leitenden Afferenzen ***Nozizeptoren*** sind). Ähnlich ist das Faserspektrum in Muskelnerven (Abb. 8-10b).

Die primären Afferenzen, deren Zellkörper in den Spinalganglien liegen, bilden die *primäre Neuronenpopulation* des somatosensorischen Systems.

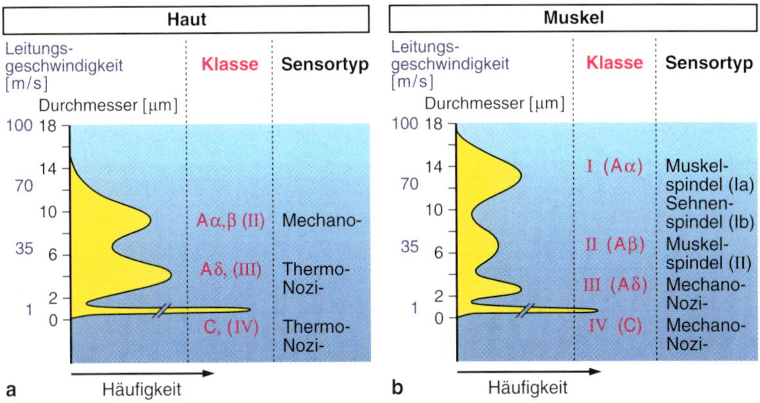

Abb. 8-10 a, b. Relative Häufigkeit von afferenten Nervenfasern verschiedener Durchmesser und Leitungsgeschwindigkeiten in Haut- und Muskelnerven (kompiliert nach verschiedenen Autoren). Die Population der marklosen Fasern stellt in den meisten Nerven fast die Hälfte aller Nervenfasern. Daher ist der betreffende Gipfel in den beiden Diagrammen unterbrochen gezeichnet

Die somatoviszeralen Afferenzen trennen sich im Rückenmark in zwei Bahnsysteme: in einem ziehen primäre Afferenzen zum Hirnstamm, das andere geht von Hinterhornneuronen aus

Die ***dicken markhaltigen Afferenzen*** der Mechanosensoren verzweigen sich in einen Ast, der in den Hintersträngen auf der gleichen Seite zum Hirn hinaufzieht, und in einen zweiten, der nach weiterer Aufzweigung synaptische Kontakte mit Neuronen des Rückenmarkhinterhorns aufnimmt. Die zuerst genannten Axone in den Hintersträngen bilden das ***Hinterstrang-/lemniskale System.*** Die Axone in den Hintersträngen enden an Neuronen der ***Hinterstrangkerne*** in der unteren Medulla oblongata *(sekundäre Neuronenpopulation).* Die von hier ausgehenden Axone kreuzen im ***Lemniscus medialis*** auf die gegenüberliegende Seite und enden im Projektionskern des Thalamus, dem ***ventroposterolateralen*** Kern (VPL) *(tertiäre Neuronenpopulation).* Die *quartäre Neuronenpopulation* dieser Bahn bilden dann die Neurone des somatosensorischen kortikalen Projektionsfeldes (SI) im ***Gyrus postcentralis*** der Hirnrinde (Abb. 8-6 und 8-11).

Auch die kinästhetische Information der Muskelspindelafferenzen wird in der Hinterstrang-/lemniskalen Bahn zu Thalamus und Cortex geleitet, und deren sensorische Information wird dort verarbeitet. Schädigungen des SI-Projektionsfeldes führen auch zu Störungen der Kinästhesie.

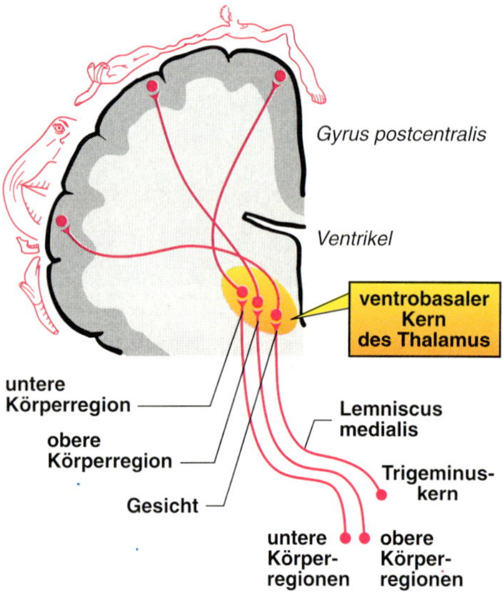

Abb. 8-11. Schematische Darstellung der Projektionen der lemniskalen Bahn zum ventrobasalen Kern des Thalamus und zum somatosensorischen Cortex (S I)

Das Hinterstrang-lemniskale System besteht überwiegend aus rasch leitenden, markhaltigen Nervenfasern, ist somatotop geordnet und dient der Übertragung mechanosensorischer und propriozeptiver Information

Im Rückenmark und in den Hinterstrangkernen liegen die Afferenzen aus kaudalen Körperregionen medial, und die aus zunehmend kranialen Regionen lagern sich lateral an. Das Hinterstrangsystem dient der Übermittlung taktiler und propriozeptiver Informationen mit hoher zeitlicher und räumlicher Auflösung. Insbesondere die präzise Übermittlung der Informationen des Vibrationssinnes (Vater-Pacini- und Meissner-Afferenzen) wird durch die Hinterstränge besorgt. Bei der neurologischen Untersuchung kann man daher die Funktionsfähigkeit dieses Systems mit Vibrationsreizen testen.

Das anterolaterale/spinothalamische System übermittelt durch überwiegend dünne markhaltige Fasern Informationen aus allen Arten von Hautsensoren

Für den Temperatursinn und für den Schmerz ist das anterolaterale/spinothalamische System das bedeutendste System. Es ist weniger klar somatotop organisiert als die lemniskale Bahn. Die ***dünnen afferenten Nervenfasern*** bilden ebenfalls synaptische Kontakte an Neuronen des Rückenmarkhinterhorns, teilweise an den gleichen wie die dicken Afferenzen. Ein Teil der Hinterhornneurone projiziert Axone ins Hirn, z. B. in Kerngebiete des Hirnstammes und Kleinhirns. Man hat diese Projektionen, die z. T. auch nichtsensorische Funktionen haben, zusammenfassend als ***extralemniskale Bahnen*** bezeichnet. Für die somatoviszerale Sensorik am wichtigsten sind Projektionen, die auf die Gegenseite kreuzen und dort im ***anterolateralen System*** zum Hirn aufsteigen. Bei dieser ***spinothalamischen Bahn*** liegt also die sekundäre Neuronenpopulation in den Hinterhörnern des Rückenmarks. Ein Teil der Axone dieses Systems schließt sich in Hirnstamm den Fasern des Lemniscus medialis an und zieht mit diesen zum ***Ventrobasalkern des Thalamus,*** der somit auch für dieses System die tertiäre Neuronenpopulation darstellt. Diese Bahn wird auch *neospinothalamisch* genannt. Andere Fasern dieses System enden im Hirnstamm an verschiedenen Kernen (paläospinothalamische Bahn). Ihre Information erreicht die Hirnrinde nur über weitere Zwischenstationen in Kerngebieten des Hirnstammes.

Die Trennung zwischen lemniskalem und spinothalamischem System im Rückenmark hat zur Folge, daß bei einer halbseitigen Läsion des Rückenmarks unterhalb der Läsionsstelle die Übertragung der Information aus mechanosensorischen Afferenzen der gleichen Körperseite gestört ist (Hinterstrangbahn), hingegen die Übertragung der Information aus thermo- und nozizeptiven Afferenzen der gegenüberliegenden Seite (anterolaterales System). Das führt unterhalb der Läsionsstelle ipsilateral zur Beeinträchtigung der Berührungsempfindung und Erhöhung der Raumschwelle, kontralateral zur Störung der Temperatur- und Schmerzempfindung. Diese dissoziierte Empfindungsstörung ist seit dem vorigen Jahrhundert bekannt (Brown-Sequard).

Im Bereich des ***N. trigeminus*** gibt es eine ähnliche Dissoziation zweier Systeme:

- Die ***dicken markhaltigen Afferenzen*** von Mechanosensoren, z. B. aus der Gesichtshaut, enden im sensorischen Hauptkern des Trigeminus in der Medulla oblongata, der in diesem System die Funktion der Hinterstrangkerne hat. Die Axone dieser sekundären Neurone schließen sich dem Lemniscus medialis an und enden im Thalamus medial zu den spinalen Projektionen im ventro-postero-medialen Kern (VPM; Abb. 8-11).
- Die ***dünnen Afferenzen*** steigen nach dem Eintritt ins ZNS zum spinalen Kern (Nucleus caudalis) ab, dessen Axone sich dem spinothalamischen System anschließen.

In dieses System projizieren neben den Thermo- und Nozisensoren der Gesichtshaut auch die der Schleimhäute in Mund- und Nasenhöhlen. Die Zahnpulpa enthält im Gegensatz zum Halteapparat der Zähne nur Nozisensoren, die durch chemische, thermische und mechanische Reize erregt werden können, wenn das Dentin geschädigt ist. Die Erregung dieser Nozisensoren, deren Axonausläufer sich teilweise bis in die Dentinkanälchen erstrecken, induziert Schmerz, unabhängig von der Art des Reizes (s. Kap. 9). Auch die chemosensitiven Nozisensoren der Nasenschleimhaut projizieren über den 2. Trigeminusast in diese Bahn. Diese Afferenzen vermitteln Schmerz oder Juckempfindungen und auch den Niesreflex.

Die somatosensorischen thalamischen Projektionskerne, in denen die lemniskale und die neospinothalamische Bahn aus Spinalnerven und N. trigeminus enden (VPL und VPM), bezeichnet man zusammenfassed als ***Ventrobasalkern*** oder ***ventrobasalen Komplex (VB).***

Der ventrobasale Komplex des Thalamus erhält afferenten Einstrom von der kontralateralen Körperhälfe; er zeigt eine „verzerrte" somatotope Organisation

Die somatotope Organisation des Ventrobasalkerns ist in Abb. 8-11 angedeutet. Wie im kortikalen Projektionsareal, erhält eine erheblich größere

Neuronenpopulation afferenten Zustrom von Gesicht und Fingern als vom Rumpf; diese Neurone haben die kleinsten rezeptiven Felder.

Der Ventrobasalkern ist durch aufsteigende Axone mit den ipsilateralen Projektionsfeldern der Hinrinde verbunden, die als S I und S II bezeichnet werden. Erstgenanntes Feld liegt im Gyrus postcentralis und wird auch ***somatosensorischer Cortex*** genannt. Das S II-Areal liegt am Oberrad der Fissura lateralis Sylvii und ist wesentlich kleiner als die S I-Region, von der es auch Afferenzen erhält. Im Gegensatz zu S I erhält S II bilateralen Einstrom.

8.8 Der somatosensorische Cortex

In Kap. 7 wurden einige allgemeine Prinzipien der zentralen Verarbeitung von Sinnesinformationen vorgestellt, die auch für den somatosensorischen Cortex zutreffen. So haben viele kortikale Neurone rezeptive Felder, die eine ***Feld-Umfeld-Organisation*** aufweisen, wie sie uns auch aus dem visuellen System bekannt ist (s. S. 282).

Die vier Grundprinzipien (s. Abschn. 7.4) der funktionellen Organisation von Projektionsfeldern der Hirnrinde finden sich im somatosensorischen Cortex wieder

Grundprinzip 1: Die Kreuzung im Lemniscus medialis hat zur Folge, daß eine Hirnhälfte die Information aus der jeweils kontralateralen Körperhälfte verarbeitet.

Wir wissen nicht, warum sich entwicklungsgeschichtlich diese gekreuzte Informationsverarbeitung durchgesetzt hat, die ein gemeinsames Merkmal der großen Sinnesbahnen ist. Neben dieser gekreuzten Information über Bahnen, in denen die Information über wenige Stationen schnell den Cortex erreicht, gibt es auch bilaterale, ***unspezifische Projektionen*** über Kerne des Hirnstammes und des medialen Thalamus, die weniger somatotop geordnet sind. Diese Projektionen spielen u. a. eine Rolle bei der Aktivierung des Cortex (s. S. 392).

Grundprinzip 2: Der größte Anteil des S I-Projektionsfeldes wird von Neuronenpopulationen eingenommen, die die wichtigsten Tastorgane repräsentieren (Abb. 8-6 und 8-11).

Beim Menschen hat der für unsere Spezies charakteristische opponierbare Daumen die größte Repräsentation (Abb. 8-11). Bei Affen, die in Bäumen leben, haben nicht nur die Finger, sondern auch die für das Greifen spezialisierten Zehen eine große Repräsentation.

Grundprinzip 3: Die afferente Information wird in modalitätsspezifischen Säulen verarbeitet.

In Kap. 1 wird die Organisation der Großhirnrinde in 6 Schichten beschrieben. Neben dieser horizontalen Organisation gibt es eine vertikale Organisation in Cortexsäulen, die sich jeweils durch alle 6 Schichten des Cortex erstrecken. Jede Säule hat etwa einen Durchmesser von 0,3–0,5 mm und enthält mehrere tausend Zellkörper. Manche Säulen verarbeiten z. B. nur den afferenten Einstrom von rasch adaptierenden RA- und Haarfollikelsensoren, andere von langsam adaptierenden Sensoren. Wieder andere schließlich werden durch Dehnungssensoren in Sehnen und Muskeln aktiviert.

Von frontal nach okzipital lassen sich im somatosensorischen Cortex histologisch unterscheidbare Regionen erkennen, die verschiedene Reizmodalitäten verarbeiten. In der am weitesten frontal gelegenen Area 3 A (Einteilung nach Brodmann, s. Kap. 1) gibt es vorwiegend Säulen für die Verarbeitung von propriozeptivem Input. Entsprechend eng sind die Verbindungen zur präzentralen motorischen Area. Weiter posterior gibt es mehr und mehr Säulen, die auf langsam adaptierende Hautsensoren antworten. Noch weiter posterior solche für Tiefensensibilität. Am weitesten posterior gibt es schließlich Zellen, die komplexere Eigenschaften haben und z. B. nur auf bewegliche Reize antworten, die sich in einer bestimmten Richtung über die Haut bewegen. Dieser Region schließt sich dann der parietale Assoziationscortex an.

Grundprinzip 4: Die funktionelle Organisation des somatosensorischen Cortex hängt von intaktem afferentem Einstrom ab.

Wird ein Finger denerviert oder amputiert, dann verschwindet seine Repräsentation im somatosensorischen Cortex. Statt dessen breiten sich die Repräsentationen benachbarter Hautareale aus. In Experimenten an narkotisierten Versuchstieren konnte gezeigt werden, daß sich diese Reorganisation bei vorübergehender Unterbrechung des afferenten Einstroms nach einer peripheren Leitungsblockade mit einem Lokalanästhetikum teilweise schon in wenigen Stunden entwickeln kann. Wahrscheinlich werden dabei sonst unbenutzte „schlafende“ Synapsen aktiviert. Daneben gibt es Langzeitveränderungen nach Amputationen, die sich über viele Wochen erstrecken und wohl der Neubildung von Synapsen zuzuschreiben sind.

Besonders gut eignet sich für die Untersuchung der kortikalen Plastizität das Schnurrhaarsystem von Maus, Ratte und anderen kleinen Nagetieren, das als wichtigstes taktiles System dieser Gattungen der Handregion der Primaten vergleichbar ist. Die Afferenzen eines Schnurrhaares sind jeweils in einer fäßchenartigen Säule in der Hirnrinde repräsentiert („barrel fields"). Das somatosensorische Areal der Hirnrinde stellte sich bei diesen Gattungen als eine Art Landkarte der Schnurrhaare dar. Entfernt man bei einer neugeborenen Maus eine Reihe Schnurrhaare, dann werden die Haarfollikelafferenzen dieser Schnurrhaare nicht mehr adäquat erregt, und die entsprechenden Fäßchenfelder im Cortex verschwinden. Wie die entsprechenden Veränderungen im visuellen Cortex, treten auch diese strukturellen Veränderungen nur auf, wenn der Eingriff in einer vulnerablen Phase der neonatalen Entwicklung vorgenommen wurde.

Ausfall von S I bewirkt Störungen von Stereognosie und Kinästhetik, Ausfall des anschließenden parietalen Assoziationsfeldes zusätzlich Störungen der Wahrnehmung des eigenen Körpers

Die wichtigste Folge einer Läsion im Gyrus postcentralis ist eine Störung der Formerkennung beim Betasten von Gegenständen, also eine ***taktile Agnosie*** und eine Störung der ***Kinästhesie*** (s. S. 232). Die Temperatur- und Schmerzwahrnehmung ist hingegen nicht grundlegend gestört. Lediglich die Lokalisation entsprechender Reize wird ungenauer.

Posterior schließt sich an das Projektionsareal das ***parietale Assoziationsareal*** an, dessen Neurone somatosensorische, motorische und visuelle Informationen integrieren. Wenn dieses Assoziationsfeld ausfällt, dann kann es über die taktile Agnosie hinaus zu einem Verlust der Empfindung für die Form und die Ausdehnung des eigenen Körpers kommen. Der betreffende Mensch mißachtet dann die gegenüberliegende Körperhälfte; er scheint zu vergesen, daß es sie gibt. Das erstreckt sich auch auf motorische Funktionen. Dieser komplexe sensorische Verlust wird *Amorphosynthesis* genannt.

8.9 Besonderheiten der zentralen Verarbeitung der Thermorezeption

Die Informationen aus Thermosensoren werden im somatosensorischen Projektionsfeld der Hirnrinde zusammen mit denen aus Mechanosensoren verarbeitet. Allerdings gibt es vergleichsweise wenige thermosensitive Cortexneurone, was das geringe räumliche Auflösungsvermögen des Warm- und Kaltsinnes erklären könnte. Die kortikale Verarbeitung des perioralen Temperatursinnes ist noch nicht ausreichend erforscht.

Die Thermosensoren der Haut dienen der bewußten Wahrnehmung der Hauttemperatur und tragen wesentlich zur Thermoregulation bei

Die Thermoregulation geht vom Hypothalamus aus. Sie ist, wie andere vom Hypothalamus gesteuerte Regelungen, die der ***Homöostase*** dienen, subjektiv mit ***emotionalen Reaktionen*** verbunden, die vom limbischen System gesteuert werden. *Abweichungen* der jeweils zu regelnden Größe vom *Soll-Wert* rufen in der Regel Unlustgefühle hervor. Sinnesreize, die eine Rückführung der zu regelnden Größe zum Soll-Wert signalisieren, hingegen Lustgefühle.

Ein Beispiel aus der Regelung des Wasserhaushaltes: Erhöhte Na^+-Konzentration im Extrazellulärraum (Abweichung vom Soll-Wert) ruft über hypothalamische Sensoren Durst hevor, Trinken ist dann lustvoll. Entsprechend wird bei einer Abweichung der Kerntemperatur von ihrem Soll-Wert (normal etwa 37 °C) die Erregung von Thermosensoren der Haut dann als angenehm empfunden, wenn sie sich zu dieser Abweichung gegenläufig verhält. Das kann auch bei der Entstehung von ***Fieber*** eine Rolle spielen, wenn z.B. das Frösteln darauf hindeutet, daß die Körpertemperatur niedriger ist als der zu höheren Temperaturen verstellte Soll-Wert. In diesem Zustand ist Erwärmung der Haut angenehm, Abkühlung unangenehm.

Abbildung 8-12 zeigt ein Experiment, bei dem Hände unterkühlter und überhitzter Probanden in Wasserbädern verschiedenen Temperaturen aus-

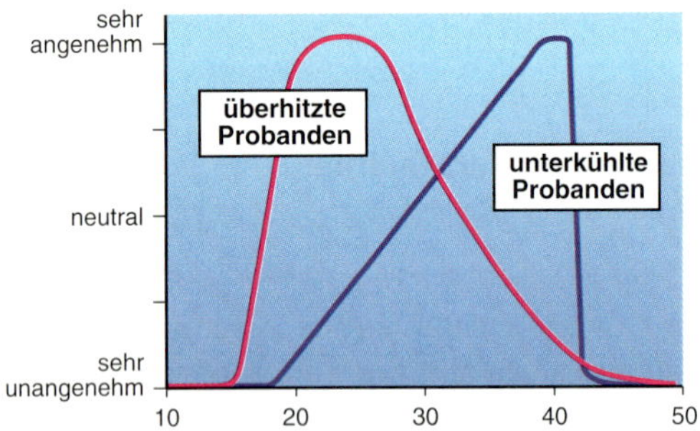

Abb. 8-12. Einschätzung der Temperatur eines Wasserbades, in welches überhitzte und unterkühlte Probanden ihre Hand für 30 s eintauchten auf einer hedonischen Skala (angenehm bis unangenehm). (Mod. nach Cabanac 1971)

gesetzt wurden. Den unterkühlten Probanden war eine Wassertemperatur besonders angenehm, bei der die Warmsensoren optimal erregt wurden. Umgekehrt bevorzugten überhitzte Probanden eine Temperatur, bei der die Kaltsensoren ihr statisches Erregungsmaximum hatten. Die Verteilung der emotionalen Einschätzung entspricht recht gut den in Abb. 8-9 a dargestellten statischen Kennlinien der Warm- und Kaltsensoren.

Literatur

Gauer OH, Kramer K, Jung R (Hrsg) (1972) Physiologie des Menschen, Bd 11: Somatische Sensibilität, Geruch und Geschmack. Urban & Schwarzenberg, München Berlin Wien

Hensel H (1966) Allgemeine Sinnesphysiologie. Hautsinne, Geschmack, Geruch. Springer, Berlin Heidelberg New York

Iggo A (ed) (1973) Somatosensory system. Handbook of Sensory Physiology, vol. II. Springer, Berlin Heidelberg New York

Kenshalo DR (ed) (1979) Sensory Functions of the Skin of Humans, Plenum Press, New York London

Rowe M, Willis WD jr (eds) (1985) Development, Organization, and Processing in Somatosensory Pathways. Alan R Liss, New York

Schmidt RF, Thews G (Hrsg) (1995) Physiologie des Menschen, 26. Aufl. Springer, Berlin Heidelberg New York London Paris Tokyo Hong Kong Barcelona Budapest

Willis WD jr, Coggeshall RE (eds) (1991) Sensory mechanisms of the spinal cord, 2nd ed. Plenum Press, New York London

Zimmermann M (1990) Das somatoviscerale sensorische System. In: Schmidt RF, Thews G (Hrsg) Physiologie des Menschen, 24. Aufl. Springer, Berlin Heidelberg New York Tokyo

9 Nozizeption und Schmerz

H. O. Handwerker

EINLEITUNG

Schmerz spürt man, wenn man einen kräftigen Schlag erhält, aber auch wenn sich die Pulpa eines Zahnes entzündet hat. Bei der erstgenannten Art von Schmerz ist der Schlag ein Reiz, der den Sinneseindruck Schmerz vermittelt. Im Fall der entzündeten Zahnpulpa und bei vielen anderen Arten von Schmerzen, die ärztlicher Behandlung bedürfen, kann man den Reiz nicht so leicht definieren. Solche Schmerzen sind einer Veränderung des inneren Milieus zuzuschreiben, in diesem Fall Entzündungsvorgängen. Man kann sie auch *pathologische Schmerzen* nennen. Manche Arten von pathologischen Schmerzen werden durch eine veränderte Reaktionslage des Nervensystems hervorgerufen.

9.1 Nozizeption und Schmerz bei Reizeinwirkung

Zunächst wollen wir uns den reizbedingten, *physiologischen Schmerzen* zuwenden und dem Nervenapparat, der sie vermittelt.

Wenn man versehentlich eine heiße Herdplatte berührt, wird die betroffene Extremität sofort reflektorisch zurückgezogen ***(Fluchtreflex).*** Fast gleichzeitig fühlt man brennenden oder stechenden Schmerz. Für den gesunden Organismus ist Schmerz ein Warnsignal, das über Reize informiert, die ihn zu schädigen drohen. Der Fluchtreflex hat offenbar ebenfalls protektive Funktionen. Neben diesen *somatomotorischen Reflexen* lösen gewebsschädigende *(noxische)* Reize auch vegetative, v. a. sympathische Reflexe aus, z. B. Vasokonstriktion in der Haut. Man nennt diese Reflexe ***nozizeptiv*** (oder nozifensiv). Bei Menschen, die an einer der seltenen Formen angeborener Schmerzunempfindlichkeit leiden, fehlen auch die nozizeptiven Reflexe. Sie ziehen sich von Kindheit an zahllose Verbrennungen und andere Verletzungen zu, die sie nicht beachten, und die daher schlecht verheilen.

Der Fluchtreflex ist ein polysynaptischer, spinaler Reflex, der sich auch dann noch auslösen läßt, wenn die Schmerzleitung bei einer kompletten Querschnittlähmung oberhalb des zuständigen Rückenmarksegmentes unterbrochen ist. In diesem Fall verursacht der auslösende Reiz natürlich keine Schmerzempfindungen mehr, obwohl die peripheren und spinalen schmerzvermittelnden Neurone erregt werden. Auch wenn die bewußten Wahrnehmungen durch Narkose ausgeschaltet sind, können Reize, die beim wachen Menschen Schmerz hervorrufen würden, noch immer nozizeptive Reflexe auslösen.

Schmerz ist ein Bewußtseinszustand; Nozizeption bezeichnet hingegen die Aktivität der peripheren/zentralnervösen Neuronengruppen, die zu Schmerz führen kann

Nozizeptive Reflexe und Schmerzempfindungen werden durch dieselben Sensoren und Afferenzen vermittelt. Diese Sensoren, die ***Nozizeptoren*** (syn. Nozisensoren) werden durch Reize erregt, die Gewebe schädigen oder zu schädigen drohen. Periphere und zentrale Neurone, die zur Schmerzentstehung beitragen, bilden das ***nozizeptive System.*** Während zur Auslösung von nozizeptiven Reflexen die Erregung von peripheren, spinalen und evtl. Hirnstammneuronen ausreicht, kommt es zu einer Schmerzwahrnehmung nur, wenn Erregung des nozizeptiven Systems die Großhirnrinde erreicht und sich diese in aufnahmefähigem Zustand befindet.

In kutanen, motorischen und viszeralen Nerven finden sich nozizeptive Afferenzen unter den dünnen markhaltigen und marklosen Afferenzen

Experimentell läßt sich das auf verschiedene Weise belegen: 1. Stimuliert man einen Nerven elektrisch, dann erregen schwache Reize nur die dicken markhaltigen Nervenfasern. Erst wenn bei höheren Stromstärken auch dünne Afferenzen erregt werden, wird der elektrische Reiz schmerzhaft. 2. Umgekehrt fällt die Leitung in den dicken markhaltigen Fasern zuerst aus, wenn ein stetiger Druck auf einen Nerv ausgeübt wird (Druckblock). Wirkt kräftiger Druck einige Zeit auf einen Hautnerven, dann fällt zuerst mit der Leitung in den dicken, markhaltigen Aβ-Fasern die Wahrnehmung von Berührungsreizen aus, danach mit der Leitung in den markhaltigen Aδ-Fasern, v. a. die von Kaltreizen. Die Leitung in den marklosen C-Fasern bleibt am längsten erhalten; solange diese Fasern leiten, lösen adäquate Hautreize Schmerzempfindungen aus.

C-Nozizeptoren sind weit zahlreicher als $A\delta$-Nozizeptoren (zur Nomenklatur der Faserklassen s. S. 56). Mehr als die Hälfte aller afferenten Nervenfasern in Haut- und Muskelnerven sind marklos, also C-Fasern. Bei weitem die meisten marklosen Afferenzen sind Nozizeptoren. Allerdings gibt es auch nichtnozizeptive afferente C-Fasern, z. B. von Warmsensoren (s. S. 235). Histochemisch zeichnen sich viele marklose Afferenzen, v. a. Nozizeptoren, dadurch aus, daß sie in ihren Zellkörpern ***Neuropeptide*** synthetisieren (z. B. Substanz P, „calcitonin gene related peptide“ = CGRP, Somatostatin u. a.), die mit dem axoplasmatischen Fluß in die zentralen und in die peripheren Nervenendigungen transportiert und dort freigesetzt werden können (s. unten).

Viele Nozizeptoren, v. a. die marklosen, werden durch mehr als eine Reizmodalität erregt. In der Haut können die meisten C-Nozizeptoren sowohl durch kräftige mechanische Reize, z. B. durch Kneifen, als auch durch Erwärmung des rezeptiven Feldes über 45 °C und durch chemische Substanzen (z. B. starke Säuren), welche die Barriere des Stratum corneum durchdringen, erregt werden. Man nennt diese Sensoren ***polymodale Nozizeptoren.***

Die Kodierung der Reizstärke erfolgt im nozizeptiven System durch räumliche/zeitliche Bahnung des afferenten Einstroms aus Nozizeptoren an zentralen Synapsen

Stärkere Reize induzieren in Nozizeptoren höhere Impulsfrequenzen (Abb. 9-1). Diese wiederum führen an den Synapsen zentraler schmerzvermittelnder Neurone zu ***zeitlicher Bahnung*** (s. S. 75). Der intensivere Schmerz bei stärkerer Reizung ist aber auch durch die vermehrte Rekrutierung höherschwelliger Nozizeptoren bedingt, die ihr rezeptives Feld an der Reizeinwirkungsstelle haben ***(räumliche Bahnung).*** Sehr niederfrequente Entladungen einzelner Nozizeptoren lösen in der Regel keinen Schmerz aus, können aber an den peripheren Nervenenden dieser Nozizeptoren *vasoaktive Neuropeptide* freisetzen, die trophische Effekte auf das umgebende Gewebe ausüben. Um das zentrale nozizeptive System zu erregen, muß eine ***zentralnervöse Schwelle*** durch Bahnung überwunden werden.

Nozizeptoren kommen in den meisten Körpergeweben vor; Ausnahmen sind das Hirngewebe und das Leberparenchym

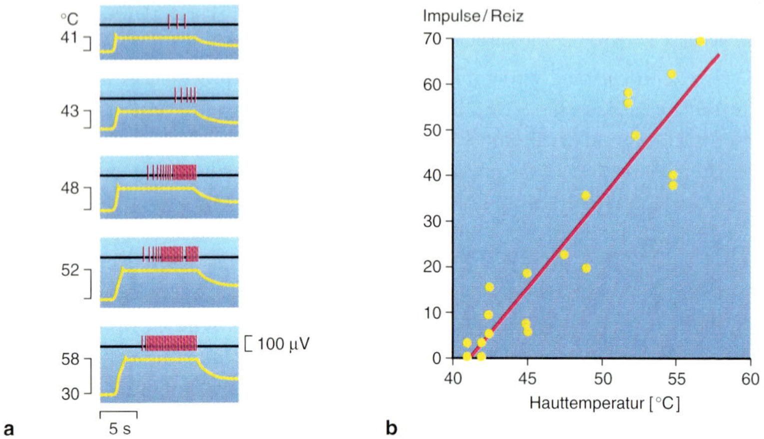

Abb. 9-1. a Antworten eines marklosen polymodalen Nozizeptors in der Haut der Katze auf verschieden intensive Hitzereize, deren Verlauf in den unteren Spuren *(gelb)* dargestellt ist. **b** Reizanwortbeziehung dieses Nozizeptors. (Mod. nach Beck et al. 1974)

Nozizeptoren in der Haut. Die Haut ist dicht mit nozizeptiven Sensoren innerviert, die brennende, stechende oder bohrende Schmerzen vermitteln. Punktförmige Schmerzreize können auf der Haut fast ebensogut lokalisiert werden wie taktile Reize, auch dann, wenn durch einen Nervenblock alle markhaltigen Fasern ausgeschaltet sind.

In älteren Lehrbüchern werden die Nozizeptoren als primitives Nervensystem dargestellt, das Reize nur unzureichend abbildet und diffuse, schlecht lokalisierte Empfindungen hervorruft. Diese Ansicht geht auf den englischen Neurologen H. Head zurück, der vor fast 100 Jahren aufgrund von Selbstbeobachtungen während der Regeneration eines durchtrennten und durch Naht wiedervereinten Nerven annahm, daß die schmerzvermittelnden Nerven, die er *protopathisch* nannte, „primitiver" seien als die taktilen, *epikritischen* Afferenzen und daher rascher regenerieren könnten. Die Gleichsetzung von noch nicht voll funktionsfähigen regenerierenden Nervenfasern mit den Nozizeptoren ist überholt und somit auch die Begriffe protopathisch und epikritisch.

Das ***Jucken*** wird wie Schmerz durch dünne, überwiegend marklose Afferenzen vermittelt und ebenfalls der Nozizeption zugerechnet. Diese Empfindungsmodalität kommt nur in der Haut und den Übergangsschleimhäuten vor. Die für das Jucken verantwortlichen Sensoren liegen in den obersten Hautschichten. Der für den Jucksinn wichtigste chemische Reiz ist ***Histamin,*** das bei Hautschädigungen aus Mastzellen der Haut freigesetzt wird.

Erregung von schmerzvermittelnden Nozizeptoren hemmt im ZNS die Übermittlung der Impulse solcher Afferenzen, die für Jucken zuständig sind. Beim Kratzen werden Nozizeptoren erregt, welche die zentrale Übertragung in den Neuronen hemmen, welche Jucken vermitteln.

Nozizeptoren im Bewegungsapparat. Muskel-, Sehnen- und Gelenknozizeptoren werden z. B. bei Zerrungen am Bewegungsapparat und bei Torsionen von Gelenken erregt. Auch das Periost ist von Nozizeptoren innerviert, die durch Schlag auf Knochen erregt werden können. Hingegen werden Nozizeptoren im Bewegungsapparat nicht durch normale Muskelkontraktionen aktiviert. Das ändert sich allerdings bei Durchblutungsstörungen und anderen Veränderungen des inneren Milieus (s. 9.4).

Die von Nozizeptoren im Bewegungsapparat vermittelten Schmerzen werden oft als ziehend, bohrend oder krampfhaft empfunden und strahlen häufig in die Umgebung aus. Die Schmerzlokalisation ist in diesem System weniger präzis als in der Haut. Dieser Schmerztyp wird gelegentlich als ***Tiefenschmerz*** bezeichnet, im Unterschied zum ***Oberflächenschmerz*** der Haut.

Nozizeptoren in inneren Organen. Es gibt sie z. B. in der Wand von Hohlorganen; sie werden durch Wanddehnung und/oder durch kräftige Kontraktionen aktiviert, v. a. wenn diese um einen unbeweglichen Inhalt erfolgen (z. B. bei einem Ureter- oder Choledochusstein). In der Umgebung und in der Wand von Arteriolen und Venolen vieler Gefäßgebiete findet man zahlreiche marklose Afferenzen, darunter viele Nozizeptoren. Die viszeralen, afferenten Axone laufen häufig zusammen mit den postganglionären sympathischen Fasern, ziehen durch den Grenzstrang und gelangen durch die Hinterwurzeln ins Rückenmark. Diese topographische Nähe zum Sympathikus hat zu dem irreführenden Begriff „sympathische Afferenzen" geführt.

Viszerale Schmerzen sind nur ungenau lokalisierbar; sie können in bestimmte Hautareale fehllokalisiert werden, die man Head-Zonen nennt

Liegt eine solche Fehllokalisation vor, spricht man von ***übertragenem Schmerz*** (Syn. dolor translatus). Die Hautareale, in welche die Schmerzübertragung erfolgt, werden in der Regel von Afferenzen aus *demselben spinalen Segment* innerviert. Entsprechende Schmerzfehllokalisationen wurden auch experimentell demonstriert, indem man bei gesunden Probanden mit einer

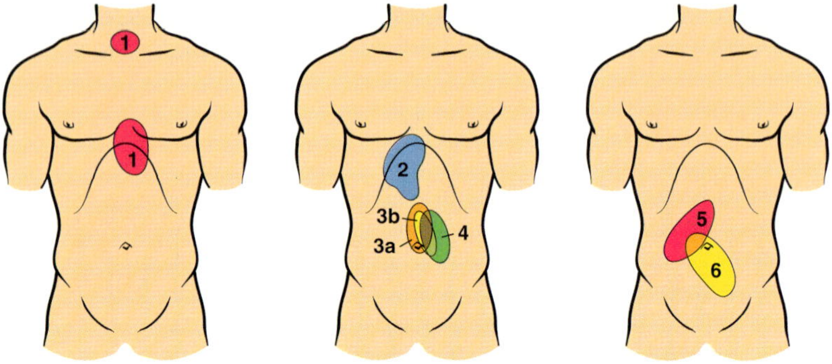

1 unterer Ösophagus

2 oberer Duodenalabschnitt
3a unterer Duodenalabschnitt
3b oberes Jejunum
4 oberes Ileum

5 Zäkum
6 Colon transversum

Abb. 9-2. Schmerzlokalisation bei experimenteller Dehnung verschiedener Abschnitte des Verdauungstraktes gesunder Probanden mit einer Ballonsonde. Es fällt auf, daß die Lokalisationen der Schmerzen vom Duodenum bis zum Zäkum überlappen. (Mod. nach Jones 1938)

Ballonsonde verschiedene Abschnitte des Magen-Darm-Traktes dehnte. Das Ergebnis eines solchen Versuches ist in Abb. 9-2 dargestellt.

Die Kenntnis der Head-Zonen ist für die Diagnose viszeraler Erkrankungen wichtig.

Der Grund für die Übertragung viszeraler Schmerzen in Head-Zonen ist noch nicht ganz klar. Sie hängt mit der segmentalen Organisation des Rückenmarks zusammen. Bekanntlich innerviert ein Rückenmarksegment jeweils ein ***Dermatom, Myotom*** und ***Viszerotom.*** Eine wichtige Voraussetzung der Schmerzübertragung in Head-Zonen besteht darin, daß viszerale und kutane Nozizeptoren im Rückenmarkhinterhorn synaptische Verbindungen mit den gleichen Neuronen haben, die in die spinothalamische Bahn projizieren (s. unten). Die weit größere Innervationsdichte der Haut bedingt, daß weit weniger viszerale als kutane Nozizeptoren mit zentralen Übertragungsneuronen verbunden sind, was die Fehllokalisation fördert.

9.2 Zentralnervöse nozizeptive Leitung und Verarbeitung

Die sekundären Neurone im Hinterhorn des Rückenmarks, mit denen die nozizeptiven Afferenzen synaptische Kontakte aufnehmen, lassen sich nach Lage und Eigenschaften in 2 Klassen einteilen:

- In der oberflächlichen Schicht (Lamina I nach Rexed) findet man v.a. Neurone, die ausschließlich synaptische Verbindungen mit nozizeptiven Afferenzen haben, die ***nozizeptorspezifischen Neurone.***
- In tieferen Schichten (v.a. Lamina V) liegen vorwiegend ***multimodale Neurone,*** an deren Dendritenbäumen in der Substantia gelatinosa (Lamina II und III) afferente Nervenfasern verschiedener Sinnesmodalitäten synaptische Kontakte bilden (Abb. 9-3), z. B. von Mechanosensoren und Nozisensoren.

Beide Neuronentypen, die nozizeptorspezifischen und die multimodalen projizieren z. B. über die wichtigste zentrale Schmerzbahn, die ***spinothalamische Bahn,*** ins Hirn. Der Verlauf dieser Bahn wird in Kap. 8 besprochen (s. S. 241).

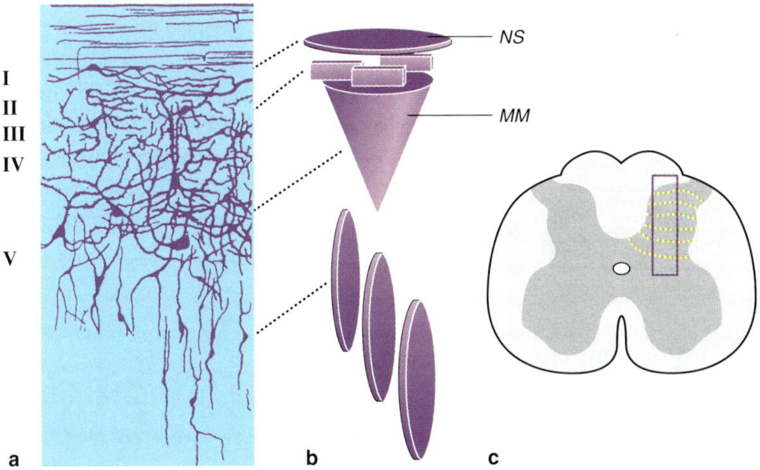

Abb. 9-3. a Darstellung von Neuronen im Hinterhorn des Rückenmarkes (Nissl-Färbung). Die *römischen Zahlen am linken Bildrand* bezeichnen die Schichten nach Rexed. **b** Schematische Darstellung der Ausdehnung der Dendritenbäume von Hinterhornneuronen. ***NS*** nozizeptorspezifische Neurone, ***MM*** multimodale Neurone. **c** Rückenmarkquerschnitt. Die *rechteckige Fläche* begrenzt das in **a** dargestellte Feld. (Mod. nach Scheibel u. Scheibel 1968)

Die aufsteigenden Schmerzbahnen projizieren in verschiedene Hirnareale, die an den wichtigsten Dimensionen der Schmerzwahrnehmung beteiligt sind

Sensorisch-diskriminative Schmerzdimension. Für die Wahrnehmung der Reizintensität und die Lokalisation von Schmerzreizen sind die Projektionen über den ventrobasalen Kern des Thalamus in die somatosensorischen kortikalen ***Projektionsfelder*** wichtig. Dieser Schluß läßt sich v. a. aus Untersuchungen mit der *Positronenemissionstomographie* (PET) ziehen, mit der bei Schmerzreizung eine Durchblutungszunahme in den somatosensorischen Cortexarealen S I und S II (s. S. 23, 381) und in Teilen des limbischen Systems (s. unten) nachgewiesen wurde.

Affektive Schmerzdimension. Im Gegensatz zu anderen, häufig neutralen Sinnesreizen haben Schmerzreize in der Regel einen Aktivierungseffekt. Die *Aktivierungsreaktion* („arousal reaction") wird durch Projektionen in die ***Formatio reticularis des Hirnstammes*** und durch retikuläre Projektionen zur Hirnrinde (ARAS, s. S. 392) vermittelt. Starke Schmerzreize rufen *Angst* und *Unlustgefühle* hervor. Zu dieser emotionalen Komponente von Schmerz tragen v. a. Projektionen ins ***limbische System*** bei (s. S. 153, 430).

Kognitiv-evaluative Schmerzdimension. Schmerzen können ganz unterschiedlich bewertet werden, z. B. als harmlos oder bedrohlich. Dabei spielen *Lernprozesse* eine wichtige Rolle. Für ***kognitive Leistungen*** müssen verschiedene kortikale und subkortikale Hirnregionen zusammenwirken. Für die Bewertung einer Erfahrung hat der ***Frontallappen*** der Hirnrinde eine zentrale Bedeutung (s. S. 446).

9.3 Endogene Schmerzhemmung

Bei der Besprechung der Nozizeptorfunktionen wurde dargestellt, daß Nozizeptorerregungen nur dann Schmerzen hervorrufen, wenn sie eine zentrale Schwelle überwinden, die (z. B. tageszeitlichen) Schwankungen unterliegt. Das deutet darauf hin, daß auf die synaptische Übertragung im nozizeptiven System wechselnde Hemmungen einwirken, wie übrigens auch bei anderen Sinnessystemen.

Das wichtigste Schmerzhemmsystem besteht aus Neuronen, die endogene Opiate bilden

Diese Substanzen hemmen die synaptische Übertragung von nozizeptiven Afferenzen auf Neurone der schmerzvermittelnden zentralen Bahnen.

Endogene Opiate sind Peptide, die aus 3 Vorläuferproteinen stammen, die wiederum von 3 bestimmten Genen kontrolliert werden:

- *Proopiomelanocortin* (POMC) kann außer ACTH auch ***Endorphine*** abspalten, die aus ca. 30 Aminosäuren bestehen.
- Aus *Proenkephalin* entstehen ***Enkephaline*** (6 Aminosäuren).
- Aus *Prodynorphin* wird ***Dynorphin*** (17–29 Aminosäuren) gebildet.

Der Begriff ***Endorphine*** wird auch als Oberbegriff für alle Peptide mit opioidartiger Wirkung verwendet. Diese Peptide binden an verschiedene Typen von ***Opiatrezeptoren*** in den Membranen schmerzvermittelnder Neurone, an die auch ***Morphin*** und andere nicht-körpereigene Opiate anbinden, obgleich diese eine ganz andersartige chemische Struktur haben.

Wichtig sind enkephalinerge und dynorphinerge Interneurone der Substantia gelatinosa (Lamina II und III) des Rückenmarkhinterhorns und endorphinerge Neurone im Hirnstamm, v. a. im zentralen Höhlengrau des Mittelhirns. Zu den Rückenmarkhinterhörnern absteigende schmerzhemmende Bahnen, werden auch von ***noradrenergen*** und ***serotonergen Neuronen*** im Hirnstamm gebildet.

Endorphinerge Neurone sind neben der Schmerzhemmung auch an anderen Hirnfunktionen beteiligt. So hemmen sie im Hirnstamm Neurone, die der *Atmungssteuerung* dienen, und retikuläre Neurone, die für den *Wachheitsgrad* verantwortlich sind. Daher haben Endorphine und exogene Opiate ***atemdepressorische*** und ***sedative Wirkungen.*** Die Wirkung auf limbische Neuronengruppen, an denen sich viele Opiatrezeptoren finden, ist die Voraussetzung der opiatinduzierten ***Euphorie.*** Um die Wirkung von Opiaten möglichst auf das spinale nozizeptive System zu begrenzen und Nebenwirkungen durch Aktivierung anderer Systeme im Stammhirn zu vermeiden, hat man für die Behandlung schwerer chronischer Schmerzen der unteren Körperhälfte die rückenmarknahe Opiatapplikation über Epiduralkatheter eingeführt.

Schmerzhemmung durch endogene Opioide und durch andere inhibitorische Systeme kann auf ***spinaler Ebene*** induziert werden (segmentale Hemmung), durch Aktivierung von ***Hirnstammneuronen*** und durch ***Psychi-***

schen und physischen Stress, der die endorphinerge Schmerzhemmung aktivieren (Stress-induzierte Hypoalgesie) kann:

- Reizung der dicken markhaltigen Aβ Afferenzen von Mechanosensoren der Haut hemmt im gleichen Rückenmarksegment die Erregung nozizeptiver Hinterhornneurone ***(segmentale Hemmung).*** Vermutlich ist diese Hemmung nicht endorphinerg. Klinisch hat man sich die segmentale Schmerzhemmung bei manchen Schmerzzuständen zunutze gemacht, indem man Aβ-Fasern in Hautnerven elektrisch reizt, um Schmerzen zu lindern (transkutane Nervenstimulation = TNS).
- Schmerzhemmung wird aber auch erzielt durch *Reizung nozizeptiver Afferenzen* in anderen Körperregionen. Diese Hemmung wird vorwiegend durch Neurone im Hirnstamm vermittelt. Sie liegt dem Phänomen der ***Gegenirritation*** zugrunde (z.B. auf die Knöchel beißen, um einen Schmerz an anderer Stelle zu unterdrücken). Möglicherweise lassen sich auch Schmerzunterdrückung durch Akupunktur und ähnliche Verfahren z.T. als Gegenirritation erklären.
- Nach großen körperlichen Anstrengungen und bei anderen Zuständen, welche die Achse CRH-ACTH-Glukokortikoide aktivieren, findet man eine verminderte Schmerzempfindlichkeit. Wahrscheinlich werden bei dieser Adaptationsreaktion endorphinerge Systeme des Hirnstammes mitaktiviert.

9.4 Schmerzen bei pathophysiologischen Veränderungen des inneren Milieu und bei veränderten Reaktionen des nozizeptiven Systems

Häufig sind krankheitsbedingte Schmerzen Veränderungen des inneren Milieus zuzuschreiben. Im ischämischen Herz- oder Skelettmuskel werden aus kontrahierenden Muskelfasern Substanzen freigesetzt, die Nozizeptoren erregen und über eine erhöhte Gefäßpermeabilität die Freisetzung weiterer schmerzerzeugender Mediatoren bewirken (s. unten). *Kontraktionen ischämischer Muskeln* werden um so schmerzhafter, je länger die Ischämie anhält. Daher führen z.B. Durchblutungsstörungen der Beine zur *Claudicatio intermittens* (schmerzbedingte Gehunfähigkeit nach Zurücklegen einer bestimmten Wegstrecke). Ischämie des Herzmuskels führt zur *Angina pectoris.*

Bei Entzündungsvorgängen werden im Gewebe Entzündungsmediatoren freigesetzt, die Nozizeptoren sensibilisieren

Ein wirksamer Sensibilisator ist z. B. ***Bradykinin,*** das bei Entzündungsvorgängen aus dem Blut freigesetzt wird und die Gefäßpermeabilität erhöht. Wirksam sind auch ***Serotonin*** (aus Thrombozyten) und ***Histamin*** (aus Mastzellen). Eine besondere Bedeutung für die Nozizeptorsensibilisierung haben die ***Prostaglandine,*** die unter Einfluß des Enzyms Zyklooxygenase aus der ubiquitären Arachidonsäure gebildet werden, da an dieser Reaktion eine wirksame Behandlung des Entzündungsschmerzes ansetzen kann. ***Hemmung der Zyklooxygenase*** ist nämlich ein wichtiger Wirkmechanismus der Gruppe der „nichtsteroidalen antiinflammatorischen" Analgetika (***NSAID*** – „non-steroidal analgetic drugs") zu denen z. B. Azetylsalizylsäure (Aspirin) gehört. Schließlich werden – wie bereits erwähnt – aus den erregten nozizeptiven Nervenenden Neuropeptide freigesetzt, die Vasodilatation und Plasmaextravasation bewirken ***(neurogene Entzündung).***

Abbildung 9-4 zeigt Nozizeptorsensibilisierung am Beispiel der Temperaturempfindlichkeit von Hautnozizeptoren. Die sensibilisierten Nozizeptoren

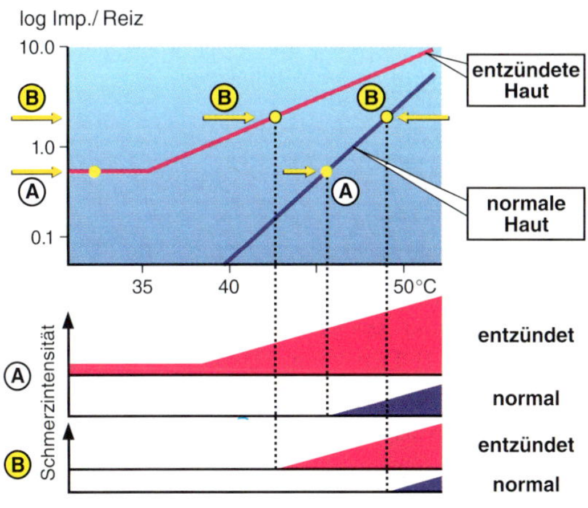

Abb. 9-4. Reizantwortbeziehungen von Nozizeptoren in gesunder und entzündeter Haut auf Hitzereize und ihr Einfluß auf die Schmerzwahrnehmung. Mögliche Schmerzintensitäten sind *im unteren Teil* des Diagramms dargestellt, wobei im Fall ***A*** von einer niedrigen zentralen Schwelle ausgegangen wird, in ***B*** von einer hohen, wie sie z. B. unter zentralwirkenden Analgetika vorliegen könnte

werden schon bei normaler Hauttemperatur „spontanaktiv". Die Temperaturantwortkurve (Kennlinie) ist nach links verschoben. Die Folge können Spontanschmerzen bei normaler Hauttemperatur und intensiverer Schmerz bei überschwelligen Temperaturreizen ***(thermische Hyperalgesie)*** sein. Ähnliche Kennlinienverschiebungen beobachtet man bei manchen Nozizeptoren auch für mechanische Reize ***(mechanische Hyperalgesie).*** Die Hyperalgesie ist somit zeitlicher Bahnung des nozizeptiven Einstroms ins ZNS zuzuschreiben. Hinzu kommt räumliche Bahnung, da durch Reizung entzündeten Gewebes auch „schlafende" Nozizeptoren rekrutiert werden, die im gesunden Gewebe extrem hochschwellig sind.

Bei Entzündungsvorgängen verändern sich allerdings nicht nur die Eigenschaften der Nozizeptoren, sondern auch die der zentralen schmerzvermittelnden Neurone. Eine Folge dieser zentralen Sensibilisierung besteht darin, daß auch Einstrom aus $A\beta$-Afferenzen empfindlicher Mechanosensoren zentrale nozizeptive Neurone so erregen kann, daß leichte Berührungsreize schmerzhafte Empfindungen auslösen ***(Allodynie).***

Nicht nur Entzündungsschmerzen, sondern auch andere Schmerzarten, z.B. ***Kopfschmerzen,*** können durch Sensibilisierung von Nozizeptoren induziert werden. So nimmt man an, daß beim Spannungskopfschmerz die dauernde Anspannung von Kopfmuskeln zu einer Art Ischämieschmerz führt (s. oben), während bei vaskulären Kopfschmerzen der veränderte Gefäßtonus zu Plasmaextravasation, und dadurch zur Freisetzung von Substanzen führt, welche Nozizeptoren sensibilisieren.

Neurogene Schmerzen (Syn. Neuralgien) entstehen als Folge der Schädigung nozizeptiver Neurone

Wirkt auf einen peripheren Nerv oder eine Spinalwurzel ein dauerhafter Druck ein (z.B. Druck einer Diskushernie auf eine Nervenwurzel), dann entwickeln die betroffenen Axone die Eigenschaft, an der geschädigten Stelle spontan Aktionspotentiale zu generieren. Der resultierende Schmerz wird in das Innervationsgebiet der betreffenden Nervenwurzel projiziert. So verursacht z.B. eine Diskushernie an der Spinalwurzel L4 einen streifenförmigen ***projizierten Schmerz*** an der Außenseite des Beines. Projizierte Schmerzen können aber auch bei stoffwechselbedingten Nervenschäden auftreten. So leiden z.B. Patienten mit Polyneuropathien bei diabetischen Stoffwechselstörungen oft an Schmerzen, die v.a. in Hände und Füße projiziert werden.

Diese ***neuropathischen Schmerzen*** gehen häufig mit erhöhten Schwellen für mechanische, thermische und noxische Reize einher, da ein Teil der Afferenzen die Leitungsfähigkeit verloren hat.

Nach ***Nervendurchtrennung*** können Schmerzen dadurch hervorgerufen werden, daß durchtrennte Nerven am proximalen Stumpf wieder aussprossen und *Neurinome* bilden, d. h. Knäuel von Nervenfasern, die für mechanische Reize empfindlich sind, und Sensibilität für endogene Mediatoren, z. B. für Noradrenalin entwickeln. Sie können dann auch durch Sympathikusaktivierung erregt werden.

Der Verlust eines größeren Innervationsgebiets, z. B. nach ***Amputation*** einer Extremität, führt häufig zu ***Phantomempfindungen*** (deutliche Wahrnehmung des verlorenen Gliedes, meist in einer bestimmten Position zum Körper) und – allerdings seltener – zum ***Phantomschmerz.*** Phantomempfindungen und -schmerzen sind nicht allein durch die Reizung von Stumpfneurinomen zu erklären, an denen Amputationspatienten auch häufig leiden (Stumpfschmerz). Sie entstehen vermutlich durch veränderte Aktivität im ZNS als Reaktion auf den Verlust der normalen peripheren Innervation. Möglicherweise sind sie einer Deafferenzierungsüberempfindlichkeit zentraler Synapsen zuzuschreiben. Zentralnervös bedingte Schmerzzustände können auch beim Ausfall von Hirngebieten (z. B. im Thalamus) auftreten ***(Thalamusschmerz).***

Literatur

Beck PW, Handwerker HO, Zimmermann M (1974) Nervous outflow from the cat's foot during noxious radiant heat stimulation. Brain Res 67: 373–386

Belmonte C, Cervero F (eds) (1996): Neurobiology of nociceptors. Oxford University Press, Oxford etc.

Birbaumer N, Schmidt RF (Hrsg) (1991) Biologische Psychologie. 2. Aufl. Springer, Berlin Heidelberg New York London Paris Tokyo Hong Kong Barcelona Budapest

Krainick JU, Schmidt RF (1991) Nociception und Schmerz. In: Hierholzer K, Schmidt RF, Pathophysiologie des Menschen. edition medizin VCH, Weinheim

Schaible H-G, Schmidt RF (1995) Nozizeption und Schmerz. In: Schmidt RF, Thews G (Hrsg) Physiologie des Menschen, 26. Aufl. Springer, Berlin Heidelberg New York Tokyo

Schmidt RF (1995) Physiologie kompakt. Gustav Fischer, Stuttgart

Wall PD, Melzack R (eds) (1989) Textbook of pain, 2nd edn. Churchill Livingstone, Edinburg London Melbourne New York

Willis WD (1982) Control of nociceptive transmission in the spincal cord. Progress in Sonsory Physiology 3: 1–159

Willis WD (1985) The pain system. Karger, Basel

Woodworth RS, Sherrington CS (1904) A pseudoaffective reflex and its spinal path. J Physiol (Lond) 31: 234

10 Sehen

U. Eysel

EINLEITUNG

Der Gesichtssinn ermöglicht eine schnelle, hochempfindliche und hochauflösende dreidimensionale Wahrnehmung der Umwelt in einem sehr weiten Bereich zwischen unmittelbarer Nähe und „unendlicher" Entfernung. Licht als adäquater Reiz wird durch einen angepaßten dioptrischen Apparat auf den Netzhäuten beider Augen fokussiert und von den Photosensoren in elektrische Signale umgesetzt. Von diesen zweidimensionalen Abbildungen ausgehend wird die gesehene Szene zur weiteren Analyse in Aspekte von Form, Farbe, Tiefe und Bewegung zerlegt und parallel weiterverarbeitet. Das beginnt bereits in der Netzhaut mit spezifischen Zellen und wird im zentralen Sehsystem in spezialisierten Hirnstrukturen und speziellen Großhirnregionen fortgesetzt. Augenbewegungen vergrößern das schnell erfaßbare Feld und ermöglichen eine zielgerichtete Wahrnehmung. Eine genaue Kenntnis der sensorischen und okulomotorischen Verschaltungen verhilft zu gezielten Diagnosen bei bestimmten, hirnorganischen Schädigungen.

10.1 Auge und dioptrischer Apparat

Voraussetzung für eine gute Sehleistung ist die genaue Fokussierung der Lichtstrahlen auf der Netzhaut

Das sichtbare Licht. Der spektrale Empfindlichkeitsbereich des Auges umfaßt die Wellenlängen von 400–750 nm. Das entspricht dem Spektrum des sichtbaren Lichts von blau bis rot. Die angrenzenden kürzeren (ul-

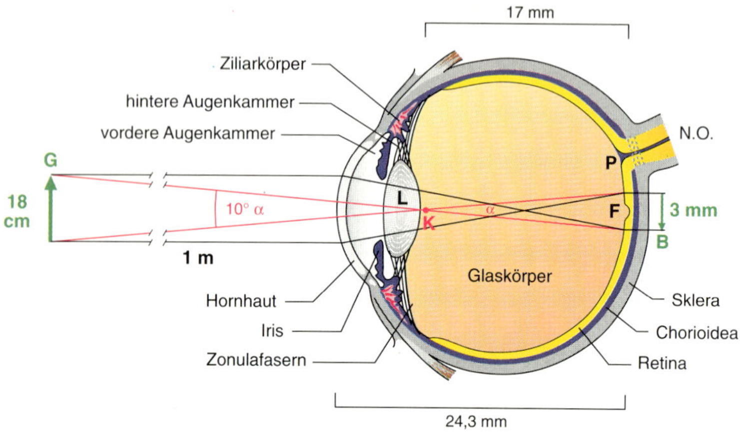

Abb. 10-1. Schnitt durch das menschliche Auge mit einfacher Darstellung der Abbildung. Die Schnittebene verläuft horizontal durch Fovea ***(F)***, Papille ***(P)*** und den austretenden N. opticus ***(N. O.)***. ***G*** Gegenstand, ***B*** Bild, ***L*** Linse, ***K*** Knotenpunkt. Maßangaben: Durchmesser des Auges und Abstand K-Netzhaut

traviolett = UV) und längeren (infrarot = IR) Wellenlängen sind unsichtbar.

Dioptrischer Apparat. Hornhaut (Cornea), Kammerwasser, Linse und Glaskörper sind der dioptrische Apparat des Auges (Abb. 10-1). Sie bilden ein optisches System, das Lichtstrahlen auf der Netzhaut scharf abbildet. Hierzu müssen die *Größe des Auges* und seine *Gesamtbrechkraft* genau aufeinander abgestimmt sein. Interindividuell bestehen jedoch erhebliche Schwankungen bei der Größe des Augapfels; bereits eine Verlängerung des Bulbus um 0,1 mm führt zu einer merklichen Fehlsichtigkeit (s. Refraktionsanomalien).

In Luft entspricht die Brechkraft (D) einer Linse dem Kehrwert ihrer Brennweite (f):

$$D = 1/f\,[\text{dpt}]$$

f = Brennweite in Metern, D = Brechkraft in Dioptrien.

Der dioptrische Apparat des Auges ist ein zusammengesetztes Linsensystem, bei dem mehrere brechende Medien hintereinandergeschaltet sind (Luft, Hornhaut, Kammerwasser, Linse und Glaskörper). Es wird eine scharfe Abbildung von parallel einfallenden Strahlen im fernakkommodierten Auge bei einem mittleren Abstand von 24,3 mm zwischen Corneascheitel und Netzhaut erreicht. Die ***Cornea*** trägt mit 43 dpt den Hauptteil zur Gesamtbrechkraft bei. Isoliert betrachtet würde die ***Linse*** etwa 19,5 dpt beisteuern. Durch das zusätzlich beteiligte brechende Medium des Kammerwassers zwischen Cornea und Linse ist eine Korrektur um –3,7 dpt vorzunehmen (43 –3,7 + 19,5 = 58,8 dpt). Bei dieser *Gesamtbrechkraft* von 58,8 dpt kann eine sinnvolle Vereinfachung auf ein einfaches Linsensystem vorgenommen werden, bei dem der für die Abbildung wichtige Knotenpunkt (K) im sog. „reduzierten Auge" 17 mm vor der Netzhaut liegt. Abbildung 10-1 zeigt die wichtigsten Maße und die Gesetzmäßigkeiten der umgekehrten, verkleinerten Abbildung im Auge. Ein Objekt von 18 cm Größe in 1 m Abstand betrachtet (entspricht 10° Sehwinkel) entwirft ein umgekehrtes Bild von 3 mm Größe auf der Netzhaut (Bildgrößenberechnung nach dem Strahlensatz: 180 mm/1000 mm = B/17 mm). 1° Sehwinkel entspricht dann 0,3 mm.

Die scharfe Abbildung wird beeinträchtigt durch Abbildungsfehler des dioptrischen Apparates, falsch angepaßte Bulbusgröße und Linsentrübungen

Optische Fehler. Der dioptrische Apparat des Auges ist kein hochwertiges, korrigiertes Linsensystem, wie wir es in modernen Kameras finden. Verschiedene optische Abbildungsfehler führen zur unscharfen Abbildung, doch physiologische Korrekturmechanismen können diese biologischen Unzulänglichkeiten wieder ausgleichen: Randstrahlen werden stärker gebrochen als Strahlen in der Nähe der optischen Achse ***(sphärische Aberration).*** Die Pupille kann die Randstrahlen ausblenden und die sphärische Aberration physiologisch vermindern. Kurzwelliges Licht wird stärker gebrochen als langwelliges ***(chromatische Aberration).*** Eine physiologische Korrektur erfolgt hier durch die geringe Blauempfindlichkeit besonders im Bereich des schärfsten Sehens (s. Farbensehen). Die Qualität der Abbildung wird auch durch Trübungen im Glaskörper und durch Beugung an den Rändern der Pupille beeinträchtigt. Laterale Hemmungsmechanismen bei der zentralen Weiterverarbeitung sorgen für eine neuronale Verschärfung der physikalisch verschwommenen Abbildung.

Astigmatismus. Wenn eine ungleiche Brechkraft des dioptrischen Apparats in unterschiedlichen Ebenen besteht (wenn z. B. Strahlen in der vertikalen

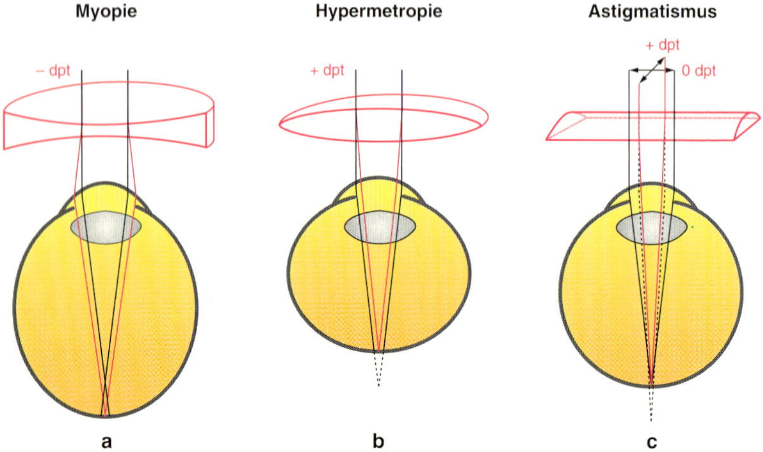

Abb. 10-2 a–c. Refraktionsanomalien mit Korrekturlinsen *(rot)*. **a** Myopie (Kurzsichtigkeit, **b** Hypermetropie (Weitsichtigkeit), **c** Astigmatismus (Stabsichtigkeit) mit abweichender Brechkraft in einer Ebene. Strahlengänge ohne Korrektur *(schwarz)* mit Korrektur *(rot)*

Ebene mehr als in der horizontalen gebrochen werden), spricht man von Astigmatismus. Ein physiologischer Astigmatismus liegt bei Brechkraftunterschieden bis 0,5 dpt vor. Häufiger ist dabei eine stärkere Brechung in der vertikalen Ebene („Astigmatismus nach der Regel"). Treten durch Krümmungsanomalien der Hornhaut höhere Werte als 0,5 dpt auf, dann muß der Astigmatismus mit Zylinderlinsen korrigiert werden (Abb. 10-2 c).

Sphärische Refraktionsanomalien. Zum Zeitpunkt der Geburt ist der Bulbus für eine scharfe Abbildung bei gegebener Brechkraft des Auges zu kurz; das wird im Laufe der Entwicklung normalerweise durch Bulbuswachstum ausgeglichen. *Das Auge wächst, bis eine scharfe Fokussierung gewährleistet ist.* Neben Störungen des Wachstums in der Entwicklung, die zu Fehlsichtigkeiten führen, ist nicht auszuschließen, daß häufige und extreme Naharbeit später noch einen Wachstumsreiz für eine Vergrößerung des Augapfels und damit die Grundlage für eine Kurzsichtigkeit darstellen kann (das Objekt ist zu nah und damit das Auge für eine scharfe Abbildung relativ zu kurz). Die ***Kurzsichtigkeit (Myopie)*** und die ***Weitsichtigkeit (Hypermetropie)*** sind häufige Abweichungen von der ***Normalsichtigkeit (Emmetropie).*** Hier ist die Abstimmung von Gesamtbrechkraft des Auges und Bulbuslänge nicht genau genug erfolgt.

- ***Myopie:*** Bei der Kurzsichtigkeit ist der Bulbus relativ zur Brechkraft des Auges zu lang. Bei Blick in die Ferne (parallel einfallende Strahlen) entsteht das Bild vor der Netzhaut und kann nur mit Hilfe von Zerstreuungslinsen auf der Netzhaut fokussiert werden (Abb. 10-2 a). Der Myope sieht ohne Brille in der Ferne immer unscharf, kann dafür aber ohne Brille in der Nähe gut sehen. Die Anlage zur Myopie wird autosomal dominant vererbt, was die Häufigkeit von Brillenträgern innerhalb einer Familie erklärt.
- ***Hypermetropie:*** Bei Weitsichtigkeit ist der Bulbus relativ zu kurz und eine scharfe Abbildung könnte erst hinter der Netzhaut erfolgen. Mit einer Sammellinse muß dieser Fehler korrigiert werden (Abb. 10-2 b). Der Weitsichtige kann seine Fehlsichtigkeit auch ohne Brille beim Blick in die Ferne durch Nahakkommodation kompensieren; dies führt jedoch zu einer Fehlstellung der Augen (Konvergenz, s. S. 270) und geht mit einem Verlust im Bereich der Naheinstellung einher.

Grauer Star und Schädigungen durch unsichtbare UV- und IR-Strahlung. Linsentrübung (Katarakt) kann altersbedingt auftreten (Alterskatarakt, grauer Star). Nach Entfernen der Linse wird mit starken Sammellinsen (+13 dpt) korrigiert. Auch Infrarotstrahlen bedingen bei extremer Exposition Linsentrübungen („Feuerstar" der Hochofenarbeiter, „Glasbläserstar"). Die ultraviolette Strahlung (Hochgebirge, Halogenlampen ohne Filter) wird ebenfalls von der Linse absorbiert und kann zu Katarakt, Hornhautverletzungen („Schneeblindheit") oder degenerativen Schädigungen der Netzhaut führen.

Die Einstellung der Schärfe beim Nahsehen erfolgt durch verstärkte Linsenkrümmung

Akkommodation. Anders als beim Photoapparat, bei dem zur Fokussierung der Abstand zwischen Linse und Film geändert wird, erfolgt die Scharfeinstellung beim menschlichen Auge durch Änderung der Linsenbrechkraft (Akkommodation).

Der gesamte Bereich der Scharfeinstellung wird ***Akkommodationsbreite*** (A) genannt und ergibt sich aus der Differenz der Brechkräfte bei Naheinstellung (D_n) und bei Ferneinstellung (D_f):

$$A\,[\text{dpt}] = D_n\,[\text{dpt}] - D_f\,[\text{dpt}]$$

$$D_n = 1/\text{Nahpunkt}\,[\text{m}],\ D_f = 1/\text{Fernpunkt}\,[\text{m}].$$

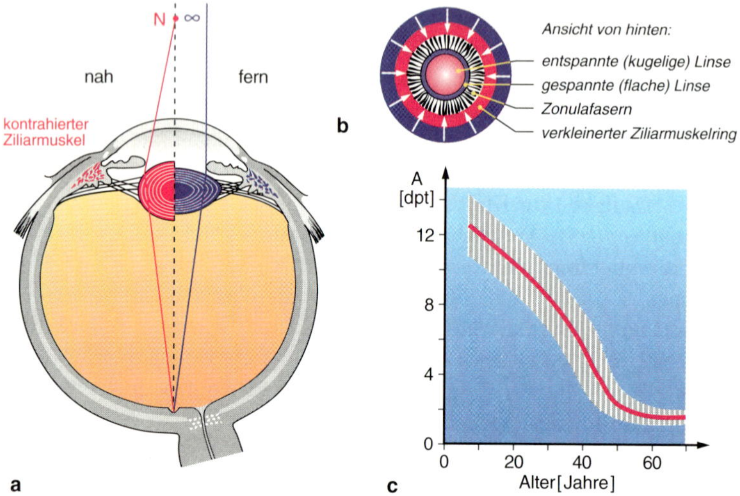

Abb. 10-3 a–c. Akkommodation und Akkommodationsbreite. **a** Horizontalschnitt durch das Auge in Nahakkommodation *(rot)* und Fernakkommodation *(blau)*. ***N*** Nahpunkt, Fernpunkt im Unendlichen (∞). **b** Aufsicht auf Linse, Zonulafasern und Ziliarmuskel, **c** Altersabhängigkeit der Akkommodationsbreite. Die Streuung im Normalkollektiv ist durch den grauen Bereich wiedergegeben

Die ***Brechkraftveränderung der Linse*** erfolgt im Wechselspiel ihrer Eigenelastizität, derzufolge sie eine kugelige Gestalt und hohe Brechkraft annehmen möchte, und der Zugkraft der Zonulafasern am Linsenrand, durch die die Linse flach gezogen wird und die Brechkraft abnimmt (Abb. 10-3 a). Der Ziliarmuskel reguliert die Zugkraft der Zonulafasern. Bei Kontraktion (Parasympathikuserregung) läßt der Zug der Fasern am Linsenrand nach, bei Erschlaffung (Sympathikuserregung, Parasympathikushemmung) nimmt er zu.

Bei der Fernakkommodation wird der Ziliarmuskel völlig entspannt.

Bei der Nahakkommodation kontrahiert er sich schließmuskelartig und der Zug der Zonulafasern am Linsenrand wird vermindert (Abb. 10-3 b). Besonders die Krümmung der Linsenvorderfläche nimmt zu (kleinerer Krümmungsradius). Letztlich übertragen die Zonulafasern die Kraft des durch den Augeninnendruck formstabilen Bulbus von der Sklera auf die Linse. Eine Bulbusverletzung mit Verlust des Augeninnendrucks führt somit auch zu einer verstärkten Linsenkrümmung. Ohne Akkommodationsreiz (bei vollständiger Dunkelheit oder wenn das gesamte Gesichtsfeld mit einer unstrukturierten Fläche ausgefüllt ist) ist der Ziliarmuskel leicht kontrahiert. Das Auge eines Normalsichtigen ist dann auf Entfernungen zwischen 0,5 m und 2 m scharf eingestellt ***(Nachtmyopie, Leerfeldmyopie).***

Mit zunehmendem Alter verringert sich die Elastizität der Linse, und die Akkommodationsbreite nimmt ab (Abb. 10-3c). Hat ein 10jähriger noch eine Akkommodationsbreite um 14 dpt und einen Akkommodationsbereich von 7 cm bis unendlich, so kann ein etwa 50jähriger mit 2 dpt Akkommodationsbreite näher als 50 cm nicht mehr scharf sehen ***(Alterssichtigkeit = Presbyopie)*** und benötigt eine Lesebrille (Sammellinse).

Die Pupillenreaktion ist der schnellste Mechanismus zur Helligkeitsanpassung

Pupillenreflex. Die Iris ist die Blende des Auges, die Pupille ist die Blendenöffnung. Leuchtdichtezunahme führt zur Verkleinerung der Pupille. Der Pupillenreflex dauert etwa 1 s und ermöglicht einen ersten, schnellen Schutz vor Blendung. Die ins Auge eintretende Lichtmenge hängt linear von der Pupillenfläche ab ($L = \pi \times r^2$). Diese Fläche und damit die einfallende Lichtmenge verringert sich 25fach, wenn der Pupillendurchmesser von 7,5 auf 1,5 mm abnimmt.

Der Reflexbogen des Pupillenreflexes (Abb. 10-4a) verläuft von den Photosensoren der Netzhaut über N. opticus und Tractus opticus. Abzweigungen aus dem Tractus opticus erreichen das Reflexzentrum, die ***prätektale Region*** im Mittelhirn. Die von hier ausgehenden, parasympathischen Efferenzen bilden die pupillokonstriktorische Bahn über den Edinger-Westphal-Kern im Mittelhirn und das Ganglion ciliare, das lateral vom Sehnerven liegt, zum ***M. constrictor pupillae.*** Eine zweite, pupillomotorische Bahn ist die sympathische, dilatatorische Bahn vom Hypothalamus über das ziliospinale Zentrum des Rückenmarks und das Ganglion cervicale, das lateral vom Sehnerv liegt, superius zum ***M. dilatator pupillae.*** Die Lichtreaktion der Pupille wird von der parasympathischen Innervation bestimmt. Erregung dieser Fasern führt zur Pupillenverengung (Miosis), ihre Hemmung zur Pupillenerweiterung ***(Mydriasis).*** Die ebenfalls pupillenerweiternde Sympathikuserregung legt die maximale Pupillenweite fest, die bei Hemmung des Parasympathikus erreicht werden kann. Das wird bei einem klinischen Bild, dem Horner-Syndrom deutlich: Bei Blockade des Sympathikus im Ganglion cervicale superius ist die Pupille verengt, jedoch der Pupillenreflex kann durch Licht weiter ausgelöst werden.

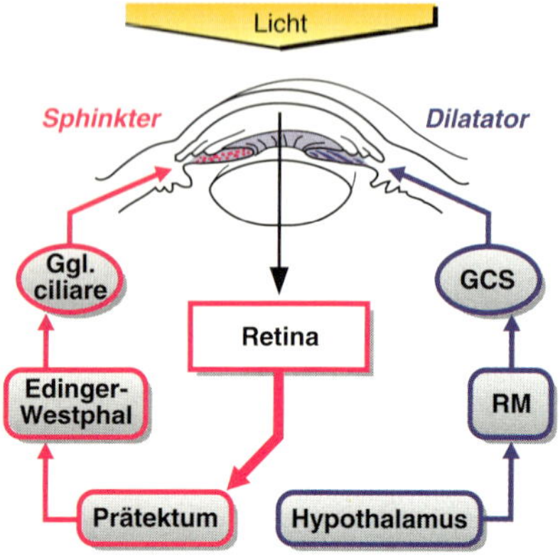

a

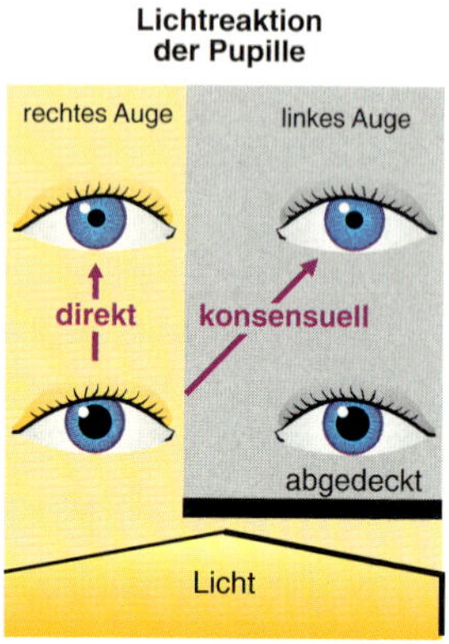

b

Abb. 10-4 a, b. Neuronale Kontrolle der Pupillenweite und Lichtreaktion der Pupille. **a** Parasymapthischer Reflexbogen *(rot)*, sympathische Efferenzen *(blau)*. ***CGS*** Ganglion cervicale superius, ***RM*** ziliospinales Zentrum (C8–Th1) im Rückenmark **b** Direkte und konsensuelle Lichtreaktion

Direkte und konsensuelle Lichtreaktion (Abb. 10-4 b). Bei Beleuchtung nur eines Auges verengt sich nicht nur die beleuchtete Pupille ***(direkte Lichtreaktion),*** sondern aufgrund gekreuzter Innervation auch die Pupille des anderen Auges ***(konsensuelle Lichtreaktion).*** Bei der insgesamt parasympathisch gesteuerten Naheinstellungsreaktion verringert sich die Pupillenweite gekoppelt mit Nahakkommodation und Konvergenzreaktion. Dabei führt die geringere Pupillenweite zu verbesserter Tiefenschärfe. Klinisch gibt die Pupillenreaktion Aufschluß über die Funktion der afferenten Leitung und über die Tiefe einer Narkose oder einer Bewußtlosigkeit (weite, starre Pupille im tiefsten Stadium).

Der Augeninnendruck stabilisiert die Form des Auges und kann deshalb nichtinvasiv mit dem Tonometer gemessen werden

Augeninnendruck und Tonometrie. Normale Augeninnendruckwerte liegen zwischen 10 und 20 mm Hg (1,33–2,66 kPa). Der Augeninnendruck entsteht durch kontinuierliche Kammerwasserabgabe aus den Epithelzellen des Ziliarkörpers in die hintere Augenkammer und Kammerwasserabfluß aus dem Winkel der vorderen Augenkammer durch das Trabekelwerk und den zirkulären Schlemm Kanal über 20–30 Abflußkanäle in den intra- und episcleralen Venenplexus. Ein konstanter Augeninnendruck besteht, wenn sich Produktion und Abfluß die Waage halten (etwa 2 mm^3/min). Die Messung des Augeninnendrucks erfolgt mit dem ***Tonometer.*** Funktionsprinzip ist die Messung der Verformbarkeit des Bulbus oculi. Bei der ***Applanationstonometrie*** wird die Kraft gemessen, die nötig ist, um eine definierte Corneafläche abzuflachen, bei der ***Impressionstonometrie*** wird der Grad der Corneaeindellung bei Aufsetzen eines Stiftes mit definiertem Druck ermittelt.

Glaukom. Ist der Augeninnendruck über die Normalwerte hinaus erhöht, besteht das Krankheitsbild des Glaukoms. Beim ***Winkelblockglaukom*** liegt eine Behinderung des Abflusses durch eine Verlegung des Kammerwinkels vor. Das kann zu ***akuten Glaukomanfällen*** führen, die aufgrund der Skleradehnung und der Ischämie des Ziliarkörpers äußerst schmerzhaft sind (Afferenz ist der N. trigeminus). Demgegenüber verläuft das ***chronische Offenwinkelglaukom*** (Glaucoma simplex) meist unbemerkt. Hier ist der Abflußwiderstand im Trabekelwerk andauernd erhöht und der N. opticus wird durch langzeitige Augeninnendruckerhöhung an seinem Austrittsort geschädigt. Es treten typische Gesichtsfeldausfälle auf.

Die Tränenflüssigkeit und der Schleim aus den Becherzellen der Bindehaut schützen Cornea und Conjunctiva vor dem Austrocknen

Tränen. Die Tränendrüsen sezernieren in Ruhe pro Tag je Auge etwa 1 ml ***Tränenflüssigkeit,*** die mit dem Schleim aus den Becherzellen der Bindehaut vermischt einen dünnen Flüssigkeitsfilm ergibt, der von den Lidschlägen regelmäßig über die Cornea verteilt wird. Die Tränenflüssigkeit schmeckt salzig, sie ist leicht hyperton. Fremdkörper zwischen Augenlidern und Cornea lösen reflektorischen Tränenfluß aus. Der Reflexbogen verläuft mit Afferenzen des N. trigeminus zum pontinen Hirnstamm und von dort efferent über das Ganglion pterygopalatinum, dessen parasympathische Fasern die Tränensekretion an den Tränendrüsen auslösen. Verbindungen vom limbischen System zum pontinen Hirnstamm können emotionale Tränenausbrüche vermitteln.

10.2 Augenbewegungen

Verschiedene Arten von Augenbewegungen mit spezifischen, neuronalen Kontrollsystemen halten Objekte bei Eigen- und Fremdbewegungen in der Fovea

Augenmuskeln und ihre Innervation. Sechs Augenmuskeln ziehen als antagonistische Paare durch jede Orbita und setzen am Bulbus an. Durch sie können die Augen horizontal und vertikal bewegt sowie gerollt werden. Die Mm. recti laterales und mediales bewegen das Auge rein horizontal nach außen (Abduktion) und innen (Adduktion); die anderen Muskelpaare haben vorwiegend hebende oder senkende Wirkung, die je nach Stellung des Auges mit Komponenten von Abduktion, Adduktion oder Rollung kombiniert sind (Abb. 10.5 a). Bei den Rollbewegungen wird ein Bezugspunkt in der oberen Bulbushälfte angenommen: Bewegung nach lateral wird als Auswärtsrollung und nach medial als Einwärtsrollung bezeichnet. Die ***Innervation*** der Muskeln erfolgt durch den ***N. oculomotorius*** (Mm. recti superiores, inferiores

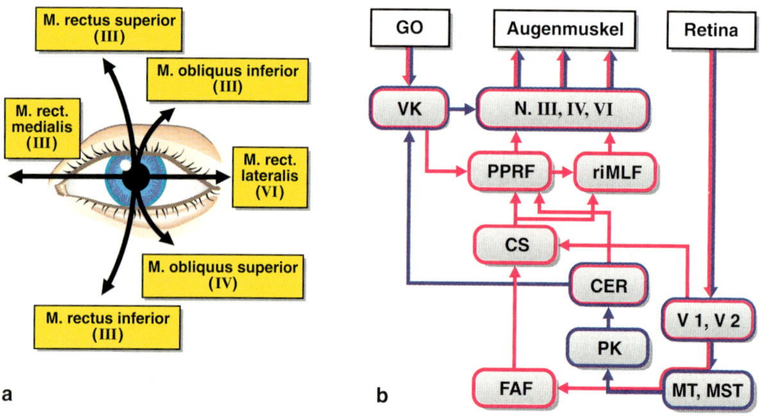

Abb. 10-5 a, b. Bewegungsrichtungen bei Zug der 6 Augenmuskeln am linken Auge **a** und Schema der neuronalen Kontrolle **b**. Steuerung von Sakkaden *(rot)* und Folgebewegungen *(blau)*. ***GO*** Gleichgewichtsorgan, ***N. III, IV, VI*** Nucleus oculomotorius, trochlearis, abducens, ***VK*** Vestibulariskern, ***CS*** Colliculi superiores, ***CER*** Cerebellum, ***V1, V2*** primäre, sekundäre Sehrinde, ***FAF*** frontales Augenfeld, ***PK*** pontine Kerne. Weitere Abkürzungen s. Text

und mediales, M. obliquus inferior), ***N. trochlearis*** (M. obliquus superior) und ***N. abducens*** (M. rectus lateralis). Die zugehörigen motorischen Kerne liegen im Mittelhirn: die paarigen Okulomotoriuskerne beidseits auf Höhe der Colliculi superiores, die Trochleariskerne auf Höhe der Colliculi inferiores und die Abducenskerne am Boden des 4. Ventrikels.

Augenbewegungsarten. Unterschiedliche Arten von Augenbewegungen werden von jeweils zugehörigen, neuronalen Kontrollsystemen generiert ***(Sakkaden, Folgebewegungen, Vergenzbewegungen, optokinetische Antworten und vestibulookulärer Reflex).*** Nach der Bewegungsrichtung unterscheidet man dabei horizontale, vertikale und torsionale Augenbewegungen (torsional oder auch zyklorotatorisch = Drehung um die anterioposteriore Achse).

- ***Sakkaden:*** Sakkaden sind sprungartige, konjugierte, bewußt oder unbewußt ausgelöste Augenbewegungen, die meist der Fixation dienen, jedoch auch ohne Fixationsreiz spontan 2- bis 3mal pro Sekunde auftreten. Es handelt sich um „ballistische“ Bewegungen, die nach Beginn kaum korrigiert werden können. Neben einem motorischen Anstoß ist eine Einstellung der Motorik auf das Halten der Endposition notwendig. Mit Amplituden von etwa 3 Winkelminuten (Mikrosakkaden) bis zu 90° dauern die Sakkaden 15–100 ms und erreichen Geschwindigkeiten von 600–700 °/s. Die Latenz zwischen visueller Auslösung und Sakkadenbeginn beträgt etwa 200 ms, bei Expreßsakkaden mit zielgerichteter Aufmerksamkeit nur 70 ms. Während der Sakkade ist die Sehschärfe durch sakkadische Suppression sehr gering, die visuelle Wahrnehmung wird unterdrückt.

  Zur *Auslösung der Sakkade* dient letztlich eine Entladungssalve der Augenmuskelkerne (100–600 Hz), deren Rate die Geschwindigkeit und deren Dauer die Bewegungsdauer bestimmt. Antagonistische Muskeln werden zugleich gehemmt. Die *neuronale Kontrolle der Sakkaden* erfolgt über prämotorische, pontine Hirnstammzentren. Horizontale und vertikale Sakkaden werden primär in der paramedianen retikulären Formation (PPRF) generiert, horizontale direkt an die Augenmuskelkerne vermittelt, während vertikale Sakkaden unter Einbeziehung der rostralen Formatio reticularis des Mittelhirns (rostraler, interstitieller Kern des medialen, longitudinalen Fasciculus, riMLF) entstehen. Die *Vestibulariskerne* steuern Information über die Kopfbewegungen bei. Die *Colliculi superiores* koordinieren den visuellen Eingang mit den Augenbewegungen; sie wirken nicht direkt auf die Augenmuskelkerne, sondern durch Vermittlung von PPRF und riMLF. Die Colliculi superiores sind nur an Sakkaden – im Sinne des „visuellen Greifreflexes“ – beteiligt. Neurone in den oberen Schichten verarbeiten die topographisch organisierte visuelle Information und vermitteln sie an Neurone in tieferen Schichten zur Vorbereitung von Amplitude und Richtung von Sakkaden. Area 8 im Frontalhirn *(frontales Augenfeld)* ist mit der Einleitung bewußter, gezielter Sakkaden befaßt; Projektionen gehen zum Prätektum, den Colliculi superiores und in den Bereich der pontinen Sakkadensysteme. Das *Cerebellum* ist durch die Kodierung der richtigen Länge auch an der sakkadischen Kontrolle beteiligt (Abb. 10-5 b).

- ***Folgebewegungen:*** Das sind bewußte, konjugierte Augenbewegungen, die ein kleines, bewegtes Ziel mit einer Genauigkeit von etwa 1° in der Fovea halten. Die Sehschärfe ist dabei sehr gut. Die Latenz zum Bewegungsbeginn ist mit 100–150 ms kürzer als bei den Sakkaden. Ziele können bis zu Geschwindigkeiten von 100 °/s getreu verfolgt werden; schnellere Objekte werden mit Hilfe zusätzlicher Sakkaden wieder eingefangen. An der ***neuronalen Kontrolle der langsamen Folgebewegungen*** sind Teile des parietotemporalen Assoziationskortex (besonders ***MT*** = mittlere temporale Region, ***MST*** = mediosuperiorer temporaler Kern) anterior vom primären visuellen Cortex beteiligt. Projektionen ziehen von hier über pontine Kerne zum Cerebellum und weiter zu den Vestibulariskernen (Abb. 10-5 b).
- ***Vergenzbewegungen:*** Die binokulare Fixation bei Annäherung oder Entfernung von Objekten erfolgt durch Konvergenz oder Divergenz der Augen. Die Bewegungsrichtungen sind jeweils gegensinnig und damit nichtkonjugiert. Vergenzbewegungen haben eine relativ kurze Latenz von 150–200 ms, kleine Amplituden bis etwa 5° und sind mit einer Gesamtdauer von etwa 1 s relativ langsam.
- ***Optokinetische Bewegungen:*** Bewegte Bilder müssen auf der Netzhaut stabilisiert werden. Beim Betrachten einer bewegten Szene fixieren die Augen einen Punkt und führen eine Folgebewegung aus, um dann mit einer Sakkade in entgegengesetzter Richtung einen neuen Fixationspunkt einzustellen, der dann wieder kontinuierlich verfolgt wird. Diese Sequenz von Folgebewegungen und Sakkaden nennt man optokinetischen Nystagmus (OKN). Konventionsgemäß wird die Richtung des OKN nach der Sakkade festgelegt (OKN in Fahrtrichtung beim seitlichen Blick aus der Eisenbahn). Die neuronale Kontrolle schließt Strukturen des Sakkaden- und Folgebewegungssystems ein.
- ***Vestibulookulärer Reflex (VOR):*** Zur Stabilisierung der Augen gegenüber Kopfbewegungen muß das vestibuläre System hinzugezogen werden. Längere, gleichgerichtete Bewegungen (oder Spülung des äußeren Gehörgangs mit warmem oder kaltem Wasser) reizen die Bogengangsorgane und führen zu einem vestibulookulären Nystagmus. Der VOR kompensiert normale Kopfbewegungen (im Frequenzbereich von 0.1–3 Hz) zu etwa 80–90 %. An der neuronalen Kontrolle sind die Vestibulariskerne maßgeblich beteiligt.

- ***Torsionale (zyklorotatorische) Augenbewegungen:*** Drehungen der Augen um die anterioposteriore Achse (Rotation eines Punktes in der oberen Augenhälfte temporalwärts = Etorsion bzw. nasalwärts – Intorsion) stabilisieren die Vertikale des Auges gegenüber entsprechenden Kopfdrehungen. Es handelt sich um langsame Augenbewegungen und schnelle Sakkaden mit einer Amplitude von maximal 15 °. Reizung der Bogengänge und der Otolithenorgane (VOR) und schwächer auch optokinetische Reizung (OKN) lösen Torsionsbewegungen der Augen aus. Die beteiligten neuronalen Systeme entsprechen denen bei horizontalen und vertikalen Augenbewegungen: Die langsamen Phasen erfolgen maßgeblich über die Vestibulariskerne unter Einbeziehung des N. praepositus hypoglossi als Integrator, die schnellen Phasen über die bei den vertikalen Sakkaden bereits beschriebene Mittelhirnstruktur (riMLF) unter Mitwirkung des interstitiellen Nucleus von Cajal.

Klinische Aspekte. Jede Art von Augenbewegungen hat ihr eigenes, neuronales Kontrollsystem mit spezifischen Eingängen und einer gemeinsamen motorischen Endstrecke. Fehler in den Kontrollsystemen können zu Fehlstellungen der Augen (Schielen), zu rhythmischen Spontanbewegungen (Nystagmus) oder Blicklähmungen führen. Durch die getrennten Kontrollsysteme für verschiedene Augenbewegungen bietet das okulomotorische System eine besondere Möglichkeit, ohne großen technischen Aufwand aus Fehlfunktionen auf die Lokalisation von Schäden im ZNS zu schließen. Muskuläre Fehlstellungen oder Fehlinnervationen führen zu Strabismus (Schielen) und Diplopie (Doppeltsehen). Bei Läsionen der PPRF können keine Augenbewegungen auf die zur Läsion ipsilaterale Seite erfolgen. Läsionen im Abducenskern oder im frontalen Augenfeld und den Colliculi superiores können ähnliche horizontale Blicklähmungen bedingen. Allerdings kann nach PPRF Läsion über den VOR die ausgefallene Bewegung noch ausgelöst werden, nicht jedoch nach Abducenskernläsionen. Nur beidseitige riMLF-Läsionen führen zur vertikalen Blicklähmung. Einseitige Läsionen im frontalen Augenfeld führen zu einer Lähmung für bewußte Bewegungen auf die gegenüberliegende Seite, nach beidseitigen Läsionen sind nach beiden Seiten alle bewußten, lateralen Blickwendungen ausgefallen. Läsionen im Hirnstamm nahe dem Nucleus praepositus hypoglossi und Läsionen in den Vestibulariskernen führen zu Spontannystagmus. Ausfälle im Flocculusbereich des Cerebellums erzeugen einen langsameren, zentripetalen Nystagmus, da die neue Position nach Sakkaden nicht festgehalten werden kann. Läsionen im Vermisbereich des Cerebellums führen zu einer sakkadischen Dysmetrie. Läsionen im parietotemporalen Cortex betreffen besonders ipsilateral gerichtete Folgebewegungen.

10.3 Augenhintergrund, Netzhaut und photosensorischer Prozeß

Mit dem Augenspiegel kann man die Netzhaut, die Blutgefäße zur Versorgung ihrer inneren Schichten sowie die Fovea und den Austrittsort des Sehnervs sehen

Direkte und indirekte Ophthalmoskopie. Zur direkten Ophthalmoskopie blickt der Untersucher mit dem Augenspiegel direkt und fernakkommodiert in das Patientenauge (Abb. 10-6a). Es ergibt sich ein etwa 16fach vergrößertes, aufrechtes Bild eines kleinen Fundusausschnittes. Bei der indirekten Ophthalmoskopie wird eine Lupe (+ 15 dpt) vor das Patientenauge gehalten; auf diese Weise entsteht ein etwa 4fach vergrößertes, umgekehrtes Bild eines größeren Ausschnitts des Augenhintergrundes (Abb. 10-6b). In der nasalen Hälfte des Augenhintergrundes sieht man die blaßgelbe Papilla nervi optici, den Austrittsort des Sehnervs und die Aus- und Eintrittspforte der A. und V. centralis retinae. Etwa 15° temporal von der Papille

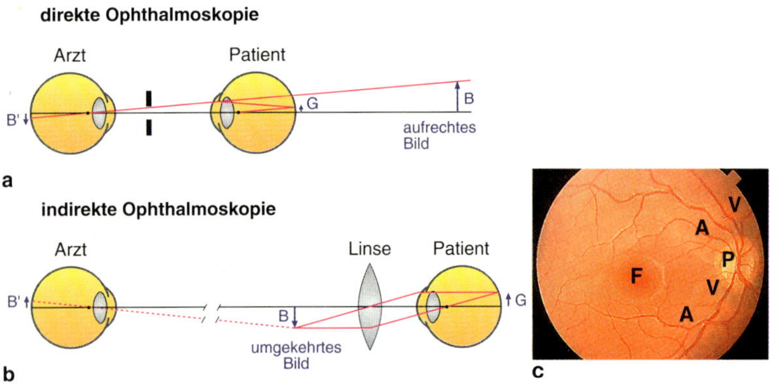

Abb. 10-6a–c. Direkte ***(a)*** und indirekte Ophthalmoskopie ***(b)*** zur Betrachtung des Augenhintergrundes ***(c)***. **a** G Gegenstand, B' Abbildung im Beobachterauge, B virtuelles, aufrechtes Bild. **b** Linse in Arbeitsentfernung vom Arztauge (ca. 50 cm), B reelles, umgekehrtes Bild. **c** Augenhintergrund eines rechten Auges, nasal = rechts, temporal = links (Ausschnitt von 30° – entspricht etwa dem Gesichtsfeld bei indirekter Ophthalmoskopie). ***F*** Fovea centralis umgeben von der Macula lutea (pigmentiert). ***P*** Papilla nervi optici, ***A*** Arterien (hellrot). ***V*** Venen (dunkelrot). (Photographie Prof. Foerster, Berlin)

fällt ein gefäßfreier Bereich auf, der z. T. stärker pigmentiert ist (Macula lutea) und in dessen Mitte die Fovea centralis – der Ort des schärfsten Sehens – liegt (Abb. 10-6 c).

In der Netzhaut gibt es Photosensoren und 4 nachgeschaltete Nervenzellklassen sowie Pigmentepithel und Gliazellen

Zellschichten. Das vielschichtige, neuronale Netzwerk der Retina mißt vom Glaskörper zur Epithelschicht etwa 200 µm. Das Pigmentepithel und die Photosensorzellen (Zapfen und Stäbchen) schließen außen an die Chorioidea an. Es folgen von außen nach innen Horizontalzellen, Bipolarzellen, amakrine Zellen und Ganglienzellen. Die Axone der Ganglienzellen bilden den N. opticus. Die Müller-Zellen sind die Glia-Zellen der Netzhaut. Sie erstrecken sich durch alle retinalen Schichten. Das Licht trifft von innen auf die den Photosensoren abgewandte Seite der Netzhaut (Abb. 10-7 a).

Blutversorgung. Die Netzhautarterien, die von der A. centralis retinae ausgehen, versorgen die inneren zwei Drittel der Netzhaut. Das äußere Drittel wird durch Diffusion aus dem venösen Plexus der Chorioidea versorgt. Diese Versorgungsgebiete bedingen unterschiedliche Ausfälle der Netzhaut bei Zentralarterienverschluß oder Netzhautablösung. Bei Zentralarterienverschluß degenerieren die inneren Netzhautschichten bei erhaltener Photosensorschicht. Bei Netzhautablösung tritt eine Degeneration der nach außen zur Chorioidea weisenden Sensorschicht ein, während die inneren Schichten überleben.

Stäbchen und Zapfen enthalten verschiedene Sehfarbstoffe, deren Anregung durch Licht unter Vermittlung intrazellulärer Überträgersysteme den Erregungsvorgang einleitet

Aufbau der Photosensoren. Etwa 120 Mio. Stäbchen und 6 Mio. Zapfen befinden sich in jeder Netzhaut. Sie konvergieren auf 1 Mio. Ganglienzellen, die die Signale zentralwärts weiterleiten. Stäbchen und Zapfen besitzen ein ***Außenglied,*** das über ein dünnes ***Cilium*** mit dem ***Innenglied*** verbunden ist. In der Fovea beträgt der Zapfendurchmesser etwa 2 µm, der Stäbchendurchmesser parafoveal rund 3 µm. 1000 Membranscheibchen liegen in den Stäbchenaußengliedern geldrollenförmig angeordnet. Bei den Zapfen sind die entsprechenden Strukturen Membraneinfaltungen im Außenglied (Abb. 10-7 b).

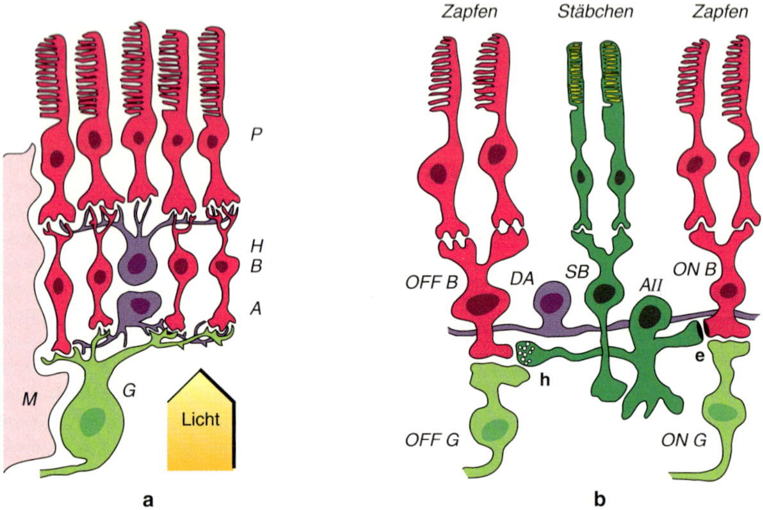

Abb. 10-7 a, b. Verschaltung der verschiedenen Neuronentypen der Netzhaut. **a** Photosensoren ***(P)***, Horizontalzelle ***(H)***, Bipolarzellen ***(B)***, Amakrinzelle ***(A)***, Ganglienzelle ***(G)***, Müller-Zelle ***(M)***. Der *Pfeil* gibt die Richtung des Lichteinfalls an. **b** Signalfluß der Zapfen *(rot)* und der Stäbchen *(grün)* zu den ON- und OFF-Ganglienzellen ***(G)***. ***B*** Zapfenbipolare, ***SB*** Stäbchenbipolare, ***AII*** Stäbchenamakrine, ***DA*** dopaminerge Amakrine, ***e*** elektrische Synapse, ***h*** hemmende, chemische Synapse

Sehfarbstoff. In der Scheibchenmembran befindet sich das ***Rhodopsin,*** der Sehfarbstoff der Stäbchen. Rhodopsin besteht aus dem Glykoprotein Opsin und einer chromophoren Gruppe, dem 11-cis-Retinal, einem Aldehyd des Vitamins A_1. Das Absorptionsmaximum des Rhodopsin liegt bei 500 nm. In den Membraneinfaltungen der Zapfen findet man die Zapfensehfarbstoffe, die sich durch andere Glykoproteine und andere Absorptionsmaxima auszeichnen (s. 10.8).

Erneuerung der Photosensoren. Die ***Photosensoraußenglieder*** unterliegen einer fortwährenden Erneuerung. Membranscheibchen werden an der Spitze der Photosensoren abgestoßen. Die Pigmentepithelzellen phagozytieren die abgestoßenen Membranscheiben. Beim Krankheitsbild der Retinitis pigmentosa ist die phagozytotische Aktivität des Pigmentepithels gestört, was schließlich zu einer Zerstörung der Photosensoren führt.

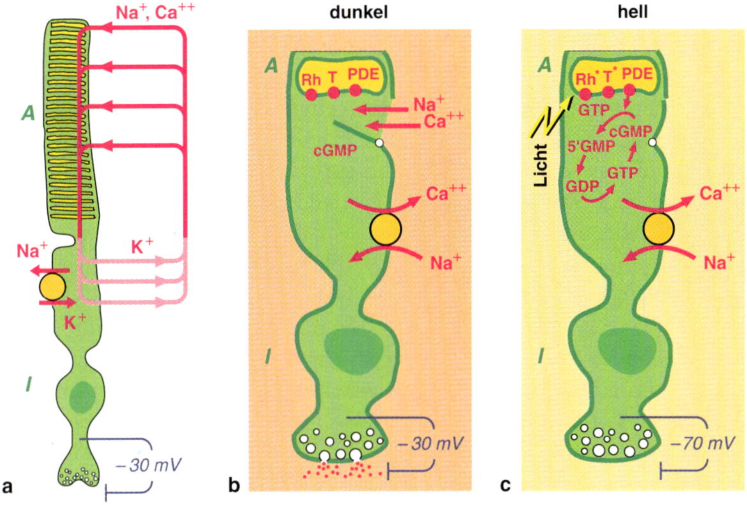

Abb. 10-8 a–c. Anatomie eines Photosensors (Stäbchen) mit Na^+/Ca^{++}-Dunkelstrom **(a)** und Signalkette der Phototransduktion **(b, c).** a Außensegment ***(A)***, Innensegment ***(I)*** **b** Ruhezustand. ***cGMP*** zyklisches Guanosinmonophosphat ***Rh*** Rhodopsin, ***T*** Transducin (G-Protein), ***PDE*** Phosphodiesterase. **c** Signalkaskade bei Belichtung. ***GDP*** Guanosindiphosphat, ***GTP*** Guanosintriphosphat. Am Sensorfuß sind jeweils Membranpotential und Transmitterfreisetzung angedeutet

Phototransduktion. Im Dunkeln sind die Photosensoren durch einen ständig erhöhten Na^+-Ca^{++}-Einstrom auf –30 mV depolarisiert (Abb. 10-8 a). In den Stäbchen werden Lichtquanten von der chromophoren Gruppe des Rhodopsins absorbiert; sie bewirken innerhalb weniger Picosekunden die Stereoisomerisation des ***Retinals*** von der 11-cis- zur All-trans Form (Abb. 10-9 a). Das Rhodopsin zerfällt über mehrere, schnelle Zwischenprodukte (Prelumirhodopsin, Lumirhodopsin, Metarhodopsin I) im Millisekundenbereich zum Metarhodopsin II. Auf diese Konformationsänderung des Rhodopsins folgt eine Verminderung der Permeabilität der äußeren Stäbchenmembran für Natrium- und Kalziumionen. Das führt zu einer ***Hyperpolarisation*** der Photosensormembran unter Lichteinfluß auf bis zu –70 mV. Folge ist eine verminderte Transmitterausschüttung an den Synapsen der Photosensoren (Abb. 10-8 b).

Intrazelluläre Signalkette. Eine intrazelluläre Signalkaskade verläuft vom Sehfarbstoffmolekül zur Sensormembran. Das zyklische Guanosinomonophosphat ***(cGMP)*** hält Natrium-Kalzium-Kanäle in der Membran der Außenglieder im Dunkeln offen ***(Dunkelstrom),*** was die Depolarisation in Ruhe erklärt (Abb. 10-8 b). Nach Belichtung induziert das aktivierte Rhodopsin (Metarhodopsin II) mit GTP die Aktivierung von ***Transducin*** (einem G-Protein aus der Scheibchenmembran), das eine Vielzahl von Phosphodiesterasemolekülen aktiviert (Verstärkungsprozeß) und damit die Hydrolyse von cGMP zu 5'GMP einleitet. Die verminderte Konzentration von cGMP führt zur Schließung der Na^{+}-Ca^{++} Kanäle in der Stäbchenmembran und damit zur Hyperpolarisation unter Licht (Abb. 10-8 c). Bei geschlossenen Na^{+}-Ca^{++}-Kanälen verringert sich die Konzentration der Ca^{++}-Ionen im Zytoplasma und über den Wegfall einer Ca^{++}-Hemmung wird die Produktion von cGMP erhöht; es kommt wieder zur Öffnung der Na^{+}-Ca^{++}-Kanäle, zur Depolarisation und zur Rückkehr zum Ruhezustand der Photosensormembran.

Ähnliche Vorgänge spielen sich an den Membraneinfaltungen der Zapfenaußensegmente ab, wobei 11-cis-Retinal wie bei den Stäbchen als lichtabsorbierendes Molekül und ***„Zapfenopsin“*** als Protein beteiligt sind. Im Vergleich zu den Stäbchen antworten die Zapfen schneller, jedoch mit geringerer Empfindlichkeit. Zerfall und Resynthese der Zapfenpigmente verlaufen schneller als bei Rhodopsin.

Die Menge an verfügbarem Sehfarbstoff bestimmt maßgeblich die Lichtempfindlichkeit bei der Anpassung an unterschiedliche Leuchtdichten

Dunkeladaptation. Nach einer kurzen, sehr hellen Beleuchtung der Netzhaut dauert der vollständige Resyntheseprozeß in Dunkelheit über 1 h (photochemischer Anteil der Dunkeladaptation). Dabei nimmt die Empfindlichkeit des Auges in den ersten 30 min um fast 6 Zehnerpotenzen zu. Das ***photopische Sehen (Tagessehen)*** der Zapfen geht am Ende der Zapfenadaptation nach etwa 8–10 min am Kohlrausch-Knick in das ***skotopische Sehen (Dämmerungs- und Nachtsehen)*** der Stäbchen über. Die langsamere Stäbchenadaptation trägt dann den etwas größeren Anteil zur Gesamtempfindlichkeitszunahme bei (Abb. 10-9 b).

Photochemische Komponente der Adaptation. All-trans-Retinal und Opsin liegen nach dem Phototransduktionsprozeß getrennt und inaktiv vor. Das All-trans-Retinal muß in die 11-cis-Form zurückgeführt werden, um erneut für die Photoreaktion zur Verfügung zu stehen. Im Pigmentepithel der Netz-

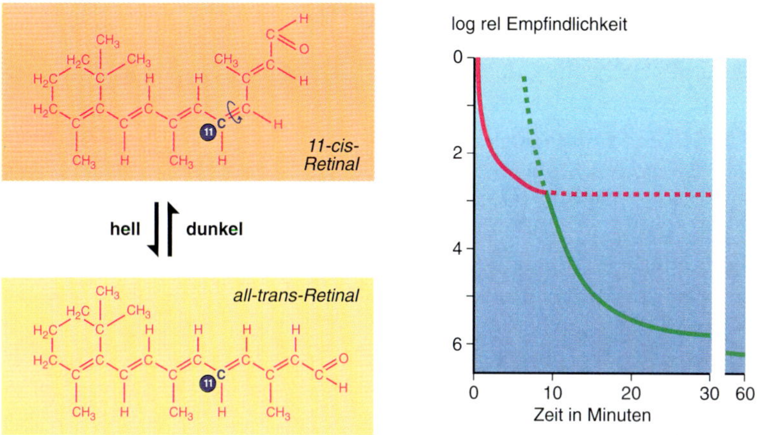

a **b**

Abb. 10-9 a, b. Dunkeladaptation. **a** Strukturformeln des Retinals in 11-cis- und all-trans-Konfiguration mit Rotation um die 11-cis-Doppelbindung. **b** Dunkeladaptationskurven eines normalen (durchgezogen *rot* und *grün*) eines Nachtblinden *(rot)* und eines vollständig Farbenblinden (Stäbchenmonochromat, *grün* – diese Kurve muß nach links verschoben gedacht werden, so daß ihr Beginn auch bei t = 0 liegt)

haut wird das All-trans-Retinal zu All-trans-Retinol (Vitamin A) reduziert, in die 11-cis-Form überführt und steht dann als Ester wieder zur Bildung von 11-cis-Retinal zur Verfügung. Bei der photochemischen Adaptation verschiebt starker Lichteinfall das Gleichgewicht weit auf die Seite des nicht lichtempfindlichen All-trans-Retinals, während längerer Aufenthalt im Dunkeln zu einem Überwiegen der 11-cis-Form und damit zu einer hohen Photosensibilität der Stäbchen führt (Abb. 10-9 a).

Neuronale Komponenten der Adaptation. Neben den photochemischen Vorgängen in Zapfen und Stäbchen tragen auch die bereits beschriebene Pupillenreaktion und die Umschaltung vom Zapfen- auf das Stäbchensehen zur Adaptation an unterschiedliche Leuchtdichten bei. Eine weitere neuronale Komponente der Dunkeladaptation ist die Zunahme der erregenden Konvergenz im rezeptiven Feld, die sich in einem Verlust an lateraler Hemmung und einer Vergrößerung der erregenden Feldzentren ausdrückt.

10.4 Intraretinale Signalverarbeitung, rezeptive Felder, Sehschärfe

Zapfen- und Stäbchensignale kommen als abgestufte, postsynaptische Potentiale auf unterschiedlichen Wegen zur selben Ganglienzelle

Intraretinale Verschaltung. Die Zapfen sind über die Bipolarzellen direkt mit den Ganglienzellen verbunden, deren Axone das erste Neuron der zentralen Sehbahn bilden (Abb. 10-7b). Die Stäbchen finden Anschluß an die Zapfenbipolarzellen über die stäbchenamakrinen Zellen (AII) und benutzen danach denselben Weg wie die Zapfensignale ins ZNS (Abb. 10-7b). Beim Sehen mit den Zapfen wird das Stäbchensystem gehemmt. Dies geschieht durch einen Typ dopaminerger, amakriner Zellen, die Erregung aus dem Zapfensystem erhalten und bei Tagessehen die Stäbchenamakrinen hemmen und damit die Fortleitung der Stäbchenantwort unterbrechen. Ist die Empfindlichkeit der Zapfen in der Dämmerung unterschritten, fällt diese Hemmung weg, und die Stäbchenantwort kommt zum Tragen. Die Horizontalzellen mit Synapsen an den Photosensorfüßen und die amakrinen Zellen mit Synapsen an den Bipolar- und Ganglienzellen bieten hauptsächlich Möglichkeiten zur lateralen Hemmung. Die ***Signalverarbeitung*** in der Netzhaut erfolgt mit postsynaptischen Potentialen. Erst die Ganglienzellen kodieren Erregung und Hemmung durch Zu- und Abnahme von Aktionspotentialfrequenzen (Abb. 10-10).

In den Fasern des Sehnervs gibt es lichterregte (ON) und lichtgehemmte (OFF) Neurone

Rezeptive Felder. Durch die Verschaltung der retinalen Zellen entstehen rezeptive Felder. Als rezeptives Feld wird derjenige Bereich der Netzhaut bezeichnet, von dem aus die Aktivität einer Zelle beeinflußt werden kann. Auf der Netzhaut entspricht das der Photosensorenfläche, die mit der Zelle verbunden ist. Die rezeptiven Felder der Ganglienzellen bestehen aus einem Zentrum und einem Umfeld.

Hell-/Dunkelsystem. On-Zentrum- und Off-Zentrum-Zellen entstehen im retinalen Netzwerk (Abb. 10-10). Sie bilden 2 getrennte Systeme für die Hell-

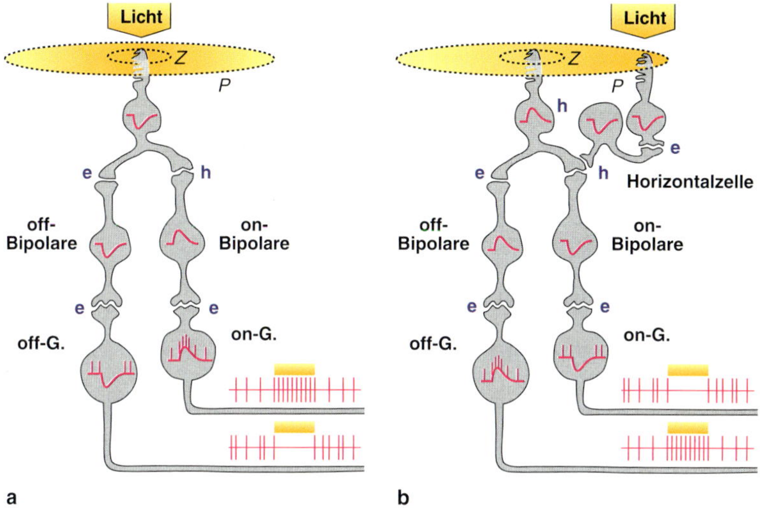

Abb. 10-10 a, b. On- und Off-Antworten **(a)** und das antagonistische, hemmende Umfeld retinaler rezeptiver Felder **(b)**. Membranpotentialverläufe bei Lichteinwirkung *(rot)*. ***h*** hemmende, ***e*** erregende, chemische Synapsen. Anatomische Details zur synapthischen Verschaltung s. Abb. 10-7. **a** Signalfluß im Zapfensystem zu On- und Off-Zentrum-Ganglienzellen. **b** Reizung der Peripherie ***(P)*** wirkt über eine hemmende Horizontalzellsynapse depolarisierend auf den Photosensor im Zentrum (Signalumkehr im On- und Off-Kanal)

und Dunkelwahrnehmung bei gegebener Adaptation. Der durch den Dunkelstrom ausgelöste, kontinuierliche Transmitterfluß an der Synapse zwischen Zapfen und Bipolarzelle wird durch Lichtreize vermindert. Bei der ***On-Zentrum-Bipolarzelle*** ist dies eine hemmende Synapse, so daß aus der verringerten Hemmung eine Depolarisation folgt, die zur Erregung der ***On-Zentrum-Ganglienzelle*** führt. Demgegenüber entsteht die Lichthemmung der ***Off-Zentrum-Ganglienzellen*** dadurch, daß in der Signalkette vom Photosensor zur Ganglienzelle nur erregende Synapsen vorliegen. Die Hyperpolarisation der Zapfen unter Lichteinfluß wird direkt als verminderte Erregung an die Off-Zentrum Bipolarzellen und von dort an die Off-Zentrum-Ganglienzellen weitergegeben (Abb. 10-10 a).

Anders entstehen On- und Off-Antworten beim skotopischen Sehen. Die Lichtantwort der Stäbchen führt über eine hemmende Synapse zur Depolarisation der Stäbchenpipolarzellen, diese erregen Stäbchenamakrine, die ihrerseits On-Bipolare über eine elektrische Synapse erregen und Off-

Bipolare über eine chemische Synapse hemmen und damit an den Ganglienzellen dieselben Lichtantworten wie das Zapfensystem auslösen (Abb. 10-7b).

Laterale Hemmungsmechanismen beeinflussen benachbarte Netzhautzellen und bilden rezeptive Felder mit erregenden Zentren und hemmenden Umfeldern

Laterale Hemmung. Photosensoren innervieren über erregende Synapsen Horizontalzellen, die über hemmende Synapsen benachbarte Photosensoren beeinflussen (Abb. 10-10b). Durch diese lateralen Hemmungsmechanismen entstehen in der Netzhaut ***konzentrische, antagonistische rezeptive Felder***, die kontrastverstärkend wirken. On- und Off-Zentrum-Felder der retinalen Ganglienzellen sind so aufgebaut. Zunahme der Leuchtdichte im Zentrum einer On-Zentrum-Zelle führt zu einer erhöhten Impulsrate (On-Erregung), Abnahme zu einer verminderten Impulsrate (Off-Hemmung). Das antagonistische Umfeld verhält sich umgekehrt. Mehr Licht im Umfeld löst eine Hemmung aus, weniger eine Erregung. Off-Zentrum-Zellen zeigen spiegelbildliches Verhalten.

Kontrastphänomene. Einige psychophysische Beobachtungen lassen sich direkt durch die retinale Verschaltung erklären. Unbunte und farbige Sukzessivkontraste (Nachbilder nach längerer Fixation eines visuellen Reizes) beruhen auf lokaler, photochemischer und neuronaler Adaptation. Beim sofort erkennbaren Simultankontrast wird die Wahrnehmung einer Fläche durch laterale Hemmung aus der Umgebung beeinflußt.

Die Sehschärfe (Visus) korreliert mit der Sensordichte und der rezeptiven Feldgröße in der Netzhaut und ist von der Adaptation abhängig

Visus. Die Sehschärfe (Visus) ist der Kehrwert des in Winkelminuten angegebenen räumlichen Auflösungsvermögens des Auges.

$$\text{Visus} = 1/\alpha \,(\text{Winkelminuten}^{-1}).$$

Wenn 2 unter einem Sehwinkel von 1 Winkelminute (1′) betrachtete Punkte (z. B. die Begrenzung der Lücke im Landolt-Ring) getrennt wahrgenommen werden, beträgt der Visus 1 (Abb. 10-11 a). Demgegenüber ist die Sehschärfe für die Auflösung eines Kontursprungs (Noniussehschärfe) etwa 6fach größer.

Retinale Grundlagen der Sehschärfe. In der Fovea ist die Sehschärfe am größten. Sie nimmt zur Peripherie der Netzhaut hin ab und spiegelt so die räumliche Verteilung der Netzhautzellen wider (Abb. 10-11 b). Das Auflösungsvermögen der Netzhaut (1 Winkelminute = 1/60°) entspricht der Trennung von Punkten mit einem retinalen Abstand von d′ = 5 µm. Der minimale Zapfenreihenabstand beträgt in der Fovea 2,4–2,6 µm. Es können demnach 2 Punkte getrennt wahrgenommen werden, wenn sie 2 Zapfen erregen, zwischen denen ein weiterer Zapfen liegt. Bei Helladaptation bildet in der Fovea centralis ein Zapfen das rezeptive Feldzentrum einer Ganglienzelle. Zur Peripherie hin werden die rezeptiven Felder, die die funktionelle Grundlage der Sehschärfe darstellen, größer; es konvergieren immer mehr Sensoren auf das Feldzentrum, und zugleich nimmt die Sensordichte ab und der Sensorab-

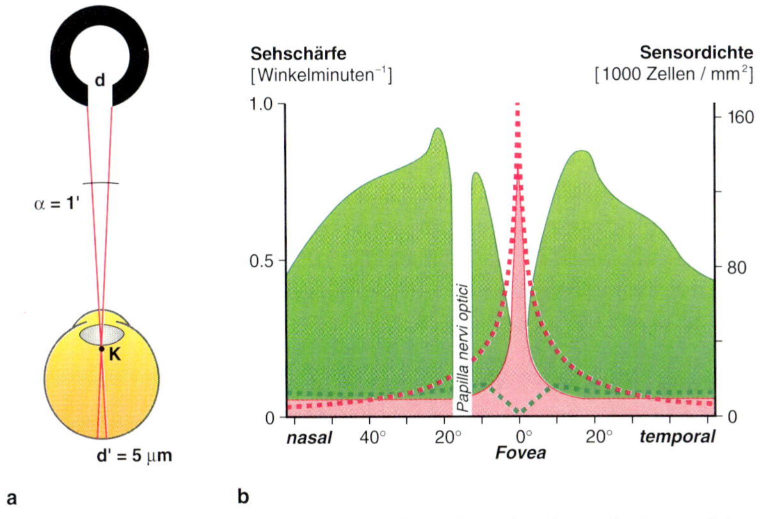

Abb. 10-11 a, b. Test der Sehschärfe **(a)** und ihre Abhängigkeit von der Sensordichte der Netzhaut **(b)**. **a** Landolt-Ring mit Lücke ***d*** und Abbildung ***d′*** auf der Netzhaut (Sehwinkel µ = 1′). ***K*** Knotenpunkt. **b** Photopische *(rot gestrichelt)* und skotopische Sehschärfe *(grün gestrichelt)* sowie Zapfen- *(rot)* und Stäbchendichte *(grün)*. Ausgespart der sensorfreie Bereich des blinden Flecks (Papilla nervi optici, 15° nasal)

stand zu; 4° extrafoveal hat sich der mittlere Zapfenabstand bereits vervierfacht. Dementsprechend nimmt die Sehschärfe zur Netzhautperipherie hin ab. Die Sehschärfe ist auch leuchtdichteabhängig; sie beträgt bei Dämmerungslicht nur noch etwa 0,1 (Abb. 10-11 b). Das beruht auf der zunehmenden räumlichen Summation im rezeptiven Feld bei Dunkeladaptation, wodurch die Empfindlichkeit zu-, die räumliche Auflösung aber abnimmt.

Die für das Tagessehen zuständigen Zapfen haben die größte Dichte in der Fovea centralis, während die beim Dämmerungs- und Nachtsehen aktiven Stäbchen in der Fovea fehlen und statt dessen parafoveal (15–20° Sehwinkel außerhalb der Fovea) am dichtesten angeordnet sind. Deshalb ist die Fovea beim skotopischen Sehen „blind" (Abb. 10-11 b).

Die Funktionen der Netzhaut können mit elektrophysiologischen Meßverfahren objektiv erfaßt werden

Elektroretinogramm. Der photosensorische Prozeß und die Signalverarbeitung in der Retina bilden sich im ***frühen Sensorpotential („early receptor potential" = ERP)*** und ***Elektroretinogramm (ERG)*** ab (Abb. 10-12 a). Das ERP hat 1 ms Latenz nach einem Lichtblitz, es beruht zu 70% auf der Zapfenantwort und ist das bioelektrische Äquivalent der primären Sensorprozesse. Das Elektroretinogramm wird auch als ***spätes Sensorpotential („late receptor potential" = LRP)*** bezeichnet. Es umfaßt die negative a-Welle nach 10 bis 15 ms (elektrische Aktivierung der Photosensoren), die positive b-Welle (Aktivität der nachgeschalteten Netzhautzellen) und die langsame c-Welle (Reaktion der Pigmentepithelzellen). Parallel zur b-Welle ändert sich auch das Membranpotential der retinalen Gliazellen. Die d-Welle ist die Antwort auf „Licht aus".

Elektrookulogramm. Zwischen dem Pigmentepithel und den Sensoraußengliedern besteht eine Potentialdifferenz, das ***korneoretinale Bestandspotential***, das zu einer relativen Positivität des vorderen Augenabschnitts gegenüber dem hinteren führt. Das ***Elektrookulogramm*** (EOG) entsteht als Folge dieses elektrischen Dipols und kann zur Darstellung von Augenbewegungen genutzt werden.

Klinische Bedeutung. Mit Hilfe des ERG können Störungen der äußeren Netzhautschichten (a-Welle) von denen der inneren Schichten (b-Welle) differenziert werden.

Bei Durchblutungsstörungen der inneren Schichten kann eine verminderte b-Welle bei normaler a-Welle gefunden werden. Intraokulär liegende Metallfremdkörper schädigen ebenfalls primär die inneren Netzhautschichten, führen sekundär aber zu einer Verminderung aller ERG-Komponenten. Bei erblichen, degenerativen Netzhauterkrankungen (z. B. Retinitis pigmentosa) sind primär die äußeren Schichten betroffen und das gesamte ERG ist bereits vor dem Auftreten klinischer Symptome verändert. Das erlaubt die Voraussage einer möglicherweise bevorstehenden, klinischen Manifestation.

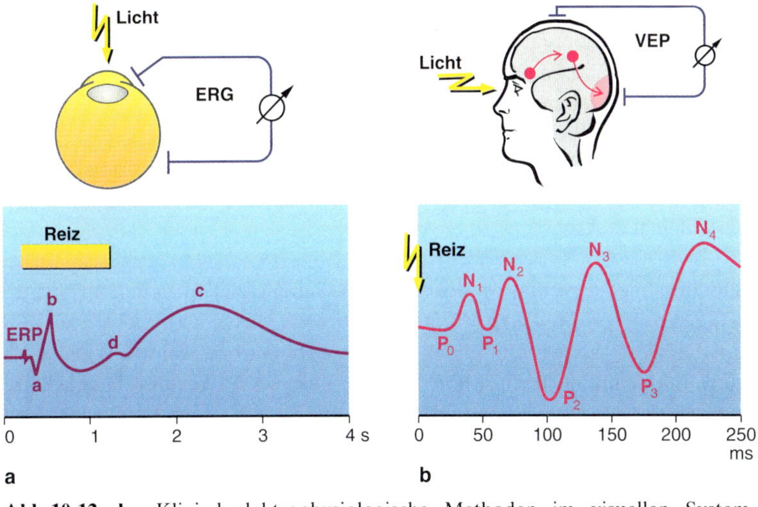

Abb. 10-12 a, b. Klinisch-elektrophysiologische Methoden im visuellen System. **a** *Oben* Ableitschema zum Elektroretinogramm (ERG). Im Zeitverlauf *(unten)* ist das frühe Sensorpotential („early receptor potential" = ERP) und das photopische ERG mit den Wellen *a, b, d* (off) und *c* bei einem Ganzfeld-Lichtreiz von 1 s Dauer dargestellt. **b** *Oben* Ableitschema des visuell evozierten Potentials ***(VEP)***. *Unten* charakteristisches VEP mit positiven (P_n) und negativen (N_n) Wellen nach einem Lichtblitz

10.5 Die zentrale Repräsentation des Gesichtsfeldes

Benachbarte Orte der Netzhaut bleiben im Gehirn benachbart, und der Bereich um die Fovea centralis wird dabei überproportional repräsentiert

Nomenklatur. Im folgenden wird die heute übliche, hierarchische Benennung der visuellen Hirnrindenareale (V1 bis V5) und die Definition über ihre Lage (MT, IT, etc.) verwendet. Sie beruht auf einer Kombination von Zytoarchitektur, neueren, neuroanatomischen Verfahren zur Bestimmung von Projektionsgebieten und auf funktionellen Erkenntnissen. Diese Systematik deckt sich nur selten mit der älteren, zytoarchitektonischen Nomenklatur nach Brodman (Areae 17, 18, 19, 20, 21). Die primäre Sehrinde V1 entspricht Area 17; V2, V3, V4 sind in Area 18, MT (mediotemporal = V5) in Area 19 und IT (inferotemporal) in den Areae 20 und 21 lokalisiert. Das frontale Augenfeld liegt in Area 8.

Sehbahn. Die Nervenfasern der retinalen Ganglienzellen ziehen im N. opticus zur ***Sehnervenkreuzung (Chiasma opticum),*** wo die nasalen Fasern kreuzen. Auf diese Weise ist hinter dem Chiasma opticum die rechte Gesichtsfeldhälfte in der linken Hemisphäre und die linke in der rechten Hemisphäre repräsentiert. Nur der innerste Bereich des zentralen Gesichtsfeldes ist beidseitig vertreten. Hinter der Sehnervenkreuzung verlaufen die gekreuzten Fasern des kontralateralen und die ungekreuzten Fasern des ipsilateralen Auges gemeinsam im ***Tractus opticus,*** geben Abzweigungen zur prätektalen Region und zu den Colliculi superiores ab und erreichen das ***Corpus geniculatum laterale (CGL).*** In dieser im Thalamus gelegenen Schaltstation der Sehbahn erfolgt eine monosynaptische Übertragung von den Sehnervenfasern auf die genikulären Schaltzellen, deren Axone ohne weitere Verschaltung als ***Radiatio optica*** in die Eingangsschichten der ***primären Sehrinde*** (V1) ziehen (Abb. 10-13).

Abb. 10-14 a, b. Perimetrie **(a)** und Gesichtsfeldausfälle **(b)**. **a** Gesichtsfeld des linken Auges *(hellgrün)* und des rechten Auges *(dunkelgrün)*. ***F*** blinder Fleck. Die Summe beider monokularer Gesichtsfelder ergibt das binokulare Gesichtsfeld. **b** Ausfälle im Gesichtsfeld des rechten und linken Auges nach Läsionen bei a–e in Abb. 10-13. Die Skotome sind dunkel dargestellt

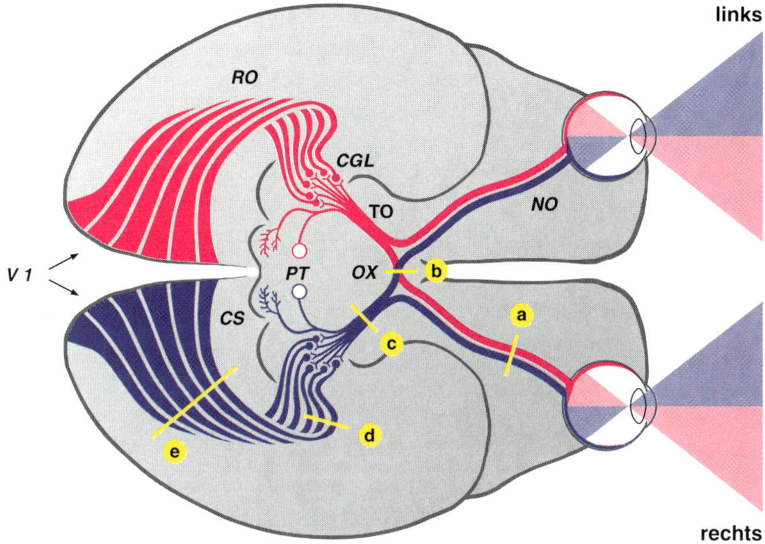

Abb. 10-13. Die zentrale Sehbahn. Linkes Gesichtsfeld mit Projektion in die rechte Hemisphere *blau,* rechtes Gesichtsfeld mit zentraler Projektion nach links *rot.* ***NO*** N. opticus, ***OX*** Chiasma opticum, ***TO*** Tractus opticus, ***CGL*** Corpus geniculatum laterale, ***PT*** Prätektum, ***CS*** Colliculi superiores, ***V1*** Primäre Sehrinde. **a** bis **e** sind die Läsionsorte für die Gesichtsfeldausfälle in Abb. 10-14 b

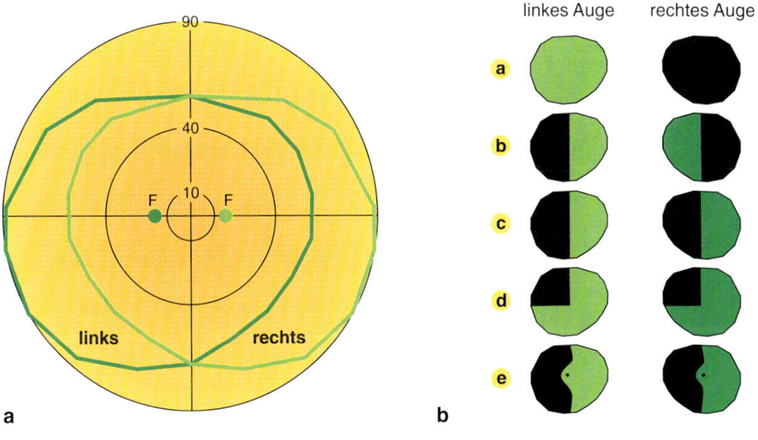

Abbildungsregeln. Die Projektion folgt bestimmten Regeln: Benachbarte Orte der Netzhaut werden in CGL und Sehrinde benachbart abgebildet (retinotope Abbildung); die zentrale Projektion ist proportional der retinalen Ganglienzelldichte. Deshalb ist die Fovea centralis vergrößert, die Netzhautperipherie klein abgebildet. In der primären Sehrinde (V1) projiziert die Fovea centralis auf den hinteren Okzipitalpol, die Peripherie des Gesichtsfeldes ist rostralwärts auf der medialen Seite der Hemisphären repräsentiert, die untere Gesichtsfeldhälfte liegt oberhalb und die obere Gesichtsfeldhälfte unterhalb der Fissura calcarina.

Mit der Perimetrie werden monokulare Gesichtsfelder bestimmt und Gesichtsfeldausfälle festgestellt

Perimetrie. Bei der Perimetrie werden unter genauer Fixation die äußeren Grenzen des ***monokularen Gesichtsfeldes*** sowie Bereiche mit Gesichtsfeldausfällen (Skotomen) bestimmt (Abb. 10-14a). Die ***kinetische Perimetrie*** verwendet dazu definierte Lichtreize, die langsam aus der Peripherie ins Zentrum des Gesichtsfeldes bewegt werden. Das Gesichtsfeld für unbunte Reize ist am größten, die Gesichtsfelder für verschiedene Farbenwahrnehmungen sind kleiner (das Gesichtsfeld für blau ist größer als das Gesichtsfeld für rot). Gesichtsfeldausfälle (Skotome) liegen vor, wenn die Grenzen von der Norm abweichen. Mit der ***statischen Perimetrie,*** bei der die Intensitätsschwelle für unbewegte, definierte Reize im Gesichtsfeld bestimmt wird, läßt sich die „Tiefe" eines Skotoms bestimmen.

Skotome. Der ***blinde Fleck*** von 5° Durchmesser liegt als physiologisches Skotom 15° im temporalen Gesichtsfeld und entspricht dem sensorfreien Bereich der Papilla nervi optici in der nasalen Netzhauthälfte (Abb. 10-11b und 10-14a). Aus der Lage und Ausdehnung eines Skotoms läßt sich der Ort einer Schädigung im Verlauf der Sehbahn ableiten (Abb. 10-14b). Monokulare Ausfälle liegen immer vor der Sehnervenkreuzung (Netzhaut oder N. opticus), bitemporale (in beiden Augen temporale) oder binasale Schäden liegen im Bereich der Sehnervenkreuzung, homonyme (im Gesichtsfeld gleichseitige) Ausfälle entstehen bei Schädigungen der Sehbahn hinter der Sehnervenkreuzung (Tractus opticus, Corpus geniculatum laterale, Sehstrahlung und Sehrinde).

10.6 Parallelverarbeitung und Spezialisierung in der Sehbahn

Detail-, Farb- und Bewegungsinformationen werden bereits in der Netzhaut von unterschiedlichen Zellklassen verarbeitet

Magno- und parvozelluläres System. Bereits in der Retina unterscheiden sich 2 Hauptganglienzellklassen:

- ein großzelliges (magnozelluläres) α-System und
- ein kleinzelliges (parvozelluläres) β-System.

Die phasischen, kontrast- und bewegungsempfindlichen α-Zellen mit großen Zellkörpern, großen Dendritenfeldern und großen rezeptiven Feldern machen 10% der Ganglienzellpopulation aus. Die tonischen, farbempfindlichen β-Zellen mit kleineren Zellkörpern, kleinen Dendritenfeldern und kleinen rezeptiven Feldern sind erheblich zahlreicher vertreten (80%). Die β-Zellen sind für eine hohe räumliche Auflösung, für die Formanalyse und das Farbensehen, die α-Zellen mehr für das Kontrast- und Bewegungssehen geeignet. α- und β-Zellen projizieren getrennt über den Thalamus zur primären Sehrinde (Abb. 10-15). Eine heterogene Gruppe retinaler Zellen mit kleinen Zellkörpern, aber großen, verzweigten Dendritenfeldern (10%) sendet ihre Fasern vorwiegend ins Mittelhirn.

In Thalamus und Colliculus superior erfolgt eine getrennte Verschaltung des schnellen, großzelligen Systems (Bewegung und Tiefe) und des langsameren, kleinzelligen Systems (Form und Farbe)

Corpus geniculatum laterale. Im Thalamus ist das dorsale Corpus geniculatum laterale (CGL) die beidseitig angelegte ***Schaltstation*** der Sehbahn zwischen Retina und visuellem Cortex. Die Abbildung ist hier streng retinotop in 6 im Wechsel von beiden Augen innervierten Schichten: Die großen Zellen in den magnozellulären, ventralen Schichten 1 und 2 werden von α-Zellen der Netzhaut innerviert (Abb. 10-15). Die Zellen in den parvozellulären, Schichten 3 bis 6 erhalten ihre Eingänge vom β-System der Netzhaut. Die Zellklassen behalten die typischen Eigenschaften aus der Retina bei. Genikuläre, laterale Hemmung führt zu einem stärkeren Zentrum-Umfeld-Antagonismus und weiterer Kontrastverschärfung; modulatorische Eingänge

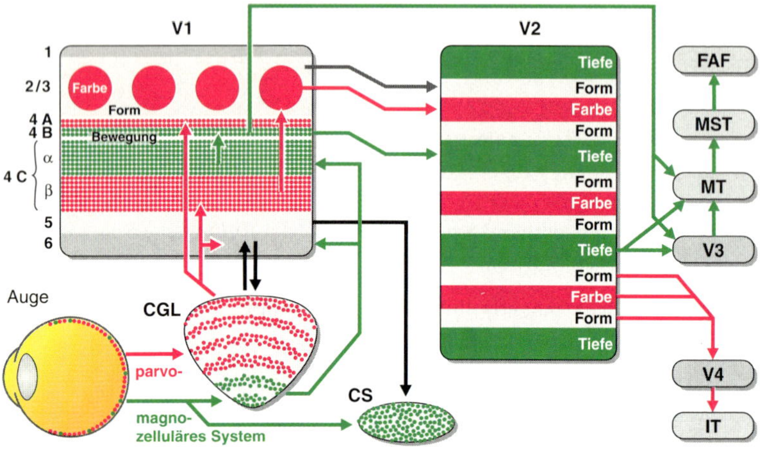

Abb. 10-15. Parallelverarbeitung im magnozellulären *(grün)* und parvozellulären System *(rot)*. α und β-Zellen der Netzhaut innervieren im 6schichtigen Corpus geniculatum laterale getrennt entsprechende, magnozelluläre und parvozelluläre Schichten. Von dort Projektion zu spezifischen Substrukturen in V 1 und V 2 und weitere Spezialisierung in V 4 und IT (für Farbe und Form) sowie V 3, MT, MST und FAF (für Bewegung und Tiefe)

aus dem Hirnstamm dienen einer verhaltensadäquaten Anpassung der visuellen Signalübertragung; Rückprojektionen vom visuellen Cortex ermöglichen eine selektive Übertragung aus bestimmten Gesichtsfeldregionen.

Colliculi superiores. Ein Teil der Ganglienzellaxone zweigt nach der Sehnervenkreuzung zu den Colliculi superiores im Mittelhirn ab (Abb. 10-13). Sie stammen von α-Zellen (Abb. 10-15) und der heterogenen Gruppe kleiner Netzhautzellen, die nicht zum CGL projizieren. Große rezeptive Felder reagieren bevorzugt auf überraschende, bewegte Reize mit bestimmter Richtung; so sind die Colliculi superiores besonders zur Bewegungsanalyse geeignet. Eine retinotope Abbildung der kontralateralen Gesichtsfeldhälften wird hier somatosensorischen Signalen entsprechender topographischer Anordnung im Raum in vertikalen Säulen zugeordnet. Die Zellen der tiefen Schichten haben einen direkten Einfluß auf die Blickmotorik. Die Colliculi superiores sind ein Reflexzentrum, von dem aus visuell ausgelöste sakkadische Augenbewegungen („visueller Greifreflex“) zur Zentrierung neuartiger Reize in den fovealen Bereich angesteuert werden.

In der primären Sehrinde reagieren Nervenzellen spezifisch auf Orientierung, Richtung, Länge eines Reizes und sind in anatomisch-funktionellen Hyperkolumnen angeordnet

Primäre Sehrinde. Im Okzipitallappen des Gehirns liegt der ***primäre visuelle (striäre) Cortex*** (V1). Die Axone aus dem CGL enden in den kortikalen Schichten 4 und 6 (Abb. 10-15). Die Neurone der Schichten 2 und 3 projizieren in andere visuelle Hirnrindenareale (z. B. V2, V3, V4, MT). Zellen aus Schicht 5 projizieren zu den Colliculi superiores, die Pyramidenzellen der Schicht 6 besorgen die Rückkopplung zum CGL (Abb. 10-15). In Schicht 1 findet man vorwiegend kortikokortikale Axone.

Rezeptive Feldeigenschaften. Die rezeptiven Felder der visuellen Cortexneurone unterscheiden sich durch besondere Spezifitäten von den Feldern ihrer subkortikalen Eingänge (Abb. 10-16 a):

- Orientierungsspezifität (Orientierung der Reize im Raum),
- Richtungsspezifität (Richtung der Reizbewegung) und
- Längenspezifität (Länge der Reize).

Bestimmte intrakortikale Verschaltungen, insbesondere ***Hemmung*** durch die 20 % GABAergen, hemmenden Zellen des visuellen Cortex, erzeugen und verschärfen die Antwortgenauigkeit. Starke Hemmung an den Enden der Längsachse des Feldes (Endhemmung) führt zu optimalen Antworten auf eine bestimmte Reizlänge. Hemmung bei Bewegung in eine Richtung führt zur Richtungsspezifität für die andere Richtung, und Hemmung durch andere Orientierungen hebt eine spezifisch von der Zelle bevorzugte Orientierung hervor. Die ***einfachen Zellen*** reagieren sehr empfindlich auf die genaue Lokalisation des Reizes in ihren kleinen rezeptiven Feldern. Demgegenüber besitzen die ***komplexen Zellen*** eine weitgehende Unabhängigkeit von der exakten Position der Reize im rezeptiven Feld (Ortsinvarianz). Die ***hyperkomplexen Zellen*** sind durch die Endhemmung charakterisiert.

Intrinsische Topographie. Okulare Dominanzsäulen (etwa 500 µm breit), in denen jeweils das ipsilaterale oder das kontralaterale Auge bei der Innervation der Cortexzellen überwiegt, bilden ein Zebrafell-ähnliches Muster auf der Cortexoberfläche (Abb. 10-16 b). Die Repräsentation der optimal beantworteten Orientierungen ist in feineren, vertikal durch die Schichten verlaufenden Orientierungssäulen angeordnet, deren horizontale Ausdehnung im

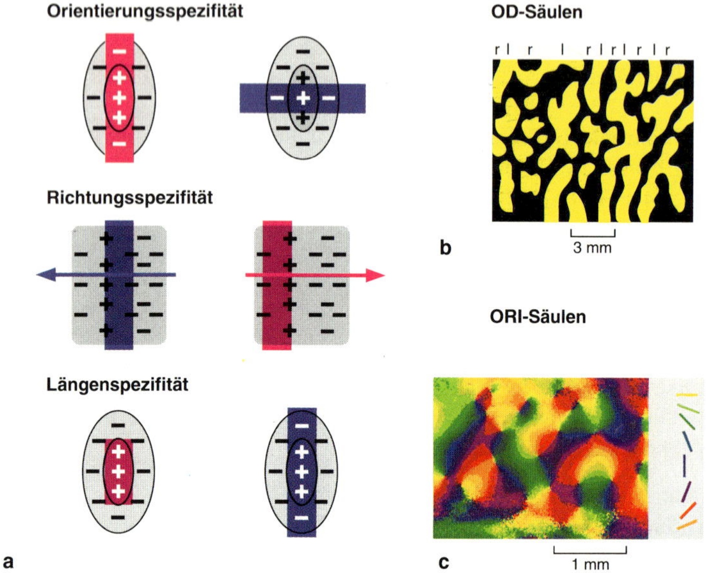

Abb. 10-16 a–c. Spezifität kortikaler Zellen **(a)** okulare Dominanzsäulen **(b)** und Verteilung der Orientierungsspezifität auf der Oberfläche der primären Sehrinde **(c)**. **a** Antwortspezifitäten am Beispiel einer einfachen Zelle. Erregende (+) und hemmende (–) Bereiche sind im rezeptiven Feld getrennt. Optimale Reize sind *rot,* nichtoptimale *blau* gezeichnet. **b** Okulare Dominanzsäulen. Rechtes (re, *grau*) und linkes Auge (li, *gelb*) innervieren alternierend Streifen von etwa 1 mm Breite in V 1. **c** Karte der Orientierungsspezifität (Abbildung von Bonhoeffer und Grinwald). Optische Ableitung intrinsischer Signale bei visueller Reizung mit verschiedenen Orientierungen (Farbkodierung dazu rechts)

Mittel etwa 50 µm beträgt. Die Orientierungen sind dabei jeweils windmühlenflügelartig um Zentren angeordnet (Abb. 10-16 c). Die Richtungsspezifitäten sind weniger systematisch verteilt, treten jedoch auch gruppiert auf: einer Gruppe von Zellen mit gegebener, bevorzugter Bewegungsrichtung folgt eine Gruppe, die von der entgegengesetzten Richtung optimal erregt wird. Ein Teil des visuellen Cortex mit einer Oberfläche von etwa 1 × 1 mm, der sich über sämtliche Schichten in die Tiefe erstreckt, wird als Hyperkolumne definiert. Die ***Hyperkolumne*** ist ein kortikales Analysemodul, das sämtliche Orientierungen und Bewegungsrichtungen für einen Ort des Gesichtsfeldes von beiden Augen enthält. Benachbarte Hyperkolumnen repräsentieren benachbarte Orte des Gesichtsfeldes. So wird durch die verschiedenen, in den Hyperkolumnen vorhandenen Antwortspezifitäten die visuelle Welt zur Vorbereitung weiterer Analysen in Determinanten von Struktur und Bewegung zerlegt.

In speziellen Substrukturen der visuellen Hirnrindenareale erfolgt ebenfalls eine Parallelverarbeitung von Form, Farbe, Tiefe und Bewegung

Parallelverarbeitung. Die getrennte Repräsentation aus Retina und CGL wird in der primären Sehrinde (V 1) in den Eingangsschichten für das parvozelluläre (4Cβ und 4A) und das magnozelluläre System (4Cα) fortgesetzt. Farb-, Form- und Bewegungsreize werden auch in den nachgeordneten Schichten und nachfolgenden visuellen Cortexarealen in getrennten Strukturen repräsentiert (Abb. 10-15).

Farbe und Form. Im weiteren Verlauf des parvozellulären Systems erfolgt in V 1 eine räumliche Trennung von Farb- und Formverarbeitung. In zylindrischen, regelmäßig angeordneten Substrukturen in den Schichten 2 und 3, die sich bei der Anfärbung des Mitochondrienenzyms ***Cytochromoxidase*** als besonders aktive Gebiete darstellen, sind Zellen ohne Orientierungs- und Richtungsspezifität zusammengefaßt, die Farbinformationen unter räumlichen Aspekten verarbeiten. Parallel dazu erfolgt die Formanalyse durch die orientierungsspezifischen Zellen außerhalb der cytochromoxidasereichen Gebiete (Abb. 10-15). Das ***Farbsystem*** projiziert aus den farbspezifischen Substrukturen von V 1 in schmale, cytochromoxidasereiche, streifenförmige Gebiete von V 2, in denen Farbe getrennt von Bewegung und Form repräsentiert ist. Im weiteren Verlauf werden farbspezifische Zellen insbesondere in V 4 beobachtet. Das Formsystem setzt sich in cytochromoxidasearme Gebiete von V 2 fort; die komplexeren Leistungen in der Verarbeitung von Formdetails werden dann an Einzelzellen im inferotemporalen Cortex (IT) gefunden (Spezifität z. B. für Gesichter oder Hände).

Bewegung und Tiefe. Das magnozelluläre System aus V 1 (Schicht 4 B) setzt sich sowohl direkt als auch über die breiten Cytochromoxidasestreifen in V 2 nach V 3 und in die weiter parietal gelegenen Gebiete ***MT*** (mediotemporaler Cortex) und ***MST*** („medial superior temporal") fort (Abb. 10-15). Hier reagieren Zellen ausschließlich auf Bewegung und Tiefe im Raum. Diese Areale, die in das ***frontale Augenfeld*** weiterverschaltet sind, dienen der Analyse von Bewegungen und zur Steuerung der visuellen Aufmerksamkeit.

Klinische Aspekte. Die parallele Verarbeitung im Sehsystem wird besonders bei Patienten mit Funktionsausfällen deutlich, die selektiv einen Aspekt der Wahrnehmung, nicht aber andere betreffen *(Agnosien)*. Die Selektivität des Ausfalls kann sehr spezifisch sein (z. B. isolierte Unfähigkeit der Gesichtererkennung- Prosopagnosie).

Visuell evozierte Potentiale ermöglichen die objektive Prüfung von Funktionen der zentralen Sehbahn

VEP. Das ***visuell evozierte, cortikale Potential*** (VEP) entsteht primär im striären Cortex und kann mit einer differenten Elektrode vom Okzipitalpol abgeleitet werden (Abb. 10-12 b). Als Reize werden Lichtblitze oder Schachbrettmusterwechsel verwendet. Das VEP zeigt Eintreffen und Weiterverarbeitung der visuellen Signale in der Hirnrinde. Ein typischer Potentialzeitverlauf beginnt nach etwa 25–30 ms mit einer negativen Welle (N_1), der die erste positive Welle (P_1) folgt. Nach einer weiteren negativen Welle (N_2) bei etwa 77 ms folgt die besonders auffällige positive Welle P_2 nach 95–98 ms. Die negative Welle N_3 erreicht ihren Gipfel nach 127–128 ms bei Normalpersonen.

Klinische Anwendung. Die charakteristische Gipfellatenz P_2 oder „P_{100}" ist am besten reproduzierbar (90–120 ms). Signifikante ***Latenzverlängerungen*** treten z. B. bei Entzündungen des optischen Nervs auf (Retrobulbärneuritis – oft als Symptom der multiplen Sklerose).

Durch Wahl der minimalen, effektiven Schachbrettmustergröße können objektive Visusbestimmungen mit musterevozierten Potentialen durchgeführt werden (Visusprüfung bei Kleinkindern oder zur Kontrolle von subjektiven Angaben in Begutachtungsfällen).

10.7 Tiefenwahrnehmung

Mit zwei Augen können wir entscheiden, ob sich Dinge vor oder hinter der Fixationsebene befinden

Horopter. Ein fixierter Gegenstand wird in beiden Augen in der Fovea abgebildet. Die beiden Foveae haben den gleichen Ortswert. Sie stellen ***korrespondierende Netzhautstellen*** dar (entsprechend gibt es zu jedem Ort auf einer Netzhaut eine entsprechende, korrespondierende Stelle auf der anderen). Der Fixationspunkt und eine Auswahl von weiteren Sehdingen wird jeweils auf korrespondierenden Netzhautstellen abgebildet. Die Summe dieser Sehdinge befindet sich auf einer geometrischen Figur im Raum, dem *Horopter*. Der Horopter verläuft durch den Fixationspunkt und die Knotenpunkte beider Augen. Je nach Akkommodationsgrad hat der Horopter einen unterschiedlichen Durchmesser.

Räumliche Disparitäten und Fusionsareale. Gegenstände, die sich vor oder hinter der Fixationsebene befinden, werden auf der Netzhaut seitlich von den korrespondierenden Netzhautstellen abgebildet. Aus diesen seitlichen Abweichungen ***(Querdisparationen)*** kann von kortikalen Zellen die Tiefe im Raum errechnet werden. Ein Gegenstand liegt im Vergleich zum Horopter näher zum Auge, wenn die horizontale Abweichung auf der Netzhaut nach temporal gerichtet ist; er liegt weiter entfernt, wenn die Querdisparation nach nasal gerichtet ist (Abb. 10-17 a). Bei der Tiefenwahrnehmung werden korrespondierende Netzhautstellen nicht streng als Punkte, sondern als Netzhautflächen einander zugeordnet. Im Bereich dieser ***Panum-Fusionsareale*** können 2 Punkte auf den verschiedenen Netzhäuten zu einem Sinneseindruck verschmolzen werden (Fusion) und zugleich funktionell als querdisparate Punkte dem verarbeitenden neuronalen System in der Hirnrinde als Grundlage zur Tiefenwahrnehmung dienen. ***Doppeltsehen (Diplopie)*** tritt auf, wenn die Abweichung zwischen den beiden Netzhäuten über das Fusionsareal hinaus geht (Abb. 10-17 b).

Zeitliche Disparitäten. Bewegt sich ein Objekt in der Fixationsebene, dann erregt es korrespondierende Netzhautstellen in beiden Augen zugleich. Bewegt sich das Objekt vor oder hinter dem Horopter, treten charakteristische, zeitliche Disparitäten auf, die zur Tiefenwahrnehmung verrechnet werden

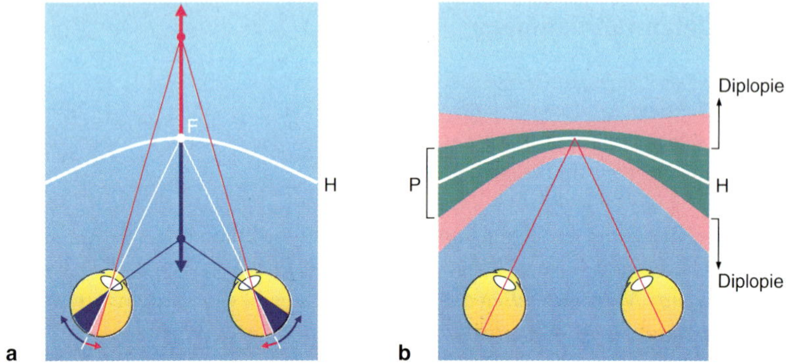

Abb. 10-17 a, b. Querdisparation und Bereiche der Tiefenwahrnehmung. **a** Tiefenwahrnehmung durch Querdisparation *(rot* – Nasalverschiebung bei Lage hinter der Fixationsebene, *blau* bei Lage vor der Fixationsebene). **b** ***H*** Horopter, ***P*** Panum-Fusionsareal *(grün)* und weiterer Bereich des binokularen Tiefensehen *(hellrot)*

können. Ein Ziel, das sich vor dem Horopter nach links bewegt, erregt erst die rechte, dann die linke korrespondierende Netzhautstelle. In umgekehrter Reihenfolge erfolgt die Erregung, wenn die Bewegung in gleicher Richtung hinter dem Horopter abläuft. Bei bekannter Bewegungsrichtung kann so aus der zeitlichen Disparität die Lage im Raum relativ zum Horopter bestimmt werden.

Neuronale Grundlagen. In der primären Sehrinde werden Zellen, die optimal auf bestimmte räumliche Disparitäten reagieren ebenso wie richtungsspezifische Zellen mit der Fähigkeit zur Analyse zeitlicher Disparitäten gefunden. Bei einer Neuritis nervi optici können Entfernungstäuschungen beobachtet werden, die auf pathologischen, zeitlichen Disparitäten durch Störungen der Nervenleitung beruhen.

Monokulares Tiefensehen. Tiefenwahrnehmung mit einem Auge basiert auf der Verdeckung entfernter Gegenstände durch nähere, auf der Abbildungsgröße bekannter Objekte und auf der geringeren Farbsättigung ferner Gegenstände. Die monokulare Tiefenwahrnehmung ist im Vergleich zur binokularen sehr täuschungsanfällig.

Beim Schielen können die Augenachsen so voneinander abweichen, daß keine Fusion mehr möglich ist und Doppelbilder oder Suppression auftreten

Latentes Schielen. Beim Schielen ***(Strabismus)*** weicht eine der Sehachsen vom fixierten Punkt ab. Durch disjunktive Bewegungen beider Augen (mittlere Amplitude um 6,5 Bogenminuten, mittlere Dauer von 40 ms und mittlere Geschwindigkeit von 10°/s) wechselt die Disparität der binokularen Abbildung fortwährend. Der zentrale Mechanismus der Fusion korrigiert Fehlstellungen der Sehachsen normalerweise durch entsprechende Innervation der Augenmuskeln. Fällt diese korrigierende Einstellung z. B. bei extremer Müdigkeit aus, tritt auch bei vielen Gesunden ein latentes Schielen auf; die Sehachsen deuten dabei leicht nach außen ***(Exophorie)*** oder innen ***(Esophorie)***. Fusion und binokulare Fixation sind dann aufgehoben. Subjektiv tritt Doppeltsehen auf, objektiv kann Divergenz/Konvergenz der Augen beobachtet werden.

Schielen und Schielamblyopie. Pathologische Ursache für akut auftretendes Schielen kann die Lähmung eines Augenmuskels sein. Während im ausgereiften Sehsystem des Erwachsenen beim Schielen Doppeltsehen auftritt, führt unbehandeltes Schielen während der Entwicklung des Sehsystems (vor dem 6. Lebensjahr) zur ***Amblyopie.*** Es entsteht ein ***dominantes Auge,*** das die Wahrnehmung des anderen Auges im Sinne einer irreversiblen, monokularen Sehschwäche unterdrückt (Suppression). Eine rechtzeitige Behandlung durch alternierende Exposition der Augen kann die Dominanz eines Auges verhindern; nach Behebung der Schielursache (Korrektur einer Hypermetropie, operative Korrektur an den Augenmuskeln) sowie nachfolgendem Fixationstraining kann eine normale Entwicklung der Sehleistungen erreicht werden.

10.8 Farbensehen

Differenzierung von Farbton, Sättigung und Helligkeit eröffnet für die Farbwahrnehmung eine Vervielfachung der Unterscheidungsmöglichkeiten

Der ***Farbton*** bestimmt die Benennung der Farbe (kirschrot, lindgrün). Etwa 200 Farbtöne können psychophysisch unterschieden werden. Die ***Sättigung*** gibt an, inwieweit der Farbton durch Beimischung von Graustufen „verdünnt" worden ist. Etwa 20 Sättigungsstufen können unterschieden werden. Farbton und Sättigung gemeinsam bestimmen die Farbart (blasses olivgrün).

Rund ***500 Helligkeitsstufen*** (Dunkelstufen bei Oberflächen) können unabhängig von der Farbe unterschieden werden. Dem achromatischen Sehen stehen nur diese 500 Stufen zur Verfügung. Das Farbensehen kann die 3 Qualitäten Farbton, Sättigung und Helligkeit multiplikativ nutzen und erhält damit mehrere Millionen Unterscheidungsmöglichkeiten.

Licht verschiedener Wellenlängen regt 3 Zapfentypen an, doch auch mit nur 2 der 3 Zapfentypen ist noch eine beschränkte Farbwahrnehmung möglich

Absorptionsmaxima und Empfindlichkeit der Zapfenpigmente. Die Unterscheidung von Licht verschiedener Wellenlängen wird primär durch die 3 verschiedenen ***Photopigmente*** der Zapfen mit Absorptionsmaxima im kurzwelligen (420 nm), mittelwelligen (535 nm) und langwelligen (565 nm) Bereich ermöglicht (Abb. 10-18a). Damit folgen die peripheren Mechanismen des Farbensehens der ***trichromatischen Theorie*** von Young, Helmholtz und Max-

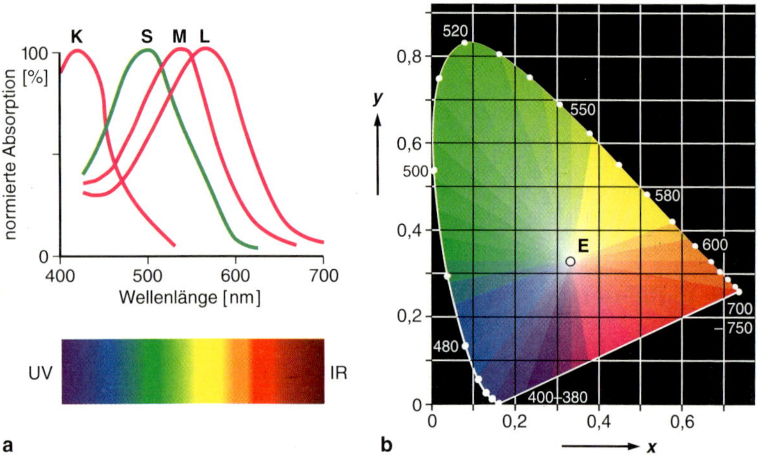

Abb. 10-18 a, b. Normierte Absorptionskurven der menschlichen Photopigmente **(a)** und Normfarbtafel **(b)**. **a** kurzwelliger Zapfen ***(K)***, mittelwelliger Zapfen ***(M)*** und langwelliger Zapfen ***(L)***; ***S*** Stäbchen. Beachte: der L-Zapfen hat sein Absorptionsmaximum im *gelben*, nicht im roten Bereich. **b** Normfarbtafel schematisch nach DIN 5033. Die Randkurve wird von den Spektralfarben gebildet. Additive Mischfarben liegen auf Geraden zwischen den Spektralfarben. Eine Farbart wird von einem Punkt $P_{x,y}$ dargestellt, ihre Sättigung nimmt mit dem Abstand vom Mittelpunkt des Weißbereichs (E) zu

well aus dem 19. Jahrhundert. Diese Dreifarbentheorie geht davon aus, daß sich jede beliebige Farbe durch die additive Mischung von 3 monochromatischen Lichtern erzeugen läßt.

Eine unterschiedliche Gewichtung der verschiedenen Zapfenpigmente ergibt sich aus ihrer unterschiedlichen relativen Empfindlichkeit. Die mit ihren Maxima im grünen bis gelben Bereich angesiedelten mittel- und langwelligen Sensoren sind um etwa 1,5 Zehnerpotenzen empfindlicher als der im blauen angesiedelte kurzwellige Sensortyp. Der kurzwellige „Blauzapfen" fehlt im zentralen Bereich der Fovea praktisch vollständig, so daß dort dichromatisches Farbensehen physiologisch ist.

Störungen des Farbsinnes. Zur Farbwahrnehmung ist eine Verrechnung der Erregung verschiedener Sensortypen notwendig. Das geht am besten mit 3, ist eingeschränkt jedoch auch mit 2 Zapfensystemen möglich. Menschen, denen 1 Zapfenpigment fehlt, sind deshalb nicht vollständig farbenblind. Je nachdem, ob das langwellige, mittlere der kurzwellige Zapfenpigment fehlt, unterscheidet man

- Rotblinde (Protanope),
- Grünblinde (Deuteranope) und
- Blauviolettblinde (Tritanope).

Vollständig farbenblind sind nur die Stäbchenmonochromaten, bei denen im typischen Falle alle Zapfenpigmente fehlen. Hier ist Sehen auch bei Tageslicht nur mit dem Stäbchensystem möglich. Diese Menschen leiden wegen der höheren Empfindlichkeit der Stäbchen unter Blendung. (In sehr seltenen Fällen fehlen auch 2 Zapfenmechanismen, so daß das monochromatische Sehen bei Tageslicht mit dem verbleibenden Zapfentyp erfolgt). Den Farbenblindheiten stehen die etwas häufigeren ***Farbenschwächen*** gegenüber, bei denen bei Anwesenheit aller 3 Farbpigmentsysteme eines schwächer ausgeprägt ist *(Protanomale sind rotschwach; Deuteranomale sind grünschwach, und Tritanomale sind blauviolettschwach).*

Der Farbsinn ist kein physikalisches Meßsystem; Farbwahrnehmungen entstehen im Gehirn durch komplexe Verrechnung der Wellenlängeninformation

Additive und subtraktive Farbmischung. Erst die neuronale Verarbeitung führt zum Farbensehen. Wenn Licht verschiedener Wellenlängen auf einen

Netzhautort fällt, erfolgt in unserem Sehsystem eine ***additive Farbmischung***. So entstehen z.B. die Farbempfindungen beim Farbfernsehen durch Mischung sehr dicht beieinanderliegender roter, grüner und blauer Punkte. Die Grundregeln dieser physiologischen Farbmischung sind in der Normfarbtafel dargestellt (Abb. 10-18 b). Die additive Mischung von ***Komplementärfarben,*** die an gegenüberliegenden Enden von Geraden durch den Weißpunkt liegen (Rot und Grün oder Gelb und Blau), kann Weiß ergeben. Das ist bei der rein physikalischen, ***subtraktiven Farbmischung*** nicht möglich: Malerfarben absorbieren wie Farbfilter Anteile des weißen Lichts. Die nach dieser Subtraktion verbleibenden Wellenlängen bestimmen dann die gesehene Farbe. Mischt man die Farben Gelb und Blau im Farbkasten, ergibt sich Grün, weil die blaue Farbe den langwelligen und die gelbe Farbe den kurzwelligen Anteil des weißen Lichtes absorbiert und der mittlere Wellenlängenbereich des Grüns übrigbleibt.

Gegenfarbenneurone. Eine alternative Hypothese zur Dreifarbentheorie ist die Gegenfarbentheorie von Hering, nach der auch durch die 3 Gegenfarbenpaare, Rot-Grün, Blau-Gelb und Weiß-Schwarz alle Farbwahrnehmungen erklärt werden können. Tatsächlich findet man schon bei den Horizontalzellen der Netzhaut ***Gegenfarbenneurone*** für Rot und Grün sowie Gelb und Blau

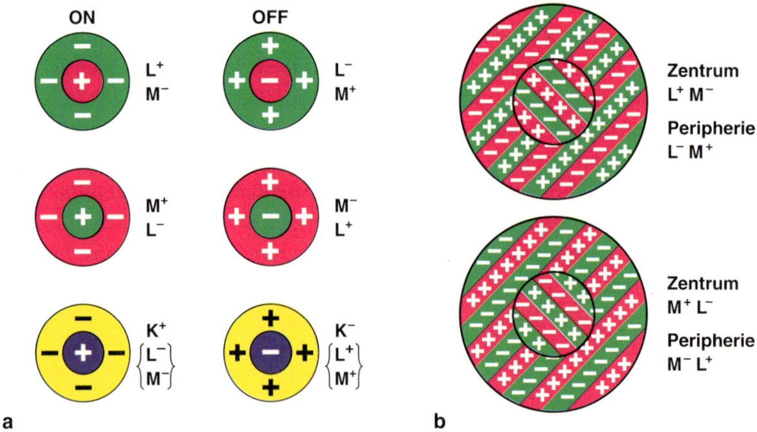

Abb. 10-19 a, b. Farbempfindliche rezeptive Felder. **a** Gegenfarbenzellen für Rot-Grün, Grün-Rot und Blau-Gelb. **b** Farbspezifische Rot-Grün-Doppelgegenfarbenzellen. Die Beteiligung der Zapfentypen ***(L, M, K)*** an Erregung (+) und Hemmung (–) ist jeweils angegeben

(Abb. 10-19 a). Einfache Gegenfarbenneurone werden auch unter den retinalen Ganglienzellen (β-Zellen) und in den parvozellulären Schichten des CGL gefunden; sie sind jedoch nicht farbspezifisch, da ähnliche Antworten durch Farb- und Helligkeitsreize ausgelöst werden. Farbspezifisch sind erst die ***Doppelgegenfarbenneurone*** (Abb. 10-19 b). Sie reagieren auf Farbkontrast zwischen Feldzentrum und Feldperipherie. Sie treten erstmals in den zytochromoxidasereichen „Blobs" der primären Sehrinde auf. Die ***Kries-Zonentheorie*** des Farbensehens vereint die unterschiedlichen Theorien des Farbensehens, indem sie die unterschiedliche Physiologie der peripheren, trichromatischen und der zentralen, gegenfarblich organisierten Mechanismen berücksichtigt.

Farbkonstanz. Die Verrechnung in der Netzhaut und den farbspezifischen, höheren Sehrindenabschnitten trägt entscheidend zur Farbwahrnehmung bei. Farbempfindungen werden immer aus dem Vergleich der Anteile kurzer, mittlerer und langer Wellenlängen einer gesamten Szene ermittelt, wobei offenbar eine Objektkomponente und eine Beleuchtungskomponente differenziert werden kann. Das wird deutlich, wenn man Farben bei Tages-, Glühlampen- oder Leuchtstoffröhrenlicht betrachtet: Der menschliche Betrachter sieht annähernd die gleichen Farben, obwohl die von den farbigen Flächen reflektierten, wellenlängenabhängigen Energien physikalisch ganz andere Farbempfindungen auslösen müßten. Ein Farbfilm zeigt entsprechend unterschiedliche Farben bei Tages- und Kunstlicht, da ihm die Korrekturmechanismen des Gehirns nicht zur Verfügung stehen (Abb. 10-20). Eine neuere

a b c

Abb. 10-20 a–c. Anschauliche Darstellung der Wellenlängenverschiebung bei unterschiedlichen Beleuchtungsverhältnissen. Dasselbe Stilleben mit Tageslichtfarbfilm bei **a** Tageslicht, **b** Glühlampenlicht, **c** Leuchtstoffröhrenlicht (universal weiß) aufgenommen. Der Photograph empfand den Hintergrund jeweils als weiß und sah die Farben der Früchte unter den verschiedenen Bedingungen annähernd gleich wie bei Tageslicht (Farbkonstanz)

Theorie geht davon aus, daß unsere Farbwahrnehmung auf gemeinsamen Leistungen von Retina *und* Cortex beruht (***Retinex*** theorie). Danach werden die wahrgenommenen Farben im zentralen Sehsystem errechnet, indem die von einem bestimmten Ort zum Auge reflektierten Wellenlängen jeweils in Relation zur Umgebung im Gesichtsfeld gesetzt werden. In begrenzter Weise können auch die farbkontrastempfindlichen Doppelgegenfarbenneurone einen Beitrag zur Farbkonstanz leisten: Nimmt z.B. der langwellige Anteil des Lichts zu, so wird beim Rot-Grün-Neuron die Rot*hemmung* der Peripherie ebenso stärker wie die Rot*erregung* im Zentrum, so daß sich beide Veränderungen in der neuronalen Verrechnung kompensieren können.

Literatur

Lehrbücher

Carpenter MB, Sutin J (1983) Human Neuroanatomy. Williams & Wilkins, Baltimore

Hierholzer K, Schmidt RF (Hrsg.) (1991) Pathophysiologie des Menschen. VCH, Weinheim, Basel Cambridge New York

Kandel ER, Schwartz JH, Jessell TM (eds) (1991) Principles of neural science. Elsevier, New York Amsterdam

Kuffler SW, Nichols JG, Martin RG (1984) From neuron to brain: A cellular approach to the function of the nervous system, 2nd edn. Sinauer, Sunderland

Leydhecker W, Grehn F (1993) Augenheilkunde, 25. Aufl. Springer, Berlin Heidelberg New York Tokyo

Schmidt RF, Thews G (Hrsg) (1995) Physiologie des Menschen, 26. Aufl. Springer, Berlin Heidelberg New York Tokyo

Shepherd GM (ed) (1990) The synaptic organization of the brain, 3rd edn. Oxford Univ. Press, New York Oxford

Einzeldarstellungen

Büttner-Ennever J (ed) (1988) Neuroanatomy of the oculomotor system. Elsevier, Amsterdam New York Oxford

Jones EG (1985) The thalamus. Plenum Press, New York London

Marr D (1982) Vision. Freeman, New York

Miller NR (1985) Walsh & Hoyt clinical neuro-ophthalmology. Williams & Wilkins, Baltimore

Ogle KN (1961) Optics: An introduction for ophthalmologists. Thomas, Springfield

Orban GA (1984) Neuronal operations in the visual cortex. Springer, Berlin Heidelberg New York

Rodieck RW (1973) The vertebrate retina: Principles of structure and function. Freeman, San Francisco

van Essen DC (1985) Functional organization of primate visual cortex. In: Peters A, Jones EG (eds) Cerebral cortex, Vol 3: Visual Cortex, pp 259–329, Plenum Press, New York

11 Hören

H.-P. ZENNER

EINLEITUNG

Die durch Schall vermittelte Sprache ist das wichtigste Kommunikationsmittel des Menschen. Schall gelangt durch den äußeren Gehörgang zum Trommelfell. Das Trommelfell führt zusammen mit den 3 Gehörknöchelchen eine Impedanzanpassung zwischen Luft und Flüssigkeit durch, die es dem Schallsignal erlaubt, in das flüssigkeitsgefüllte Innenohr einzutreten. Im Innenohr wird der Schall entlang der Cochlea frequenzabhängig aufgespreizt und durch die äußeren Haarzellen verstärkt. Das verstärkte Schallsignal reizt innere Haarzellen, die es in ein Sensorpotential umwandeln. Das Sensorpotential führt zur Freisetzung afferenter Transmitter, die Nervenaktionspotentiale in den afferenten Fasern des Hörnervs auslösen. Es folgt eine Kette neuronaler Erregungen über den Hirnstamm und die Hörbahn bis zum auditorischen Cortex im Temporallappen.

11.1 Der Schall

Schallwellen sind winzige Druckschwankungen der Luft, die vom Ohr wahrgenommen werden können

Für das Ohr ist die Schallwelle der adäquate Reiz. Ihre physikalische Beschreibung heißt ***Akustik.*** Anatomische, biochemische und physiologische Vorgänge beim Hören werden hingegen als ***auditorisch*** oder ***auditiv*** bezeichnet.

Akustische Grundbegriffe. Hörbare Schallwellen treten im täglichen Leben in der Regel als Druckschwankungen der Luft auf. Ihre Frequenz wird in Hertz (Hz) angegeben. Mit dem Begriff ***Ton*** ist eine Sinusschwingung gemeint, die nur aus einer einzigen Frequenz besteht. Töne sind im täglichen Leben eine Ausnahme. Allerdings werden sie vom Arzt häufig als Stimulus bei Hörprüfungen verwendet. Auch Musik setzt sich normalerweise nicht aus reinen Tönen, sondern aus Klängen zusammen. ***Klänge*** bestehen in der Regel aus einem Grundton mit mehreren Obertönen. Die Obertöne sind ein ganzzahliges Vielfaches der Frequenz des Grundtones. Die meisten Schallereignisse des täglichen Lebens sind keine Töne oder Klänge, sondern umfassen praktisch alle Frequenzen des Hörbereiches. Hierzu zählt auch die Sprache. Akustisch werden sie als ***Geräusch*** bezeichnet.

Die Stärke einer Schallwelle, die Amplitude, heißt ***Schalldruck.*** Jeder Druck, und damit auch der Schalldruck, wird in Pascal (1 Pa=1 N/m) angegeben. Die Schallenergie, die pro Zeiteinheit durch eine Flächeneinheit (z. B. durch die Fläche des Trommelfells) hindurchtritt, heißt ***Schallintensität*** (auch: Schalleistungsdichte I, W/m^2). Sie ist proportional dem Quadrat des Schalldrucks. Der Schallintensitätsumfang, den das Ohr empfinden kann, die ***dynamische Breite des Ohres,*** ist sehr groß. Sie reicht von 10^{-16} W/cm^2 bis 10^{-4} W/cm^2, umfaßt also 12 Zehnerpotenzen (die Angabe erfolgt hier praktischerweise pro Zentimeter, da das Trommelfell ca. 1 cm^2 Fläche besitzt). Geräusche an der Schmerzgrenze haben also eine 1 000 000 000 000 mal (=10^{12}=1 Billion) höhere Schallintensität als an der Hörschwelle. An der Hörschwelle führt die soeben wahrnehmbare Schallintensität von 10^{-16} W/cm^2 im Innenohr zu Schwingungen von weniger als dem Durchmesser eines Wasserstoffatoms.

Schallparameter werden in Dezibel (dB) angegeben. Schalldruck wird frequenzabhängig als Lautstärke empfunden

Die große dynamische Breite des menschlichen Ohres führt bei Angabe von Schallintensität und Schalldruck zu den o. g. umständlich großen Zahlen. Daher wird in der Medizin in der Regel der ***Schalldruckpegel*** angegeben. Seine Maßeinheit ist das ***Dezibel (dB),*** das praktisch anwendbare Zahlenwerte zwischen 0 und 120 dB ergibt. Der Begriff „Pegel" sagt aus, daß der zu benennde Schalldruck p_x zu einem einheitlich festgelegten Bezugsschalldruck p_0 (er ist in der Nähe der Hörschwelle und beträgt $2 \cdot 10^{-5}$ Pa) in einem bestimmten logarithmischen Verhältnis steht. Mathematisch ist der Schalldruckpegel L („level") wie folgt definiert:

$$L = 20 \log p_x/p_0 (= 10 \log I_x/I_0).$$

Das bedeutet, daß sich hinter wenigen Dezibel eine Vervielfachung des tatsächlichen Schalldruckes verbirgt. Steigt der Schalldruckpegel um 20 dB, so hat sich der Schalldruck tatsächlich verzehnfacht (Tabelle 11-1). Bei 80 dB sind bereits 4 Verzehnfachungsschritte (80/20=4) erreicht. Der Schalldruckpegel ist daher um 10^4, also um das zehntausendfache gesteigert. Hat ein Kranker einen Hörverlust von 80 dB, dann benötigt er zur Wahrnehmung eines Tones im Vergleich zum Gesunden einen zehntausendfach höheren Schalldruck. Um auszudrücken, daß das Dezibel den Schalldruckpegel meint (Pegel in dB kann man nämlich für beliebige Meßgrößen angeben), wird ihm noch der Zusatz SPL („sound pressure level") hinzugefügt (Abb. 11-1).

Ein wichtiges Verfahren zur Untersuchung des Gehörs ist die *Tonaudiometrie.* Hierzu wird ein Tonaudiometer verwendet, ein Gerät, das – in der Regel digital – reine Töne erzeugt. Der Untersuchte hört die Töne für jedes Ohr getrennt über einen Kopfhörer. Wird ein Ton mit einem bestimmten Schalldruck angeboten, so empfindet der Zuhörer diesen mit einer bestimmten subjektiven ***Lautstärke*** (Abb. 11-1). Wird der Schalldruck erhöht, steigt die empfundene Lautstärke; bei Schalldruckabfall nimmt die Lautstärke ab. Wird nun bei unverändertem Schalldruck die Tonhöhe geändert, dann wird

Tabelle 11-1. Der Dynamikbereich des Ohres. Die ***linke Spalte*** gibt an, um wievielmal der Schalldruck bei bestimmten Schallquellen stärker ist als an der Hörschwelle. Man erkennt, daß sich sehr hohe Zahlenwerte ergeben. Aus diesem Grund werden statt dessen in der Klinik die in der ***rechten Spalte*** angegebenen bequemeren Werte des Schalldruckpegels in dB verwendet

Zunahme des Schalldruckes um den Faktor	Schalldruckpegel (SPL) in dB	
1	Bezugsschalldruck	0
1,41	mittlere Hörschwelle bei 1000 Hz	3
10	ländliche Ruhe	20
100	leises Gespräch	40
1 000	normales Gespräch	60
10 000	lauter Straßenlärm	80
100 000	lauter Industrielärm	100
1 000 000	Schuß, Donner	120
10 000 000	Düsentriebwerk	140

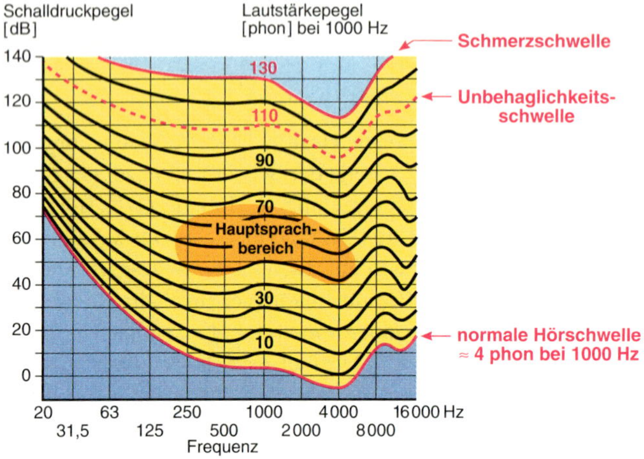

Abb. 11-1. Isophone (Kurven gleicher Lautstärkepegel in phon), Hörfläche *(gelb)* und Hauptsprachbereich *(orange)*. Beachte, daß per definitionem Phon und Dezibel nur bei 1 kHz übereinstimmen

vom Zuhörer erwartungsgemäß auch eine andere subjektive Tonhöhe wahrgenommen. Gleichzeitig ändert sich aber auch immer die subjektiv empfundene Lautstärke, obwohl der physikalische Schalldruck unverändert bleibt. Die subjektive Lautstärke ist also frequenzabhängig. Bei gleichem Schalldruck werden Schallereignisse zwischen 2000 und 5000 Hz lauter wahrgenommen als höher- oder niederfrequentere Töne. Soll der Patient alle Tonhöhen gleich laut („isophon") hören, so muß der Schalldruck in Abhängigkeit von der Frequenz angepaßt werden. Dadurch entstehen Kurven gleicher Lautstärkepegel (Isophone; Abb. 11-1). Sie verlaufen gekrümmt und werden in Sone angegeben (Abb. 11-1). Isophone decken sich bei 1000 Hz mit der Dezibelskala des Schalldruckpegels. *Isophone Werte bei 1000 Hz* können auch in *Phon* angegeben werden. Bei 1000 Hz (und nur dort) stimmen also Phonwerte und dB-SPL-Werte überein (Abb. 11-1).

Der Mensch hört Frequenzen zwischen 20 und etwa 16000 Hz und empfindet Lautstärkepegel zwischen 4 und 130 phon. Die Frequenzen und Lautstärken der menschlichen Sprache sind ein Teil des gesamten Hörbereichs. Er wird als Hauptsprachbereich bezeichnet und ist in Abb. 11-1 graphisch dargestellt. Wird bei einer Hörstörung der Hauptsprachbereich miterfaßt, so hört der Kranke nicht nur leiser, sondern eine schwerwiegende Einschränkung des Sprachverständnisses ist die Folge.

Die Hörschwelle des Ohres wird mit der Tonschwellenaudiometrie gemessen

Jede Frequenz wird vom Untersuchten erst ab einem bestimmten, beim Gesunden sehr niedrigen Schalldruckpegel wahrgenommen. Dieser Schalldruckpegel heißt ***Hörschwelle.*** Die Hörschwellen für alle Tonhöhen zusammen bilden also gleichzeitig die niedrigsten Isophone. Wie alle Isophone ist die Hörschwelle frequenzabhängig, verläuft also gekrümmt und ist zwischen 2000 und 5000 Hz am niedrigsten (Abb. 11-1).

Klinische Hörschwellenkurve. Für den klinischen Alltag hat sich jedoch die Aufzeichnung der gekrümmten physikalischen Hörschwellenkurve (in dB SPL) als unpraktisch erwiesen. Zur Lösung des Problems hat man die beim Durchschnitt gesunder Jugendlicher meßbare Hörschwelle für die wichtigsten Frequenzen bestimmt und ihr willkürlich den praktischen Pegelwert 0 dB HL („hearing level") gegeben. Die Folge ist, daß die klinische Hörschwellenkurve eine übersichtliche Gerade wird, die sich im klinischen Alltag bewährt. Diese Form der Darstellung wird als ***Ton(schwellen)audiogramm*** bezeichnet. Im Tonaudiogramm weicht die Meßlinie eines Schwerhörigen im Vergleich zum Gesunden um einen betimmten Betrag in Dezibel von der Normalhörschwelle nach unten ab. Verschließt man beispielsweise beide Gehörgänge mit dem Finger, so sinkt die Hörschwelle um etwa 20 dB ab. Dies wird als ein Hörverlust von 20 dB bezeichnet.

11.2 Das Mittelohr

Ohne das Mittelohr würde der Schall kaum in das Innenohr eindringen, sondern reflektiert werden

Von den Kopfhörern des Audiometers wie auch im täglichen Leben erreicht der Schall das Trommelfell durch die Luft des äußeren Gehörganges. Man spricht von der ***Luftleitung.*** An das Trommelfell ist der Hammer angekoppelt (Abb. 11-2). Er ist über den Amboß mit dem Steigbügel verbunden. Die Fußplatte des Steigbügels ist beweglich im Ringband des ovalen Fensters aufgehängt. Aufgabe der Gehörknöchelchen ist es, die niedrige *Impedanz* der Luft an die hohe Impedanz der Innenohrflüssigkeiten anzupassen. Sind die

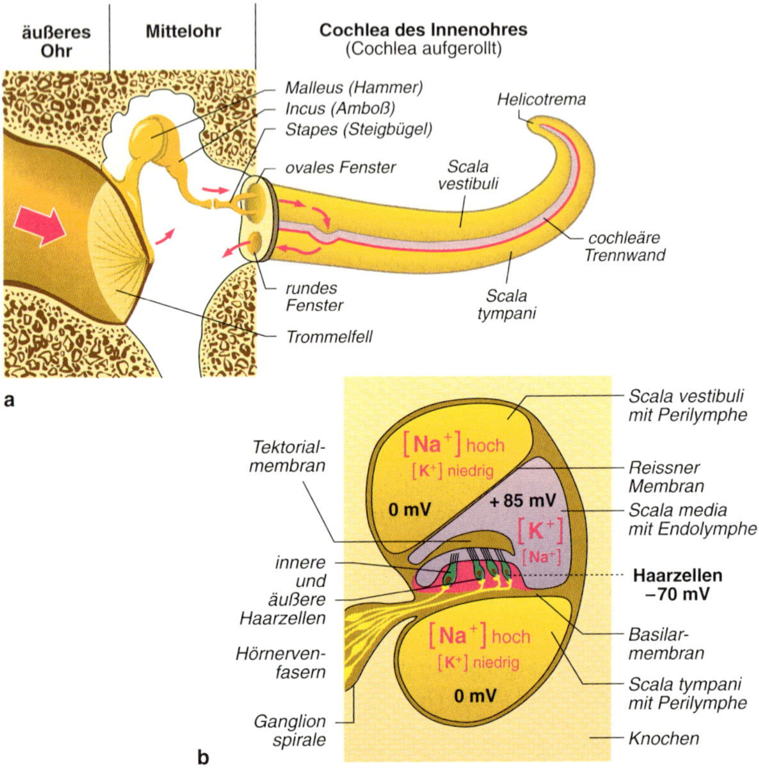

Abb. 11-2 a, b. Schematische Darstellung des Ohres. **a** Längsschnitt durch äußeren Gehörgang, Mittelohr und Cochlea. Die zweieinhalb Windungen der Cochlea sind in diesem Schema „entrollt". Auslenkung der kochleären Trennwand nach unten aufgrund einer Einwärtsschwingung des Steigbügels. Gleichzeitig findet zum Ausgleich eine Auswärtsbewegung des runden Fensters statt. **b** Querschnitt durch die Cochlea. Die Scala media mit positivem endokochleärem Potential und zusätzlich auffällig hoher Kaliumkonzentration in der Endolymphe ist Teil der kochleären Trennwand, die unten von der Basilarmembran und oben von der Reissner Membran begrenzt wird. Das apikale Ende der Haarzellen ragt in die Scala media hinein

Gehörknöchelchen nämlich unterbrochen, wie dies bei chronischen Mittelohrentzündungen der Fall sein kann, dann muß der Luftschall direkt auf das ovale Fenster des Innenohres auftreffen, um gehört zu werden. Da Luft jedoch im Vergleich zum flüssigkeitsgefüllten Innenohr eine niedrigere Impedanz hat, kann die Schallwelle der Luft die Flüssigkeit im Innenohr kaum in

Bewegung versetzen. Vielmehr werden rund 98% der Schallenergie reflektiert. Nur 2% können in das Innenohr eindringen und werden gehört. Man spricht von einer Schalleitungsschwerhörigkeit. Beim Gesunden hingegen verhindern die Gehörknöchelchen, daß der Schall in so hohem Maße reflektiert wird. Beim Gesunden wird die Schallenergie im Mittelohr nämlich nicht durch Dichteschwankungen der Luft, sondern durch Schwingungen von Trommelfell und Gehörknöchelchen bis zum ovalen Fenster fortgeleitet. Dadurch werden 60% und nicht nur 2% (also 30 mal mehr) der Schallenergie an das Innenohr angekoppelt.

Die Gehörknöchelchen erreichen diese ***Impedanzanpassung*** durch bestimmte statische und dynamische Eigenschaften:

- Die Fläche der Steigbügelfußplatte ist beträchtlich kleiner als das Trommelfell. Da Druck=Kraft/Fläche ist, wird durch die Gehörknöchelchen eine Druckerhöhung erreicht.
- Darüber hinaus wirken die Gehörknöchelchen als Hebel. Dies soll den erhöhten Druck an der Steigbügelfußplatte noch weiter verstärken.

Neben diesen beiden *statischen Mechanismen* besitzt das Mittelohr v. a. noch *dynamische Eigenschaften,* die im wesentlichen jedoch noch unbekannt sind. Vermutlich sind sie für die Impedanzanpassung wichtiger als die beiden statischen Mechanismen.

11.3 Das Innenohr

Im Innenohr erzeugt das Schallsignal Schwingungen der kochleären Trennwand, in der sich die Haarsinneszellen des Ohres befinden

Im Innenohr können 2 Hauptteile unterschieden werden. Der Vestibularapparat (Kap. 12) ist das Endorgan des Gleichgewichtssinnes, die Cochlea ist für die Hörwahrnehmung zuständig. Anatomisch gleicht die Cochlea einem Schneckenhaus, das aus zweieinhalb Windungen besteht. Für das Verständnis der Funktion des Innenohres ist es einfacher, sich das Schneckenhaus entrollt, also in Form eines Schlauches vorzustellen. Dann fällt auf, daß längs der Cochlea eine kompliziert aufgebaute Trennwand (Schneckentrennwand, kochleäre Trennwand) verläuft, die den Schlauch in die sich oben befindliche Scala vestibuli und die unten befindliche Scala tympani aufteilt (Abb. 11-2 a).

Die ***kochleäre Trennwand*** ist die eigentliche Funktionseinheit der Cochlea. Die Scala vestibuli grenzt mit dem ovalen Fenster und der Fußplatte des Steigbügels an das Mittelohr, die Scala tympani stößt mit dem runden Fenster an das Mittelohr an. Das runde Fenster ist durch eine nachgiebige Membran verschlossen. Dringt ein Schallsignal in das Ohr, so schwingt die ***Steigbügelfußplatte*** im nachgiebigen Ringband des ovalen Fensters im Wechsel in das Innenohr und wieder zurück in das Mittelohr. Dadurch dringt die Schallenergie über das ovale Fenster in die Perilymphe der Scala vestibuli ein. Zum einfacheren Verständnis soll zunächst die Einwärtsschwingung des Steigbügels betrachtet werden (Abb. 11-2). Sie verdrängt die ***Perilymphe*** der Scala vestibuli ins Innere der Cochlea. Die Lymphflüssigkeit ist nämlich inkompressibel und weicht daher aus. Dadurch wird die leicht bewegliche kochleäre Trennwand nach unten gedrückt und gleichzeitig die Perilymphe der Scala tympani verdrängt, da auch diese inkompressibel ist. Die Flüssigkeit in der Scala tympani kann ausweichen, weil die elastische Membran des runden Fensters nachgibt. Sie kann nachgeben, weil sich im Mittelohr Luft befindet. Mit den Schwingungen des Schalls wird daher im Wechsel der Steigbügel nach innen, die kochleäre Trennwand nach unten und die Membran des runden Fensters nach außen sowie anschließend der Steigbügel nach außen, die kochleäre Trennwand nach oben und die Membran des runden Fensters nach innen bewegt. Die zahlreichen aufeinanderfolgenden Schallwellen führen damit zu ständigen *Auf- und Abwärtsbewegungen (Auf- und Abwärtsvibrationen)* der kochleären Trennwand.

Die cochleäre Trennwand ist anatomisch ein komplex aufgebautes Gebilde, wie man im Querschnitt bei starker mikroskopischer Vergrößerung beobachten kann (Abb. 11-2b). Die Unterseite der Trennwand ist die Basilarmembran, auf der sich Stützzellen befinden. Die Stützzellen tragen die Hörsinneszellen. Diese besitzen an ihrem oberen Ende Sinneshärchen (Stereozilien), denen die Zellen ihren Namen – *Haarzellen* – verdanken. Beim Menschen findet man 3 Reihen außen gelegener Haarzellen, die als äußere Haarzellen bezeichnet werden; innen befindet sich eine Reihe innerer Haarzellen. Haarzellen, Stützzellen und Basilarmembran bilden zusammen das ***Corti-Organ.*** Die Haarzellen werden von einer vorwiegend aus Kollagen Typ II bestehenden, gelatinösen Masse, der Tektorialmembran, überspannt. Die Tektorialmembran berührt die Spitzen der längsten Stereozilien der äußeren Harzellen. Ansonsten befindet sich zwischen der Tektorialmembran und der Oberseite des Corti-Organs ein schmaler flüssigkeitsgefüllter Spalt. Diese Flüssigkeit, aber auch die Flüssigkeit oberhalb der Tektorialmembran hat eine wesentlich andere Zusammensetzung als die Perilymphe. Sie wird als ***Endolymphe*** bezeichnet. Die Endolymphe kann sich mit Perilymphe nicht vermischen, da sie zur Scala tympani durch die Oberseite des Corti-Organs getrennt ist. Nach oben (zur Scala vestibuli) befindet sich zur Abgrenzung eine weitere dünne Membran, die Reissner-Membran. Der Endolymphraum heißt auch Scala media.

Die Sinneshärchen der Haarzellen werden durch Verschiebebewegungen in der kochleären Trennwand ausgelenkt

Die mikromechanischen Vorgänge im Corti-Organ kann man sich leichter vorstellen, wenn man sich die Mikroanatomie genauer anschaut. Dabei fällt auf, daß das Corti-Organ einerseits und die Tektorialmembran andererseits unabhängig voneinander in der Schneckenmitte (am sog. Mediolus) befestigt sind (Abb. 11-3). Die Situation ist vergleichbar mit dem vorderen und hinteren Deckel eines Buches, die am Buchrücken befestigt sind. Hält man den Buchrücken fest und bewegt man den vorderen und den hinteren Buchdeckel nach oben (oder nach unten), so verschieben sich die beiden Buchdeckel gegeneinander. Es resultiert eine ***Relativbewegung.*** Eine gleichartige Relativbewegung entsteht zwischen Tektorialmembran und Corti-Organ, wenn die kochleäre Trennwand nach oben und unten schwingt. Weil die Spitzen der längsten Stereozilien der äußeren Haarzellen an der Tektorialmembran befestigt sind, werden ihre Sinneshärchen damit im Wechsel nach außen und nach innen ausgelenkt ***(Deflektion).***

Wie die Stereozilien der inneren Haarzellen ausgelenkt werden, ist nicht genau bekannt. Man nimmt an, daß die Deflektion der Stereozilien der äuße-

Abb. 11-3. Abscherung der Stereozilien durch die Abwärts- und Aufwärtsbewegungen der kochleären Trennwand

ren Haarzellen zu einer Mitbewegung der Flüssigkeit in dem schmalen Raum zwischen Tektorialmembran und Corti-Organ führt; die Flüssigkeit nimmt dann die Stereozilien der inneren Haarzellen mit. Man spricht von einer *hydrodynamischen Kopplung.* Interessanterweise sind innere Haarzellen erheblich unempfindlicher als äußere Haarzellen. Dies spielt für das Frequenzunterscheidungsvermögen des Ohres eine wichtige Rolle und wird weiter unten besprochen.

Die Auslenkung der Sinneshärchen leitet den Transduktionsprozeß der Haarzelle ein

Eine Haarzelle besitzt an ihrem oberen Ende ca. 80–100 Sinneshärchen. Sie sind in Reihen angeordnet. Je weiter innen eine Stereozilienreihe ist, um so kürzer sind die Stereozilien. Geht man also von der innersten Stereozilienreihe einer Haarzelle weiter nach außen, so folgt eine Reihe längerer Stereozilien, auf die eine Reihe erneut längerer Stereozilien folgt. Die Spitzen der jeweils niedrigeren Stereozilien sind mit den jeweils längeren Stereozilien durch eine fadenartige Struktur verknüpft, die als Spitzenverbindung („tip link") bezeichnet wird.

Werden die Haarzellen nicht erregt, dann besitzen innere Haarzellen ein Ruhemembranpotential von rund −40 mV und äußere Haarzellen ein Ruhemembranpotential von rund −70 mV. Werden die Stereozilien einer Haarzelle deflektiert, so ändert sich das Membranpotential. Diese Änderung heißt ***Sensorpotential*** (Abb. 11-4). Mit der Entstehung des Sensorpotentials ist das ursprünglich mechanische Signal in ein elektrisches Signal umgewandelt (transduziert). Man spricht von ***mechanoelektrischer Transduktion.***

Einen wichtigen Beitrag zur Entstehung des Sensorpotentials leistet die Scala media, in die die Stereozilien der Haarzellen hineinragen. Sie ist ein ungewöhnlicher Extrazellulärraum, dessen Flüssigkeit eine im Körper einzigartige Ionenzusammensetzung besitzt (Abb. 11-2): Die sich in der Scala media befindliche Endolymphe enthält eine extrem *hohe Konzentration von Kalium,* nämlich rund 140 mmol/l. Darüber hinaus ist die Scala media positiv geladen, so daß sie gegenüber den übrigen Extrazellulärräumen ein ständiges Potential (Bestandspotential) von etwa +85 mV besitzt. Es heißt ***endolymphatisches Potential (EP).*** Das EP und die hohe K^+-Konzentration der Endolymphe werden durch die Stria vascularis (SV) erzeugt.

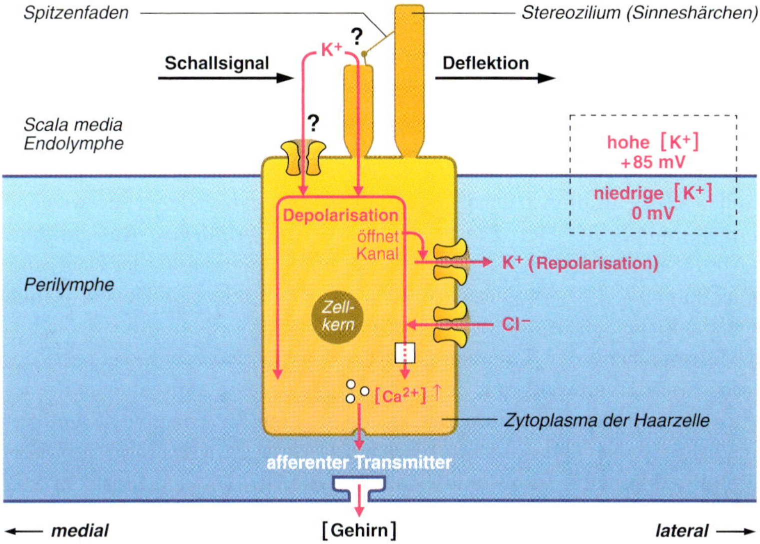

Abb. 11-4. Das Schallsignal führt zu einer Deflektion des Haarbündels, wodurch sich apikale Ionenkanäle öffnen. Entsprechend der Davis-Batteriehypothese müssen diese Ionenkanäle als variable Widerstände wirken. Ionen strömen in die Zelle, wobei Kaliumionen die besten Kandidaten sind. Die Folge ist eine Depolarisation der Zelle. Die Depolarisation führt (in inneren Haarzellen) zur Freisetzung des afferenten Transmitters (vermutlich Glutamat), wodurch die afferenten Nervenfasern stimuliert werden. Gleichzeitig steigert die Depolarisation die Öffnungswahrscheinlichkeit von kaliumspezifischen Kanälen in der laterobasalen Zellwand (in äußeren Haarzellen sind es z.B. Typ-C-Kanäle). Sie erlauben die Repolarisation der Zelle. Gleichzeitig tragen Chloridkanäle in geringem Umfang zur Repolarisation bei. Die geschilderte Zunahme des Stromflusses durch die Zelle führt vorübergehend zu einer Negativierung der Scala media, während die Cortilymphe neben den Haarzellen vorübergehend etwas positiver wird (Mod. nach Zenner u. Gitter 1987a)

Kalium-Ionenkanäle in Haarzellen tragen zum Sensorpotential und damit zum Transduktionsprozeß bei

Werden die Stereozilien in Richtung zum längsten Stereozilium deflektiert, löst dies die ***Öffnung von Transduktionsionenkanälen*** am oberen Ende der Haarzellen aus, das in die Endolymphe hineinragt. Die Ionenkanäle werden in der Nähe der Spitze der Stereozilien oder (weniger wahrscheinlich) nahe der Stereozilienbasis vermutet.

Haben sich die Transduktionsionenkanäle als Folge der Abscherung der Zilien geöffnet, dann wird die ungewöhnlich hohe Potentialdifferenz zwischen Scala media (EP + 85 mV) und dem Inneren der Sinneszelle (äußere Haarzelle – 70 mV) wirksam, die bis zu 155 mV betragen kann. Als Folge müssen bei Öffnung des Ionenkanals positive Ionen aus der Endolymphe in das Zytoplasma der Haarzelle getrieben werden. Aufgrund ihrer auffällig hohen Konzentration in der Endolymphe handelt es sich dabei überwiegend um Kaliumionen. Der ***Einstrom der positiv geladenen Kaliumionen*** (Abb. 11-4) führt zu einer Änderung des Membranpotentials der Haarzelle. Das Potential wird etwas weniger negativ: Es entsteht eine Depolarisation und damit das Sensorpotential.

Entsprechend der Aufeinanderfolge von Auf- und Abbewegungen der kochleären Trennwand wird das Stereozilienbündel im Anschluß an die soeben dargestellte Deflektion zum nächsthöheren Stereozilium (Stimulationsrichtung oder -phase) in Gegenrichtung verlagert. Dies führt zum Verschluß zahlreicher Transduktionsionenkanäle, so daß der Einstrom von Kaliumionen gehemmt wird (Inhibitionsrichtung oder -phase). Eine weitere Depolarisation wird dadurch verhindert. Um außerdem zum ursprünglichen Membranpotential zurückkehren zu können, besitzen die Haarzellen darüber hinaus ***Ionenkanäle in ihrer basolateralen Zellmembran*** (Abb. 11-4), die an die Perilymphe der Scala tympani grenzen. Es handelt sich um spezifische *Kaliumkanäle* (in äußeren Haarzellen vom sog. Typ C), die Kaliumionen vom Zellinneren in die Perilymphe ausströmen lassen. Der Kaliumkanal in der basolateralen Zellmembran wird durch die Depolarisation der Zelle geöffnet und erlaubt durch K^+-Verlust die Repolarisation der Zelle.

In inneren Haarzellen führt das Sensorpotential zur Freisetzung afferenter Transmitter

Entsteht in inneren Haarzellen ein Sensorpotential, dann setzen diese an ihrem unteren Ende ***afferente Transmitter*** frei. An den basalen Enden der inneren Haarzellen befinden sich 90 % der afferenten Synapsen des Hörnervs. An der Transmitterfreisetzung ist ein Anstieg der *intrazellulären freien Kalziumkonzentration* beteiligt, zu deren Kontrolle das Sensorpotential beiträgt. Bei dem wichtigsten afferenten Transmitter handelt es sich wahrscheinlich um *Glutamat* oder eine ähnliche Substanz.

Freigesetzte Transmittermoleküle erreichen nach Diffusion durch den synaptischen Spalt ihre entsprechenden Rezeptoren in der Zellmembran der afferenten Hörnervenzelle. Die Bindung des afferenten Transmitters an die Rezeptoren löst in der Nervenzelle ein *Nervenaktionspotential* aus. Die hier geschilderte Weitergabe des transduzierten Signals an afferente Fasern des Hörnervs beschränkt sich im wesentlichen auf die inneren Haarzellen. Äußere Haarzellen haben eine andere Funktion (s. unten).

Die Freisetzung des Transmitters geschieht zeitlich hochpräzise zur Phase der Auslenkung der Stereozilien und damit zur Phase des Rezeptorpotentials. Werden die Stereozilien in Stimulationsrichtung ausgelenkt, so werden Transmittermoleküle freigesetzt. Eine Auslenkung der Stereozilien in Gegenrichtung hemmt die Transmitterfreisetzung. Die Höchstfrequenz der Transmitterfreisetzung ist beschränkt. Sie kann (abhängig von der untersuchten Spezies) bis etwa 5000 mal pro Sekunde geschehen. Geht man davon aus, daß die Häufigkeit von Ante- und Retroflektion des Stereozilienbündels und damit der Freisetzungen des Transmitters die Frequenz des Schallsignals widerspiegelt, dann limitiert die Transmitterfreisetzung die lineare Übertragung von Frequenzen auf bis zu 5 kHz.

Klinisch können Reizfolgepotentiale von Innenohr und Hörnerv gemessen werden

Klinischer Promontoriumstest. Es ist schwierig, Sensorpotentiale und Ionenkanäle an Haarzellen zu messen. Beim Menschen ist dies noch nicht gelungen, sondern nur bei Tieren. Hingegen können für klinische Untersuchungszwecke feine Elektroden durch das Trommelfell hindurchgeschoben werden und auf das Promontorium (die knöcherne Innenohrwandung zum Mittelohr) aufgesetzt werden. Die Elektrode befindet sich dadurch in der Nähe von Sensorzellen und Hörnerv. Wird der Patient anschließend beschallt, dann können Potentiale abgeleitet werden, die eine überraschende Eigenschaft besitzen, wenn man diese Potentiale über einen Verstärker einem Lautsprecher zuführt. Spricht man nämlich in das untersuchte Ohr hinein, so kann man am Lautsprecher das Gesprochene Wort für Wort verstehen. Ohr und Potential verhalten sich also wie ein Mikrophon, so daß das Potential *Mikrophonpotential* (CM, Cochlear microphonics) heißt. Die Mikrophonpotentiale entstehen an oder in der Nähe der Stereozilien der äußeren Haarzellen. Ihr Entstehungsmechanismus ist unbekannt.

Reizt man das Ohr mit einem extrem kurzen Schallpuls (z. B. einem sog. Klick), dann kann mit der Promontoriumselektrode ein zusätzliches Potential, nämlich das *Summenaktionspotential* („compound action potential“, CAP) des Hörnervs abgeleitet werden.

Cochlear Implant. Promontorialableitungen werden klinisch durchgeführt, um bei Gehörlosen zu untersuchen, ob diese für ein elektronisches, kochleäres Implantat („cochlear implant") geeignet sind. Ein kochleäres Implantat besitzt eine oder mehrere Elektroden, die beim Gehörlosen in die Cochlea geschoben werden können, um den Hörnerv direkt zu erregen. Das Implantat ist mit einem Miniaturmikrophon sowie einem elektronischen Sprachprozessor verbunden. Dadurch können Höreindrücke erzeugt werden, so daß ein Teil der Betroffenen sogar telefonieren kann.

Das große Frequenzunterscheidungsvermögen des Ohres geht auf Wanderwellen der kochleären Trennwand zurück

Das gesunde Ohr kann Tonhöhen erstaunlich gut unterscheiden, wenn es die Töne sukzessive hört. Bei 1000 Hz beträgt die Frequenzunterschiedsschwelle 0,3 %, also 3 Hz. Ist die Frequenzunterschiedsschwelle beim Kranken verschlechtert, so kann er Sprache kaum noch verstehen.

Die hohe Frequenzselektivität des Ohres wird in der Cochlea durch einen eleganten Mechanismus erzeugt, für dessen anfängliche Beschreibung Georg von Békésy 1961 den Nobelpreis erhielt. Die Schwingungen eines Tones führen zu ständigen Auf- und Abwärtsbewegungen der kochleären Trennwand. Diese Bewegungen beginnen unmittelbar hinter dem Steigbügel, bleiben jedoch nicht auf diesen Ort beschränkt. Vielmehr bilden sie eine Welle aus, die anschließend in Richtung zur Cochleaspitze wandert (Abb. 11-2). Die Welle wird daher als ***Wanderwelle*** bezeichnet. Man kann sie sich ungefähr so vorstellen: Wenn man ein Seil zwischen 2 Personen spannt und eine Person auf ihrer Seite mit der Handkante auf das gespannte Seil schlägt, wird man eine Welle sehen, die das Seil entlang wandert.

In der Cochlea hat die Wanderwelle allerdings eine wichtige zusätzliche Eigenschaft. Sie wandert nicht gleichförmig oder gar abnehmend von der Schneckenbasis bis zur Schneckenspitze. Vielmehr wird ihre Amplitude im Verlauf der Wanderung plötzlich drastisch verstärkt, um unmittelbar danach wieder scharf abzufallen. Bei niedrigen und mittleren Schalldruckpegeln ist diese Wanderwellenverstärkung besonders auffällig. Für das Verständnis der Frequenzselektivität ist es nun von grundlegender Bedeutung, daß dieses durch Verstärkung zustande kommende Wanderwellenmaximum für jede Tonhöhe an einem anderen Ort entlang der Cochlea produziert wird. Dabei gilt: *Je höher der Ton, desto näher am Steigbügel befindet sich der Ort des Wanderwellenmaximums.* Daher entsteht das Wanderwellenmaximum für hohe Töne an der Cochleabasis; je mehr die Tonhöhe abfällt, um so mehr nähert sich der Ort des Wanderwellenmaximums der Cochleaspitze. Für mittlere Töne findet man es damit in der mittleren Cochlea und für tiefe Töne in der Nähe der Cochleaspitze. Für jede Tonhöhe gibt es deshalb einen bestimmten charakteristischen Ort der Maximalauslenkung der Wanderwelle entlang der kochleären Trennwand. Die jeweilige Tonhöhe heißt charakteristische Frequenz (CF). Man kann dies vergleichen mit den Tasten eines Klaviers, die entlang der Klaviatur ebenfalls den Ort der Tonhöhe festlegen, mit den hohen Tönen am rechten Ende und sich dem linken Ende nähernd, je mehr die Tonhöhe abfällt. Beim Ohr spricht man daher vom ***Ortsprinzip (Ortstheorie, Tonotopie) der Wanderwelle.*** Die Folge ist, daß eine einzelne Frequenz nur an einem bestimmten Ort (nämlich dem Ort des Wanderwellenmaximums) einige wenige Haarzellen reizt. Unterschiedliche Tonhöhen reizen damit unterschiedliche Haarzellen entlang der kochleären Trennwand. Ein kompliziertes, aus mehreren Tonhöhen bestehendes Schallereignis wird dadurch längs der kochleären Trennwand aufgespreizt *(Frequenzdispersion).*

Neben der Wanderwelle kann das Innenohr zur Frequenzanalyse auch Zeitstrukturen des Schallsignales, z.B. periodisch wiederkehrende Schalldruckspitzen erkennen *(Periodizitätsanalyse).* Eine Periodizitätsanalyse muß insbesondere oberhalb von etwa 5 kHz eine Rolle spielen, da sowohl die Freisetzung afferenter Transmitter als auch die Produktion von Nervenaktionspotentialen in den afferenten Nervenfasern höheren Frequenzen nicht mehr folgen kann.

Das scharfe Wanderwellenmaximum wird durch äußere Haarzellen bei niedrigem/mittlerem Schalldruckpegel erzeugt

Beim Gesunden besitzen äußere Haarzellen die Fähigkeit, sich außerordentlich schnell zu verkürzen und zu verlängern. Dadurch erzeugen sie bei niedrigem und mittlerem Schalldruckpegel mechanische Energie, die zu einer fast 1000fachen Verstärkung der Wanderwelle und damit zu dem physiologisch spitzen Wanderwellenmaximum führt. Durch die Tektorialmembran gesteuert wird die Energie der kochleären Trennwand von jeweils wenigen, für die jeweilige Frequenz entsprechend dem Ortsprinzip zuständigen äußeren Haarzellen mittels streng lokalisierter, aktiver Zellbewegungen (Haarzellmotilität) zugeführt. Dadurch kann die Oberseite des Corti-Organs aktiv in Schwingungen versetzt werden (Abb. 11-5). Wahrscheinlich sind es

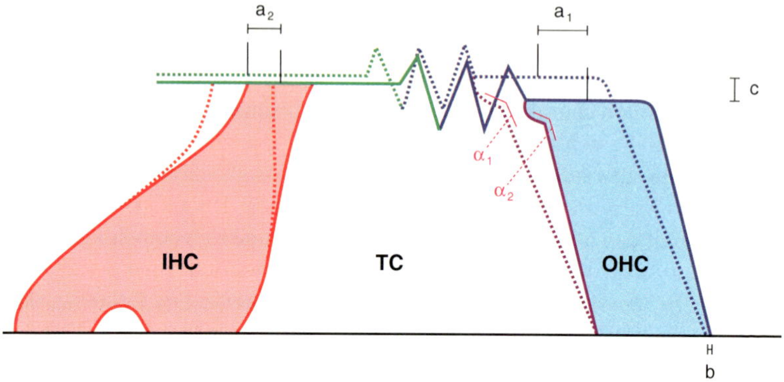

Abb. 11-5. Modell schneller, aktiver, radialer ***(a_1)*** und transversaler ***(c)*** Bewegungen äußerer Haarzellen im Corti-Organ. Als Folge ihrer schrägen anatomischen Position führt eine Verkürzung des äußeren Haarzellkörpers zu Bewegungen in 2 Richtungen (gepunktet eingezeichnet): In einer radialen Scherbewegung ***(a_1)*** gleitet die Kutikularplatte in der Ebene der Retikularmembran nach außen, während der kernnahe Teil der äußeren Haarzelle in erster Näherung eine Rotationsbewegung nach außen vollzieht ***(b,*** dunkelrote bzw. blaue Punktlinien und kleine Auslenkungsskala oberhalb b). Diese radiale Bewegung ist von einer gleichzeitigen transversalen Bewegung begleitet ***(c).*** Die Kombination von radialer und transversaler Bewegung ist nur möglich, wenn gleichzeitig eine Knickbewegung des Kutikularplattenwinkels von alpha 1 *(α_1)* nach alpha 2 *(α_2)* stattfindet. Die kombinierte, aktive, transversale und radiale Bewegung äußerer Haarzellen ist mechanisch an die passiven inneren Haarzellen gekoppelt, die durch (a_1) der äußeren Haarzellen angetrieben werden. Die passive Bewegungsamplitude der inneren Haarzellen (a_2) ist geringer als die aktive Bewegungsamplitude (a_1) der äußeren Haarzellen. Vorstellbar, jedoch nicht bewiesen, ist es, daß die Bewegung a_1 der äußeren Haarzellen, die die radiale Bewegung a_2 der inneren Haarzellen auslöst, aus hydrodynamischen Gründen zu einer Deflektion der Stereozilien der inneren Haarzellen führt, indem die Trägheit der nicht angetriebenen Flüssigkeit des subtektorialen Raumes zur inneren Haarbündeldeflektion beiträgt (***IHC*** innere Haarzelle; ***OHC*** äußere Haarzelle; ***TC*** Corti-Tunnel). (Nach Reuter u. Zenner 1990, mit freundlicher Genehmigung)

diese umschriebenen Schwingungen – von den *äußeren Haarzellen* wie durch einen Motor erzeugt – die die Ursache für das auffällige und scharfe Wanderwellenmaximum des gesunden Ohres sind. Die Wanderwelle wird dadurch in einem sehr eng umschriebenen Bereich der kochleären Trennwand verstärkt ***(kochleärer Verstärker).***

Das Innenohr erzeugt Geräusche, die als otoakustische Emissionen im Gehörgang gemessen werden

Wird das Ohr mit einem nur wenige Millisekunden dauernden Geräusch, einem sog. „Klick", gereizt, dann antwortet das Innenohr nach einer kurzen Pause mit einem vorübergehenden Geräusch. Der vom Innenohr produzierte Schall gelangt über das Mittelohr und das Trommelfell in den äußeren Gehörgang. Er kann dort mit hochempfindlichen Mikrofonen gemessen werden. Man spricht von einer *transitorisch evozierbaren* ***otoakustischen Emission (TEOAE).*** TEOAE sind bei fast allen gesunden Ohren auslösbar. Der Schalldruckpegel der TEOAE ist so niedrig, daß der Betroffene selbst seine eigenen TEOAE normalerweise nicht wahrnimmt. Die Messung von TEOAE ist eine Screeningmethode, um bei Neugeborenen (insbesondere nach Risikogeburten), Säuglingen und Kleinkindern das Hörvermögen objektiv zu untersuchen. Die Innenohren vieler Menschen produzieren darüber hinaus auch *spontane* ***otoakustische Emissionen (SOAE),*** die mit extrem empfindlichen Mikrofonen als Daueremission im äußeren Gehörgang gemessen werden können.

Ursache der otoakustischen Emissionen sind vermutlich die bereits o. g. *schnellen Bewegungen äußerer Haarzellen.* Ihre Hauptaufgabe ist die Produktion von Schwingungen, um wie ein Motor die Wanderwelle zu verstärken. Dabei wird offenbar soviel Energie erzeugt, daß als Nebeneffekt ein Teil der Schwingungsenergie als Schall das Innenohr verläßt und über das Mittelohr an die Außenwelt abgegeben wird.

11.4 Auditorische Signalverarbeitung im Zentralnervensystem

Die Transmitterfreisetzung von inneren Haarzellen, die als Folge des Transduktionsprozesses auftritt, führt zu einer Kette neuronaler Erregungen über den Hörnerven, den Hirnstamm und die Hörbahn bis zum auditorischen Cortex im Temporallappen.

Die transduzierten Informationen des Schallsignals werden dadurch über mindestens *5–6 hintereinandergeschaltete Neurone bis zum auditorischen Cortex* weitergeleitet (Abb. 11-6). Innerhalb der Neurone geschieht die Signalweiterleitung durch Nervenaktionspotentiale. Der Signaltransfer an den Synapsen wird über Transmitter vermittelt. Die Hörnervenfasern sind die er-

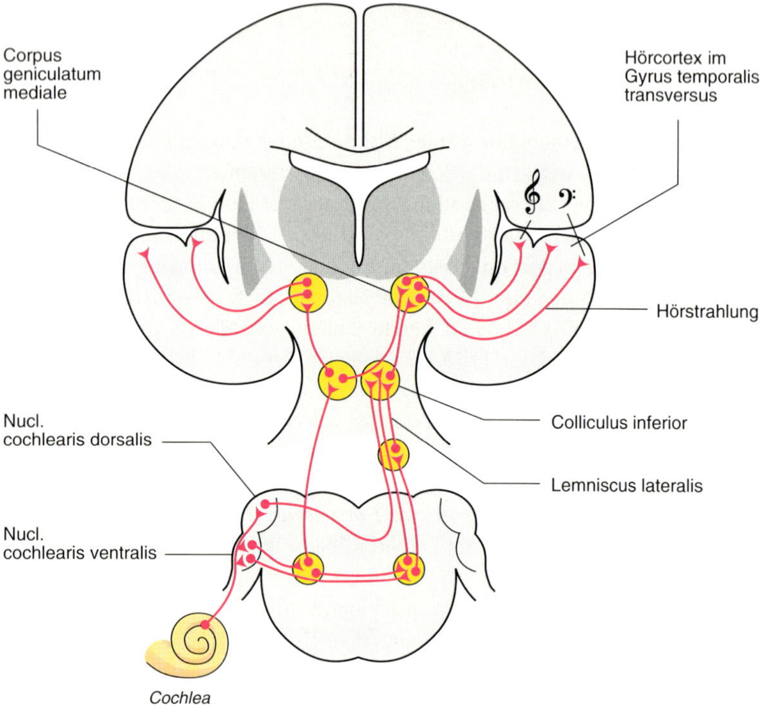

Abb. 11-6. Schematische Darstellung der zentralen Hörbahn

sten Neurone. In ihnen wird der Schallreiz durch die Entladungsrate, die Zeitdauer der Aktivierung sowie durch ihren Anschluß an frequenzspezifische Haarzellen kodiert. Die höheren Neurone der Hörbahn hingegen sind zunehmend auf ***komplexe Schallmuster*** (z. B. Phoneme der Sprache) spezialisiert. Sie besitzen zusätzliche Interneurone und Kollaterale, wodurch eine ausgedehnte neuronale Vernetzung des zentralauditorischen Systems entsteht. Dadurch können sie beispielsweise den Nutzschall (z. B. die sprachliche Information) aus einem Gesamtschallreiz herausfiltern und selektiv für die kortikale Beurteilung weiterleiten. Auch für das *räumliche Hören* besitzt das Gehirn hochspezialisierte Neurone. Sie reagieren auf Laufzeitunterschiede und Intensitätsunterschiede zwischen der Reizung des rechten und linken Ohres.

Klinische BERA-Untersuchung. Die im Verlauf neuronaler Erregungen zeitlich hintereinander ausgelösten (evozierten) Aktionspotentiale werden diagnostisch ausgenutzt. Man spricht von *akustisch evozierten Potentialen (AEP)* oder *„brainstem evoked response audiometry" (BERA)*. Die ***BERA*** ist eine bedeutende diagnostische Methode, um bei bestehender Schallempfindungsschwerhörigkeit zwischen kochleärem (im Innenohr) oder retrokochleärem Schaden zu unterscheiden. Retrokochleäre Erkrankungen („hinter der Cochlea") schädigen am weitaus häufigsten den Hörnerv zwischen Innenohr und Hirnstamm. Ein wichtiges Beispiel ist das Acusticusneurinom, ein Tumor, der von der Schwann-Scheide des N. statoacusticus ausgeht. Darüber hinaus kann die BERA als objektive Untersuchungsmethode verwendet werden, um das Hörvermögen bei Säuglingen und Kleinkindern sowie bei bewußtlosen Erwachsenen (Kopfverletzung, Koma) objektiv, also ohne Mitarbeit des Patienten, zu untersuchen.

Bei der BERA hört der Untersuchte Schallreize, die zu einer Veränderung der elektrischen Hirnaktivität führen. Das übliche Meßverfahren der elektrischen Hirnaktivität, das Elektroenzephalogramm (EEG, s. Kap. 15) kann jedoch nicht zur Auswertung verwendet werden, da die durch den Schall ausgelösten Hirnpotentialänderungen im Vergleich zu den übrigen Wellen des EEG viel zu klein sind. Wird die Schallstimulation jedoch vielfach wiederholt (z. B. 2000 mal), dann tritt die schallausgelöste Hirnpotentialänderung stets in einem definierten zeitlichen Abstand (im Millisekundenbereich) nach diesem Stimulus auf. Die regelmäßige Wiederkehr dieser Antwort steht im Gegensatz zur Unregelmäßigkeit der übrigen Wellen des EEG, so daß es computerisierte, mathematische Verfahren erlauben, die elektrische Antwort auf den Schallstimulus im EEG wiederzufinden. Unter zahlreichen meßbaren Potentialen werden zumeist die nach 2–12 ms auftretenden, schnellen Hörnerven- und Hirnstammpotentiale zur Diagnostik ausgenutzt. Ein wichtiges diagnostisches Kriterium sind beispielsweise Verspätungen (Latenzzeitverlängerungen) einzelner Potentiale, die auf eine Läsion an einem Ort vor der verzögerten Potentialentstehung schließen lassen.

Nach der Transduktion und Transformation übertragen afferente Fasern des Hörnervs die Signale aus der Cochlea zum ZNS

Der N. cochlearis verläßt das Innenohr durch den inneren Gehörgang und zieht durch den Kleinhirnbrückenwinkel zum ***Hirnstamm.*** Seine afferenten Fasern teilen sich im Hirnstamm und ziehen zum ***Nucleus cochlearis*** ventralis sowie zum Nucleus cochlearis dorsalis. Dort werden sie jeweils zum 2. Neuron umgeschaltet. Neben einer großen Zahl afferenter Fasern besitzt der Hörnerv auch efferente Nervenfasern. Rund *90 % der afferenten Nervenfasern* haben eine Synapse mit *nur einer einzigen Haarzelle,* und zwar einer *inneren Haarzelle.* Im Gegensatz dazu *enden rund 90 % der efferenten Nervenfasern* exklusiv *an mehreren äußeren Haarzellen.*

Da jede Haarzelle nach der Ortstheorie für eine bestimmte Tonhöhe zuständig ist, wird die an eine bestimmte innere Haarzelle angeschlossene *afferente*

Nervenfaser bevorzugt bei Beschallung des Ohres bei einer ganz bestimmten Frequenz optimal erregt. Diese Frequenz heißt – wie bei den Haarzellen – *charakteristische Frequenz* (CF, auch: Bestfrequenz). Weicht die Schallfrequenz von der Bestfrequenz ab, dann muß mit zunehmender Abweichung der Schalldruckpegel erhöht werden, um eine Erregung der afferenten Nervenfaser messen zu können. Da die Geräusche des täglichen Lebens aus mehreren Schallfrequenzen bestehen, werden die jeweils für die CF zuständigen Nervenfasern besonders stark erregt. Bis etwa 5 kHz wird auf diesem Weg die Information über die ***Tonhöhe*** über den Hörnerv an das ZNS weitergegeben.

Für höhere Frequenzen sowie partiell auch für Tonhöhen bis 5 kHz werden weitere Codierungsmechanismen diskutiert. Am ehesten kommt wahrscheinlich das bei der Besprechung des Innenohres bereits erwähnte *Periodizitätsprinzip* in Frage. Dabei wird angenommen, daß der Organismus die Zeitstruktur des Schallreizes, z. B. periodisch wiederkehrende Schalldruckspitzen, ausnutzen kann. Daß neben dem Ortsprinzip weitere Codierungsmechanismen für die Tonhöhe existieren müssen, zeigen klinische Erfahrungen mit den kochleären Implantaten, deren Elektroden bei Gehörlosen das Innenohr teilweise ersetzen und den Hörnerv elektrisch reizen (s. oben). Es gibt nämlich Implantate, die nur eine Elektrode besitzen und daher bei alleiniger Gültigkeit des Ortsprinzipes eigentlich nur eine Frequenz übertragen dürften. Mittels elektronisch gesteuerter, periodischer Reize des Sprachprozesses kann der Patient jedoch mehrere Frequenzen empfinden, was ihm in Einzelfällen erlaubt, sogar zu telefonieren.

Die ***Länge eines Schallreizes*** wird durch die *Dauer der Aktivierung* der afferenten Nervenfasern verschlüsselt. Die Kodierung unterschiedlicher ***Schalldruckpegel*** gelingt durch die *Entladungsrate* der erregten Neurone. Mit Zunahme des Schalldruckpegels steigt die Entladungsrate. Allerdings kann eine einzelne Nervenfaser eine bestimmte höchste Entladungsrate nicht überschreiten. Nimmt der Schalldruckpegel trotzdem weiter zu, werden zunehmend Nachbarfasern mitaktiviert.

Die efferenten Nervenfasern des Hörnervs stammen zumeist aus der Olive und steuern die äußeren Haarzellen

Die efferenten Nervenfasern des Hörnerven enden zu 90 % an den äußeren Haarzellen. Die Transmitter an den Synapsen zu den Haarzellen sind ***Acetylcholin*** und ***Gamma-Aminobuttersäure (GABA).*** Die efferenten Fasern stammen überwiegend von der kontralateralen, im geringeren Maße von der ipsilateralen oberen Olive und werden daher als *olivokochleäres Bündel (OCB)* bezeichnet. Mit Hilfe der efferenten Fasern werden einige Funktionen der Cochlea vom Gegenohr oder vom ZNS gesteuert. Sie sind noch nicht in allen Einzelheiten bekannt. Eine Vorstellung ist, daß die Motilität der äußeren Haarzellen gesteuert wird; das soll dem Schutz vor Schallschäden, der Kontrolle der mechanischen Arbeitsbedingungen der Cochlea, der verbesserten Signaldetektion vor Hintergrundgeräuschen sowie der auditorischen Aufmerksamkeit dienen.

Jedes Ohr ist über Afferenzen mit beiden Hirnhälften verknüpft; die meisten Fasern kreuzen zur kontralateralen Seite

Die 2. afferenten Neurone, die vom ventralen Nucleus cochlearis ausgehen, kodieren die Schallinformation in ähnlicher Weise wie die afferenten Hörnervenfasern. Ein Teil dieser 2. Neurone zieht auf der gleichen Seite zur oberen Olive, ein Teil erreicht die obere Olive der kontralateralen Seite. Auch die afferenten Fasern, die vom dorsalen Nucleus cochlearis ausgehen, kreuzen zur kontralateralen Seite, und zwar zum Nucleus lemniscus lateralis. Die afferenten Fasern der 2. Neurone verlaufen damit zu einem kleineren Teil auf der ipsilateralen Seite, der *überwiegende Teil der Fasern kreuzt jedoch zur kontralateralen Seite.* Die Folge ist, das jedes Innenohr mit der rechten und der linken Hörrinde verbunden ist. Dadurch können beispielsweise auf beide Ohren auftreffende Schallsignale (binaurale Schallsignale) ab den 2. Neuronen miteinander verglichen werden. Die den 2. Neuronen nachgeschalteten höheren Neurone verlaufen ebenfalls teilweise ipsilateral, teilweise kontralateral nach jeweils neuer Umschaltung zum ***Colliculus inferior*** und danach zum ***Corpus geniculatum mediale.*** Die sich daran anschließenden Afferenzen heißen Hörstrahlung (Radiatio acustica) und ziehen zur primären Hörrinde *(Heschl-Querwindung)* des ***Temporallappens.***

Die höheren Neurone sind häufig auf Schallmuster spezialisiert und reagieren nur, wenn ihnen dieses charakteristische Muster angeboten wird

Die Kodierung der Schallinformation im 1. und in Teilen des 2. Neurons war sehr einfach. Von vielen Neuronen wird die Information lediglich von der Cochlea zum ZNS weitergegeben. Ab den ***höheren Neuronen*** hingegen wird die dem Schall innewohnende Information verarbeitet und für die Auswertung in der Hörrinde vorbereitet. Im Ergebnis *wird nur ein kleiner Teil der gesamten akustischen Information,* die auf die Ohren eindringt, *bis zur Hörrinde transferiert.* Dieser Teil der Schallinformation heißt ***Nutzschall.*** Der für den Menschen wichtigste Nutzschall ist die ***Lautsprache.*** Die übrige Schallinformation (Hintergrundgeräusche, Worte eines nichtinteressierenden Sprechers) wird im Verlauf der zentralen Schallinformationsverarbeitung weitgehend eliminiert.

Zurückzuführen ist diese *Filterung* auf die grundsätzliche Eigenschaft der Mehrzahl der höheren Neurone der Hörbahn, nicht auf reine Sinustöne, sondern auf bestimmte Eigenschaften eines ***Schallmusters*** zu reagieren. Da für den Menschen wichtige Muster Phoneme der Sprache sind, stören die meisten Hirnläsionen, die die höheren auditorischen Neurone oder die Hörbahn schädigen (z. B. bei einem apoplektischen Insult, Schlaganfall), selektiv die Sprachwahrnehmung. Hingegen können Tonfrequenzen in der Regel unverändert normal wahrgenommen werden.

Die Mechanismen der zentralen Schallinformationsverarbeitung sind in wesentlichen Einzelheiten noch unbekannt. Man weiß zwar, daß das Ortsprinzip von Cochlea und Hörnerv bis zum auditorischen Cortex besteht; allerdings kommen bei zahlreichen vom dorsalen Nucleus cochlearis ausgehenden Neuronen kollaterale Verschaltungen hinzu, die z. T. exitatorisch, z. T. inhibitorisch wirken (On-off-Neurone). Darunter gibt es Fasern, die bei bestimmten Frequenzen aktiviert, durch höhere oder tiefere Töne hingegen gehemmt werden. Andere Neurone werden durch eine Frequenzzunahme, wieder andere durch eine Frequenzabnahme (Frequenzmodulation) erregt. Dabei spielt zusätzlich der Grad der Modulation eine Rolle. Andere Zellen sind auf die Amplitudenänderung eines Tones spezialisiert.

Im ***auditorischen Cortex*** ist die Spezialisierung der Neurone auf bestimmte Eigenschaften eines Schallmusters sogar noch ausgeprägter. So gibt es Neurone, die auf den Beginn oder das Ende, auf eine mehrfache Wiederholung oder eine Mindestzeitdauer oder auf bestimmte Amplituden und Frequenzmodulationen eines Schallreizes reagieren. Offenbar erlaubt es diese bisher nur in Bruchstücken bekannte zunehmende Spezialisierung der Neurone, Muster innerhalb eines Schallreizes herauszuarbeiten und für die kortikale Beurteilung (Wahrnehmung) vorzubereiten. Es handelt sich also um ***Informationsverarbeitung,*** durch die beispielsweise *Nutzschall* von *Störschall* getrennt werden kann. Wie schon erwähnt, sind das gesprochene Wort oder Musik Nutzschallmuster, die wir trotz Umgebungsgeräusch (Störschall) wahrnehmen können. Dabei spielen sowohl Lernprozesse (der wahrzunehmende Nutzschall „Sprache" muß zuvor erlernt sein) als auch der Wille des Hörenden eine Rolle. Sprechen mehrere Menschen gleichzeitig, kann der gesunde Hörende durch seinen Willen beeinflussen, welchen Sprecher unter mehreren gleichzeitig Sprechenden er wahrnehmen (verstehen) möchte. Dadurch werden die Worte der übrigen Sprecher vom ZNS als Störschall behandelt und partiell weggefiltert.

Räumliche Hörwahrnehmung ist ein Beispiel für die Funktion dafür hochspezialisierter höherer Neurone

Mittels des Hörens kann man sich im Raum orientieren. Die ***auditorische Raumorientierung*** geschieht weitgehend im zentralen Hörsystem. Beispielsweise kann die Richtung einer Schallquelle allein durch das Hören geortet werden. Eine der physiologischen Grundlagen räumlichen Hörens sind auf Raumorientierung hochspezialisierte Neurone. Voraussetzung ist allerdings, daß beide Ohren normal hören *(binaurales Hören).* Die Ortung einer Schallquelle beruht in der Regel darauf, daß diese Schallquelle von einem Ohr weiter entfernt ist als vom anderen. Dadurch trifft der Schall am entfernteren Ohr leiser und später ein. Intensitätsunterschiede von nur 1 dB und Laufzeitunterschiede bis hinab zu $3 \cdot 10^{-5}$ Sekunden können dabei vom auditorischen System sicher erkannt werden. Derartig geringe Schallverspätungen treten bei einer Abweichung der Schallquelle von 3° von der Mittellinie zur Seite auf. Die Intensitäts- und Laufzeitunterschiede werden auch von Stereoanlagen ausgenutzt, um die Wahrnehmung eines Raumeindruckes zu erzeugen.

Die *Laufzeit- oder Intensitätsdifferenz* ist v. a. dazu geeignet, Schallquellen rechts oder links vom Kopf zu orten. Die zusätzliche Entscheidung, ob sich die Schallquelle oben, unten, vorn oder hinten befindet, ist erheblich schwieriger und geschieht nicht mittels der Analyse von Laufzeit- und Intensitätsdifferenzen. Vielmehr spielt die *Form der Ohrmuschel* hierfür eine Rolle. Jedes Schallsignal wird nämlich nach dem Auftreffen auf die Ohrmuschel etwas verändert (verzerrt) und trifft als verzerrtes Muster auf das Trommelfell auf. Ausmaß und Art (Produkt) der Verzerrung ***(Verzerrungsprodukt oder Distorsionsprodukt)*** sind davon abhängig, unter welchem Winkel der Schall auf die Ohrmuschel auftrifft. Die Folge ist, daß ein bestimmtes Ausgangsschallmuster, das von vorn auf das Ohr auftrifft, sich bei Ankunft am Trommelfell in wenigen, aber charakteristischen Eigenschaften von dem am Trommelfell ankommenden Muster unterscheidet, das bei Auftreffen des Schallsignals von hinten auf das Ohr auftritt. Vermutlich werden beide Untermuster in Hörbahn und Cortex von unterschiedlichen hochspezialisierten Neuronen erkannt, was zur räumlichen Wahrnehmung beiträgt.

Literatur

Evans EF (1974) Neuronal processes for the detection of acoustic patterns and for sound localization. In: Schmidt FO, Worden FG (eds) Neurosciences, third study program. MIT Press, New York, p 131

Keidel WD, Neff WD (eds) (1974–1976) Handbook of sensory physiology, vol V: 1/1974, 2/1975, 3/1976. Springer, Berlin Heidelberg New York

Klinke R (1986) Neurotransmission in the inner ear. In: Flock A, Wersäll J (eds) Cellular mechanisms in hearing. Elsevier, Amsterdam, pp 235–244

Klinke R (1987) Gleichgewichtssinn, Hören, Sprechen. In: Schmidt RF, Thews G (Hrsg) Physiologie des Menschen, 23. Aufl. Springer, Berlin Heidelberg New York Tokyo

Klinke R, Hartmann R (Hrsg) (1983) Hearing-physiological bases and psychophysics. Springer, Berlin Heidelberg New York

Zenner HP (1993) Physiologische und biochemische Grundlagen des normalen und gestörten Gehörs. In: Naumann HH, Helms J, Haberhold C, Kastenbauer ER (Hrsg) Otorhinolaryngologie in Klinik und Praxis, Bd 1. Thieme, Stuttgart, S 1

Zenner HP, Gitter AH (1987) Die Schallverarbeitung des Ohres. Physik Uns Zeit 18: 97–105

12 Gleichgewicht

H.-P. Zenner

EINLEITUNG

Die Gleichgewichtssinnesorgane des Menschen befinden sich im Innenohr. Sie erlauben dem Menschen den aufrechten Gang, indem sie Dreh-, (Winkel-) und Translationsbeschleunigungen messen. Störungen des Gleichgewichtssystems führen zu einem der häufigsten Leitsymptome – dem Schwindel.

12.1 Die Gleichgewichtssinnesorgane

Der aufrechte Gang des Menschen wird ermöglicht durch die Gleichgewichtssinnesorgane

Die 5 wichtigsten Endorgane für den Raumorientierungs- und Bewegungssinn des Menschen befinden sich im Labyrinth des Innenohrs. Es sind die Vestibularorgane (Vestibularapparat). Der Gesunde ist sich der normalen Funktion der Vestibularorgane normalerweise nicht bewußt und bemerkt sie im täglichen Leben nicht. Funktionsstörungen hingegen werden z.T. sehr dramatisch wahrgenommen. Zumeist äußern sie sich als Schwindel oder Gangunsicherheit bis hin zur Unfähigkeit zu stehen. Die wichtigste Aufgabe der Vestibularorgane ist die Gewährleistung der Gleichgewichtsfunktion. Sie erlaubt uns Menschen den aufrechten Gang. Dazu finden sich in jedem Innenohr ***3 Bogengangorgane*** sowie ***2 Maculaorgane*** (Abb. 12-1). Diese 5 Organe einer jeden Seite sind hochspezialisierte Sinnesorgane, um ***Dreh- (Winkel-)*** und ***Translationsbeschleunigungen*** zu messen.

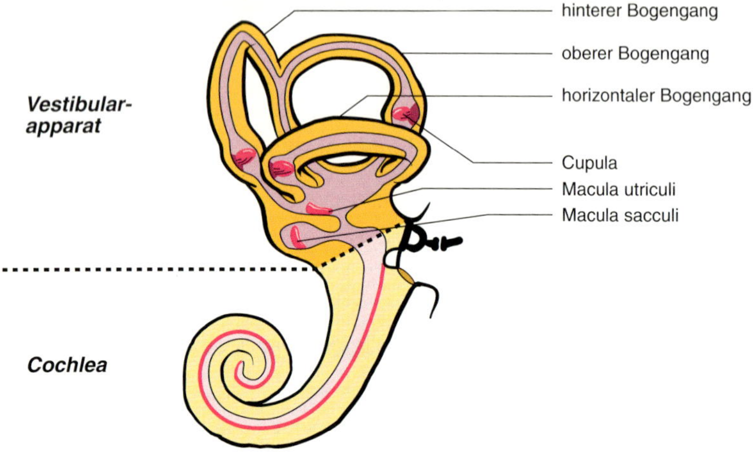

Abb. 12-1. Schema der Bogengangsorgane und der Maculaorgane des Innenohres. Endolymphe *(rot)* und Perilymphe *(orange)* stehen mit Endolymphe und Perilymphe der Cochlea in Verbindung

Neben den Informationen der insgesamt 10 Vestibularorgane erreichen auch *optische* und *somatosensorische* Informationen das Gehirn, die es zusammen mit den vestibulären Informationen dem ZNS möglich machen, die Aktivität von Skelett- und Augenmuskulatur mittels Reflexen so zu steuern, daß sich der Körper im Gleichgewicht hält. Die wichtigsten dieser Reflexe sind die ***vestibulospinalen Reflexe*** sowie die ***vestibulookulären Reflexe*** (VOR). Sie gehen vom Vestibularapparat aus. Darüber hinaus kann die Lage des Körpers sowie von Körperteilen (z. B. Kopf und Extremitäten) wahrgenommen werden (Propriozeption, Tiefensensibiltät).

Störungen der Gleichgewichtsfunktion führen in den meisten Fällen zu Schwindel

Eines der häufigsten Leitsymptome in der ärztlichen Praxis ist der Schwindel. Er wird zumeist als *Fallneigung, Liftgefühl oder als Drehschwindel* bemerkt. Wichtige Beispiele klinischer Ursachen sind Labyrinthentzündungen oder ein Neurinom (Tumor) des Gleichgewichtsnervs, die zu einem teilweisen oder vollständigen Ausfalls des Labyrinths einer Seite führen können. Die Folge ist eine Reduktion oder ein kompletter Ausfall der Informationsübertragung (z. B. in Form adäquater Nervenaktionspotentiale des N. vestibularis) der betroffenen Seite. Dadurch stimmen die Informationen der erkrankten Seite, die das Gehirn erreichen, mit den Informationen der gesunden Seite sowie mit den okulären und somatosensorischen Informationen über Körperhaltung und Bewegung nicht mehr überein ***(Missmatch).*** Die vom Gehirn wahrgenommene Diskrepanz wird als Schwindel empfunden. Als Folge werden die vestibulookulären und vestibulospinalen Reflexe nicht mehr adäquat ausgelöst, so daß die davon abhängigen motorischen Leistungen der Augen- und Skelettmuskulatur nicht mehr physiologisch koordiniert werden. Dies führt zu Gangabweichung und Fallneigung. Die Messung und Beurteilung der genannten Reflexe wird daher klinisch für Untersuchungszwecke ausgenutzt (z. B. *Romberg-Stehversuch* (Abb. 12-2), *Unterberger-Tretversuch*).

Jedes Innenohr besitzt im Vestibularapparat 5 Organe: 2 Maculaorgane und 3 Bogengangsorgane

Die 5 Organe (Abb. 12-1) des Vestibularapparates im Innenohr sind die 3 Bogengänge (***horizontaler, hinterer*** und ***oberer Bogengang***) sowie die 2 Maculaorgane (***Macula utriculi*** und ***Macula sacculi***). In jedem dieser Sinnesorgane befinden sich Sinnesepithelien, deren Sinneszellen an ihrem oberen Ende Sinneshärchen (Stereozilien) besitzen. Die Sinneszellen heißen deshalb, wie in der Cochlea, Haarzellen. Die Stereozilien einer jeden Sinneszelle ragen in eine mukopolysacharidhaltige, gallertige, kissenartige Masse hinein. Diese Masse heißt in den 3 Bogengängen ***Cupula.*** In den beiden Ma-

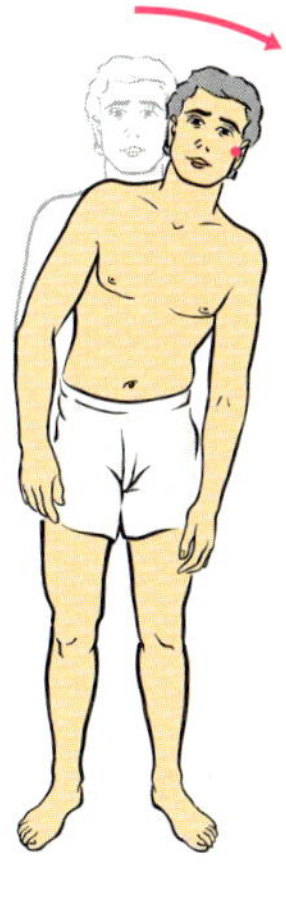

Abb. 12-2. Stehversuch nach Romberg. Bei teilweisen oder vollständigem Ausfall eines Labyrinths ist eine Abweichung oder Fallneigung zur Seite des erkrankten Ohres erkennbar

culaorganen finden sich in der gallertigen Masse zusätzlich zahlreiche kleine Kalziumkarbonatkristalle, die unter dem Elektronenmikroskop wie Steine *(Lithen)* aussehen. Diese Masse wird daher als ***Otolithenmembran*** bezeichnet. Im Gegensatz zu den Haarzellen der Schnecke besitzen die Haarzellen des Vestibularorgangs ein zusätzliches, besonders langes Zilium. Es heißt ***Kinocilium*** und hat einen grundsätzlich anderen Bau als die Stereozilien. Die Aufgabe des Kinociliums ist im einzelnen unbekannt. Für die Sensoreigenschaft der Haarzelle wird es nicht benötigt. *Die eigentliche Sensorstruktur* der vestibulären Haarzellen *sind die Stereozilien.*

Die Haarzellen besitzen keine eigenen Nervenfortsätze; sie sind also *sekundäre Sinneszellen.* An ihnen beginnen die afferenten Nervenfasern des N. vestibularis. Er ist ein Teil des N. vestibulocochlearis (VIII. Hirnnerv). Die afferenten Nervenfasern geben die Information über den Erregungszustand der Haarzellen an das Gehirn weiter.

Durch Deflektionen der Stereozilien werden die Haarzellen gereizt und erzeugen ein Sensorpotential

Verschiebt man die Gallerte, in der sich die Sinneshärchen der Haarzellen befinden, so ändert sich das Membranpotential der Haarzelle. Die Membranpotentialänderung heißt ***Sensorpotential.*** Die Haarzelle hat damit den mechanischen Reiz der Stereozilienverschiebung in ein elektrisches Signal umgesetzt. Man spricht von der ***mechanoelektrischen Transduktion.*** Unser Wissen über die Transduktion verdanken wir Tierexperimenten. Untersuchungen am Menschen sind nicht möglich.

Transduktion. Das bei der mechanoelektrischen Transduktion entstehende Sensorpotential ist mit großer Wahrscheinlichkeit auf die *ungewöhnliche elektroanatomische Lokalisation* der Sinneszellen zurückzuführen. Ähnlich den Haarzellen der Cochlea (vgl. dort) ragt der obere Pol der vestibulären Haarzellen in den Endolymphraum, einen speziellen extrazellulären Flüssigkeitsraum. Der Endolymphraum ist mit Endolymphe, einer extrazellulären Flüssigkeit mit ungewöhnlich hoher Kalium- und sehr niedriger Natriumkonzentration gefüllt. Vestibuläre Haarzellen besitzen am ***apikalen Ende Ionenkanäle,*** die bereits bei der unstimulierten Haarzelle im Wechsel geöffnet und geschlossen werden. Es ist also eine gewisse Zahl von Ionenkanälen durchschnittlich geöffnet. Man spricht von der *Öffnungswahrscheinlichkeit* der Ionenkanäle. Die Folge ist, daß eine bestimmte Zahl von Kaliumionen aus der Endolymphe passiv durch die jeweils offenen Ionenkanäle ohne Energieaufwand in die Haarzelle einströmen kann. Gleichzeitig verlassen andere Kaliumionen die Haarzelle durch ***Kaliumionenkanäle in der lateralen Zellmembran.*** Bei gleichmäßigem Ein- und Ausstrom von Kaliumionen stellt sich ein Ruhemembranpotential ein. Werden die Stereozilien vestibulärer Zellen in Richtung zum Kinocilium deflektiert ***(Stimulationsrichtung),*** steigt die Öffnungswahrscheinlichkeit der apikalen Ionenkanäle. Die Folge ist ein erhöhter Einstrom positiv geladener Kaliumionen, wodurch sich das Membranpotential ändert (Depolarisation) und definitionsgemäß das Sensorpotential entsteht. Werden die Stereozilien in Gegenrichtung bewegt ***(Inhibitionsrichtung),*** sinkt die Öffnungswahrscheinlichkeit der apikalen Ionenkanäle. Es strömen weniger positiv geladene Kaliumionen ein. Das Zellinnere wird etwas negativer. Auch dadurch entsteht eine Potentialänderung (Sensorpotential), deren Vorzeichen jedoch umgekehrt ist (Hyperpolarisation). Der hier dargestellte Ablauf des *Transduktionsprozesses,* bei dem Kalium das Leition ist, ist die heutige gängige Vorstellung. Es ist allerdings auch denkbar, daß Kalzium den Transduktionsstrom trägt. Die Haarzellen in den Macula- und Cupulaorganen besitzen denselben Grundmechanismus für die Transduktion. Trotzdem sind sie für verschiedene Aufgaben spezialisiert, was mit ihrer unterschiedlichen anatomischen Lokalisation zusammenhängt.

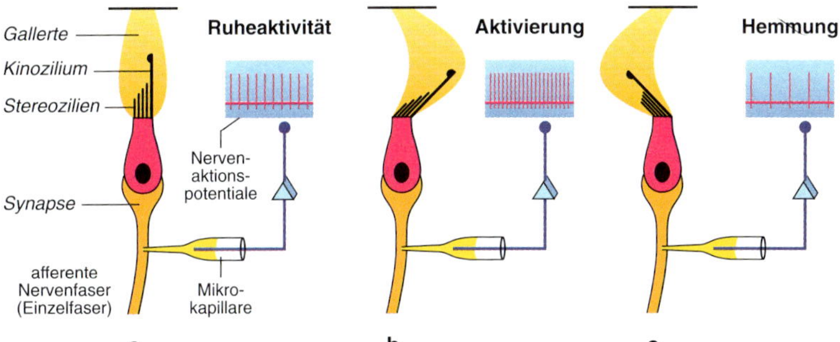

Abb. 12-3 a–c. Ruheaktivität, Aktivierung und Hemmung von Haarzelle und afferenter Nervenfaser in Abhängigkeit von der Auslenkungsrichtung. **a** Ruhestellung: die Mikrokapillare in der afferenten Nervenfaser mißt eine mittlere Zahl von Nervenaktionspotentialen. **b** Bei Auslenkung in Richtung zum Kinocilium (Stimulationsrichtung) nimmt die Zahl der Nervenaktionspotentiale zu. **c** In Gegenrichtung (Inhibitionsrichtung) nimmt die Aktivität ab

Transformation. Vestibuläre Haarzellen geben bereits in Ruhestellung ständig (noch unbekannte) afferente Transmitter an die afferenten Nervenfasern ab. Der Transmitter bindet innerhalb der Synapse an Rezeptoren der Afferenzen, wodurch die Information über die Ruhestellung humoral von der Haarzelle zur afferenten Nervenfaser weitergeleitet wird. Sticht man mit einer feinen Elektrode in den Nervus vestibularis ein (Abb. 12-3), so kann man die ständige Transmitterfreisetzung als eine bestimmte Ruheaktivität messen. Eine Änderung des Ruhemembranpotentials vestibulärer Haarzellen (also das Sensorpotential) führt zur Änderung der Freisetzung der afferenten Transmitter: Die Deflektion der Stereozilien in Richtung Kinocilium führt zu einer Steigerung der Transmitterfreisetzung und damit zu einer meßbaren Aktivitätserhöhung der afferenten Nervenfasern (Abb. 12-3). Eine Abscherung der Sinneshärchen in Gegenrichtung (vom Kinocilium weg) reduziert hingegen die Freisetzung afferenter Transmittermoleküle und damit der Zahl der neuronalen Entladungen (Abb. 12-3). Stereozilienbewegungen quer zu dieser Achse sind ohne Effekt.

Die Maculaorgane sind unsere Sinnesorgane für Translationsbeschleunigungen und Gravitationsbschleunigungen

Mit Hilfe der jeweils 2 Maculaorgane jedes Ohres können wir Translationsbeschleunigungen empfinden. ***Translationsbeschleunigungen*** sind wir beim Beschleunigen oder Bremsen (negative Beschleunigung) eines Autos oder Flugzeuges, beim Anfahren oder Bremsen eines Liftes, bei Auf- oder Abstieg eines Flugzeuges oder bei Sprüngen und Stürzen ausgesetzt. Die Beschleunigungsempfindung ist möglich, weil die Kalziumkarbonatkristalle der Otolithenmembran ein höheres spezifisches Gewicht besitzen als die sie umgebende Endolymphe. Die Folge ist, daß bei einer Translationsbeschleunigung des Körpers die *leicht verschiebbare Otolithenmembran um einen winzigen Betrag zurückbleibt,* vergleichbar einem beweglichen Gegenstand, der in einem beschleunigenden Fahrzeug nach hinten rutscht. Dadurch werden die mit der Otolithenmembran verbundenen ***Stereozilien abgeschert*** und die Haarzellen der Maculaorgane adäquat gereizt.

Mit den Maculaorganen kann der Mensch auch die Gravitationskraft (genauer ***Gravitationsbeschleunigung***) der Erde empfinden. Stehen Kopf und Körper aufrecht, dann befindet sich die Macula sacculi ungefähr in senkrechter Stellung. Die Folge ist ein ständiger Zug der Schwerkraft an der Otolithenmembran, der die Haarzellen der Macula sacculi reizt. Ändert sich die Kopflage, dann ändert sich auch der Einfluß der Gravitationsbeschleunigung. Die Folge ist eine *Lageänderung der Otolithenmembran* und der *Abscherung der Stereozilien.* Gleichermaßen verhält es sich bei der Macula utriculi, wobei ihre anatomische Lage bei aufrechter Kopfhaltung nahezu waagerecht ist. Dementsprechend führt die Gravitationsbeschleunigung in dieser Lage zu keiner Deflektion der Sinneshärchen. Wird der Kopf jedoch aus der Senkrechten geführt, ist eine Zunahme der Abscherung ihrer Stereozilien die Folge. Für jede Stellung des Kopfes im Raum ergibt sich damit eine bestimmte Konstellation der Deflektion beider Maculaorgane im rechten und linken Innenohr. Die Folge ist jeweils ein bestimmtes Muster von Aktivitätssteigerungen und Hemmungen *(Erregungsmuster)* der zu den Haarzellen gehörigen afferenten Nervenfasern. Dieses Muster wird vom ZNS zur Beurteilung der Stellung des Kopfes im Raum ausgewertet.

Die Cupulaorgane in den Bogengängen können wir mit Drehbeschleunigungen (Winkelbeschleunigungen) empfinden/messen

Im täglichen Leben werden die Cupulaorgane in den Bogengängen durch Kopfdrehungen gereizt. Dabei ist es zunächst gleichgültig, ob sich der Kopf gegenüber dem Rumpf oder gemeinsam mit dem Rumpf dreht. Die Cupulaorgane sind hochempfindlich. Bereits Drehbewegungen von nur 0,005 °/s reizen die Bogengangorgane stark überschwellig.

Die Fähigkeit der Bogengänge, Drehbeschleunigungen wahrzunehmen, ist auf ihren besonderen Bau zurückzuführen. Der für die Sinnesempfindung

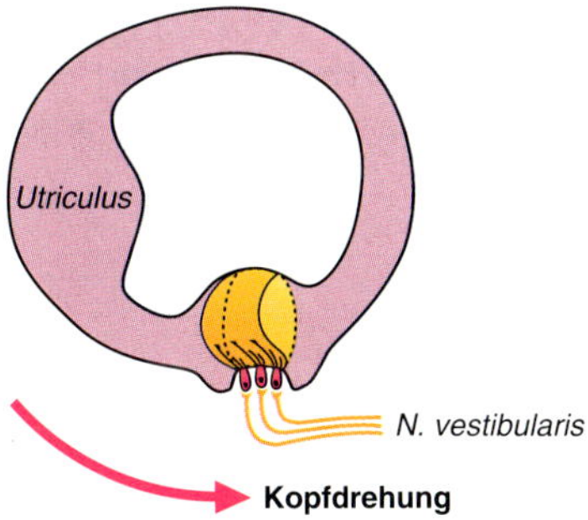

Abb. 12-4. Schema eines Bogenganges mit Cupula und Haarzellen. Wird der Kopf gedreht *(Pfeil)*, wird auch der Bogengang gedreht. Cupula und Endolymphe hingegen bleiben zurück. Dadurch werden die Stereozilien ausgelenkt

bedeutsame Teil jeden Bogenganges ist ein fast kreisförmig angeordneter geschlossener Kanal. Er ist mit Endolymphe gefüllt (Abb. 12-4). An einer bestimmten Stelle, der ***Ampulle,*** ist der Kanal nicht durchgängig, da hier die sog. ***Cupula*** gemeinsam mit Haarzellen und Stützzellen eine Art *Sperrwand* bildet. Die Unterbrechung entsteht dadurch, daß die Cupula auf der Innenseite des Bogenganges mit der Wandung verwachsen ist und auf der Außenseite den Haarzellen so aufsitzt, daß die Sinneshärchen der Haarzellen in die Cupula hineinragen. Im Gegensatz zur Macula besitzt die Cupula keine Kalziumkarbonatkristalle und hat das gleiche spezifische Gewicht wie die Endolymphe. Translationsbeschleunigungen (vorwärts–rückwärts, rechts–links, auf–ab) haben daher keine Relativbewegungen zwischen Cupula, Zilien und Endolymphe zur Folge. Die Sinneszellen werden nicht stimuliert.

Hingegen reizen Drehbeschleunigungen die Haarzellen. Bei einer ***Kopfdrehung*** werden die kreisförmig angeordneten knöchernen Bogengänge mitgedreht, während die in ihr sich befindliche kreisförmig angeordnete Endolymphe gegenüber den knöchernen Bogengangswänden zurückbleibt. Die Cupula hingegen wird mit den knöchernen Bogengängen mitbewegt, da sie ja mit der knöchernen Kanalwand verwachsen ist. Dadurch „stößt" die Cupula gegen die zurückbleibende Endolymphe. Da die Cupula mit einer elastischen Membran zu vergleichen ist, wird sie durch die zurückbleibende Endolymphe etwas verformt (ausgelenkt; Abb. 12-3). Die ***Auslenkung der Cupula*** schert die Sinneshärchen der Haarzellen aus, wodurch die Sinneszellen adäquat gereizt werden. Die Stimulation der Haarzellen führt zu einer Aktivitätsänderung der sie versorgenden afferenten Nervenfasern. Da in den horizontalen Bogengängen die Haarzellen so angeordnet sind, daß die Kinozilien zum Utriculus zeigen, führt eine Cupulabewegung in Richtung auf den Utriculus (utriculopetal) zur Aktivitätssteigerung, in Gegenrichtung zum Aktivitätsverlust. Beispielsweise führt eine Drehbewegung nach links beim linken horizontalen Bogengang zu einer Aktivierung (und damit rechts zu einer Hemmung). Interessanterweise ist bei den vertikalen Bogengängen die Orientierung der Haarzellen umgekehrt. Hier führt eine utriculofugale Cupulaauslenkung (vom Utriculus weg) zu einer Aktivierung der angeschlossenen Afferenzen.

Die Cupulaorgane erlauben auch eine ungefähre Abschätzung der Geschwindigkeit einer Kopfdrehung

Die 3 Bogengänge jedes Innenohres sind dreidimensional angeordnet, so daß für jede Raumrichtung gewissermaßen ein Bogengang „zuständig" ist. Jede beliebige Winkelbeschleunigung in diesen Raumdimensionen produziert dadurch ein ***spezifisches Aktivitätsmuster,*** das aus einer jeweiligen spezifischen Kombination von Aktivitätssteigerungen und Aktivitätshemmungen der jeweils zugehörigen afferenten Nervenfasern besteht. Diese Muster werden als Information an das ZNS weitergegeben, dort ausgewertet und erlauben die Analyse der Drehbeschleunigung, die auf den Kopf einwirkt.

Interessanterweise kann man auch berücksichtigen, daß die aktiven Kopf- und Körperbewegungen, die ein Mensch im täglichen Leben mit Hilfe seiner Muskeln ausführt, aus anatomischen Gründen begrenzt sind. Die Folge ist, daß eine physiologische Drehbewegung im täglichen Leben je nach Geschwindigkeit der Bewegung nach Bruchteilen einer Sekunde oder nach wenigen Sekunden endet. Dabei erfordert eine hohe Endgeschwindigkeit einer Drehbewegung auch eine hohe Anfangsbeschleunigung. Aufgrund dieser engen Beziehung messen die Cupulaorgane bei physiologischen Kopfbewegungen zwar die Beschleunigung, gleichzeitig entspricht die Erregung der Cupulaorgane jedoch teilweise auch dem Verlauf der Drehgeschwindigkeit.

Das Labyrinth löst reflektorische Muskelbewegungen von Augen und Körper aus

Neben der bewußten Raumorientierung lösen die genannten makulären und kupulären Erregungsmuster wichtige ***vestibulospinale Reflexe*** aus. Ohne diese Reflexe könnte der Mensch den aufrechten Gang nicht erlernen. Vestibulospinale Reflexe steuern die *Rumpf- und Extremitätenmuskulatur* in einer Weise, daß der Körper während einer Translationsbeschleunigung (z.B. Übergang vom Stehen zum Laufen, Start beim 100-m-Lauf etc.) nicht stürzt. Man spricht von einer ***Koordinationsfunktion.***

Darüber hinaus ist das Labyrinth auch reflektorisch mit den Augenmuskeln verbunden. Dadurch lösen die Haarzellen der Macula ***vestibulookuläre Reflexe (VOR)*** aus. Diese Reflexe erlauben dem Augapfel, etwa bei einer Drehbewegung des Kopfes, kompensatorische Gegenbewegungen. Die reflektorisch ausgelösten Augenbewegungen verhindern z. B., daß eine Kopfbewegung zu einer Verschiebung des Gesichtsfeldes auf der Retina führt. Das Blickfeld wird trotz der Bewegung des Kopfes nicht verschoben, so daß eine Sichtkontrolle der Umwelt sichergestellt ist.

Die Beteiligung der Maculaorgane an der Sichtkontrolle der Umwelt konnte durch Untersuchungen an Astronauten im Spacelab unter Bedingungen der Schwerelosigkeit näher untersucht werden. Im schwerelosen Zustand wirken die Dauerkräfte der Gravitation nicht mehr auf die Maculaorgane der Raumfahrer ein. Auf der Erde fanden die Astronauten auch nach mehrfachen Kopfbewegungen Dank des vestibulookulären Reflexes ein Ziel mit dem Auge präzise wieder. Im Weltall hingegen war dies mit einer Ungenauigkeit von 20 % deutlich verschlechtert. Offenbar benötigen die Maculaorgane den ständigen Einfluß der Schwerkraft für die hohe Präzision der räumlichen Orientierung.

12.2 Zentrales vestibuläres System

Im zentralen vestibulären System einlaufende Informationen erlauben die Muskelreflexe, die das Gleichgewicht erhalten

Die afferenten Nervenfasern des N. vestibularis leiten ihre Signale über ***Kopfhaltung*** und ***Bewegung*** an 4 verschiedene Kerne (Nucleus superior *Bechterew,* Nucleus inferior *Roller,* Nucleus medialis *Schwalbe* und Nucleus lateralis *Deiters*) weiter. In diesen Kernen wird die vestibuläre Information über die Kopforientierung durch Signale über die Stellung des Körpers im Raum ergänzt, die auf neuronalem Wege v. a. von Somatosensoren der Halsmuskeln und -gelenke ***(Halssensoren)*** stammen. Die Information aus dem Labyrinth allein reicht nämlich nicht aus, um das Gehirn eindeutig über die Kopf- *und* Körperlage im Raum zu informieren. Ursache ist die Beweglichkeit des Kopfes gegenüber dem Rumpf. Die Halssensoren übermitteln daher zusätzlich noch die *Haltung des Kopfes gegenüber dem Rumpf* (s. Kap. 5), so daß das ZNS aus den Gesamtinformationen die ***Gesamtkörperhaltung*** berechnen kann. Dazu tragen noch zusätzliche somatosensorische Informationen von Sensoren weiterer Gelenke, wie etwa von Armen und Beinen, bei (s. Kap. 5 und 8).

Die in den Vestibulariskernen gesammelte Information aus Labyrinthsensoren, Halssensoren und weiteren somatosensorischen Eingängen werden auf Nervenbahnen weitergegeben:

- Zum einen um ständig *Muskelreflexe auszulösen, die* v.a. *das Gleichgewicht erhalten.* Auf diese Weise ist der aufrechte Gang des Menschen möglich. Zu den Muskelreflexen zählen aber auch die vestibulookulären Reflexe (s. unten).
- Zum anderen werden Signale über neuronale Bahnen zur Großhirnrinde gesandt, die eine *bewußte Wahrnehmung der Körperhaltung* ermöglichen. Diese bewußte Wahrnehmung kann einfach erprobt werden, indem man die Augen schließt und beliebige Kopf- und Körperhaltung einnimmt. Man wird feststellen, daß man in entsprechender Kopf- und Körperhaltung mit Hilfe des hier dargestellten Sinnessystems trotz geschlossener Augen diese Haltung empfinden und wahrnehmen kann.

Die Muskelreflexe sind statische Steh- und Stellreflexe sowie statokinetische Reflexe

Die Muskelreflexe haben v. a. 3 Aufgaben:

- Die erste Form der Reflexe sind ***Stehreflexe,*** die es Mensch (und Tier) erlauben, den Tonus jedes einzelnen Muskels so zu steuern, daß man die jeweils gewünschte ruhige Körperhaltung (z. B. *aufrechtes* Stehen, gebeugte Haltung) zuverlässig einhalten kann. Da der Muskeltonus reflektorisch gesteuert wird, spricht man von *tonischen Reflexen.* Die Anteile der Labyrinthe an diesen Reflexen werden als tonische Labyrinthreflexe bezeichnet. Untersuchungen am Tier ergaben, daß durch Änderungen der Kopfhaltung ausgelöste tonische Labyrinthreflexe, vor allem der Maculaorgane, insbesondere einen stets gleichsinnigen Streckertonus aller 4 Gliedmaßen auslösen können.
- Die zweite Gruppe sind die ***Stellreflexe.*** Ereignen sie sich in der richtigen Reihenfolge, dann erlauben sie es dem Körper, sich etwa aus einer ungewöhnlichen Lage in die normale Körperstellung zu begeben. Dabei sind zahlreiche Stellreflexe wie eine Kette hintereinandergeschaltet: Beispielsweise wird zunächst über Labyrinthstellreflexe die Kopfhaltung verändert, was über Halssensoren empfunden wird (weil sich die Haltung des Kopfes gegenüber dem Körper verändert hat): dieses wiederum bewirkt über Halsstellreflexe eine Normalstellung des Rumpfes. Stehreflexe und Stellreflexe werden auch als ***statische Reflexe*** zusammengefaßt. Sie werden *durch eine Haltung ausgelöst.*

- Die letzte Gruppe von Reflexen sind ***statokinetische Reflexe.*** Sie werden nicht durch eine Haltung, sondern *durch eine Bewegung ausgelöst.* Sie erlauben z. B. beim Laufen und Springen, aber auch im Lift oder beim Autofahren, das Gleichgewicht zu halten und reflektorisch eine jeweils adäquate Körperstellung zu finden. So wird in einem Lift bei Beschleunigung nach unten ein erhöhter Extensorentonus, bei Beschleunigung nach oben ein erhöhter Flexorentonus ausgelöst. Besonders auffällig ist das Beispiel der Katze, die sich bei einem Sprung oder Sturz im freien Fall so dreht, daß sie stets in korrekter Körperstellung landet (s. dazu auch 5.9 in Kap. 5: Einbau dieser Reflexe in die Kontrolle der Körperhaltung).

Zur Fortleitung dienen v. a. Bahnen zu Skelettmuskeln, Augenmuskeln und Kleinhirn

Skelettmuskeln. Es handelt sich um Verbindungen von Vestibulariskernen zu den Motoneuronen des Halsrückenmarks, über die als Folge statischer und statokinetischer Reflexe kompensatorische Bewegungen der Halsmuskeln ausgelöst werden.

Auch die übrige Skelettmuskulatur von Rumpf und Extremitäten wird über Verbindungen von den Vestibulariskernen zu ihren jeweiligen Motoneuronen gesteuert. Hervorzuheben ist der Tractus vestibulospinalis, über den neben α-Motoneuronen insbesondere γ-Motoneuronen von Extensoren aktiviert werden. Wichtig sind außerdem Verbindungen zur Formatio reticularis, die über den Tractus reticulospinalis ebenfalls α- und γ-Motoneurone erreichen, in diesem Fall jedoch polysynaptisch. Auch diese Verbindungen dienen statischen und statokinetischen Reflexen.

Kleinhirn. Von den Vestibulariskernen (sekundäre Vestibularisfasern) als auch direkt vom Labyrinth (primäre Vestibularisfasern) verlaufen Afferenzen zu Lobulus, Uvula, Flocculus und Paraflocculus des Kleinhirns. Von dort aus gehen Efferenzen zurück zum Vestibulariskerngebiet. Die Fasern bilden damit einen hochpräzise abgestimmten Regelkreis für die motorischen Aufgaben des Kleinhirns, nämlich die Steuerung der *Stützmotorik* für die Körperhaltung sowie die mit Steuerung richtungsgezielter motorischer Bewegungen *(Zielmotorik).* Bei Ausfall des Kleinhirns kann der Regelkreis nicht mehr wirksam werden, so daß die kleinhirnbedingte Steuerung von Haltung und Zielmotorik entfällt. Die Folge sind Fallneigung und überschießende Bewegungen (z. B. breitbeinige Schrittbewegungen beim Laufen). Man spricht von der zerebellären Ataxie.

Bahnen zu den Augenmuskelkernen sind an statischen kompensatorischen Augenbewegungen und am statokinetischen Nystagmus beteiligt

Bei klinischen Gleichgewichtsfunktionsuntersuchungen spielen vestibulo-okuläre Reflexe eine besonders wichtige Rolle. Physiologisch lassen auch sie sich in statische und statokinetische Reflexe einteilen. Statische Reflexe lösen kompensatorische Augenbewegungen aus, damit sich bei Änderungen der Kopfhaltung das Gesichtsfeld nicht ändert. Die Netzhautbilder bleiben dadurch gewissermaßen stehen. Dies kann besonders gut bei der Katze mit ihren senkrechten Pupillen beobachtet werden. Neigt sie den Kopf zu einer Seite, dann löst ein VOR eine Drehbewegung des Augapfels aus, die dazu führt, daß die Pupillen weiterhin senkrecht stehen (Gegenrotation). Die gleiche Gegenrotation wird auch beim Menschen reflektorisch ausgelöst, sie ist nur nicht so leicht für den Beobachter erkennbar.

Ein *statokinetischer* Muskelreflex ist der sog. ***vestibuläre Nystagmus.*** Er ist klinisch außerordentlich wichtig. Dabei handelt es sich um eine durch einen Bewegungsreiz vestibulär ausgelöste Augenbewegung. Dreht man beispielsweise den Kopf um 90° nach rechts, dann wird der Augapfel zunächst kompensatorisch nach links geführt, um möglichst das ursprüngliche Gesichtsfeld zu erhalten. Naturgemäß hat die kompensatorische Augenbewegung einen maximal möglichen Ausschlag. Bevor dieser erreicht wird, erfolgt eine ruckartige Rückbewegung; in unserem Beispiel zur rechten Seite, die die Drehbewegung des Kopfes überholt. Darauf folgt wieder eine langsame Bewegung nach links. Die Abfolge von langsamer und schneller Bewegung geschieht so lange, bis die Drehbewegung des Kopfes beendet ist. Die *schnelle Komponente dieser Augenbewegung* kann man viel *besser beobachten.* Sie heißt Nystagmus. In unserem Beispiel handelt es sich um einen Horizontalnystagmus, der v.a. durch die beiden horizontalen Bogengänge als vestibulärer Nystagmus ausgelöst wird. Sind die Augen geöffnet, dann löst die Verschiebung des Gesichtsfeldes einen zusätzlichen Reflex über das Auge aus, der als ***optokinetischer Nystagmus*** bezeichnet wird. Vestibulärer Nystagmus und optokinetischer Nystagmus wirken in unserem Beispiel synergistisch. Aber auch ohne visuellen Reiz (geschlossene Augen, im Dunkeln) wird ein Nystagmus bereits rein vestibulär ausgelöst.

Bei Kranken, die an Schwindel leiden (ein sehr häufiges Symptom!), wird die reflektorische Auslösung des Horizontalnystagmus untersucht, indem der Betroffene auf einem Drehstuhl langsam beispielsweise 3 min lang gedreht wird. Danach wird der Drehstuhl plötzlich gestoppt. Dies führt zu einer Auslenkung der Cupula, die beim Gesunden einen Nystagmus (sog. ***postrotatorischer Nystagmus***) in entgegengesetzter Richtung auslöst. Der Arzt beobachtet den Nystagmus, indem er entweder dem Patienten eine Brille mit Vergrößerungsgläsern (Frenzel-Brille) aufsetzt oder indem er die Augenbewegungen elektronystagmographisch aufzeichnet.

Ein Nystagmus kann für klinische Untersuchungen auch kalorisch induziert werden

Unter physiologischen Bedingungen werden grundsätzlich immer rechtes und linkes Labyrinth gemeinsam gereizt. Für klinische Untersuchungen ist es jedoch möglich, rechtes und linkes Ohr auch getrennt zu stimulieren. Dazu wird das Labyrinth einer Seite unter die Körpertemperatur abgekühlt oder über die Körpertemperatur erwärmt (indem man 30 ° kaltes oder 42 ° warmes Wasser mit definiertem Volumen und in definierter Zeit in den äußeren Gehörgang einbringt). Man spricht von kalorischer Reizung (Abb. 12-5). Die

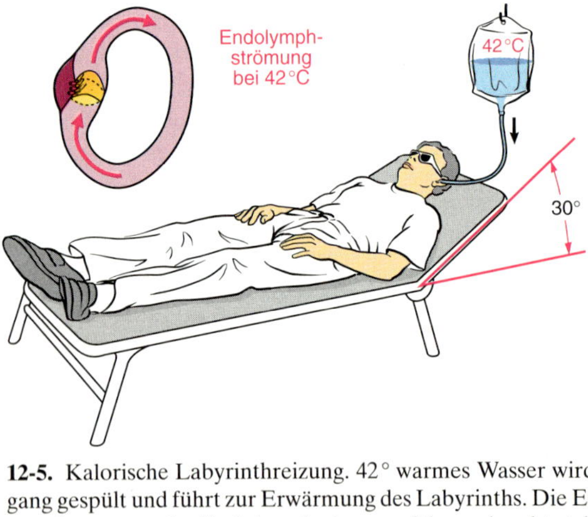

12-5. Kalorische Labyrinthreizung. 42 ° warmes Wasser wird in den äußeren Gehörgang gespült und führt zur Erwärmung des Labyrinths. Die Erwärmung führt zur Aufwärtsbewegung der Endolymphe im ungefähr senkrecht stehenden horizontalen Bogengang durch Thermokonvektion. Der Bogengang steht senkrecht, weil der Kopf um 30 ° von der Horizontalen angehoben ist. Die Thermokonvektionsströme führen zur Auslenkung von Cupula und Stereozilien und löst einen Nystagmus zum selben Ohr aus. Bei Spülung mit 30 ° kaltem Wasser ist der Effekt gegenläufig. Neben der Thermokonvektion muß es allerdings mindestens noch einen weiteren Mechanismus der kalorischen Labyrinthierung geben

Folge der kalorischen Reizung ist ein Nystagmus ***(kalorischer Nystagmus),*** der bei Kaltreizung zur Gegenseite, bei Warmreizung zur selben Seite beobachtet werden kann. Während der Untersuchung ist der Kopf auf 30° nach hinten geneigt. Dadurch steht der horizontale Bogengang ungefähr senkrecht. Die im Labyrinth miterwärmte Endolymphe steigt (entgegen der Erdanziehungskraft, thermodynamische Strömung) dadurch nach oben und lenkt die Cupula auf der stimulierten Seite aus. Bei Abkühlung geschieht der Vorgang umgekehrt.

An der Auslösung des kalorischen Nystagmus muß allerdings noch ein weiterer Mechanismus mitbeteiligt sein, da die kalorische Reizung der Labyrinthe auch bei Astronauten in der Schwerelosigkeit gelingt. Da in der Schwerelosigkeit die Erdanziehungskraft wegfällt, ist dort eine thermodynamische Endolymphströmung nicht möglich. Der weitere Mechanismus ist noch unbekannt.

Die kalorische Prüfung ermöglicht es dem Arzt, bei einem Kranken, der beispielsweise an einem Labyrinthausfall auf der rechten Seite leidet, diesen präzise zu diagnostizieren, da auf der betroffenen Seite kein kalorischer Nystagmus auslösbar ist.

Bahnen zu Hypothalamus und Hirnrinde tragen zur bewußten Wahrnehmung von Kopf- und Körperhaltung bei

Der bewußten Wahrnehmung der Körper- und Kopfhaltung dienen Bahnen, die von den Vestibulariskernen *über den Thalamus zur hinteren Zentralwindung der Hirnrinde* verlaufen. Weitere wichtige Bahnen sind Verbindungen zu Vestibulariskernen der ***kontralateralen Seite,*** so daß die Informationen aus beiden Innenohren miteinander verglichen werden können. Dieser Vergleich spielt bei zahlreichen Erkrankungen, die mit Schwindel einhergehen, eine sehr wichtige Rolle.

Befindet sich ein Gesunder in ruhiger Körperhaltung, dann führt der Vergleich der korrespondierenden Informationen vom rechten und linken Labyrinth dazu, daß weder Schwindel noch Nystagmus ausgelöst werden. Fällt ein Labyrinth (z.B. das rechte Labyrinth) akut aus, entsteht ein Missmatch, und ein auffälliger Nystagmus zur Gegenseite ist die Folge, in unserem Beispiel also nach links (sog. ***Ausfallnystagmus***). Subjektiv erlebt der Patient schwersten Schwindel.

Führen ungewöhnliche Reizkonstellationen dazu, daß den Hypothalamus ungewohnte Signalkonstellationen von den unterschiedlichen Sensoren erreichen, dann können Übelkeit, Erbrechen und Schwindel ausgelöst werden. Ungewohnten Reizmustern ist man bei komplexen dreidimensionalen Fahrzeugbewegungen (z.B. auf See, Schlingern des Schiffes) oder bei Diskrepanzen zwischen optischem Eindruck und vestibulären Empfindungen (Flugzeug: das Auge sieht den Innenraum in Ruhe, die Labyrinthe verspüren die Auf- und Abwärtsbeschleunigung des Flugzeuges) ausgesetzt. Man spricht von ***Bewegungskrankheiten (Kinetosen).*** Säuglinge oder Patienten mit beidseitigem komplettem Labyrinthausfall leiden nicht an Kinetosen.

Literatur

Brodal A (1981) Neurological anatomy, 3rd edn. Oxford Univ Press, New York 470–495

Corey DP, Hudspeth AJ (1979) Ionic basis of the receptor potential in a vertebrate hair cell. Nature (London) 281: 675–677

Flock A (1965) Transducing mechanisms in the lateral line canal organ receptors. Cold Spring Harb Symp Quant Biol 30: 133–145

Iurato S (1967) Submicroscopic structure of the inner ear. Pergamon, Oxford

Klinke R (1985) Physiologie des Gleichgewichtssinnes, des Hörens und des Sprechens. In: Schmidt RF, Thews G (Hrsg) Physiologie des Menschen. Springer, Berlin Heidelberg New York Tokyo, S 300–327

Spoendlin H (1966) Ultrastructure of the vestibular sense organ. In: Wolfson RJ (ed) The vestibular system and its deseases. Univ Pensylvania Press, Philadelphia, pp 39–68

Wersäll J, Flock A (1965) Functional anatomy of the vestibular and lateral line organs. In: Neff W (ed) Contributions ot sensory physiology. Academic Press, New York, pp 39–61

13 Geschmack

H. Hatt

EINLEITUNG

Unter ***„Geschmack“*** eines Stoffes versteht man in einer ganzheitlichen Betrachtungsweise alle Empfindungen, die über orale Reize während der Nahrungsaufnahme entstehen. Neben dem klassischen Geschmackssinn sind verschiedene andere Sinnesorgane beteiligt, insbesonders oral- (z. B. pfefferscharf) und nasaltrigeminale (beißend, stechend) und olfaktorische Anteile, ferner mechano-, thermo- und nozizeptive Afferenzen. Dies bildet die Grundlage für die Verwendung des Wortes „schmecken“ in der Alltagssprache (z. B. es schmeckt mir, der Feinschmecker usw.). Der Geschmackssinn soll hier aber eher im traditionell anatomistischen, physiologischen Ansatz beschrieben werden. Danach läßt sich der Geschmack auf 4 Grundqualitäten (süß, sauer, bitter und salzig) reduzieren. Der Geschmackssinn wird dadurch zu einem recht groben Sinnesinstrument, mit dem sich zwar eine saure Gurke von einer süßen Banane unterscheiden läßt, das aber niemals den nuancierten Eßgenuß eines „Feinschmeckers“ erlaubt.

13.1 Bau der Geschmacksorgane und ihre Verschaltung

Die Morphologie der Geschmacksorgane zeigt daß es charakteristische Trägerstrukturen für die Sinneszellen gibt, die als sekundäre Sinneszellen von Hirnnerven innerviert werden

Geschmackspapillen. In der Schleimhaut der Zungenoberfläche liegen kleine Erhebungen und Vertiefungen, die Geschmackspapillen (Abb. 13-1 a). Es lassen sich 3 verschiedene Typen von Papillen morphologisch unterscheiden:

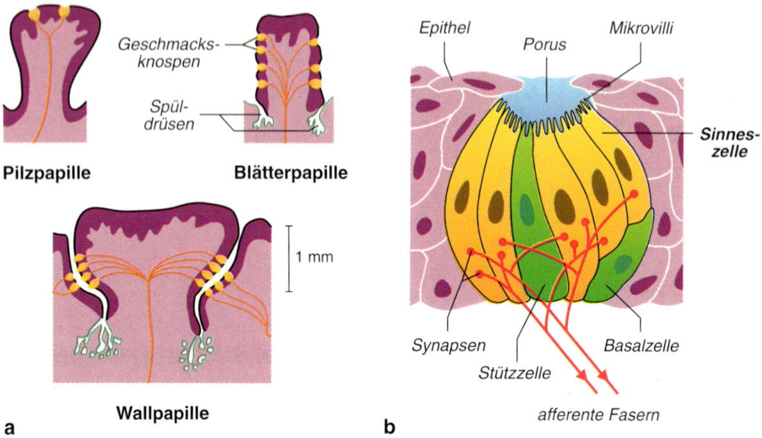

Abb. 13-1 a, b. Lage und Bau der Geschmacksknospen auf der Zunge. **a** Lage der Geschmacksknospen auf den 3 verschiedenen Typen von Geschmackspapillen. **b** Bau und Innervation einer Geschmacksknospe. Die 3 Zellelemente: Sinneszellen, Stützzellen und Basalzellen sind knospenartig angeordnet und gegenüber der Epitheloberfläche etwas versenkt, somit entsteht ein flüssigkeitsgefüllter Raum, in den die Mikrovilli der Sinneszelle ragen. Die Geschmackssinneszellen werden durch afferente Nervenfasern innerviert. Die Verbindung hat alle Eigenschaften einer chemischen Synapse. Einzelne afferente Fasern können mehrere Sinneszellen versorgen

Über die ganze Oberfläche verstreut sind nur die 150 – 400 ***Pilzpapillen*** (Papillae fungiformes). Die 15–30 ***Blätterpapillen*** (P. foliatae) finden sich am hinteren Seitenrand der Zunge. Die großen ***Wallpapillen*** (P. vallatae), von denen der Mensch nur 7–12 besitzt, liegen in V-förmiger Anordnung an der Grenze zum Zungengrund und heben sich etwa 1 mm von der Oberfläche ab. Die kleinen ***Fadenpapillen*** (P. filiformes), die die übrige Zungenfläche bedecken, besitzen keine Geschmacksorgane.

Geschmacksknospen. In den Wänden und Gräben der Papillen findet man die Geschmacksknospen (Abb. 13-1 b), die eigentlichen Geschmacksorgane. Sie sind ca. 70 µm hoch und ca. 40 µm im Durchmesser. Wir haben etwa 2000 dieser Geschmacksknospen, wobei eine Wallpapille oft mehr als 100 Knospen enthält, eine Blätterpapille ca. 50, während die Pilzpapillen nur 3–4 haben. Mit zunehmenden Alter reduziert sich ihre Zahl. Jede Geschmacksknospe enthält wiederum 30–100 individuelle Zellen. Durch die „knospenartige“ Anordnung der Zellen – vergleichbar den Schnitzen einer Nabelorange in mehreren Lagen – entsteht etwas unterhalb der Epitheloberfläche ein flüssigkeitsgefüllter Trichter (Porus).

Geschmackssinneszellen. Morphologisch lassen sich beim Menschen verschiedene Zelltypen in einer Geschmacksknospe unterscheiden: ***Sinneszellen*** sowie ***Stütz-, Versorgungs-*** und ***Basalzellen*** (Abb. 13-1 b). Letztere ersetzen die abgestorbenen Sinneszellen, deren Lebensdauer nur etwa 1 Woche beträgt. Die Sinneszellen selbst sind lange, schlanke Zellen, die am apikalen Ende feine fingerförmige Fortsätze, die sog. *Mikrovilli* besitzen. Die Fortsätze dienen der Oberflächenvergrößerung. Es gilt heute als gesichert, daß sich in der Membran der Mikrovilli die molekularen Strukturen befinden, die für die Reizaufnahme verantwortlich sind: die ***Geschmacksrezeptormoleküle***. Sie sind chemisch gesehen Proteine.

Afferente Innervation. Die Geschmackssinneszellen sind sog. ***sekundäre Sinneszellen,*** d.h. sie haben keinen eigenen Nervenfortsatz (Axon), sondern werden von einer zuführenden (afferenten) Nervenfaser von einem Hirnnerv über eine chemische Synapse innerviert; Wall- und Blätterpapillen werden überwiegend von Fasern des N. glossopharyngeus (IX. Hirnnerv), Pilzpapillen von der Chorda tympani (Ast des VII. Hirnnervs) versorgt. Zu den Sinneszellen in den seltenen Knospen des Gaumen-Rachen-Bereichs ziehen Fasern des N. vagus (X. Hirnnerv) und des N. trigeminus (V. Hirnnerv). Dabei verzweigt sich eine einzelne Nervenfaser häufig und kann mehrere Sinneszellen in einer Geschmacksknospe versorgen. Ebenso können Sinneszellen von mehreren Nervenfasern innerviert werden. Dieses Verschaltungsmuster bleibt trotz der wöchentlichen Zellerneuerung gewahrt. Die Vorgänge, die zu dieser Abstimmung führen, sind noch ungeklärt.

13.2 Zentrale Verbindungen

Die Geschmacksfasern übertragen die Information zum Nucleus tractus solitarii von wo sie zum Thalams, Hypothalamus und zur Großhirnrinde geleitet wird

Gustatorische Bahnen. Alle von Geschmackssinneszellen wegführenden afferenten Fasern der 4 beteiligten Hirnnerven von beiden Seiten sammeln sich im ***Tractus solitarius.*** Sie endigen im ***Nucleus tractus solitarii*** in der Medulla oblongata. Die Zahl der 2. Neurone der Geschmacksbahn in diesem Kerngebiet ist sehr viel kleiner als die der Sinneszellen (Konvergenz!). Ihre Axone zweigen sich auf:

- Ein Teil der Fasern vereinigt sich mit dem Lemniscus medialis und endet gemeinsam mit anderen Modalitäten (Schmerz, Temperatur, Berührung) in den spezifischen Relaiskernen des ventralen Thalamus. Von dort werden die Informationen zur Projektionsebene des Geschmacks am Fuß der hinteren Zentralwindung im lateralen Teil des Gyrus postzentralis geleitet.
- Der andere Teil der Fasern projiziert unter Umgehung des Thalamus zum Hypothalamus, Amygdala und der Striata terminalis und trifft dort auf gemeinsame Projektionsgebiete mit olfaktorischen Eingängen. Diese Verbindungen sind besonders wesentlich für die starke emotionale Komponente, die Geschmacksempfindungen auslösen können.

13.3 Geschmacksqualitäten

Im Gegensatz zum Geruch lassen sich beim Geschmack eindeutig 4 Qualitäten aufgrund subjektiver und objektiver Parameter unterscheiden

Grundqualitäten. Es gibt beim Menschen 4 primäre Geschmacksempfindungen: *süß, sauer, salzig* und *bitter.* Innerhalb dieser Gruppen gibt es Abstufungen der Wirksamkeit und des Geschmackscharakters. Viele Geschmacksreize haben Mischqualität, die sich aus mehreren Grundqualitäten zusammensetzt, z. B. süß-sauer. Diskutiert wird noch die Existenz eines alkalischen und eines metallischen Geschmacks. Von japanischen Wissenschaftlern wird noch zusätzlich eine Geschmacksempfindung für Glutamat (Natriumsalz der Aminosäure Glutamin) postuliert, der sog. „Umami-Geschmack".

Topographie. Bisher glaubte man, daß eine Zuordnung bestimmter Areale auf der Zunge zu einer Geschmacksqualität möglich sei. So soll die Geschmacksqualität süß v. a. an der Zungenspitze, sauer und salzig am Rand und bitter am Zungenhintergrund wahrgenommen werden. Diese Befunde lassen sich durch neuere Forschungsdaten nicht bestätigen. Mit Ausnahme des Bittergeschmacks, der vorwiegend am Zungengrund wahrgenommen wird, sind alle anderen Qualitäten auf der gesamten Zungenoberfläche etwa gleich wirksam. Unterschiede liegen maximal im 10%-Bereich. Danach ist jede Papille empfindlich für mehrere, meist alle 4 Geschmacksqualitäten. Einzelne Sinneszellen innerhalb einer Papille können ein breites Spektrum an Spezifität haben (ca. 25% der Zellen), aber auch spezifisch für einzelne Qualitäten sein.

13.4 Qualitätsdiskriminierung

Die Kodierung der Geschmacksinformation beruht auf sich überlappenden Reaktionsprofilen der Sinneszellen, die sich bis ins ZNS fortsetzen

Elektrophysiologie an einzelnen Neuronen. Mit Mikroelektroden lassen sich die Antworten einzelner Neurone nach einem Stimulus auf allen Ebenen der Informationsverarbeitung als Änderungen von Aktionspotentialfrequenzen registrieren. Solche Registrierungen zeigen, daß Zellen von der Peripherie bis zum Cortex in der Regel ***keine Qualitätsspezifität*** haben. Sie antworten auf Reize verschiedener Qualität allerdings insofern abgestuft spezifisch, als bei Reizung mit einer bestimmten Konzentration die Frequenz der einzelnen Fasern ungleich stark zunimmt. Daraus ergeben sich von Zelle zu Zelle unterschiedliche ***Reaktionsspektren*** mit mehr oder weniger ausgeprägten Erregungsmaxima für die 4 Grundqualitäten, auch ***Geschmacksprofile*** genannt. Abbildung 13-2 zeigt, daß einzelne Zellen eine spezifische Rangordnung der Empfindlichkeit für die Grundqualitäten haben, also z. B. süß vor sauer, salzig und bitter. Andere Zellen haben andere Reihenfolgen.

Rezeptive Felder. Wie bereits erwähnt, innervieren einzelne Nervenfasern mehrere Sinneszellen auch in verschiedenen Geschmacksknospen, von denen angenommen werden muß, daß sie sich hinsichtlich ihrer Reaktionsspektren unterscheiden. Die afferenten Nervenfasern enthalten also die Information von zahlreichen Zellen, sogar von verschiedenen Knospen; daraus ergeben sich überlappende, größere Einzugsbereiche, die ***rezeptive Felder*** genannt werden.

Codierung. Alle diese Daten zeigen, daß die Aktivität einer einzelnen Faser oft keine eindeutige Information über Qualität und Konzentration einer Reizsubstanz enthält, sondern daß diese erst durch einen Vergleich der Erre-

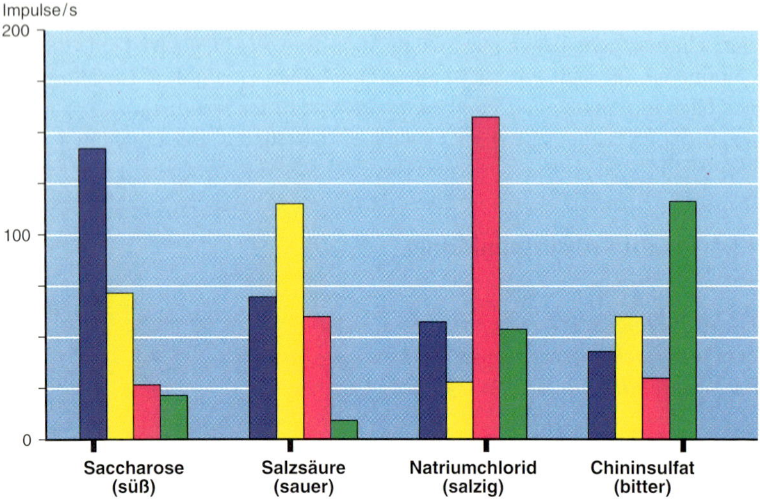

Abb. 13-2. Das Antwortverhalten von 4 verschiedenen Geschmacksnervenfasern auf Zugabe von Reizstoffen aus den 4 Qualitätsbereichen. Die Registrierungen stammen aus der Chorda tympani einer Ratte. Es wurden alle Nervenimpulse gezählt, die durch einen Reizstoff in mittlerer Konzentration ausgelöst wurden. Man beachte die unterschiedliche Empfindlichkeit der verschiedenen Chorda-tympani-Fasern auf die verschiedenen Geschmacksqualitäten. Das Reaktionsmuster einer einzelnen Nervenfaser wird als Geschmacksprofil bezeichnet

gungsmuster mehrerer Fasern ermittelt werden muß. Die Codierung erfolgt so, daß sich charakteristische Erregungsmuster über einer größeren Zahl von gleichzeitig, aber unterschiedlich reagierenden Neuronen ausbilden. Ähnlich wie die einzelnen Sinneszellen, enthalten auch die Nervenfasern Antwortmuster mit einer bestimmten Reihenfolge der Empfindlichkeit für die 4 Grundqualitäten. *Jede Faser verschlüsselt also Geschmacksreize nach einem eigenen individuellen Code.* Im ZNS entstehen integrierte Geschmackseindrücke vermutlich dadurch, daß ein aus den unterschiedlichen Signalen zahlreicher Fasern zusammengesetztes Erregungsmuster („across fiber pattern") dechiffriert wird und dadurch integrierte Geschmackseindrücke entstehen. Unser Gehirn ist in der Lage, diesen verschlüsselten Code über *Mustererkennungsprozesse* zu analysieren und Art und Konzentration des Reizstoffes zu identifizieren.

13.5 Molekulare Mechanismen der Geschmackserkennung

Der Primärprozeß der Transduktion beinhaltet für jeden der 4 Grundqualitäten einen spezifischen Verstärkungsmechanismus

Transduktion. Die Umsetzung eines chemischen Reizes (Geschmacksstoffe) in eine elektrische Antwort der Sinneszelle, die Transduktion, beginnt mit der Wechselwirkung zwischen Reizmolekül und speziellen Membranmolekülen, den Rezeptorproteinen. Dies bewirkt eine Permeabilitätsänderung der Membran, einer Zelldepolarisation und der Entstehung von Aktionspotentialen, die wiederum eine Transmitterfreisetzung und Erregung der innervierenden Nervenfaser (Aktionspotentiale) hervorrufen.

Rezeptoren: Mit Hilfe der Patch-clamp-Technik war es möglich, herauszufinden:

- ob die Reizstoffe der 4 Geschmacksqualitäten unterschiedliche, spezifische Rezeptoren aktivieren;
- ob es verschiedene Transduktionsmechanismen gibt und
- welche Voraussetzungen hinsichtlich der molekularen Struktur einer wirksamen Reizsubstanz erfüllt sein müssen.

Sauer. Daß Essigsäure oder Zitronensäure sauer schmecken, ist für jedermann selbstverständlich. Was haben diese Substanzen aber gemeinsam, um diesen Geschmack hervorzurufen! In der Chemie ist die Säure als eine Substanz definiert, die Wasserstoffionen (H^+-Ionen, Protonen) freisetzt oder erzeugt. Diese Ionen sind es auch, durch die der Sauergeschmack ausgelöst wird; *die Intensität des Sauergeschmacks nimmt mit der H^+-Ionenkonzentration zu.* So schmecken vollständig dissoziierte Säuren stärker sauer als äquimolare Lösungen schwach dissoziierter Säuren, mit einigen Ausnahmen (z. B. der Essigsäure); es spielt nämlich auch die Länge der Kohlenstoffkette eine Rolle. Neutralisation mit Lauge hebt den Sauergeschmack auf.

In der Membran der Mikrovilli konnten mehrere spezielle Rezeptorkanalproteine nachgewiesen werden, die unter Ruhebedingungen v. a. für K^+-, in geringerem Maße auch für Na^+-Ionen permeabel sind. Saure Valenzen wirken an diesem Kanal blockierend, so daß der Ausstrom von K^+-Ionen aus der Zelle verhindert wird. Dadurch wird das Membranpotential positiver, die Zelle depolarisiert (Abb. 13-3).

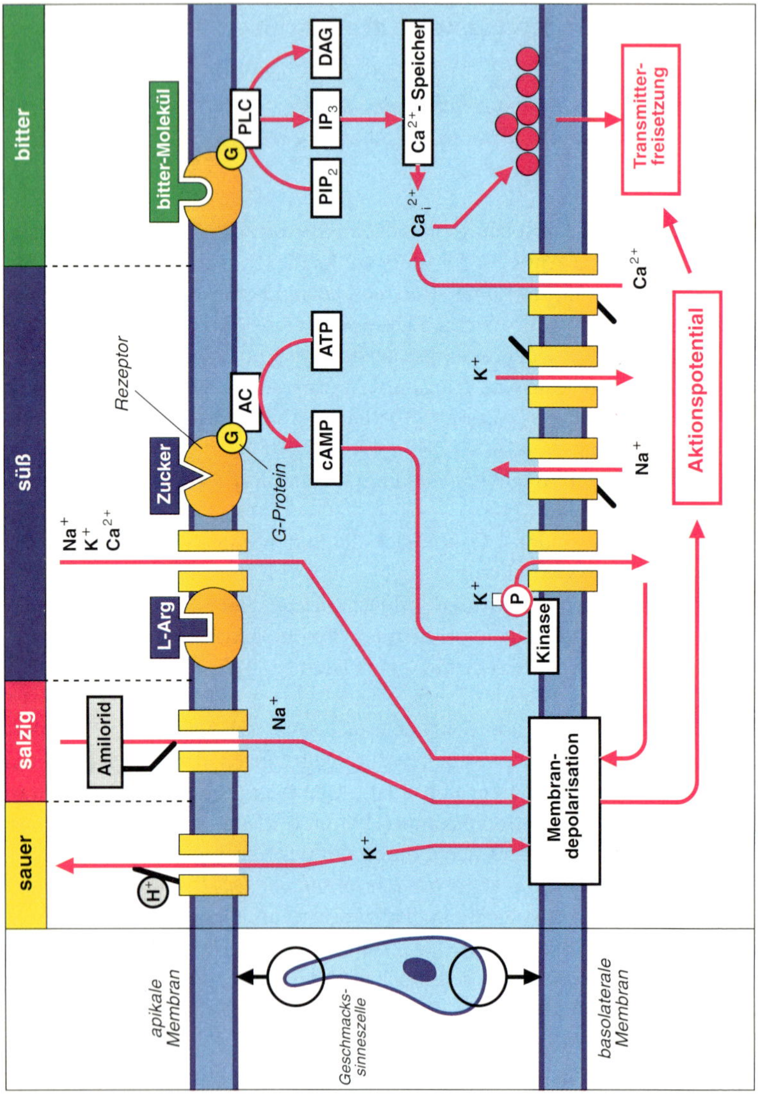

Abb. 13-3. Diagramm der verschiedenen Transduktionsmechanismen für die 4 Geschmacksqualitäten. Reizstoffe aus den einzelnen Geschmacksqualitätsklassen lösen am Rezeptorprotein der Sinneszellmembran unterschiedliche intrazelluläre Trans-

Salzig. Alle Stoffe mit salzigem Geschmack sind kristalline, wasserlösliche Salze, die in Lösungen in Kationen und Anionen dissozieren. Typisches Beispiel ist das Kochsalz (Na^+- und Cl^-). Sowohl Kationen als auch Anionen tragen zur Intensität des Salzgeschmacks bei. Es läßt sich eine Rangordnung für den Grad der „Salzigkeit" aufstellen:

Kationen: NH_4 > K> Ca > Na > Li > Mg.
Anionen: So_4 > Cl> Br > I > HCO_3 > NO_3.

Salzig schmeckende Stoffe können häufig zusätzlich Empfindungen für andere Qualitäten auslösen. So hat z. B. in niedrigen Konzentrationen Natriumbicarbonat einen salzig-süßen, Magnesiumsulfat einen salzig-bitteren Geschmack. Bleisalze schmecken auch in hohen Konzentrationen süß. Selbst reines Kochsalz schmeckt in niedriger Konzentration schwach süß. Die ***absolute Schwelle,*** die zur Auslösung der Empfindung „salzig" nötig ist, liegt für Kochsalz bei einigen Gramm/Liter. Beim Salzgeschmack ist der ***Transduktionsmechanismus*** relativ einfach: Es existiert kein spezifischer Membranrezeptor, sondern nur ein Ionenkanal in der Membran, der für Kationen (v. a. Na^+) permeabel ist. Eine Erhöhung der Na^+-Konzentration in der Umgebung der Sinneszelle durch Essen von salzhaltiger Kost führt zu einem erhöhten Einstrom von Na^+-Ionen in die Zelle; sie wird depolarisiert. Der Kanal kann durch Amilorid, einen bekannten Hemmstoff der Na^+ Kanäle in Nierenepithelzellen, blockiert werden. Im basolateralen Bereich der Sinneszelle ist eine hohe Dichte an Pumpen (Na^+-K^+-ATPasen), die die eingeflossenen Kationen wieder aus der Zelle transportieren und damit die Zelle wieder erregbar machen (Abb. 13-3).

Die Wirksamkeit der Anionen beruht auf deren Permeabilität bzw. ihrem Transport durch parazelluläre Spalten und gap junctions. Durch die dabei entstehenden transepithelialen Potentiale und die elektrische Kopplung zwischen den Zellen werden die Antworten der Sinneszellen beeinflußt.

Bitter. Substanzen, die einen Bittergeschmack hervorrufen, besitzen variable molekulare Strukturen, die gemeinsame Grundstrukturen nur schwer erkennen lassen. Auf alle Fälle muß eine polare Gruppe sowie in definiertem Abstand eine größere hydrophobe Gruppe am Molekül sein. Nur solche Mo-

◄

duktionskaskaden aus, die zur Zelldepolarisation führen; dadurch wird Überträgerstoff freigesetzt. Dieser bewirkt an der afferenten Nervenfaser die Entstehung eines Aktionspotentials. Detail der molekularen Mechanismen s. Text

leküle können mit einem Bitterrezeptor wechselwirken. Die Schwelle für Bittersubstanzen ist die geringste aller Geschmacksqualitäten. Bereits 0,005 g Chininsulfat in 1 l Wasser schmecken bitter. Das ist biologisch sinnvoll, denn pflanzliche Bitterstoffe, wie z.B. Strychnin, Chinin oder Nikotin, sind oft von hoher Toxizität. Es gibt spezifische Rezeptorproteine, die Bindungsareale für Bitterstoffe haben. Kontakt des Rezeptors mit einem Bitterstoff setzt eine intrazelluläre Signalverstärkungskaskade in Gang, die zur Erhöhung der Konzentration von IP_3 aus intrazellulären Speichern führt und an deren Ende der Anstieg von Ca^{2+} in der Zelle steht. Der Ca^{2+}-Anstieg wirkt dann auf K^+-Kanäle oder bewirkt direkt die Freisetzung von Überträgerstoff (Abb. 13-3).

Süß. Die größte Variabilität findet man in der Struktur der Moleküle, die Süßgeschmack auslösen. Trotzdem lassen sich auch hier einige strukturelle Gemeinsamkeiten erkennen: Um süß zu schmecken, muß ein Molekül 2 polare Substituenten haben, eine protonenabgebende und eine protonenaufnehmende Gruppe (nukleophile/elektrophile Gruppe). Zusätzliche hydrophobe Kontakte durch z.B. eine unpolare Gruppe sind nicht essentiell für Süßgeschmack, aber sie erhöhen die Intensität eines Reizmoleküls. Daneben spielen Größenverhältnisse der Substituenten und ihre räumliche Anordnung eine wichtige Rolle. Man geht heute davon aus, daß es *mehrere Typen von Rezeptorproteinen gibt,* an die mit unterschiedlicher Affinität alle Süßmoleküle binden können. Künstliche Süßstoffe, oft durch Zufall gefunden, konnten durch kleine molekulare Veränderungen inzwischen systematisch weiterentwickelt werden und haben Wirksamkeiten, die 100- bis 1000mal höher liegen als gewöhnlicher Zucker (Glukose). Die Schwelle für Glukose liegt bei 0,2 g/l.

Auch für den Süßgeschmack ist inzwischen ein Rezeptorprotein nachgewiesen worden. Kommt es zur Wechselwirkung eines Süßmoleküls mit dem Rezeptor, wird über ein spezielles G-Protein (analog dem Transducin beim Sehprozeß) das Enzym Adenylatzyklase aktiviert, das zu einer Erhöhung der cAMP-Konzentration der Zelle führt. cAMP depolarisiert dann die Zelle durch Aktivierung einer Kinase, die eine bestimmte Klasse von K^+-Kanälen mittels Phosphorylierung oder direkt schließt (Abb. 13-3).

13.6 Adaptation

Adaptation ist die Abnahme der Geschmacksintensität bei kontinuierlicher und konstanter Reizkonzentration

In diesem Zustand ist die Reizschwelle erhöht. Bereits nach 8 s stellt sich bei einer 5%igen Kochsalzlösung Adaptation ein. Sauer und salzig adaptieren allerdings nicht vollständig, im Gegensatz zu süß und bitter. Anschließend bedarf es einer *Erholungszeit,* bis die ursprüngliche Empfindlichkeit wiedererlangt ist. Bei Kochsalz z. B. nur einige Sekunden, bei bestimmten Bitterstoffen kann sie mehrere Stunden betragen. Sie ist abhängig von der Reizsubstanz und der Konzentration. Die Adaptation einer Geschmacksqualität beeinflußt auch die Empfindlichkeit für die anderen. So wird sauer viel saurer empfunden, wenn der Süßgeschmack adaptiert ist und umgekehrt. Wird die Zunge auf süß adaptiert und nachfolgend mit destilliertem Wasser gespült, so schmeckt dieses schwach sauer. Ein Phänomen, das am besten vielleicht mit den *„negativen Nachbildern"* bei der Optik verglichen werden kann. Das Verhältnis der beiden anderen Qualitäten bitter und salzig scheint komplexer zu sein.

13.7 Biologische Bedeutung

Auch wenn es „bitter schmeckt", kann es die Verdauung fördern – durch die Freisetzung von Enzymen der Bauchspeicheldrüse

Gustofazialer Reflex. Gerade beim Geschmackssinn spielt die Lust bzw. Unlust, die die verschiedenen Geschmacksreize bei uns auslösen, eine wichtige Rolle. Sie drückt sich gut sichtbar in der Mimik aus. Jeder weiß, was es bedeutet, wenn jemand „sauer schaut" oder eine „bittere Miene" macht. Die mimischen Referenzmuster dafür sind genetisch determiniert und bereits unmittelbar nach der Geburt beim Neugeborenen auszulösen. Man bezeichnet diese Reaktionen auch als „gustofaziale Reflexe". Geschmacksknospen werden im übrigen bereits beim 8 Wochen alten menschlichen Embryo von 20 mm Länge gefunden.

Aufgaben. Die beiden wichtigen biologischen Aufgaben des Geschmackssinnes sind:

- ***Prüfung von Nahrung*** auf unverdauliche oder giftige Stoffe und
- reflektorische Steuerung der ***Sekretion von Verdauungsäften.***

Für viele wurde der Bittergeschmack schon zum Lebensretter, denn Strychnin oder nikotinhaltige Pflanzen sind ebenso ungenießbar für uns wie z. B. der giftige Bitterröhrling, der dem leckeren Maronenpilz zum Verwechseln ähnlich sieht.

In starken Verdünnungen können Bitterstoffe zu wohlschmeckenden und verdauungsfördernden Getränken (Magenbitter) werden. Sie regen reflektorisch die Sekretion von Speichel und Magensaft an und stimulieren die Freisetzung von Enzymen aus der Bauchspeicheldrüse. Schließlich ist der Geschmackssinn auch am Brechreiz beteiligt.

Literatur

Lehr- und Handbücher

Brown EL, Deffenbacher K (1979) Perception and the Senses. Oxford Univ Press, pp 3–520

Burdach KJ (1988) Geschmack und Geruch. Huber, Bern S. 9–165

Hatt H (1990) In: Maelicke A (Hrsg) Vom Reiz der Sinne. VCH, Weinheim, S. 93–126

Hatt H (1991) Geruch und Geschmack. In: Hierholzer K, Schmidt RF (Hrsg) Pathophysiologie des Menschen. VCH, Weinheim, S. 1–9

Hensel H (1966) Allgemeine Sinnesphysiologie: In: Trendenburg W, Schütz E (Hrsg) Hautsinne, Geschmack, Geruch. Springer, Berlin Heidelberg New York, S 3–339

Einzel- und Übersichtsarbeiten

Avenet P, Kinnamon SC (1991) Cellular basis of taste reception. Curr Opin Neurobiol 1: 198–203

Faurion A (1987) Physiology of the sweet taste. In: Skrandies W, LeMagnen J, Faurion A (eds) Progress in sensory physiology, vol 8. Springer-Verlag Berlin Heidelberg.

Nakamura K, Norgren R (1991) Gustatory responses of neurons in the nucleus of the solitary tract of behaving rats. J Neurophysiol 66/4 143–149

Roger SD (1989) The cell biology of vertebrate taste receptors. Ann Rev Neurosci 12: 329–353

Lindemann B (1996) Taste reception. Physiol Rev 76 (3): 719–766

14 Geruch

H. Hatt

EINLEITUNG

Der Mensch kann Tausende verschiedener Duftstoffe unterscheiden und manche Düfte noch in extremer Verdünnung wahrnehmen. Dennoch galt lange Zeit der Geruch als ein „verlorener Sinn“ und zählt zu den „niederen“ Sinnen bei uns Menschen. Aber gerade in der heutigen Zeit, in der wir visuell und akustisch völlig überreizt sind, tritt der Geruch mehr in den Vordergrund. Wir haben erkannt, daß er auf vielen Ebenen in unser Leben eingreift, meist ohne uns bewußt zu werden. Gerade seine Bedeutung für vegetative und hormonelle Steuerungsprozesse, Sympathie und Antipathie, ist heute unbestritten. Ich „kann ihn nicht riechen“ oder „der stinkt mir gewaltig“ ist eine alte Weisheit, die durch neuere Forschungsergebnisse auf physiologischer Ebene erklärt werden kann.

14.1 Lage und Aufbau des Riechepithels

Riechsinneszellen sind hochdifferenzierte, primäre Sinneszellen, die direkt in den Bulbus olfactorius projizieren

Riechschleimhaut. Die olfaktorische Region (Riechepithel) beschränkt sich auf einen kleinen ca. 2×5 cm^2 großen Bereich auf der obersten der 3 Conchen in unserer Nase. Es lassen sich 3 Zelltypen unterscheiden.

- die eigentlichen ***Riechsinneszellen,***
- ***Stützzellen*** und
- ***Basalzellen*** (Abb. 14-1).

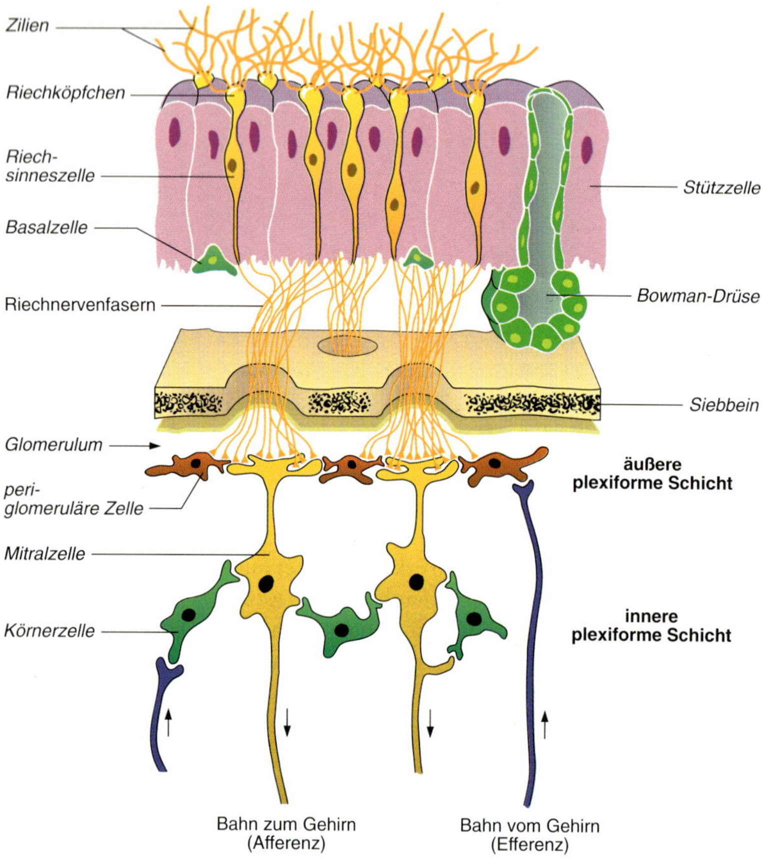

Abb. 14-1. Schematischer Aufbau der Riechschleimhaut mit den Verbindungen zum Riechkolben. Die Riechschleimhaut setzt sich aus den Riechsinneszellen, Stützzellen, Basalzellen und Drüsenzellen zusammen. Am apikalen dendritischen Ende der Riechsinneszellen ragen die ziliären Fortsätze in den Schleim. Jede Riechsinneszelle sendet einen Nervenfortsatz zu den Mitralzellen im Riechkolben. Die periglomerulären Zellen stellen meist inhibitorische Verbindungen zwischen den Mitralzellen her. Daneben findet man noch die ebenfalls inhibitorisch wirkenden Körnerzellen, die dendrodendritische Kontakte ausbilden. Der Erregungseingang steht auch zusätzlich unter Kontrolle efferenter Fasern von anderen Gehirnregionen

Letztere stellen undifferenzierte Riechzellen dar. Der Mensch besitzt ca. 30 Mio. Riechzellen, die nur eine durchschnittliche Lebensdauer von 1 Monat haben und danach durch Ausdifferenzierung von Basalzellen erneuert werden. Es ist eines der seltenen Beispiele für Nervenzellen im adulten Nervensystem, die noch zu regelmäßiger mitotischer Teilung fähig sind. Die Riechsinneszellen sind ***primäre Sinneszellen,*** die am apikalen Ende durch zahlreiche in den Schleim ragende dünne Sinneshaare (Zilien) mit der Außenwelt verbunden sind und am anderen Ende über ihren langen, dünnen Nervenfortsatz (Axon) direkten Zugang zum Gehirn haben. Zu Tausenden gebündelt (Fila olfactoria), laufen die Axone der Riechzellen durch die Siebbeinplatte, um zusammen als ***N. olfactorius*** direkt zum Bulbus olfactorius zu ziehen, der als vorgelagerter Hirnteil zu betrachten ist.

14.2 Zentrale Verschaltungen

Als Riechhirn werden Regionen des Paleocortex bezeichnet. Der Geruchssinn hat auch direkten Zugang in das limbische System und den Hippocampus

Bulbus olfactorius. Zwischen den Rezeptoren und der Hirnrinde liegt nur eine synaptische Schaltstelle, an den Ästen der Hauptdendriten der Mitralzellen des Riechkolbens (Bulbus olfactorius) in den sog. ***Glomeruli.*** Hierbei kommt es zu einer deutlichen Reduktion der Duftinformationskanäle: etwa 1000 Axone einzelner Riechzellen projizieren auf eine einzige Mitralzelle *(Konvergenz)*. Die Abb. 14-1 zeigt außerdem, daß die zellulären Elemente des Bulbus in Schichten angeordnet sind: Auf die Schicht der Glomeruli folgt die Schicht der ***Mitralzellen*** (äußere plexiforme Schicht) und schließlich die Schicht der ***Körnerzellen*** (innere plexiforme Schicht). Zusätzlich gibt es synaptische Eingänge von Riechzellaxonen auf ***periglomeruläre Zellen.*** Die komplizierten Verbindungen der Zellen im Bulbus untereinander sind im einzelnen nicht bekannt. Die wesentlichen Merkmale der Informationsverarbeitung in diesem neuronalen Netzwerk sind:

- die starke Konvergenz,
- ausgeprägte Hemmechanismen und
- eine efferente Kontrolle der einlaufenden Erregung.

Kortikale Projektionen. Die etwa 50 000 Axone der Mitralzellen formen den Tractus olfactorius. Ein Hauptast kreuzt in der vorderen Kommissur zum Bulbus der anderen Hirnseite, die anderen Fasern ziehen zu den olfaktorischen *Projektionsfeldern* in zahlreichen Gebieten des Paleocortex, die zusammen als ***Riechhirn*** bezeichnet werden. Dazu gehören das Tuberculum olfactorium, die Area praepiriformis, der Corpus amygdaloideum sowie die Regio entorhinalis. Die Verarbeitung endet aber nicht hier, sondern die Duftinformation wird zum einen zum *Neocortex* geleitet und endet dort in einer entwicklungsgeschichtlich sehr alten Hirnregion, dem Cortex praepiriformis. Zum anderen gehen Bahnen direkt zum *limbischen System* (Mandelkern, Hippocampus) und weiter zu vegetativen Kernen des *Hypothalamus* und der *Formatio reticularis.*

14.3 Geruchsqualitäten

Geruchsqualitäten gegeneinander abzugrenzen haftet etwas Willkürliches an

Duftklassen. Man geht von etwa 10000 unterscheidbaren Düften aus. Noch heute hat ein bereits 1952 von Amoore vorgeschlagenes Schema von 7 typischen Geruchsklassen Gültigkeit: blumig, ätherisch, moschusartig, campherartig, schweißig, faulig, minzig. Für jede dieser Duftklassen existieren typische, charakteristische Leitdüfte, wie z.B. Geraniol für blumig oder Butylmercaptan für faulig (Tabelle 14-1).

Tabelle 14-1. Klassifikation der Primärgerüche nach Amoore, Johnston und Rubin

Primärgeruch	Chemische Substanz	Trivialsubstanz
campherartig	Campher	Mottenpulver
moschusartig	ω-Hydroxypentadecansäurelacton	Angelikawurzelöl
blumig	Phenylethyl-methyl-ethyl-carbinol	Rose
minzig	Menthon	Pfefferminzbonbon
ätherisch	Ethylen-dichlorid	Fleckenwasser
schweißig	Buttersäure	Schweiß
faulig	Butylmercaptan	faule Eier

Eine weitere Besonderheit des Riechsystems besteht in der einmaligen Korrelation zwischen Qualität und Konzentration: mit ansteigender Duftstoffkonzentration ändert sich häufig nicht nur die Empfindungsintensität, sondern auch die Qualität, z. B. riecht Ionon in niedrigen Konzentrationen nach Veilchen, in hohen nach Holz.

Kreuzadaptation. Sie stellt eine andere Möglichkeiten der Klassifikationen dar: Wir alle wissen, daß wir nach einer gewissen Zeit Duft (z. B. Zigarettenrauch) im Raum nicht mehr wahrnehmen. Das Riechsystem ist adaptiert. Ob dieser Mechanismus peripher (Rezeptorebene) oder zentral (Mitralzellen, Cortex) bedingt ist, ist noch unbekannt. Die Adaptation beschränkt sich aber auf eine bestimmte, reproduzierbare Gruppe von Düften, all die anderen Düfte sind davon nicht betroffen. Ist man auf Zigarettenduft adaptiert, kann man Kaffeeduft trotzdem noch wahrnehmen. Auf diese Weise gelang es, 10 verschiedene Duftklassen zu unterscheiden, die sich nur teilweise mit denen von Amoore decken.

Anosmien. Ein mehr klinischer Ansatz verwendet die beim Menschen angeborenen Geruchsblindheiten, die sog. *partiellen Anosmien.* So können z. B. 2% der Bevölkerung keinen Schweißgeruch (Buttersäure und verwandte Substanzen) oder 33% kein Campher (Cineol) riechen. Diesen Menschen scheinen die Rezeptormoleküle für die Erkennung dieser Düfte zu fehlen. Bisher sind 7 verschiedene Typen von Anosmien beschrieben (Tabelle 14-2). All diese Ansätze weisen auf die Existenz von ca. 10 möglichen Duftklassen hin. Molekularbiologische oder elektrophysiologische Daten konnten bisher keine klaren Anhaltspunkte für solche Klassifizierungen liefern.

Tabelle 14-2. Anosmien beim Menschen

Vorkommen	Hauptduftkomponente	Häufigkeit in Prozent [%] Bevölkerung
Urin	Androstenon	40
Malz	Isobutanal	36
Campher	1,8-Cineol	33
Sperma	1-Pyrrolin	20
Moschus	Pentadecanolid	7
Fisch	Trimethylamin	7
Schweiß	Isovaleriansäure	2

14.4 Neurophysiologie des olfaktorischen Systems

Antworten einzelner Zellen auf Duftsignale können von der Rezeptorzellebene bis in die verschiedenen zentralnervösen Projektionsgebiete hinein registriert werden

Aktionspotentialfrequenzen. Sowohl auf dem Niveau einzelner Sinneszellen als auch zentraler Neurone gelang es, die Reaktion (Aktionspotentialfrequenzänderung) auf einen Duftreiz zu registrieren. Aktionspotentialfrequenzen (Spitzen- wie Plateaufrequenz) hängen von der Reizkonzentration ab. Je nach Duftstoff kann die Zelle mit einer *Erhöhung* der Impulsfrequenz oder mit einer *Hemmung* der Spontanrate antworten. In jedem Fall ist ein ausgeprägtes Adaptationsverhalten innerhalb von Sekunden zu sehen.

Zentrale Neurone zeigen keine ***Qualitätsspezifität***, aber in einigen Fällen konnte an Neuronengruppen ein charakteristisches Erregungsprofil durch einen bestimmten Duft ausgelöst werden. Meist findet man jedoch sehr komplizierte Reaktionsprofile, die auf einen ausgeprägten Signal- und Mustererkennungsmechanismus mit Kontrastverstärkung, Störfiltern und komplexen Regelmechanismen hinweisen.

Elektroolfaktogramm. Sehr früh schon gab es Summenableitungen von größeren Arealen der Riechschleimhaut, das sog. Elektroolfaktogramm (EOLG). Es ist technisch dem EEG und ähnlichen Verfahren gleichzusetzen. Im EOLG zeigt sich stets ein linearer Anstieg der Amplitude nach Zugabe eines wirksamen Duftstoffes mit zunehmender Reizintensität. Gleiche Konzentrationen molekular ähnlicher Stoffe können jedoch große Unterschiede in der EOLG-Amplitude haben.

14.5 Wirkung von Duftstoffen auf molekularer Ebene

Transduktion ist die Umsetzung eines chemischen Duftreizes in ein elektrisches Signal der Zelle. Sie beinhaltet einen sehr effektiven Verstärkungsmechanismus

Rezeptorprotein. Die Transduktion beginnt (Abb. 14-2 a) mit dem Kontakt eines Duftstoffmoleküls mit spezifischen Rezeptorproteinen in der Zilienmembran. Von einigen dieser Proteine wurde inzwischen die Aminosäurese-

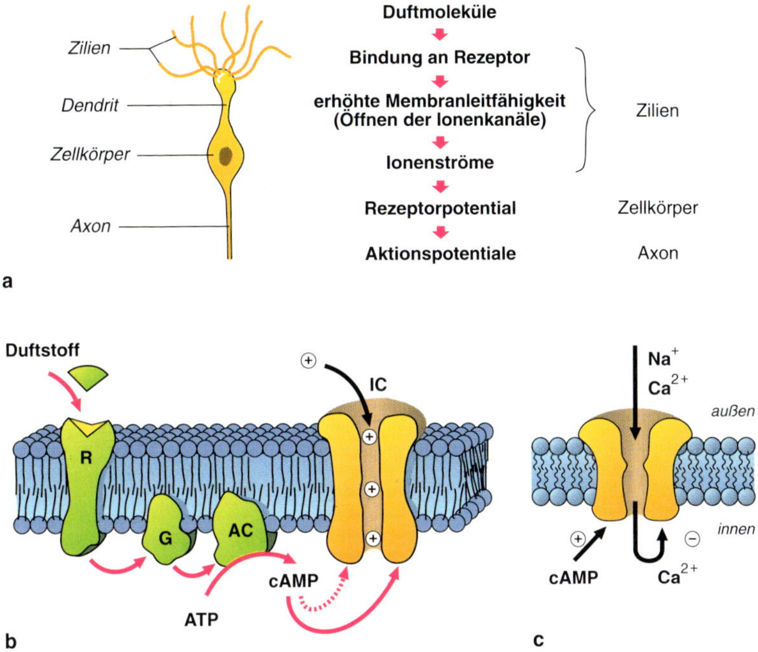

Abb. 14-2 a–c. Die schematische Darstellung der Transduktionen eines Duftreizes in eine elektrische Zellantwort. **a** Darstellung der Schritte, die von der Bindung des Duftmoleküls an das Rezeptorprotein bis zum Auftreten der Aktionspotentiale am Nervenfortsatz reichen. **b** Intrazellulärer Verstärkungsmechanismus. Die über ein G-Protein vermittelte Aktivierung der Adenylatzyklase ***(AC)*** erhöht die cAMP Konzentration in der Zelle. ***cAMP*** kann dann direkt ein Öffnen eines unspezifischen Kationenkanals ***(IC)*** in der Riechzellmembran bewirken. Der Einstrom von Kationen durch diesen Kanal in die Zelle ruft die Zelldepolarisation (Rezeptorpotential) hervor. **c** Der unspezifische Kationenkanal besitzt auf der zytosolischen Seite Bindungsstellen für Ca^{2+}-Calmodulin, deren Besetzung eine Blockierung des Kanals bewirkt

quenz aufgeklärt. Es hat sich gezeigt, daß es eine mehrere hundert Mitglieder umfassende ***Genfamilie*** für solche Rezeptorproteine gibt, die in ihrer molekularen Struktur untereinander sehr ähnlich sind. In einer bestimmten Region, vermutlich im Bindungsareal für die Duftmoleküle, weisen sie aber eine hohe Variabilität auf. Es scheint sich um ein ähnliches Prinzip wie bei der Funktion und Struktur der Immunglobuline und T-Zellrezeptoren zu handeln.

Trotz all der Fortschritte wissen wir bis heute nicht, ob Sinneszellen nur *einen* Typ von Rezeptorprotein exprimieren (sog. ***Spezialisten)*** oder mehrere mit unterschiedlicher Spezifität (sog. ***Generalisten).*** Dies hat weitreichende Konsequenzen für unser Verständnis des Dufterkennungsmechanismus auf zentraler Ebene.

Signalverstärkung. Kommt es zur Wechselwirkung eines Duftmoleküls mit dem spezifischen, passenden Rezeptorprotein, so wird ein intrazellulärer Signalverstärkungsmechanismus („second messenger cascade") in Gang gesetzt: Ein spezifisches G_{olf} Protein aktiviert das Enzym Adenylatcyclase, das wiederum erhöht die Konzentration von ***cAMP*** in der Zelle. cAMP-Moleküle können nun direkt (ohne Phosphorylierung) unspezifische Kationenkanäle in der Membran öffnen (Abb. 14-2b). Die Aktivierung eines einzigen Rezeptorproteins durch ein Duftmolekül kann Tausende solcher cAMP-Moleküle freisetzen. Dies erklärt die ungewöhnlich niederen Schwellenwerte für bestimmte Duftstoffe. Dieser Transduktionsweg wird u. a. von Blumen und Fruchtdüften benutzt.

Ob es eine Klasse von Duftstoffen gibt, die den ***IP3 vermittelten Second-messenger-Weg*** zur Signalverstärkung benutzt, ist für Säugetiere bisher nicht eindeutig bewiesen.

cAMP-aktivierter Ionenkanal. Inzwischen wurde auch die Sequenz der Aminosäuren dieses Kanalproteins bestimmt. Es zeigten sich starke Homologien zu bestimmten Enzymen, Ca^{2+}-Kanälen und v. a. zu einem Kanalprotein, das in Sehzellen für die Transduktion verantwortlich ist. Es wird spekuliert, daß das einströmende Calcium durch Öffnen eines Calcium aktivierten Chlorid-Kanals eine zusätzliche Signalverstärkung hervorruft. Es konnte eine funktional wichtige Ca^{2+}/Calmodulin-Empfindlichkeit dieses Kanals gezeigt werden. Je weniger Ca^{2+}-Ionen sich auf der Innenseite der Membran befinden, desto höher ist die Öffnungswahrscheinlichkeit des Kanals. Da Ca^{2+}-Ionen durch den Kanal fließen können, wird sich kurze Zeit nach Kanalöffnung die Ca^{2+}-Konzentration in der Zelle erhöhen und dadurch den Kanal blockieren (Abb. 14-2c). Der Kanal schaltet sich selbst ab. Ein Prozeß, der ***Adaptation*** auf molekularer Ebene erklären kann.

14.6 Subjektive Riechphysiologie

Die Leistungen des Geruchssinns werden mit psychophysischen Methoden quantifiziert und die die Geruchswahrnehmung beeinflussenden Faktoren bestimmt

Geruchsschwellen. Bei niedrigen Duftkonzentrationen kann gerade eben wahrgenommen werden, daß etwas riecht, aber der Duft nicht identifiziert werden. Erst mit höherer Konzentration kann ein Duftstoff spezifisch benannt werden; entsprechend unterscheidet man zwischen ***Wahrnehmungs-*** und ***Erkennungsschwelle.*** Sie unterscheiden sich etwa um den Faktor 10. Für manche Stoffe ist die menschliche Nase besonders empfindlich; so liegt die Erkennungsschwelle z. B. für das nach Fäkalien stinkende Skatol bei 10^7 Molekül/cm^3 Luft. Wie viele Moleküle davon tatsächlich am Rezeptor ankommen, ist nur abzuschätzen. Man geht aber davon aus, daß nur 8 Duftmoleküle eine Sinneszelle treffen müssen, um eine so starke Aktionspotentialantwort auszulösen, daß die Substanz erkannt wird.

Daneben gibt es noch die sog. ***Unterschiedsschwelle,*** die den Konzentrationsunterschied angibt, der vorhanden sein muß, um 2 Proben des gleichen Duftstoffes in unterschiedlicher Intensität zu empfinden. Hierzu müssen 2 Reize sich mindestens um 25 % in der Konzentration unterscheiden. Dies ist um den Faktor 100 höher als z. B. beim Hören.

Physiologische Faktoren. Bei Hunger sinkt die Schwelle für bestimmte Duftstoffe und bei Sattheit steigt sie signifikant. Ebenso verschlechtert sich das Riechvermögen mit höherem Alter, bei Rauchern und unter bestimmten hormonellen Einflüssen, z. B. während der Schwangerschaft oder der Menstruation.

Rationalskala der Empfindungsstärke. Die Beziehung zwischen Reizkonzentration und Empfindungsintensität entspricht – wie bei allen anderen Sinnesorganen – der Stevens-Potenzfunktion:

$$R = C\,(I - I_0)^n.$$

R = Intensität der Duftempfindung; I = Konzentration des Duftes; I_0 = Wahrnehmungsschwelle; C = Konstante.

In der log-log-Darstellung ergibt sich eine lineare Abhängigkeit mit der Steigung n zwischen Duftkonzentration und ***Empfindungsintensität.*** Die verschiedenen Duftstoffe haben recht unterschiedliche Exponenten von 0,1–0,8, in seltenen Fällen auch über 1.

Adaptation. Auch beim Riechen tritt unter konstant andauernder Reizung Adaptation ein. Sie hängt von der Art des Duftstoffes und der Reizkonzentration ab, ebenso die Erholungszeit nach einem Reiz. Die Adaptationszeiten liegen meist im Minutenbereich, während die Erholungszeiten nach stärkeren Reizen sogar Stunden dauern können.

14.7 Erregung von Trigeminusfasern

Freie Nervenendigungen des N. trigeminus in der Nasenschleimhaut haben auch olfaktorische Funktion

Der N. trigeminus versorgt auch Nase und Mundhöhle. Seine freien Nervenendigungen liegen u. a. in der Riechschleimhaut. Sie reagieren auf nociceptive Reize, aber auch auf verschiedene Duftstoffe, allerdings erst in sehr hohen Konzentrationen. Empfindungen wie *stechend, beißend* (Salzsäure, Ammoniak, Chlor) sind typisch für das ***nasal-trigeminale*** System, *brennend* und *scharf* (Piperidin, Capsaicin) für das ***oral-trigeminale*** System.

Selbst bei relativ schwachen Duftreizen (z.B. Amylazetat, Eukalyptus) reagiert neben dem olfaktorischen auch das trigeminale System, allerdings mit längerer Latenzzeit und wenig ausgeprägter Adaptation. Auch nach vollständiger Durchtrennung des N. olfactorius bleibt deshalb ein reduziertes Riechvermögen erhalten.

14.8 Biologische Bedeutung

Der Geruchssinn trägt zur Steuerung der Fortpflanzung bei, hat große Bedeutung im Bereich der sozialen Beziehungen und eine stark emotionale Komponente

Eigengeruch. Bei jedem Menschen ist der „Eigengeruch" genetisch determiniert. Er basiert auf der immunologischen Selbst-Fremd-Erkennung und ist mit dem *Haupthistokompatibilitätskomplex (MHC)* gekoppelt. Je näher verwandt Menschen mit einander sind, desto ähnlicher ist der Eigengeruch. Dies ist die Basis für den Familiengeruch. Eineiige Zwillinge können auch von speziell trainierten Tieren nicht mehr am Geruch unterschieden werden. Hat allerdings einer der beiden eine Organtransplantation erhalten, gelingt die Unterscheidung. Experimentelle Befunde zeigen, daß MHC-assoziierte

Gerüche in der Lage sind, *Partnerwahlverhalten, Inzestschranke* oder die *Fehlgeburtenrate* zu beeinflussen.

Kommunikation. In der weitgehend sprachlosen Welt der Tiere stellt der Geruchssinn das wichtigste Kommunikationsmittel dar. Auch bei uns Menschen spielt er in vielen Bereichen des individuellen und sozialen Lebens eine wichtige Rolle, wenn auch meist unbewußt.

Hier sind v. a. die ***Pheromone*** zu nennen. Das sind Düfte, die von einem Lebewesen abgegeben werden und bei einem anderen Lebewesen derselben Art eine Wirkung hervorrufen. Sie können z. B. auf den Hormonhaushalt einwirken, wie man aus Tierversuchen seit langem weiß, inzwischen aber auch für den Menschen gezeigt hat. So kann z. B. Androstenon, ein Duft aus dem Achselschweiß des Mannes, den Zyklus der Frau zeitlich synchronisieren. Dies wird bereits in der Medizin als Therapie verwendet. Dieser Duft wird im übrigen von Frauen nur während der Zeit des Eisprunges als angenehm beurteilt, sonst eher als unangenehm empfunden. Eine natürliche Art der Steigerung der Geburtenrate! Vom Duft weiblichen Achselschweißes und Vaginalsekrets weiß man inzwischen, daß er bei Männern im Schlaf die Herz- und Atemfrequenz verändert und sogar hochsignifikant Einfluß auf die Trauminhalte (sie werden inhaltlich positiver!) hat. Der direkte Zugang der Riechbahn zum limbischen System und zum Hypothalamus, die neben dem Gefühlsleben auch vegetative und hormonelle Funktionen kontrollieren, ist dafür verantwortlich.

Am Nasenboden wird beim Menschen jederseits neben dem Septum eine schlauchförmige ca. 1 cm lange Einstülpung, die an der lateralen Fläche mikrovilläres, an der medialen Fläche ciliäres Epithel trägt, gefunden. Nach neueren Befunden scheint dieses sog. ***Vomeronasal-Organ*** vor allem für die chemische Kommunikation zwischen Menschen durch Pheromone eine wichtige Rolle zu spielen. Es gibt Hinweise, daß die Wirksubstanzen strukturelle Ähnlichkeit mit Sexualhormonen haben. Bei Tieren steht diese, auch als ***Jakobsonsches Organ*** bezeichnete Struktur mit dem Canalis incisivus in Verbindung und wird vom Riechnerven versorgt. Die Duftinformation wird in einen spezifischen Teil des Bulbus olfactorius, den ***accessorischen Bulbus*** projiziert.

Selbst auf *zellulärer Ebene der Kommunikation* ist „Duftwirkung" bekannt, ohne die kein Leben möglich wäre. Das winzige Spermium würde nie mit der ebenso winzigen Eizelle im Eileiter zusammentreffen, wenn diese nicht einen „Duft" aussenden würde, für den das Spermium Rezeptoren besitzt. Die Struktur der Rezeptoren und Kanalproteine sowie deren Reaktionskaskade scheinen große Ähnlichkeit mit den entsprechenden Strukturen bei Riechzellen zu haben.

Literatur

Lehr- und Handbücher

Amoore JE (1970, 1952[1]) Mulecular basis of odor. Charles C. Thomas, Springfield

Boeckh J (1972) Geruch In: Gauer OH, Kramer K, Jung R (Hrsg) Somatische Sensibilität, Geruch und Geschmack. Ed. Urban & Schwarzenberg, München, S 172–203

Burdach KJ (1988) Geschmack und Geruch. Huber, Bern, S 9–165

Hatt H (1990) Physiologie des Riechens und Schmeckens. In: Maelicke A (Hrsg) Vom Reiz der Sinne. VCH Weinheim, S 93–126

Hatt H (1991) Geruch und Geschmack. In: Hierholzer K, Schmidt RF (Hrsg) Pathophysiologie des Menschen. VCH, Weinheim S 1–9

Hensel H (1966) Physiologie des Geruchssinnes. In: Trendenburg W, Schütz E (Hrsg) Allgemeine Sinnesphysiologie: Hautsinne, Geschmack, Geruch. Springer, Berlin Heidelberg New York, S. 265–397

Kobal G, Hummel T (1992) Human electro-olfactograms and brain responses to olfactory stimulation. In: Laing DG, Doty RL, Breipohl W (eds) The human sense of smell. Springer, Berlin Heidelberg New York Tokyo, pp 713–715

Ohloff G (1990) Riechstoffe und Geruchssinn. Springer, Berlin Heidelberg New York Tokyo, S 1–221

Einzel- und Übersichtsarbeiten

Axel R (1995) The molecular logic of smell. Scientific American 10: 130–137

Bargmann C I (1997) Olfactory receptors, vomeronasal receptors, and the organization of olfactory information. Cell 90: 585–587

Buck L, Axel R (1991) A novel multigene family may encode odorant receptors: A molecular basis for odor recognition. Cell Press 65: 175–187

Hatt H (1990) Molekulare Mechanismen der Geruchswahrnehmung. Neurologie Psychiatrie 4: 865–872

Hatt H (1996) Molecular mechanisms of olfactory processing in the mammalian olfactory epithelium. ORL 58: 183–194

Hummel T, Gollisch R, Wildt G, Kobal C (1991). Changes in olfactory perception during the menstrual cycle. Experientia 47, Birkhäuser, Basel.

Lancet D (1986) Vertebrate olfactory reception. Ann Rev Neurosci 9: 329–355

Lee K-H, Wells RG, Reed RR (1987) Isolation of an olfactory cDNA: Similarity to retinol-binding protein suggests a role in olfaction. Am Assoc Adv Sci 235: 1053–1056

Thuerauf N, Gjuric M, Kobal G, Hatt H (1996) Cyclic nucleotide-gated channels in identified human olfactory receptor neurons. Europ J of Neurosci 8: 2080–2089

Zufall F, Hatt H (1991) Dual activation of a sex pheromonedependent ion channel from insect olfactory dendrites by protein kinase C activators and cyclic GMP. Proc Natl Acad Sci USA 88: 8520–8524

Zufall F, Shepherd GM, Firestein S (1991) Inhibition of the olfactory cyclic nucleotide gated ion channel by intracellular calcium. Proc R Soc Lond B 246: 225–230

15 Allgemeine Physiologie der Großhirnrinde

N. Birbaumer, R. F. Schmidt

EINLEITUNG

Elektrische Spannungs- und magnetische Feldänderungen der kortikalen Nervenzellen sind Ausdruck des Aktivitätszustandes der Nervennetze. Ihre Aufzeichnung mit Hilfe des Elektroenzephalogramms und des Magnetenzephalogramms stellt einen wichtigen Zugang zur Klärung der Beziehungen zwischen sensorischen, motorischen und kognitiven Prozessen und deren neuronalen Grundlagen dar. Zusammen mit der Erfassung der regionalen Hirndurchblutung konnten enge Zusammenhänge zwischen gesunden und krankhaften Veränderungen der Hirnaktivität und Verhalten hergestellt werden.

15.1 Kortikale Neurone

Die kortikalen Neurone ähneln in ihren biophysikalischen Eigenschaften den spinalen Neuronen

Ruhe- und Aktionspotentiale. Die verschiedenen Schichten des Cortex enthalten eine große Anzahl unterschiedlichster Neurone, die sich aber 2 Haupttypen zuordnen lassen, den ***Pyramiden-*** und den ***Sternzellen.*** Ihre Form, Ausbreitung, Verknüpfung miteinander und ihre afferenten und efferenten Verbindungen sind in Kap. 1 beschrieben. Intrazelluläre Ableitungen bei Pyramidenzellen ergaben ***Ruhepotentiale*** von – 50 bis – 80 mV; die Amplitude der ***Aktionspotentiale*** betrug (bei einer Dauer von 0,5 bis 2 ms) 60–100 mV. Die Aktionspotentiale starten am Axonhügel der Zellen und breiten sich von dort sowohl nach peripher als auch über das Soma und die proximalen Dendriten aus. Es fehlen beim Aktionspotential ausgeprägte Nachpotentiale, so daß die Pyramidenzellen mit Frequenzen bis zu 100 Hz entladen können. Intrazelluläre Ableitungen von Sternzellen sind schwierig, da die Neurone sehr klein sind. Ihre biophysikalischen Eigenschaften scheinen aber mit denen der Pyramidenzellen identisch zu sein.

Synaptische Potentiale. Verglichen mit den motoneuronalen postsynaptischen Potentialen (Abb. 3-3, S. 62), sind die kortikalen Potentiale durchweg länger. Erregende postsynaptische Potentiale haben oft eine Anstiegszeit von mehreren Millisekunden und eine Abfallzeit von 10–30 ms, während hemmende postsynaptische Potentiale meist noch länger, nämlich 70–150 ms dauern. An apikalen Dendriten wurden EPSP registriert, die mehrere Sekunden andauerten.

Hemmende postsynaptische Potentiale sind im spontan aktiven Cortex seltener als erregende und dann von kleinerer Amplitude. Dagegen können nach Aktivierung kortikopetaler sensorischer Bahnen häufig große und langdauernde hemmende postsynaptische Potentiale entweder isoliert oder im

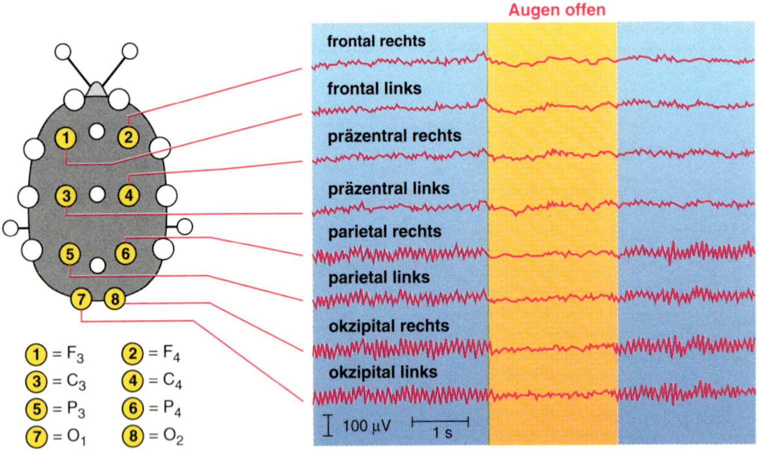

Abb. 15-1. Normales Elektroenzephalogramm (EEG) des ruhenden, wachen Menschen. Gleichzeitige, achtkanalige, unipolare Ableitung von den *links* in der Skizze angegebenen Orten auf der Schädeldecke (Kopfhaut). An jedem Ohrläppchen war eine weitere Elektrode angebracht, die zusammengeschaltet als indifferente Elektrode dienten. Öffnen der Augen blockierte den α-Rhythmus (Mod. nach Richard Jung)

Anschluß an erregende synaptische Potentiale registriert werden. Die Frequenz der durch postsynaptische Potentiale ausgelösten kortikalen Impulsaktivität ist niedrig, auch an wachen Tieren. Sie liegt meist unter 10 Hz und nicht selten unter 1 Hz.

Die Überträgersubstanzen der kortikalen Neurone sind noch nicht vollständig bekannt

Die Pyramidenzellen benutzen als Transmitter anscheinend eine erregende Aminosäure, sehr wahrscheinlich Glutamat. Einige der erregenden Sternzellen enthalten Neuropeptide (CCK, VIP s. S. 64); die hemmenden Sternzellen machen häufig von GABA als Transmitter Gebrauch. Viele der afferenten Fasern benutzen die Monoamine Noradrenalin und Dopamin, andere Acetylcholin. (Bezüglich weiterer Details der Großhirnrinde s. Kap. 1.)

15.2 Das Elektroenzephalogramm

Die kollektive elektrische Tätigkeit der Cortexneurone kann mit Hilfe von Elektroden auf der Kopfhaut registriert werden

Die abzuleitenden, spontanen Potentialschwankungen werden Elektroenzephalogramm (EEG) genannt.

Definition. Legt man auf die Kopfhaut der Schädeldecke eine knopfförmige Elektrode, so lassen sich zwischen dieser Elektrode und einer entfernten, indifferenten Elektrode (etwa am Ohrläppchen) beim Menschen und anderen Wirbeltieren kontinuierliche elektrische Potentialschwankungen ableiten, die als Elektroenzephalogramm, abgekürzt EEG bezeichnet werden (Abb. 15-1). Ihre Frequenzen liegen zwischen 1 und 80 Hz und ihre Amplituden in der Größenordnung von wenigen Mikrovolt bis mehrere hundert Mikrovolt (μV).

Diese Möglichkeit, die elektrische Hirnaktivität zu registrieren, wurde von dem Jenaer Nervenarzt Hans Berger entdeckt, der zwischen 1929 und 1938 die Grundlagen für die klinischen und experimentellen Anwendungen dieser Methode legte. Erfolgt die Ableitung direkt von der Hirnoberfläche (im Tierexperiment oder bei einem neurochirurgischen Eingriff), so erhält man das ***Elektrokortikogramm (ECoG),*** dessen Potentialschwankungen sich durch etwas größere Amplituden und bessere Frequenzwiedergabe auszeichnen. Auch von tieferen Hirnstrukturen können über operativ eingeführte Elektroden analoge Potentialschwankungen abgeleitet werden.

Auswertung des EEG. Um in Diagnostik und Forschung Vergleiche zu erleichtern, sind die Lage der Ableitelektroden (Abb. 15-1, links) und die Ableitebedingungen (Schreibgeschwindigkeiten, Zeitkonstanten und Filter des Verstärkersystems) international weitgehend standardisiert worden. Das EEG wird dabei entweder wie in Abb. 15-1 unipolar (eine Schädelelektrode gegen eine indifferente Elektrode, beispielsweise an einem Ohrläppchen) oder zwischen 2 auf dem Schädeldach aufgebrachten Elektroden bipolar abgeleitet. Die Auswertung konzentriert sich v.a. auf Frequenz, Amplitude, Form, Verteilung, Häufigkeit und Ordnungsgrad („Komplexität") der im EEG enthaltenen Wellen.

Mit der Magnetoenzephalographie (MEG) können die durch die Hirnaktivität hervorgerufenen magnetischen Felder erfaßt werden

Jede Bewegung elektrischer Ladungen ruft ein Magnetfeld hervor. Das Gehirn generiert daher auch schwache magnetische Felder (Flußdichte weniger als der Zehnmillionste Teil des Erdmagnetfeldes), die mit hochempfindlichen Detektoren (heliumgekühlten SQUIDs: „superconducting quantum interference devices") nachgewiesen werden können (Abb. 15-2). Der Vorteil dieses aufwendigen Verfahrens gegenüber dem EEG liegt in seiner wesentlich besseren räumlichen Auflösung der Entstehungsorte kortikaler Aktivität. Da mit SQUIDs aus biophysikalischen Gründen nur horizontal zur Schädeldecke gelegene elektromagnetische Quellen erfaßt werden können und das EEG meist aus den vertikalen kortikalen Säulen entspringt, lassen sich durch die Kombination beider Meßverfahren die Aktivitätsquellen im Cortex mit hoher Genauigkeit (bis zu 2 mm) lokalisieren.

Abb. 15-2. Spontanes Magnetoenzephalogramm (MEG) von 5 Ableitungspunkten des temperoparietalen Cortex des Menschen. Die Eichung *links unten* bezeichnet 1 Pikotesla (10^{-9} Tesla). In der *Mitte* und *rechten Seite* der Abbildung sind die auch im EEG sichtbaren α-Wellen zu erkennen. (Die Abbildung wurde freundlicherweise von Prof. T. Elbert, Fachbereich Psychologie der Universität Konstanz, zur Verfügung gestellt.)

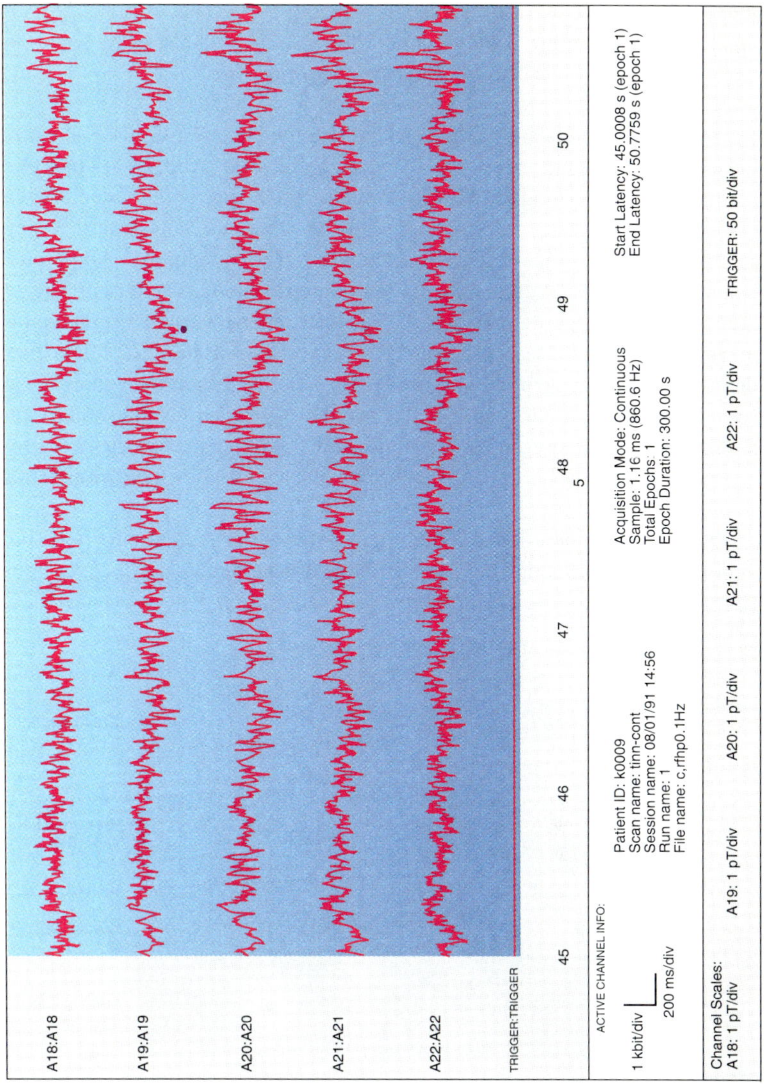
A18:A18
A19:A19
A20:A20
A21:A21
A22:A22
TRIGGER:TRIGGER
45
46
47
48
49
50
5
ACTIVE CHANNEL INFO:
1 kbit/div
200 ms/div
Patient ID: k0009
Scan name: tinn-cont
Session name: 08/01/91 14:56
Run name: 1
File name: c,rfhp0.1Hz
Acquisition Mode: Continuous
Sample: 1.16 ms (860.6 Hz)
Total Epochs: 1
Epoch Duration: 300.00 s
Start Latency: 45.0008 s (epoch 1)
End Latency: 50.7759 s (epoch 1)
Channel Scales:
A18: 1 pT/div
A19: 1 pT/div
A20: 1 pT/div
A21: 1 pT/div
A22: 1 pT/div
TRIGGER: 50 bit/div

Das EEG spiegelt in den Frequenzen und Amplituden seiner Wellen den allgemeinen Aktivitätszustand der Hirnrinde wider

Bei dem in der Klinik am häufigsten abgeleiteten Ruhe-EEG (Patient wach, liegend oder sitzend, entspannt, Augen geschlossen, Abb. 15-1, links und rechts) herrschen langsame EEG-Wellen vor. Beim Öffnen der Augen (Abb. 15-1, Bildmitte) verschwinden die großen und langsamen Wellen schlagartig zugunsten von hochfrequenteren Wellen kleinerer Amplitude. Nach Schließen der Augen setzt der langsame Rhythmus wieder ein. Dieser langsame Rhythmus, der bei gesunden Erwachsenen im wachen, aber unaufmerksamen Zustand (geschlossene Augen) vorherrscht und besonders über dem Okzipitalhirn deutlich ausgeprägt ist, hat eine Frequenz von 8–13 Hz (durchschnittlich 10 Hz). Die Wellen werden ***α-Wellen*** (Alphawellen) genannt. Wenn an mehreren Ableitpunkten EEG-Wellen in etwa gleicher Frequenz und Amplitude auftreten, bezeichnen wir dies als ***synchronisiertes EEG.***

Das Verschwinden der α-Wellen beim Öffnen der Augen oder auch bei anderen Sinnesreizen und bei geistiger Tätigkeit nennt man ***α-Blockade*** oder Berger-Effekt. An ihre Stelle treten hochfrequente ***β-Wellen*** (Betawellen,

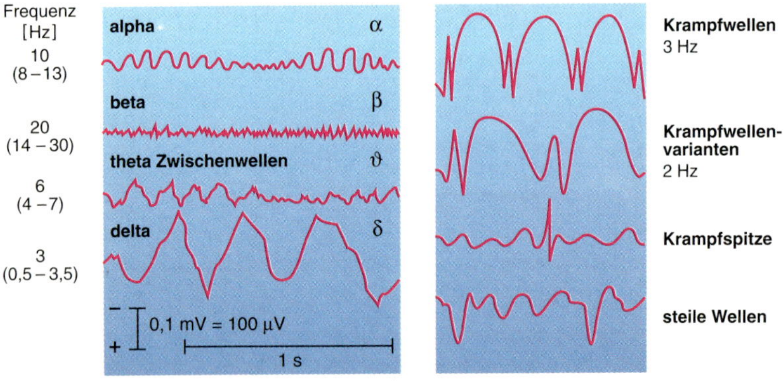

Abb. 15-3. Hauptformen des EEG. *Links:* Die verschiedenen Wellenarten, die bei Gesunden vorkommen können. Besprechung im Text. *Rechts:* Beispiele von Krampfpotentialen, wie sie v. a. bei Epilepsie abgeleitet werden. Die charakteristische Abfolge spitzer und langsamer Krampfwellen wird als „Spike-and-wave"-Komplex bezeichnet. (Mod. nach Richard Jung)

15–30 Hz, durchschnittlich 20 Hz; Abb. 15-3) mit kleinerer Amplitude. Das EEG wird auch unregelmäßiger; die Messungen von den einzelnen Ableiteorten weisen große Unterschiede in Amplitude, Frequenz und Phasenlage auf: es ist ein ***desynchronisiertes EEG.***

Wie links in Abb. 15-3 zu sehen, haben die beiden anderen wichtigen Grundformen des EEG langsame Wellen großer Amplitude, nämlich die ***ϑ-Wellen*** (Thetawellen, 4–7 Hz) und die ***δ-Wellen*** (Deltawellen, 0,5–3,5 Hz). Letztere kommen beim Erwachsenen im Wachzustand normalerweise nicht vor. Sie werden aber im Schlaf (vgl. Abb. 16-4) und bei pathologischen Zuständen beobachtet (s. Kap. 16). Wellen über 30 Hz bezeichnet man als ***γ-Wellen*** (Gammawellen), die bei Lern- und Aufmerksamkeitsprozessen auftreten.

Außer vom Aktivitätszustand (Wachheitsgrad) und Ableiteort *hängen Frequenz und Amplitude des EEG stark von der Tierart und dem Lebensalter* des Individuums ab. So ist beim Menschen im Kindes- und Jugendalter das EEG deutlich langsamer und unregelmäßiger als beim Erwachsenen, so daß hier auch im Wachzustand ϑ- und δ-Wellen auftreten.

Das EEG ist in der klinischen Diagnose ebenso unentberlich wie in der psychophysiologischen Verhaltensforschung

Klinische Anwendungen. Die Aufzeichnung der elektrischen Aktivität des Gehirns wird im klinischen Bereich v. a. zur Lokalisation und Diagnose von Anfallsleiden, zur Bestimmung des zerebralen Todes, zur Abschätzung von Vergiftungen auf die Hirntätigkeit, in der Anästhesie zur Abschätzung der Narkosetiefe, in der Pharmakologie zur Untersuchung von Pharmakawirkungen und in der Neurologie zur Abschätzung von zerebralen Störungen nach Durchblutungsproblemen verwendet. Als Beispiele für pathologisch veränderte EEG-Wellen sind rechts in Abb. 15-3 Krampfpotentiale abgebildet, wie sie v. a. bei epileptischen Anfällen vorkommen. Bei einem solchen epileptischen Anfall gehen die typischen klinischen Phänomene (Krämpfe, Bewußtseinsstörungen etc.) mit charakteristischen steilen Potentialschwankungen hoher Amplitude im EEG einher. Dies zeigt, daß die kortikalen Neurone zu dieser Zeit eine hochsynchrone Aktivität aufweisen, die unter physiologischen Bedingungen nicht vorkommt.

Psychophysiologie. In der psychophysiologischen Forschung ist die Registrierung der elektrischen und magnetischen Aktivität des Gehirns der wichtigste methodische Zugang zur Erforschung der Zusammenhänge zwischen Hirn und Verhalten beim Menschen. Da die informationsverarbeitenden Prozesse im Gehirn sehr rasch ablaufen (in Millisekundenintervallen), erfordert ihre Messung eine Zeitauflösung, die bildgebende Verfahren (s. 15.4) nicht aufweisen. Der Nachteil elektroenzephalographischer Methoden besteht darin, daß sie ihre präzise Zeitstruktur mit relativer örtlicher Ungenauigkeit über den anatomischen Ursprung einer bestimmten Spannungsschwankung erkaufen müssen. Unentbehrlich ist das EEG bei der Bestimmung der verschiedenen Schlafstadien geworden (s. Kap. 16). Es ist damit das wichtigste methodische Instrument der Schlafforschung.

EEG und MEG entstehen in der Hirnrinde überwiegend durch extrazelluläre erregende synaptische Ströme v. a. der apikalen Dendriten der Pyramidenzellen

Welche Vorgänge in der Hirnrinde sind für die Entstehung der EEG- und MEG-Wellen verantwortlich? Sind es die fortgeleiteten Aktionspotentiale der kortikalen Neurone oder sind es v. a. lokale, langsame Potentialschwankungen? Im Tierexperiment wurde diese Frage durch Ableitung des EEG mit gleichzeitiger intra- und extrazellulärer Ableitung von einzelnen kortikalen Neuronen beantwortet. Es stellte sich heraus, daß sich im EEG im wesentlichen erregende synaptische Potentiale (EPSP) der Pyramidenzellen widerspiegeln. Eine geringere Rolle spielen hemmende synaptische Potentiale (IPSP) der Pyramidenzellen, da bei ihnen die extrazellulären Ströme wesentlich kleiner als bei den EPSP sind. Keine oder nur sehr geringe Beiträge zum EEG (und damit auch zum MEG) liefern unter normalen Umständen die fortgeleitete Impulsaktivität der Neurone – und die Gliazellen.

Vereinfachend kann gesagt werden, daß eine positive Potentialschwankung im EEG (vereinbarungsgemäß *Ausschlag nach unten*) durch erregende synaptische Potentiale in den tieferen Schichten (besonders 4. Schicht mit Zustrom der spezifischen thalamischen Afferenzen) oder hemmende Potentiale bzw. Nachlassen der Erregung in den oberen Schichten verursacht werden kann. Dagegen führt Erregung der Dendriten in den oberflächlichen Schichten (durch unspezifische thalamische Afferenzen, Kommissuren- und Assoziationsfasern) zu einer negativen, d. h. aufwärts gerichteten Potentialschwankung im EEG. Für die hemmenden synaptischen Potentiale treffen die umgekehrten Verhältnisse zu (Tabelle 15-1). Durch die Faltung der Großhirnrinde kann sich die Richtung der registrierten Spannungen aller-

Tabelle 15-1. Richtung der Potentialschwankung erregender und hemmender Potentiale

			Extrazelluläre Oberflächenableitung (EEG, Negativität aufwärts)	
Postsynaptisches Potential	Zelluläre Antwort	Intrazelluläre Ableitung	Synapse in oberflächlicher Schicht	Synapse in tiefer Schicht
Erregend	Depolarisation	aufwärts	aufwärts	abwärts
Hemmend	Hyperpolarisation	abwärts	abwärts	aufwärts

dings erheblich verändern. Die Interpretation eines positiven oder negativen Potentials muß sich daher an der anatomischen Position des registrierten Signals orientieren.

Die Ableitelektroden des EEG sind von den Quellen der EEG-Ströme im Cortex relativ weit entfernt. Dementsprechend ist die ***Amplitude der im EEG registrierten Potentiale*** rund 100- bis 1000mal kleiner als die der an den Zellen selbst auftretenden Potentiale. Beim Elektrokortikogramm, also bei direkter Ableitung von der Cortexoberfläche, ist es etwa um den Faktor 10 größer als bei Messungen am intakten Schädel. In beiden Fällen leitet die EEG-Elektrode von einer großen Population von Nervenzellen gleichzeitig ab. So ist geschätzt worden, daß eine 1 mm^2 große Elektrodenfläche direkt auf der Cortexoberfläche von rund 100000 Neuronen bis zu einer Tiefe von 0,5 mm ableitet. Bei Ableitung vom intakten Schädel ist der Einzugsbereich rund 10fach größer. Schon von daher ist es verständlich, daß im EEG nur dann Wellen großer Amplitude auftreten können, wenn ein wesentlicher Prozentsatz der Neurone unter der Elektrode mehr oder weniger gleichzeitig (synchron) aktiviert oder gehemmt wird.

Die rhythmische Aktivität des Cortex, v. a. der α-Rhythmus, entsteht nicht im Cortex selbst, sondern im Thalamus

Der Thalamus enthält Neurone, die rhythmisch entladen (Schrittmacherzellen). Die von ihnen induzierte und unterhaltene rhythmische Aktivität wird vom Thalamus in den Cortex übertragen, wie die folgenden Experimente zeigen: Unterbrechung der thalamokortikalen Bahnen oder Entfernen des Thalamus bringt die α-Wellen im so isolierten Cortex zum Verschwinden.

Dagegen bleibt die rhythmische Aktivität des Thalamus nach Durchschneiden der thalamokortikalen Verbindungen oder Entfernen des Cortex (Dekortikation) erhalten. Die rhythmische Aktivität des Thalamus wird ihrerseits durch Zuflüsse zum Thalamus modifiziert. Insbesondere retikuläre Strukturen wirken rhythmusbildend (synchronisierend) und rhythmushemmend (desynchronisierend) auf den Thalamus ein (s. dazu Kap. 15, Schlaf-Wach-Zyklus).

15.3 Ereigniskorrelierte Hirnpotentiale

Ereigniskorrelierte Hirnpotentiale (EKP) sind alle elektrokortikalen Potentiale, die vor, während und nach einem sensorischen, motorischen/psychischen Ereignis im EEG meßbar sind

EKP sind von sehr viel kleinerer Amplitude als das Spontan-EEG, das diese Potentiale als „Rauschen“ so stark überlagert, daß sie mit freiem Auge meist nicht sichtbar sind und deswegen mit Summationstechniken (Mittelungstechniken) sichtbar gemacht werden müssen. Von solchen EKP haben wir bereits in Kap. 5 das *Bereitschaftspotential* als ein Beispiel von EKP bei Vorbereitungssituationen und Zielmotorik kennengelernt.

Evozierte Potentiale (EP). Die EKP, die sich im ZNS als Antwort auf eine Reizung von Sensoren, von peripheren Nerven, von sensorischen Bahnen oder Kernen registrieren lassen, werden als evozierte Potentiale (EP) bezeichnet. Nach Reizung peripherer somatischer Nerven oder Sensoren können von den somatosensorischen Rindenarealen (S I, S II) nach kurzer Verzögerung (etwa 10 ms) ***somatisch evozierte Potentiale (SEP)*** abgeleitet werden (Abb. 15-4). Die erste, positive Potentialänderung wird *primär evoziertes Potential* (Abb. 15-4 b) genannt. Dieses ist nur in einem streng umschriebenen Cortexbereich zu finden, nämlich im kortikalen Projektionsfeld des peripheren Reizpunktes (bei Reizung eines Hautnervs also das somatotopisch zugehörige Areal des Gyrus postcentralis). Die anschließende, deutlich längere Antwort wird *sekundär evoziertes Potential* genannt (Abb. 15-4 c). Dieses Potential wird in einem ausgedehnten Cortexgebiet gefunden.

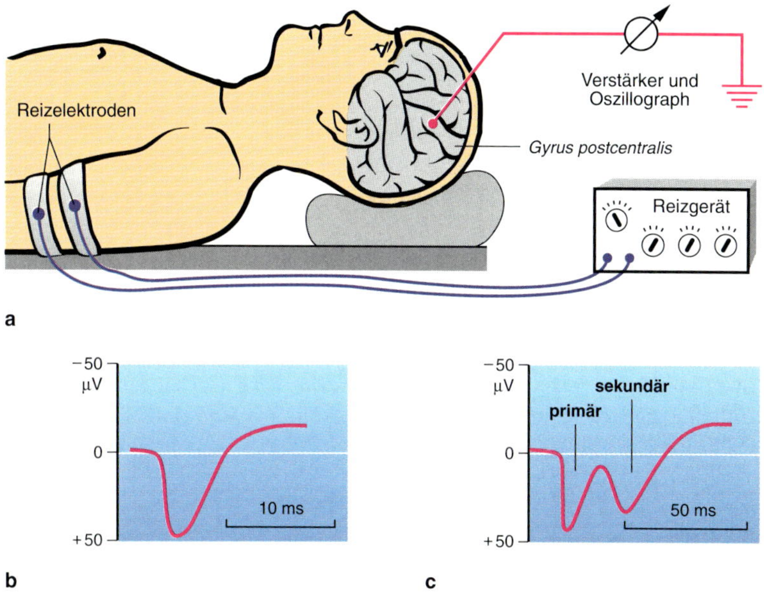

Abb. 15-4 a–c. Auslösung und Ableitung evozierter Potentiale am Menschen. **a** Versuchsanordnung. Statt der hier gewählten elektrischen Hautreizung können auch andere Reize (mechanische, thermische) gegeben werden. Die Ableitung erfolgt durch eine EEG-Elektrode auf der Haut der Schädeldecke. **b** Primär evoziertes Potential vom zugehörigen Projektionsfeld im Gyrus postcentralis. **c** Primär evoziertes und sekundäres evoziertes Potential. Beachten Sie die unterschiedliche Zeitschreibung in **b** und **c**

Entstehungsmechanismus von EKP (einschließlich EP). In bezug auf den Entstehungsmechanismus der EKP herrscht weitgehend Einigkeit, daß sie – ähnlich wie die Wellen des EEG – im wesentlichen die langsame synaptische Aktivität der Pyramidenzellen und deren Dendriten, nicht die Impulsaktivität (Aktionspotentiale) der Neurone widerspiegeln. Auch hier handelt es sich um Massenpotentiale, zu denen die extrazellulären synaptischen Ströme vieler Neurone in der Umgebung der Elektrode beitragen.

Klinische Anwendung der EP. Zu diagnostischen Zwecken werden evozierte Potentiale v. a. auch durch Schall- und Lichtreize ausgelöst. Jedes dieser ***akustisch evozierten Potentiale (AEP)*** bzw. ***visuell evozierten Potentiale (VEP)*** besteht aus einer Serie von Wellen, die in den verschiedenen Umschaltstellen der Hör- bzw. Sehbahn generiert werden. Sie können daher zur Überprüfung der Funktion dieser Bahnen eingesetzt werden, z.B. das AEP bei Kindern zur Objektivierung und Verlaufskontrolle bestimmter Formen von Schwerhörigkeit. Auch bei demyelinisierenden Erkrankungen, z.B. bei *multipler Sklerose,* werden EP, v. a. VEP, zur Verlaufskontrolle eingesetzt. Der Abbau der Myelinscheide der Axone führt zu einer Verlangsamung der Erregungsleitung, wodurch sich die Latenzen der verschiedenen Komponenten des VEP verzögern.

Komplexe Prozesse der Verarbeitung von Information und die Planung von Verhalten bilden sich in sehr viel späteren Komponenten der EP ab (Latenzen >60 ms). Jene Potentialanteile, die nicht mehr überwiegend von den physikalischen Reizeigenheiten, sondern v. a. von den psychologisch-subjektiven abhängen, bezeichnen wir als ***endogene EKP*** (im Gegensatz zu den frühen *exogenen* Komponenten). In der Abb. 16-1 sind typische endogene EKP zu sehen.

Kortikale Gleichspannungspotentiale und langsame Hirnpotentiale (LP) verändern sich mit dem lokalen Aktivitätszustand der Hirnrinde: Negativierung bedeutet Mobilisierung

Registriert man das EEG mit Gleichspannungsverstärkern, so kann normalerweise zwischen der kortikalen Oberfläche und der darunterliegenden weißen Substanz eine Gleichspannungsdifferenz von mehreren Millivolt (Oberfläche negativ) abgeleitet werden. Dieses ***kortikale Gleichspannungs-*** oder ***Bestandspotential*** wird beim Übergang in den Schlaf positiver, während umgekehrt Weckreaktionen mit einer Negativierung der Oberfläche einhergehen. Davon muß man die ***langsamen Hirnpotentiale (LP)*** unterscheiden, die als lokale langsame Potentialverschiebungen von der Schädeloberfläche registriert werden können und aus den apikalen Dendriten stammen. Negativierung tritt hier besonders auf, wenn durch neue komplexe Situationen oder psychische Bedingungen zusätzliche Anforderungen an das Gehirn gestellt werden. Die Negativierung spiegelt die vermehrte synaptische Erregung der oberflächlichen Dendriten der Pyramidenzellen wider (vgl. Tabelle 15-1). Damit wird die Auslösung von Aktionspotentialen in den Pyramidenzellen erleichtert. Negativierung der oberen Cortexschicht ist somit der elektrophysiologische Ausdruck eines ***Mobilisierungszustandes*** des betreffenden Areals.

15.4 Hirntätigkeit, Hirnstoffwechsel und Hirndurchblutung

Das ruhende Gehirn hat eine hohe Stoffwechselrate, die sich bei lokaler Zunahme der Neuronenaktivität weiter steigert

Die vermehrt anfallenden Metaboliten erweitern die lokalen Arteriolen und bewirken dadurch eine erhöhte Durchblutung.

O_2-Verbrauch in Ruhe. Von den rund 250 ml Sauerstoff, die ein ruhender Mensch pro Minute verbraucht, nimmt das Gehirn – gemessen an seinem Gewicht – einen unverhältnismäßig hohen Anteil von 20 %, also 50 ml, für den Stoffwechsel seiner Neurone und Gliazellen in Anspruch. Den höchsten Bedarf hat dabei die Großhirnrinde, die etwa 8 ml Sauerstoff pro 100 g Gewebe pro Minute verbraucht, während in der darunterliegenden weißen Substanz nur ein Verbrauch von etwa 1 ml O_2/100 g/min gemessen wurde. Der hohe O_2-Bedarf der Großhirnrinde spiegelt sich auch darin wider, daß eine Unterbrechung des O_2-Transportes, also der Blutzirkulation (z. B. durch Herzstillstand oder eine starke Strangulation des Halses), bereits nach 8–12 s eine Bewußtlosigkeit auslöst. Nach weiteren 8–12 min ist das Gehirn bereits irreversibel geschädigt (diese Zeiten sind bei Atemstillstand, z. B. beim Tauchen, erheblich verlängert, da der O_2-Vorrat des zirkulierenden Blutes ausgenützt werden kann).

O_2-Verbrauch und Durchblutung bei vermehrter neuronaler Aktivität. Die Hirnrinde hat aber nicht nur einen ständigen hohen Grundbedarf an Sauerstoff (und Glukose!), sondern jede zusätzliche Aktivität in einer bestimmten Hirnregion führt dort innerhalb von Sekunden zu einem erhöhten O_2-Verbrauch und einem entsprechend vermehrten Anfall von Metaboliten. Diese sauren Stoffwechselprodukte wiederum ***erweitern die lokalen Arteriolen,*** was eine ***Erhöhung der lokalen Durchblutung*** zur Folge hat. Die Durchblutungszunahme kann durch die von Ingvar u. Lassen (1977) entwickelte Methode (Abb. 15-5 a) erfaßt werden. In die Halsschlagader wird eine kleinere Menge des unschädlichen radioaktiven Xenongases (^{133}Xe) injiziert (neuerdings kann das Gas auch eingeatmet werden). Sein Auftauchen in den verschiedenen Hirnregionen wird mit seitlich um den Kopf angebrachten Geigerzählern (bis zu 254 Stück) gemessen. Die Strahlungsintensität hängt dabei direkt von der lokalen Hirndurchblutung ab, die mit Computerhilfe aus dem

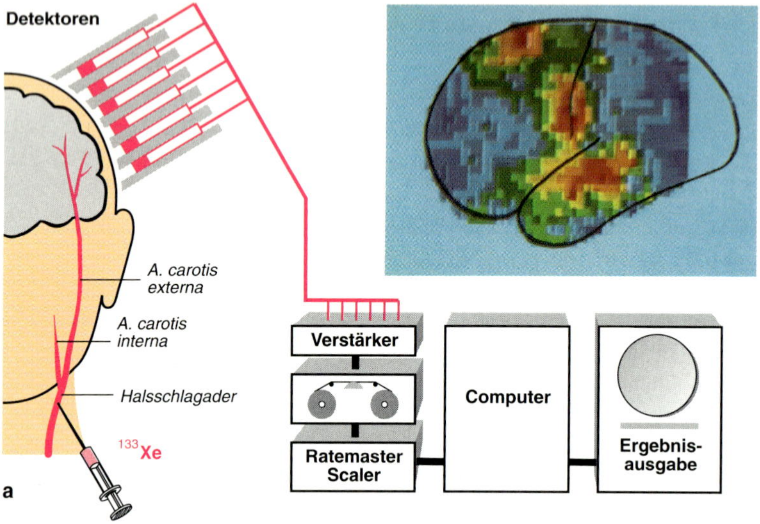
Detektoren
A. carotis externa
A. carotis interna
Halsschlagader
133Xe
Verstärker
Ratemaster Scaler
Computer
Ergebnis-ausgabe
a

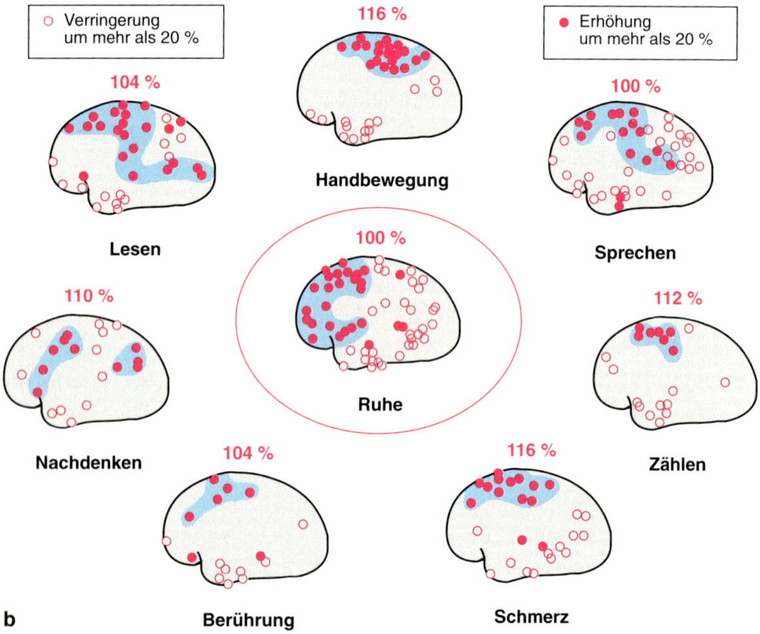
Verringerung um mehr als 20 %
Erhöhung um mehr als 20 %
116 %
Handbewegung
104 %
Lesen
100 %
Sprechen
100 %
Ruhe
110 %
Nachdenken
112 %
Zählen
104 %
Berührung
116 %
Schmerz
b

Gesamtsauerstoffverbrauch des Gehirns und der Strahlungsverteilung errechnet werden kann.

Die Ergebnisse solcher Messungen an gesunden, freiwilligen Versuchspersonen zeigt in schematischer, zusammengefaßter Form die Abb. 15-5 b und die Einsatzfigur in Abb. 15-5 a. In Ruhe, also bei einem typischen α-Wellen-EEG, sind die Stirnhirnregionen deutlich stärker durchblutet als die übrigen Hirnareale. Nicht schmerzhafte Hautreizung an der gegenseitigen, also hier der rechten Hand („Berührung") verändert das Durchblutungsbild nur unwesentlich. Bei leicht schmerzhaften Reizen („Schmerz") steigt die Gesamtdurchblutung (Prozentzahlen über jeder Hirnskizze) deutlich an, v. a. über den postzentralen Hirnregionen, wo der Schmerzreiz verarbeitet wird. Auch bei willkürlichem, rhythmischem Öffnen und Schließen der gegenseitigen Hand („Handbewegung") steigt die Gesamtdurchblutung an; gleichzeitig erhöht sich die lokale Durchblutung im kontralateralen somatosensorischen Gyrus postcentralis und in den benachbarten Anteilen des Scheitelhirns. Sprechen und Lesen führen links zu einer Z-förmigen Verteilung der Durchblutungsmaxima, die beim Lesen bis in die visuellen Areale des Hinterhauptlappens reichen. Bei Denk- und Rechentests („Nachdenken" und „Zählen") erhöht sich die Gesamtdurchblutung; es treten Maxima vor und hinter der Zentralfurche auf.

Die Arbeitsweise des menschlichen Gehirns beim Denken, Fühlen und Handeln kann auch durch bildgebende Verfahren beobachtet werden

Es zeigt sich eine enge Verknüpfung zwischen psychischer und neuronaler Tätigkeit.

Abb. 15-5 a, b. Messung der regionalen Hirndurchblutung mittels intraarterieller Injektion von radioaktivem Xenon (^{133}Xe). **a** Überblick über die Methodik. **b** Maxima und Minima der regionalen Hirndurchblutung auf der sprachdominanten (linken) Seite in Ruhe und bei 7 verschiedenen Hirnaktivitäten. Die Gesamtdurchblutung des ruhenden Gehirns wurde als 100 % bezeichnet. Nur Regionen, die in ihrer Durchblutung um mehr als 20 % nach oben *(gefüllte rote Kreise mit blauer Unterlegung)* und nach unten *(offene rote Kreise)* abweichen, sind eingetragen. Die Einsatzfigur *rechts oben* in **a** zeigt die Durchblutungsveränderungen beim lauten Zählen in vom Computer errechneten Pseudofarben (verstärkte Aktivität zunehmend *rot*). (Messungen von D. H. Ingvar, N. Lassen und Mitarbeitern)

Die Messung der regionalen Hirndurchblutung mit der Xenonmethode ist ein erstes eindrucksvolles Beispiel für die zunehmenden Möglichkeiten, nicht nur über die elektromagnetischen Phänomene (EEG, EKP, MEG), sondern auch mit sog. bildgebenden Verfahren, wie Röntgencomputertomographie (CT), Positronenemissionstomographie (PET) und Kernspintomographie (NMR: „nuclear magnetic resonance") das lebende Gehirn bei seiner Tätigkeit zu beobachten. Die bisherigen Ergebnisse bestätigen die oben geschilderten Befunde, daß nämlich jede spezielle Hirntätigkeit – sei sie rezeptiv (sensorisch), motorisch oder bestehe sie aus bestimmten Formen des Denkens – infolge der erhöhten oder erniedrigten Neuronenaktivität und des damit verstärkten Stoffwechsels der Neurone zu lokalen Gefäßerweiterungen oder -verengungen und damit zur verstärkten oder verminderten Durchblutung führt. Spezifische Verhaltensänderungen lassen sich daher mit spezifischen ***Verteilungsmustern*** regionaler Mehrdurchblutung und regionaler Minderdurchblutung charakterisieren.

Ohne ständige, bei erhöhter Aktivität sofort verstärkte Energiezufuhr können Neurone nicht tätig sein. Dies gilt für alle Neurone, also auch für solche, deren Tätigkeit unlösbar mit dem Er- und Durchleben psychischer (geistiger, seelischer) Prozesse verknüpft ist. Gestützt wird diese Feststellung durch Befunde an bewußtlosen, komatösen oder hochgradig dementen Patienten, bei denen der Ausfall sensorischer, motorischer und geistiger Leistungen immer von entsprechenden Abnahmen der Gesamt- und der jeweiligen Regionaldurchblutung eindrucksvoll begleitet war.

Der Schluß liegt nahe: Alle bewußten und unbewußten geistigen Leistungen unseres Gehirns können nur erbracht werden, wenn die für diese Leistungen zuständigen Neuronennetzwerke betriebsbereit sind. Diese Feststellung läßt zunächst die Frage völlig offen, ob und in welcher Form „Geist" und Neuronenaktivität miteinander verknüpft sind. Diese Frage kann auch zum gegenwärtigen Zeitpunkt experimentell nicht vollständig beantwortet werden. Soviel muß man aber aus den eben geschilderten Versuchen zur Kenntnis nehmen: Meßbare, d.h. durch Handlungen oder Mitteilungen der Versuchsperson erfahrbare psychische Leistungen eines Menschen sind immer von bestimmten, sehr spezifischen neuronalen Aktivitäten begleitet und treten ohne diese nicht auf.

Literatur

Birbaumer N, Schmidt RF (1996) Biologische Psychologie, 3. Aufl. Springer, Berlin Heidelberg New York

Birbaumer N, Schmidt RF (1995) Allgemeine Physiologie der Großhirnrinde. In: Schmidt R. F., Thews G. (Hrsg), Physiologie des Menschen. 26. Aufl, Springer, Berlin Heidelberg New York

Brodal A (1981) Neurological anatomy in relation to clinical medicine, 3 rd ed, Oxford University Press, New York London Toronto

Creutzfeldt OD (1983) Cortex cerebri. Leistung, strukturelle und funktionelle Organisation der Hirnrinde. Springer, Berlin Heidelberg New York

Ingvar DM, Lassen N (1977) Cerebral function metabolism and circulation. Acta Neurol Scand 55, Suppl 64

Kandel ER, Schwartz JH, Jessel TM (Eds.) (1991) Principles of neural science, 3 rd ed, Elsevier, New York Amsterdam

Lutzenberger W, Elbert T, Rockstroh B & Birbaumer N (1985) Das EEG. Springer, Heidelberg New York

Poeck K (1992) Neurologie, 8. Aufl, Springer, Berlin Heidelberg New York

Popper K, Eccles JC (1980) The self and its brain. Springer, Berlin Heidelberg New York 1978; deutsche Ausgabe: Das Ich und sein Gehirn. Piper, München

Rockstroh B, Elbert T, Birbaumer N & Lutzenberger W (1989) Slow brain potentials and behavior, 2. Aufl, Urban & Schwarzenberg, Baltimore

Roland PE (1993) Brain Activation, Wiley, New York

Schmidt RF (1995) Physiologie kompakt. Gustav Fischer, Stuttgart

Schmidt RF, Thews G (Hrsg) (1995) Physiologie des Menschen, 26.Aufl, Springer, Berlin Heidelberg New York

Zilles K, Rehkämper G (1993) Funktionelle Neuroanatomie. Lehrbuch und Atlas. Springer, Berlin Heidelberg New York

16 Wachen, Aufmerksamkeit und Schlafen

N. Birbaumer, R. F. Schmidt

EINLEITUNG

Verschiedene Bewußtseinsformen werden von lokalen Änderungen neuronaler Erregungsschwellen erzeugt, die von der Funktionstüchtigkeit eines ausgedehnten kortikosubkortikalen Aufmerksamkeitssystems abhängig sind. Tonische, länger anhaltende Wachheit wird von retikulär-mesenzephalen Hirnstrukturen aufrechterhalten. Diese wiederum unterliegen dem Einfluß mehrerer rhythmusgebender endogener Oszillatoren, welche die Abfolge Wachen-Schlafen-Träumen und viele andere rhythmische Körpervorgänge bestimmen. Langsamer-Wellen-Schlaf („Tiefschlaf", „slow-wave-sleep") wie auch REM-Schlaf („Traumschlaf", „rapid-eye-movement") haben wichtige regulatorische Funktionen für Stoffwechsel und psychische Funktionen.

16.1 Psychophysiologie von Bewußtsein und Aufmerksamkeit

Es gibt mehrere Bewußtseinsformen, die an die Architektur des Neocortex gebunden sind (Modularität des Bewußtseins)

Die neurophysiologischen Vorgänge, die bewußtem Erleben im Neocortex und den damit eng verbundenen subkortikalen Systemen wie limbisches System und Basalganglien zugrunde liegen, sind an allen Stellen des Großhirns gleich. Die Qualität und der Inhalt des bewußten Erlebens hängen jedoch vom *Ort,* also der topographischen Verteilung der Erregungskonstellation im Neocortex ab. Damit eine neuronale Erregungskonstellation bewußt wird, muß die Erregbarkeit eines oder mehrerer neuronaler Ensembles (s. S. 389)

- über eine bestimmte Schwelle ansteigen (Schwellenregulation) und
- eine minimale räumliche Ausdehnung überschreiten.

Die spezifische Erregungsform, die bewußtem Erleben und Aufmerksamkeit zugrunde liegt, besteht in der ***synchronen Depolarisation der apikalen Dendriten*** (s. Kap. 1) des Neocortex. Die Verteilung der Erregbarkeit *(Aufmerksamkeitsressourcen)* wird von einem ausgedehnten kortikosubkortikalen System realisiert, dem ***limitierten Kapazitätskontrollsystem*** („limited capacity control system"; LCCS). Das LCCS besteht aus

- parietalem und präfrontalem Cortex,
- Basalganglien,
- retikulärem Thalamus,
- basalem Vorderhirn und
- mesenzephaler Retikulärformation.

Jede dieser Strukturen erfüllt schwerpunktmäßig unterschiedliche Aufgaben in der Steuerung der Aufmerksamkeit.

Um eine korrekte Zuordnung von psychologischen Phänomenen zu neurobiologischen Prozessen zu erreichen, müssen vorher die psychologischen Phänomene definiert sein:

Wir unterscheiden ***automatisierte*** (generelle) und ***kontrollierte*** (selektive) ***Aufmerksamkeit,*** die kontinuierlich ineinander übergehen. Bewußtes Erleben tritt nur bei kontrollierter Aufmerksamkeit auf und erfordert erhöhte neuronale Energie (Ressourcen), um die Erregungsschwellen der beteiligten Ensembles (s. Kap. 1) zu senken. Kontrollierte Aufmerksamkeit wird in neuen, komplexen und nicht eindeutigen Situationen ausgelöst.

Die Aufgaben der kontrollierten (selektiven) Aufmerksamkeit sind:

- Setzen von Prioritäten zwischen konkurrierenden und kooperierenden Zielen in einer Zielhierarchie zur Kontrolle von Handlung.
- Aufgeben („disengagement") alter oder irrelevanter Ziele.
- Selektion von sensorischen Informationsquellen zur Kontrolle der Handlungsparameter (sensorische und motorische Selektion).
- Selektive Präparation und Mobilisierung von Effektoren („tuning").

Dabei ist der ***präfrontale Cortex*** hauptverantwortlich für die Zielsetzung und den Aufbau einer Zielhierarchie; der ***parietale Cortex*** für das Aufgeben irrelevanter Ziele, zumindest in der visuellen Aufmerksamkeit; Teile der ***Basal-***

ganglien, v.a. das Striatum, für die Hemmung irrelevanter Ziele; der ***retikuläre Thalamus*** für die Selektion der sensorischen und motorischen Analysatoren; die ***mesenzephale Retikulärformation*** und das ***basale Vorderhirn*** dienen als wesentliche „Energielieferanten" (Weckfunktion).

Kontrollierte Aufmerksamkeit und bewußte Willenshandlungen gehen mit erhöhtem Energieverbrauch und Änderungen langsamer Hirnpotentiale einher

Während die verschiedenen Teile des limitierten Kapazitätskontrollsystems (LCCS) selbst keine qualitativ unterschiedliche Bewußtseinsakte hervorbringen, führt die Aktivierung hinreichend großer kortikaler Regionen über die notwendige Schwelle zu psychisch unterschiedlich erlebten Bewußtseins- und Aufmerksamkeitsphänomenen. Die am weitesten ausgedehnten *„Bewußtseinssysteme"* sind die rechte und linke Hirnhälfte (s. 18.1), die u. a. syntaktisch-verbales (links) und räumlich-gestalthaftes (rechts) Erleben erzeugen. Die *posterioren primären* und *sekundären Projektionsareale* und ihre Ausläufer (s. Kap. 8, 9, 10) sind für die Wahrnehmung, die *motorischen* und *prämotorischen frontalen Anteile* für Planung und Ausführung von Willenshandlungen (s. Kap. 5) und die *Assoziationsareale* für die verschiedenen kognitiven Leistungen (s. Kap. 18) und deren Verbindungen mit dem *limbischen System* und dem *Hypothalamus* für Gefühle und Triebe (Kap. 17) verantwortlich. Die Zuordnung kontrollierter Aufmerksamkeit zu einem oder mehreren kortikalen Modulen läßt sich an der Verteilung ***langsamer Hirnpotentiale, ereigniskorrelierter Hirnpotentiale*** (EKP, s. Kap. 15) und ***magnetisch evozierter Felder*** beobachten.

Langsame Hirnpotentiale. Das sind Gleichspannungsverschiebungen des EEG (s. Kap. 14, S. 371) in elektrisch negative oder elektrisch positive Richtung. Im Magnetenzephalogramm (MEG) werden sie als im rechten Winkel zu den elektrischen Spannungsgradienten stehende Magnetfelder registriert. Sie entstehen in den apikalen Dendriten von Schicht I als Antwort auf unspezifische thalamokortikale und kortikokortikale Afferenzen. Neurophysiologisch handelt es sich dabei im wesentlichen um synchronisierte Depolarisationen ultralanger erregender postsynaptischer Potentiale (EPSP), die zu *Negativierungen* des EEG führen; *Positivierung* des EEG wird von einem Rückgang des Depolarisationsniveaus an der Cortexoberfläche verursacht. Negativierung bedeutet somit Mobilisation des entsprechenden kortikalen

Ensembles, während Positivierung aus biophysikalischen Gründen eher mit Hemmung des Ensembles einhergeht (s. Kap. 15, S. 376, 377).

Abbildung 16-1 zeigt die Verteilung langsamer Hirnpotentiale bei zwei unterschiedlichen Aufmerksamkeitsaufgaben. Rechenaufgaben führen zu einem Anstieg der Aufmerksamkeitsmobilisierung (Negativierung) links-temporal, visuell-räumliche Aufgaben zu einer Negativierung rechts-temporal. Die allgemeine Mobilisierung des Gesamtsystems *vor* Darbietung der Aufgabe läßt sich an den zentralen Ableitungen ablesen. Während in Erwartung der Aufgabe das beteiligte Hirnareal mobilisiert (negativiert) wird, führt die aktuelle Informationsverarbeitung und Speicherung der Aufgabe zu kortikaler Positivierung: wir sprechen daher von ***kortikaler Potentialität*** und ***kortikaler Verarbeitung*** als zwei verschiedenen Zuständen der Erre-

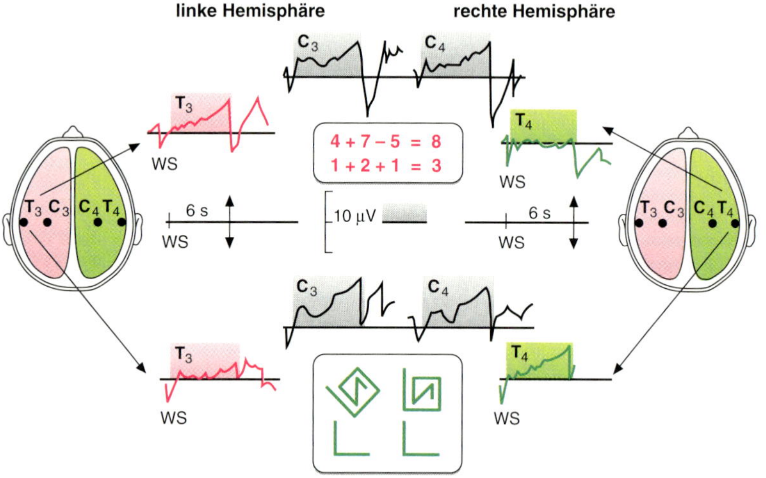

Abb. 16-1. Langsame Potentiale (LP) gemittelt über verschiedenen Hirnregionen (T_3 temporal links, T_4 temporal rechts, C_3 zentral links, C_4 zentral rechts). *Oben:* arithmetische Aufgaben, *unten:* Erkennen von verdrehten Figuren. Die Aufgaben wurden nach einem 6 s dauernden Vorintervall dargeboten ***(WS).*** Vor der Darbietung der Aufgaben bildet sich eine antizipatorische Negativierung aus, bei Darbietung der Aufgaben kommt es zu einer Positivierung. Signifikante Unterschiede treten nur in den temporalen Ableitungen auf: bei Rechenaufgaben negativiert die linke Hemisphäre stärker als die rechte (T_3 vs. T_4 *oben*), bei Gestaltaufgaben negativiert die rechte Hemisphäre stärker als die linke (T_4 gegen T_3 *unten*). (Mod. nach Birbaumer et al. 1981)

gungsschwellen der Zellensembles. Potentialität erniedrigt die Erregungsschwelle des betroffenen Hirnareals, Verarbeitung erhöht sie.

Brain-Imaging-Techniken. Ähnliche Änderungen finden wir bei Brain-Imaging-Techniken, wie z. B. der Messung des regionalen kortikalen Blutflusses (rCBF, „regional cerebral blood flow") oder der Messung der Glukoseabsorption mit der Positronemissionstomographie (PET). Bei diesen Verfahren wird die Verteilung eines injizierten, unschädlichen radioaktiven Elementes, das sich entweder an den Sauerstoff des Blutes im Gehirn (rCBF) oder an ein Stoffwechsel- oder Transmittermolekül bindet, mit entsprechenden Detektoren über den kortikalen Arealen gemessen (s. S. 381).

Ereigniskorrelierte Potentiale (EKP) geben den Ablauf der Verarbeitung von Information zeitgetreu wieder

Zwischen aufmerksamer und unaufmerksamer Wahrnehmung ergeben sich deutliche Unterschiede in den damit korrelierten hirnelektrischen Potentialen und magnetischen Feldern. Die Unterschiede sind aber beim Menschen nur auf kortikalem Niveau registrierbar, in subkortikalen Hirnregionen finden sich bei Aufmerksamkeitszuwendung zumindest für akustische, visuelle und taktile Reize *keine Erhöhungen* der Amplituden von EKP. Im Tierversuch zeigen sich Modulationen der EKP durch Aufmerksamkeit allerdings häufig auch auf thalamischem Niveau. Dies bedeutet, daß die oben beschriebenen (s. S. 388) Teile des limitierten Kapazitätskontrollsystems (LCCS) zwar subkortikale Steuermechanismen benötigen, damit aber nur *kortikale* (bzw. thalamokortikale) Erregungsschwellen modulieren. Die ausschließlich kortikale Regelung von Aufmerksamkeit garantiert, daß *jeder* Reiz, auch wenn er nicht bewußt wahrgenommen wird, *vor* Zuteilung von Aufmerksamkeitsressourcen vom Neocortex analysiert wird und die Erregungskonstellationen bekannter, unwichtiger Reize auf kortikaler Ebene in ihrer Weiterverarbeitung gehemmt werden. Offensichtlich findet eine Hemmung unbedeutender Afferenzen auf peripherem Niveau, z. B. auf Ebene der ersten Umschaltstationen entweder nicht oder nur nach praktisch vollständiger kortikaler Verarbeitung statt.

16.2 Aktivierungssysteme

Aufsteigende retikuläre Aktivierungssysteme (ARAS) stellen die anatomisch-physiologische Basis des Wachbewußtseins dar

Bereits in den 30er Jahren dieses Jahrhunderts war dem belgischen Neurophysiologen Bremer aufgefallen, daß nach Abtrennung des Hirnstamms vom Zwischenhirn *(cerveau isolé)* das Tier trotz intakter sensorischer Afferenzen in einen comaähnlichen Tiefschlaf verfiel, aus dem es nicht mehr zu wecken war. Eine Durchtrennung der Medulla oblongata *(enzephale isolé),* bei der ein Großteil der sensorischen Afferenzen ebenfalls mit zerstört wurde, hatte keinen Effekt auf den Schlaf-Wach-Rhythmus des Tieres. Dies bedeutet, daß ein von den spezifischen sensorischen Afferenzen unabhängiges, medial im Hirnstamm liegendes System oder Systeme für den Weckeffekt verantwortlich sein müssen.

Untersuchungen von Moruzzi u. Magoun (1949) zeigten, daß die Retikulärformation des Mittelhirns entscheidend am Zustandekommen der Wachzustände beteiligt ist, während die spezifischen sensorischen Afferenzen und motorischen Efferenzen nur *Kollateralen* (Seitenäste) an die Retikulärformation abgeben, selbst aber für das Zustandekommen des Schlaf-Wach-Rhythmus nicht notwendig sind.

Abbildung 16-2 zeigt schematisch die Lage der mesenzephalen Retikulärformation in Beziehung zu den spezifischen aufsteigenden Bahnen. Die *cholinergen* und *adrenergen* Zellen der *Formatio reticularis* (RF) haben aufsteigende Verbindungen zu fast allen subkortikalen Hirnbereichen, v.a. zum retikulären Thalamus. Die efferenten Verbindungen enden an den spinalen Motoneuronen und halten dort deren tonische Aktivierung im Wachzustand aufrecht. Direkte Verbindungen zum Neocortex scheinen nicht zu bestehen, die Aktivierung des Neocortex muß daher über den Thalamus erfolgen. Als dienzephale Fortsetzung des retikulären Aktivierungssystems kann der ***Nucleus reticularis*** des Thalamus betrachtet werden, der Verbindungen zu fast allen Regionen des Thalamus aufweist und somit sowohl auf einzelne lokale Kerne des Thalamus wie auch auf das Gesamtsystem des Aktivierungszustandes des Thalamus und damit des Cortex Einfluß nehmen kann.

Die Eigenheit des Nucleus reticularis thalami, lokale Aktivierungen bzw. Hemmungen einzelner thalamischer Kerne zu erzielen, wird mit der selektiven Aufmerksamkeitsfunktion („gating") in Zusammenhang gebracht, seine Fähigkeit, tonisch-unspezifisch die thalamischen Kerne zu „wecken", mit seiner allgemeinen Aktivierungsfunktion. Der Aktivitätszustand des Nucleus reticularis thalami und damit auch der übrigen Kerne des Thalamus, die von diesem beeinflußt werden, hängt nicht nur vom Aktivitätszustand der *spezifischen* Afferenzen und Efferenzen ab, so daß sich die „Unspezifität" der mesenzephalen Retikulärformation auch im Thalamus fortsetzt.

Allerdings zeigen neuroanatomische und neurochemische Untersuchungen der letzten Jahre, daß innerhalb der mesenzephalen Retikulärformation lokale, abgrenzbare Kerngruppen (z.B. Nucleus coeruleus) liegen, die unterschiedliche Funktionen im Rahmen der Wachheits- und Aufmerksamkeitssteuerung erfüllen (s. unten). Insofern handelt es sich um kein einzelnes unspezifisches Aktivierungssystem, sondern um eine heterogene Gruppe von Kerngebieten mit unterschiedlichen Aufgaben. Trotzdem führt Zerstörung der mesenzephalen Retikulärformation zu Coma, das aber von „normalem" Schlaf unterschieden werden muß. Wachzustände sind daher nicht als unspezifische Erregungserhöhungen des gesamten Hirns, v.a. des zerebralen Cortex aufzufassen, sondern relativ weit gestreute, aber doch die Selektivität von Verhalten und Denken erhaltende, spezifische Schwellensenkungen neuronalen Gewebes.

Stimulation von Teilen der mesenzephalen Retikulärformation und der unspezifischen thalamokortikalen Verbindungen führt zu Desynchronisation des langsamen EEG, wobei die rhythmusgebenden Zellen des Thalamus erregt werden und ihre Feuerrate erhöhen. Dadurch läßt die Synchronisation

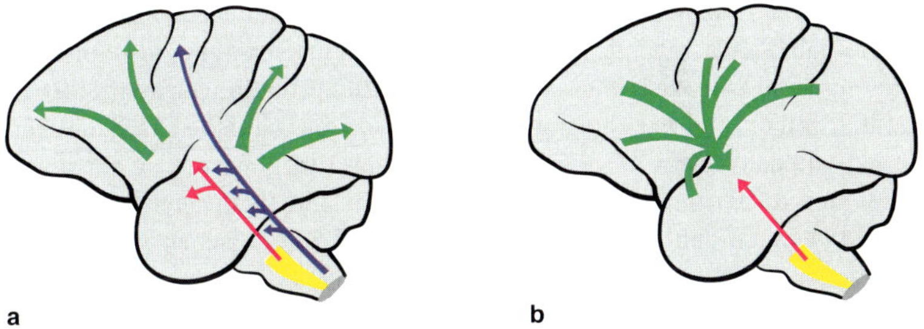

Abb. 16-2. a Stark schematisierte Darstellung des aufsteigenden retikulären Aktivierungssystems im Affengehirn, ohne Berücksichtigung der genauen Verbindungen zwischen Hypothalamus, Thalamus und limbischem Cortex. Angedeutet die multisynaptischen retikulären Neurone und Kollateralen aus den spezifischen Bahnen. **b** Stimulation vieler kortikaler Areale führt zu Potentialen in der Formatio, was eine kortikoretikuläre Verbindung und eine funktionelle Kontrolle der Aufmerksamkeitssteuerung nahelegt

dieser Zellen nach; im kortikalen EEG kommt es zu einer Amplitudenreduktion des Spontan-EEG mit entsprechender Frequenzerhöhung. Gleichzeitig aber bewirkt ein tonischer Weckreiz über die Retikulärformation und den retikulären Thalamus, daß über die unspezifischen thalamokortikalen Afferenzen die apikalen Dendriten der kortikalen Pyramidenzellen (Schicht I und II) anhaltend depolarisiert werden. Diese, den eigentlichen Stimulationszeitpunkt überdauernden Anstiege des kortikalen Depolarisationsniveaus, können als Folge der neurochemischen Wirkung sowohl cholinerger wie auch aspartaterger Synapsen an den apikalen Dendriten verstanden werden. Im kortikalen EEG werden dann anhaltende Negativierungen (langsame Hirnpotentiale) registriert, die das Depolarisationsniveau und damit die Schwellensenkung der kortikalen Zellensembles widerspiegeln.

Ein kortikothalamisches System und die Basalganglien bilden ein weit verteiltes Netzwerk zur Steuerung von Aufmerksamkeit und Orientierung

Dieses Netzwerk wird von subkortikalen monoaminergen und cholinergen Kerngruppen moduliert.

Da ein Großteil der kortikalen Zellen erregend ist, würde das kortikale Gewebe nach Aktivierung in Übererregung verfallen, ein „Einfall würde leicht in einen Anfall übergehen" (Braitenberg; s. Kap. 1). Deshalb wird bei Ansteigen des Erregungsniveaus in kortikalen Modulen über das Striatum der Basalganglien der Thalamus rückwirkend gehemmt: Aus allen Regionen des Neocortex gelangen erregende glutamaterge Fasern ins Striatum, die dann über Pallidum und Substantia nigra über GABAerge Verbindungen den ventrolateralen und retikulären Thalamus hemmen. Von dort wird die Erregungsweitergabe an den Cortex blockiert. Damit wird das Erregungsniveau kortikaler Regionen auf ein mittleres Niveau geregelt. Es besteht für die meisten kognitiven Leistungen daher eine ***umgekehrte U-Funktion*** zwischen Aktivierung und Leistung. Optimale Leistung wird bei mittlerer Aktivierung erzielt.

→

Abb. 16-3 a–c. Monoaminerge Neuronenverbände im Gehirn: **a** noradrenerge, **b** dopaminerge, **c** serotonerge. Man beachte die diffuse Verteilung von noradrenergen und serotonergen Neuronenverbänden im Vergleich zu den mehr lokalisierten Projektionen des dopaminergen Systems. Die Diagramme basieren auf Befunden aus Tierversuchen. (Mod. nach Krug 1979; aus Hierholzer u. Schmidt 1991)

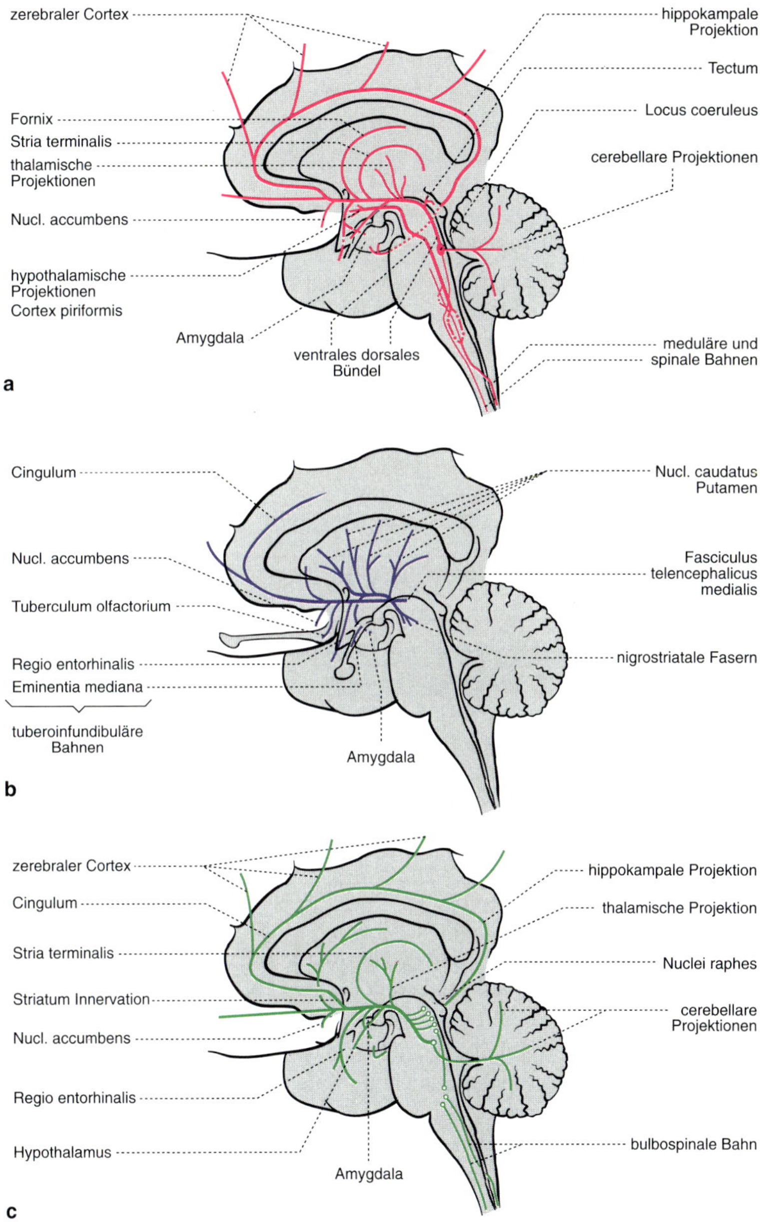
zerebraler Cortex
hippokampale Projektion
Tectum
Fornix
Locus coeruleus
Stria terminalis
thalamische Projektionen
cerebellare Projektionen
Nucl. accumbens
hypothalamische Projektionen
Cortex piriformis
Amygdala
ventrales dorsales Bündel
meduläre und spinale Bahnen
a
Cingulum
Nucl. caudatus Putamen
Nucl. accumbens
Fasciculus telencephalicus medialis
Tuberculum olfactorium
nigrostriatale Fasern
Regio entorhinalis
Eminentia mediana
tuberoinfundibuläre Bahnen
Amygdala
b
zerebraler Cortex
hippokampale Projektion
Cingulum
thalamische Projektion
Stria terminalis
Nuclei raphes
Striatum Innervation
cerebellare Projektionen
Nucl. accumbens
Regio entorhinalis
Hypothalamus
bulbospinale Bahn
Amygdala
c

Wer bestimmt nun, was ausgewählt wird? *Thalamus* und *Striatum* verfügen selbst nicht über die *Information, was für den Organismus wichtig,* d.h. ***verstärkend*** oder ***bestrafend*** ist. Diese Information erhalten sie primär über den *präfrontalen Cortex,* der selbst wieder von allen posterioren kortikalen Arealen über die gespeicherten und aktuellen Umweltsituationen und aus dem limbischen System (s. Kap. 17) über den Verstärkerwert („Unlust–Lust“) des signalisierten Ereignisses informiert wird. Fasern aus dem präfrontalen Cortex modulieren somit die striatalen und thalamischen Selektionsmechanismen.

Übererregung des Striatums durch gestörte Glutamattransmission wird mit den Aufmerksamkeitsstörungen in der ***Schizophrenie*** und anderen Defiziten von Verhaltensselektion in Zusammenhang gebracht.

Monoaminerge und cholinerge Systeme des Hirnstamms modulieren die Tätigkeit vieler Hirnregionen und des Rückenmarks

Abbildung 16-3 gibt 3 wichtige monoaminerge Systeme des Hirnstamms wieder, die unspezifisch in den Neocortex, aber spezifisch zu anderen subkortikalen Regionen und ins Rückenmark projizieren. Cholinerge Kerngruppen befinden sich in mehreren Regionen des Hirnstamms (wir besprechen einige im Rahmen der Schlafsteuerung in 16.3). Alle 3 Systeme (das mesolimbische ***dopaminerge,*** das aus dem Nucleus coeruleus stammende ***noradrenerge*** und das im Nucleus raphé entspringende ***serotonerge*** System) scheinen an der Steuerung und Modulation einer Vielzahl von unterschiedlichen Verhaltensweisen beteiligt zu sein. Ihre exakte Rolle im Rahmen von Aufmerksamkeit und Wachheit ist aber noch unklar. Auch ***opioide*** Zell- und Fasersysteme greifen in die subkortikale Erregungssteuerung, v.a. bei schmerz- und streßhafter Reizung, ein (s. Kap. 9).

Noradrenerge Neurone des Nucleus coeruleus feuern nur im Wachzustand, nach Reizung der aufsteigenden Fasern erhöht sich im Wachzustand das „Signal-Rausch-Verhältnis“ kortikaler Zellen: Aktive Zellen erhöhen ihre Feuerrate oder behalten sie bei, benachbarte Zellen werden gehemmt. Dies könnte eine Hervorhebung wichtiger Information erleichtern.

Die Wirkung serotonerger Afferenzen auf den Cortex ist unklar. Nur die aktivierende Wirkung cholinerger Fasern, v.a. aus Hirnstamm und dem Nucleus basalis aus dem basalen Vorderhirn, scheint gesichert zu sein. Dopaminerge Afferenzen sind mehr mit motivationalen Effekten verbunden:

Verlust oder Störung des mesolimbischen Dopaminsystems führt zu ***Anhedonie*** (Lustverlust und Antriebslosigkeit; s. Kap. 18).

Auf die Rolle der in Abb. 16-3 dargestellten monoaminergen Systeme für Motivation, Emotion und Denken gehen wir in den Kap. 18 und 19 ein.

16.3 Die physiologische Architektur des Schlafes

REM-Schlaf, NREM-Schlaf und Wachen sind physiologisch und psychologisch verschiedene Phänomene

Schlafen und Wachen sind aktive endogene Rhythmen, die im ZNS erzeugt werden und von Umgebungs- und Lernfaktoren moduliert werden können. Innerhalb des Schlafes lassen sich mehrere endogene zyklische ***phasische*** (kurzzeitige) und ***tonische*** (länger anhaltende) Phänomene unterscheiden. Wie der Wachzustand ist also auch Schlaf *nicht einheitlich,* sondern ein aus mehreren *heterogenen* physiologischen Prozessen bestehender Zustand. Manche dieser physiologischen Vorgänge werden von bewußten Vorgängen begleitet (Träume, Gefühle), im Vordergrund des Interesses steht aber die Bedeutung der einzelnen Schlafphänomene für die physiologischen Homöostasen des ZNS. Daraus ergibt sich dann ihre psychologische Bedeutung.

Abbildung 16-4 zeigt den Spannungsverlauf des menschlichen EEG (Kap. 15) vom Wachen bis zum Tiefschlaf (Stadium 3 und 4) und zum REM-Schlaf („rapid eye movement"). Den Tiefschlaf bezeichnet man auch als Langsame-Wellen-Schlaf („slow-wave sleep", SWS), da er von hochamplitudigen (>100 μV) ϑ- (Theta-) und δ- (Delta-) Wellen dominiert wird. Dem REM-Schlaf werden alle übrigen Schlafstadien auch als NREM-Schlaf (= *Nicht*-REM-Schlaf) gegenübergestellt.

Der REM-Schlaf wird auch als Traumschlaf oder paradoxer Schlaf bezeichnet. Es treten dabei sekundenlange Gruppen von 1–4 Hz schnellen Augenbewegungen auf. In dieser Zeit wird aktiv-handelnd und emotional geträumt, während in den übrigen Schlafphasen eher abstrakt gedanklich geträumt wird.

Abbildung 16-5 zeigt die zyklische Natur der REM-Phasen: Sie treten im Durchschnitt alle 90 min auf, wobei ihre Dauer im Laufe der Nacht von ca. 5–10 min bis auf 20 min zunimmt. Ein kompletter NREM-REM-Zyklus wird

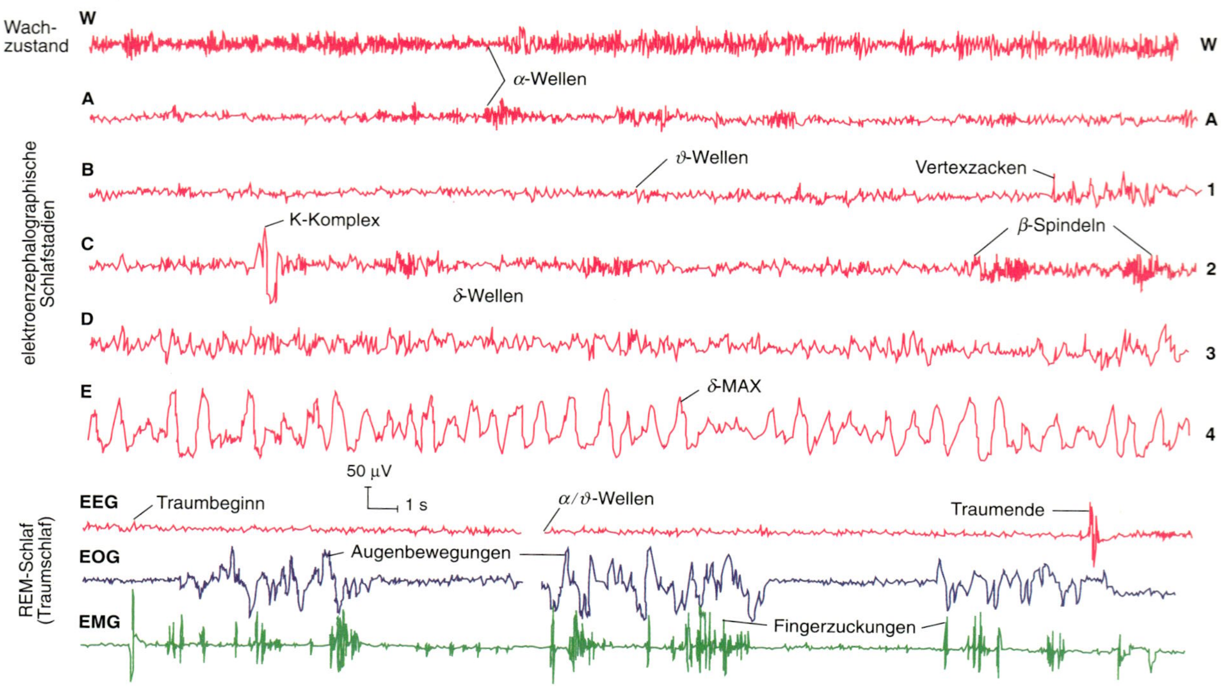
Wach-
zustand
W
α-Wellen
A
elektroenzephalographische Schlafstadien
B
ϑ-Wellen
Vertexzacken
1
C
K-Komplex
β-Spindeln
2
δ-Wellen
D
3
E
δ-MAX
4
50 µV
1 s
REM-Schlaf (Traumschlaf)
EEG
Traumbeginn
α/ϑ-Wellen
Traumende
EOG
Augenbewegungen
EMG
Fingerzuckungen

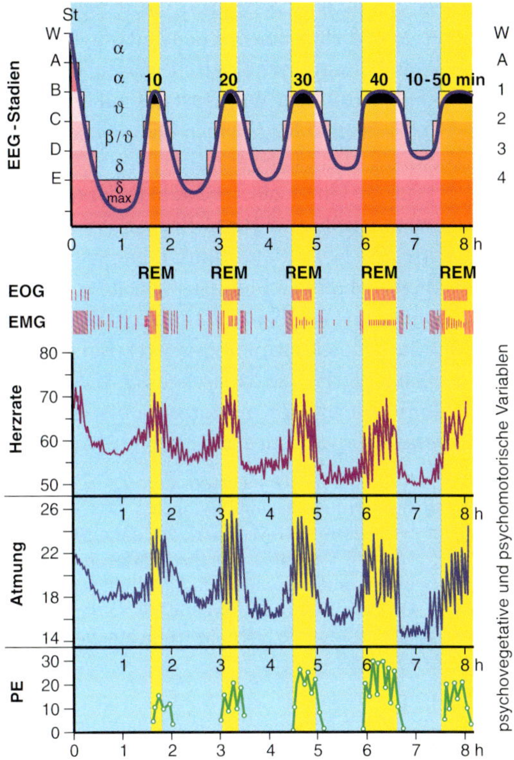

Abb. 16-5. Verlauf verschiedener physiologischer Maße in einer Nacht. *Von oben nach unten:* EEG-Stadien, EOG (Elektrookulogramm) mit schnellen Augenbewegungen ***(REM), EMG*** (Elektromyogramm), Herzrate, Atmung und Peniserektion ***(PE).*** (Mod. nach Jovanovic 1971; aus Birbaumer u. Schmidt 1996)

◀

Abb. 16-4. Einteilung der Schlafstadien beim Menschen aufgrund des EEG. In den ersten 6 Ableitungen sind *links* die Schlafstadien nach Loomis et al. [1936], *rechts* die nach Kleitman et al. [1963] angegebenen. *Stadium W:* Entspanntes Wachsein. *Stadium A:* Übergang vom Wachsein zum Einschlafen. Dieses Stadium wird von vielen Autoren dem Stadium W zugerechnet. *Stadium B* bzw. *1:* Einschlafstadium und leichtester Schlaf. Die am Ende der Ableitung auftretenden Vertexzacken werden auch als „physiologisches Einschlafmoment" bezeichnet. *Stadium C* bzw. *2:* Leichter Schlaf. *Stadium D* bzw. *3:* Mittlerer Schlaf. *Stadium E* bzw. *4:* Tiefschlaf. In den nächsten 3 Ableitungen sind das EEG (***rot***), das Elektrookulogramm (EOG, ***blau***) und das Elektromyogramm eines Zeigefingers (EMG, ***grün***) während des REM-Schlafes (Traumschlafes) aufgezeichnet. Die REM-Phasen stehen typischerweise am Ende jeder Schlafperiode. Sie können keinem der „klassischen" Schlafstadien zugeordnet werden, sondern stellen ein eigenständiges Stadium dar. Erläuterungen s. Text. (Mod. nach Jovanovic 1991)

als „basic rest activity cycle“ (Grund-Ruhe-Aktivitäts-Zyklus) (BRAC) bezeichnet, da er sich in den wachen Teil des Tages hinein fortzusetzen scheint. Physiologisch und psychologisch weisen die REM-Phasen, wie Abb. 16-5 zeigt, Ähnlichkeit zum Wachzustand auf. Trotzdem bestehen einige fundamentale Unterschiede, die auch das psychologisch kaum mit Wacherleben vergleichbare „Träumen“ erklären.

Der zentrale Unterschied besteht in der ***tonischen Hemmung der spinalen Motoneurone*** während REM-Phasen, was zu vollständiger Paralyse der quergestreiften Muskulatur führt. Die spinale Hemmung geht von Kernen in der medialen Medulla oblongata aus und scheint Acetylcholin als Transmitter zu benutzen (in Abb. 16-4 und 16-5 ist die tonische Muskelatonie von phasischen Muskelzuckungen überlagert). Bei Läsion dieser medullären Kerne tritt bei Säugetieren und Menschen ***REM-Schlaf ohne Atonie*** auf; die Tiere bzw. Menschen agieren motorisch entsprechend dem Trauminhalt (z. B. „fängt“ die Katze eine nicht existierende Maus).

REM und SWS und die wenig erforschten Zwischenstadien 1 und 2 verteilen sich unterschiedlich in Ontogenie und Phylogenie. Das Neugeborene verbringt einen erheblichen Teil des Tages im REM-Schlaf, der dann rasch mit der Hirnentwicklung bis um das 14. Lebensjahr von 50 % auf ca. 20 % absinkt und danach konstant bleibt. Der NREM-Schlaf nimmt dagegen ab dem 14. Lebensjahr zugunsten des Wachens kontinuierlich ab. Den Wechsel von REM und SWS konnte man eindeutig bisher nur bei Vögeln und Säugern identifizieren. Mit zunehmender Stoffwechselrate sinkt die Dauer des BRAC.

Die Abfolge der verschiedenen Schlafstadien und des Wachens sind das Ergebnis zirkadianer und homöostatischer Aktivität subkortikaler Kerngebiete

Der ***zirkadiane Rhythmus*** (*zirka* = ungefähr und *dies* = Tag) von Schlafen und Wachen und viele damit einhergehende Rhythmien physiologischer und psychologischer Funktionen werden von ***endogenen Oszillatoren*** (inneren Uhren) im Zentralnervensystem (ZNS) gesteuert. Diese ***inneren Uhren*** bestehen aus Neuronen, deren Membranstruktur auf noch unbekannte Art und Weise die Ionenverteilung und damit ihre Entladungsraten rhythmisch anordnet. Der Grundrhythmus der endogenen Oszillatoren (beim Menschen meist ca. 25 h) wird von externen und internen Reizen, die ***Zeitgeber*** genannt werden, mitgenommen („entrained“), d. h. auf die 24-h-Periodik der Außenwelt synchronisiert. So führt diese Hell-Dunkel-Periodik von Tag und Nacht dazu, daß der endogene Oszillator für Wachen und Schlafen von etwa 25 h auf 24 h synchronisiert wird (beim Menschen wirken Licht und soziale Umgebung als stärkste Zeitgeber).

Der zentrale Wach-Schlaf-Oszillator im ZNS der meisten Säuger einschließlich des Menschen ist der ***Nucleus suprachiasmaticus*** des Hypothalamus, der direkt über dem Chiasma opticum liegt und über Kollateralen des Tractus opticus Licht-Dunkel-Information erhält. Der Nucleus suprachiasmaticus steuert anscheinend keine physiologische Funktion unmittelbar, sondern „zwingt" anderen Kernstrukturen seinen endogenen Rhythmus über die gepulste Freisetzung von Hormonen und über rhythmische Entladungen seiner Neurone und deren Axone auf. Die wichtigsten der dazu benutzten Verbindungen zeigt Abb. 16-6. Wird der Nucleus suprachiasmaticus zerstört, so schlafen, wachen und träumen die Tiere weiter, aber in chaotischer, nichtrhythmischer Abfolge.

Neben dem Nucleus suprachiasmaticus existieren noch einige andere Uhren (z. B. eine für die Körpertemperatur), die ein komplexes Netzwerk einander überlagernder Rhythmen bilden (z. B. der BRAC, S. 400). Generell gilt, daß für das Wachen und die verschiedenen Schlafstadien *mehrere* subkortikale Hirnstrukturen und deren Neuromodulatoren (Transmitter und Hormone) verantwortlich sind, die gleichzeitig auch an anderen Funktionen beteiligt sind. Es müssen viele solcher Strukturen und Substanzen zusammenarbeiten, damit Schlaf und Wachen entstehen und rhythmisch aufein-

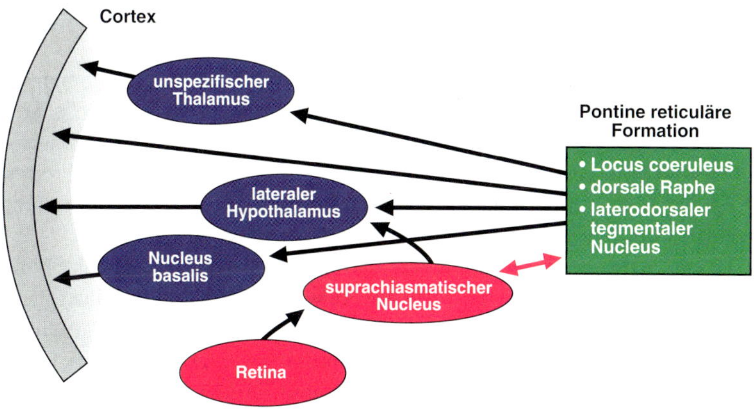

Abb. 16-6. Diagramm der anatomischen Beziehungen zwischen dem Nucleus suprachiasmaticus und anderen Hirnstrukturen, die an der Schlaf-/Wachsteuerung beteiligt sind. (Mod. nach Montplaisier u. Godbout 1990)

ander folgen können. Als Beispiel sei an den oben vorgestellten BRAC erinnert.

Langsamer-Wellen-Schlaf (SWS). Der SWS hat weniger rhythmischen, sondern mehr homöostatischen Charakter. Er hängt stark von der vorausgegangenen Aktivität (Müdigkeit), Nahrungsaufnahme, Hirntemperatur und anderen Faktoren ab. Man nimmt deswegen die Akkumulation einer oder mehrerer „Schlafsubstanzen" während des Wachens als Ursache des Beginns von SWS an. Trotzdem scheint auch SWS von einem 12- bis 13-h-Oszillator moduliert zu werden, was z. B. bedeutet, daß wir nachmittags um ca. 14–16 Uhr, also ca. 12–13 h nach dem Einschlafen, nochmals müde werden (Siesta in den südlichen Ländern).

Das ***basale Vorderhirn*** mit dem *Nucleus praeopticus* des Hypothalamus ist eine Struktur, deren elektrische Reizung oder Erwärmung zu SWS führt. Das *cholinerge* basale Vorderhirn ist für den Übergang vom Wachen zu SWS notwendig. SWS wird aber offensichtlich auch durch periphere Peptide, wie z. B. Muramylpeptide angestoßen, die in subkortikalen Gliazellen und den Glia des basalen Vorderhirns die Produktion von *Interleukin I* stimulieren, ein Peptid, das mit der Immunabwehr befaßt ist. Fieber nach Infektionen und der Anstieg der Körper- und Hirntemperatur sind daher potente Reize für SWS.

16.4 Die Bedeutung von Schlaf und Traum

NREM-Schlaf und REM-Schlaf haben zentrale regulatorische physiologische und psychophysiologische Funktionen

Die eigenartige und oft Ich-fremde psychologische Qualität von Träumen hat die Menschen aller Kulturen und Epochen fasziniert und zu – meist religiösen – Spekulationen veranlaßt. Der letzte „Ausläufer" dieser religiös-spekulativ gefärbten Vorstellungen ist die psychoanalytische „Traumtheorie" S. Freuds. Erst durch die Entdeckungen der psychophysiologischen Traumforschung seit 1953 wurden viele der Träume vom Träumen ausgeträumt.

Zunächst wurde klar, daß Säuger und Vögel dieselbe Schlafstruktur wie der Mensch aufweisen. Träumen ist also keine spezifisch menschliche Eigenschaft, sondern vielmehr ein universeller regulatorischer Prozeß. Kaltblütler weisen ebenfalls Phasen von Ruhe und Aktivität auf, zeigen aber nicht die charakteristischen Abfolgen von NREM- und REM-Schlaf. Dies legt die Vermutung nahe, daß die NREM-REM-Abfolge etwas mit Temperaturregulation und Stoffwechselrate zu tun hat. Mentale Prozesse sind während der gesamten Schlafzeit vorhanden; in NREM-Phasen sind sie aber abstrakt, gedankenartig. Die aktiven, halluzinatorischen, geschichtenartigen Traumphänomene, die wir eigentlich meinen, wenn wir von Träumen reden, sind während der phasischen REM-Aktivitäten am stärksten. Sie sind während der ersten Nachthälfte eher Erinnerungen an Ereignisse des vergangenen Tages und werden gegen Morgen zunehmend emotionaler. Wunscherfüllungen, wie sie die psychoanalytische Traumtheorie als zentrale Funktion des Traumes behauptet, kommen selten vor. *Alpträume* treten fast nur im SWS auf. Wenn man – wie oben schon erwähnt – im Tierversuch diejenigen Kerne zerstört, die für die REM-Muskelatonie verantwortlich sind, „agieren" die Tiere ihre Träume aus. Dies zeigt, daß die aus der Retikulärformation entspringenden phasischen Entladungen in Thalamus und Großhirn die Wahrnehmungsphänomene des Träumens „produzieren".

Trotz allen Fortschritts blieb die ***Bedeutung der Schlafphasen*** bis heute offen. Klar ist nur, daß beide (REM und NREM) überlebenswichtig sind. Totale Schlafdeprivation über längere Zeit führt zum Tod bei Mensch und Tier. Beim Menschen sind die ersten SWS-REM-Phase offensichtlich essentiell; sie werden daher ***Kernschlaf*** genannt. Dagegen führt Deprivation der letzten 3 Schlafstunden kaum zu merkbaren Störungen ***(Optionalschlaf).*** Die psychischen und gesundheitlichen Auswirkungen auch langer Schlaflosigkeit (z.B. 10 Tage und Nächte) beim Menschen sind relativ gering. Nach 3–4 Nächten treten bei einigen Personen Wahrnehmungsverzerrungen und ein leichtes Nachlassen von Vigilanz (Daueraufmerksamkeit) auf. Nach nur wenigen Stunden Erholungsschlaf, in dem *zuerst* SWS nachgeholt wird, tritt völlige Erholung ein.

Während des ***SWS*** sind Stoffwechsel und Durchblutung des Gehirns reduziert, dagegen steigt während des REM-Schlafs die Hirndurchblutung über die des Wachzustandes. Mentale und körperliche Aktivitäten, welche die *Hirntemperatur* erhöhen, steigern auch den nachfolgenden SWS. Die ***restaurative Funktion*** des SWS für das Gehirn scheint also mit der Regulation der Hirn- und/oder Körpertemperatur zu tun zu haben.

REM-Schlaf dagegen scheint für die ***Speicherung*** v.a. emotionaler Gedächtnisinhalte wichtig zu sein: Lernen erhöht die REM-Schlafdauer; REM-Schlaf geht mit einem Anstieg der neuronalen RNS- und DNS-Synthese einher, die für das Langzeitgedächtnis essentiell ist (s. Kap. 17). Vor der Geburt und kurz danach, wenn REM am häufigsten ist, könnte „Träumen" bei noch nicht ausreichenden externen Sinneseindrücken diese durch interne ersetzen und damit das Auswachsen von Synapsen begünstigen.

Literatur

Lehr- und Handbücher

Birbaumer N, Schmidt RF (1996) Biologische Psychologie, 3. Aufl. Springer, Berlin Heidelberg New York Tokyo

Birbaumer N, Schmidt RF (1995) Wachen, Aufmerksamkeit und Schlafen. In: Schmidt RF, Thews G (Hrsg) Physiologie des Menschen. 26. Aufl, Springer, Berlin Heidelberg New York

Ellman SI, Antrobus ISV (eds) (1991) The mind in sleep. Wiley, New York

Montplaisier J, Godbout R (eds) (1990) Sleep and biological rhythms. Oxford Univ Press, Oxford

Schmidt RF (1995) Physiologie kompakt. Gustav Fischer, Stuttgart

Einzel- und Übersichtsarbeiten

McCarley RW (1990) Brainstem cholinergic systems and models of REM sleep production. In: Montplaisier J, Godbout R (eds) Sleep and biological rhythms. Oxford Univ Press, Oxford, pp 131–147

Moore RY (1990) The circadian system and sleep-wake behavior. In: Montplaisier J, Godbout R (eds) Sleep and biological rhythms. Oxford Univ Press, Oxford, pp 3–10

Moruzzi G, Magoun HW (1949) Brainstem reticular formation and activation of the EEG. Electroenc Clin Neurophysiol 1: 455–473

Posner MI, Petersen SE, Fox PT, Raichle ME (1988) Localization of cognitive operations in the human brain. Science 240: 1627–163

17 Lernen und Gedächtnis

N. BIRBAUMER, R. F. SCHMIDT

EINLEITUNG

Neuronaler Plastizität und Lernen liegen elektrochemische Vorgänge an den Spines der Dendriten zugrunde. Simultane Aktivierung prä- und postsynaptischer Elemente ist die Voraussetzung zur Bildung assoziativer Verknüpfungen (Hebb-Regel). Auf zellulärer Ebene kommt es zu verstärkter Ausschüttung der Transmitter von am Lernen beteiligten Neuronen. Für Kurzzeitgedächtnis und Gedächtniskonsolidierung wird Langzeitpotenzierung am NMDA-Rezeptorkomplex, für die Langzeitspeicherung eine Anregung der Proteinbiosynthese verantwortlich gemacht. Beim Menschen wird bewußtes deklaratives von prozeduralem Gedächtnis (Lernen von Fertigkeiten) unterschieden. Diesen beiden Gedächtnisformen liegen unterscheidbare Hirnsysteme zugrunde, deren Zerstörung zum Verlust des jeweiligen Lernmechanismus führt.

17.1 Neuronale Entwicklung und Plastizität

Frühe Erfahrungen und Interaktion mit der Umgebung steuern Wachstum und Verbindung von Nervenzellen

Alle Lernprozesse sind Ausdruck der Plastizität des Nervensystems, aber nicht jeder plastische Prozeß bedeutet Lernen. Unter ***Lernen*** verstehen wir den *Erwerb eines neuen Verhaltens,* das bisher im Verhaltensrepertoire des Organismus nicht vorkam. Damit wird Lernen von *Reifung* unterschieden, bei der genetisch programmierte Wachstumsprozesse zu Veränderungen des zentralen Nervensystems (ZNS) führen, die als *unspezifische Voraussetzung* für Lernen fungieren. Der Übergang zwischen plastischen Veränderungen, die der Reifung zugrunde liegen, und plastischen Veränderungen, welche Lernen zugrunde liegen, ist allerdings fließend.

Die Voraussetzung für Lernvorgänge aller Art ist nicht nur in der genetischen Steuerung der Reifung synaptischer Verbindungen zu sehen, sondern in der *Ausbildung spezifischer synaptischer Verbindungen unter dem Einfluß früher Umweltauseinandersetzung.* Neuronale Wachstumsvorgänge (s. Kap. 1) stellen die Grobverbindungen im Nervensystem her (z. B. Verbindung von Retina und Corpus geniculatum laterale des Thalamus); die Entwicklung von geordneten Verhaltensweisen und Wahrnehmungen hängt aber von der ***frühen, adäquaten Stimulation*** des jeweiligen neuronalen Systems in einer ***kritischen Entwicklungsperiode*** ab. Dies zeigen Experimente, bei denen zu unterschiedlichen Zeitpunkten vor oder nach der Geburt sensorische Kanäle oder motorische Aktivitäten ***selektiv depriviert,*** d. h. von jedem äußeren Einfluß isoliert werden. Erfolgt die Deprivation in einer kritischen Periode, so bilden sich die synaptischen Verbindungen für eine bestimmte Funktion nicht aus, und das zugehörige Verhalten kann auch später nicht mehr erlernt werden. Isoliert man z. B. junge Affen von ihrer sozialen Umgebung, so kommt es zu dauerhafter und irreversibler Störung des gesamten Sozialverhaltens. Die Tiere können auch einfache instinktive Reaktionen wie Sexual- und Paarungsverhalten zu einem späteren Zeitpunkt nicht mehr erlernen. Auch beim Menschen wurden immer wieder anekdotisch Beispiele solcher dauerhafter Störungen nach Isolation (Kaspar-Hauser-Befunde) berichtet.

Aus dem Studium der *selektiven Deprivation* einzelner Wahrnehmungsfunktionen, v. a. des visuellen Systems, konnte man die wesentlichen der ***am Lernen beteiligten neuronalen Prozesse*** isolieren. Beispielsweise führt die Schließung eines Auges unmittelbar nach der Geburt zu einer Atrophie der okularen Dominanzsäulen im visuellen Cortex des deprivierten Auges. Dabei zeigt sich ein fundamentales Prinzip neuronaler Plastizität, das auch Lernen zugrunde liegt und das nach seinem Entdecker, dem kanadischen Psychologen Donald Hebb als ***Hebb-Regel*** bezeichnet wird: Wenn ein Axon des Neurons A das Neuron B erregt und wiederholt oder anhaltend das Feuern, d. h. die überschwellige Erregung von Neuron B erwirkt, so wird die Effizienz von Neuron A für die Erregung von Neuron B durch einen Wachstumsprozeß oder eine Stoffwechseländerung in beiden oder einer der beiden Neurone erhöht. Beispielsweise ist für die Ausbildung der Segregation der okularen Dominanzsäulen die *simultane Aktivierung* prä- und postsynaptischer Elemente im visuellen Cortex aus *beiden* Augen notwendig. Zeitlich simultane Aktivierung von prä- und postsynaptischen Elementen führt also zu einer funktionellen und anatomischen Stärkung der Verbindung zwischen prä- und postsynaptischem Element.

Durch simultanes Feuern wird nicht nur die Stärke der Verbindung der kooperierenden Synapsen erhöht, sondern gleichzeitig die ***Aktivität inaktiver benachbarter Verbindungen geschwächt.*** Durch die simultan aktiven Synapsen wird aktivitätsabhängig der ***Nervenwachstumsfaktor (NGF)*** von den benachbarten Verbindungen „abgezogen". Bei Fehlen des Nervenwachstumsfaktors oder eines ähnlichen, auf den postsynaptischen Zellen aktivierten Wachstumsfaktors sterben die benachbarten nichtaktiven Zellen ab. Wenn die synchrone Aktivierung präsynaptischer und postsynaptischer Elemente eine gewisse Depolarisationsintensität überschritten hat, so wird eine Verstärkung des Ca^{++}-Einstroms in die Zelle ermöglicht; dadurch wird dann über eine Reihe von intrazellulären Zwischenprozessen, die unten beschrieben werden, eine Absenkung der Depolarisationsschwelle für das Feuern des Neurons erreicht. Der Abbruch alter, störender Verbindungen durch Absterben oder Funktionslosigkeit nicht benützter Zellen ist somit für die Entwicklung neuer Verhaltensweisen mindestens genauso wichtig wie der Aufbau neuer neuronaler Verbindungen.

Lernen und Erfahrung führen zu verschiedenen strukturellen Änderungen, v. a. an kortikalen Dendriten, sowie zur Ausbreitung somatotopischer Repräsentationen

Vergleichsuntersuchungen nach Art der Abb. 17-1, bei denen Tiere in unterschiedlichen Altersstufen einerseits angereicherten, stimulierenden Umgebungen *(„enriched environmental conditions")* und andererseits verarmten, eintönigen Umgebungen *(„impoverished environmental conditions")* ausgesetzt wurden, zeigten, daß Lernen und Erfahrung zu einer Vielzahl spezifischer und unspezifischer histologischer und mikrobiologischer Änderungen führen.

Tiere, die in einer stimulierenden Umgebung aufwachsen, haben dickere und schwerere Cortices, eine erhöhte Anzahl dendritischer Fortsätze und dendritischer Spines (s. Kap. 1), erhöhte Transmittersyntheseraten, v. a. des Acetylcholins, Verdickungen der postsynaptischen (subsynaptischen) Membranen, Vergrößerungen von Zellkörpern und Zellkernen sowie Zunahmen der Anzahl und der Aktivität von Gliazellen. Wenn man die Tiere zusätzlich zu ihrem normalen Verhalten noch in spezifischen Lernaufgaben trainiert, so kommt es zu einem vermehrten Auswachsen von Verzweigungen der apikalen und basalen Dendriten der kortikalen und hippokampalen Pyramidenzellen. Dieses Wachstum geht mit einer Vergrößerung der dendritischen Spines einher.

Solche Untersuchungen machen wahrscheinlich, daß die dendritischen Synapsen und Spines als ein wesentlicher Ort des Lernens betrachtet werden

Abb. 17-1 a–c. Beispiele für stimulierende und weniger stimulierende Umgebungen aus den Untersuchungen von Rosenzweig. **a** Standardkolonie mit 3 Ratten pro Käfig. **b** Reizarme Umgebung mit einer isolierten Ratte. **c** Stimulierende Umgebung mit 10–12 Ratten pro Käfig und einer Reihe von Spielmöglichkeiten. (Mod. nach Rosenzweig u. Leiman 1982; aus Birbaumer u. Schmidt 1996)

können, während es sich bei den übrigen Veränderungen um unspezifische Korrelate neuronaler Plastizität und verbesserter Stoffwechselbedingungen handelt. Die Untersuchung der histologischen Struktur der kortikalen Dendriten zeigte, daß die meisten Verbindungen zwischen präsynaptischem und postsynaptischem Neuron bereits vor der eigentlichen Lernbedingung bestehen, so daß durch Lernen v. a. „stumme" synaptische Verbindungen „geweckt" und seltener neue Verbindungen hergestellt werden. Diese physiologischen und histologischen Änderungen sind *ortsspezifisch,* d. h. sie finden dort statt, wo der Lernprozeß vermutet werden kann, nämlich in der Umgebung der aktiven sensomotorischen Verbindungen (z. B. läßt sich das Erlernen visuellen Kontrastes oder von Bewegungssehen in den entsprechenden Veränderungen im striatalen Cortex ablesen).

Auf anatomischer Ebene lassen sich aktivitätsabhängige Änderungen auch an den ***Modifikationen somatotopischer Karten*** (s. S. 244) im Gehirn ablesen. Wenn z. B. ein Tier eine bestimmte Bewegung über einen längeren Zeitraum übt, so läßt sich eine Erweiterung des „geübten" somatotopischen Areals (rezeptives Feld) auf die benachbarten Areale nachweisen. Es können dann Zellantworten, z. B. von der postzentralen Handregion, über früher nicht aktiven Hirnareale abgeleitet werden. Diese topographischen Karten sind von Individuum zu Individuum verschieden, je nach der *bevorzugten* Aktivität des Sinnessystems oder des jeweiligen motorischen Outputs. Die ***erworbene Individualität*** eines Organismus (in Abgrenzung von der genetischen) könnte somit in unterschiedlichen topographischen *(ortssensitiven)* und *zeitsensitiven* Hirnkarten repräsentiert sein.

Bei der Modifikation solcher topographischen (ortssensitiven) oder zeitsensitiven Hirnkarten (z. B. im akustischen System) zeigt sich wieder, daß das Prinzip der Hebb-Regel Gültigkeit hat: Die Ausweitung einer topographischen Repräsentation durch Lernen wird durch *gleichzeitige* Aktivierung einzelner Zellen von 2 benachbarten Fasern aus benachbarten Haut- oder Handregionen, z. B. bei sensomotorischen Aufgaben, bewirkt. Es ist also nicht nur der rein quantitative Anstieg der Aktivität, der für die anatomischen Veränderungen verantwortlich ist, sondern die durch *synchrone* Aktivität ausgelösten Veränderungen.

17.2 Zelluläre Mechanismen

Assoziatives Lernen in einfachen Lebewesen läßt sich auf molekularer Ebene mit Änderungen der Membraneigenschaften postsynaptischer Spines erklären

Das Studium von nichtassoziativem und assoziativem Lernen in verschiedenen einfachen Lebewesen mit überschaubarer neuronaler Komplexität erbrachte erstaunlich ähnliche makro- und mikromolekulare Änderungen durch Lernprozesse. Dabei wurden v. a. die kalifornische Meerschnecke *Aplysia* mit etwa 20 000 Neuronen und eine andere Meerschnecke, *Hermissenda crassicornis,* und die gemeine Fruchtfliege *Drosophila melanogasta* bevorzugt untersucht. Diese Tiere zeigen sowohl ***nichtassoziatives Lernen,*** wie Habituation und Sensibilisierung, sowie ***instrumentelles und klassisches assoziatives Konditionieren,*** bei denen Lernen durch simultane Darbietung von Reizen bzw. beim instrumentellen Lernen durch Darbietung eines Belohnungs- oder Bestrafungsreizes *nach* einer Reaktion erfolgt.

Auch in einfachen Lebewesen zeigte sich der fundamentale Unterschied zwischen ***Kurzzeitgedächtnis*** und ***Langzeitgedächtnis,*** der in der Psychologie schon *vor* jeder neurowissenschaftlichen Analyse des Gedächtnisse immer wieder gefunden wurde. Die Einprägung im Langzeitgedächtnis läuft stets über das Kurzzeitgedächtnis; umgekehrt benötigt die Wiedergabe aus dem Langzeitgedächtnis das Kurzzeit- bzw. Arbeitsgedächtnis. Während das nur kurz, nämlich wenige Sekunden anhaltende sensorische Gedächtnis vermutlich elektrischer Natur ist, treten beim Kurzzeitgedächtnis bereits Veränderungen der Membranstruktur und Transmitterausschüttung über mehrere Minuten bis Stunden auf; beim Langzeitgedächtnis kommt es zu einer Veränderung der Arbeitsweise des genetischen Apparats der beteiligten Nervenzellen.

Dem Ausmaß ihrer Flüchtigkeit entspricht bei diesen 3 Gedächtnismechanismen das ***Ausmaß der Störbarkeit.*** Während Kurzzeitgedächtnis und Konsolidierung (Einprägungsphase) durch interferierende Reize sehr leicht störbar sind, ist das Langzeitgedächtnis auch nach massiven Eingriffen ins ZNS (z. B. elektrokonvulsiver Schock) weiterhin intakt. Die genetische Natur des Langzeitgedächtnisses schützt es vor Alterungsprozessen eher als die sehr viel leichter störbaren dynamischen elektrochemischen Vorgänge des Kurzzeitgedächtnisses.

Die Untersuchungen an den 3 genannten einfachen Lebewesen zeigten, daß Kurzzeitgedächtnis und klassische Konditionierung als gemeinsame Endstrecke eine ***verstärkte Ausschüttung des Transmitters*** aus den Synapsen der am Lernen beteiligten sensorischen Neurone aufweisen. Abbildung 17-2a zeigt den Mechanismus der klassischen Konditionierung auf zellulärer Ebene, Abb. 17-2b auf molekularer Ebene. Daraus ist ersichtlich, daß die wiederholte Aktivierung der sensorischen Synapse, welche die Erregung des konditionalen Stimulus (CS) weiterleitet, simultan mit dem unkonditionalen Stimulus (z. B.einem elektrischen Schlag auf den Schwanz des Tieres, US) eine Verstärkung der Transmitterantwort des sensorischen Neurons bewirkt. Reize, die zeitlich nicht mit dem unkonditionalen Reiz gepaart sind, bewirken keine Verstärkung der Antwort der sensorischen Synapse. Als konditionaler („neutraler“) Stimulus wird in der Regel ein taktiler Reiz auf das Mantelgerüst des Tieres verwendet.

Die Paarung von CS und US löst eine Kaskade von extra- und intrazellulären Prozessen an der prä- und postsynaptischen Membran aus, wie sie an der ***axoaxonischen Synapse*** in Abb. 17-2b dargestellt ist. Zunächst aktiviert der Neurotransmitter *Serotonin* (5-Hydroxytryptamin, 5-HT), der von dem

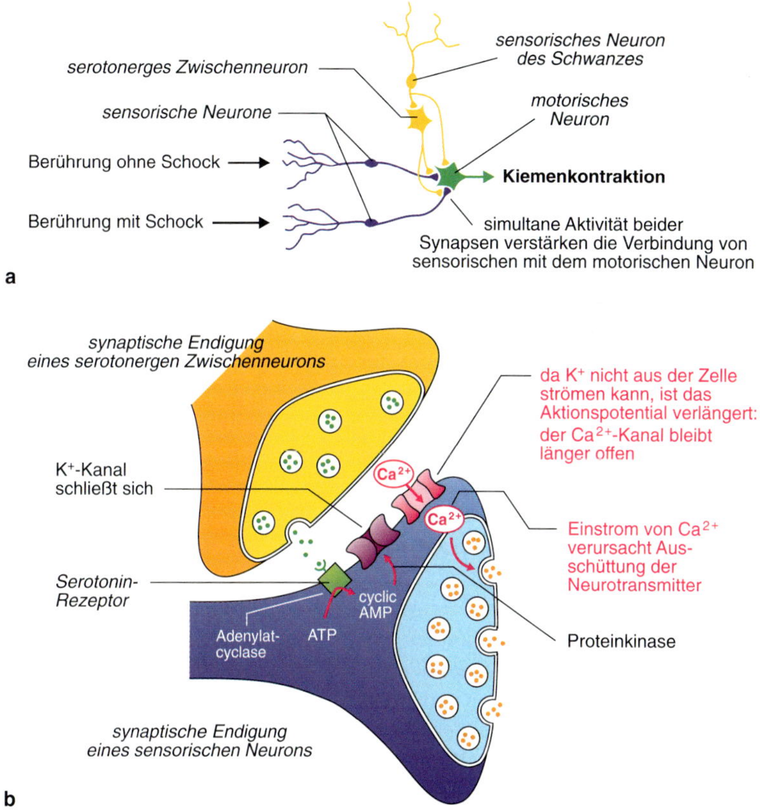

Abb. 17-2. a Diagramm der neuronalen Verbindungen, die für klassische Konditionierung einer Abwehrreaktion bei Aplysia verantwortlich sind. Weitere Erläuterung s. Text (nach Carlson 1991, mit freundlicher Genehmigung). **b** Molekulare Mechanismen, die für das Erlernen einfacher Verhaltensweisen bei Aplysia verantwortlich sein könnten. Ausschüttung von 5-HT durch ein Interneuron verursacht die Schließung von Kaliumkanälen in den Synapsen des sensorischen Neurons und bewirkt damit eine Verlängerung des Aktionspotentials, verstärkten Ca^{++}-Einstrom und verstärkte Ausschüttung des Neurotransmitters. (Mod. nach Carlson 1991, mit freundlicher Genehmigung)

unkonditionalen Stimulus ausgelöst wird, einen Rezeptor in der postsynaptischen Membran, der *Adenylatcyclase* aktiviert und die Konzentration von zyklischem AMP (cAMP) an der postsynaptischen Membran erhöht. Das *cAMP* aktiviert eine von der AMP-Aktivität abhängige Proteinkinase. Diese *Proteinkinase* löst nun die Phosphorylierung mehrerer Proteine aus, die alle zu einem entscheidenden Endresultat, nämlich dem *verstärkten Einstrom von Ca^{++}-Ionen*, führen. Die ***erhöhte Ca^{++}***-Konzentration in den Endknöpfen bewirkt dann eine ***erhöhte Ausschüttung des Transmitters*** (an der axosomatischen Synapse, s. a. Abb. 17-2 a).

Im einzelnen ist der Ablauf so, daß zunächst die Proteinkinase ein K^{+}-Kanalprotein phosphoryliert, was zur ***Schließung des Kaliumkanals*** führt, so daß die Repolarisation der depolarisierten Zelle für einige Zeit verhindert wird. Diese Verbreiterung der Aktionspotentialdauer führt dann zu erhöhtem Einstrom von Ca^{++}-Ionen. Das erhöhte intrazelluläre Kalzium scheint seinerseits die ***Sensibilität der Adelynatcyclase für neuerliche Serotoninbindungen*** am Rezeptor zu ***erhöhen.*** Wenn nun nach der erstmaligen Paarung eine neuerliche Stimulation mit dem konditionalen Reiz erfolgt, ist das sensorische Neuron vorerregt und antwortet in einer gegenüber der ersten Reizung verstärkten Art und Weise, auch wenn der unkonditionale Stimulus nicht mehr dargeboten wird. Eine ***Assoziation*** wurde somit auf zellulärer Ebene gebildet. Bei den genannten Tieren halten diese Effekte etwa 1–2 h nach dem Training an, verschwinden allerdings danach. Für länger anhaltende Gedächtniskonsolidierung und Langzeitgedächtnis muß man daher andere oder zusätzliche Mechanismen heranziehen.

Langzeitpotenzierung am NMDA-Rezeptorkomplex stellt ein brauchbares Modell für Gedächtniskonsolidierung im Säugetierhirn dar

Wie wir in 17.3 sehen werden, ist zur Überführung der Information vom Kurzzeitgedächtnis ins Langzeitgedächtnis, d. h. für den Prozeß der ***Konsolidierung,*** die Intaktheit des Hippocampus notwendig. Seine beidseitige Zerstörung führt zu fast völliger ***anterograder Amnesie,*** d. h. der betroffene Patient kann neue Information nur über einen kurzen Zeitraum behalten. Er bleibt sozusagen in der Gegenwart des Läsionszeitpunktes stehen. Nun zeigt der Hippocampus und in gewissem Ausmaß auch der Neocortex bei den meisten Säugetieren eine elektrophysiologische Eigenschaft, die erklären könnte, wie Information in eine länger anhaltende Form übergeführt wird. Dieses

Phänomen wird ***Langzeitpotenzierung*** („long-term potentiation", LTP) genannt.

Unter Langzeitpotenzierung versteht man die Tatsache, daß die *Amplitude und Dauer erregender postsynaptischer Potentiale (EPSP) über Stunden, Tage und Wochen erhöht* werden kann, wenn die afferenten Axone durch elektrische Reizung repetitiv (tetanisch) aktiviert werden. Die stärksten Effekte der Langzeitpotenzierung lassen sich durch Reizung im natürlichen Rhythmus der hippocampalen Afferenzen erzielen. Der natürliche Rhythmus des Hippocampus während Explorationsverhalten des Tieres, wenn also zu lernende Information aufgenommen wird, ist der hippocampale ***ϑ-Rhythmus*** (4-8 Hz). Mit Stimulierung in diesem Rhythmus läßt sich das Phänomen der ***assoziativen Langzeitpotenzierung*** v.a. in der CA 1-Region des Hippocampus besonders gut zeigen. Unter assoziativer Langzeitpotenzierung verstehen wir, daß bei simultaner Reizung des Neurons mit einem schwachen konditionalen Reiz (CS) und mit einer starken exzitatorischen Reizung auch das EPSP auf den schwachen Reiz erhöht und verlängert wird. Der starke unkonditionale Stimulus besteht dabei i.allg. aus 100 Hz tetanischer Reizung für etwa 1 s.

Die biochemischen und molekularen Vorgänge während assoziativer Langzeitpotenzierung entsprechen nun in ihrem Endresultat dem, was wir über die molekulare Basis des Kurzzeitgedächtnisses kennengelernt haben; ***Erhöhung des Ca^{++}***-Einstroms, diesmal allerdings über einen längeren Zeitraum. Im Säugetiergehirn, v.a. im Hippocampus und im Cortex, ist daran nicht mehr das Serotonin beteiligt, sondern der Transmitter ***Glutamat,*** der sich an verschiedene Glutamatrezeptoren bindet, von denen allerdings nur einer eine kritische Rolle beim Lernen spielt, der ***NMDA-Rezeptor*** (N-Methyl-D-Aspartatrezeptor). Wird die postsynaptische Membran durch ausreichend intensive EPSP erregt, so wird der durch Mg^{++}-Ionen blockierte NMDA-Kanal durchlässig. Daraufhin strömen Na^{+}-, K^{+}- und Ca^{++}-Ionen in das Zellinnere des dendritischen Fortsatzes („spines") und aktivieren dort Ca^{++}-abhängige Kinasen, die wiederum zum fortgesetzten Einstrom von Ca^{++} und zu einer Reihe von *Formveränderungen der dendritischen Spines* führen. Die Entblockierung des durch Mg^{++}-Ionen geschlossenen NMDA-Kanals ist nur möglich, wenn „starke" Synapsen am selben Dendriten zur selben Zeit aktiv sind. Die *Aufrechterhaltung der Ausschüttung* des Transmitters aus der präsynaptischen Endigung, auch wenn diese nicht mehr aktiviert wird, geschieht offensichtlich über einen ***retrograden Messenger,*** dessen Synthese in der postsynaptischen Zelle angeregt wird und der dann über eine Reihe von Zwischenschritten ins präsynaptische Neuron diffundiert und dort den geschilderten Prozeß aufrechterhält. Als Kandidat für die Stimulierung der NMDA-Rezeptoren wird zum jetzigen Zeitpunkt v. a. ***Stickoxid (NO)*** angesehen, ein kurzlebiges hochreaktives Gas, das leicht durch die neuronalen Membranen gelangen kann und in Sekundenbruchteilen wieder abgebaut wird.

Der ***Glutamat-NMDA-Mechanismus*** in der CA 1-Region des Hippicampus, im Cortex und in Teilen der Basalganglien scheint allerdings *nur für mittlere Erregungsstärken* zu funktionieren, da extreme Ausschüttung von Glutamat, z. B. bei epileptischen Anfällen, Anoxie, Hypoglykämie und anderen Traumen, innerhalb weniger Minuten zu Zerstörung der Neurone durch das Glutamat führt. Ein solches Überangebot an Glutamat wird auch bei Huntington-Chorea, einem vererbten neurologischen Leiden, das Degeneration der Basalganglien und des Frontalcortex bewirkt, angenommen.

Ein großer Teil der einlaufenden Fasern in den Hippocampus scheint mit Noradrenalin zu übertragen. Durch die Gabe von ***Noradrenalin*** läßt sich Langzeitpotenzierung erheblich verbessern und verlängern, die Gabe von Propranolol, einem noradrenergen β-Rezeptorenblocker, verhindert die Entwicklung von Langzeitpotenzierung. Dies könnte auch erklären, warum Langzeitgabe von β-Blockern zur Behandlung der essentiellen Hypertonie mit Gedächtnisausfällen einhergehen kann.

Konsolidierung und Langzeitgedächtnis sind mit Änderungen der Genexpression und Proteinsynthese verbunden

Genauso wie für die Entwicklung des Kurzzeitgedächtnisses unterschiedliche makromolekulare und mikromolekulare Prozesse existieren, wird es auch für die Langzeitspeicherung mehrere Mechanismen und Substanzen geben, die zu einer dauerhaften und gegenüber neuen Einflüssen resistenten Änderung der Struktur prä- und postsynaptischer Elemente, v. a. der dendritischen Spines führen. Wie in den vorausgegangenen Abschnitten bereits besprochen, ändert sich durch Lernen im Gehirn die morphologische Struktur der exzitatorischen Synapsen, die mit dendritischen Spines Kontakt haben. Es wachsen nicht nur neue Spines aus, sondern auch die am Lernen beteiligten Spines reduzieren ihren elektrischen Widerstand durch Änderung ihrer Geometrie, z. B. wird der „Nacken“ des Spines breiter und kürzer und gleichzeitig die Ausdehnung der postsynaptischen Membran und ihrer kontraktilen Elemente größer.

Welche Prozesse sind nun für die dauerhafte Verbesserung der Erregbarkeit dieser Synapsen verantwortlich?

Proteinbiosynthese. Eine ***Unterbrechung der Proteinbiosynthese*** (z. B. durch ein Zellgift) kurz nach oder während des Trainings führt zu dauerhafter

Störung der Konsolidierung und somit zur Hemmung des Langzeitgedächtnisses. Die kurzfristige Einprägung (das Kurzzeitgedächtnis) wird dagegen durch eine Hemmung der Proteinbiosynthese nach dem Lerntraining nicht beeinträchtigt. Dies bedeutet, daß zur Konsolidierung eine ungestörte Proteinbiosynthese in einer kritischen Zeitspanne während und nach dem Training notwendig ist. Dabei bleibt die Frage offen, ob bei der makromolekularen Synthese von Proteinen das Langzeitgedächtnis dadurch erzeugt wird, daß eine Stabilisierung der intra- und extrazellulären Mechanismen des Kurzzeitgedächtnisses erreicht wird oder aber, ob *neue* Prozesse ins Spiel kommen, die dann zu einer dauerhaften Veränderung der synaptischen Effizienz führen. In diesem Zusammenhang ist bereits früh klar geworden, daß Umgebungsveränderungen allgemein zu einer Veränderung der Genexpression auch im ZNS des erwachsenen Tieres führen können. Bis heute ist aber die Frage nicht gelöst, welche Gene in der Konsolidierung aktiviert werden. Es ist kaum anzunehmen, daß sich durch Lernen und mit Langzeitspeicherung *alle* Synapsen oder Synapsenbestandteile eines Neurons verändern, sondern daß vielmehr eine selektive Ablagerung von Genprodukten in individuellen Synapsen stattfindet.

In einfachen Lebewesen, v. a. dem Molusk *Hermissenda,* konnte gezeigt werden, daß dieselben Second-messenger-Systeme, die zur Regulierung des Kurzzeitgedächtnisses und der Sensibilisierung notwendig sind, sowohl die Genexpression wie auch die Übersetzung (Translation) an der tRNS beeinflussen. Wie wir auf Abb. 17-2 a, b gesehen haben, spielt dabei das cAMP eine entscheidende Rolle, das Induktion und Repression von Genen auslösen kann. Es wird angenommen, daß durch die Beeinflussung der Translation und/oder Repression entweder neue Isoformen von Enzymen, Rezeptoren oder Ionenkanäle mit veränderter Affinität für ihre Transmitter erzeugt werden oder aber, daß die Zelle die Prozesse, die zur Kurzzeitspeicherung notwendig sind, einfach über längere Zeit fortsetzt; z. B. die Verbreiterung des Aktionspotentials durch Schließen der Kaliumkanäle, erhöhte Sensitivität der Kinasen gegenüber cAMP oder kontinuierliche Phosphorylierung der Substratproteine. Vermutlich spielen für unterschiedliche Gedächtnisformen auch verschiedene Prozesse eine Rolle.

Bei allen vorausgegangenen Überlegungen zu den zellulären Mechanismen des Gedächtnisses darf nicht vergessen werden, daß die Individualität und der Inhalt eines Gedächtnisses *nicht in einer einzelnen Zelle oder Synapse niedergelegt* sein können, sondern daß ***Gedächtnisinhalte*** immer ***in neuronalen Netzen oder Assemblies*** ihre Entsprechung haben und nicht auf molekulare Kaskaden reduzierbar sind.

17.3 Neuropsychologie des Gedächtnisses – Gedächtnissysteme

Das Gedächtnissystem des medialen Temporallappens ist für die Herstellung von assoziativen Verbindungen bei deklarativem (explizitem) Lernen verantwortlich

Gedächtnisformen. Wir haben uns bisher mit einfachen Assoziationen und *Kurzzeitgedächtnis* sowie der Speicherung solcher einfachen Assoziationen über einen längeren Zeitraum im *Langzeitgedächtnis* beschäftigt. Die Fähigkeit, kurzzeitig oder langzeitig solche einfachen Assoziationen zwischen Reizen sowie zwischen Reizen und Reaktionen herzustellen, scheint eine universelle Eigenheit v.a. kortikaler Zellen zu sein. Bei höheren Säugern und speziell beim Menschen finden wir aber auch andere Arten des Behaltens, die nicht auf der Basis einfacher Reiz-Reaktions-Verbindungen allein erklärbar sind (s. Abb. 17-3; Übersicht über einige wichtige Gedächtnisarten).

Auf Abb. 17-3 sind 2 Gedächtnissysteme unterschieden, die in der Psychologie traditionellerweise auf der einen Seite vom ***Behaviorismus*** studiert wurden (prozedurales, implizites oder nichtdeklaratives Lernen), auf der anderen Seite von der ***Denkpsychologie*** erforscht wurden (deklaratives oder explizites Lernen). Im menschlichen Gehirn sind offensichtlich *beide* Gedächtnisarten in verschiedenen Hirnregionen realisiert.

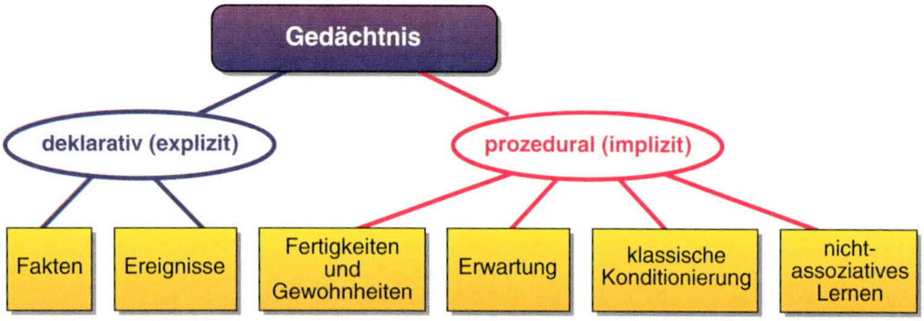

Abb. 17-3. Klassifikation des Gedächtnisses. Deklaratives (explizites) Gedächtnis ist für die bewußte Wiedergabe von Fakten und Ereignissen verantwortlich. Prozedurales (implizites oder nichtdeklaratives) Gedächtnis ist für die Wiedergabe von Fertigkeiten, Gewohnheiten, Bewegungsfolgen und Regeln sowie klassische Konditionierung verantwortlich. Prozedurales Lernen erfolgt im allgemeinen nicht bewußt, es besteht daher kein direkter Zugriff zum Gedächtnisinhalt. (Mod. nach Squire u. Zola-Morgan 1991, mit freundlicher Genehmigung)

- Unter ***deklarativem*** (explizitem) Gedächtnis verstehen wir die bewußte Wiedergabe von Fakten und Ereignissen.
- Unter ***prozeduralem*** (implizitem, nichtdeklarativem) Gedächtnis verstehen wir mehrere Lernmechanismen, wie wir sie z. T. bereits besprochen haben, z. B. nichtassoziatives Lernen (Habituation und Sensibilisierung), klassische Konditionierung (Pawlowianisches Lernen), Priming (Effekte von Erwartungen) und das Erlernen von Fertigkeiten und Gewohnheiten (Skill- oder Habit-Lernen). Im Falle des nichtdeklarativen (impliziten) Lernens kann die Erfahrung das Verhalten *ohne* Mitwirkung des Bewußtseins und *ohne* Zugriff auf einen bestimmten Gedächtnisinhalt verändern.

Amnesieformen. Der Ausgangspunkt für die systematische Klassifikation des Gedächtnisses auf neurobiologischer Basis war ein Einzelfall, der Patient H. M., der nach einer beidseitigen Entfernung der Hippocampi und der darüberliegenden Cortexschichten eine schwere *anterograde Amnesie* erlitt, die auch 30 Jahre nach der Operation bis heute unverändert geblieben ist.

- Unter ***anterograder Amnesie*** verstehen wir die Tatsache, daß eine Person nach einer Hirnschädigung (Unfall, Schlaganfall, Operation etc.) keine *neue* Information behalten (lernen) und wiedergeben kann.
- Unter ***retrograder Amnesie*** verstehen wir die Tatsache, daß eine Person sich an Ereignisse *vor* einer Hirnschädigung nicht mehr erinnern kann.

Der Patient H. M. und viele der nach ihm untersuchten Patienten mit Amnesien scheinen keinerlei neue Informationen und Ereignisse nach der Zerstörung des Hippocampus aufnehmen zu können. Bei genauer testpsychologischer Untersuchung ergab sich aber, daß bei diesen Patienten das *nichtdeklarative (implizite) Lernen erhalten* bleibt (s. unten). Dagegen zeigten systematische Studien von Patienten mit Läsionen des Hippocampus und Läsionsstudien an Affen, daß *deklaratives Lernen* von der Intaktheit des ***Hippocampus,*** des ***entorhinalen Cortex*** und der darüberliegenden perirhinalen und parahippocampalen Cortices abhängt.

Rolle des medialen Temporallappensystems beim deklarativen Lernen. Abbildung 17-4 gibt eine Übersicht über das mediale Temporallappensystem, das *deklarativem* Lernen zugrunde liegt. Der Hippocampus erhält über den entorhinalen Cortex Informationen aus allen Assoziationsfeldern des Neocortex sowie aus Teilen des limbischen Systems, v. a. dem Gyrus cinguli und dem orbitofrontalen Cortex sowie aus verschiedenen Regionen des Temporalcortex. Alle diese Verbindungen sind reziprok, d. h. daß der Hippocampus

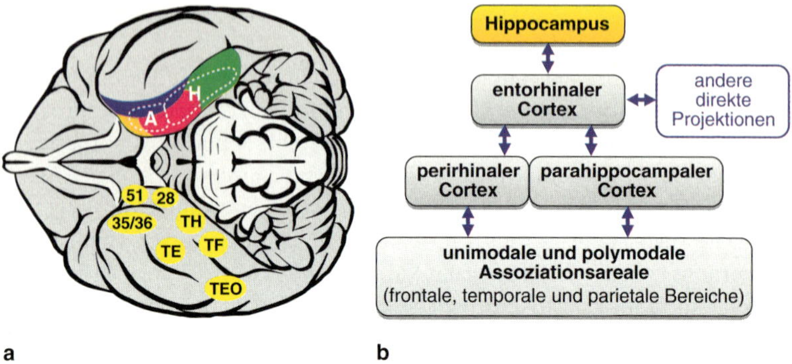

Abb. 17-4. a Ventrale Ansicht des Affengehirns mit den verschiedenen Läsionsorten, die im Tiermodell zu Amnesie führen. Amygdala ***(A)*** und Hippocampus ***(H)*** sind *punktiert* eingezeichnet und die benachbarten kortikalen Regionen *in Farbe. Blau* der perirhinale Cortex (Area 35 und 36); *orange* der periamygdaloide Cortex (Area 51); *rot* der entorhinale Cortex (Area 28) und *grün* der parahippokampale Cortex (Areale TH und TF). **b** Schematischer Aufbau des Gedächtnissystems des medialen Temporallappens. Der entorhinale Cortex projiziert in den Hippocampus, wobei zwei Drittel der kortikalen Afferenzen in den entorhinalen Cortex aus den benachbarten perirhinalen und parahippokampalen Cortices entspringen. Diese wiederum erhalten Projektionen von unimodalen und polymodalen kortikalen Arealen im frontalen, temporalen und parietalen Bereich. Der entorhinale Cortex erhält darüber hinaus direkte Afferenzen vom orbitalen Frontalkortex, dem Gyrus cinguli, dem insulären Cortex und dem oberen Temporallappen. Alle diese Projektionen sind reziprok. (Mod. nach Squire u. Zola-Morgan 1991, mit freundlicher Genehmigung)

auch efferente Verbindungen zu den Assoziationscortices hat, wo die eigentlichen Langzeitveränderungen im Rahmen der Gedächtnisspeicherung stattfinden.

Was ist nun die *Funktion* dieses Systems, das Voraussetzung für die Konsolidierung von Gedächtnismaterial ist, ohne selbst dieses Material in seinen Zellsystemen zu enthalten? Das mediale Temporallappensystem muß offensichtlich während der Darbietung oder Wiederholung des Gedächtnismaterials aktiv sein, damit sich *zwischen den verschiedenen Reizen,* die während der Einprägung präsent sind, *assoziative Verbindungen ausbilden* können. Der Hippocampus und der darüberliegende entorhinale Cortex müssen die verschiedenen Repräsentationen der gesamten Umgebung, die während des Lernens präsent sind, zeitlich wie örtlich miteinander verketten. Die ***Herstellung eines solchen Kontextes*** ist v. a. dann notwendig, wenn neue Situationen und neues Lernmaterial eingeprägt werden müssen, da in einer solchen Situation neue Wahrnehmungen und neue Gedanken, die bisher nicht assoziativ miteinander verbunden waren, miteinander verbunden werden müssen. *Sobald diese neuen Inhalte assoziativ verkettet sind, genügt zu einem späteren Zeitpunkt ein kleiner Ausschnitt oder ein Einzelaspekt dieser Situation, um die Gesamtsituation zu reproduzieren.* Das hippocampale System verbindet also die kortikalen Repräsentationen einer bestimmten Situation miteinander, so daß sie die ***Gesamtheit eines Gedächtnisinhaltes*** bilden. Fällt dieses System aus, so erscheint uns jede Situation neu, völlig unabhängig davon, wie oft wir sie schon gesehen oder erlebt haben, da sie zu keiner der gleichzeitig vorliegenden Aspekte dieser Situation irgendeine *Beziehung* hat. In der Gedächtnispsychologie wird diese Art des Lernens daher auch als ***Beziehungslernen*** bezeichnet.

Prozedurales (implizites) Lernen ist von der Funktionstüchtigkeit motorischer Systeme, der Basalganglien und des Cerebellums abhängig

Wie in Abb. 17-3 sichtbar, lassen sich verschiedene Arten impliziten Lernens unterscheiden. Für jeden dieser Lernvorgänge konnten unterschiedliche Hirnsysteme als strukturelle Voraussetzung identifiziert werden. Dabei existieren zwischen verschiedenen Arten von Lebewesen große Unterschiede in der neuroanatomischen Basis der aufgeführten Lernmechanismen. Im allgemeinen spielen kortikale Prozesse in der Steuerung prozeduralen Lernens eine geringere Rolle als beim deklarativen Lernen, wenngleich beim Menschen für den Erwerb und das Behalten von motorischen Fertigkeiten motorische und präfrontale kortikale Areale unerläßlich sind. Die Tatsache aber, daß die meisten der prozeduralen Lernvorgänge der bewußten Erinnerung schwer zugänglich sind, i. allg. reflexiv ablaufen und keinen aktiven, bewußten Suchprozeß benötigen, zeigt bereits, daß primär subkortikale Regionen für die Steuerung prozeduralen Lernens verantwortlich sind.

Beim Menschen konnte gezeigt werden, daß einfache klassische ***Lidschlagkonditionierung*** und sog. ***Priming*** nicht mehr möglich sind, wenn Läsionen im Vermis des Kleinhirns vorliegen. Bei der klassischen Konditionierung des Lidschlagreflexes wird ein neutraler Ton (CS) mit einem Luftstoß auf das Auge (US) gepaart, so daß nach wenigen Darbietungen der CS allein die unkonditionierte Reaktion (UR) des Lidschlusses auslöst.

Bei Patienten mit Kleinhirnläsionen bleiben aber die *deklarativen* Gedächtnismechanismen unbeeinflußt, d.h. diese Personen können Fakten, Episoden und Daten („gewußt was") weiter erwerben. Was fehlt, ist das Speichern des *zeitlichen Ablaufs* von gezielten Bewegungsfolgen („Fertigkeiten“). Der Erwerb und die Wiedergabe von komplizierten Verhaltensregeln und Fertigkeiten ist beim Menschen auch an die Funktionstüchtigkeit der Basalganglien gebunden.

Für einzelne prozedurale Lernvorgänge konnten alle beteiligten Hirnstrukturen und die in ihnen ablaufenden Prozesse identifiziert werden. Dazu gehören z. B.

- die klassische Konditionierung des Nickhautreflexes des Auges beim Kaninchen oder
- konditionierte emotionale Reaktionen auf unangenehme Reize bei der Ratte.

Dabei zeigt sich allgemein, daß der Lernprozeß dort stattfindet, wo sich die beiden sensorischen Informationen, die assoziativ miteinander verknüpft werden, treffen. Wenn also z. B. der konditionale Reiz in einem Ton besteht und der unkonditionale Reiz in einem aversiven taktilen Reiz, so findet die assoziative Verkettung bei der Ratte im medialen Abschnitt des Nucleus geniculatum mediale statt, in dem die beiden Informationskanäle konvergieren.

Literatur

Abeles M (1991) Corticonics. Neural circuits of the cerebral cortex. Cambridge Univ Press, Cambridge

Birbaumer N, Schmidt RF (1996) Biologische Psychologie, 3. Aufl. Springer, Berlin Heidelberg New York Tokyo

Birbaumer N, Schmidt RF (1995) Lernen und Gedächtnis. In: Schmidt RF, Thews G (Hrsg) Physiologie des Menschen. 26. Aufl. Springer, Berlin Heidelberg New York

Black IB (1991) Information in the brain. A Bradford book. MIT Press, Cambridge/MA

Braitenberg V, Schüz A (1991) Anatomy of the cortex. Springer, Berlin Heidelberg New York Tokyo

Carlson NR (1991) Physiology of behavior. 4th edn. Allyn & Bycon, Boston

Daum I, Schugens MM, Ackermann H, Lutzenberger W, Dichgans J, Birbaumer N (1993) Classical conditioning after cerebellar lesions in humans. Behavioral Neuroscience 107: 748–756

Duday Y (1989) The neurobiology of memory. Oxford Univ Press, Oxford

Fuster JM (1995) Memory in the cerebral cortex. MIT Press, Cambridge, Mass.

Kandel ER, Schwartz JH, Jessell TM (eds) (1991) Principles of neural science, 3rd edn. Elsevier, New York

McGaugh JL, Weinberger NM, Lynch G (1990) Brain organization and memory. Oxford Univ Press, New York

Rosenzweig MR, Leiman AL (1982) Physiological psychology. Heath, Lexington

Schacter DL Tulving E (eds) (1994) Memory systems 1994, MIT Press, Cambridge, Mass.

Schmidt RF (1995) Physiologie kompakt. Gustav Fischer, Stuttgart

Schmidt RF, Thews G (Hrsg) (1995) Physiologie des Menschen, 26. Aufl. Springer, Berlin Heidelberg New York

Squire LR, Zola-Morgan (1991) The medial temporal lobe memory system. Science 253: 1380–1384

18 Motivation und Emotion

N. Birbaumer, R. F. Schmidt

EINLEITUNG

Mit Ausnahme einiger Reflexe auf Rückenmarkniveau und mancher viszeraler Reflexe ist jedes Verhalten ***motiviert,*** d. h. es hängt nicht in allen Parametern nur von Reiz, Reizort oder genetischen Vorbedingungen ab, sondern variiert in Abhängigkeit von Zuständen innerhalb des Organismus. ***Motivation*** bedeutet also, daß als Ursache für das Auftreten eines bestimmten Verhaltens auch körperinterne Erregungsschwellen auf das jeweilige Verhalten wirken. Beispielsweise beeinflußt der Blutzuckerspiegel die Wahrscheinlichkeit für das Auftreten von appetitivem Suchverhalten nach bestimmten Nahrungsmitteln.

Unter einem ***Trieb*** verstehen wir jene psychobiologischen Prozesse, die zur bevorzugten Auswahl einer Gruppe abgrenzbarer Verhaltensweisen (z. B. Nahrungsaufnahme) bei Ausgrenzung anderer Verhaltenskategorien (z. B. sexuelles Verhalten und Fortpflanzung) führen. Homöostatische Triebe weisen im Gegensatz zu nichthomöostatischen Trieben Soll-Werte der körperinternen Homöostasen auf. Bei Abweichungen von diesen Soll-Werten kommt es zu einer stereotypen Sequenz von Verhaltensweisen bis zur Wiederherstellung des Soll-Wertes. Die Triebstärke ist weniger abhängig von Lern- und Umgebungseinflüssen als bei nichthomöostatischen Trieben. Temperaturerhaltung, Hunger, Durst, Schlaf und möglicherweise einige Aufzuchtreaktionen sind homöostatisch, Sexualität, Explorations„trieb“, Bindungsbedürfnis und die Emotionen sind nichthomöostatisch organisiert.

18.1 Homöostatische Triebe: Durst und Hunger

Das Trinkverhalten wird über zentralnervöse und vaskuläre Mechanismen geregelt

Unter ***Durst*** verstehen wir einen spezifischen, zentralen Triebzustand, der die Bereitschaft erzeugt, Wasser zu suchen und zu konsumieren. ***Trinken*** und ***Durststillung*** sind extrem variable Verhaltensweisen, die sowohl aus angeborenen wie gelernten Mechanismen zur Beseitigung des Wassermangels und zur Herstellung des positiven Befriedigungsgefühls bei Durststillung bestehen.

Physiologische Wege der Durstentstehung. Abbildung 18-1 faßt die wesentlichen 3 physiologischen Wege der Durstentstehung zusammen:

- ***Osmosensoren*** in Hypothalamus und 3. Ventrikel bestehen aus Neuronen, die auf Erhöhung der intrazellulären Salzkonzentration bei Wasserverlust über eine Reihe von Zwischenschritten Durst und Wassersuche auslösen. Stimulation z.B. der lateralen präoptischen Region des Hypothalamus mit Wasserinjektionen führt zu Beendigung des Trinkens nach vorausgegangener Injektion von hypertoner Salzlösung, Zerstörung der Region zu ***Adipsie*** (Verlust von Trinkverhalten). Der von zentralen Osmosensoren ausgelöste Durst wird ***osmotischer Durst*** genannt.
- ***Hypovolämischer Durst*** wird durch 2 unterschiedliche Prozesse ausgelöst: Bei Verlust extrazellulärer Flüssigkeit mit Abnahme des Blutvolumens melden die ***Barosensoren*** der herznahen Gefäße den Abfall des venösen Gefäßdruckes an den Hypothalamus, von wo aus die Freisetzung von ***antidiuretischem Hormon (ADH,*** Vasopressin) aus dem Hypophysenhinterlappen ausgelöst wird. ADH erhöht die Rückresorption von Wasser in den Nierentubuli und hält die Salzkonzentration stabil. Dieser Mechanismus verhindert Wasserverlust und verursacht auch Durst, ersetzt aber nicht verlorene Flüssigkeit.
- Dies wird durch reduzierten Blutfluß in den Nieren ausgelöst: Bei reduziertem arteriellen Druck in den Nieren wird ***Renin*** in die Nierenvenen ausgeschüttet und anschließend über eine Reihe von Zwischenschritten ***Angiotensin II*** im Gefäßsystem gebildet. Angiotensin II bindet an Sensoren im sog. Subfornikalorgan in der Wand des 3. Ventrikels; dieses wieder-

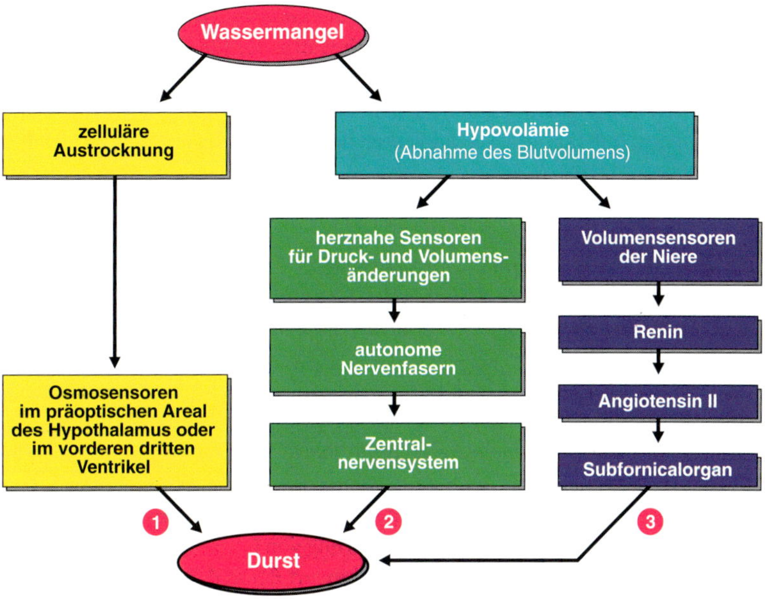

Abb. 18-1. Drei Möglichkeiten der Durstentstehung (s. Text)

um stimuliert den medialen Nucleus praeopticus des Hypothalamus, der Trinkverhalten einleitet.

Wie alle homöostatischen Triebe besitzen die Durstsysteme einen ***antizipatorischen Sättigungsmechanismus,*** der das Trinken lange vor Erreichen des Soll-Wertes im Gewebe beendet. Die Stabilisierung des Soll-Wertes (resorptive Durststillung) benötigt ca. 20–40 min; i. allg. trinkt ein Tier aber nicht länger als 3–4 min (präresorptive Durststillung).

Sensoren im Zungen-Rachen-Raum wie im Magen und Duodenum und der Leber informieren das Hirn grob über die aufgenommene Wassermenge und hemmen den Trinkakt über Verbindungen zu motorischen Systemen. Als Notfallsystem funktioniert dabei das atriale natriuretische Peptid (ANP) des Herzens, das bei extremem Ansteigen des Blutvolumens die Salzausscheidung beschleunigt und die Ausschüttung von ADH und Renin hemmt.

Primäres und sekundäres Trinken. In der Humanphysiologie nennen wir Trinken als Folge von Durst *primäres* Trinken; Trinken ohne offensichtliche

Notwendigkeit der Wasserzufuhr heißt *sekundäres* Trinken. Letzteres ist beim Menschen normalerweise die übliche Form der Flüssigkeitszufuhr, d. h. i. allg. nehmen wir schon *im voraus* (z. B. bei der Mahlzeit) das physiologischerweise benötigte Wasser auf, wobei durch vorangegangenes Lernen und evtl. andere, unbekannte Mechanismen der Bedarf sehr präzise abgeschätzt wird.

Hunger, Nahrungsaufnahme und Sättigung hängen von der Intaktheit des lateralen Hypothalamus, aber auch von peripheren und humoralen Mechanismen ab

Glukostatische Theorie. Die glukostatische Theorie von Hunger und Sättigung nimmt an, daß der ***laterale Hypothalamus (LH)*** ein „Zentrum" für Hunger und der ***ventromediale Hypothalamus (VMH)*** ein „Zentrum" für Sättigung darstellt, wobei die beiden Zentren sich gegenseitig hemmen. Ein Anstieg des Glukoseniveaus im Blut (unter der Voraussetzung ausreichender Insulinsekretion, das die Metabolisierung von Glukose als Energieträger bewirkt) hemmt die Aktivität des LH, aktiviert damit den VMH, und es tritt Sättigung ein. Umgekehrt verursacht Zerstörung des VMH Überessen und Fettsucht, da die Verbindungen des VMH zum paraventrikulären Kern des Hypothalamus und zu den subkortikalen Vaguskernen (Nucleus tractus solitarius) unterbrochen werden. Die subkortikalen Kerne scheinen für die Kodierung des Geschmacks in „gut" (nutritiv wertvoll) und „schlecht" (potentiell giftig) verantwortlich zu sein. Der laterale Hypothalamus fungiert in dieser Theorie als ***Glukostat,*** der das Niveau von Glukose im Blut mißt und bei Abfall mit Aktivitätsanstieg reagiert. Dies ist zwar ein vereinfachtes Bild der ablaufenden Vorgänge, aber die glukostatische Theorie kann in ihren Grundzügen als bestätigt betrachtet werden (andere Hypothesen werden daher hier nicht diskutiert).

Vor einer Mahlzeit sinkt das Blutglukoseniveau ab, der Hunger ist in etwa umgekehrt proportional dem Glukose- und Insulinniveau. Allerdings zeigt sich, daß v. a. zur Kurzzeitregulierung des Hungers *klassiche Konditionierung* (s. Kap. 17) eine wesentliche Rolle in der Hungerentstehung spielt. Vor allem Geschmacks- und Geruchsreize, die mit visuellen Hinweisreizen gepaart werden, tragen wesentlich zur Hungerentstehung bei. Geschmacksreize allein, besonders süß schmeckende Speisen (z. B. das Sorbet als Zwischengang oder eine „schön" zubereitete Speise), erhöhen den Appetit, obwohl der Hunger (Glukosekonzentration) schon längst „gestillt" ist. Hungerkontraktionen der Magenwand („Magenknurren") spielen eine geringe Rolle in der Kurzzeitregulation des Hungers, da nach Magenentfernung die Hungerentstehung kaum beeinflußt ist.

Glukosesensoren. Sie liegen nicht nur im *Hypothalamus,* sondern auch in der *Leber* und im *Hirnstamm.* Afferente Erregung aus den inneren Organen über den Vagusnerv können im Gehirn Hunger und Sättigung auslösen. Neben dem VMH spielt v. a. der *paraventrikuläre Kern des Hypothalamus* eine Rolle, der über die Hypophyse, die Nebennieren und die Hirnstammkerne des Vagus (Nucleus tractus solitarius) direkt und indirekt Insulinausschüttung und Glukogenabfall steuert. Sättigung erfolgt wie beim Durst getrennt über Kurzzeit- und Langzeitsättigung. Die Mechanismen der Kurzzeitsättigung werden als ***präresorptive Sättigung,*** die der Langzeitsättigung als ***resorptive Sättigung*** bezeichnet. Abbildung 18-2 gibt darüber einen zusammenfassenden Überblick.

In der chemisch-hormonal vermittelten Langzeitsättigung scheinen Hormone des gastrointestinalen Traktes wie Cholezystokinin und Serotoninago-

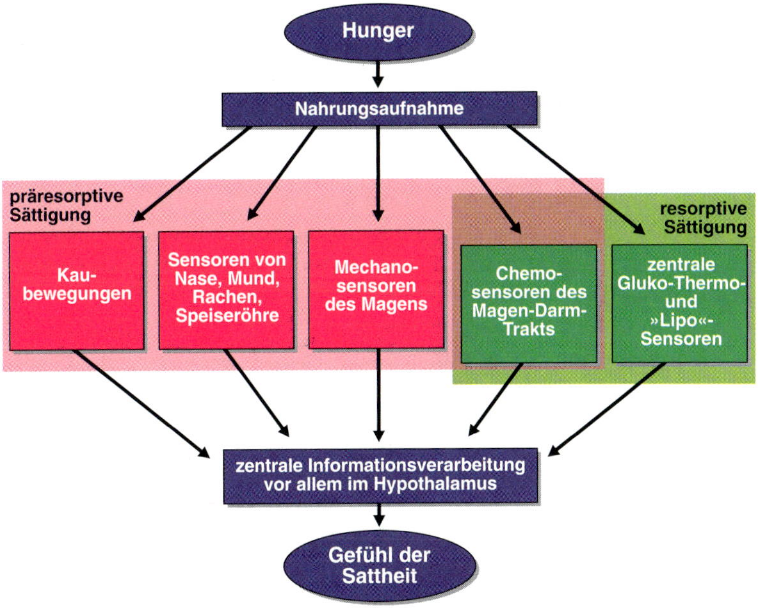

Abb. 18-2. Entstehung des Gefühls der Sattheit bei Nahrungsaufnahme. Die an der präresorptiven bzw. resorptiven Sättigung beteiligten Faktoren und Sensoren sind durch *rote* bzw. *grüne* Unterlegungen zusammengefaßt. Die Kaubewegungen können entweder über eine direkte zentrale Efferenzkopie der Kaumotorik oder über die beim Kauen aktivierten Sensoren (z. B. Muskelspindeln, Sehnenorgane) oder über beides zur präresorptiven Sättigung beitragen

nisten eine Rolle zu spielen. Unklar ist derzeit, ob diese Substanzen Sättigung oder Aversion (Übelkeit) verursachen.

Eßstörungen gehen von Essensverweigerung bis Eßsucht; sie haben sowohl biologische als auch psychologische Ursachen

Die häufigsten Eßstörungen beim Menschen sind Überessen mit *Fettsucht* (Obesitas), *Essensverweigerung* (Anorexia nervosa) und *Eßattacken* nach freiwilligen Perioden des Fastens (Bulimia nervosa).

Anorexie und Bulimie. Essensverweigerung (Anorexie) und Eßsucht (Bulimie) sind überdurchschnittlich häufig bei Mädchen oder jüngeren Frauen der Mittel- und Oberschicht anzutreffen. Ihre Entstehung ist primär kulturell-psychologisch durch die Angst vor Übergewicht und Verlust des Schlankheitsideals bedingt. Beide Störungen werden stets von einer *Diät* ausgelöst. Die biologischen *Folgen exzessiven Fastens* haben mit den psychologischen Ursachen der Störung wenig zu tun, stellen aber die eigentliche Gefährdung dar und halten den Teufelskreis aus Fasten und Erfolgserlebnis (schlank bleiben) aufrecht: Ein Großteil der endokrinen Systeme, v. a. das Hypophysen-Nebennierenrinden-System und die Steuerung der Sexual- und Reproduktionsfunktionen ist für die Dauer des Fastens gestört. Die psychischen und organischen Folgen dieser Störungen erleichtern das Beibehalten einer strengen Fastenregel. Vereinzelt wurde auch Verlust von Hirnsubstanz beobachtet, was mit den negativen Langzeitfolgen (psychische Störungen, dauerhafte Gewichtsprobleme) bei etwa 30 % der Patienten in Zusammenhang steht.

Obesitas. Anders ist die Situation bei der Obesitas. Biologisch-hereditäre Faktoren der Stoffwechselrate spielen dabei eine große Rolle, aber auch hier wird durch häufige Diäten und durch Fasten der langfristige Gewichtsanstieg erhöht und damit das Problem verschlimmert. Natürlich überschreitet bei übergewichtigen Personen die Energieaufnahme die verbrauchte Energie, aber Übergewichtige nehmen i. allg. wenig mehr Kalorien als Normalgewichtige auf. Der Großteil unserer Stoffwechselenergie wird in Wärme abgegeben. Bewegung (Sport) spielt dabei eine geringe Rolle. Untersuchungen an getrennt aufgewachsenen eineiigen Zwillingen und Adoptierten zeigen, daß die Stoffwechselrate und Wärmeabgabe in Ruhe wie auch die Energieabgabe bei Bewegung *und* die Vorlieben für die Zusammensetzung der Nahrung (Anteile an Kohlenhydraten, Proteinen und Lipiden) einen genetischen Anteil von 50–80 % aufweisen. Dicke Personen sind daher häufig effizientere „Verbraucher“, die ihre überschüssigen Kalorien im Langzeitfettreservoir ablegen, weil sie weniger Wärme abgeben können. In der Regulation der ***Thermogenese*** ist (im Tierversuch) der paraventrikuläre Kern (s. oben) zentral beteiligt. Seine „Fähigkeit“, die Temperatur des Fettgewebes und damit die Wärmeabgabe zu steuern, scheint stark von genetischen Faktoren abhängig zu sein.

18.2 Nichthomöostatische Triebe: Reproduktion und Sexualverhalten

Die prä- und postnatale Differenzierung von Sexualorganen und Gehirn bestimmt gemeinsam mit Lernprozessen das Sexualverhalten des Menschen

Unabhängig von den Geschlechtschromosomen entwickelt sich der Fetus in den ersten Schwangerschaftswochen bisexuell, d.h. geschlechtsindifferent. Bei Vorhandensein eines XY-Chromosoms werden ab der 6.–7. Woche *Testeswachstum* und *Androgenproduktion* und somit Maskulinisierung des Körpers und Gehirns eingeleitet. Ohne Androgene bleibt der sich entwickelnde Organismus weiblich (Eva-Prinzip; die Evolution scheint eher die Entwicklung des Weiblichen zu fördern). Androgene, v. a. *Testosteron,* haben in der Zeit vor und kurz nach der Geburt den entscheidenden ***organisierenden Effekt*** für die Hirnentwicklung, in der Pubertät und danach einen primär ***aktivierenden Effekt*** auf Sexualverhalten.

Bei der Entwicklung des Fetus unterscheiden wir zwischen Defeminisierung und Maskulinisierung:

- ***Defeminisierung*** bedeutet die Hemmung der Entwicklung jener neuronalen Strukturen, die weibliches Sexualverhalten steuern, durch Androgene.
- ***Maskulinisierung*** des Verhaltens bedeutet die Anregung der Entwicklung jener neuronalen Strukturen durch Androgene, die männliches Sexualverhalten steuern.

Defeminisierung und Maskulinisierung finden zu unterschiedlichen Zeiträumen der Entwicklung statt.

Beim Menschen wird der reale *Ablauf* des Sexualverhaltens durch die unterschiedliche Entwicklung einzelner neuronaler Strukturen (s. unten) wenig beeinflußt, der weibliche und männliche sexuelle Reaktionszyklus ist ähnlich. Entscheidend ist der organisierende Einfluß der Androgene auf die *sexuelle Orientierung* des späteren Heranwachsenden und Erwachsenen.

Weibliche und männliche Homosexualität. Androgenisierung des sich entwickelnden weiblichen Gehirns führt zur Defeminisierung der weiblichen Partnerwahl, d.h. die Wahrscheinlichkeit für die Wahl eines männlichen Partners sinkt; gleichzeitig kann aber Maskulinisierung auftreten, d.h. die Wahrscheinlichkeit für die Wahl eines weiblichen Partners steigt (Lesbismus). Androgenisierung des weiblichen Fetus kann noch relativ spät in der Schwangerschaft erfolgen, z.B. durch pathologischen Anstieg der von der Nebenniere produzierten Androgene.

Homosexuelle Orientierung beim Mann ist weniger eindeutig auf Androgeneinflüsse zurückzuführen, wahrscheinlich sind reduzierte Defeminisierung *und* reduzierte Maskulinisierung als Ursache anzusehen. Reduzierte Maskulinisierung könnte z.B. durch starke psychische Belastung der Mutter während der Schwangerschaft bedingt sein; oder organische Gründe können in den mittleren oder letzten Schwangerschaftsmonaten zu geringem Testosteronniveau in bestimmten Hirnteilen führen. Das Testosteronniveau erwachsener männlicher Homosexueller ist von dem von Bi- oder Heterosexuellen nicht zu unterscheiden. Für die ***primäre Homosexualität*** bei Frau und Mann, die bereits vor der Pubertät ausschließlich auf das eigene (sichtbare) Geschlecht gerichtet ist, auch wenn die Möglichkeit andersgeschlechtliche Partner zu wählen vorhanden ist, spielen Erziehungs- und psychologische Einflüsse vermutlich keine oder nur eine geringe Rolle.

Neuronale und hormonale Mechanismen arbeiten in hierarchischer Weise von peripher nach zentral in der Produktion von Sexualverhalten zusammen

Die reflexhaften Anteile der männlichen und weiblichen sexuellen Reaktionen, wie Erektion, Ejakulation, Lubrikation und orgasmische Vaginalkontraktion können vom sakralen Rückenmark allein ausgelöst werden. Neurone in diesen Spinalregionen sind reich an Rezeptoren, die Androgene und Östrogene binden (s. 6.5). Diese ***autonomen spinalen Reflexe,*** die von darüberliegenden Strukturen des Zwischenhirns moduliert werden, stellen das periphere Ende der sexuellen Reflexhierarchie dar.

- Bei männlichen Säugetieren ist die *mediale präoptische Region (MPOA)* rostral des Hypothalamus für ***koordiniertes Kopulationsverhalten*** verantwortlich. Innerhalb der medialen präoptischen Region (s. Abb. 18-3) ist v. a. der sog. sexuell dimorphe Nukleus (SDM) reich an Testosteron und Testosteronrezeptoren. Er ist bei männlichen Tieren bis um das Doppelte größer als bei weiblichen. Über seine präzise Lage im menschlichen Gehirn besteht noch Unklarheit.

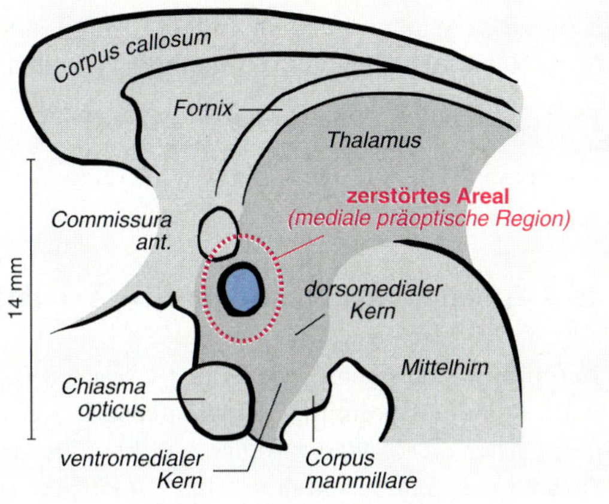

Abb. 18-3. Sagittale Ansicht der Region des Hypothalamus beim Rhesusaffen, deren Zerstörung *(strichlierte rote* und *dick umrandete Region, blau)* zu Störung kopulatorischer Reaktionen führt. Dieser Kern ist auch für die Maskulinisierung verantwortlich und beim männlichen Geschlecht vergrößert (s. Text)

Diese Kerne sind allerdings nicht für die „Lust" auf sexuelles Verhalten oder die sexuelle Orientierung verantwortlich, denn Tiere mit Zerstörung des SDM masturbieren und nähern sich weiblichen Tieren „in sexueller Absicht" an, können aber die vorhandenen Umweltreize nicht mit ihren motorischen Programmen zu einem geordneten Reaktionszyklus koordinieren. Auch im weiblichen Menschengehirn ist das Äquivalent der MPOA kleiner.

- Das weibliche Pendant zur MPOA ist der *ventromediale Kern des Hypothalamus* und seine Verbindung zum zentralen Grau des Mittelhirns. Diese Kerne sind reich an Östradiol-Progesteron und steuern die ***Koordination der Körperposition*** (Lordose bei der Ratte), die dem Männchen Intromission ermöglicht. Beim weiblichen Tier sind diese Regionen größer und im Vergleich zum Männchen mehr als doppelt so reich an weiblichen Sexualhormonen.

Welche physiologische Rolle die *Sexualhormone* und die *Hormonrezeptorkomplexe* in diesen Hirnregionen spielen, ist unklar: Sie scheinen die synaptischen Verbindungen jener Strukturen, die mit Reproduktion zu tun haben, in der Entwicklung zu begünstigen und die Erregbarkeit der

Zellen für adäquate Stimulation zu erleichtern. Hinzukommt, daß sie genetische Mechanismen im Zellkern zur Neuentwicklung anderer Neuromodulatoren, die für ein bestimmtes Verhalten benötigt werden, steuern. Neben den Androgenen und den Östrogenen spielt an der Organisation sexuellen Verhaltens das Hormon *Oxytozin* des Hypophysenhinterlappens eine bedeutsame Rolle.

18.3 Annäherung: Freude, positive Verstärkung und Sucht

Emotionen sind ebenso wie Triebe Ursachen (psychische Kräfte) für das Auftreten eines bestimmten Verhaltens; sie weisen aber keine festen körperinternen Erregungsschwellen wie homöostatische Triebe auf. ***Gefühle*** (Emotionen) sind Reaktionsmuster auf körperinterne und auf externe Reize, die beim Menschen auf 3 ***Verhaltensebenen*** ablaufen:

- der physiologisch-humoralen Ebene,
- der motorisch-verhaltensmäßigen und
- der subjektiv-psychologischen Ebene.

Gefühle werden stets auf der Dimension angenehm – unangenehm (Annäherung – Vermeidung) und der Dimension erregend – desaktivierend erlebt. Emotionen und Motivationen sind nur graduell voneinander abgrenzbar.

Es soll hier nur *beispielhaft* die neuronale Organisation eines Basisgefühls, nämlich das der ***Freude*** und der sie oft auslösenden positiven Verstärkung besprochen werden. Unter einem ***Basisgefühl*** verstehen wir eine in allen Kulturen der Menschheit in gleicher Form auftretende Gefühlsäußerung. Die neuronale Steuerung der übrigen Basisgefühle ***Aggression, Furcht – Angst, Ekel, Trauer*** und ***Interesse – Exploration*** kann aus den relevanten Lehrbüchern entnommen werden (Birbaumer u. Schmidt 1996; Carlson 1991, Kap. 17).

Belohnungssysteme im Hirnstamm und im limbischen System sind für Gefühle der Freude/positive Verstärkung wichtig

Positive Verstärkung. Unter positiver Verstärkung verstehen wir die Tatsache, daß bestimmte Reize (z. B. Futter), wenn sie unmittelbar nach einer Verhaltensweise (z. B. Hebeldruck auf Lichtsignal) auftreten, das Wiederauftreten dieser Verhaltensweise begünstigen. Diese Reize werden positive Verstärker genannt. Negative Verstärker („Strafreize", z. B. schmerzhafte Elektrostimulation) sind dagegen Reize, die die Unterdrückung von Verhaltensweisen bewirken. Die Funktion positiver Verstärkung besteht in der Festigung der neuronalen Verbindung zwischen jenen sensorischen neuronalen Strukturen, die einen bestimmten Reiz „erkennen" (z. B. das Lichtsignal

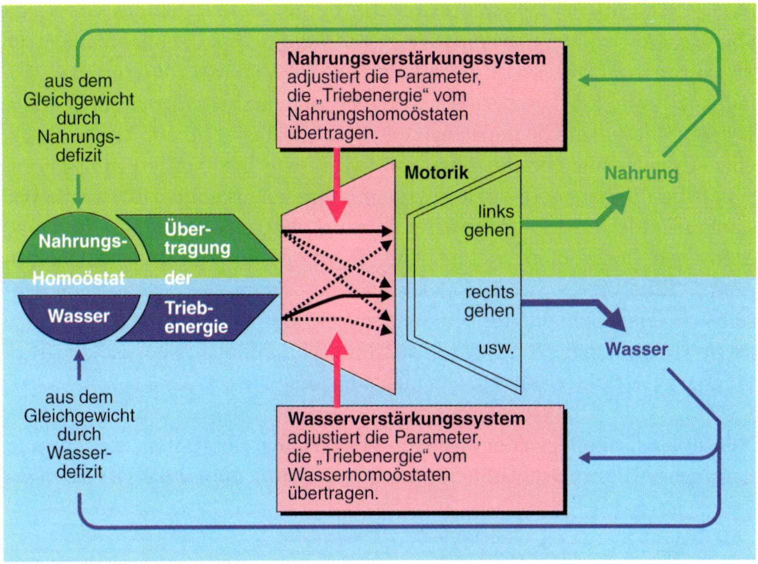

Abb. 18-4. Multiples Homöostasemodell der Verhaltenssteuerung durch mehrere Triebsysteme. Jeder Triebhomöostat (meist im Hypothalamus, *ganz links*) regelt eine andere Körperfunktion (hier Wasserhaushalt und Glukoseniveau). Ein Mangel einer der beiden Grundbausteine des Organismus führt zu erhöhter Erregung der Homöostaten im Hypothalamus, die diese Erregung (Triebenergie) auf die dafür zuständigen motorischen Areale (z. B. für Beine oder Hände zur Nahrungssuche) übertragen müssen. Diese Triebenergie ist zunächst ungerichtet (z. B. Suchverhalten), wird aber durch die Tätigkeit der Verstärkersysteme „adjustiert", d. h. auf jene motorischen Einheiten gelenkt, die in der Vergangenheit im Homöostaten Gleichgewicht hergestellt haben. Wenn Verhalten eine Belohnung *(rot)* hervorruft, so wird dieses Verhalten mit eben demselben Homöostaten verbunden. Wird dieser Homöostat später wieder aus dem Gleichgewichtszustand gebracht, so wird er jene Verhaltensweisen aktivieren, die in der Vergangenheit mit dem Homöostaten verbunden worden sind. Weitere Erläuterungen s. Text. (Mod. nach Gallistel 1973; aus Birbaumer u. Schmidt 1996)

einer Skinner-Box) und den motorischen neuronalen Strukturen, die ein bestimmtes Verhalten (z. B. Hebeldruck) kontrollieren. Verstärkungssysteme verbessern somit die synaptische Verbindung zwischen einem auslösenden Reiz und der darauf folgenden Reaktion.

Abbildung 18-4 verdeutlicht diese Funktion am Beispiel von Hunger- und Durstbefriedigung. Nun scheint im Säugetiergehirn zusätzlich zu den besprochenen Sättigungssystemen der einzelnen Triebe noch ein ***universeller neuronaler Prozeß*** zu existieren, der über die spezifische „Triebbefriedigung“ hinaus den entscheidenden Akt für das Lernen des Verhaltens vollbringt, eben die Befriedigung, die ***positive Verstärkung selbst,*** die unabhängig vom jeweiligen Triebzustand erfolgen kann. Der in Abb. 18-4 rot unterlegte Ablauf kann zwar von den spezifischen Triebsystemen (hier Wasser oder Glukose) getrennt und unabhängig angeregt werden, ist aber für alle Triebe gleich, eine Art „absolute“ Freude ohne eine spezifische Triebbefriedigung. Dieses subkortikale System, das erst in seinen Umrissen erkennbar ist, wurde von seinem Entdecker J. Olds ***positives Verstärkungssystem*** genannt. Tiere und Menschen, denen man, wie auf Abb. 18-5 dargestellt, die Möglichkeit einräumt, Teile dieses Systems elektrisch oder chemisch (pharmakologisch) selbst zu reizen, tun dies bis zur völligen Erschöpfung. Eine solche ***intrakranielle Selbstreizung (ICSS)*** wird zwar durch vorhandene Triebzustände (z. B. Hunger) verstärkt, ist aber davon nicht abhängig.

Neuronale Grundlagen der positiven Verstärkung. Bei Ratten, aber vermutlich auch bei den meisten höheren Säugern, sind v. a. ***dopaminerge Fasern des***

Abb. 18-5. Anordnung von OLDS zur intrakraniellen Selbstreizung. Das Tier löst durch Drücken des Hebels einen kurzen Stromstoß in das eigene Gehirn aus

medialen Vorderhirnbündels (MFB), eines weit gestreuten subkortikalen Fasersystems, das vom Tegmentum des Mittelhirn ins Vorderhirn zieht, für positive Verstärkung verantwortlich. Fasern, die positive Verstärkung bei elektrischer oder chemischer Reizung bewirken, sind schnell leitende myelinisierte Axone. Fasern, die Triebreize wie Hunger und Durst übermitteln, leiten dagegen langsam und sind wenig myelinisiert. Als chemische Reize sind Dopaminagonisten wie *Amphetamin* und *Kokain* (beides süchtig machende Substanzen) besonders wirksam.

Hauptbestandteile des positiven Verstärkersystems. Die Abbildung 18-6 zeigt die bei der Ratte gefundenen Hauptbestandteile des positiven Verstärkersystems: Ein vom lateralen Hypothalamus durch das MFB in das ventrale Tegmentum ziehendes deszendierendes Faserbündel mit unbekannten Transmittern verbindet sich im Tegmentum mit dem ***aszendierenden Dopaminsystem,*** das im Nucleus accumbens endet. Der Nucleus accumbens ist Teil des mesolimbischen (mesokortikalen) Systems und liegt in enger Nachbarschaft zum Hypothalamus und Septum. Auch beim Menschen sind diese Re-

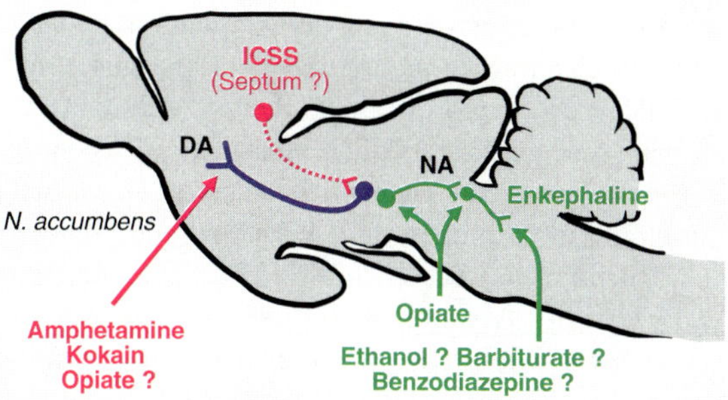

Abb. 18-6. Modell der Dopaminaktivierung durch Selbststimulation des lateralen Hypothalamus im Rattenhirn. Die Selbstreizung (ICSS) wirkt auf ein deszendierendes myelinisiertes System *(punktiert)*. Reizung dieses Systems erregt die dopaminergen aszendierenden Systeme. Der dopaminerge Teil des Verstärkungssystems wird durch Amphetamine, Kokain und vermutlich Opiate erregt. Ethanol und Beruhigungsmittel („minor tranquillizers") üben einen indirekt verstärkenden Effekt über Reduktion der Aktivität des dorsalen noradrenergen Bündels (Noradrenalin als Transmitter, hier als NA beschriftet) aus. Opiate und andere Einflüsse auf das Belohnungsverhalten sind eingezeichnet (s. Text). (Mod. nach Stellar u. Stellar 1985; in Birbaumer u. Schmidt 1991)

gionen zur Selbststimulation besonders wirksam. *Dopaminantagonisten,* wie z. B. Neuroleptika, hemmen die positive Verstärkung und führen zu ***Anhedonie*** („Lustlosigkeit"). Ihre therapeutische Wirkung bei Psychosen ist vermutlich auf diesen generell dämpfenden Effekt zurückzuführen. *Opiate* stimulieren indirekt ebenfalls das dopaminerge Tegmentum, worauf ihr süchtig machender Effekt beruhen könnte.

Süchtiges Verhalten ist eine extreme Form positiver Motivation; die Kenntnis der psychobiologischen Grundlagen von Süchten trägt zum Verständnis von motiviertem Verhalten bei

Elemente des Verstärkungssystems. Die natürlichen Reize (S) für positive Verstärkung sind stets zeitlich eng verbundene (vom Reizhintergrund abgehobene) Kontingenzen von Umweltreizen. ***Kontingenzen*** sind die in zeitlicher und örtlicher Nachbarschaft auftretende Abfolge von *Reizen* (S), einer *Reaktion* des Organismus (R) und der darauf folgenden Verstärkung, der *Konsequenz* (K): z. B. Ansicht des Partners (S), Berühren (R) und positive Konsequenz (K). Diese S-R-K-Verbindung (Kontingenz) stellt eine Einheit dar, und das dopaminerge Verstärkungssystem hält diese 3 Elemente wie Klebstoff zusammen. Erfolgt die Stimulation des Verstärkungssystems nicht mehr durch natürliche Reize und Kontingenzen, sondern werden die Synapsen und ihre Rezeptoren direkt (chemisch) durch Dopaminagonisten gereizt, so kann – wenn die zeitlichen Abstände zwischen den direkten Reizungen eng sind – Sucht entstehen. Sucht ist daher ***biologisch nicht verschieden*** von anderem positiv motiviertem Verhalten wie Freude, Bindung, Appetit etc. Alle süchtig machenden Substanzen wie Amphetamine, Kokain, Opiate (z. B. Heroin), Alkohol, Barbiturate und Nikotin scheinen das mesolimbische Verstärkungssystem anzuregen, wenngleich in jeweils unterschiedlicher Art und Weise. Diese Gemeinsamkeit erklärt auch die ***Kreuztoleranz*** zwischen süchtig machenden Substanzen: die Einnahme einer Substanz kann die Sucht auf eine zweite und dritte auslösen.

Unterschiede zwischen Süchten und Motivationen. Süchte werden von natürlichen Motivationen v. a. dadurch unterschieden, daß *bei Wegfall* der Einnahme der Substanz starke ***psychische und/oder körperliche Aversion*** („Entzug") entsteht und daß einige der Substanzen zu ***Toleranz*** führen, d. h. die zugeführte Menge gesteigert werden muß, um die positiven Effekte zu erzielen. Entzugserscheinungen sind die Folgen der simultanen Reizung von positiven und negativen Verstärkersystemen. Letztere liegen zumindest für Opiate auch im periventrikulären Grau des Mittelhirns und lösen bei Reizung intensive negative Gefühle aus. Für die verschiedenen Substanzen existieren aber verschiedene Aversionsgefühle, d. h. sie besitzen z. T. getrennte Entzugssysteme. Ob nun die Entzugserscheinungen durch Hypersensitivität der Synapsen der postsynaptischen Zellen dieser Aversionssysteme oder einen anderen Vorgang der ***Neuroadaptation*** (z. B. rapider Anstieg des intrazellulären cAMP bei Entzug) bewirkt werden, ist unklar. Eindeutig ist allerdings, daß Suchtverhalten unauflöslich mit den Situationen, in denen die Substanz eingenommen wird, durch Konditionierung verbunden ist (***Kontingenz-*** oder ***Cue-Abhängigkeit*** genannt). Um Süchte wieder zum Verschwinden zu bringen (Extinktion), müssen dieselben Situationen ohne Einnahme der Substanz häufig dargeboten werden, damit die neuronalen Verbindungen zwischen den abstinenzauslösenden Reizen und den Konsequenzen (Aversionen) „gelockert" werden.

Literatur

Becker SB, Breedlove SM, Crews D (eds) (1992) Behavioral endocrinology. MIT Press, Cambridge/MA

Birbaumer N, Jänig W (1995) Motivation und Emotion. In: Schmidt RF, Thews G (Hrsg) Physiologie des Menschen. 26. Aufl. Springer, Berlin Heidelberg, New York

Birbaumer N, Schmidt RF (1996) Biologische Psychologie, 3. Aufl. Springer, Berlin Heidelberg, New York, Tokyo

Carlson N (1991) Physiology of behavior, 4th edn. Allyn & Bycon, Boston

Galluscio EH (1990) Biological psychology. Macmillan, New York

Masters WH, Johnson E (1966) The human sexual response. Little Brown, Boston

Ramsay, DJ, Booth DA (eds) (1991) Thirst. Springer, London

Rodin J, Schank D, Striegel-Moore R (1989) Psychological features of obesity. Med Clin North Am 73: 47–66

Schmidt RF (1995) Physiologie kompakt. Gustav Fischer, Stuttgart

Schmidt RF, Thews G (Hrsg) (1995) Physiologie des Menschen, 26. Aufl. Springer, Berlin Heidelberg New York

Solomon R (1980) The opponent-process theory of acquired motivation. Am Psychol 35: 691–712

Wise R (1988) The neurobiology of craving. J Abnorm Psychol 97: 118–132

19 Kognitive Funktionen und Denken

N. BIRBAUMER, R. F. SCHMIDT

EINLEITUNG

Unter kognitiven Funktionen verstehen wir alle bewußten und nicht bewußten Vorgänge, die bei der „Verarbeitung" von organismusexterner oder -interner Information ablaufen, z. B. Verschlüsselung (Kodierung), Vergleich mit gespeicherter Information, Verteilung der Information, Entschlüsselung und sprachlich-begriffliche Äußerung. Als ***psychische Funktionen*** grenzen wir Denken, Gedächtnis und Wahrnehmung von den Trieben und Gefühlen als ***psychische Kräfte*** ab.

Unterschiedliche Regionen des Neocortex sind für die Durchführung verschiedener Denkprozesse spezialisiert. Die linke Hemisphäre für regelhafte zeitliche Abläufe, daher auch für die syntaktischen Anteile der Sprache. Für die Planungs- und Selbstkontrollfähigkeit des Menschen spielt der präfrontale Cortex eine bedeutsame Rolle, während die posterioren Anteile des Cortex mit den dort einlaufenden sensorischen Systemen verbunden sind.

19.1 Zerebrale Asymmetrie

Die beiden Hemisphären des Neocortex verarbeiten unterschiedliche Informationen; für Verhalten und Denken ist aber die Zusammenarbeit der rechten und linken Hemisphäre unerläßlich

Denken und Sprache sind weitgehend an die Intaktheit der beiden Großhirnhälften gebunden, wenngleich – wie wir in den Kap. 16–18 dargestellt haben – subkortikale motivationale und emotionale Prozesse unauflösbar mit kortikalen Prozessen verbunden sind. Obwohl der Neocortex die geringste Spezialisierung für psychische Funktionen aufweist und abgesehen von den primär sensorischen und motorischen Rindenfeldern (s. Kap. 1, 5, 8–11) keine „fest verdrahteten" Verbindungen zu Organsystemen außerhalb des Gehirns aufweist, ist doch eine gewisse ***Groblokalisation dynamischer Knotenpunkte*** für einzelne Funktionen erkennbar. Die Analyse dieser dynamischen Knotenpunkte ist nicht nur von theoretischem Interesse, sondern für die Diagnose und Rehabilitation von Hirnschäden und geistigen Störungen von praktisch-klinischer Bedeutung.

Aus Untersuchungen von Menschen mit einseitigen Hirnläsionen, von Patienten mit durchtrenntem Corpus callosum („split brain") und aus psychophysiologischen Experimenten ergibt sich als erste Groblokalisation, daß eine Reihe von Verhaltensleistungen bevorzugt von einer der beiden Hirnhemisphären produziert wird. Tabelle 19-1 gibt eine Übersicht über die ***zerebrale Lateralisation*** bei rechtshändigen Menschen. Dieses Muster von lateralisierten Funktionen findet sich in dieser Form bei keinem Tier, wenngleich einzelne Funktionen auch bei Tieren lateralisiert sind (z. B. der Gesang männlicher Vögel aus der linken Hemisphäre).

Tabelle 19-1. Zusammenfassung der Daten zur zerebralen Lateralisation

Funktion[a]	Linke Hemisphäre	Rechte Hemisphäre
Visuelles System	Buchstaben, Wörter	komplexe geometrische Muster, Gesichter
Auditorisches System	sprachbezogene Laute	nichtsprachbezogene externe Geräusche, Musik
Somatosensorisches System	?	taktiles Wiedererkennen von komplexen Mustern, Braille
Bewegung	komplexe Willkürbewegung	Bewegungen in räumlichen Mustern
Gedächtnis	Verbales Gedächtnis	nonverbales Gedächtnis
Sprache	Sprechen, Lesen Schreiben, Rechnen	Prosodie
Räumliche Prozesse		Geometrie, Richttungssinn, mentale Rotation von Formen
Emotion	neutral-positiv	negativ-depressiv

[a] Funktionen der jeweiligen Hemisphären, die überwiegend von der einen Hemisphäre bei Rechtshändern gesteuert werden.

Die in Tabelle 19-1 angeführten Unterschiede sind absolut gesehen nicht groß, sondern nur ***relativ als „Übergewicht" einer Seite*** zu sehen; die inter- und intraindividuellen Variationen sind dagegen erheblich. Beispielsweise zeigen passive Musikgenießer beim Anhören von Musik einen relativ lokalisierten Aktivitätsanstieg im rechten frontotemporalen Cortex, während professionelle Musiker oder Komponisten bilaterale, weitgestreute hirnelektrische Veränderungen mit geringerer Konzentration auf einzelnen Arealen zeigen.

Wie jede Person spezifische Begabungen aufweist, so scheinen auch die beiden Hemisphären ***bevorzugte „Begabungen" für bestimmte Denkstrategien*** („preferred cognitive modes") zu besitzen. Abbildung 19-1 illustriert an einem einfachen Experiment, worin diese bevorzugten Denkstrategien bestehen: Während die *rechte* Hemisphäre in Analogien, also in *Ähnlichkeitsbeziehungen* denkt und „gestalthaft" das Ganze einer räumlichen oder visu-

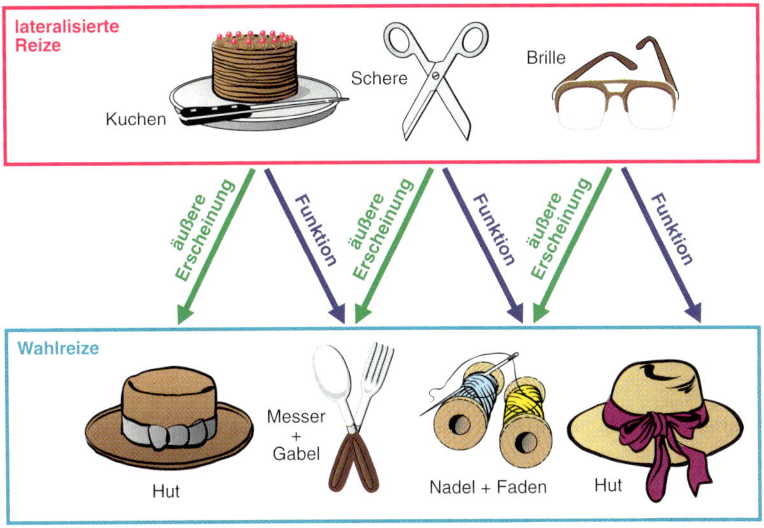

Abb. 19-1. Informationsverarbeitung der rechten und linken Hemisphäre bei Splitbrain-Patienten. Die Figuren der *oberen Reihe* werden lateralisiert einer der beiden Hemisphären dargeboten, d.h. das Objekt wird entweder nur in das linke Gesichtsfeld (rechte Hemisphäre) oder das rechte Gesichtsfeld (linke Hemisphäre) projiziert. Der Patient wird instruiert, aus den Wahlreizen der unteren Zeile jene herauszusuchen, die am besten zu dem oberen Objekt passen. (Mod. n. Levy u. Trevarthen 1976; aus Birbaumer & Schmidt 1996)

ellen Struktur zu erfassen sucht, ist die Informationsverarbeitung der *linken* auf die *kausalen Inferenzen, Ursache-Wirkungs-Beziehungen* und das *Ausgleichen logischer Widersprüche* konzentriert. Man spricht auch von ***analoger*** (rechts) vs. ***sequentieller*** (links) ***Informationsverarbeitung.***

Angesichts der Tatsache, daß praktisch alle in Tabelle 19-1 gezeigten Funktionen von der jeweils gegenüberliegenden Hemisphäre übernommen werden können (z. B. wenn eine Hemisphäre *vor* dem 4. Lebensjahr geschädigt wird), erhebt sich die Frage, wie diese Lateralisierungen – einschließlich der von der Mehrheit bevorzugten rechten Hand für komplexe Bewegungen – phylogenetisch entstehen konnten und wie sie ontogenetisch im Laufe der intrauterinen Entwicklung und den ersten Lebensjahren erworben werden. Der heutige Kenntnisstand dazu wird nachfolgend erläutert.

Die Ursprünge zerebraler Asymmetrie sind unbekannt, die Lateralität von Händigkeit, Sprache und visuell-räumliche Funktionen könnten aber weitgehend unabhängig voneinander sein

Eine der populärsten Hypothesen über den *Ursprung der Hirnlateralisierung* besteht darin, daß der bevorzugte Gebrauch der rechten Hand entweder Ursache oder Folge der Hirnlateralisierung ist. Allerdings ist es so, daß Lateralisierung von *Sprachdominanz in der linken Hemisphäre* meist, aber nicht immer mit *Rechtshändigkeit* korreliert ist und daß *Sprachdominanz* rechts (kommt nur bei wenigen Personen vor) nicht mit *Linkshändigkeit* korrelieren muß.

Es besteht aber Übereinstimmung darüber, daß die bei ca. 75 % der Erdbevölkerung anzutreffende ***Bevorzugung der rechten Hand mit dem aufrechten Gang des Menschen*** zu tun hat. Die Präferenz für die rechte Körperseite ist bei der Geburt bereits vorhanden. Dabei entwickelt sich eine stabile rechte Handpräferenz der linken Hemisphäre zeitlich später als die überlegene Fähigkeit der rechten Hemisphäre für die Verarbeitung visuell-räumlicher Aufgaben. Die Lateralisierung der visuell-räumlichen Funktionen in der rechten Hemisphäre könnte durch die bevorzugte Aktivierung der fetalen *linken Vestibulärorgane* und damit der rechten Hemisphäre (s. Kap. 12) während der Schwangerschaft entstehen.

Biomechanische und bioakustische Überlegungen zeigen nämlich, daß durch die übliche Lage des Fetus mit der rechten Körper- und Gesichtsseite nach außen einerseits der *linke* Utriculus (der bevorzugt in die rechte Hemisphäre projiziert, s. Kap. 12), andererseits das *rechte* Ohr (projiziert bevorzugt in die linke Hemisphäre) durch das Gehen bzw. Sprechen der Mutter bevorzugt gereizt werden. Unter dem Einfluß akustischer Reizung in der Sprachfrequenz entwickelt sich in den letzten Schwangerschaftsmonaten die dominante Verbindung rechtes Ohr–linke Hemisphäre mit verstärkter anatomischer Ausprägung der linken Hemisphäre für die Sprachregionen. (Gegen diese Hypothese spricht allerdings, daß auch Taubgeborene die auf Gesten basierende Zeichensprache links lateralisiert haben und daß bei Affen nach Läsion der linken Hemisphäre auch deren innerartliche Kommunikation beeinträchtigt ist.)

Diese Hypothese der bevorzugten Reizung von linkem Vestibulärorgan und rechtem Ohr während der Schwangerschaft versucht eine Reihe von Unterschieden in der Lateralisierung zu erklären, z. B. die Tatsache, daß Frauen in ***verbaler Flüssigkeit*** (linkshemisphärische Funktion) leicht überlegen sind, aber ihre Sprachlateralisation weniger ausgeprägt ist, während Männer ***räumlich-geometrische*** Aufgaben besser lösen. Die verstärkte motorische Aktivität des männlichen Fetus könnte zu einer weniger ausgeprägten Handlateralisierung (es gibt mehr männliche Linkshänder) führen. Das mehr nach außen gerichtete Ohr des männlichen Fetus (verursacht durch eine größere linke Gesichtsseite) bewirkt eine verstärkte Linkslateralisierung der Sprache bei zwei Drittel der Männer. Die geringere Lateralisierung der Frauen für Sprache erhöht den interhemisphärischen Informationsaustausch, was sich auch in einem dickeren *posterioren Corpus callosum* bei Frauen niederschlägt. Die etwas bessere Sprachleistung der Frauen und die leicht erhöhte räumliche (vestibuläre) Fähigkeit der Männer könnte mit der geringeren Lateralisierung des jeweiligen Geschlechts für diese beiden Funktionen zusammenhängen. Die weniger ausgeprägte Lateralisierung ermöglicht verbesserten und rascheren Informationsaustausch wahrscheinlich durch *verringerte kontralaterale Hemmung* der jeweils gegenüberliegenden Hemisphäre.

19.2 Neuronale Grundlagen von Kommunikation und Sprache

Kommunikation im Tierreich zeigt eine große Vielfalt und Komplexität bis hin zu sprachlichen Leistungen

Sprache bei Tieren. Bei sozial lebenden Tieren haben sich z. T. hochdifferenzierte Kommunikationsformen entwickelt, die bei Menschenaffen schließlich in ein Repertoire von 30–40 Lautäußerungen *(Vokalisationen)* münden, die eine Vielzahl von emotionalen und kognitiven Bedeutungen haben können (von Gefühlsäußerungen bis Richtungsanzeigen für Beute oder Feind). Obwohl der vokale Apparat bei Menschenaffen und Delphinen kein *Sprechen* zuläßt, sind diese Tierarten in der Lage, bis zu 200 Wörter einer „künstlichen“ (nichtverbalen) Sprache wie z. B. der Taubstummenzeichensprache

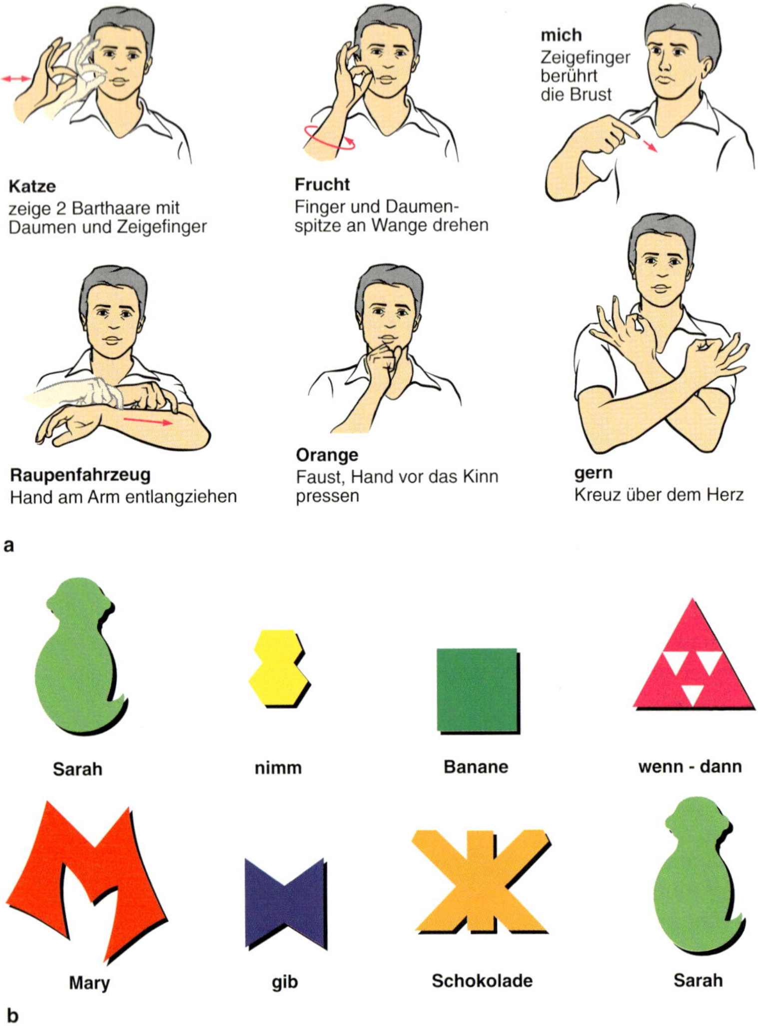

Abb. 19-2. **a** Beispiele der amerikanischen Zeichensprache, die auch Schimpansen erlernen. **b** Beispiel einer „Konversation“ von Sarah, einer Schimpansin D. Premacks. Das Tier mußte die Sprachsymbole (Worte) aus einer Vorratsbox mit anderen „Worten“ auf einer Magnettafel von oben nach unten anordnen, um die gewünschten Reaktionen auszulösen. (Mod. n. Kolb u. Whishaw 1990, mit freundlicher Genehmigung)

(Abb. 19-2 a) oder einer reinen Symbolsprache (Abb. 19-2 b) zu erwerben und auch *spontan* zu nutzen. Ihr „Sprach"verständnis geht noch weit über die aktive expressive Sprachäußerungsfähigkeit hinaus. Allerdings bleiben auch Menschenaffen auf einer beschränkten Menge von benutzbaren Zeitwörtern, Hauptwörtern und Eigenschaftswörtern stehen und lernen nur selten syntaktisch-grammatikalische Regeln spontan zu nutzen.

Sprachentwicklung beim Menschen. Wann in der evolutionären Entwicklung des Menschen und warum menschliche Sprache entstand, ist unklar. Die meisten Theorien favorisieren eine eher ***junge Entstehungsgeschichte:*** Der niedrig gelegene Kehlkopf und der relativ große Schlund als anatomische Voraussetzung für Sprechen scheinen frühestens vor 100000 Jahren entstanden zu sein, ähnlich wie schriftliche Äußerungen späteren Ursprungs sind (frühestens 10000 Jahre) und auch der moderne ***Homo sapiens*** erst um 50000–100000 Jahre vor unserer Zeitrechnung auftrat. Die neuronalen Voraussetzungen für Sprachentwicklung sind aber nicht für den Menschen spezifisch, wie die Sprachversuche an Tieren zeigen. Somit müßten die neuronalen Voraussetzungen für Sprache (z. B. die Broca-Hirnregion) früh in der Evolution entstanden sein.

In jedem Fall scheinen sich die Sprachen der Erde aus einer einzigen gemeinsamen Sprache mit einer *universellen Grammatik* entwickelt zu haben. Paläontologen und Linguisten führen die Sprachentstehung auf die Verselbständigung der Gestik zurück. Für effektives Jagen und Sammeln reichte die gestisch-mimische Kommunikation nicht mehr aus. Für eine ***Gestiktheorie der Sprache*** spricht u. a., daß die Steuerung der Gestik dieselben Hirnstrukturen benützt und nach Läsion der linken Hemisphäre z. B. auch die Zeichensprache bei Taubstummen ausfällt. Andere Theorien bringen die ***Entstehung von Sprache in Phylogenese und Ontogenese mit dem Werkzeuggebrauch*** in Verbindung. Dafür spricht die enge zeitliche Koppelung von Sprachentwicklung und Werkzeuggebrauch in der Entwicklung des Kindes. Im Alter von 2–4 Jahren kommt es zu einem Wachstumsschub der linken Hemisphäre, der eng mit dem Erwerb komplizierten Werkzeuggebrauchs und der Sprachentwicklung einhergeht. Dasselbe könnte in der Phylogenese geschehen sein: Das „Vokabular" eines Schimpansen bleibt auf dem Niveau eines 2- bis 3 jährigen Kindes stehen wie auch sein Werkzeuggebrauch.

Aus Sprachstörungen können wir auf die Organisation und Produktion von Sprache im Gehirn schließen

Wir haben bereits oben einige Hypothesen ausgeführt, warum sich *expressive Sprache und Syntax* bevorzugt in die linke Hirnhemisphäre „eingenistet" haben, während *Sprachverständnis* auch rechtshemisphärisch möglich ist, wie auch die Sprachmelodie *(Prosodie)* rechtshemisphärischen Ursprungs ist. Eine *allgemeine Ursache für die regionale Spezialisierung,* so auch für die Sprachproduktion, liegt darin, daß die extrem hohe Geschwindigkeit der Sprachproduktion (10–30 Phoneme/s) eine Zusammenarbeit der Hemisphären wegen der Laufzeiten bei der Informationsübertragung ausschließt, denn diese benötigt über das Corpus callosum mehrere Millisekunden. (Bei Stotterern findet man entsprechend auch häufiger eher bilaterale Sprachrepräsentation.)

Obwohl die Linkslateralisation für Sprache schon vor der Geburt vorhanden ist, können Kinder mit ausgedehnten Läsionen der linken Hemisphäre Sprache erwerben. Während und nach der Pubertät geht diese Plastizität allerdings verloren, wie auch dann neue Sprachen mühsamer gelernt werden. Auch die Tatsache rechtshemisphärischer Sprachlateralisation bei manchen Linkshändern und die spiegelbildliche Lateralisation bei Zwillingen spricht gegen eine genetisch fest vorgegebene Bevorzugung der linken Hemisphäre für Sprache.

Sprachzentren. Blutungen oder Läsionen der linken Hirnhemisphäre einschließlich des linken Thalamus und des Nucleus caudatus führen zu charakteristischen Störungen der Sprache ***(Aphasien)*** sowie des Lesens ***(Alexien*** und ***Dyslexien)*** und des Schreibens ***(Agraphien).*** Aus der Lokalisation dieser Störungen können wichtige Rückschlüsse auf die an der Sprache beteiligten Cortexareale gezogen werden.

Abbildung 19-3 zeigt die wichtigsten an *Sprachproduktion* (frontal) und *Sprachverständnis* (temperoparietal) beteiligten Hirnregionen und eine wichtige Verbindung zwischen ihnen, den *Fasciculus arcuatus.* Entsprechend ihren Entdeckern im 19. Jahrhundert wird das frontale Sprachgebiet ***Broca-Areal*** und das temperoparietale ***Wernicke-Areal*** genannt. Obwohl das Schema von Abb. 19-3 eine grobe Vereinfachung darstellt (z. B. benötigt Lesen den „Umweg" über das Wernicke-Areal nicht), erklärt es doch die wichtigsten Symptome der Aphasien:

- ***Broca-Aphasie*** (expressiv, motorisch; Schädigung mehr links-frontal): Hierbei wird kaum gesprochen, nur „Schlüsselwörter"; die Patienten

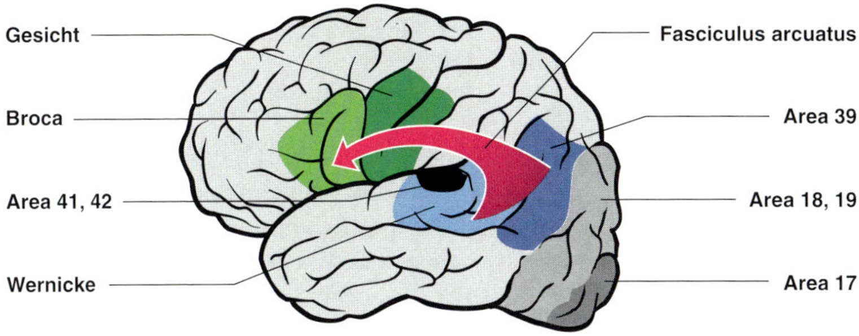

1	**gesprochenes Wort**	► Area 41, 42 ► Wernicke (Area 22) ► **Hören und Wortverstehen**
2	**Verstehen**	► Wernicke ► Broca ► Gesicht ► Hirnnerven ► **Sprechen**
3	**geschriebenes Wort**	► Area 17 ► Area 18, 19 ► Area 39 (Gyrus angularis) ► Wernicke ► **Lesen**

Abb. 19-3. Geschwinds Modell der an Sprache beteiligten Hirnregionen. Es fehlen die subkortikalen Verbindungen (Mod. n. Kolb u. Whishaw 1985; aus Birbaumer & Schmidt 1996)

strengen sich dabei stark an. Artikulation und Prosodie (Sprachmelodie) sind schlecht, das Sprachverständnis ist nur wenig beeinträchtigt.

- ***Wernicke-Aphasie*** (rezeptiv, sensorisch; Schädigung mehr posterior, weniger lateralisiert): Die Patienten sprechen flüssig, weisen viele phonematische und semantische Paraphasien (z.B. „Spille" statt „Spinne") und Neologismen (Neubildungen) auf. Sprachverständnis und Kommunikation sind stark gestört.
- ***Leitungsaphasie*** (Schädigung der Verbindungen zwischen posterioren und links-frontalen Hirnregionen): Kommunikation über Sprache möglich, kann nicht wiederholen und nachsprechen.
- ***Subkortikale Aphasie*** (Schädigung im Thalamus oder in den Basalganglien): Nach anfänglichem Mutismus (Stummheit) entstehen Paraphasien, die verschwinden, wenn Gesprochenes nur wiederholt werden soll. Geringe Sprachproduktion, gutes Verständnis und meist rasche Erholung kennzeichnen subkortikale Aphasien.

19.3 Die Assoziationsareale des Neocortex: höhere geistige Funktionen

Abbildung 19-4 gibt die wichtigsten Assoziationsareale des Neocortex wieder. Unter Assoziationsarealen verstehen wir Rindenfelder, die keine eindeutigen sensorischen, sensiblen oder motorischen Funktionen aufweisen, sondern das ***Zusammenwirken*** zwischen den einzelnen Sinnessystemen und den motorischen Arealen ***integrieren*** („assoziieren"). Nachdem in Kap. 18 die limbischen Regionen und ihre Rolle bei der Gefühlsproduktion und in Kap. 17 die Gedächtnisfunktion des midtemporalen Cortex dargestellt wurden, werden nun beispielhaft die frontalen und parietalen Assoziationscortices mit einigen wichtigen Funktionen erläutert.

Die Präfrontalregionen sind für die zielorientierte Planung des Verhaltens und für die Selbstkontrolle wichtig

Der ***präfrontale Cortex*** ist beim Menschen ungleich größer als im Vergleich zur phylogenetischen Entwicklung anderer Hirnstrukturen zu erwarten wäre. Die Hirnevolution scheint also hier einen besonderen Sprung gemacht zu haben. Aus diesem Grund wurde der präfrontale Cortex, den man grob in einen superioren und inferioren ***dorsolateralen*** und ***orbitofrontalen*** Frontalcortex einteilen kann, schon im vorigen Jahrhundert mit „spezifisch menschlichen" Eigenschaften in Verbindung gebracht. Bei genauer Analyse lassen sich allerdings auch hier die Verhaltensfunktionen auf einige elementare Eigenheiten zurückführen. Tabelle 19-2 gibt dazu eine zusammenfassende Übersicht anhand von ***Funktionsausfällen nach Läsionen des Frontallappens,*** wobei die rein motorischen und sprachlichen Funktionen des prämotorischen und supplementären Rindenfeldes (s. Kap. 5) weggelassen sind.

Verbindungen des präfrontalen Cortex. Zum Verständnis der Ursachen dieser Ausfälle und der Funktionen des Frontallappens ist die genaue Kenntnis der anatomischen Verbindungen notwendig. Während der orbitofrontale Frontallappen primär von limbischen Afferenzen aus der Amygdala und dem Cingulum sowie den olfaktorischen Rindenregionen versorgt wird, erhält der dorsolaterale Teil Afferenzen vom parietalen und temporalen Cortex sowie vom medialen Thalamus und den motorischen und sensorischen

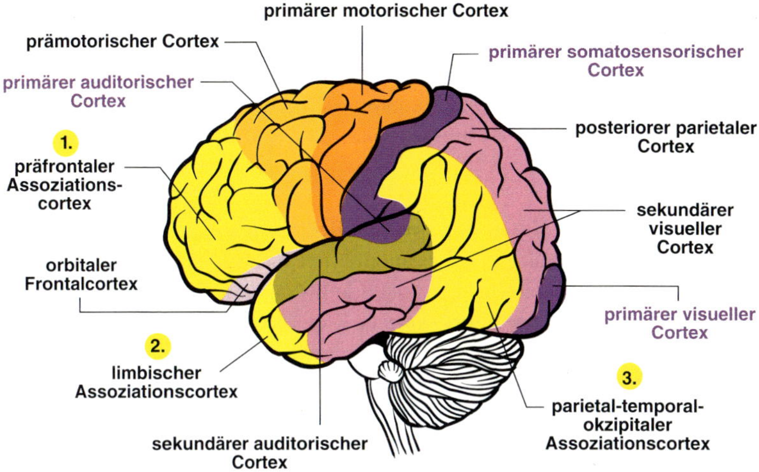

Abb. 19-4. Schematische Darstellung der lateralen Oberfläche des menschlichen Gehirns mit primären und sekundären sensorischen und motorischen Arealen sowie den drei Assoziationscortices

Tabelle 19-2. Funktionsausfälle bei Läsionen des Frontallappens

Symptom	Läsionsart
Denkstörung:	
Reduzierte Spontaneität	orbitofrontal
Störung von Denkstrategien	dorsolateral
Gelernte Reizkontrolle von Verhalten:	
Geringe Reaktionshemmung	Areale 8, 9, 13
Risikofreude und Regelverletzung	dorsolateral?
Gestörtes assoziatives Lernen	dorsolateral
Zeitgedächtnis:	
Störung des verzögerten Reaktionslernens („delayed response learning")	dorsolateral
Schlechte Zeit- und Reihenfolgeschätzung	dorsolateral
Gestörte Raumorientierung	dorsolateral
Gestörtes Sexualverhalten	orbitofrontal
Gestörtes Sozialverhalten	orbito- und dorsolateral
Gestörte Geruchsunterscheidung	orbitofrontal

Regionen. Die Tatsache, daß all diese Verbindungen reziprok sind, gibt einen ersten Eindruck von der z. Z. kaum zu verstehenden Komplexität der Aufgaben dieser Systeme. Bei höheren Säugern scheinen ein Teil der subkortikalen Afferenzen in den Frontalcortex dopaminerg zu übertragen und bilden somit die Endstrecke (oder Ursprungsstrecke) des dopaminergen Verstärkersystems (s. Kap. 18).

Verhaltenskontrolle durch den präfrontalen Cortex. Die multisensorische Konvergenz im dorsolateralen Frontalcortex hängt anscheinend mit einer seiner zentralen Funktionen, der Ausbildung von konsistenten Erwartungen durch ***Hinauszögern von Verstärkern*** (s. Kap. 18) zusammen. Bei bilateraler Läsion des Frontalcortex fällt v. a. die *Irregularität des Verhaltens* auf, ferner das *Fehlen langfristiger Verhaltenspläne* sowie die Unfähigkeit, *Selbstkontrolle* durch Aufschieben unmittelbarer Verstärkungen zu erzielen. Diese Störung wird auch auf die Störung einer Unterform des Kurzzeitgedächtnisses, des ***Arbeitsgedächtnisses*** *(„working memory“)*, zurückgeführt.

Um Selbstkontrolle zu erzielen, muß der Zusammenhang zwischen dem eigenen motorischen Verhalten (prämotorisch) und den daraus folgenden Konsequenzen (limbisch dopaminerg?) als mentale Vorstellung des Arbeitsgedächtnisses in den entsprechenden Rindengebieten (parietal) aufrechterhalten und das motorische Verhalten gehemmt werden. Diese Integrationsleistung geht nach frontaler Läsion ohne Einschränkung der sonstigen intellektuellen Leistungsfähigkeit verloren, was oft zu einem „pseudopsychopathischen“ Zustandsbild führt; die Patienten beachten scheinbar die Regeln und Sitten sozialen Zusammenlebens nicht mehr konsistent. Da Erwartungen wesentlich an der Steuerung der *selektiven Aufmerksamkeit* beteiligt sind, ist auch diese nach Läsion oder Dysfunktion erheblich beeinträchtigt, wenn auch nicht völlig aufgehoben (s. Kap. 17). Einige Symptome der ***Schizophrenien*** sind aus einer linkspräfrontalen Unterfunktion bei gleichzeitigem Anstieg der Variabilität frontaler Hirnaktivität zu erklären.

Der parietale Assoziationscortex ist mit der Steuerung der visuellen Aufmerksamkeit und mit räumlichen Funktionen befaßt

In den parietalen Assoziationscortex konvergieren die benachbarten sensorischen Rindenareale sowie links die sensorischen Sprachregionen; die Resultate somatosensorischer (taktil, propriozeptiv, nozizeptiv), optischer und akustischer Analysen sowie Zuflüsse aus den vestibulären Afferenzen werden hier verarbeitet. Dementsprechend vielfältig sind die neuropsychologischen Ausfälle nach Läsionen der rechten oder linken parietalen Region.

Läsionen des rechten Parietallappens. Bei Läsionen im rechten Parietallappen stehen v. a. Störungen der räumlichen Fähigkeiten im Vordergrund.

- ***Kontralateraler Neglekt*** bedeutet völliges Ignorieren des gegenüberliegenden (meist linken) Körper- und Außenraumes trotz intakter sensorischer Verarbeitung.
- ***Agnosien*** treten auf, wenn die Regionen in der Umgebung der sensorischen Projektionsfelder ausfallen. Taktile oder visuelle Agnosie bedeutet das Nichterfassenkönnen der Bedeutung einer Wahrnehmung (z. B. wird die Funktion eines Schlüssels erst erkannt, wenn man damit Geräusche macht).
- ***Prosopagnosie*** bedeutet das Nichterkennen von Gesichtern.

Gerstmann-Syndrom. Beim Gerstmann-Syndrom treten auf:

- ***Rechts-links Verwechslungen,***
- ***Fingeragnosien*** (Nichterkennen, welcher Finger berührt wurde),
- ***Dysgraphie*** (Schreibstörung trotz intakter Sensorik und Motorik) und
- ***Dyskalkulie*** (Rechenstörung) auf.

Bei den letzten beiden Störungen ist meist der linke untere Parietallappen zerstört.

Weitere häufige Störungen. Da der Parietallappen v. a. in frontale und temporale Assoziationsareale projiziert und von dort reziprok versorgt wird, sind Störungen

- der *Aufmerksamkeit* (frontale Projektion),
- des *Kurzzeitgedächtnisses* und
- der *Einprägung* (temporale Verbindung)

ebenfalls nach großen Läsionen häufig (s. Kap. 16 und 17).

Literatur

Birbaumer N, Schmidt RF (1996) Biologische Psychologie, 3. Aufl. Springer, Berlin Heidelberg New York Tokyo

Birbaumer N, Schmidt RF (1995) Kognitive Funktionen und Denken. In: Schmidt RF, Thews G (Hrsg) Physiologie des Menschen. 26. Aufl. Springer, Berlin Heidelberg New York

Corballis MC (1991) The lopsided ape. Oxford Univ Press, Oxford

Kolb B, Whishaw IO (1990) Human neuropsychology, 3 rd ed. Freeman, New York

Luria AR (1970) Die höheren kortikalen Funktionen des Menschen und ihre Störungen bei örtlichen Hirnschädigungen. VEB Dt. Verlag der Wissenschaften, Berlin

Petsche H, Lindner K, Rappelsberger P, Gruber G (1988) The EEG: An adequate method to concretize brain processes elicited by music. Music Perception 6: 133–160

Previc FH (1991) A general theory concerning the prenatal origins of cerebral lateralization. Psychol Rev 98: 299–234

Schmidt RF (1995) Physiologie kompakt. Gustav Fischer, Stuttgart

Schmidt RF, Thews G (Hrsg) (1995) Physiologie des Menschen, 26. Aufl. Springer, Berlin Heidelberg New York

20 Sachverzeichnis

D

E

F

H

N

O

P

Q

R

T

U

V

W